Technikzukünfte, Wissenschaft und Gesellschaft / Futures of Technology, Science and Society

Reihe herausgegeben von
A. Grunwald, Karlsruhe, Deutschland
R. Heil, Karlsruhe, Deutschland
C. Coenen, Karlsruhe, Deutschland

Diese interdisziplinäre Buchreihe ist Technikzukünften in ihren wissenschaftlichen und gesellschaftlichen Kontexten gewidmet. Der Plural „Zukünfte" ist dabei Programm. Denn erstens wird ein breites Spektrum wissenschaftlich-technischer Entwicklungen beleuchtet, und zweitens sind Debatten zu Technowissenschaften wie u.a. den Bio-, Informations-, Nano- und Neurotechnologien oder der Robotik durch eine Vielzahl von Perspektiven und Interessen bestimmt. Diese Zukünfte beeinflussen einerseits den Verlauf des Fortschritts, seine Ergebnisse und Folgen, z. B. durch Ausgestaltung der wissenschaftlichen Agenda. Andererseits sind wissenschaftlich-technische Neuerungen Anlass, neue Zukünfte mit anderen gesellschaftlichen Implikationen auszudenken. Diese Wechselseitigkeit reflektierend, befasst sich die Reihe vorrangig mit der sozialen und kulturellen Prägung von Naturwissenschaft und Technik, der verantwortlichen Gestaltung ihrer Ergebnisse in der Gesellschaft sowie mit den Auswirkungen auf unsere Bilder vom Menschen.

This interdisciplinary series of books is devoted to technology futures in their scientific and societal contexts. The use of the plural "futures" is by no means accidental: firstly, light is to be shed on a broad spectrum of developments in science and technology; secondly, debates on technoscientific fields such as biotechnology, information technology, nanotechnology, neurotechnology and robotics are influenced by a multitude of viewpoints and interests. On the one hand, these futures have an impact on the way advances are made, as well as on their results and consequences, for example by shaping the scientific agenda. On the other hand, scientific and technological innovations offer an opportunity to conceive of new futures with different implications for society. Reflecting this reciprocity, the series concentrates primarily on the way in which science and technology are influenced social and culturally, on how their results can be shaped in a responsible manner in society, and on the way they affect our images of humankind.

Weitere Bände in der Reihe http://www.springer.com/series/13596

Andreas Brenneis · Oliver Honer
Sina Keesser · Annette Ripper
Silke Vetter-Schultheiß
(Hrsg.)

Technik – Macht – Raum

Das Topologische Manifest im
Kontext interdisziplinärer Studien

Herausgeber
Andreas Brenneis
TU Darmstadt
Darmstadt, Deutschland

Oliver Honer
TU Darmstadt
Darmstadt, Deutschland

Sina Keesser
TU Darmstadt
Darmstadt, Deutschland

Annette Ripper
TU Darmstadt
Darmstadt, Deutschland

Silke Vetter-Schultheiß
TU Darmstadt
Darmstadt, Deutschland

ISSN 2524-3764   ISSN 2524-3772   (electronic)
Technikzukünfte, Wissenschaft und Gesellschaft / Futures of Technology, Science and Society
ISBN 978-3-658-15153-9   ISBN 978-3-658-15154-6   (eBook)
https://doi.org/10.1007/978-3-658-15154-6

Die Deutsche Nationalbibliothek verzeichnet diese Publikation in der Deutschen National-
bibliografie; detaillierte bibliografische Daten sind im Internet über http://dnb.d-nb.de abrufbar.

Dank

„Manifeste wollen meist die Schwere der Erde aufheben." (Raoul Hausmann)

Der vorliegende Sammelband ist ein Ergebnis der Forschungen des Graduiertenkollegs *Topologie der Technik* (DFG-1343). Unser erster Dank geht daher an die *Deutsche Forschungsgemeinschaft* für die zuversichtliche Förderung unserer Forschungsvorhaben. Die Darmstädter Topologie war für unsere wissenschaftliche Laufbahn ein hervorragendes Fundament und hat uns viele Einsichten ermöglicht – und so geht unser zweiter Dank an die Sprecherin Petra Gehring und den Sprecher Mikael Hård sowie an alle Professor*innen und Kollegiat*innen des Kollegs. Den Herausgebern der Reihe *Technikzukünfte, Wissenschaft und Gesellschaft/ Futures of Technology, Science and Society* vom *Karlsruhe Institute of Technology/ Institut für Technikfolgenabschätzung und Systemanalyse* (KIT/ITAS), Christopher Coenen, Armin Grunwald und Reinhard Heil, danken wir für die Möglichkeit und die Aussicht, die interdisziplinären Forschungen zum *Topologischen Manifest* der wissenschaftlichen Öffentlichkeit zugänglich zu machen.

Zum Gelingen dieses Bandes haben viele Köpfe und Hände beigetragen. Daher danken wir für weitsichtige Hilfe bei Übersetzungen Donna Drucker, Jana Kaiser und David Waldecker, für die Durchsicht des Manuskripts Alexander Friedrich und Marcel Endres und für die künstlerische Sicht auf das Manifest Matthias Seifert.

Für die verlagsseitige Hilfe und Umsicht bedanken wir uns bei Frank Schindler von *VS-Springer*.

Inhalt

Autorinnen und Autoren

Jacob Birken, M. A., ist Kunsthistoriker und Medienwissenschaftler. Er forscht und publiziert zu Konzepten von Geschichte und Geschichtlichkeit und deren Darstellung in Kunst und Medien, darunter Fragen nach dem ‚Zeitgenössischen‘ der Kunst und der Vermittlung epistemologischer Krisen zwischen popkultureller Apokalyptik und Katastrophenbewältigung. Als Ausstellungsmacher arbeitete er für das *Zentrum für Kunst und Medien Karlsruhe* und an Projekten für den unabhängigen Kunstraum: *Morgenstrasse* oder das *Kulturbüro Karlsruhe*. 2012 bis 2014 war er akademischer Mitarbeiter des Projekts *Images of Disasters* am Exzellenzcluster *Asia and Europe in a Global Context* der *Universität Heidelberg*; seit 2017 ist er wissenschaftlicher Mitarbeiter an der Universität Kassel.
birken@uni-kassel.de

Andreas Brenneis, M. A., ist wissenschaftlicher Mitarbeiter am Institut für Philosophie an der *Technischen Universität Darmstadt*. Er studierte Philosophie und Erziehungswissenschaft in Münster, Port Elizabeth und Darmstadt und war Stipendiat des Graduiertenkollegs *Topologie der Technik*. Seine Arbeitsschwerpunkte sind Sprachphilosophie, Metaphernforschung und Philosophiedidaktik. Er ist Redakteur für das *Jahrbuch Technikphilosophie*. Ausgewählte Publikation: Zur topologischen Ordnung von Metaphern. Ein methodologischer Zugang (2014); Metapher (2016); Unboxing (2017); Die Stimme des Herzens, Untergrundorganisationen und das Verschwinden im Meer der Zeit (2018).
brenneis@phil.tu-darmstadt.de

Kai Denker, Dipl.-Inform., M. A., ist seit Juli 2017 wissenschaftlicher Mitarbeiter im Verbundprojekt *PANDA. Parallelstrukturen, Aktivitätsformen und Nutzerverhalten im Darknet,* das von der *Technischen Universität Darmstadt* mit dem *Fraunhofer-Institut für Sichere Informationstechnologie* gemeinsam durchgeführt wird.

Er erwarb Studienabschlüsse in Philosophie, Geschichte und Informatik an der *Technischen Universität Darmstadt*. Zwischen 2009 und 2013 war er dort Stipendiat im Graduiertenkolleg *Topologie der Technik* mit einem Projekt zum Problem der Mathematisierbarkeit bei Gilles Deleuze. Seit 2012 war er in Darmstadt wissenschaftlicher Mitarbeiter am Institut für Philosophie, im Sommer 2014 Lehrkraft für besondere Aufgaben am Fachbereich Informatik und von 2015 bis 2016 wissenschaftlicher Mitarbeiter im Projekt *KIVA VI – Entwicklung Interdisziplinarität* an der *Technischen Universität Darmstadt*, ab Januar 2016 in leitender Funktion. Zu seinen Forschungsinteressen gehören: Sprachphilosophie, Geschichte der Mathematik, Theorien der Macht, Digitalisierung, Cyber-Sicherheit. Neben diesen Interessen (Die Erfindung des Cyberwars (2016) sowie Spuren des Tötens. Die List im Drohnenkrieg (2016)) arbeitet er auch zur Aspekten der Digitalisierung in geschichtswissenschaftlicher Perspektive (Heroes yet Criminals of the German Computer Revolution (2014)).
denker@phil.tu-darmstadt.de

Alexander Friedrich, Dr. phil., ist wissenschaftlicher Mitarbeiter am Institut für Philosophie an der *Technischen Universität Darmstadt*. Nach dem Studium der Philosophie, Soziologie sowie Allgemeinen und Vergleichenden Literaturwissenschaft promovierte er als Stipendiat des *International Graduate Center for the Study of Culture* an der *Justus-Liebig-Universität Gießen* mit einer Arbeit zur Theorie kultureller Leitmetaphern. Seine aktuellen Forschungsschwerpunkte sind die technikphilosophischen und biopolitischen Implikationen der kältetechnischen Konservierung biologischen Materials sowie die Theorie und Methodik digitaler Begriffsgeschichte und Metaphernforschung. Jüngste Publikationen: The Rise of Cryopower (2017); Regimes of Freshness. Biopolitics in the Age of Cryogenic Culture (2016, mit Stefan Höhne); Digitale Begriffsgeschichte? (2016, mit Chris Biemann); *Metaphorologie der Vernetzung* (2015).
friedrich@phil.tu-darmstadt.de

Petra Gehring, Prof. Dr. phil., ist seit 2002 Professorin für Philosophie an der *Technischen Universität Darmstadt*. Zu ihren Arbeitsschwerpunkten gehören die europäische Theorie- und Diskursgeschichte der Konzepte „Leben", „Tod" und „Macht", hinzu kommen Forschungen zu Recht und Ethik (als moderne Formen anwendungsnah operierender Normativität), technik- und wissenschaftsphilosophische Problemstellungen sowie Fragen geisteswissenschaftlicher Methoden (Diskursanalyse, philosophische Begriffsgeschichte, Metaphorologie, *Digital Humanities* in der bzw. für die Philosophie). Letzte Buchpublikationen: *The Science and Art of Simulation. Exploring – Understanding – Knowing* (2016, hg. mit Michael M. Resch und Andreas Kaminski); *Städte unterscheiden lernen. Zur Ana-*

lyse interurbaner Kontraste (2014, hg. mit Sybille Frank, Julika Griem und Michael Haus); *Theorien des Todes. Zur Einführung* (2013); *Parrhesía. Foucault und der Mut zur Wahrheit. Philosophisch, philologisch, politisch* (2012, hg. mit Andreas Gelhard); *Traum und Wirklichkeit. Zur Geschichte einer Unterscheidung* (2008).
gehring@phil.tu-darmstadt.de

Leon Hempel, Dr. phil., studierte Vergleichende Literaturwissenschaft und Politikwissenschaft an der *Technischen Universität Berlin* und ist wissenschaftlicher Mitarbeiter am dortigen *Zentrum Technik und Gesellschaft,* wo er den Forschungsbereich *Sicherheit – Risiko – Privatheit* leitet. Aktuell hat er eine Gastprofessur für Interdisziplinäre Lehre an der *Technischen Universität Darmstadt* am Graduiertenkolleg *Kritische Infrastrukturen* inne.
hempel@ztg.tu-berlin.de

Stefan Höhne, Dr. phil., ist Historiker und Kulturwissenschaftler. Er lehrt und forscht am *Center for Metropolitan Studies* der *Technischen Universität Berlin* sowie an der *New York University.* Seine Forschungsschwerpunkte umfassen u. a. transatlantische Metropolengeschichte, Theorie und Geschichte moderner Technikkulturen sowie Revolte und Sabotage im 20. Jahrhundert.
stefan.hoehne@metropolitanstudies.de

Tobias Holischka, Dr. phil., ist akademischer Rat am Lehrstuhl für Philosophie der *Katholischen Universität Eichstätt-Ingolstadt.* Seine Forschungsschwerpunkte liegen in den Bereichen Technikphilosophie, Virtualität und Ortsphänomenologie. Im Jahre 2016 promovierte er zum Thema Virtuelle Orte (*CyberPlaces. Philosophische Annäherungen an den virtuellen Ort. Bielefeld* (2016)).
tobias.holischka@ku.de

Oliver Honer war Stipendiat im Graduiertenkolleg *Topologie der Technik* sowie Lehrbeauftragter an der *Dualen Hochschule Baden-Württemberg* und *Universität Stuttgart.* Zuvor schloss er sein Studium der Philosophie, Geschichte und Politikwissenschaft an der *Universität Stuttgart* mit dem Staatsexamen ab. In seiner Dissertation forscht er im Ausgang von Georg Simmel und Ernst Cassirer zur „Eigenlogik der Objekte in kulturellen Räumen". Über die Technik- und Kulturphilosophie hinaus liegen seine weiteren Interessenschwerpunkte im Bereich der Philosophie der Medizin, Phänomenologie und Sozialphilosophie. Derzeit lebt er als freiberuflicher Übersetzer in Stuttgart.
oliver.honer@gmx.de

Christoph Hubig, Prof. Dr. phil., ist Professor für Praktische Philosophie/Philosophie der wissenschaftlich-technischen Kultur an der *Technischen Universität Darmstadt.* Zuvor bekleidete er Professuren für Praktische Philosophie/Technikphilosophie in Berlin, Karlsruhe und Leipzig, war Leiter des *ARD Funkkollegs Technik* und Professor für Wissenschaftstheorie und Technikphilosophie an der *Universität Stuttgart,* dort Prorektor Struktur von 2000 bis 2003 und Direktor des *Internationalen Zentrums für Kultur- und Technikforschung,* Vorstand der *Deutschen Gesellschaft für Philosophie* (1993–2005); Honorarprofessor an der *University of Technology Dalian*/China sowie *Principal Investigator* des Exzellenzclusters *Simulation Technology.* Er ist Mitglied des Fachbeirats Technik und Gesellschaft des *Verein Deutscher Ingeniere* sowie der Richtlinienausschüsse VDI 7000/7001 „Öffentlichkeitsbeteiligung bei Industrie- und Infrastrukturprojekten". Ein Arbeitsschwerpunkt liegt in der Technikphilosophie (*Technik- und Wissenschaftsethik* (1995); *Technologische Kultur* (1997); *Mittel* (2000); *Die Kunst des Möglichen I: Technikphilosophie als Reflexion der Medialität* (2006); *II: Ethik der Technik als provisorische Moral* (2007); *III: Macht der Technik* (2015)).
hubig@phil.tu-darmstadt.de

Andreas Kaminski, Dr. phil., ist Leiter der Abteilung zur Wissenschafts- und Technikphilosophie der Simulation am *High Performance Computing Center* (HLRS) der *Universität Stuttgart.* Nach einem Studium der Philosophie, Germanistik und Soziologie an der *Technischen Universität Darmstadt* und *Freien Universität Berlin,* promovierte er 2008 an der *Technischen Universität Darmstadt.* Neben der Lehre in Philosophie unterrichtet er Technikgestaltung am Fachbereich Informatik der *Technischen Universität Darmstadt.* Andreas Kaminski ist Sprecher des DFG-Netzwerks *Geschichte der Prüfungstechniken 1900–2000.* Forschungsgebiete sind: (1) informelle Techniken, (2) Paradoxien des Vertrauens sowie (3) Prüfungs- und Messtechniken als Subjektivierungsform. Publikationen: *Technik als Erwartung. Grundzüge einer allgemeinen Technikphilosophie* (2010); *Zur Philosophie informeller Technisierung* (2014, hg. mit Andreas Gelhard).
kaminski@hlrs.de

Gregor Kanitz, Dr. phil., ist Historiker und Kulturwissenschaftler und arbeitet am *Institute for Uncertain Knowledge,* Berlin. Seine Forschungsschwerpunkte behandeln die Geschichte, Theorie und Ästhetik der Sinne und Körper in kulturwissenschaftlicher Perspektive. Diverse Publikationen zur Geschichte und Kulturphilosophie des 19. Jahrhunderts, z. B. *Körper und Häuser des Geistes. Lebens-Arbeit mit Wilhelm Dilthey* (2016); Naturwissenschaftliches und technisches Nichtwissen. Emil du Bois-Reymond trifft Ernst Kapp auf der Grenze der Erkenntnis (2017).

Zahlreiche Projekte zum Verhältnis von (Zeitgenössischer) Kunst und Wissenspraktiken.
g_kanitz@yahoo.com

Sina Keesser, Dipl.-Ing., M. A., ist wissenschaftliche Mitarbeiterin am Institut für Neuere und Neueste Geschichte an der *Technischen Universität Darmstadt* und leitet die Geschäftsstelle der *AG Interdisziplinäre Stadtforschung* an der *Technischen Universität Darmstadt.* Sie studierte Architektur in Karlsruhe und Geschichte in Darmstadt und war von 2012 bis 2015 Stipendiatin am Graduiertenkolleg *Topologie der Technik.* Sie arbeitet an einer Dissertation zur Professionsgeschichte des Architekten zwischen 1950 und 80 in Großbritannien und den USA. Ausgewählte Publikation: Räume und Grenzen. Der Raumdiskurs in Architekturzeitschriften zu Beginn des 20. Jahrhunderts. (2013).
keesser@stadtforschung.tu-darmstadt.de

David Kuchenbuch, Dr. phil., ist wissenschaftlicher Mitarbeiter am Historischen Institut der *Justus-Liebig-Universität Gießen.* Er hat in Berlin und Stockholm Neuere und Neueste Geschichte und Skandinavistik studiert, in Oldenburg promoviert und war Fellow des *Deutschen Historischen Instituts* in Washington, D. C. und des *Historischen Kollegs* in München. Er ist Autor von zwei Büchern (*Das Peckham-Experiment. Eine Mikro- und Wissensgeschichte des Londoner „Pioneer Health Centre" im 20. Jahrhundert* (2014); *Geordnete Gemeinschaft. Architekten als Sozialingenieure. Deutschland und Schweden im 20. Jahrhundert* (2010)) und schreibt im Moment an einem dritten, das sich mit der Mediengeschichte des Globalismus in der zweiten Hälfte des 20. Jahrhunderts befasst.
david.kuchenbuch@geschichte.uni-giessen.de

Martina Löw, Prof. Dr. phil., ist Professorin für Planungs- und Architektursoziologie an der *Technischen Universität Berlin.* Ihre Forschungsgebiete sind soziologische Theorie, Stadtsoziologie, Raumtheorie und Kultursoziologie. Wichtigste Veröffentlichungen sind *Soziologie der Städte* (2008) sowie *Raumsoziologie* (2001). Sie hatte Fellowships und Gastprofessuren u. a. in Gothenburg (Schweden), Salvador (Brasilien), St. Gallen (Schweiz), Paris (Frankreich) und Wien (Österreich). Von 2011 bis 2013 war sie Vorsitzende der *Deutschen Gesellschaft für Soziologie.* Sie wirkt als Beraterin in verschiedenen Stadtentwicklungsprojekten mit, z. B. im Expertenrat der *Nationalen Plattform Zukunftsstadt* oder im Kuratorium der *IBA Basel 2020.*
martina.loew@tu-berlin.de

Thomas Markwart, Dr. phil., studierte Germanistik, Vergleichende Literaturwissenschaft und Philosophie an der *Technischen Universität Berlin,* lebt als Kulturwissenschaftler in Berlin. Aktuell arbeitet er als redaktioneller Mitarbeiter an der kommentierten Neuedition von Goethes Kunstzeitschrift *Propyläen.*

Frauke Nowak, Dr. phil., promovierte 2016 an der *Universität Siegen* mit einer interdisziplinären Arbeit zur Raumsemantik der Nanotechnologie, die Machtmechanismen und Raumaneignungsstrategien europäischer und internationaler Spitzenforschung beschreibt. Als ehemalige Stipendiatin des Graduiertenkollegs *Topologie der Technik* schätzt sie die Vorzüge interdisziplinärer Zusammenarbeit und interessiert sich für Praxis, Implikationen und Folgen (inter)disziplinärer Kommunikation. Im Stichwort der Kollektivsymbolik laufen literaturwissenschaftliche und (technik)soziologische Analyseansätze unterhalb einer allgemeinen Kulturtheorie zusammen. Komplexe Kommunikationsprozesse kondensieren in Symbolen, die sich als ästhetische und kulturelle Knotenpunkte an der Schnittstelle zwischen Immaterialität und Materialität ansehen lassen. Publikationen: *Nanotechnologie als Kollektivsymbol. Versuch über die Raumsemantik einer Schlüsseltechnologie* (2017); Der Wutbürger. Hybride Kunst oder was? (2016); Future available? Fiction and Non-Fiction in Scenarios about Nanotechnology (2009). kollektivsymbolik@posteo.de

Andrea Rapp, Prof. Dr. phil., ist seit 2010 Professorin für Germanistik, Computerphilologie und Mediävistik an der *Technischen Universität Darmstadt.* Zu ihren Arbeitsschwerpunkten gehören spätmittelalterliche Prosatexte, die historische Schreibsprachgeschichte, Urkunden- und Briefforschung, Buch- und Bibliotheksgeschichte, insbesondere illustrierte mittelalterliche Handschriften sowie die digitale Editionsphilologie und Lexikographie und Virtuelle Forschungsinfrastrukturen. Letzte Buchpublikationen: *Digitalität in den Geistes- und Kulturwissenschaften – DARIAH-DE. Sonderheft Bibliothek: Forschung und Praxis* (2016, hg. mit Heike Neuroth, Reinhard Förtsch, Peter Gietz, Fotis Jannidis, Ulrich Schwardmann und Dirk Wintergrün); *10 Jahre TextGrid – Virtuelle Forschungsumgebung für die Geisteswissenschaften* (2015, hg. mit Heike Neuroth); *Varianz und Vielfalt interdisziplinär. Wörter und Strukturen. Interdisziplinärer Workshop im Rahmen des Projektes „Wechselwirkungen zwischen linguistischen und bioinformatischen Verfahren, Methoden und Algorithmen." in Darmstadt, 29. und 30. November 2012. Mannheim, Institut für Deutsche Sprache OPAL* (2016, hg. mit Luise Borek); *Evolution der Informations-infrastruktur. Forschung und Entwicklung als Kooperation von Bibliothek und Fachwissenschaft* (2013, hg. mit Heike Neuroth und Norbert Lossau).
rapp@linglit.tu-darmstadt.de

Manuel Reinhard, Dr. phil., arbeitet für eine internationale Unternehmensberatung. Er studierte Philosophie, Psychologie und Pädagogik an der *Universität Trier* und wurde 2016 an der *Technischen Universität Darmstadt* im Fach Philosophie promoviert. Als Wissenschaftlicher Mitarbeiter ist er u. a. an der *Technischen Universität Darmstadt* und der *Harvard University* tätig gewesen. Sein Interesse gilt vor allem der Kulturphilosophie – mit einem besonderen Faible für Risk, Crisis & Disaster Management in Wissenschaft, Kunst und Gesellschaft. Publikationen: *Philosophie des Scheiterns. Jacques Derridas aporetische Schriften* (2017); Krise der Wissenschaft? Krisen der Wissenschaften! (2015); Zeitgenössische Philosophien der Grenze und Andrea Fraser. Raum-Körper-Konstruktionen in der zeitgenössischen Philosophie: Grenzen vs. Schwellen (2013).
manuelreinhard@yahoo.de

Annette Ripper, M. A. ist wissenschaftliche Mitarbeiterin und Koordinatorin des interdisziplinären Studienschwerpunkts Wissenschafts- und Technikforschung an der *Technischen Universität Darmstadt.* Sie studierte Geschichte, Literaturwissenschaft und Kunstgeschichte und war von 2010 bis 2014 Stipendiatin im Graduiertenkolleg *Topologie der Technik.* Sie arbeitet an einer Dissertation zur Sicherheitskultur im Luftverkehr. Ihre Arbeitsschwerpunkte sind historische und kulturwissenschaftliche Sicherheits-, Raum- und Technikforschung. Ausgewählte Publikation: Sicherheitskultur zwischen Wirklichkeit und Möglichkeit. Sicherheit im zivilen Luftverkehr als Gegenstand der Literatur (2014).
nag@gugw.tu-darmstadt.de

Silke Vetter-Schultheiß, M. A. war Stipendiatin des Graduiertenkollegs *Topologie der Technik* und arbeitet an einer Dissertation zu ästhetischen Praktiken im Natur- und Umweltschutz. Sie studierte Philosophie und Geschichte an der *Technischen Universität Darmstadt.* Arbeitsschwerpunkte sind Umweltgeschichte, Visual History und Geschichtsphilosophie. Ausgewählte Publikationen: Pictures Make History. West German Environmentalism from 1950 to 1990 (2015); Argumenten auf der Spur. Über Logik und Sinnerzeugung des Visuellen (2014); Die Briefmarke als historische Quelle (2017, mit René Smolarski).
vetter-schultheiß@pg.tu-darmstadt.de

Gunter Weidenhaus, Dr. phil., ist wissenschaftlicher Mitarbeiter am Institut für Soziologie an der *Technischen Universität Berlin.* Er studierte Soziologie, Volkswirtschaftslehre und Informatik an der *Technischen Universität Darmstadt.* Seine Forschungsinteressen sind die sozialwissenschaftliche Betrachtung von Raum und Zeit sowie die Biographieforschung und Gesellschaftstheorie. Ausgewählte Publikationen: *Soziale Raumzeit* (2015); Relationale Raumkonzeptionen (2013).
gunter.weidenhaus@tu-berlin.de

Niels Werber, Prof. Dr. phil, lehrt Neuere deutsche Literaturwissenschaft an der *Universität Siegen.* Arbeitsschwerpunkte: Soziale Insekten, Szenarien und Selbstbeschreibungsformeln der Gesellschaft, Literatur und ihre Medien, Geopolitik der Literatur. Ausgewählte Publikationen: *Geopolitik* (2014); *Ameisengesellschaften. Eine Faszinationsgeschichte* (2013); *Niklas Luhmann: Schriften zu Literatur und Kunst* (2008); *Geopolitik der Literatur. Eine Vermessung der medialen Weltraumordnung* (2007); *Liebe als Roman. Zur Koevolution intimer und literarischer Kommunikation* (2003); *Literatur als System. Zur Ausdifferenzierung literarischer Kommunikation* (1992).
werber@germanistik.uni-siegen.de

Topologie der Technik

Manifestation eines interdisziplinären Forschungsprogramms

Andreas Brenneis, Oliver Honer, Sina Keesser, Annette Ripper, Silke Vetter-Schultheiß

1 Das *Topologische Manifest* als Provokation und interdisziplinäre Kritik

Technisierte Räume stellen uns vor Herausforderungen. Interaktionen zwischen Mensch und Technik sowie die Digitalisierung nahezu aller Lebensbereiche lassen eine eingehende Charakterisierung solcher Räume als dringliches Problem erscheinen. Fragen nach ihrer Persistenz, den mit ihnen verbundenen Praktiken sowie ihren spezifischen Machtgefügen lassen sich dabei mit bisherigen, in disziplinären Grenzen verharrenden Forschungsmethoden nur unzureichend beantworten. Mit diesem Forschungsdesiderat befasste sich zwischen 2006 und 2016 das interdisziplinäre Graduiertenkolleg *Topologie der Technik*. In diesem Kontext entstanden nicht nur Einzelstudien, sondern es wurden in gemeinschaftlicher Arbeit auch begriffliche Mittel für einen Forschungsansatz entwickelt, der sich an topologischen Fragen orientiert. Sie entstanden korrelativ in und zwischen den Disziplinen der Geschichtswissenschaft, Ingenieurwissenschaften, Informatik, Literatur- und Medienwissenschaften, Philosophie, Soziologie und Sportwissenschaft.[1]

In Gestalt des *Topologischen Manifests* liegen die vom Kolleg gemeinsam erarbeiteten Zugänge und Konzeptionen in destillierter Form vor. Für den vorliegenden Sammelband stellt es gleichsam das thematische Zentrum dar. Ein Manifest hat die Aufgabe, etwas greifbar zu machen – in diesem Fall ein Forschungsprogramm. Angreifbarkeit ist dabei durchaus gewollt: Das *Topologische Manifest* versteht sich als Impuls für einen topologischen Raum- und Technikdiskurs. Es möchte Kritik provozieren und sich dieser gleichfalls stellen. Einer

---

1 Nähere Informationen über die einzelnen Projekte befinden sich auf der Website des Graduiertenkollegs: www.tdt.tu-darmstadt.de

© Springer Fachmedien Wiesbaden GmbH, ein Teil von Springer Nature 2018
A. Brenneis et al. (Hrsg.), *Technik – Macht – Raum*, Technikzukünfte,
Wissenschaft und Gesellschaft / Futures of Technology, Science and Society,
https://doi.org/10.1007/978-3-658-15154-6_1

wissenschaftlichen Öffentlichkeit wurde es erstmals im Rahmen der Abschluss-
konferenz des Graduiertenkollegs *TechnoSpaces. Persistence – Practices – Performance – Power* im März 2015 präsentiert – mit dem Ergebnis einer lebhaften Re-
sonanz, die sich auch in diesem Sammelband widerspiegelt.

Als programmatischer Eckpfeiler stellte das *Topologische Manifest* ein Instrument der Wissensweitergabe dar und war damit eine Konstante der kolleg-
internen Diskussionen in einem Team mit wechselnder Besetzung. Jetzt, als abschließende Veröffentlichung, repräsentiert es den mehrjährigen Dialog einer
heterogenen, sich beständig erneuernden und durch ihre Verortung im Kolleg definierten Gruppe über einem gemeinsamen Gegenstand – ein Produktionsprozess,
der selbst schon als topologisch bezeichnet werden kann. Das *Topologische Manifest* dient als Referenz eines über zehn Jahre laufenden Graduiertenkollegs und ist
sowohl Sediment wie Kristallisation der Ergebnisse dreier Kohorten von Nach-
wuchswissenschaftler*innen. Aufgrund dieser für einen Text langen Entstehungs-
zeit kann das *Topologische Manifest* bereits als epistemologisches Archiv aufgefasst
werden; der vorliegende Sammelband bietet dessen erste Reflexion.

Als wissenschaftliches Manifest orientiert es sich in Form und Gestaltung an
seinen historischen Vorgängern. Seine Publikation als Plakat, Flugblatt und nun
in diesem Sammelband wie auch seine im wissenschaftlichen Kontext ungewöhnliche grafische Gestaltung provozierte in den unterschiedlichsten Zusammenhängen kontroverse Diskussionen.[2] Es fungiert gleichzeitig als Aufforderung zum
Handeln – zum wissenschaftlichen Weiterdenken – wie auch im Zuge seiner Präsentation in unterschiedlichen Zusammenhängen und verschiedenen Methoden
als Handlung selbst: Sowohl ästhetische (Layout und Veröffentlichungsformate)
wie auch wissenschaftliche Praxis (den Dialog mit der Wissenschaft suchend) verschmelzen miteinander. Das Manifest funktioniert als Textgattung, hinterfragt zugleich aber auch diese Kategorisierung hinsichtlich ihrer Wirkung auf und für die
Wissenschaft.

---

2   Die performative Dimension des *Topologischen Manifests* hat folgende Geschichte: Auf
    einem Workshop im Vorfeld der Abschlusskonferenz nutzte der Historiker David Kuchen-
    buch die Rohfassung des Manifests für die Reflexion seiner eigenen Forschung. Als Flug-
    blatt gestaltet fand es Eingang in die Konferenzmappen und lud als Plakat in Großformat die
    Konferenzteilnehmenden zu schriftlichen Kommentaren ein; während einer dem Manifest
    gewidmeten Podiumsdiskussion visualisierte der live agierende *Graphic Recorder* Matthias
    Seifert (www.matthias-seifert.com) einzelne Abschnitte des Textes und fertigte Illustra-
    tionen diverser Raumtypen an; die Historikerin Angelika Epple und der Germanist Niels
    Werber setzten sich in ihren Abendvorträgen kritisch mit den Thesen und Implikationen
    auseinander. Im darauffolgenden Mai stand eine überarbeitete Fassung des Manifests im
    Rahmen eines gemeinsamen Workshops mit dem Graduiertenkolleg *Locating Media* in Sie-
    gen zur Diskussion. Schließlich findet das *Topologische Manifest* in gedruckter Form seinen
    Platz in diesem Sammelband.

Mit der Form eines Manifests wählten die Kollegiat*innen eine in der wissenschaftlichen Praxis eher ungewöhnliche Textgattung zur Publikation ihrer gemeinsamen Forschungsfragen und -ergebnisse. Einer der Gründe für die Wahl war nicht zuletzt der provokative Charakter, der Manifesten seit dem ausgehenden 18. Jahrhundert eigen ist. Davor waren neutrale öffentliche Bekanntmachungen als Manifest bezeichnet worden,[3] die ausschließlich der Informationsvermittlung dienten und somit als Instrumente der Verkündung gesetzlicher Bestimmungen oder politischer Entscheidungen fungierten. Im Zuge der Französischen Revolution wandelte sich das Manifest, das bis dato ausschließlich Kommunikationsmittel herrschender Autoritäten war, zum „Medium der Opposition, der Minorität" (Klatt & Lorenz, 2011, S. 9). Damit wurde es zum Mittel einer Teilhabe von unten, als welches es im politischen Kontext bis heute gilt. Manifeste waren zu jener Zeit eng an die Entwicklung der Massenmedien gekoppelt, die ihre Verbreitung bei einer großen Leserschaft ermöglichte; sie galten rasch als ideales Format zum Publikmachen alternativer politischer Ansichten und damit einhergehender Handlungsaufforderungen. Ein Manifest bot die Möglichkeit, die breite Bevölkerung über eine bestimmte Sache zu informieren und dieser gewählten Thematik Aufmerksamkeit zu verschaffen. Somit stellen Manifeste wichtige Instrumente einer Zivilgesellschaft dar, in der es gilt, eine kritische Öffentlichkeit zu schaffen. Vor diesem Hintergrund besitzen Manifeste „das Potential, eine Themenkarriere anzustoßen" (S. 40).

Gegen Ende des 19. Jahrhunderts erlebte das Manifest in seiner Form als dezidiert künstlerisches Medium eine Konjunktur, die seinen Charakter erneut radikal veränderte. Diese Neuausrichtung ging einher mit drucktechnischen Entwicklungen, welche die Produktion von Plakaten und Flugblättern, Handzetteln und Aufklebern vereinfachte. Diesen Formen der Bekanntmachung wurde eine Verwandtschaft zu Werbung und Reklame zugeschrieben, da hinsichtlich Layout und Semantik nicht wenige Parallelen festzustellen waren. Kritische Zeitgenossen warfen den Manifestierenden daher aufmerksamkeitsökonomische Gründe vor (Fähnders, 1997, S. 26).

Ähnlichen Vorwürfen war auch das *Topologische Manifest* ausgesetzt. Dennoch bewährte sich diese Publikationsform auf vortreffliche Weise, gerade durch ihren streitbaren Charakter als Auslöser kontroverser Debatten. Dem *Topologischen Manifest* geht es darum, eine neue Perspektive auf die Raumforschung zu eröffnen, um das Verhältnis von Technik, Medialität und Praxis zu konzeptualisieren.

---

3 Die Demokratieforscher*innen Johanna Klatt und Robert Lorenz machen drei Verwendungen des Begriffs „Manifest" aus: nautische, kaufmännische und politische; wir fokussieren uns auf letztere, die auch als Hauptbedeutung gilt (2011, S. 8); siehe auch Fähnders (1997, S. 19–21).

Intention ist es, sich in der Forschungslandschaft als kritische Gemeinschaft gegenüber Vertreter*innen substanzialistischer Raumkonzepte zu positionieren. Als Teil einer wissenschaftlichen Praxis fordert und fördert das Manifest den inter- und transdisziplinären Dialog. Dieser wird in die Forschungspraxis außerhalb des Kollegs überführt, indem es zur Kommunikation mit Wissenschaftler*innen anderer Universitäten und Disziplinen einlädt. Durch den bewussten Verzicht auf einzelwissenschaftliche Beschreibungen und Einordnungen bietet das Manifest eine Brücke, um so unterschiedliche Forschungsperspektiven zu vermitteln und zu vernetzen – ein vielversprechender Ansatz, wie die Beiträge in diesem Sammelband zeigen.

Die Manifeste der künstlerischen und literarischen Avantgarde um 1900 waren nicht nur reine Kunstprodukte, sondern enthielten ebenso wie ihre politischen Vorgänger Forderungen und Handlungsaufrufe. Aber die Aktion war dem Manifestieren hier nicht mehr zwingend nachgelagert, sondern die Publikation von Manifesten selbst erhob den Anspruch auf Aktion und wurde zur künstlerischen Praxis: „Hier fordert das Manifest kein ,Werk' mehr [...] – es ist bereits das Werk, das Ziel. Das Manifest findet in sich selbst seine Teleologie [...]." (Fähnders, 1997, S. 30). Aber auch politische Manifeste beinhalteten in Ansätzen diese Performativität. So zeichnen sich diese gerade auch durch ihre unkonventionelle Ausdrucksform und Dramaturgie aus, die „Gewähr für öffentliche Wahrnehmung" (Klatt & Lorenz, 2011, S. 33) bot.

Die Performativität eines Manifests erschöpft sich jedoch nicht im Veröffentlichen, sondern gilt gerade auch für seine Entstehungsweise. Die Zuschreibung zur Textgattung Manifest eignet sich nach Ansicht der Herausgeber*innen in besonderem Maße für gemeinschaftlich entstandene Texte eines Kollektivs, die einer bindenden Programmatik unterstehen und deren Ergebnis keiner Einzelperson mehr zugeschrieben werden kann. Die Unterschrift als Bezeugung der Autorenschaft kann in diesem Entstehungsprozess als letzter performativer Akt verstanden werden. Gerade in der Retrospektive wird deutlich, dass auch das Verfassen des *Topologischen Manifests* einen kollektiven wissenschaftlichen Prozess darstellt.

Die Idee, den gemeinsamen Forschungen die Form eines Manifests zu geben, entstand im Wintersemester 2011/12. Ausgangspunkt war die eingehende Lektüre und Diskussion raumtheoretischer und philosophischer Abhandlungen.[4] Jede*r Stipendiat*in verfasste darauf aufbauend einen kurzen Text und stellte ihn

---

4   Neben den im Literaturverzeichnis aufgeführten Publikationen zum *spatial turn* dienten Monographien und Aufsätze wie Michel de Certeaus *Praktiken im Raum* (1988 [1980]), Michel Foucaults *Panoptismus* (1977) sowie dessen Überlegungen zu Heterotopien (2005a [1966], 2005b [1984/1967]) als Ausgangspunkt und erwiesen sich für Folgediskussionen wegweisend.

zur Diskussion. Die Beiträge enthielten Bezüge zu den vier konzeptuellen Forschungsebenen des Kollegprogramms: a) alltagsräumliche Persistenz, b) Disposition von Handlungsräumen, c) Planungs- und entwurfsbasierte Raumkonstitution und d) simulationstechnische Modellierung. Es wurden Ordnungskategorien (Regierung, Möglichkeit, Körper, Netzwerk, Orientierung) erstellt und diesen Projekttexte zugeordnet. Dadurch formierten sich wiederum kleine interdisziplinäre Gruppen, die nach weiteren Gemeinsamkeiten und Differenzen suchten, um die Brauchbarkeit von Begriffen zu hinterfragen, nützliche oder überkommene Ansätze zu erörtern und offene Fragen zu formulieren. Schließlich erfolgte eine knappe Verschriftlichung der Ergebnisse für jedes Projekt sowie deren Bündelung in Form einer Raumthese.[5] Sie bildeten die Grundlage für diverse weitere Manifest-Treffen, in denen Gliederungsmöglichkeiten besprochen und die Bausteine für die Typisierung der fünf exemplarischen Räume ausgewählt wurden. Aus dem erarbeiteten Material wurden schließlich die elementaren Annahmen des Manifests entwickelt und ausformuliert: Räume werden als Relationengefüge konzeptualisiert. Technik verändert Räume und Machtkonstellationen. Eine *Topologie der Technik* widmet sich diesen Aspekten unter Berücksichtigung modaler Machtkonzepte.

Eine weitere Besonderheit des Schreibprozesses am Manifest betrifft die zeitliche Komponente. Denn mehrere Generationen von (Post)Doktorand*innen und Professor*innen beteiligten sich daran und hinterließen ihre individuellen Spuren in Form einzelner Begriffe, Sätze und Ideen. Die Anfänge wurden von Personen gelegt, die ihre Nachfolger*innen im Darmstädter Kolleg zum Teil gar nicht mehr kennenlernen sollten. Für spätere Generationen stellte der bestehende Text wiederum Neuland dar, die formulierten Passagen waren keineswegs immer eindeutig, die Intentionen der Autor*innen mitunter interpretationsbedürftig. Dadurch regte das Manifest auch innerhalb der Gruppe immer wieder zu kontroversen Diskussionen an.

---

5 Exemplarische Raumthesen, wie sie Anfang 2011 formuliert wurden, lauten: „Die maschinelle Erkennung von menschlichen Gruppenaktivitäten beeinflusst den Raum der möglichen Gesten und Aktivitäten von Einzelpersonen." (Körper); „Mehrspieler Computerspiele sind gleichzeitig physikalische und virtuelle Räume, welche durch komplexe dynamische Relationen bestimmt sind." (Orientierung); „Räumlichkeit ist ausschließlich als durch Praktiken selbst konstituiert zu verstehen und nicht etwa als ihr materielles Kondensat." (Möglichkeit).

2   Das *Topologische Manifest* zwischen *spatial turn* und Technikreflexion

Das *Topologische Manifest* nimmt mit seiner grundsätzlichen Thematik kritisch Bezug auf den *spatial turn:* Dieser versäumte bislang, die inwendige Beziehung von Technik und Raum zu berücksichtigen – präziser: Materialität, Praktiken und Medialität in einer Raumtheorie zu bündeln. Der *spatial turn* ist mittlerweile selbst Gegenstand der Forschung geworden und auch die Feststellung, es handle sich bei seiner Inter- und Transdisziplinarität um das bloße Produkt einer „Verweiskette mit Selbstverstärkereffekt" (Döring & Thielmann, 2008, S. 11), dürfte überholt sein angesichts der institutionellen Verankerung in interdisziplinären Graduiertenkollegs wie *Topologie der Technik* (Darmstadt), *Locating Media* (Siegen), *Philosophie des Ortes* (Eichstätt) oder *Dynamiken von Raum und Geschlecht* (Kassel und Göttingen). Einen umfassenden Überblick zum *spatial turn* zu geben, ist hier nicht der Ort; gar mit einer klaren Definition aufwarten zu wollen, wäre schon aufgrund der unterschiedlichen Positionen, Gegenstände und nicht zuletzt der Begrifflichkeiten der daran beteiligten zahlreichen Disziplinen nicht zu leisten. Dies wäre vielmehr Aufgabe eigener Abhandlungen, die in mancherlei Hinsicht – u. a. von ehemaligen Kollegsmitgliedern – auch schon in Angriff genommen wurde.[6] Im Folgenden wird es vielmehr darum gehen, Leitlinien des Manifests anhand exemplarischer Debatten aufzuzeigen und von Kernthesen des *spatial turn* abzugrenzen.[7]

2.1   Technik und Materialität

Ein Leitmotiv des *spatial turn* bildet die Ablehnung der fälschlicherweise Paul Virilio zugeschriebenen These vom „Verschwinden des Raumes"[8], das durch das Aufkommen digitaler Medien bedingt sei. Die Anerkennung der räumlichen Dimension jener Medien bleibt allerdings selbst unter Verweis auf deren irredu-

---

6   Einschlägige Literatur: Köster (2001), Günzel (2007), Döring & Thielmann (2008), Arias & Warf (2009), Alpsancar, Gehring & Rölli (2011), Müller & Scholz (2012), Schlitte, Hünefeldt, Romic & Loon (2014).

7   Dabei beziehen wir uns zum Teil explizit, meistenteils jedoch implizit auf eine große Menge an Vorarbeiten. Zu nennen sind hier: Maersch & Werber (2002); Mein & Rieger-Ladich (2004).

8   Virilio selbst spricht nur vom „Verschwinden des Widerstands der geographischen Beschaffenheit einer Nation", wie Döring und Thielmann (2009, S. 21) richtig stellen. Dies ändert selbstverständlich nichts an der Wirkmächtigkeit dieses verkürzten Zitats. Im Aufsatz *Das dritte Intervall* stellt Virilio im Anschluss an den Fall der Grenzen in Euro-

zible Materialität und unter Zuhilfenahme relationaler Raumkonzepte (Döring & Thielmann 2008, S. 14–15) dem konzeptuellen Rahmen der Medientheorie unterstellt. Obwohl Virilio scheinbar eine radikalisierte Form historischer, technikkritischer Argumente einer *time-space compression* (S. 14–15) vorbringt, wird die Kritik nicht an die Technikphilosophie rückgebunden. Aber gerade die Reflexion auf die technische Vermittlung unserer Weltverhältnisse gibt den Blick frei für deren raumgenerierende Kraft sowie für ihre Stör- und Enttäuschbarkeit als Bedingung der Erfahrung von Widerständen relativ zu sich (Hubig, 2006). „Technik" lässt sich in diesem Sinne weder aus einem evolutionär-anthropologischen noch aus einem bloß zweckrational-instrumentellen Ansatz heraus begreifen, sondern hebt ab auf die Sicherung (Heidegger, 2000 [1953]) bzw. Regelung (Ashby, 1974; Wiener, 1972) von Praxisvollzügen und „sichert die Erwartbarkeit des Prozessierens in allen Feldern" (TM [29]). Ausgehend von den Vollzügen lassen sich aus dieser Perspektive mittels der „Spuren von …", dem Surplus der Medialität, abduktiv Rückschlüsse auch auf materielle Verfasstheiten jener technisch überformten Medien ziehen (Hubig, 2006, S. 148 und 160). Materialität zeigt sich unerwartet – doch sollte man nicht erwarten, es hätte damit bereits sein Bewenden (TM [29]).

Mangelnde Materialität in Form eines ‚Verschwinden des Raumes' oder ein Relevanzverlust des ‚physischen Raumes' werden auf Seiten der Sozialgeographie nicht problematisiert. Im Fokus stehen dort lediglich „Raumabstraktionen" (Hard, 2008, S. 292) bzw. Praktiken des „Geographie-Machens" (Werlen, 2008, S. 365), d. h. Raumsemantiken in ihren sozialen und orientierenden Funktionen. Raum sei dann eben gerade keine materiell vorfindbare empirische Gegebenheit, die zu untersuchen wäre, sondern der begriffliche Verweis auf die jeweilige Form der „Grammatik der Orientierung" von Subjekten, die spezifisch verstandene Relationierung von Handelnden und körperlichen Gegebenheiten (S. 382). Demgemäß betreibe der *spatial turn* eine „Reifikation" (S. 372) des Raumes, eine Wiederbelebung altgeographischer Konzepte wie dem der Kulturlandschaft – wenn auch mit verschiedenen Modifikationen. Diesem altgeographischen Paradigma zufolge sollen Geograph*innen soziale, ökonomische oder kulturelle Prozesse an der anschaulich-ganzheitlichen Landschaft ‚ablesen' können. In gleicher Weise – so der Vorwurf – vermischen die Raumkonzepte des *spatial turn* die Ebenen des Materiellen, Sozialen und Psychischen unkritisch miteinander, um so den Eindruck von Unmittelbarkeit und Wirklichkeitserfahrung zu erzeugen. Einer solchen Theoriebildung entlang der Alltagssprache ermangle es somit der Möglichkeit

---

pa nur die Frage: „Was ist also noch aufzuheben, dringend abzuschaffen, wenn nicht Raum und Zeit?" (Virilio, 1990, S. 345). Allerdings ist der Topos vom Verschwinden des Raums bereits bei Heinrich Heine anzutreffen, der hinsichtlich der Erfindung der Eisenbahn davon spricht, dass der „Raum getötet" (1984 [1854], S. 384) werde.

(oder des Willens), zwischen Raum und sozialem System zu differenzieren, womit Gesellschaft nur noch territorial gedacht werden könne. Die Theorie des *spatial turn* erliege nicht nur der eigenen Komplexität, sondern beschwöre darüber hinaus klassische „Raummythen" mit politischen Implikationen herauf (Hard, 2008). Diese Kritik richtet sich auch gegen raumsoziologische Ansätze. Doch gerade eine Raumsoziologie wie die von Martina Löw kann die Dualität des Raumes als Handlungsdimension und Strukturdimension in Form des Begriffs der „(An)Ordnungen" adressieren (Löw, 2001) und damit neben der Frage nach der räumlichen Relation zwischen Materialitäten und Machtbeziehungen auch deren raumbildende und synthetisierenden Effekte in den Blick nehmen.

2.2   Diskurse und Macht

Auch das Manifest betont zunächst: „Raum ist immer konzeptualisierter Raum". Er ist gerade nicht durch eine vorgängige Materialität bestimmt (TM [3]), sondern durch „die Menge der Relationen von Relata" (TM [28]). Daraus folgt, dass Räume diskursiv vermittelt sind: Diskurse bilden die Metaräume, in denen konzeptualisierte Räume als solche überhaupt erst zugänglich werden (TM [25]). Sollen aber Raumsemantiken als Abstraktionen von Organisationsprogrammen verstanden werden – und das heißt, als Produkt gesellschaftlicher Funktionssysteme, innerhalb derer sie wiederum selbst bestimmte Funktionen erfüllen (Hard, 2008), dann lässt sich die Struktur der diskursiven wie nicht-diskursiven Praktiken selbst erst begreifen, wenn in den Blick genommen wird, wie Technik die Möglichkeiten des Mitteleinsatzes formiert. Hierfür ist wiederum notwendig, ein gerätegebundenes Verständnis von Technik ebenso wie jegliche Vorstellung von Technik als Organprojektion aufzugeben: „vom bloßen Konstrukt zum Dispositiv" (TM [2]). Eine Topologie der Technik fasst Raum gleichzeitig als Untersuchungsgegenstand *und* Analysekategorie. Dadurch lassen sich die spezifischen Verbindungen thematisieren, wie Räume im alltäglichen Umgang, in der Reflexion und im politischen Prozess gestaltet, modifiziert und sozial angeeignet werden. Als „Dispositiv" hatte Michel Foucault jenes „Netz" *(réseau)* bestimmt, das – als „heterogene[s] Ensemble" – „Diskurse, Institutionen, architekturale Einrichtungen, reglementierende Entscheidungen, Gesetze, administrative Maßnahmen, wissenschaftliche Aussagen, philosophische, moralische oder philanthropische Lehrsätze" (Foucault, 1978, S. 119–120) miteinander verknüpft. Indem Dispositive diskursive und nicht-diskursive Elemente verschränken, installieren sie Prozeduren, die die Produktion des Diskurses selbst kontrollieren, selektieren, organisieren und kanalisieren (Foucault, 2007). Das Manifest spricht davon, dass sich topologische Ordnungen in ihrer Widerständigkeit auf Diskurse durchdrücken, diese schaffen und fortschreiben (TM [25]). Dispositive manifestieren sich als Antwort auf bestimmte Notstände *(urgence)* und Bedürfnisse und lassen sich in dieser strategischen Funktion nicht auf einzelne Intentionen von Subjekten zurückführen.[9] So kritisiert das Manifest eine „Quasi-Subjekte unterstellende Rede von der Macht der Technik" ebenso wie die These „einer Konstruktion *der* Technik durch *die* Gesellschaft" (TM [26]). Auf Seiten des Raumes spiegeln sich diese kritisierten Positionen als Raumdeterminismus und soziale Generierung des Raumes (Schlitte, Hünefeldt, Romic & Loon, 2014, S. 13–14). Dagegen sind Dispositive funktionell überdeterminiert, das heißt, die durch sie institutionalisierten Verfahren, um die oben erwähnten Notstände zu beheben, erzeugen unkontrollierbare Effekte, aus denen ihrerseits eine neue Form der Macht entsteht. Sie bieten dadurch bei gleichzeitiger Unterdeterminierung der durch sie ermöglichten Vollzüge, die Möglichkeit zur „strategischen Wiederauffüllung" und damit zum Wandel (Foucault, 1978, S. 121).

An die Stelle der vermeintlichen räumlichen Kausalität rückt das Manifest die Frage nach Macht (TM [30]). „[W]ie wir den Begriff der urbanen räumlichen Kausalität verstehen" können, hatte Edward Soja noch zur „Hauptfrage" des *spatial turn* ausgerufen. „Es handelt sich", so Soja weiter, „um eine sozial-räumliche Dialektik, die in beide Richtungen wirkt." (Soja, 2008, S. 256). Was hier der Begriff der Dialektik besagt und welcher Natur jene Raumwirkungen im Anschluss daran sein sollen, erfahren wir jedoch nicht. Diese will Gerhard Hard auf der anderen Seite selbstverständlich nur als semiotische „Wirkungen von handlungssituationsabhängigen Interpretationen" betrachten, die mit dem Physischen recht wenig zu tun haben. Es gehe um erlernte Bedeutungen und Wissen darüber, „auf welche (Raum-)Semantiken" die Menschen „wo und wann am besten zurückgreifen." (Hard, 2008, S. 290). Das *Topologische Manifest* hebt jedoch zunächst auf die Praktiken ab, die jene Subjektivitätsformen und -positionen ermöglichen (TM [9]), aus denen heraus erst Individuen selbst strategische Entscheidungen fällen und entsprechend agieren. In diesem Sinne sind (Raum)Semantiken raumkonstitutive Elemente, Teile einer kulturellen Praxis, die im Ensemble mit

---

9   In dem Kapitel „Praktiken und Diskurse" stellt Andreas Reckwitz die methodologischen Wahlverwandtschaften der beiden sozial- wie geisteswissenschaftlichen Paradigmen heraus: „Wenn man Praxeologie und Diskurstheorie nicht allein als zwei theoretische Optionen mit einander dementierenden Fundierungsansprüchen gegenüberstellt, sondern sie auch als zwei methodische Komplexe behandelt, ergibt sich [...] ein Muster, in dem sich die Inkommensurabilität beider Forschungsstrategien auflöst und sich beide in der Forschungspraxis zu überschneiden beginnen. Die Forschungspraxis der Praxeologie nimmt selbst – ob sie will oder nicht – Züge einer Analyse von historischen Dokumenten an, die sie in die Nähe der Diskursanalyse (mit all ihren Problemen) bringt. Umgekehrt gilt: Jene der Diskurstheorie strebt selbst auf die Seite der Analyse sozialer Praktiken, eines ‚Kontextes' jenseits des ‚Textes' hin." (2016, S. 60).

und durch ihre Relationen zu real-, sozial- und intellektual-technischen Ordnungen Möglichkeitsräume mitgestalten und dadurch an der Produktion bestimmter Raum- und Wissensformen beteiligt sind. Die Frage nach der Wirkung von Räumen oder Raumsemantiken wandelt sich damit zur topologischen Analyse von Machtnetzen: „Macht ist ein Modalphänomen, kein Vermögen, folgt keinem Plan." (TM [28]). Hergeleitet vom altgriechischen Ausdruck *dynamis* für Kraft handelt es sich um „Macht im Sinne einer allgemeinen Möglichkeitsmacht" (Gehring, 2004, 109).[10] Wenn also hier noch von „Wirkungen" die Rede sein soll, dann von solchen des Eröffnens, Verschließens und Strukturierens von Möglichkeitsräumen, d. h. Bedingungen von Möglichkeiten in ihren wechselseitigen Verhältnissen.

2.3 Topologie: Analysekategorie und Methode

„Topologie", ein Lehnwort aus der Mathematik, kann formale, methodische sowie empirische Momente umschließen und nimmt in interdisziplinärer Ausrichtung ein Grundmotiv des *spatial turn* auf. Mit dem „Stichwort vom topologischen Raum" wird in aktuellen Raumdebatten eine „zweifache Zurückweisung" vorgenommen. Argumentiert wird einerseits gegen das „Konzept eines absoluten Raumes" und andererseits gegen einen „Primat der Zeit" (Alpsancar, Gehring & Rölli, 2011, S. 155). Das Manifest beabsichtigt diese Gedanken exemplarisch zu verorten, also auf die Füße zu stellen: Bottom-up wird an der Pluralität der Phänomene angesetzt und die lokal begrenzte Eigenlogik sozialer Situationen wird ebenso berücksichtigt wie deren spezifische materielle Gegebenheiten (S. 10). Weil Räume in ihrer Typik heterogen sind, lassen sie sich nicht beliebig ineinander blenden – und dennoch sind sie nicht inkompatibel, sondern können an Orten koexistie-

---

10 Eine konzise Beschreibung gibt Petra Gehring an anderer Stelle: „Macht ist ein steigerbares und produktives (nämlich wirklichkeitskonstitutives) Element im antiken Wortsinn einer Form für Formen: Ein Element jenseits des ‚Wimmelbildes' direkter Kausalketten und auch jenseits beziehungsweise abseits von (direktem, kausalem) Zwang. Macht setzt vorhandene Machtlagen voraus und spielt sich in diesen ab oder aus: Sie formt solche Fragen und formt sie um. Konkret funktioniert Macht etwa als Zugewinn oder Verlust oder als eine bestimmte Ausgestaltung von Möglichkeiten. Sie fungiert nicht nur wie ein Offenheitsprinzip von der Art eines ‚Alles-könnte-auch-anders-sein', sondern ist gerade auch der Grund eines bestimmbar nicht beliebigen – nämlich präzise passenden und gerade deshalb auch Wirklichkeitswert gewinnenden – Möglichen. Macht lässt Unwahrscheinliches situationsgünstig eintreten, und zwar sehr genau zugeschnitten auf eine jeweilige Situation. Weswegen Macht nicht einfach mit beliebigem ‚Potenzial' oder mit abstrakter Freiheit zu Beliebigem zusammenfällt. Vielmehr kommen ‚die Möglichkeit zur Möglichkeit' sowie souveräne oder unwillkürliche, in jedem Fall: vermittelte Formen der Eingrenzung von Möglichkeiten [...] in konkreten Machtkonstellationen stets zusammen." (2015, S. 48).

ren (TM [3]). Im Kühlzentrum eines Flughafens überschneiden sich beispielsweise Sicherheitsräume, Transporträume, Speicherräume und Regierungsräume – jeweils mit eigenen Handlungsmustern.[11] Alltägliche und abseitige Praktiken bilden den Ausgangspunkt für die Konzeptionen räumlicher Ensembles (Foucault, 1992; Latour, 1995, S. 14), die sich topologisch analysieren lassen. Denn mit Praktiken werden relevante Verknüpfungen zwischen verschiedenen Entitäten vorgenommen, die sich in ihrer Gesamtheit als Machtnetze darstellen. Eine adäquate Beschreibung von Räumen unter dem Aspekt ihrer Topologie erfordert daher die Beteiligung unterschiedlicher Disziplinen und damit nicht zuletzt eine interdisziplinäre Arbeitssprache. Denn nur so lässt sich von einer theorieinternen Debatte auf die Ebene der Gestaltungsspielräume wechseln.[12]

Wie Strukturen und Materialitäten einer Vielheit von Dingen aufeinander wirken und wie ein solches Ensemble zu analysieren ist, lässt sich mit Blick auf die zum Einsatz gebrachten Techniken beschreiben. Es sind Techniken, die das Funktionieren der Ensembles regulieren, reglementieren und sichern, die Ensembles anderen Strukturen gegenüber öffnen oder schließen. Topologie als Methode identifiziert Lagebeziehungen von wirklichen und möglichen Relationen in diskursiven und materiellen Netzen. Topologie als Verfasstheit thematisiert die Betrachtung dieser Relationengefüge als Machtnetz: „Machtnetze sind nur topologisch analysierbar." (TM [28]).

Ziel der topologischen Analyse ist es, das Zusammenspiel heterogener Elemente in ihrer raumbildenden Dimension zu erfassen und Wirkmechanismen von Dispositiven als machthaltige Bündel von Beziehungen zu entschlüsseln. In diesen Ensembles fungieren Subjekte nicht als strategische, sondern als operative Akteure: Sie setzen an Netzdynamiken an und verwirklichen diese – bis hin zur Verstetigung. Damit haben Subjekte zwar Anteil an machtförmigen Prozessen, die sich durch zahlreiche Einflüsse verstärken oder abschwächen (z. B. Routinisierung, Normalisierung, Inkorporation, Verinnerlichung), sie können diese Dynamiken aber in ihrer Gesamtheit nicht zielgerichtet beeinflussen. Subjekte sind ein möglicher Faktor räumlicher Relationen – Relationen können zwischen Objekten

---

11   Im November 2013 boten Alexander Friedrich und Stefan Höhne im Rahmen des Kollegsprogramms einen Workshop und eine Exkursion zum Thema „Infrastrukturalismus der Frische" an. Ziel der Exkursion war das *Perishable Center* des Frankfurter Flughafens, Europas größter Luftfracht-Umschlagplatz für Kühlgut.

12   Produktive interdisziplinäre Spannungen kamen in den kollegsinternen Debatten immer wieder auf: Beispielsweise wenn Gilles Deleuzes Konzeption von Räumlichkeit als symbolischer Existenzweise, in welcher der topologische Raum als reines *spatium* zu beschreiben ist (2003, S. 253), auf die Frage traf, wie sich die Straßenbahnnetze von Karlsruhe und Mulhouse unterscheiden; oder wenn Gaston Bachelards *Poetik des Raumes* in Bezug zur Distribution von Knotenpunkten in informationstechnischen Kommunikationsnetzen gesetzt wurde.

bestehen, zwischen Objekten und Subjekten ebenso wie ausschließlich zwischen Subjekten. Subjekte unterscheiden sich von Objekten darin, dass sie aufgrund der Relation zur aktiven Selbstformung gelangen und damit „praktische Reflexivität" aufweisen (Hubig, 2014, S. 79) – sich also prinzipiell zu den vorgefundenen Ensembles als Elemente von zumindest teilweise disponiblen Netzen verhalten können. Im Gegensatz zu Netzen lassen sich Strukturen als „kontextrelativ notwendige Verbindungen von Möglichkeitsräumen" (S. 73) kennzeichnen. Für eine topologische Analyse ist es sinnvoll, Netze von Strukturen zu unterscheiden, denn topologisch gesehen sind Strukturen relativ starr: Handlungen, Ereignisse oder Zustände vollziehen sich als Aktualisierungen realer, konditional gekoppelter Möglichkeiten. Strukturen bilden so den Rahmen oder das technisch induzierte und dadurch auch pfadabhängige Gerüst, innerhalb dessen sich Netze als Ausformungen konkreter Verhaltens- und Handlungsmuster formieren können. Netze und Strukturen zu unterscheiden ermöglicht es, prästrukturelle Verdichtungen in den Blick zu bekommen, die als Knotenpunkte in Netzen verstanden werden. Anders als Strukturen zeichnen sich Netze nicht durch eine konditionale Verknüpfung vorstrukturierter Möglichkeitsräume aus, ihre Knotenpunkte ergeben sich aus dem Zusammenspiel von Inter-Aktionen und Intra-Aktionen. Intra-Aktionen sind Relationen, deren Relata erst durch die Relation erzeugt werden (Barad, 2007, S. 33 f.). Ein Beispiel hierfür wären so genannte Enhancement-Praktiken: Auf der Ebene der Inter-Aktionen betreffen sie die leistungssteigernden Techniken mit dem davon Gebrauch machenden Subjekt; auf der Ebene der Intra-Aktionen zählen dazu Diskurse, etwa über die Anforderungen in einer ‚Leistungsgesellschaft', materiale Infrastrukturen, aber auch Marketingstrategien, die die Inter-Aktionen und Subjektpositionen ko-konstituieren. Intra-Aktionen können demnach Technik, Räume, aber auch Leben formen. Mit anderen Worten: Die Relata sind abhängig von Dispositiven, welche die Relationen organisieren, ohne sie vollständig zu determinieren. Diese Abhängigkeit lässt sich topologisch wiederum auf Beziehungen zwischen machtvollen (weil praktisch wichtigen) Knoten zurückführen. Die Knoten selbst erhalten ihre herausgehobene Stellung durch das Bündeln von Intra-Aktionen sowie darauf aufsetzenden Inter-Aktionen, d. h. Relationen von Intra-Aktionen (TM [28]). Vor dem Hintergrund, dass auch technisch bedingte Raumbezüge gemacht und damit formbar sind, lautet die Leitfrage der Analysen, wie sich Techniken als Dispositive räumlich auswirken, welche Rolle ihnen tatsächlich im Netz der „Relationierungen von Relata" (Hubig, 2014, S. 77) zukommt.

3   Topologie im Kontext interdisziplinärer Studien

Topologie als Konzept kann Ingenieur-, Kultur-, Human- und Geisteswissenschaften miteinander verbinden, wenn für räumliche und technische Dimensionen der jeweils spezifischen Phänomene eine gemeinsame Sprache bereitgestellt werden kann, die diese inwendige Beziehung erfasst. Charakteristikum einer solchen topologischen Sprache ist, dass sie Relationen in das Zentrum der Aufmerksamkeit rückt. Eine so verstandene Topologie ist weniger eine Metatheorie als vielmehr ein gemeinsamer Verständigungshorizont, der zwar den Rahmen für Analysen abgeben kann, der aber an Einzelphänomenen entwickelt werden muss.

Für den vorliegenden Sammelband „Technik – Macht – Raum" bildet das *Topologische Manifest* Diskussionsgrundlage und einheitlichen thematischen Bezugspunkt, um als wissenschaftspraktischer Versuch die Diskussionen um Raum und Technik zu bündeln. Einzelne Beiträge aus unterschiedlichen Disziplinen schließen hier an. Sie entfalten eigenständige Fragestellungen und setzen sich implizit oder explizit mit der Stoßrichtung des *Topologischen Manifests* auseinander. Topologie wird als Methode und Analysekategorie in unterschiedlichen Forschungsfeldern angewendet und dabei werden Grenzen des Konzepts ausgelotet, um es zu präzisieren und/oder es zu erweitern.

Die Reflexion über die Textgattung des Manifests bildet den Ausgangspunkt im Beitrag *Topologische Avantgarde* von *Niels Werber*. Die Inszenierung einer Epochenwende und des radikal Neuen als Provokation aufgreifend, macht sich Werber auf die Suche nach historischen Vorläufern, die den „leeren Raum" im Dienste eines relationalen Raumkonzeptes kritisieren – und wird unter anderem fündig bei Carl Schmitt. Spielerisch-polemisch setzt Werber hier Schmitts Plädoyer für den „Leistungsraum" als Produkt eines dynamischen Handlungsgefüges, in dem der Technik eine moderierende aber nicht determinierende Rolle zukommt, ins Verhältnis zu der Konzeption des Dispositivs im *Topologischen Manifest*. Die aufgewiesenen Parallelen eröffnen die Frage nach den politischen Implikationen einer relationalen Raumtheorie, die bei Schmitt in drastischer Weise offen liegen, im Falle des *Topologischen Manifests* jedoch unterbestimmt blieben.

Dass mit der topologischen Analyse explizit politisch gearbeitet werden kann, führen *Leon Hempel* und *Thomas Markwart* in *Widerstände in den Aufteilungen des Sinnlichen* vor. Die Autoren unterstreichen in ihrem Artikel die Bedeutung der Imagination für Sicherheitsräume. Hier zeigt sich Unterbestimmtheit als Ambiguität mit politischer Wirksamkeit im Spannungsfeld von Sichtbarkeit, Unsichtbarkeit und Sichtbarmachung. Die detaillierte Bildanalyse des Covers einer Broschüre des *European Security Research Advisory Boards* folgt der Frage, inwieweit das dort dargestellte, sorgsam arrangierte „Sichtbarkeitsregime" als Zusammenspiel von sinnlicher Wahrnehmung und Macht charakterisiert werden muss.

In drei Schritten weisen die Autoren eine „wirklichkeitskonstituierende Sichtbarkeitstopologie" nach, die ihre Macht erst dann entfaltet hat, wenn der Betrachter des Bildes den suggestiven Parametern folgt und sie in der eigenen Imagination vollendet – oder sie durchschaut und sich ihnen widersetzt.

In der Debatte um Sicherheitsräume verbinden sich Imaginationen mit Sicherheitsvorschriften und baulichen (An)Ordnungen. Statt auf ein Bild wie Leon Hempel und Thomas Markwart bezieht sich *Annette Ripper* in *Literally Imagination. Aviation Security Practices and Literary Fiction* auf die fiktionale Literatur und richtet ihren Fokus auf Sicherheitsräume im Luftverkehr. In ihrem Beitrag zeigt sie, wie Fiktionen die Produktion von Sicherheitsräumen mitgestalten und auch deren Wahrnehmung prägen. Darüber hinaus widmet sie sich den Relationen zwischen der strukturellen Verwandtschaft von literarischen mit sicherheitstechnischen Praktiken und deren raumbildender Dimension. Diese werden ausgehend von Fiktions-, Versicherheitlichungs- und Intertextualitätstheorie als Praktiken ‚als ob' charakterisiert und am Beispiel von Identitätskonstruktionen, Szenarien und Täuschungstechniken besprochen. Dabei zeigt sich, dass die Kategorie des Möglichen sowohl in der Literatur als auch in Sicherheitsräumen mit Praktiken ‚als ob' zugänglich gemacht wird und darüber Handlungs-, Deutungs- und Seinsmöglichkeiten in der Wirklichkeit orientiert werden.

Die Fiktionalität, allerdings im Rahmen virtueller Welten, zieht sich auch durch den phänomenologischen Beitrag *Virtualität und Macht* von *Tobias Holischka.* In Abgrenzung zum *CyberSpace* befasst er sich darin mit dem *CyberPlace* als richtungsabhängigem und autonomem, topologischem Phänomen, durch das mögliche Welten erfahrbar werden. Im Fokus steht dabei die Wirkmacht virtueller Orte und so greift Holischka den Machtaspekt aus dem *Topologischen Manifest* auf. Die Grenzen des Manifests auslotend, kritisiert er das Spannungsverhältnis zwischen real und virtuell, das den Blick auf die Besonderheit des virtuellen Ortes verstelle: Anhand der Phänomene der Wieder-, Neu- und Rückverortung argumentiert Holischka, dass der Gegensatz zu Virtualität nicht in der Wirklichkeit, sondern vielmehr in der Materialität zu sehen ist. Virtuelle Orte entfalten unter anderem dadurch Wirkmacht, dass sie nicht ohne die Konkretisierung von Möglichkeiten auskommen. Je mehr Möglichkeiten spezifiziert werden, desto mehr Einblicke in mögliche Wirklichkeiten scheinen auf. Dies gilt zum Beispiel auch für Ruinen, wenn sie in Computerspielen oder Museen dargestellt werden.

So können auch Katastrophen im *CyberPlace* inszeniert werden. Um die Form einer solchen medialen Vermittlung geht es *Jacob Birken* in *Ein Sturm kommt auf,* der am Beispiel des Katastrophendiskurses dessen kultur- und begriffsgeschichtlichen Wandel in den Blick nimmt und aufzeigt, wie das zeitlich segmentierte Phänomen der Katastrophe von ihr betroffene Orte in Heterotopien verwandelt, indem sie bis dahin geltende gesellschaftliche Ordnungen zur Disposition stellt. Die sich wandelnden Inter- und Intraaktionsformen zeigt Birken am Beispiel früh-moderner Ruinendarstellungen (Lissabon, Chicago, San Francisco) im Vergleich zu spätmodernen Fotografien im radioaktiv verstrahlten Gebiet um Tschernobyl: Charakteristisch für diese Formung von Heterotopien ist die diskursive Erfassung des Ausmaßes der Katastrophe, die den Raum auf jeweils unterschiedliche Weise inszeniert. Katastrophen fordern individuelle Opfer und erzeugen kollektive Deu-tungsmuster, die sich u. a. auf die Errichtung neuer Ordnungen, auch im politi-schen Sinne, beziehen.

Wie Erzählpositionen Inszenierungen bestimmen können, analysiert *Frauke Nowak* in *Die ausgeklammerte Welt und das Gefängnis der eigenen Sprache.* Da-für untersucht sie ein Unterkapitel aus Niklas Luhmanns *Die Gesellschaft der Ge-sellschaft,* in dem dieser die soziologische Bedeutung der Technik erörtert. Dabei geht es Nowak einerseits um eine Kritik der Luhmann'schen Definition der Tech-nik, die den Raum vernachlässigt; andererseits jedoch richtet sich ihre Aufmerk-samkeit besonders auf die Techniken seiner Produktion als Erzählung. Orientiert an der Erzähltheorie Gérard Genettes zeigt sie, wie es Luhmann durch spezifische Darstellungsmodi, der im Text eingenommenen Sprecherposition und der Fokali-sierung gelingt, eine unanfechtbare, aber ortlose Machtposition zu etablieren und zu legitimieren. Nowak hinterfragt Luhmanns Auffassung von Technik als „evo-lutionäre Errungenschaft der Gesellschaft" einmal mit Blick auf die soziologische Vereinnahmung eines sozialdarwinistischen Konzepts sowie auf die problemati-sche Positionierung der Technik, die Luhmann zufolge innerhalb der Gesellschaft, gleichzeitig aber auch außerhalb derselben situiert ist. Luhmanns Technikkapitel dient ihr daher als Gegenentwurf zum *Topologischen Manifest.*

Während Nowak aus einer Metaperspektive den fehlenden Raumbezug in Luhmanns techniktheoretischem Standpunkt beanstandet, richtet *Oliver Honer* den Fokus in seinem Artikel *Die Technisierung des Leibes* gerade auf die Raum-dimension, wenn er die fehlende technikphilosophische Perspektive in der De-batte um medizinische ‚Gesundheitsoptimierung' kritisiert. An biomedizinischen Technologien und ihrer potentiellen Dienlichkeit zu Enhancement-Praktiken ent-zündet sich die Diskussion um die Grundkategorien (krank/gesund) und um die mögliche Entwicklung hin zu einer „wunscherfüllenden Medizin". Ausgehend von kulturphilosophischen Überlegungen Ernst Cassirers und Georg Simmels entwickelt Honer eine Modellierung, die den Zusammenhang von Handlungs-logik, Technik und orientierenden Wertdimensionen verständlich macht. Damit zeigt er, wie technische Artefakte jenseits von Vermarktwirtschaftlichungsprozes-sen auf Praktiken, aus denen sie hervorgingen, zurückwirken. Die Ordnung des durch Technik – verstanden als symbolische Form – eröffneten Möglichkeitsraum-mes wird über die Begriffe vom logischen, teleologischen und kulturellen Raum aufgeschlüsselt. Entwicklungsdynamiken lassen sich dann als subversive Prozesse wie auch in Form einer orientierenden, aber nicht determinierenden „kulturellen Logik der Objekte" (Simmel) begreifen. Angewendet auf die Medizin als Handlungsfeld zeigt sich Enhancement als abweichende Praxis auf Basis des medizinischen Möglichkeitsraumes, der nicht nur quantitativ, sondern qualitativ um eine neue orientierende Wertdimension erweitert wird.

Mit der Beschreibung des globalen Netzwerkes biozentrischer Kühlräume als Kryosphäre konzipieren auch *Alexander Friedrich* und *Christoph Hubig* in *Kryosphäre. Künstliche Kälte im Dispositiv der Biomacht* eine Beschreibungssprache für Entwicklungslogiken. Der topologische Aufbau der Kryosphäre weist verschiedene, funktional zu trennende, aber operativ aufeinander bezogene Räume auf, deren Genealogie zwar höchst unterschiedliche Zwecke befördert, die in dieser Kälteinfrastruktur realisiert werden, über denen aber ein scheinbar teleologisches Moment steht, eine einheitliche Strategie: Die Mittel-Zweck-Korrelativitäten im Möglichkeitsraum des kältetechnischen Systems richten sich an der Steigerung der Disponibilität des Lebens aus. Die Kryosphäre lässt sich so als Dispositiv der Biomacht in einer spezifischen Form beschreiben: *Leben zu machen und nicht sterben zu lassen.* Während das globale Kältenetzwerk so Disponibilität steigert, wird es selbst gesellschaftlich indisponibel. In einem Übersetzungsmodell der Macht konzeptualisieren Friedrich und Hubig schließlich die subjektlose Strategie der Kryosphäre als Gesamteffekt gegenseitiger Beeinträchtigungen und Übersetzungen von Operationsketten in einem obligatorischen Passagenraum.

Die Ausbreitungsdynamik der Kryosphäre sieht *Stefan Höhne* an sozio-ökonomische Logiken der Verwertung und Kapitalakkumulation geknüpft. Höhnes Beitrag *Kryosphären des Kapitals* verfolgt den historischen Einsatz von künstlicher Kälte beginnend bei medizinischen Zwecken, über die Kühlung von Produktions- und Konsumtionsräumen hin zum „cooling comfort" als biopolitischer Ressource. Mit der Expansion wohltemperierter Räume über die Fabriken hinaus ins private Heim und die Fortbewegungsmittel durch die massenhafte Verfügbarkeit von Klimaanlagen ergeben sich auch Effekte für Lebensgewohnheiten und -rhythmen, Architektur und die gesamte urbane Entwicklung. Der Technik kommt dabei nicht eine determinierende, sondern eine ko-konstituierende Rolle für die Verfasstheit kultureller Existenzen zu, die sich hier an der Inwertsetzung des *bios* als Kryokapital ausrichtet. Als Dispositiv schafft die Kryosphäre fragmentarische und umkämpfte urbane Räume, in denen sich entlang von Klasse, Geschlecht und Hautfarbe kryogene Ungleichheiten spiegeln und – eine solche narrative Rahmung findet sich auch im Beitrag von Birken – durch Katastrophen wie beispielsweise der *Chicago Heat Wave* drastisch hervortreten.

Während mit der Kryosphäre räumlich Getrenntes in einen Zusammenhang gebracht wird, widmen sich *Martina Löw* und *Gunter Weidenhaus* in *Relationale Räume mit Grenzen* gerade der Art der Trennung benachbarter Räume am Beispiel nationalstaatlicher Grenzziehung. Ihr Anliegen ist es, Grenzen konzeptionell in eine relationale Raumtheorie zu integrieren. Dabei halten sie am relationalen Raumkonzept fest, dem die Thematisierung der Grenze auf den ersten Blick zu widersprechen scheint. Die Alltagserfahrung, sich in Räumen mit starren Begrenzungen wie Nationalstaaten („Containerräume") wiederzufinden, rekonstruieren die Autor*innen über ein Verständnis von Grenze als Relation von Räumen anstelle eines raumkonstituierenden Elements. Mit einer Beispielanalyse von Zeitungsberichten über Fluchtbewegungen aus Syrien 2015 zeigen sie, dass nicht nur auf juristischer Ebene mittels solcher Grenzen Territorien definiert und differenziert werden, sondern dass auf diskursiver Ebene auch eine „Territorialisierung der Moral" stattfindet, bei der ethische Gesichtspunkte zum Zweck der Abgrenzung vereinnahmt werden.

Wie öffentliche Debatten in den Medien geführt und von ihnen geprägt werden, interessiert auch *Sina Keesser* in ihrem Beitrag *The Architects' Ban on Advertising*. Ähnlich wie Holischka betrachtet sie den virtuellen Raum der Massenmedien als ebenso wirkmächtig wie den materiellen Raum der Baustelle. Mit dem *Royal Institute of British Architects* (RIBA), das seinen Mitgliedern im 20. Jahrhundert mit dem Werbeverbot ein ganz bestimmtes Medienverhalten abverlangte, konzentriert sie sich auf einen konkreten Akteur innerhalb des medial geführten Diskurses über Architektur. Keesser argumentiert, dass die geforderte Zurückhaltung von einem tradierten Ehrverständnis als Profession herrührte, das in einer massenmedial geprägten Gesellschaft nach dem Zweiten Weltkrieg nicht mehr anschlussfähig war. Anhand des geltenden Werbeverbots für Architekten als Teil deren Berufskodexes verdeutlicht sie, wie schwer sich die Berufsorganisation tat, ihr traditionelles Selbstbild einer veränderten sozialen Wirklichkeit anzupassen und zu welchen teils absurden Regelungen und Vorschlägen dies zeitweise führte. Nach Ansicht Keessers unterschätzte das RIBA nicht nur die Rolle der Massenmedien im Architekturdiskurs, es trug zudem unabsichtlich dazu bei, die Architektur aus öffentlichen Debatten generell zu verdrängen.

Wie sich der Expertendiskurs von Architekten, Stadtplanern und Ingenieuren ganz konkret auf materielle Räume niederschlägt, ist Thema im Beitrag *Raumgestaltung als Sozialtechnologie?* von *David Kuchenbuch*. Durch die Auseinandersetzung mit dem *Topologischen Manifest* gewinnt der Autor eine neue Perspektive auf seine eigene Forschung (Nachbarschaftsplanung in Deutschland und Schweden zwischen 1920 und 1960, das Peckham-Experiment in der ersten Hälfte des 20. Jahrhunderts und Buckminster Fullers *Geoscope*) und auf die eigene Disziplin: In Folge ihrer Archivierung durchliefen historische Quellen bereits Sinngenerierungsprozesse. Als Historiker kann Kuchenbuch damit auf die Ursprungsideen der Planer in ihrem Selbstverständnis als Sozialingenieure nur vermittelt zugreifen. Kuchenbuch beleuchtet anhand konkreter Bauten und Planungen aber gerade auch das technische Scheitern durch nicht intendierte Aneignungsprozesse. Damit thematisiert er den Einfluss der Nutzer*innen auf die Sinnproduktion – den Moment, in dem die „Raumnutzungsvorstellungen der Planer mit der sozialen Realität konfrontiert" werden.

Wie von historischen Bedingungen abhängige Lesepraktiken auf unterschiedliche Art und Weise Sinn generieren, beleuchten *Petra Gehring* und *Andrea Rapp* in ihrem Beitrag *Vordigitale und digitale Buchseite. Der Text als Raum,* allerdings mit weit größerem zeitlichem Horizont. Mit dem Essay *Im Weinberg des Textes* des Philosophen und Theologen Ivan Illich als Brennglas analysieren die Autorinnen verschiedene Topologien dessen, was man beim Lesen vor sich haben kann. Sie zeichnen so den Funktionswandel der Buchseite sowohl im Hochmittelalter als auch an der Schwelle zur digitalen Kultur nach: Das Lesen eines genuin materiellen und einzigartigen Buchs in einem Skriptorium bedingt eine geistige Erlebens-Topologie. Die Wirklichkeit von gedruckten Texten besteht dagegen in einem unsichtbaren Text-Sinn, mit dem virtuelle bzw. imaginäre Topologien verbunden sind. Im digitalen Zeitalter können diese Topologien – z. B. durch kollaborative Rezeption – dynamisiert werden und neue Formen der Intertextualität entstehen.

Sinnerschließung von Texten, Bildern und Situationen nimmt in den Diskursräumen des *Topologischen Manifests* eine zentrale Stellung ein. In ihrem Beitrag *Verstehen als Erwachen* nehmen *Andreas Brenneis* und *Silke Vetter-Schultheiß* eine Doppelbelichtung solcher Sinnerschließungsprozesse vor, indem sie Joseph Königs Idee der ursprünglichen Metapher und Walter Benjamins Konzept des Denkbildes aufeinander beziehen. Damit wird Sinn vor dem Hintergrund von diskursiven Prägungen und lebensweltlichen Situationen konstruiert und dekonstruiert. König und Benjamin beschreiben mit unterschiedlichen Terminologien und Zielrichtungen, wie Verstehen als Prozess in einem Augenblick von Einsicht kulminiert. Da beide dafür mit der Metapher des Erwachens operieren, können materialistische Geschichtsphilosophie und epistemologische Dialektik gemeinsam gedacht werden. Dabei werden jeweilige Zwischenergebnisse des Denkens als topologische Anordnung von sinnhaftem Material vorgestellt, bei der sich semantische Distanzen immer situationsspezifisch ergeben.

In wissenschaftsphilosophischer Hinsicht nimmt *Andreas Kaminski* in *Der Erfolg der Modellierung und das Ende der Modelle* die Frage nach dem Verstehen auf und führt aus, wie durch die Verflechtung von Technik und Mathematik in Computersimulationen epistemische Opazität generiert wird. In historischer Draufsicht konstatiert er dabei ein (zumindest vorläufiges) Ende der Modelle, da Simulationsmodelle im Gegensatz zu klassischen Modellen einige wesentliche Eigenschaften von Wissenschaft untergraben, wie beispielsweise Einsicht, Nachvollziehbarkeit oder die Begründetheit des Vorgehens. Inwiefern Modelle aus Computersimulationen opaker sind als mechanische Modelle, wird mit einem neuen Verhältnis zwischen Modellierenden und Modelliertem erklärt: Weil eine Einsicht in die Modellstruktur nicht möglich ist, muss der Modellierung ein Vertrauensvorschuss gewährt werden. Die Gefahr, die hierin selbstverständlich liegt, bringt das Manifest zum Ausdruck: „Wer sich verlässt, ist verlassen!" (TM [18]).

Während Kaminski in wissenschaftsphilosophischer Reflexion beschreibt, wie in Simulationsmodellen paradoxerweise Teile des Wissens im Dunkeln bleiben, thematisiert **Manuel Reinhard** die Grenzen des Wissens in der philosophischen Reflexion selbst. In seinem Beitrag **Der Topos der Grenze** analysiert er die rhetorischen Techniken des philosophischen Diskurses der (Post)Moderne, wie er sich in Jacques Derridas Œuvre ausprägt. Die Grenze als Kriterium der Selbstvergewisserung und als Mittel der Selbstaffirmation wird dabei als rhetorisch, strategisch und probativ problematisiert – und Derridas Texte in ihrem topologischen Zusammenhang mit Blick auf ihre Suggestivkraft reflektiert. Dabei wird der Topos der Grenze in Derridas Projekt als Paradoxie entlarvt. Ebenso wie Nowaks Kritik an Luhmann stellt Reinhard die Immunisierung der Autorposition Derridas heraus.

Kai Denker unterzieht in seinem Beitrag **Newtons Eimer** die Übernahme des Topologie-Begriffs durch die Kultur- und Geisteswissenschaften einer kritischen Betrachtung. Die Indienstnahme der Topologie für relationale Raumkonzepte geschehe dort auf einem solchen Abstraktionsniveau, dass sich alles räumlich beschreiben lasse, während die Räumlichkeit der Phänomene dabei nicht eigens gewährt werden könne. Im Falle des *Topologischen Manifests* stellt sich dies als das Vermittlungsproblem zwischen topologischer Erfasstheit und Verfasstheit dar. Denker sieht hier als einzig gangbaren Weg, dass die topologische Beschreibungssprache ihr implizites räumliches Vorverständnis über die Beschreibungssprache der Physik einholt. So ergibt sich die Forderung nach Kompatibilität in der Form des Weltbezuges beider Beschreibungssprachen. In der ontologischen Spekulation über die experimentaltechnischen Räume der Physik, die hier über die analytische Metaphysik ausgehend von Isaac Newtons Eimer-Argument rekonstruiert wird, liefere jedoch eine modifizierte substanzialistische Raumauffassung eine geeignetere Interpretation, sodass die relationistische Sichtweise an diesem Punkt zu scheitern drohe.

Anders als Denker, der das *Topologische Manifest* als abstrakte Metatheorie liest, fragt **Gregor Kanitz** in **Manifesto. Hände und Köpfe des Kommunistischen Manifestes** nach der Art und Weise, wie Manifeste konkret ihre Wirkung entfalten: im Raum und über die Zeit hinweg mittels ihrer Sprachen und Techniken. Als Ausgangspunkt dient ihm ein virtueller Rundgang durch Julian Rosefeldts Filminstallation *Manifesto,* die vom 9. Februar bis zum 6. November 2016 im Berliner Museum für Gegenwart *Hamburger Bahnhof* zu sehen war. Es geht Kanitz um eine spezifische Form der körperlichen Erfahrung und Sinnlichkeit, die für eine sozioästhetische Perspektive zentral ist. Diesen Fokus überträgt er auf die Untersuchung der Entstehungs- und Verbreitungsgeschichte des Kommunistischen Manifests und hebt dabei ihre performative Dimension hervor, indem er die Bedeutung von Marx' körperlicher Präsenz für die Durchschlagskraft dieses Manifests herausstellt. Die eingangs erwähnte Ausstellung, so die These des Autors, macht die Erfahrungen des Manifestierens wieder greifbar. Die Installation holt Manifeste vergangener Epochen auf den Bildschirm; die Besucher*innen aktualisieren diese durch ihre Präsenz.

Praktiken des Manifestierens waren nicht zuletzt zur Zeit des Darmstädter Graduiertenkollegs *Topologie der Technik* eine wenn auch nicht immer harmonische, so doch zu jeder Zeit äußerst produktive Erfahrung, für die wir allen – aktiv und passiv – Beteiligten an dieser Stelle unseren ganz herzlichen Dank aussprechen möchten:

Suzana Alpsancar, Klaus Angerer, Mark Azzam, Anne Batsche, Jenny Bauer, Dagmar Bellmann, Philipp Benz, Remi de Bercegol, Simon Bihr, Ulf Blanke, Lukas Breitwieser, Andreas Brenneis, Alejandro Buchmann, Robert Julio Decker, Kai Denker, Manuel Dietrich, Aleksandra Dominiak, Donna Drucker, Sabrina Ellebrecht, Marcel Endres, Irem Erat, David Ewert, Lars Frers, Alexander Friedrich, Pauline Gabillet, Paul Gebelein, Petra Gehring, Sebastian Gießmann, Robert Groß, Herdis Hagen, Paul Haiduk, Mikael Hård, Sergej Hardock, Franziska Hasselmann, Sebastian Haumann, Melanie Heß, Nicole Hesse, Martin Hofmann, Sabine Höhler, Dirk Hommrich, Oliver Honer, Christoph Hubig, Gregor Kanitz, Sina Keesser, Uwe Klingauf, Kevin Lin, Jessica Longen, Martina Löw, Hengjin Ma, Anna Lisa Martin, Jochen Mayer, Anna Mazanik, Larissa Medvedeva-Türk, Christian Mettke, Jochen Monstadt, Syed Agha Muhammad, Dorit Müller, Frauke Nowak, Sonja Palfner, Guiseppina Pellegrino, Brigitte Petendra, Sonja Petersen, Dejan Petkov, Andrea Rapp, Robert Rehner, Manuel Reinhard, Ekaternina Riise, Annette Ripper, David Sadoway, Christoph Santel, Katja Schikorra, Rudi Schmiede, Sebastian Scholz, Dieter Schott, Sophie Schramm, Susanne Schregel, Benjamin Seibel, Birgit Seibert, Bahar Şen, Anna Spatz, Christina Spitzbart-Glasl, Markus Stroß, Nora Thorade, Gül Tuçaltan, Kaja Tulatz, Jonas van der Straeten, Kristof Van Laerhoven, Silke Vetter-Schultheiß, Diana Völz, David Waldecker, Heike Weber, Marie-Christin Wedel, Kathrin Weigelt, Josef Wiemeyer, Mascha Will-Zocholl, Martin Zimmermann, Christian Zumbrägel.

Literatur

Alpsancar, S., Gehring, P., & Rölli, M. (Hrsg.) (2011). *Raumprobleme. philosophische Perspektiven.* München u. a.: Fink.

Ahrens, D. (2001). *Grenzen der Enträumlichung. Weltstädte, Cyberspace und transnationale Räume in der globalisierten Moderne.* Opladen: VS.

Arias, S., & Warf, B. (2009). *The Spatial Turn. Interdisciplinary Perspectives.* Abingdon/ New York: Routledge.

Ashby, W. R. (1974). *Einführung in die Kybernetik.* Frankfurt am Main: Suhrkamp.

Bachmann-Medick, D. (2009). *Cultural Turns. Neuorientierung in den Kulturwissenschaften.* Reinbek bei Hamburg: Rowohlt.

Barad, K. (2007). *Meeting the Universe Halfway.* Durham, NC: Duke UP.

Castells, M. (1989). *The Informational City. Information Technology, Economic Restructuring, and the Urban Regional Process.* Oxford: Wiley-Blackwell.

Certeau, M. de (1988) [1980]. Praktiken im Raum. In *Kunst des Handelns* (S. 179–240). Berlin: Merve.

Deleuze, G. (2003). Woran erkennt man den Strukturalismus? In *Die einsame Insel. Texte und Gespräche von 1953 bis 1974* (S. 248–281). Frankfurt am Main: Suhrkamp.

Döring, J., & Thielmann, T. (2008). Einleitung. Was lesen wir im Raum? Der *Spatial Turn* und das geheime Wissen der Geographen. In J. Döring, & T. Thielmann (Hrsg.), *Spatial Turn. Das Raumparadigma in den Kultur- und Sozialwissenschaften* (S. 7–45). Bielefeld: transcript.

Döring, J., & Thielmann, T. (Hrsg.) (2008). *Spatial Turn. Das Raumparadigma in den Kultur- und Sozialwissenschaften.* Bielefeld: transcript.

Döring, J., & Thielmann, T. (2009). Mediengeographie. Für eine Geomedienwissenschaft. In J. Döring, & T. Thielmann (Hrsg.), *Mediengeographie. Theorie – Analyse – Diskussion* (S. 9–64). Bielefeld: transcript.

Dünne, J., & Günzel, S. (2006). *Raumtheorie. Grundlagentexte aus Philosophie und Kulturwissenschaften.* Frankfurt am Main: Suhrkamp.

Fähnders, W. (1997). „Vielleicht ein Manifest". Zur Entwicklung des avantgardistischen Manifests. In W. Asholt, & W. Fähnders (Hrsg.), *Die ganze Welt ist eine Manifestation* (S. 18–38). Darmstadt: WBG.

Foucault, M. (1977). *Überwachen und Strafen. Die Geburt des Gefängnisses.* Frankfurt am Main: Suhrkamp.

Foucault, M. (1978). *Dispositive der Macht. Michel Foucault über Sexualität, Wissen und Wahrheit.* Berlin: Merve.

Foucault, M. (1992). Andere Räume. In K. Barck (Hrsg.), *Aisthesis. Wahrnehmung heute oder Perspektiven einer anderen Ästhetik* (S. 34–46). Leipzig: Reclam.

Foucault, M. (2005a). *Die Heterotopien. Der utopische Körper. Zwei Radiovorträge.* Frankfurt am Main: Suhrkamp.

Foucault, M. (2005b) [1984/1967]. Von anderen Räumen. In *Dits et Ecrits. Schriften in vier Bänden. Bd. 4: 1980–1988* (S. 931–942). Frankfurt am Main: Suhrkamp.

Foucault, M. (2007) [1991]. *Die Ordnung des Diskurses.* Frankfurt am Main: Fischer.

Frank, S., Gehring, P., Griem, J., & Haus, M. (Hrsg.) (2014). *Städte unterscheiden lernen*. Frankfurt am Main/New York: Campus.

Gehring, P. (2004). *Foucault. Die Philosophie im Archiv*. Frankfurt am Main: Campus.

Gehring, P. (2015). Was macht Metaphern mächtig? In A. Hölzl, M. Klumm, M. Matičević, T. Scharinger, J. Ungelenk, & N. Zapf (Hrsg.), *Politik der Metapher* (S. 41–56). Würzburg: Königshausen & Neumann.

Geppert, A., Jensen, U., & Weinhold, J. (Hrsg.) (2005). *Ortsgespräche. Raum und Kommunikation im 19. und 20. Jahrhundert*. Bielefeld: transcript.

Günzel, S. (Hrsg.) (2007). *Topologie. Zur Raumbeschreibung in den Kultur- und Medienwissenschaften*. Bielefeld: transcript.

Günzel, S. (Hrsg.) (2008). *Raumwissenschaften*. Frankfurt am Main: Suhrkamp.

Hallet, W., & Neumann, B. (Hrsg.) (2015). *Raum und Bewegung in der Literatur. Die Literaturwissenschaft und der Spatial Turn*. Bielefeld: transcript.

Hubig, C. (2006). *Die Kunst des Möglichen I. Grundlinien einer dialektischen Philosophie der Technik. Bd. 1. Technikphilosophie als Reflexion der Medialität*. Bielefeld: transcript.

Hubig, C. (2015). *Die Kunst des Möglichen III. Grundlinien einer dialektischen Philosophie der Technik. Bd. 3. Macht und Technik*. Bielefeld: transcript.

Hard, G. (2008). Der Spatial Turn, von der Geographie her beobachtet. In J. Döring, & T. Thielmann (Hrsg.), *Spatial Turn. Das Raumparadigma in den Kultur- und Sozialwissenschaften* (S. 263–316). Bielefeld: transcript.

Heidegger, M. (2000) [1953]. Die Frage nach der Technik. In *Vorträge und Aufsätze* (S. 5–36). Frankfurt am Main: Klostermann.

Heine, H. (1984) [1854]. Lutetia. Berichte über Politik, Kunst und Volksleben. In *Sämtliche Schriften. Bd. V* (S. 384), München: Hanser.

Klatt, J., & Lorenz, R. (2011). Politische Manifeste. Randnotizen der Geschichte oder Wegbereiter sozialen Wandels? In J. Klatt, & R. Lorenz (Hrsg.), *Manifeste. Geschichte und Gegenwart des politischen Appells* (S. 7–45). Bielefeld: transcript.

Köster, W. (2001). *Die Rede über den „Raum". Zur semantischen Karriere eines deutschen Konzepts*. München: Beck.

Latour, B. (1995). *Wir sind nie modern gewesen. Versuch einer symmetrischen Anthropologie*. Berlin: Akademie.

Lefebvre, H. (1992). *The Production of Space*. Oxford/Cambridge, MS: Blackwell.

Löw, M. (2001). *Raumsoziologie*. Frankfurt am Main: Suhrkamp.

Löw, M. (2008a). The Constitution of Space. The Structuration of Spaces Through the Simultaneity of Effect and Perception. *European Journal of Social Theory*, 11, 25–49.

Löw, M. (2008b). *Soziologie der Städte*. Frankfurt am Main: Suhrkamp.

Luhmann, N. (1975). *Macht*. Stuttgart: Enke.

Maresch, R., & Werber, N. (Hrsg.) (2002). *Raum – Wissen – Macht*. Frankfurt am Main: Suhrkamp.

Mein, G., & Rieger-Ladich, M. (Hrsg.) (2004). *Soziale Räume und kulturelle Praktiken*. Bielefeld: transcript.

Müller, D., & Scholz, S. (Hrsg.) (2012). *Raum, Wissen, Medien. Zur raumtheoretischen Reformulierung des Medienbegriffs*. Bielefeld: transcript.

Reckwitz, A. (2016). *Kreativität und soziale Praxis*. Bielefeld: transcript.

Schlitte, A., Hünefeldt, T., Romic, D., & Loon, J. van (Hrsg.) (2014). *Philosophie des Ortes. Reflexionen zum Spatial Turn in den Sozial- und Kulturwissenschaften*. Bielefeld: transcript.

Soja, E. (1989). *Postmodern Geographies. The Reassertion of Space in Critical Social Theory*. London/New York: Verso.

Soja, E. (2008). Vom „Zeitgeist" zum „Raumgeist". New Twists on the Spatial Turn. In J. Döring, & T. Thielmann (Hrsg.). *Spatial Turn. Das Raumparadigma in den Kultur- und Sozialwissenschaften* (S. 241–262). Bielefeld: transcript.

Virilo, P. (1990). Das dritte Intervall. Ein kritischer Übergang. In E. Decker, & P. Weibel (Hrsg.). *Vom Verschwinden der Ferne. Telekommunikation und Kunst* (S. 335–346). Köln: DuMont.

Weigel, S. (2002). Zum „topographical turn". Kartographie, Topographie und Raumkonzepte in den Kulturwissenschaften. *KulturPoetik. Zeitschrift für kulturgeschichtliche Literaturwissenschaft*, 2, 151–165.

Werlen, B. (2008). Körper, Raum und mediale Repräsentation. In J. Döring, & T. Thielmann (Hrsg.). *Spatial Turn. Das Raumparadigma in den Kultur- und Sozialwissenschaften* (S. 365–392). Bielefeld: transcript.

Wiener, N. (1972). *Mensch und Menschmaschine*. Frankfurt am Main: Metzner.

Topologisches Manifest

[1] Wir leben in technisierten Räumen. Sie strukturieren unser Handeln, werden ihrerseits aber auch durch Technik verändert. Wie es keine Räume ohne Technik gibt, muss Raumforschung antworten auf Herausforderungen durch Technik und Techniktheorie. Der *spatial turn* blieb solche Antworten schuldig. Generell fehlt eine Raumtheorie, die Medialität, Praktiken und Materialität angemessen erfasst. In der Arbeit an technischen Fallbeispielen wiederum werden komplexe Infrastrukturprobleme und Machtbeziehungen disziplinär verkürzt. Dies soll nicht so bleiben. Wir stellen gemeinsam erarbeitete theoretische Ansätze, neue methodische Zugänge und exemplarische Lösungsideen vor.

[2] **Vom leeren Raum zum Relationengefüge, vom bloßen Konstrukt zum Dispositiv: Topologie der Technik!**

[3] Raum ist immer konzeptualisierter Raum. Konzeptualisierte Räume sind viele. Faktisch durchdringen, ergänzen, stören sie einander. Dabei dominieren bestimmte Funktionen. Hier setzte die Arbeit an: Unsere Forschungsprojekte untersuchten beispielhaft Wahrnehmungs- und Orientierungsräume, Bewegungsräume, Kommunikations- und Diskursräume, Aktions- und Simulationsräume, Möglichkeitsräume, Wissensräume, Experimentalräume, Regierungsräume, Sicherheitsräume, Konsumräume, Transport-, Transformations- und Speicherräume.* Wir haben diese Räume unter dem Gesichtspunkt ihrer topologischen Verfasstheit betrachtet. Materielles lieferte nicht die Maße. Das heißt: Wir folgten keinem absoluten oder (in schlechter Alltagsnähe) quasi-objektiven, sondern einem relationalen Raumkonzept.

[4] Sicherheitsräume. Die spezifischen Praktiken der **Sicherung** – zum Beispiel technikbasierte Sichtbarmachung von Gefährdungspotenzialen, maximale Spurenerfassung, aber auch die Platzierung von Barrieren, Glaswänden, Kanten und Versiegelung von Gefäßen – konstituieren Räume unter den funktionalen Leitunterscheidungen sicher/unsicher, gefährlich/nicht gefährlich, gefährdet/nicht gefährdet und verdächtig/unverdächtig. Wir finden das etwa in Flughäfen. In Gestalt von Arrangements aus Durchleuchtungsvorrichtungen, präventiver Datensammlung, mehrfacher Identifizierung, Gefährlichkeitsprüfung sowie der Detektion von Absichten aus der Ferne.

[5] Sicher scheint zu sein, was sichtbar ist, sichernde Räume entstehen zugleich durch die Anordnung von Filtern, die Ausgestaltung von Binnenräumen und Topologien der Überwachung, durch die Kanalisierung von Bewegungsströmen und durch zugelassene oder untersagte Variabilität der Raumnutzung. Identifizierte Gefahren sollen ausge-

---

* *Wir halten diese Räume nicht für inkommensurabel. Wir wollen aber auch nicht behaupten, sie seien ohne weiteres ineinander zu blenden.*

schaltet werden – wobei Sicherheit sich nicht einfach „produzieren" lässt, sondern mit der Steigerung ihres Definitätsgrades fragiler wird: In Sicherheitsräumen steigen Sicherheit *und* Unsicherheit.

[6] Machtökonomien verrechnen den Ausschluss von Gefährdungsmöglichkeiten mit einer zeitlichen und monetären Optimierung des Flugreisens. Sicherheitsräume machen sich aber auch (wenn Technik im Spiel ist) durch starre Algorithmen und ihre eigenen Effekte verletzlich. Sicherungsmaximen sind: **Trenne Körper! Teile Räume!** Darauf angelegte Praktiken und Raumtypen überlagern sich und lassen Raumdynamiken entstehen: Sicherheitsräume sind nie ausreichend groß, nie ausreichend sicher. Die Ausweitung von Sicherheitsbereichen an Flughäfen erfolgt nicht nur, um Gefahren abzuwehren, sondern auch aus Kosten- und Konsumgründen. Dort präsentieren sich Sicherheitsräume durch transparente Gestaltung und Segmentierung.

[7] Da in Sicherheitsräumen das Mögliche anstelle des Wirklichen privilegiert wird, besitzen fiktionale Medien wie Literatur und Film in ihnen (und für sie) besondere Geltung. Ihr Vermögen besteht in der kritischen Reflexion vorhandener Sicherheitstechnologien und -praktiken, in der Darstellung alternativer Handlungs-, Deutungs- und Wahrnehmungsmuster und vor allem darin, Gefahrenszenarien zu entwerfen und technologische Gegenmittel, diesen zu begegnen.

[8] Regierungsräume. Praktiken des Regierens – der Identifizierung, Gratifikation, Sanktion, Ermöglichung oder Verunmöglichung, des Anreizens oder der Erschwernis von individuellen oder kollektiven Verhaltensweisen – konstituieren Räume mit dem Ziel einer höherstufigen Absicherung und Stabilisierung von Sozialbeziehungen (**Aufrechterhaltung der öffentlichen Ordnung!**). Dies erfolgt unter historisch variablen Leitdifferenzen: bedrohlich/nicht bedrohlich, stabil/instabil oder produktiv/unproduktiv.

[9] In staatlichen, aber auch in nicht-staatlichen Arrangements werden Kapitalien und ihre Ströme (Zeichen, Geld, Rohstoffe, Energie, Waren), Individuen und Populationen zu Gegenständen von Regulationsmaßnahmen. Diese reichen von spezifischen Techniken der Disziplinierung über die Konstitution juridischer Verfahren samt den entsprechenden Mechanismen zu deren Durchsetzung bis hin zu komplexen Anreizstrukturen. Sie dienen zu vielerlei, nicht zuletzt aber auch zur Hervorbringung spezifischer Subjektivitätsformen. Damit Regierungstechniken greifen können, müssen sie ihren Gegenstand zunächst selbst stiften: Regierungsräume formieren sich über die Gestaltung von Umgebungen, in denen Verhalten als Erwartbares stattfinden kann – individuell und kollektiv.

[10] Als höherstufige Topologien der Regulation integrieren Regierungsräume nicht einfach „Regierte", sondern eine Vielzahl anderer Raumtypen, ohne diese allerdings in ihren jeweiligen Strukturen vollständig zu determinieren. Eher haben sie eine Kopplungsfunktion. Dabei sind konflikthafte **Überlagerungen** zu beobachten, etwa in der für die Moderne charakteristischen Konfrontation von Regierungsräumen und Wirtschaftsräumen, in welchen extern oft gerade *nicht* regiert werden soll, oder Transport- und Mobilitätsräumen, in denen Direktiven stets prekär bleiben, während gleichzeitig aber das Fortbestehen dieser Räume gesichert werden muss.

[11] In ihrer konkreten Ausprägung sind Regierungsräume folglich Resultat von Grenzziehungen sowie Risiko- und Chancenabwägungen, die darüber entscheiden, wo interveniert werden muss und wo Prozesse ihren eigengesetzlichen Steuerungs- und Regulationsformen überlassen werden können. Die Möglichkeit, Risiken – auch räumlich – zu externalisieren, produziert freilich neue Gefahren. So verweist die Auseinandersetzung mit Regierungsräumen auf eine historisch kontingente Konzeption von „Normalität" und „Zugewinn" (von Chancen wie auch Gefahr).

[12] Transport- und Mobilitätsräume. Praktiken des Transportes – einschließlich der Navigation, Festlegung von temporalen Vergaben, Strecken, Geschwindigkeiten etc. – von Gütern, Material, Energie, Information** und Menschen konstituieren spezifisch ausgestattete Mobilitätsräume. Deren Konstitution kann als räumliche Manifestation menschlicher Aktivitäten und Bedürfnisse des räumlichen Austausches verstanden werden. Einerseits handelt es sich um vorhandene Strukturen (**„Netze"**, Versorgungssysteme usw.) und faktische, zweckgebundene, räumliche Bewegungen (von Menschen, Stoffen etc.). Andererseits ermöglichen und verunmöglichen die intrin-

---

** *Energie und Information – beides fokussiert hier nicht die Übertragung, sondern hebt ab auf das Gleichbleiben des Übermittelten zwischen Senden und Empfangen.*

sischen Eigenschaften der spezifischen Techniken im weiteren Sinne in Transport- und Mobilitätsräumen individuelle und kollektive Beteiligungen. Sichtbar wird diese Dialektik der bloßen Abbildung von Vorhandenem oder aber der Anstiftung zu verstärkter oder der Schaffung neuer Mobilität etwa in schienengebundenen Verkehrssystemen. Diese ermöglichen (**kanalisieren!**) zum einen Teilhabe, das heißt etwa Transport. Zum anderen aber schränken sie Handlungen auch stark ein und verunmöglichen diese teilweise, zum Beispiel durch die Konnektivität des Schienennetzes oder Zeit- und Preispolitiken der Anbieter.

[13] Die realisierten Verfahren und Strukturierungen der Transporträume lassen sich zweckgebunden kombinieren. Die Wahl der Kombinationen wird zur optimalen Erfüllung der Bedürfnisse getroffen und unter Begriffen wie „Verkehrsnetze", „Stoffströme", „Scheduling", „Distribution" (von Waren oder Gepäck), „Passagierrouting" in planerischer Absicht modelliert. Dabei sind Leitdifferenzen wie Ausgangsort/Zielort, nah/fern, Bewegung/Stillstand bzw. mobil/immobil, Position/Strecke bzw. Zeit, also das **Dazwischen**, Parameter des relationalen Transport- bzw. Mobilitätsraums.

[14] Die konstitutiven Bestandteile von Transport- und Mobilitätsräumen formieren zum einen Zwecke, zum anderen aber werden sie durch diese erst strukturiert. Dass dies so ist, begründet die permanente dynamische „Reproduktion" von Transport- und Mobilitätsräumen: Sie können als bewegte/bewegliche Ensembles von (Orts)Relata/Relationen verstanden werden – einerseits bewegt durch ihre eigenen Dispositive und Praktiken, andererseits aber auch durch Überlagerungen und Störungen anderer Raumtypen. Transport- und Mobilitätsräume fungieren als Produkt und Medium zugleich. Sie verbinden namentlich Raumtypen wie Konsum-, Regierungs- oder Speicherräume untereinander. Sie können als **Katalysatoren** verstanden werden.

[15] Aufgrund von Persistenzen im materiellen Arrangement (**Pfadabhängigkeit!**) und auch von Konflikten sozialer, politischer oder technischer Art kann es zu einer Einschränkung der Katalysatorfunktion von Transportprozessen kommen. So stehen beispielsweise nationalstaatliche regulative Imperative wie Einwanderungsgesetze, Meldebestimmungen oder das Urheberrecht dem transnationalen Charakter individueller und kollektiver Mobilitätsräume entgegen. Flüchtlingsbewegungen, multilokale Wohnformen oder auch globale Flugver-

kehrssysteme machen das sinnfällig.

[16] Kommunikationsräume wirken auf Transporträume katalytisch. Telekommunikation kann stattfinden, obwohl man mobil ist (transportiert wird), im Kommunikationsraum der Ort sich aber nicht ändert. Transporträume können sich daher mit Informations- und Kommunikationsräumen auf eine ganz besonders intensive Weise überlagern. Dass dies so ist, belegt nicht zuletzt die Karriere des Attributs „global".

[17] **Interaktive technogene Wahrnehmungsräume** (*virtual spaces*). Leiblich mehr oder weniger souverän beherrschte Raumwelten werden über die Interaktion zwischen körperlichen Aktionen (Bewegungen) und Sinneswahrnehmungen aufgebaut. Sie sind allgegenwärtige Basis individueller Selbstverortung und Bewegungsorganisation. Durch das Zwischenschalten von Technik in entsprechenden Kontexten, zum Beispiel in Sport, Navigation, Computerspielen oder Training im Flugsimulator, werden herkömmliche Wahrnehmungsräume modifiziert, erweitert und im Sinne von erwarteter Leistung funktional spezifiziert. Neben dieser Verfasstheit (*augmented reality, mixed reality*, Messplatztraining) werden sie aber auch notwendigerweise eingeschränkt (**dekontextualisiert!**).

[18] Sport etwa ist ein körpertechnisches Experimentierfeld. Nicht nur professioneller Hochleistungs-, sondern auch privater Spielsport perfektionieren den Umgang mit Mensch-Maschine-Schnittstellen. Durch 3D- und Spieltechnologien werden Präsenzerfahrungen ermöglicht: das Gefühl, im präsentierten/virtuellen Raum körperlich anwesend zu sein und am Geschehen wirklich teilnehmen zu können. Indem man großmotorische, sportartspezifische Eigenbewegungen beim Spielen digitaler Sportspiele mittels Interface auf die Bewegung des Avatars und den virtuellen Raum überträgt, können sich neue Wahrnehmungs- und Interaktionsräume bilden: Durch die Überlagerung von realem und virtuellem Handlungs- und Bewegungsraum verändern sich die potentiellen Interaktionen, in die wir leiblich eingelassen sind (im Falle der Wii etwa im Sinne der Perzeption (3D) einerseits und der Projektion des digitalen Sportspiels andererseits). Dies kann zu Reizkonkurrenzen führen zwischen realer und virtueller Welt (*sensory mismatch, motion sickness*). Erfolgreiche Reizintegration eröffnet neue (räumliche) Erfahrungsfelder, in denen sich spezifische Leistungen trainieren und steigern lassen: Reaktionsgeschwindigkeit,

räumliche Orientierung, Multitasking scheinen raumgebunden steigerbar, sodass Wahrnehmungsökonomie und -effizienz punktuell oder auch nachhaltig verändert werden. Es können jedoch auch Kompetenzen im Felde nichttechnogener kinästhetischer Prozesse verfallen (**Navigationssysteme: Wer sich verlässt, ist verlassen!**).

[19] Speicherräume. Wo immer etwas dauerhaft bereitgestellt sein soll, müssen sehr bestimmte Räume geschaffen werden, die es ermöglichen, dasselbe jederzeit unter gleichen Bedingungen verfügbar zu machen. Akkumulieren, Konservieren und Sortieren sind die grundlegenden Prozesse in Speicherräumen mit den entsprechenden Leitprinzipien: vorhanden/fehlend, erhaltbar/ nicht erhaltbar, auffindbar/unauffindbar. Sicher gestellt werden soll eine zeitunabhängige Möglichkeit des Zugriffs auf die räumlich disponierten Entitäten. Speicherräume tendieren ihrem Wesen nach mehr als alle anderen Räume dahin, Zeit zu einer abhängigen Variable räumlicher Praktiken zu machen. Orientieren sich Transporträume am *Sofort*, gilt in Speicherräumen das *Jederzeit*. Charakteristisch für Speicherräume ist dabei die Tendenz zu einer räumlichen Schließung, das heißt eine Materialisierung der strukturellen Differenz von Innen und Außen. Ohne einen solchen Ausschluss gibt es keinen Speicherraum. Typische Instantiierungen von Speicherräumen sind: Bibliotheken, Archive, Zettelkästen, Register, Festplatten, Datenbanken, Vorratskeller, Kornkammern, Energiespeicher, Kühlschränke, Banken. Sie lassen sich unterscheiden hinsichtlich ihrer Anlage auf Bestandsverzehr: Gespeicherte Nahrungsmittel etwa werden in der Regel irgendwann aufgebraucht (oder entsorgt), Geld wird mit der Aussicht auf Bestandsvermehrung investiert, Archivgut aber mit dem Ziel des verschleißfreien Bestandsschutzes angelegt.
[20] Typischerweise sind Speicherräume Ausgangs- und Endpunkte von Transport- und Mobilitätsräumen. Traditionell bilden sie örtlich fixierte Knoten in Infrastrukturnetzen, in denen zirkulieren kann, was man in Speicherräumen **disponibel** macht. Eine spezifisch moderne Grenzform ist das Just-in-time-Produktionsnetzwerk. Es beruht darauf, in der Bestandssicherung auf Vorratshaltung ganz zu verzichten, und das, was gerade benötigt wird (**und nicht mehr!**) ohne Zwischen- oder Endlagerung an den Ort des Bedarfs zu schaffen. Dabei kann es aus logistischen Gründen zu über-

flüssigen Zirkulationsbewegungen in Infrastrukturnetzwerken kommen (bemerkbar dann etwa als Lastwagenstau auf der Autobahn).
[21] Speicherräume sind immer auch Sicherheitsräume: Das Risiko von Bestandsverlust soll minimiert und die Gefahr ihrer (mutwilligen oder zufälligen) Zerstörung möglichst ausgeschaltet bzw. prospektiv durch Dublettenbildung (sofern möglich) kompensiert werden. In der Regel sind Speicherräume daher immer auch mit Schutzmechanismen ausgestattet, die Zuwachs, Zugriff, Gebrauch und Schwund des Bestands regulieren. In solchen „Regeln" bekundet sich der Machtaspekt von Speicherräumen, über den sie sich mit Regierungsräumen zu einem Dispositionsraum verkoppeln: Wer verwaltet die Bestände? Wer hat Zugang? Welche Verwendungszwecke sind erlaubt? Neben Machtstrukturen bestimmen wesentlich auch die Medien von Speicherräumen deren Dynamik: Haben die Mechanismen räumlicher Schließung konservatorische Gründe, ist die Medientechnik thermodynamisch bedingt, zum Beispiel kühle Luft in Archiven und Kühlschränken. Haben sie sortale Gründe, sind sie informationstechnischer Natur: Regale, Register, Flashdrives oder Datenbanken. Haben sie akkumulatorische Gründe, geht es um Kapazität. Auf der technischen Kopplung von Mechanismen räumlicher und sozialer Schließung und ihrer Verknüpfung mit den räumlichen Praktiken des Bewahrens und Ordnens, Suchens und Findens beruht das spezifische Raum-Zeit-Gefüge von Speichern.

[22] Diskursräume. Auch im Sagbaren finden wir formierte Räume. Als Gedankenspeicher sind sie narrativ oder argumentativ verfasst und strukturieren Wirklichkeiten. In der Rückschau können diskursive Formationen ausgemacht werden, in denen Aussagen, Argumente, Geschichten und Gedanken konserviert sind. Archive bilden ihren Horizont (**l'archive d'une archéologie!**). In ihrer Textform sind Diskursräume auffind-, aber auch wiederholbar. Zu solchen Textformen gehören unter anderem Schrift- und Tondokumente, Skulpturen und Bauten, Bilder jeglicher Art, Zahlen, Statistiken, Partituren und Pläne. Für die Gegenwart bestimmen sie die Zulässigkeit von Aussagen und die Nachvollziehbarkeit von Texten. Sie konturieren somit auch künftig Denk- und Sagbares, Spielräume der Fortschreibung und Modifikation.
[23] Heute sind Diskurse digital vernetzt und

zugänglich wie noch nie. Sie bedienen sich neuer Medien und gewinnen dadurch eine neue Wirksamkeit. Texte, Intertexte und Hypertexte formieren Diskurs- und Lebenswelten wie selten zuvor. Der Umgang mit den Ergebnissen stellt vor neue Herausforderungen.

[24] Im Diskurs sind unter anderem folgende Leitdifferenzen bedeutsam und zwar sowohl historisch wie auch gegenwärtig: wahrheitsfähig/nicht wahrheitsfähig, wichtig/unwichtig, problematisiert/tabuisiert, zeitgemäß/unzeitgemäß, populär/unpopulär, basal/komplex, monocodiert/multimedial, expertenzentriert/partizipativ, inklusiv/exklusiv. Diese Leitdifferenzen sind problematisierbar und können in Gestalt höherstufiger Diskurse zum Thema von Aushandlungsprozessen werden.

[25] Diskurse sind eine Art Metaraum, in dem sich alle anderen Räume überhaupt erst als konzeptualisierte abzeichnen und als solche erfahrbar werden. Damit sind sie gleichsam ein **Medium** für die Beschreibung von Topologien. Andererseits drücken sich die topologischen Ordnungen in ihrer **Widerständigkeit** bis in die Diskursdimension durch und erschaffen diese erst beziehungsweise schreiben sie fort.

[26] Untersucht man den rhetorischen Status eines Textes, dann spiegeln sich hintergründige diskursive Formationen beispielsweise in Metaphern, Bildern, Floskeln oder dessen Ästhetik. Eine solche Analyse legt differenzierter Aspekte frei, als sie unter herkömmlichen Herangehensweisen möglich wäre, wie es zum Beispiel bei einer Quasi-Subjekte unterstellenden Rede von der Macht der Technik, der Technokratiethese, aber auch der gegenläufigen Position einer Konstruktion *der* Technik durch *die* Gesellschaft der Fall ist.

[27] Extrem wirkmächtige Diskurse verdichten sich in Weltbildern. Um der Instrumentalisierung solcher Weltbilder entgegenzuwirken, ist **Kritik** von Diskursen von größter Bedeutung. Eine Topologie der Technik bedarf einer Topologie der Technikdiskurse, stützen kann sich diese auf die Technik der Topologie. Eine gelingende Gestaltung von Weltbezügen ist auf vorgängige Diskurslagen verwiesen. Topologie als Verfahren identifiziert Diskurse in ihrer Historizität und Wirksamkeit. Die Reflexion der dazugehörigen Problemlagen kann Diskurse öffnen. Sie kann sie sogar sprengen und schafft den Raum für Vision und Utopie.

[28] Wir sprechen von relationalem Raumkonzept, weil konzeptualisierter RAUM als die Menge der Relationen von Relata zu denken ist: pauschal gesprochen aus (Binnen)Möglichkeitsräumen besteht, genauer gesagt solche Möglichkeitsräume eröffnet. So werden zwei Ebenen von MÖGLICHKEIT unterschieden. (1) Die Relation als solche *ermöglicht* Werte-/Definitionsbereiche („Intra-Aktion"/„Strukturen"). (2) Es eröffnen die jeweiligen Relata, die man hier einsetzt, *wiederum* verschiedene Möglichkeiten der Aktualisierung durch Individuen-Konstanten („Inter-Aktion", interagierende Praktiken). Die Öffnung und Schließung von Möglichkeitsräumen nennen wir MACHT. Macht ist ein Modalphänomen, kein Vermögen, folgt keinem Plan. Öffnen, Schließen etc. sind keine durchgängig disponiblen Prozesse, keine Akte von Akteuren. Machtprozesse liegen vielmehr „Akten" voraus und schreiben sich durch sie hindurch fort. Sie verteilen sich in Netzform. TOPOLOGIE rekonstruiert Machtnetze. Machtnetze sind nur topologisch analysierbar.

[29] Topologie der Technik heißt: Das Sosein von vorfindbaren Relationen (also „Strukturen" bis hin zu „Herrschaftsverhältnissen") analysieren, um der Macht der Relata auf die Schliche zu kommen – modellierbar als Effekt in „Netzen". Auch die Macht der Relationen kann hier herausgelesen werden. TECHNIK sichert Erwartbarkeit des Prozessierens in allen Feldern. Uns interessiert ihr Unerwartetes.

[30] Wer Räume ändern will, muss fragen nach Macht!

Graduiertenkolleg *Topologie der Technik*, 2016
www.tdt.tu-darmstadt.de/technospaces

Topological Manifesto

[1] We live in engineered spaces. They structure our behavior, but are themselves subject to change through technology. Because there are no rooms without technology, spatial research must respond to the challenges of technology and of theories of technology. The *spatial turn* has fallen short of providing these answers. There is no theory of space that adequately encompasses mediality, practices, and materiality. Technical case studies, by contrast, subject complex infrastructure problems and power relations to disciplinary reduction. Things should not stay this way. Here, we present jointly developed theoretical approaches, new methodological approaches, and exemplary ideas as possible solutions.

[2] From container space to the structure of relations,
from the mere construct to the dispositif:
Topology of Technology!

[3] Space is always a conceptualized space. Conceptualized spaces are numerous. In actual fact, they permeate, complement, disturb each other. In doing so, certain functions dominate. This is the approach used in this paper: our research projects examined a wide variety of spaces: perceptive and orientational spaces, movement spaces, communicative and discursive spaces, action and simulation spaces, possibility spaces, knowledge spaces, experimental spaces, administrative spaces, security spaces, commercial spaces, as well as transport, transformational, and storage spaces*. We have examined these spaces by focusing on their topological constitution. The material did not provide the measure. This is to say: we did not pursue an absolute or (in an inadequate everyday approxi-mation) quasi-objective concept but, rather, a relational concept of space.

[4] Security spaces. The specific practices of security— i.e., technology-based means of visualizing potential danger, maximizing evidence recovery, but also the placement of barriers, glass walls, edges and, the sealing of containers—constitute spaces in terms of functional differentiations such as safe/unsafe, dangerous/not dangerous, vulnerable/non-vulnerable, suspicious/ beyond suspicion. For instance, we encounter this in airports: the spectrum ranges from x-ray and other screening devices, preventive data collection, multiple identification, threat assessment to remote detection of intentions.

[5] Visible items appear to be safe. Secure spaces develop concurrently through the arrangement of filters, the configuration of internal spaces and topologies of surveillance, through the channeling of movement streams, and through the tolerated or prohibited variability in spatial use. Identified threats are supposed to be

---

We believe that these spaces are not incommensurable. However, we also would not want to assert that they can be readily blended into each other.

neutralized – whereby security cannot simply be "produced"; instead it becomes more fragile as the degree of definition expands: in security spaces, both security *and* insecurity increase.

[6] Economies of power calculate the exclusion of possible danger against the temporal and monetary optimization of air travel. Thus, security spaces (involving technology) also become vulnerable through rigid algorithms and there own effects. Security precepts are: **Separate bodies! Divide spaces!** These kinds of practices and spatial types overlap, generating spatial dynamics. Security spaces are never big enough, never safe enough. The expansion of security zones at airports does not only seek to avert danger; it is also based on cost concerns and commercial interests. Therefore, security spaces there are characterized by transparent design and segmentation.

[7] Because security spaces privilege the possible over the actual, fictional media such as literature and film are of a particular importance in (and for) them. Their power lies in the critical reflection of present security technology and practices, in the presentation of alternative patterns of action, interpretation, and perception and, especially, in constructing threat scenarios and their technological countermeasures.

[8] Administrative spaces. The practices of administration—identification, gratification, sanctioning, facilitation or hampering, incentivizing or handicapping of individual or collective behavior—constitute spaces concerned with higher levels of protection and stabilization of social relationships (**maintaining public order!**). This takes place under historically variable basic distinctions: threatening/non-threatening, stable/unstable or productive/unproductive.

[9] In both governmental and non-governmental arrangements, capital and its streams (money, resources, energy, goods, information), individuals, and populations, all become the objects of regulatory measures. These measures include specific disciplinary techniques, the constitution of legal processes, the corresponding mechanisms for their enforcement, as well as complex incentive structures. They serve many purposes, amongst them the production of specific forms of subjectivity. In order to be effective, administrative techniques first need to institute their own

object: administrative spaces form themselves through the design of their environment in which behavior can take place as something expectable – individually and collectively.

[10] Administrative spaces as higher-order topologies of regulation, not only integrate the subjects being administered, but also a multitude of other types of spaces, although they do not completely define their respective structures. Their function is, instead, to provide interconnection. **Overlaps** that are prone to conflict, can be observed: for instance, within the confrontation between administrative spaces and economic spaces—a confrontation characteristic of the modern age—in which the latter should, in fact *not* be administered externally; or in transport and mobility spaces, in which directives always remain precarious. Simultaneously, however, the continuity of these spaces must be ensured.

[11] In their specific manifestation, administrative spaces are, concequently, the result of defining boundaries, including risk and opportunity assessment. These factors decide where interventions must take place and where processes can be left to their own autonomous forms of control and regulation. The possibility of externalizing risk—also spatially—produces new dangers. Thus, the examination of administrative spaces refers to a historically contingent concept of "normality" and "growth" (of **opportunities**, as well as of dangers).

[12] Transport and mobility spaces. Practices of transportation—including navigation, determining temporal allocations, routes, speeds, etc.—of goods, material, energy, information,** and people constitute specifically organized spaces. Their constitution can be understood as a spatial manifestation of human activity and the need for spatial exchange. On the one hand, there are existing structures ("**networks**", supply systems, and so on), as well as factual and specific spatial movements (of people, materials, etc.). On the other hand, the intrinsic properties of specific techniques (in a broader sense) facilitate or hinder individual or collective participation in transport and mobility spaces. This dialectic of mere representation

---

** *Energy and information – both are consciously not understood here as transmission, but rather as emphasizing the constancy in condition between sending and receiving.*

of the existing vs. the incetive for increased or the creation of new mobility becomes visible in rail-bound transport systems, for example. These enable (**channel!**), on the one hand, participation, i.e., transport. On the other hand they also severely restrict actions, partly to the point of making them impossible – for instance, through the connectivity of the rail network or the scheduling and pricing policies of service providers.

[13] The processes and structures implemented in transport spaces can be combined for a specific purpose. The choice of combinations is produced to reflect consumer needs optimally. The choice is also modeled with the intent to plan "transport networks", "material flows", "scheduling", "distribution" (of goods or luggage), and "passenger routing." Distinctions such as point of origin/destination, close/far, movement/ standstill, or mobile/immobile, position/ route, or time—that is to say what is **in-between**—are parameters of the relational transport or mobility space.

[14] On the one hand, the constitutive elements of transport and mobility spaces determine goals, but on the other, they are also structured by these goals. This causes the permanent dynamic "reproduction" of transport and mobility spaces: they can be understood as moving/movable groups of (site) relata/relations: on the one hand being moved through their own *dispositifs* and practices and, on the other hand, also through superposition and disturbances of other types of spaces. Transport and mobility spaces function simultaneously as product and medium. In particular, they connect spatial types, such as commercial, administrative, or storage spaces, with each other. They can be considered as **catalysts** between spatial structures.

[15] Due to persistencies in the material arrangement (**path dependency!**) and also in social, political, or technical conflicts, the catalytic function of transport spaces may be restricted. Thus, for example, governmental regulatory imperatives such as immigration laws, regulations for the registration of residence, or copyright law may contradict the transnational character of individual and collective mobility spaces. Refugee movements, multilocal forms of residence, or global air traffic systems make this manifest.

[16] Communication spaces act as catalysts for transport spaces. Telecommunication can take place, even though we are mobile (being transported), because the location within the communication space does not change. Transport spaces can overlap and interfere with information and communication spaces in a particularly intense manner. The success of the attribute "global" is evidence of this.

[17] **Interactive technogenic perception spaces** (virtual spaces). Spatial worlds that are controlled more or less masterfully are constructed through the interaction between bodily actions (movement) and sensory perception. They are the ubiquitous basis of individual self-localization and the organization of movement. By interposing technology in appropriate contexts, such as sports, navigation, computer games or training in a flight simulator, traditional perceptive spaces can be modified, extended, and functionally specified in terms of expected performance. In addition to this constitution (*augmented reality, mixed reality*, training in measuring-systems), they are also necessarily restricted (**decontextualized!**).

[18] Sport is an example of a field of experimentation related to bodily techniques. Not only high-performance sport, but also private, amateur sport, perfects the interaction with man-machine interfaces. Through 3D and game technologies, experiencing presence becomes possible: the feeling of being physically present in a presented/virtual space and actually participating in the events. New perceptive and interactive spaces may be created when playing digital sports games by transferring, via the interface, the player's own large-scale movements, which are specific to a form of sport, to the movement of an avatar and into a virtual space: through the overlay of real and virtual action and movement space, potential interactions, in which we are bodily embedded, can change (in the case of "wii", for example, in the sense of perception (3D), on the one hand, and in the sense of the projection of the digital sports game, on the other). This can lead to competition between the stimuli of the real and the virtual world (*sensory mismatch, motion sickness*). Successful integration of stimuli opens up new (spatial) fields of experience in which specific performances can be trained and enhanced: reaction rate, spatial orientation, or multitasking can apparently be improved to change perceptive economy and efficiency eather temporarily other sustainably. However,

competencies in the field of non-technogenic, kinesthetic processes may degrade (navigational systems: **if you depend on technology you are dependent!**).

[19] Storage spaces. Whenever something needs to be made permanently available, specific spaces need to be created that allow the same thing to be always available under identical conditions. Accumulation, conservation, and sorting are the basic processes in storage spaces, with their corresponding dichotomies: present/lacking, obtainable/unobtainable, locatable/not locatable. A time-independent means of accessing spatially arranged entities has to be ensured. More than all other spaces, and because of their inherent nature, storage spaces tend to make time a dependent variable of spatial practices. Whilest transport spaces align to *straight away, any time* applies to storage spaces. The tendency toward spatial closure is characteristic for storage spaces; i.e. there is a materialization of the structural difference between inside and outside. Without such exclusion, there is no storage space. Typical instances of storage spaces include libraries, archives, file-card boxes, registers, hard drives, databases, storage cellars, granaries, energy storage units, refridgerators and banks. They can be differentiated by their disposition relative to the consumption of stock: stored food products, for example, will be used up at some point (or thrown away), money is invested with the intention of increasing the value of the account; items in an archive, however, are deposited with the aim of protecting them against attrition.
[20] Typically, storage spaces are points of origin and end points of transport and mobility spaces. Traditionally, they form locally fixed nodes in infrastructure networks in which those things that are being made available in storage spaces can circulate. A specifically modern extreme is the *just-in-time* production network. It is based upon avoiding any stockpiling of inventory whatsoever and moving whatever is necessary (**but no more!**) straight to the place where it is needed, without any temporary or final storage. Redundant circulatory movements in infrastructure networks can occur for logistical reasons (for instance, traffic jams involving trucks on freeways).
[21] Additionally , storage spaces always have an aspect of being security spaces: the risk of loss of inventory is to be minimized and the danger of its (intentional or conincidental) destruction is to be excluded or prospectively compensated through the creation of duplicates (as far as possible). As a general rule, storage spaces are therefore equipped with security mechanisms that regulate the growth of, access to, usage of, and decrease in stock. The power aspect of storage spaces manifests itself in such "rules"; this is what couples them with administrative spaces into a dispositive space: who administers the stock? Who has access? Which forms of usage are tolerated? Next to power structures, the media of storage spaces play an essential part in determining their dynamics: If the mechanisms of closure have preservative aims, the media technology is based on thermodynamics, e.g. cool air in archives and refrigerators. If they are based on sorting, they are IT-related: shelves, registers, flash drives, or databases. If they are accumulative, then capacity is relevant. The specific spatio-temporal structure of storage is based on the technical coupling of mechanisms of spatial and social closure and their connection with the spatial practices of preservation and organizing, searching and finding.

[22] Discursive spaces. Even in the expressible, we find formed spaces. As storage for thought, they are narratively or argumentatively constituted and they structure realities. In hindsight, discursive formations can be identified that conserve statements, arguments, stories, and ideas. Archives shape their horizons (**l'archive d'une archéologie!**). In their textual form, discursive spaces are detectable but also repeatable. Such textual forms cover text and audio documents, sculptures and buildings, images of any kind, numbers, statistics, musical scores, and plans. They determine the legitimacy of statements and the comprehensibility of texts for the present. Thus, they also outline the thinkable and the expressible for the future, the leeway for perpetuation and modification.
[23] Today, discourses are digitally interconnected and accessible as never before. They use new media and thus achieve a new effectiveness. Texts, intertexts and hypertexts form discursive and environmental spaces that were previously virtually unknown. Dealing with the results has produced new challenges.
[24] In discourse, the following dichotomies are significant, historically as well as

currently: able to be truthful/unable to be truthful, important/unimportant, problematized/ taboo, contemporary/ anachronistic, popular/unpopular, basal/ complex, mono-coded/multi-media, expert-centered/ participatory, inclusive/exclusive. These differences can be problematized and can become the issue of negotiation processes, in the form of higher-level discourses.

[25] Discourses are a kind of meta-space in which all other spaces become apparent as being conceptualized and can be experienced as such. Thus, they are a medium for the description of topologies, so to speak. On the other hand, topological orders, in their resistance, force themselves into the discursive dimension and, thus first create them or uphold them.

[26] If one examines the rhetorical status of a text, hidden discursive formations are reflected in metaphors, images, clichés, or its aesthetics. Any such analysis will expose aspects in a more nuanced manner than would have been possible with the use of more conventional approaches. This is relevant for the discussion on the power of technology (*technocracy*) just like for the contrary position (*Society shapes Technology*).

[27] Extremely powerful discourses condense themselves into conceptions of the world. In order to counteract the instrumentalization of such conceptions, it is crucial that discourses be treated critically. A topology of technology requires a topology of technological discourses and can rely on the technology of topology. A successful shaping of relationships with the world is dependent on prior discursive dispositions. Topology, as a process, identifies discourses in their historicity and effectiveness. Reflecting on the relevant problem areas can open up discourses. It can even blast them open and create the space for vision and utopia.

---

[28] We refer to **a relational spatial concept**, because SPACE is to be thought of as the assembly of relations of relata; in general terms: it consists of (internal) possibility spaces, or, specifically: it opens up such possibility spaces. Thus, two levels of POSSIBILITY can be distinguished. (1) The relation, as such, *enables* value ranges/domains of definition ("intra-action"/"structures"). (2) The respective relata being used here themselves open up (different) possibilities of actualization through individual constants ("inter-actions", interactive practices). We call the opening and closing of possibility spaces POWER. Power is a modal phenomenon rather than a capability; it does not follow a plan. Opening, closing, etc., are not consistently available processes, not acts of agents. Power processes are preceded by "acts" (records, documents) and are upheld through them. They are distributed in networks. TOPOLOGY reconstructs power networks. Power networks can only be analyzed topologically.

[29] The Topology of Technology means: analyzing the essence of available relationships (i.e., from "structures" through to "power relations"), in order to recognize the powers of the relata; theses relationships can then be modeled as effects in networks. The power of the relationships can be recognized here as well. Technology ensures the expectations of processing in all fields. We are interested in its unexpected aspects.

[30] Whoever wants to change space, must seek out power!

Graduiertenkolleg *Topologie der Technik*, 2016
www.tdt.tu-darmstadt.de/technospaces

Topologische Avantgarde

Niels Werber

Abstract

Das *Topologische Manifest* des Darmstädter Graduiertenkollegs *Topologie der Technik* proklamiert mit Verve einen Paradigmenwechsel in der Raumforschung: „Vom leeren Raum zum Relationengefüge, vom bloßen Konstrukt zum Dispositiv!" (TM [2]) Mein Beitrag geht der Genealogie einer relationalen Topologie nach und arbeitet in den Werken Carl Schmitts und Viktor von Weizsäckers Ansätze einer Raumtheorie heraus, die wichtige Grundannahmen des *Topologischen Manifests* vorwegnimmt. Die neuesten relationalen Raumtheorien werden so wissensgeschichtlich eingeordnet.

Vom *Manifest der Kommunistischen Partei* bis zum dadaistischen Manifest, vom *Zimmerwalder Manifest* der sozialistischen Internationale von 1915 bis zum surrealistischen Manifest von 1924 handelt es sich um typische Äußerungsformen von Avantgarden. Gattungstypisch für das Manifest sind die Dramatisierung einer Epochenwende, eines Zeitenwandels mit scharfer Kontrastierung von Vergangenheit und Zukunft und die Emphase des Neuen. Der Standort der Rede ist die exponierte Position der Vorhut, von der allein aus die Lage gültig zu beobachten und zwingend zu bewerten sei. Und auch die Begrifflichkeit der Rede ist neu, denn mit den alten Kategorien der vergehenden Epoche wäre die neue Lage gar nicht zu erfassen.

Das *Topologische Manifest* des Darmstädter Graduiertenkollegs *Topologie der Technik* aus dem Jahre 2015 stellt sich nicht nur mit seinem Titel, seiner Typographie und seinem Layout in die Tradition dieses avantgardistischen Genres, sondern auch semantisch. Das ‚Wir', das spricht, stellt sich den Herausforderungen technisierter Räume und verspricht, eine Raumforschung zu betreiben, deren

© Springer Fachmedien Wiesbaden GmbH, ein Teil von Springer Nature 2018
A. Brenneis et al. (Hrsg.), *Technik – Macht – Raum*, Technikzukünfte,
Wissenschaft und Gesellschaft / Futures of Technology, Science and Society,
https://doi.org/10.1007/978-3-658-15154-6_2

‚neue' theoretischen und methodischen Ansätze der gegenwärtigen Lage endlich gerecht werden.

Avantgardistische Manifeste reklamieren die Zukunft für sich; Formen, Kategorien, Verfahren oder Theorien der Vergangenheit gelten als überlebt, und altes Denken wird als ‚Passatismus' diskreditiert. Die Emphase des Neuen und die Gewissheit, eine Epochenschwelle überschritten und die Mauer zwischen Gegenwart und Zukunft eingerissen zu haben, ermöglichen es dem Avantgardisten, entschlossen nach vorne zu blicken; was zurück liegt, wird folgen müssen oder vergessen werden. Dem avantgardistischen Blick ist die Geschichte gleichgültig, sie ist nur mehr Ballast. Ernst Jünger sprach 1932 im *Arbeiter* von einer „Gepäckerleichterung" (1982, S. 207). Avantgardisten sind keine Historiker*innen, und ihre Manifeste operieren im Jetzt, nicht in der Vergangenheit. Das passatistische Statement des *Topologischen Manifests* lautet:

> *Generell* fehlt eine Raumtheorie, die Medialität, Praktiken und Materialität *angemessen* erfasst. (TM [1], Hervorhebungen NW)

Diese generalisierende Feststellung, die alle bisherige Raumforschung für *unangemessen* erklärt, reizt natürlich dazu, in der Geschichte nach Theorien zu suchen, die dessen Imperativ

> Vom leeren Raum zum Relationengefüge, vom bloßen Konstrukt zum Dispositiv […]! (TM [2])

vorwegnehmen. Diesem Reiz nachzugeben, ist das teils heuristisch-historische, teils spielerisch-polemische Vorhaben meines Kommentars.

1   Genealogien der relationalen Topologie

Eine genealogische Linie führt vom *Manifest* in die Raumforschung der 20er, 30er und frühen 40er Jahre des 20. Jahrhunderts. Es sind geopolitische Denker unterschiedlichster Disziplinen, Autoren wie Friedrich Ratzel und Rudolf Kjellén, Jakob von Uexküll und Karl Haushofer, die einen neuen, „relationalen" Raumbegriff gegen Vorstellungen vom „leeren Raum" und vom „Raum als Konstrukt" in Position bringen (Werber, 2014). Um dies zumindest exemplarisch zu belegen, werde ich auf einen einschlägigen Text von Carl Schmitt (1991) näher eingehen, der sich mit Raumkonzepten beschäftigt: die 1941 zuerst erschienene Schrift *Völkerrechtliche Großraumordnung mit Interventionsverbot für raumfremde Mächte*. In diesem hochgradig politisch interessierten und ideologisch aufgeladenen geopolitischen und völkerrechtlichen Plädoyer für eine ‚deutsche' Großraumordnung in Europa setzt sich Schmitt mit verschiedenen Traditionen der Raumtheorie auseinander. Er referiert:

„Die Auffassung des Raums als einer leeren Flächen- und Tiefendimension" habe bislang die Theorie- und Begriffsbildung geprägt (1991, S. 77). Diese ‚sogenannte Raumtheorie' habe „Land, Boden, Territorium, Staatsgebiet unterschiedslos als ‚Raum' staatlicher Betätigung im Sinne des leeren Raumes mit Lineargrenzen" aufgefasst. Auch kulturelle, soziale und staatliche Ordnungen hätte man bislang als Flächen, Bezirke oder Sphären aufgefasst, also als euklidische Räume. Schmitt hat hier beispielsweise Hans Kelsen im Visier, der 1934 in der *Reinen Rechtslehre* Staat, Staatsvolk, Staatsgewalt, Staatsregierung und Staatsgebiet rein formal und rechtspositivistisch bestimmt (Kelsen, 1960, S. 290 ff.). Staatsbürger etwa ist nach Kelsen nichts weiter als ein Mitglied in einer rechtlich verfassten Organisation, deren Grenzen exakt bestimmt sind und auf Landkarten maßstabsgetreu eingetragen werden können. Der Territorialstaat kann dann, so Schmitt, zu einer „Katasterfläche" werden, deren Grenzen die Gesellschaft enthält (1991, S. 77).

Diese Reduktion soziokultureller, topographischer Ordnungen auf einen „mathematisch-neutralen" (S. 14) euklidischen Körper würde man heute als ‚Container' bezeichnen und als unterkomplexe Simplifikation und unkonkrete Abstraktion kritisieren. Aber schon Schmitt wirft der zugrunde liegenden Theorie ‚leerer' Räume vor, dass sie sowohl die „Verschiedenheiten und Besonderheiten des Raum- und Bodenstatus" ignoriert als auch den Zusammenhang dieser keineswegs ‚leeren' oder bloß quantitativ-mathematischen „Verschiedenheiten und Besonderheiten" des Raums mit den immer *konkreten, im Raum situierten* sozialen Ordnungen außer Acht lässt (S. 77 FN 92). Das mit dem „Begriff Raum gegebene mathematisch-naturwissenschaftlich-neutrale Bedeutungsfeld" müsse verlassen werden, fordert Schmitt (S. 76). Als Alternative zu einer „leeren Flächen- oder Tiefendimension, in der sich körperliche Gegenstände bewegen", den Containerräumen unserer aktuellen Debatten also, bringt Schmitt den Begriff des „Leistungsraums" in Stellung (S. 76), der an neuere quantenphysikalische und biologische Forschungen anschließt, vor allem an Max Planck und Viktor von Weizsäcker sowie den Biologen und „politischen" Geographen Friedrich Ratzel (S. 76). Der Begriff „Leistungsraum" wird ins Englische übersetzt als *dynamic space* oder *performance space,* das klingt dann schon recht zeitgemäß. Dieser ‚Leistungsraum' sei ein Raum, der nicht positiv *gegeben* sei, sondern der aus einem dynamischen Handlungsgefüge erst hervorgehe und dem eine eigene Handlungsmacht zukomme, denn das „Räumliche wird nur an und in den Gegenständen erzeugt" (S. 80). Dinge sind nicht „Eintragungen in den vorgegebenen leeren Raum" (S. 76), sondern Akteure, die im dynamischen „Neben-, Mit- und Gegeneinander" (S. 51) einen konkreten, aktuell-situativen Raum hervorbringen.

Es ist also kein ‚leerer Raum‘, der dann mit Gegenständen gefüllt werde, seien dies nun Subjekte, Dinge oder Staaten, sondern ein Raum, der von der Interaktion von Menschen und Dingen vor Ort erst hergestellt wird. Techniken, dies werde ich unten noch ausführen, fasst Schmitt ausdrücklich als Teil dieses Interaktionsraums. Der *performative space* Schmitts ist weder leerer Raum noch Konstrukt, sondern ein dynamisches Produkt vernetzter Akteure, lebendiger und nicht-lebendiger, Techniken inklusive. So betrachtet ist der „Leistungsraum" ein Raum der Performanz in jedem Sinne. Schmitt schreibt, und ich zitiere hier die ganze entscheidende Passage:

> Für unseren neuen, konkreten Raumbegriff noch bedeutungsvoller sind die biologischen Untersuchungen, in denen sich, über die raumaufhebende Problematisierung des Raumbegriffs hinaus, ein anderer Raumbegriff durchsetzt. Danach geht ‚Bewegung‘ für eine biologische Erkenntnis nicht im bisherigen naturwissenschaftlichen Raum vor sich, sondern geht umgekehrt die raumzeitliche Gestaltung aus der Bewegung hervor. Für diese biologische Betrachtung ist also die Welt nicht im Raum, sondern der Raum ist in und an der Welt. Das Räumliche wird nur an und in den Gegenständen erzeugt, und die raumzeitlichen Ordnungen sind nicht mehr bloße Eintragungen in den vorgegebenen leeren Raum, sondern sie entsprechen vielmehr einer aktuellen Situation, einem Ereignis. Jetzt erst sind die Vorstellungen einer leeren Tiefendimension und einer bloß formalen Raumkategorie überwunden. Der Raum wird zum Leistungsraum. (S. 80)[1]

Was Schmitts Kronzeuge Viktor von Weizsäcker vorschlägt, macht heute erneut Furore, freilich werden andere Begriffe benutzt. Die ‚Schlüsselbegriffe‘ für seine Konzeption lauten: „Umgang – eines Subjekts mit einem Objekt; Bewegung – zwischen verschiedenen Subjekten; Teilhabe – eines Lebendigen am Leben." (Jacobi & Janz, 2003, S. 169). Statt von Subjekt und Objekt würde man heute von Agenten sprechen, Umgang meint Interaktion, und Teilhabe entspräche Bruno Latours Idee des Versammelns *(assembling)* des Sozialen (Werber, 2012). Bei Weizsäcker firmiert die Symmetrie der Akteure als „Prinzip der Komplementarität" (Jacobi & Janz, 2003, S. 172). Die Asymmetrie von Subjekten und Objekten lässt sein Denken ausdrücklich hinter sich zurück. Ein Organismus ist nach Weizsäcker auf seine Umwelt „in Gleichzeitigkeit", „Reziprozität" oder auch „Interaktion" bezogen (Rasini, 2008, S. 65). Was den Raum angeht, so ist er auch für Weizsäcker keine leere Dimension, in der sich etwas bewegt, sondern als Funktion einer einmaligen Konstellation von Umgang, Bewegung und Teilhabe des Lebendigen (Jacobi &

---

1   Vgl. auch, mit einiger Polemik gegen den Verfasser, Köster (2005).

Janz, 2003, S. 170). Der Raum geht als immer konkreter Raum aus dem Umgang des Organismus mit seiner Umwelt hervor.

„Es ist offensichtlich", schreibt ein wissenshistorisch beschlagener Philosoph, Vallori Rasini, über Weizsäcker,

> dass die Einführung des Subjekts (man könnte auch sagen: des Organismus) in die Raumdimension nicht den Charakter eines ‚objektiven' Platzergreifens innerhalb einer Außenwelt hat. So wie es nicht korrekt wäre, von ‚einer' Welt zu sprechen, so ergibt sich auch keine ‚absolute' Positionierung eines Subjekts in einem Raum, der mit spezifischen Eigenschaften einer physikalisch-mathematischen Dimension ausgestattet ist. (Rasini, 2008, S. 64)

Was hier formuliert wird, hat Schmitt sieben Jahrzehnte zuvor ganz ähnlich aufgefasst. Ein Organismus schafft den Raum durch seinen spezifischen Umgang mit seiner Umgebung, durch seine Bewegung an einem ganz konkreten Ort. Was Schmitt *Situation* und *Ereignis* nennt, heißt bei Rasini *aktuelle Leistung* und *Gegenwärtigkeit* (Rasini, 2008, S. 64). Der Raum geht hervor aus einer „Korrelation von Organismus und Umwelt" (S. 65), so Rasini. Schmitt schreibt in *Land und Meer:* „Heute verstehen wir unter Raum nicht mehr eine bloße, von jeder denkbaren Inhaltlichkeit leere Tiefendimension. Raum ist uns ein Kraftfeld menschlicher Energie, Aktivität und Leistung geworden." (1993, S. 106). Zwischen den Organismus und seine Umwelt treten laut Schmitt die Techniken, insofern sind Räume immer technisierte Räume. Aus diesem Grunde können neue Techniken und Verkehrsmittel laut Schmitt auch eine „Raumrevolution" (S. 103 f.) begründen, denn der Mensch tritt je in ein neues Verhältnis zu seiner Umwelt ein. Zum „Kraftfeld menschlicher Energie, Aktivität und Leistung" zählen Techniken und Medien, Schmitt nennt Flugzeuge und Funkwellen (S. 104 f.). Durch sie und mit ihnen hat der Mensch am Leben teil, ließe sich mit Weizsäcker formulieren. Techniken und Medien situieren den Menschen im Raum, und zwar konkret, nicht als abstraktes Konstrukt, immer situativ, nicht ortlos. Insofern Techniken die Vernetzung der Akteure und die Produktion des Raums moderieren, aber nicht determinieren, ließe sich vom Dispositiv der Technik sprechen.

In der gleichen Schrift, die den *Leistungsraum* propagiert, entwickelt Schmitt eine Theorie der *Vernetzung.* Seinen Großraumbegriff entfaltet er am Beispiel der „Großraumwirtschaft" mit Blick auf sehr konkrete Vernetzungen von Techniken und Akteuren vor Ort. Es geht um Gas- und Stromnetze. Die „spezifischen Formen und typische Ausgestaltung der Energiewirtschaft, die sich im Zusammenhang der fortschreitenden Elektrifizierung und der Gasfernversorgung" ergeben, lieferten jenen „konkreten Gegenwartsbegriff, den wir brauchen" (Schmitt, 1991, S. 12). *Konkret* heißt für Schmitt hier die „planmäßige Zusammenarbeit weiträu-

miger Strom- und Gasnetze" im „Verbund", d. h. mit „rationaler Ausnutzung der
Verschiedenartigkeit [...], rationaler Verteilung der verschiedenen Belastungen,
Rückgriff auf einander aushelfende Reserven, Ausgleich von gesicherten und ungesicherten Leistungen und von Belastungsspitzen" (S. 13). Schmitt sieht ein Netz
aus Netzen entstehen: An „großräumig geplante Großraumnetze" schließen sich
lokale und regionale „kleinräumige Netze" an (S. 13). Es sind *Networks of Power*,
wie Thomes Hughes (1983) sagen würde. Das *Topologische Manifest* spricht hier
ganz ähnlich von „Machtnetzen" (TM [28]). Diese Netze erzeugen laut Schmitt
Leistungsräume, die er nicht auf den „wirtschaftlich-industriell-technischen Bereich zu beschränken" gedenkt (1991, S. 13), sondern als „Bereich menschlicher
Planung, Organisation und Aktivität" (S. 14) schlechthin auffassen möchte. Ginge
man Schmitts Schriften genauer durch, könnte man derart *Sicherheitsräume, Regierungsräume, Transport- und Mobilitätsräume, interaktive technogene Wahrnehmungsräume, Speicherräume* und auch *Diskursräume* unterscheiden[2] und als relationale Räume ausweisen.

   Carl Schmitt hat 1932 auf den Anteil der „überwältigenden Technizität" an der
„Gesamtsituation" (S. 71) verwiesen und vor dem Irrtum gewarnt, in der Technik
ein neutrales Instrument zu sehen, das jedem auf die gleiche Weise diene (S. 76 f.).
Techniken bilden seiner Ansicht nach vielmehr immer nur einen Aspekt eines Re-
lationengefüges, und wenn es keine Räume ohne Technik gibt, dann sind alle diese Räume ein Produkt von orts- und situationsspezifischen Praktiken und Vernetzungen. Gegenstand der Raumforschung, so ließe sich noch einmal Schmitts
Gewährsmann Viktor von Weizsäcker zitieren, ist nicht ‚der' Raum, nicht der
„mathematische (euklidische) Raum", sondern es sind die Räume, die die Akteure in der Interaktion mit ihrer Umwelt und mit ihren Medien „hervorbringen".[3]
Weizsäcker schreibt:

> Der Sinn dieser Worte kann nur sein: jede biologische Raumbestimmtheit ergibt sich
> nicht aus einer so oder so seienden Befindlichkeit der Leistung *im* Raum, sondern
> jede Bewegungsleistung bestimmt aus sich die Raumbestimmtheit aller zugehörigen
> Elemente. Man kann diese Umkehrung des Verhältnisses von Bewegungsleistung und
> Raum auch so ausdrücken: die Leistung bestimmt zuerst ein punktförmiges *Hier*, von
> diesem aus die räumlichen Befindlichkeiten der Dinge um es herum. Der mathemati-
> sche Raum, in dem etwas ist, wäre das letzte, der Ort Hier das erste, in der durch Bewe-
> gung gestalteten Genese. (1997, S. 269)

---

2   Dies sind ordnende Begriffe aus dem *Topologischen Manifest*.
3   Weizäcker (1997, S. 267). Zu den Medien vgl. S. 266. Genannt werden „Verkehrsmittel und
    Fernrohre".

Ein je orts- und situationsbezogenes Relationengefüge der Organismen und Dinge bestimmt den Raum, ließe sich zusammenfassen. Schmitt und Weizsäcker verabschieden den ‚leeren Raum' als ‚bloßes Konstrukt'.

Beide tun dies mit großem Selbstbewusstsein, beide betonen die Neuheit ihres Ansatzes. „Was sich im letzten Jahrhundert eine ‚Raumtheorie' nannte", schreibt Schmitt, „ist das völlige Gegenteil dessen, was wir heute unter Raumdenken verstehen." (1991, S. 82). Die politischen Implikationen dieses neuen Raumdenkens legt Schmitt freilich offen. Das geopolitische Pendant zu einem vernetzten Leistungsraum ist für ihn das „Reich" (S. 82). Damit ist selbstverständlich die Grenze der Analogien zwischen dem Raumdenken Schmitts und der Raumforschung heute längst überschritten. Allerdings wäre auch das *Topologische Manifest* auf seine politischen Implikationen zu befragen. Immerhin strotzt es von Ausrufungszeichen, deren Imperative politisch unterdeterminiert sind. Es wäre danach zu fragen, ob, angesichts der Genealogien raumtopologischen Denkens, die Forderung allein schon genügen kann: „Vom leeren Raum zum Relationengefüge, vom bloßen Konstrukt zum Dispositiv: Topologie der Technik!" (TM [2]).

Literatur

Hughes, T. P. (1983). *Networks of Power. Electrification in Western Society, 1880–1930.* Baltimore, MD/London: Johns Hopkins UP.

Jacobi, R.-M. E., & Janz, D. (Hrsg.). (2003). *Zur Aktualität Viktor von Weizsäckers.* Würzburg: Königshausen & Neumann.

Jünger, E. (1982) [1932]. *Der Arbeiter. Herrschaft und Gestalt.* Stuttgart: Klett-Cotta.

Kelsen, H. (1960) [1934]. *Reine Rechtslehre.* Wien: Deutlicke.

Köster, W. (2005). Der „Raum" als Kategorie der Resubstantialisierung. Analysen zur neuerlichen Konjunktur einer deutschen Semantik. In R. Stockhammer (Hrsg.), *TopoGraphien der Moderne. Medien zur Repräsentation und Konstruktion von Räumen* (S. 25–72). München: Fink.

Rasini, V. (2008). *Theorien der organischen Realität und Subjektivität. Bei Helmuth Plessner und Viktor von Weizsäcker.* Würzburg: Königshausen & Neumann.

Schmitt, C. (1932). *Der Begriff des Politischen.* Berlin: Duncker & Humblot.

Schmitt, C. (1991) [1941]. *Völkerrechtliche Großraumordnung mit Interventionsverbot für raumfremde Mächte.* Berlin: Duncker & Humblot.

Schmitt, C. (1993) [1942]. *Land und Meer. Eine weltgeschichtliche Betrachtung.* Stuttgart: Klett-Cotta.

Weizsäcker, V. v. (1997) [1940]. Der Gestaltkreis. Theorie der Einheit von Wahrnehmen und Bewegen. In *Gesammelte Schriften. Bd. 4* (S. 77–337). Frankfurt am Main: Suhrkamp.

Werber, N. (2012). Raumvergessenheit oder Raumontologie, Latour oder Luhmann? Zur Rolle der Systemtheorie in einer (medien)geographischen Kontroverse. *Soziale Systeme. Zeitschrift für soziologische Theorie*, 17 (2), 361–372.
Werber, N. (2014). *Geopolitik. Zur Einführung*, Hamburg: Junius.

Widerstände in den Aufteilungen des Sinnlichen

Eine Bildbeschreibung[1]

Leon Hempel und Thomas Markwart

Abstract

Mit den Mitteln einer Bildbeschreibung wird der Versuch unternommen zu klären, wie sogenannte Sichtbarkeitsregime erfasst werden können, um diese als Einheiten von sinnlicher Wahrnehmung, Macht und Raum zu verstehen. Grundlage hierfür bildet die Illustration zu einem *Meeting the Challenge* betitelten Bericht des *European Security Research Advisory Boards*[2] von 2006, der die Agenda der europäischen Sicherheitsforschung stark geprägt haben dürfte. Eine alltägliche Situation anzeigend, fügt das Bild unmerklich Bedrohung und Sicherheit ineinander, repräsentiert nicht einfach Wirklichkeit, sondern erweist sich selbst als handlungswirksames Fragment dieser. Während es Abstraktes mit Konkretem verbindet und konserviert, greift es als Bildakt auf den Betrachter aus, zieht diesen in Bann und zwingt ihn, sich in dem explizierten Netz aus Beziehungen zu positionieren. Anknüpfungspunkt des Experiments bildet das klassische Problem der Bildbeschreibung, wonach sich entgegen des alten Horaz'schen Grundsatzes *ut pictura poiesis* kein Bild einfach in Sprache übersetzen lasse, ohne es erneut sinnlichen Aufteilungen im Sinne Jacques Rancières zu unterwerfen, die es selbst als ein Sichtbarkeitsregime ausweisen. Für das Vorgehen folgt hieraus zunächst, dass kein Bildelement in der Beschreibung unübersetzt bleiben darf und zwar weder hin-

---

1 Der Beitrag war ursprünglich für das unter dem Titel *Sichtbarkeitsregime* erschienene Leviathan-Sonderheft (Bröckling, Hempel & Krassmann, 2011) als eine Art Exemplifikation gedacht, wurde dann aber für ein wissenschaftliches Publikationsorgan abgelehnt. Den Hinweis auf das Foto verdanken wir Michael Carius, der erst durch den Verfremdungseffekt einer Schwarzweißkopie auf die Eigentümlichkeit des Fotos aufmerksam wurde, die im Rahmen eines durch die EU geförderten Forschungsprojektes zur Europäischen Sicherheitswirtschaft angefertigt wurde.

2 Https://www.kowi.de/Portaldata/2/Resources/fp7/coop/security-esrab-report-2006.pdf (abgerufen am 4. Juli 2017).

© Springer Fachmedien Wiesbaden GmbH, ein Teil von Springer Nature 2018
A. Brenneis et al. (Hrsg.), *Technik – Macht – Raum*, Technikzukünfte,
Wissenschaft und Gesellschaft / Futures of Technology, Science and Society,
https://doi.org/10.1007/978-3-658-15154-6_3

sichtlich seiner Materialität noch hinsichtlich der Art und Weise seiner Erzeugung und auch nicht hinsichtlich eines möglichen Gehalts im Kontext seines Erscheinens. Für den Betrachter aber folgt hieraus wiederum, dass er die angewandte Bildtechnik auch als eine offene verstehen und sich vom Bann der einmal begriffenen Bildkonstruktion emanzipieren kann. Jedes seiner Elemente lässt sich als Teil einer wirklichkeitskonstituierenden Sichtbarkeitstopologie begreifen. Sicherheit erweist sich dann aber nicht mehr nur als ein abstrakter Wertbegriff oder gar Zustand im Sinne der Abwesenheit von Gefahr. In seiner (hier bildlichen) Exemplifikation vollzieht der Begriff vielmehr sinnliche Aufteilungen in Raum und Zeit, und zwar stets vom Standpunkt der durch diese Aufteilungen gewonnenen Identität aus, also hier der aus Wirtschaft, Wissenschaft und Politik stammenden Mitglieder des Beratungsgremiums. Entsprechend sind Beobachtungen anzutreffen, die sich im *Topologischen Manifest* wiederfinden, insbesondere in den Abschnitten 5 und 7 zu den Sicherheitsräumen.

1   Subjektivierung: Linien und Figuren

Das Deckblatt des Berichts präsentiert eine Fotografie im Querformat, knapp die Hälfte des Blattes beanspruchend. Das Foto schließt oben, rechts und links bündig mit dem Blatt. Eine Wellenkante schneidet es am unteren Bildrand ab, seine ästhetische Grenze auflösend. Es zeigt eine verschwommene dynamische Alltagsszene: urbanes Durcheinander, Menschen in Bewegung, ihre Gesichter im Profil oder in Dreiviertelansicht von hinten. Die Unschärfe lässt das Bild als unverstellte, authentische Wirklichkeit erscheinen.[3] Die Wellenkante korrespondiert mit der visuellen Unruhe auf dem Foto, ist zugleich aber das erste ästhetische Ordnungselement. Sie leitet die Wahrnehmung an und akzentuiert die Gestaltung und den Aufbau der Seite, bestimmt die Dynamik des Bildes durch das Verhältnis von Wellental und Wellenberg – einmal als horizontale, zum anderen als diagonale Bewegung, die sich von rechts unten hin zur linken Bildseite aufschwingt. Unterstützt werden diese Bewegungen noch durch einige auffallende statische Bildelemente. Dreidimensionale architektonische Formen im Hintergrund, auch sie verschwommen, übernehmen den Rhythmus der Welle, stauchen den Wellenberg

---

3   Die prononcierte Unschärfe erinnert etwa an das cineastische Reinheitsgebot der *Dogma*-Ästhetik eines Lars von Trier, der mit Techniken der Unschärfe und Bewegung eine gegen die übliche Manier der schönen Bilder gewendete neue naturalistische Authentizitätsformel etabliert hat. Sie findet sich aber im Kontext von Sicherheit immer wieder. Ein weiteres sehr schönes Beispiel ist etwa das Buchcover von Ira Winklers 2005 bei Wiley erschienenen, *Spies Among Us*, mit dem bezeichnenden Untertitel: *How to Stop the Spies, Terrorists, Hackers, and Criminals You Don't Even Know You Encounter Every Day.*

Abbildung 1 Titelseite des Berichtes des *European Security Research Advisory Board*

und gliedern die Wellenlinie. Zugleich betont die geschwungene Kante nicht bloß die dynamische Gliederung des Fotos, sondern das Wellental stellt einen Bildraum in der rechten unteren Ecke heraus. Provoziert die Unschärfe des Fotos die Aufmerksamkeit des Betrachters, das Bild zu durchdringen, so setzt diese Bildöffnung der Wahrnehmung den Ausgangspunkt und der Aufschwung der Welle dem Wahrnehmungsprozess die Richtung.

Unwillkürlich nimmt der Betrachter die am Wellenverlauf orientierte Bewegungsrichtung auf und folgt ihr bis zur oberen Ecke, in der sich die Bildelemente durch den höchsten Grad an Unschärfe auszeichnen und konturlos aneinander aufheben. Ein belaubter Ast ragt an dieser Stelle ins Bild und versperrt den Ausblick. Interessanter aber ist, dass das Wellental den Blick immer wieder auf den Ausgangspunkt der Bewegung am freigestellten rechten Bildvordergrund zurückweist, wo die Elemente zwar auch verschwommen, aber wesentlich weniger unscharf gehalten sind. Kennt das Bild kein eindeutiges Zentrum oder keinen Bildmittelpunkt, an dem der Blick Halt fände, sieht der Betrachter sich aufgefordert, es mit und gegen dessen diagonale Bewegungsrichtung permanent zu durchsuchen. Folgt er der suggerierten Bewegungsrichtung, die ihn jedoch stets zum Ausgangspunkt zurücktreibt, wird er in einen Strudel der Orientierungslosigkeit und Unsicherheit hineingezogen. Und weist die Wellenform auf stetige Wiederkehr, auf ein ewig unbestimmtes, unendliches Gleichmaß, steigert sich mit jeder neu beginnenden zirkulierenden Suchbewegung das Bedürfnis nach einem gesicherten Blickpunkt.

Zugleich eröffnet die Wellenkante auch einen Ausweg, das unsichere Terrain schnell zu verlassen. Denn als Grenze und Kontur überträgt sie ihre Dynamik auf das flächige, sachliche Graphikelement, das die größere untere Hälfte des Deckblatts ausfüllt. Die Gestaltung der Fläche nimmt die Welle auf und vervielfältigt sie in feinen Wellenlinien gleicher Form, die in ungleichmäßigen, aber immer parallelen Abständen verlaufen. Setzt sich die Bewegung auf dem Foto also auf diesem Teil der Seite fort, sind Foto und grafische Fläche trotz Trennung als Einheit zu betrachten. Was auf dem Foto unscharf und verschwommen als ein urbanes, zwar unbestimmtes aber authentisches Durcheinander von Menschen erscheint, wird entsprechend der Bewegungsübertragung über die Wellenkante in die kalte Rationalität der Fläche übersetzt, auf der eine sachliche serifenlose Schrift montiert ist – Titel, Untertitel und Erscheinungsdatum des Dokuments. Die Wellenlinie beweist somit einen doppelten, diametral entgegen gesetzten Zweck: Begründet sie einerseits die labile Basis eines nicht nur insgesamt unscharfen Fotos, so liefert sie andererseits einen formalen Hinweis, das Bild zu begreifen, zu versachlichen und im Text aufzuheben. Wer sich dem Wirbel der Unschärfe nicht weiter ausliefern möchte, greift zum Rettungsanker der Schrift, dem Bericht. Doch wer sich dem Bild weiter aussetzt, dem muss der rechte Bildvordergrund einzig Ruhe, vermeintliche Befriedigung verschaffen. Was ist da zu sehen? Was hebt sich innerhalb der Unschärfe des Gesamten schärfer ab als alles andere?

Zunächst der Hintergrund des Bildes. Er ist insgesamt eingenommen von dem Ausschnitt einer architektonischen Fassade. Glatter Sandstein, vertikal gegliedert durch zwei Pfeiler; rechts der eine, der als weiß leuchtendes, von Fugen horizontal unterteiltes Rechteck sich von oben in das Durcheinander der menschlichen Bewegungen im Mittelgrund stemmt und darin eingeht, links der andere, beschnitten vom Bildrand und halb verdeckt vom belaubten Ast. Sie flankieren einen doppeltürigen Eingang. Dieser liegt schräg links hinter dem rechten Pfeiler und ist zu einem Viertel von diesem verdeckt, sodass die Aufschrift über dem Eingangsbereich nicht nur leicht verschwommen, sondern auch abgeschnitten ist. In Großbuchstaben lässt sich „LE CARR" entziffern, womöglich „Le Carré". Damit ist ein Ort angedeutet. Vermutlich handelt es sich um die Vorderfront eines Kaufhauses, das – vielleicht in der Fußgängerzone einer französischsprachigen Stadt – Menschen anzieht und wieder entlässt, während gleichzeitig Passanten in unbestimmbarer Anzahl vorüberziehen. Die Architektur gliedert die Menschenmenge, formt die Menschenmenge im Mittelgrund des Bildes zur Gruppe, gibt also dem Betrachter einen weiteren strukturierenden Hinweis.

Rechts vom Pfeiler, also in der rechten oberen Ecke des Fotos, womöglich an diesem durch eine entsprechende Vorrichtung direkt montiert, ist undeutlich ein schwarzer Kasten vor einem Straßenschild zu erkennen, vielleicht das Schutzgehäuse einer Kamera. Zumindest lässt sich so etwas wie ein Objektiv im Gehäuse erahnen. Die Kamera scheint direkt auf das Durcheinander der Passanten, genauer auf die rechte Bildhälfte ausgerichtet, insbesondere auf den vom Wellental akzentuierten Vordergrund. Doch die Unschärfe des gesamten Bildes verschleiert die eindeutige Richtung des Objektivs. Dieses technische Auge könnte aus dem Bild auch hinausweisen und einen Blickkontakt zum Betrachter herstellen. Die Funktion bezeichnete, wozu der Betrachter aufgefordert ist, also zu fokussieren. Sieht der Betrachter sich durch die Dynamik immer wieder auf den rechten Bildvordergrund verwiesen, so zeigt die Kamera als Richtungsweiser und technische Funktion über die Menschenmenge im Mittelgrund hinweg auf diesen frei- und scharfgestellten Raum. Neben Wellenkante und Pfeiler gibt sie einen dritten Hinweis. Als Repräsentant des abstrakten Auges des Betrachters überschreitet sie die ästhetische Grenze des Bildes und markiert ein mögliches Thema: Beobachtung und Identifikation des Unbestimmten. Was befindet sich dort?

Durch die Ausrichtung wird auf der rechten Bildseite eine weitere vertikale Linie gezogen, die freigestellten Vordergrund und Kamerakasten verbindet. Verknüpft ist diese Beziehung durch eine im Mittelgrund aufragende Figur, die das Zentrum des Wellentals weiter beschwert: Sie sticht als uniformierte aus der Menge hervor und verleiht der abstrakten Linie Sichtbarkeit. In der Figur kreuzen sich die beiden Linien rechtwinkelig, die von Profil und Mütze akzentuierte Horizontale und die vertikale Verbindungslinie zwischen Kamera und scharfgestelltem Vordergrund. Gehört die uniformierte Figur dem Mittelgrund zwar an, so erscheint ihre Statur inmitten der Bewegung doch statisch – korrespondierend nicht nur mit der Kamera, sondern auch mit dem rechten Pfeiler, der Architektur im Hintergrund.

Doch während Wellenkante, Pfeiler und Kamera abstrakte geometrische Linien erzeugen, besteht der ästhetische Zweck des Uniformierten als konkreter Halt, als verkörperte Sicherung und Versicherung des Betrachters. Blieb der Betrachter bisher unbestimmt wie das Bild selbst, so fixiert die Figur diesen Betrachter, sie legt ihn auf die Sichtachse und damit auf eine bestimmte Betrachtungsweise fest. Hat die Kamera den Betrachter bereits erblickt, so wird dieses noch abstrakte Blickverhältnis durch den Polizisten identifiziert. Repräsentiert die Kamera den unbestimmten, den sich selbst nicht sichtbaren Betrachter, so erscheint der Polizist als Stellvertreter, der dem Betrachter eine bestimmte Rolle zuweist. Die anfängliche, durch die Welle bezeichnete Suchbewegung endet mit der Entdeckung von Orientierungslinien und -punkten und geht über in einen Identifikationsvorgang, der an der prozessualen Bestimmung dieser Markierungen die Sicherung der eigenen Identität gewinnt. Durch die ästhetische Anordnung wird der Blick auf einen Raum gerichtet, dessen mögliche Identifikation dem Betrachter Identität verleiht. Dieses subtile System der Scharfstellung, Sichtbarmachung und Wissensproduktion vollzieht sich, indem es den Betrachter identifiziert wie auch umgekehrt der Betrachter das Bild zu lesen beginnt. Der ominöse Kasten wird zur Kamera, der Uniformierte zum Polizisten, der Betrachter zum Zeugen oder Detektiv, zum gesicherten Beobachter eines Sichtbarkeitsregimes.

Am Ausgangspunkt der diagonalen Bewegung im freigestellten rechten Bildvordergrund, in dem der Blick des Betrachters unweigerlich zurückfällt und festgestellt wird, erscheinen in der Menge der Passanten zwei Personen, deren Umrisse aus der Bewegungsunschärfe herausgenommen sind, sodass sich einzelne Merkmale deutlicher als bei allen anderen Passanten unterscheiden lassen. Ihre Gesichter im *profil perdu* weisen im Gegensatz zu der bestimmten, rechtwinkligen Anordnung des Sichtbarkeits- und Identifikationsregimes in die unbestimmte, unsichere diagonale Bewegung, die durch die Wellenkante einerseits vorgegeben und andererseits durch die generelle Blickrichtung der Menge im Vordergrund unterstützt wird. Im Verhältnis zu den anderen Figuren des Vordergrunds scheinen sie sich durch mehr Individualität auszuzeichnen. Ihre Konturen weichen von der gemeinhin unscharfen Menge ab, treten hervor, ohne dass sie eindeutig erkennbar wären. Auch verlässt der Blick der vorderen Gestalt die allgemeine Bewegungsrichtung im Vordergrund. Die abweichende Scharfstellung und Blickführung sowie der Kontrast von Erkennbarkeit und Abwendung der Gesichter generieren einen Verdacht, gerechtfertigt allein durch das ästhetische Liniensystem des Bildaufbaus. Es begründet eine Erzählung – eine hysterische, mithin einen Krimi. Und die beiden Gestalten avancieren zu dessen Protagonisten. Die Geschichte verlässt den Bildraum und entspinnt sich in der kriminalistischen Imagination des Betrachters.

Welche Absicht haben die beiden? Mit welcher Intention bewegen sie sich durch die Menge und wohin? Ist es Zufall oder Skandal, dass diese plötzlich auftauchenden Gestalten bestimmte aktuelle Erwartungen erfüllen? Die Imagination treibt ins Zerrbild der Vermutungen. Kein Handeln, allein der ästhetische Anschein erweckt den Verdacht. Das dunkle Äußere der Verdächtigen hebt sich ab vom verschwommenen Herren rechts mit schütterem Haar, von der blonden Dame mit weißer Jacke davor, die eine Handtasche zu tragen und geradezu als Opfer auserkoren scheint. Ließen die abgewandten Profile der beiden Gestalten Rückschlüsse auf ihre Identität, ihr Geschlecht, das Alter und die Herkunft zu? Die Verdächtigung scheint durch den Umstand bestärkt, dass die erste vordere Gestalt eine rote Kapuzenjacke und die zweite nicht nur das Haar ebenso kurz wie die erste, sondern zusätzlich einen Vollbart trägt: Stereotypen der Bedrohung werden evoziert, die aus dem konventionellen Bildrepertoire der Gegenwart stammen. Handelt es sich um Südländer aus ghettoisierten Vorstädten, um Muslime, gar um islamistische Terroristen? Es sind Details, die sich nur der kriminalistischen Imagination erschließen.

Doch diese Bildkomposition demonstriert nicht einfach nur eine trivial stilisierte mögliche Bedrohung aus dem zeitgenössischen Fundus skandalisierender Bilder, sondern vielmehr den Zusammenhang von Ästhetik, Identität und Politik. Die Fotografie zeigt nicht mehr als eine alltägliche, sich permanent in allen Städten mit entsprechenden Fußgängerzonen wiederholende Szenerie – weder einen Anschlag, eine Revolte, noch gar Panik; stattdessen Normalität. Eine Normalität, die sich durch Unschärfe vergewissert und sich zugleich in dieser verliert. So setzt die suggestive Wirkung des Bildes nicht auf der semantischen Oberfläche der Normalität an, sondern auf ihrer ästhetischen Anordnung. Indem sie das Material des Alltäglichen formt und strukturiert, errichtet sie eine Ordnung von Sichtbarkeiten und Unsichtbarkeiten. Die Bildästhetik provoziert eine Narration, an die sich die Subjektivierung des Betrachters knüpft. Ohne dass es objektive Daten wie eindeutige Details oder Handlungsmuster gäbe, erzeugt die Bildästhetik eine Erwartung auf ein noch nicht eingetretenes Ereignis, die aus der subjektiven Imagination des Betrachters erwächst. Er gewinnt aus der Erzählung, aus narrativem Handeln, eine imaginäre Macht über das Bild, das zugleich als ästhetische Ordnung und Anschein Macht über ihn gewinnt.

Dabei stellt die Bildkomposition die Generierung dieser Ordnung als eine bestimmte Praxis der Wahrheitserzeugung dar. Nicht nur soll ein bestimmtes Wissen von der alltäglichen Lebenswirklichkeit veranschaulicht werden, sondern ebenso auch ein Ensemble von Kenntnissen und Techniken, die dieses Wissen erst hervorbringt und die einmal fixierte Wahrheit also bestätigt. Die Aufnahme, bei der es sich scheinbar bloß um einen Ausschnitt aus dem urbanen Alltag handelt, stellt eine Wahrheit dar, die sie als Praxis erzeugt und im Ergebnis bezeugt. Dabei fordert sie den Betrachter des Bildes auf, sich an der Praxis dieser Wahrheitserzeugung zu beteiligen. Und dies mit scheinbar gutem Grund, handelt es sich hierbei doch um nichts weniger als um das illustrierte Deckblatt zum Bericht des *European Security Research Advisory Boards*, das unter dem Titel *Meeting the Challenge* die Agenda der europäischen Sicherheitsforschung für das 7. Forschungsrahmenprogramm im September 2006 der EU vorlegt hat.

2 Objektivierung: Die Polizei

Das Bild macht also nicht nur auf eine Wahrheit aufmerksam, an deren Herstellung es sogleich beteiligt ist. Es zielt darauf ab, durch Sichtbarkeitsaufteilungen ein objektives Wissen zu erzeugen, um die Bewegungsströme zu kontrollieren – und den Alltag vor möglichen Gefahren zu schützen. Wird in dieser Selbstinszenierung ein Programm sichtbar? Was sind also die Objektivierungsmittel? Das Bild teilt sich in voneinander abgetrennte Ebenen, die durch unterschiedliche Bewegungsformen gekennzeichnet sind.

Erstens: Den Hintergrund besetzt eine statische und geometrische Architektur, dominiert von einer vertikalen Bewegung, die eine herrschende Ordnung bezeugt. Weisen die Pfeiler auf sakrale bzw. Herrschaftsarchitektur, so bestätigt die Bezeichnung „LE CARR …", womöglich „Le Carré", diesen geometrischen Anspruch der Architektur nicht nur, sondern scheint die auf dem Bild gültige Herrschaftsform näher zu bestimmen. Konsum gebietet hier, charakterisiert Ziele und Zwecke, beansprucht den obersten Grundsatz der festgestellten Normalität. Zweitens: Im Mittelgrund, dynamisiert durch eine horizontale Bewegung, gehen Passanten, getrieben von ihren unbestimmten Interessen, Wünschen und Begierden, getaktet im Zeitstrom scheinbar unendlicher Bewegung. Dabei spielt es keine Rolle, welcher Art diese Interessen, Wünsche und Begierden sind. All das ist nicht wichtig, bestimmt aber die sich immer wiederholende Bewegung. Die Menge weiß nicht um mögliche Gefahren, ist geradezu blind in der Befriedung der Wünsche und muss es sein, um die gesetzten, aber unbestimmten Ziele frei, unbeschränkt und insofern selbstbestimmt erreichen zu können. Drittens: Im Vordergrund, deutlich abgetrennt vom Mittelgrund, erscheint die Bewegung reduzierter, ersetzt durch eher fixierende Beobachtungen teils der Figuren und insbesondere der beiden fokussierten Gestalten. Zweckgerichtete Triebe, Richtungen, Interessen deuten sich an und ermöglichen, zwischen Verdacht und Nicht-Verdacht zu unterscheiden. Die unterschiedlichen Schärfen und die vom Mittelgrund abgesetzte Aufstellung von Figuren und Gestalten erlaubt, die Gruppe des Vordergrunds zu differenzieren.

Diese drei getrennten Bildebenen von Vorder-, Mittel- und Hintergrund werden durch die das Sichtbarkeitsregime verkörpernde Gestalt des Polizisten vermittelt. Während die Kamera auf den bestimmten Vordergrund der rechten Bildseite weist, ist der Polizist räumlich wie zeitlich als Interventions- und Definitionsmacht in die Dynamik des Mittelgrunds verstrickt. Markiert er das Sichtbarkeitsregime als ein polizeiliches, so vermittelt seine Präsenz dieses dem indifferenten Treiben, dem er zugehört und das er zugleich übersteigt. Sein obligatorischer Platz ist das sichtbare Emblem der privilegierten Unsichtbarkeit des Sichtbarkeitsregimes. Die Unsichtbarkeit des Regimes schlägt um in Sichtbarkeit. Der Glanz seiner Uniform, die aus dem Mittelgrund der zivilen Alltagsöffentlichkeit hervorsticht, übersetzt die Funktionen des Regimes im Hinblick auf den Gesellschaftskörper.

Zwar ist der Uniformierte als ein Vertreter der Staatsmacht zu erkennen, doch ist er dem gesellschaftlichen Durcheinander nicht einfach gegenübergesetzt, sondern als statisches Element hineingestellt in das Treiben wie der im Hintergrund ragende Pfeiler. Das Fehlen von Wahrnehmung im Mittelgrund wird von der wogenden Menge aufgenommen, die weder vom Uniformierten noch von etwas anderem Notiz nimmt. Und auch sein Blick ist verborgen, verstellt vom Schirm seiner Uniformmütze. Es gibt keine Interaktion zwischen der treibenden Menge und dem gestellten Polizisten. Die Interessen, die je für sich genommen vollkommen unterschiedlich sein mögen und getrieben sind von vollkommen unterschiedlichen Wünschen, zählen nicht in ihrer jeweiligen Individualität. Und auch für den Polizisten bleiben die individuellen Einzelinteressen uninteressant. Wie die Menge ist er in seiner Blicklosigkeit vollkommen entindividualisiert. Denn wie die Unschärfe der Konturen die Interessen der Passanten verbirgt, so präsentiert in umgekehrter Richtung die Uniform den Polizisten erst in seiner öffentlichen Rolle.

Der Glanz der Uniform repräsentiert Sichtbarkeit nicht nur. Als gesteigerte Form ist dieser Glanz Zeichen und Garant der Normalität, der Ordnung des Durcheinanders. Der Polizist verfügt die Ordnung, in die er sich selbst fügt. Und in dieser eigentümlichen Präsenz scheint auch inmitten dieses geschäftigen Treibens seine erste Funktion zu liegen. Der Glanz seiner Uniform transzendiert einerseits die durch ihn garantierte Ordnung des Durcheinanders, andererseits seine technischen Funktionen, verschleiert die staatliche Gewalt, die er verkörpert. All die Gründe, Beweggründe, die in die Ab- und Untergründe des Seelischen weisen, die zugleich aber das urbane Getriebe alltäglicher Geschäftigkeit in Gang setzen und antreiben, die das Durcheinander der menschlichen Bewegungen organisieren, die Ziele wie die Richtungswechsel mikrophysisch strukturieren, bleiben Privatangelegenheiten der einzelnen Passanten. Allein die Präsenz des Polizisten genügt, um zu zeigen, dass die privaten Einzelinteressen zirkulieren. Der Glanz seiner Erscheinung feiert das Treiben als Zirkulation.

Doch existieren weitere technische Funktionen des Polizisten, die das Treiben erst in Zirkulation verwandeln. Auch sie sind ästhetisch begründet. Seine erste technische Funktion besteht darin, die drei Ebenen zu vermitteln. Leuchtet das Weiß des Pfeilers wider in der Uniformmütze, so ist die statische Vertikale architektonischer Ordnung in die horizontale Bewegung der unscharfen, ungewissen Passanten wiederum durch die Uniformmütze übersetzt. Hintergrund und Mittelgrund sind verbunden. Sinn und Zweck scheint auf, das Kaufhaus bestimmt die treibende Menge als Konsumenten. Gleichzeitig weist die am linken Schulterstück befestigte rote Kordel auf die Kapuzenjacke des vermeintlich Verdächtigen. Die uniformierte Gestalt bezieht somit auch den Vordergrund auf das blicklose Treiben im Mittelgrund. Vermittelt werden die gerichteten Interessen, die obskuren Antriebe, repräsentiert vor allem durch die ausgerichteten Blicke im freigestellten Bildraum. Die statuarische Figur des Polizisten schließt Vorder-, Mittel- und Hintergrund zusammen.

Die ästhetische Vermittlung verwandelt sich in eine integrative Bewegung, die die Horizontale auflöst, die Statik aufhebt, indem sie den Raum zuletzt als einen geschlossenen Handlungsraum von Antrieb, Bewegung und Ziel erschließt. Diese Bewegung, die wie die Welle im rechten Vordergrund anhebt, schwingt sich über rote Markierungen im Bild auf: Sie beginnt mit der Kapuzenjacke des vorderen Verdächtigen, setzt sich fort über eine weitere rot gekleidete Person am linken Rand des Mittelgrundes, die sich von links nach rechts in Richtung des Uniformträgers wendet, um zuletzt hinter der Glastür des Eingangs zu enden und sich zu erfüllen. Denn das Weiß der Ordnung und der Architektur sowie das Rot des Antriebs und Interesses kehren hier wieder, flankieren noch einmal den Eingangsbereich. Alles Treiben scheint in dieser Bewegung auf den Eingang des Gebäudes gerichtet. In ihm verschmelzen beide Elemente – Antrieb und Ordnung – und definieren es. Der Uniformierte verfügt und weist den Sinn, den er zugleich transzendiert. Er integriert die bedrohliche Ebene des Vordergrunds. Indem er die womöglich irregulären und auch kriminellen Triebe im Untergrund nutzbar macht, neutralisiert er sie zugleich als Gefahr.

Denn an der Summe der Einzelinteressen, die je für sich völlig unbedeutend sein mögen, an der konstanten Regelmäßigkeit der Entäußerung der individuellen Wünsche und Absichten, hängt letztlich der Nutzen aller, die Steigerung des Nutzens aller, die Konsumtion und damit die Ökonomie, das wirtschaftliche Gesamtinteresse der Stadt, des Staats und damit auch dessen Erhalt. Der Erhalt des Staats und die Steigerung des Nutzens aller kann nur dann garantiert werden, wenn diese Einzelinteressen, die Passanten, frei zirkulieren, wenn jeder nach seinen Wünschen und Interessen Zugang zu den Gütern, zu den Dienstleistungen und zum Kapital hat. Gerade dies zeigt sich in der Zeremonie der Uniform, dass die Bewegungsströme der Wünsche und Interessen nicht unterbrochen sind, sondern florieren, dass die Ordnung des Durcheinanders nicht gestört ist, sondern die Körper in konstanter und zweckgerichteter Regelmäßigkeit fließen, die durch die Polizei bestimmt und garantiert ist. „Das Territorium nicht mehr befestigen und markieren; sondern die Zirkulationen gewähren lassen, die Zirkulationen kontrollieren, die guten und die schlechten aussortieren, bewirken", schreibt Foucault in *Sicherheit, Territorium, Bevölkerung,* „daß all dies stets in Bewegung bleibt, sich ohne Unterlaß umstellt, fortwährend von einem Punkt zum nächsten gelangt, doch auf solche Weise, daß die dieser Zirkulation inhärenten Gefahren aufgehoben werden." (Foucault, 2006, S. 101).

Wie kann die Aufrechterhaltung der Zirkulation garantiert werden? Immer besteht die Gefahr, dass die Zirkulation nicht gelingt, dass sie in der Horizontalen, ins zwecklose Treiben entgleitet. Die Vermittlungsfunktion des Polizisten impliziert deshalb zugleich eine weitere technische Funktion: Sie vermittelt nicht nur die Bildebenen von Antrieb, Bewegung und Zweck, sondern sortiert sie auch, trennt sie also. Übersetzt der Polizist das Treiben in Zirkulation, so setzt diese Zirkulation die Scheidung der Ebenen immer wieder voraus. Der Schutz der Zirkulation heißt nichts anderes, als die Sortierung mit Hilfe eines choreographischen Kalküls aufrecht zu erhalten. Vermittlung und Sortierung sind also ein Prozess, der aber in vollkommen unterschiedliche Richtungen weist, wobei die Sortierungsfunktion allein durch die klare Unterscheidung der drei Ebenen im Bild aufgerufen wird. Die bestimmte Zukunft der Zirkulation ist womöglich bedroht von einer unbestimmten, die die Zirkulation stören könnte. Der verstellte, jedoch mögliche Blick des Polizisten sowie die Blickrichtung der beiden Verdächtigen könnten sich in einem Außen, einer möglichen Zukunft kreuzen. Damit würde die Totale dieses Weltentwurfs (oder auch dieser Bildinterpretation) gesprengt. Der in das Bild gestellte Polizist wacht in seiner Funktionalität über die regelmäßige Verteilung der Körper, also über das sinnliche Erscheinen dessen, was in das Einvernehmen dieser Ordnung der Antriebe und Interessen, die für den Nutzen aller sorgen, nicht einstimmt und deshalb diese ganze Ordnung, deren Glanz in der Uniform des Polizisten selbst erscheint, stören oder gar zerstören könnte.

Allein hieraus ergibt sich die weitere Frage, wo die Grenze der Zirkulationstauglichkeit jeder dieser drei Ebenen liegt, welches der jeweilige Anteil der drei Bildebenen an der Zirkulation ist und sein darf, ohne dass die Zirkulation selbst wiederum gefährdet ist. Weder darf es in diesem Weltentwurf einen Überschuss an irregulärem Trieb geben, der sich nicht mehr in die Ordnung überführen ließe, noch bloßes zweckloses Treiben wie im Mittelgrund. Ebenso bedrohte ein Zuviel statischer Ordnung die Zirkulation. Hieraus ergibt sich eine dritte und letzte Funktion, die den Polizisten zugleich an seine Grenzen verweist. Garantiert der Polizist im Bild die Zirkulation, so nur deshalb, weil er zugleich die drei Ebenen in ihrer Proportionalität aufgrund seiner prononcierten Stellung im Bild sichert. Seine Setzung oder diese Position ist durch das Gesetz bestimmt, die mit dem Bildgesetz identisch ist. Er selbst ist blind und geht auf in den ihm zugewiesenen Funktionen. Mit anderen Worten, die Entscheidungen über die Proportionalität wird nicht vom Polizisten getroffen, sondern von anderen, die sich außerhalb des Bildes befinden.

3　Entscheidung: Die Politik

Das Bild konstituiert sich durch ein Sichtbarkeitsregime und stellt es zugleich dar. Es regiert als Technik und Wissen; als ein technisches Verfahren, das gesellschaftliche Semantiken wie auch das angewandte technische Wissen auf einander bezieht und abzusichern hat. Die Technik stellt sich gewissermaßen dar als Bildexekutive. Dabei besteht die Besonderheit des Bildes darin, dass das technische Wissen nicht nur einfach auf das gesellschaftliche Wissen bezogen, sondern diesem zugleich auch gegenübergestellt ist. Die Technik behauptet eine Wissensebene im Bild, indem sie ihre Verfahren zeigt. Die Technik ist als bildkonstitutives Verfahren exemplifiziert und als Wissen im Bild repräsentiert. Unschärfe-Schärfe-Relationen, Linien, Figuren, Farben sind die ästhetischen Verfahren, die das Bild als ein exemplifiziertes und repräsentiertes Sichtbarkeitsregime begründen – und auf diese Weise ästhetisches Verfahren und politische Intention verfugen.

Die Technik bezeugt ihren doppelten Aspekt: Erzeugt sie einmal das Bild, so repräsentiert sie sich zum anderen als technisches Wissen, das im gesellschaftlichen Wissen einbegriffen ist: Wie der Uniformierte hat die Technik die polizeiliche Funktion, das sinnliche Erscheinen des Gesellschaftskörpers aufzuteilen und auf das Ziel der Zirkulation hin auszurichten. Verwirklicht sich das Sichtbarkeitsregime in den objektiven ästhetischen Kompositionsmitteln, etabliert und teilt es zugleich die weitere mimetische Wissensebene des Gesellschaftlichen auf: als unbestimmtes Wissen oder Nicht-Wissen, das es einerseits kontrolliert und zum anderen übersetzt in bestimmtes, positives Wissen, um es im Gesellschaftskörper zu integrieren.

Die Unschärfe ist dabei zunächst das ästhetische Mittel, das Unbestimmte als Nicht-Wissen zu zeigen. Kein Wissen dringt durch die Bildunschärfe hindurch außer die Unschärfe selbst. So wird das Unbestimmte von vorneherein durch das besondere technische Wissen bestimmt. Mit der Unschärfe konstruiert und usurpiert sich das technische Wissen seinen eigenen Rechtfertigungsgrund als ästhetische und polizeiliche Ordnungsmacht. Es setzt sich mit dem Anwenden der Unschärfe im Bild seine eigene Aufgabe, sein Telos, nämlich das Bestimmte vom Unbestimmten, das Scharfe vom Unscharfen zu trennen. So ist das Unbestimmte das vom technischen Wissen selbst geschaffene Anwendungsfeld, nämlich das Bestimmte zu erzeugen. Die Bestimmung des Unbestimmten durch das technische Wissen definiert den positiven Bildinhalt. Das technische Wissen zeigt, dass es das Chaos des Unbestimmten als gezeigtes Nicht-Wissen begreift und beherrscht, um es auf seinen gesetzten Zweck hin auszurichten. Die Exemplifikation des Sichtbarkeitsregimes auf der technischen Verfahrensebene schlägt um in Repräsentation des Sichtbarkeitsregimes, ins bedeutsame Bild.

Wo die Unschärfe changiert, Linien sichtbar werden, Figuren sich abheben und Farben Beziehungen knüpfen, scheidet sich vom gezeigten Nicht-Wissen ein gegenständliches Wissen, durch das eine mögliche Bestimmung des Bildinhalts erfolgt. Teilt es das Sinnliche auf, vollzieht die sich exemplifizierende Technik die polizeiliche Funktion des Sichtbarkeitsregimes. In seiner Repräsentation hingegen bezeugt sich die politische Intention, einen auf seinen Zweck ausgerichteten und in seinen Teilen stabilisierten Gesellschaftskörper vorzuführen. Indem das Regime einerseits auf gesellschaftliche Gewohnheiten und Stereotypen rekurriert, zugleich aber über die Generierung von Verdacht Entscheidungen zu erzwingen sucht hinsichtlich des sich selbst ausbalancierenden gesellschaftlichen Modells, erweist sich die technisch sich rechtfertigende Macht nicht nur als ästhetische, sondern auch als politische, die Relevanz und Sinn beansprucht über das Bild und seine Ebenen hinaus. Beweist sich das Sichtbarkeitsregime gegenüber dem Chaos als ästhetische Organisationsmacht, so erhebt es Anspruch auf den gesellschaftlichen Weltentwurf und entscheidet über die jeweiligen Sichtbarkeiten der zum Gesellschaftskörper integrierten Teile.

Was auf der konstitutiven Bildseite als technischer Sinn offenbart ist, nämlich das Sinnliche aufzuteilen und zu ordnen, wiederholt sich auf der Seite des Bildinhalts in Bezug auf den Gesellschaftskörper. In dieser doppelten Sinnkonstitution repräsentiert sich das Sichtbarkeitsregime des Bildes. Bildsemantik und technische Bildkonstitution bilden eine Komplizenschaft, deren technische und gesellschaftliche Seite sich gegenseitig Rechtfertigung verschaffen, indem die technische Bestimmung als Bild auf den repräsentierten gesellschaftlichen Sinn weist wie auch umgekehrt dieser Sinn auf diese technische Bestimmung. Beide Seiten, technischer und gesellschaftlicher Sinn, sind komplementär zu einander und finden im jeweils anderen das sie legitimierende Außen.

Indem das Bild die Unschärfe als Rechtfertigung der eigenen politischen Intention einführt, führt es zugleich auch die Bedrohung der Ordnung durch das Unbestimmte immer wieder fort. Das Instrument der Unschärfe weist nicht nur auf die Repräsentation des Sichtbarkeitsregimes, sondern zugleich auch auf den Betrachter. Die verunsichernde Unschärfe provoziert ihn, das Bild abzuschließen und den Gesellschaftsentwurf zu vollenden. Neben der Exemplifikation und der Repräsentation benötigt das Bild ein Drittes – einen Betrachter. Den Gesellschaftsentwurf zu akzeptieren und als politische Intention zu verstehen, braucht das Bild dessen Wissen, dirigiert durch die technischen Mittel der Bildkonstitution. Die Stereotypen weisen auf ein gemeinsames Wissen, das im Betrachter durch das Bild aktualisiert werden muss. Indem er sich den Techniken fügt, sichert er seine Identität im Sinne der politischen Bildintention, die auf ihn als Betrachter zielt und mit seinem Erkennen rechnet. Als affirmativer Betrachter wird er Teil des Bildes, das ihn sucht, reizt durch den Schwindel der Unschärfe. Er stimmt in den Konsens des Bildes ein, indem er den Aufteilungen des Sinnlichen sowohl auf der technischen wie auch auf der gesellschaftlichen Seite folgt, ohne sie notwendig zu durchschauen. Was immer seine Deutung sein mag, das Verstehen des Bilds und der politischen Intention hängt vom Wissen und den Voraussetzungen des Betrachters ab. Die Repräsentationen können sich deshalb je nach Betrachter unterscheiden. Sieht der eine ein Gesellschaftsmodell, so erkennt der andere die Herausforderung, den Einsatz von Bildgebungsverfahren zu verbessern. Kann der Bildinhalt variieren, so bleibt der Betrachter jedoch affirmativ, solange er in die Repräsentation, sei es der Gesellschaft, sei es der Technik, einstimmt, und dem Schwindel der Unschärfe in seine Gewissheit entkommt.

Aufklärung wie Kritik setzen ein mit dem Entdecken der technischen Mittel, die das Bild konstituieren und das Wissen beherrschen. Die in der Unschärfe repräsentierte Technik offenbart sich dem Betrachter als exemplifizierende. Nichts gibt im Bild einen konkreten Hinweis. Nichts ist konkret zu sehen. Die List dieses Sichtbarkeitsregimes besteht genau darin, dass es Sichtbarkeit erst über die Imagination des Betrachters erstellt. Selbst die Stereotypen sind vage, wenn sie auch die Imagination anstoßen mögen. Das Bild ist darauf ausgerichtet, im Betrachter ein letztlich imaginäres Bild zu erzeugen, das sich vom vorliegenden sichtbaren Bild, dem Foto, ablöst, jenseits der Unschärfe in der geschärften Imagination des Betrachters. Muss das imaginäre Bild selbst erst erschaffen werden, so liefert das vorliegende Bild hierzu nicht mehr und nicht weniger als den Rohstoff für die politische Imagination. Gibt das Bild keinerlei konkreten Anhalt, so ist die Imagination gezwungen, ihr Bild bis zur radikalen Konsequenz zu treiben, sei es, indem sie einen Terroranschlag beschwört, sei es, indem sie sich ein totales Gesellschaftsmodell entwirft. Jede dieser Konsequenzen würde die eigene Identität sprengen, in der Bedrohung entweder durch ein totales Regime oder durch den Anschlag. So verlangt der Betrachter nach Rückversicherung seiner Imagination am Bild. Denn durch die Eskalation hat die Imagination die Ordnung bereits verlassen. Der Betrachter sieht sich in die Ausgangslage zurückversetzt, um sich durch das Sichtbarkeitsregime wieder zu versichern. Er beginnt jetzt, das eigene imaginierte Bild und das vorliegende zu vergleichen. Es entsteht eine Distanz zwischen dem imaginierten und dem vorliegenden Bild, die den kritischen Betrachter hervorbringt. Er stellt fest, dass auf dem Bild nichts zu sehen ist, was seiner Imagination entspräche. Er sieht sich selbst, seine Imagination, durch das vorliegende Bild in Frage gestellt und betrachtet das Bild noch einmal. Dieser zweite Blick führt nicht mehr auf das Was des Dargestellten, also auf die Repräsentation, sondern auf das Wie der Darstellung, also auf die Technik der Verführung. Der Betrachter fragt sich, was ihn verführt und vor allem auch, wie, mit welchen Mitteln er verführt wurde. Er erkennt das Gemachte seiner Imagination an der technischen Machart des Fotos, eignet sich hiermit aber zugleich auch technisches Wissen an. Gegen die ursprünglich politische Intention des Bildes, die den politischen Streit durch die Fixierung eines Gesellschaftskörpers verhindert – wie auch eine mögliche Katastrophe, wird der Betrachter zum Akteur. Ihm sind jetzt die Mittel an die Hand gegeben, ein Bild aus eigener Macht jenseits der Manipulation des Fotos zu entwerfen. So entsteht aus dem im Grunde völlig unbestimmten Titel, der so unscharf ist wie das Bild, ein ganz neuer, anderer Sinn, dieser Herausforderung zu begegnen.

Den ethischen Charakter gewinnt das Bild dadurch, dass es die politische Entscheidung an die Sicherung der Identität des Betrachters bindet. Der Moment der Entscheidung ist ein Moment der Krise. Entweder der Betrachter fügt sich affirmativ in die polizeiliche Ordnung ein oder überlässt sich der Gleichgültigkeit des Unbestimmten. Beides würde heißen, dass der Betrachter seine durch das Bild gewonnene Subjektivität wieder aufgäbe. Stattdessen gibt es eine dritte Option, für die sich der Betrachter entscheiden kann. Möglich ist ihm nun, aus der gewonnenen Subjektivität wie auch aus der begriffenen Technik eine andere Ordnung zu begründen, ein anderes Bild, das gegen die polizeilichen Aufteilungen des Sinnlichen wiederum neue Aufteilungen setzt und damit den durch die polizeiliche Ordnung fixierten, verhinderten politischen Streit erneut eröffnet (Rancière, 2006, S. 41). Wie also aus der Technik eine Ordnung entsteht, so entsteht auch aus ihr der Widerstand gegen diese. Die Technik selbst ist unbestimmt wie der Polizist: Es ist der subjektive Betrachter, der der Technik das Ziel weist, indem er im Erlernen dieser Technik diese an seinen Zielen orientiert. Was der Betrachter aber begriffen hat, ist, dass es zur Konstituierung einer Ordnung eines Sichtbarkeitsregimes als Ordnungs- und Legitimationssystem bedarf. So hat das Sichtbarkeitsregime seine Macht entfaltet.

Literatur

Bröckling, U., Hempel, L., & Krassmann, S. (Hrsg.). (2011). Sichtbarkeitsregime. Überwachung, Sicherheit und Privatheit im 21. Jahrhundert. *Leviathan Sonderhefte 25*. Wiesbaden: Springer VS.
European Comission (2006). *Meeting the Challenge. The European Security Research Agenda*. Luxemburg: Office for Official Publications of the European Communities.
Foucault, M. (2006). *Sicherheit, Territorium, Bevölkerung. Geschichte der Gouvernementalität I*. Frankfurt am Main: Suhrkamp.
Rancière, J. (2006). *Die Aufteilung des Sinnlichen. Die Politik der Kunst und ihre Paradoxien*. Berlin: b_books.
Winkler, I. (2005). *Spies Among Us. How to Stop the Spies, Terrorists, Hackers, and Criminals You Don't Even Know You Encounter Every Day*. Hoboken, NJ: Wiley.

Bildnachweis

Abbildung 1: European Comission (2006). *Meeting the Challenge. The European Security Research Agenda*. Luxemburg: Office for Official Publications of the European Communities. Abgerufen am 4. Juli 2017 von https://www.kowi.de/Portaldata/2/Resources/fp7/coop/security-esrab-report-2006.pdf.

Sicherheitsräume

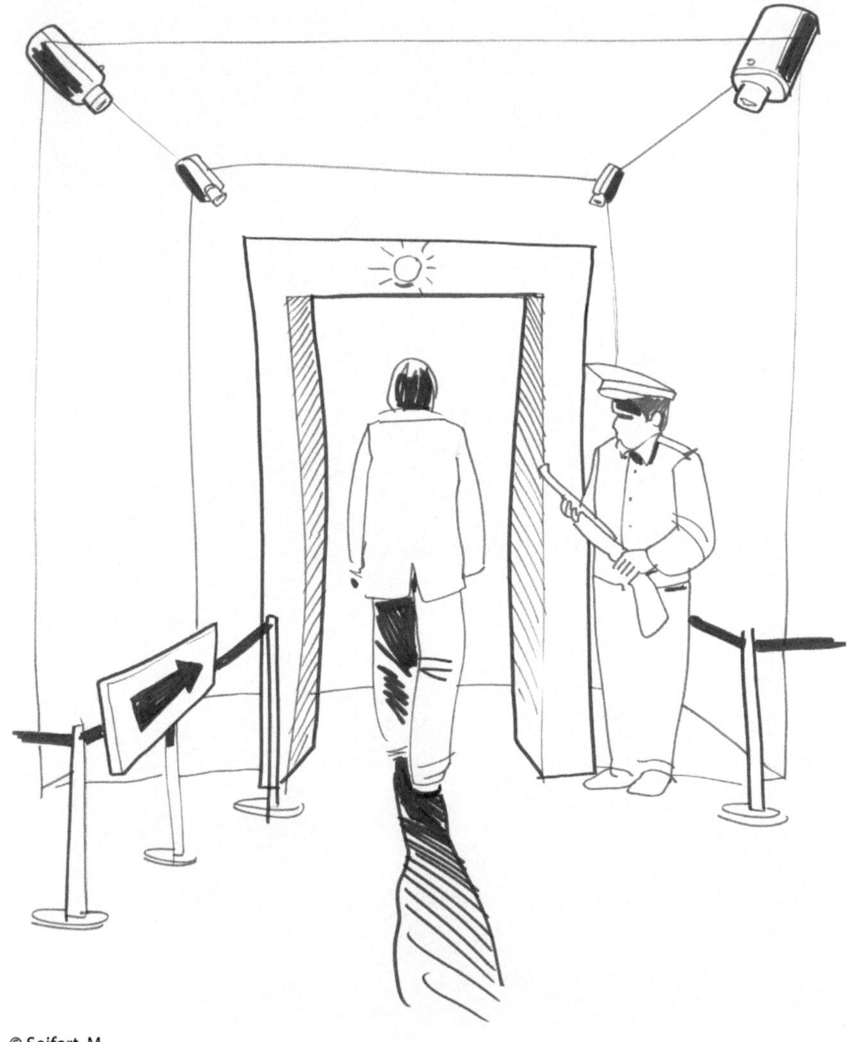

© Seifert, M.

Literally Imagination

Aviation Security Practices and Literary Fiction

Annette Ripper

Abstract

In literary fiction, relationships between real and imagined elements are shaped. Depending on the sociopolitical relevance ascribed to their content, literary works can attract considerable attention in the real world and are then often referred to in the media, and sometimes even in political circles. This article provides information on how literary fiction partakes in the production and the reception of security spaces in aviation. Moreover, structural analogies between literary techniques and practices in security spaces are discussed, exemplified by identity constructions, scenario-making, and pretense as deception. On the basis of theories of fiction, securitization and intertextuality, these processes can be identified as practices 'of *as if*' and the relationship between factual and fictitious elements can be shown, as can their topological character and thus their space-building effects. In security spaces, possibilities related to action, to interpretation and even to constructing the self are opening up or are subject to closures. Literary fiction can shape these possibilities and either increase their resemblance to the real world or reinforce patterns of interpretation.

1 Introduction

When entering airport spaces, passengers are confronted with manifold impressions. The atmosphere is busy, people from all countries and cultures are rushing towards connecting flights or waiting in transit areas. Airline staff are trying to organize complex passenger and baggage handling, in order to guarantee that scheduled flights are on time. Coffee bars, souvenir shops, and duty-free trade invite passengers to stop by and browse, while in other parts of the airport, staff at security check points and passport control examine thoroughly anyone coming through. The architecture of concrete and glass suggests transparency, easiness, and visibility, but we know that airports are "flow machines" (Fuller & Harley, 2004, p. 5) and, often, notorious and confusing buildings, where passengers have to cover long distances within short connecting times and have problems finding their way through labyrinthine building structures. Passenger numbers have increased tremendously since the 1970s, challenging architects and airport operators; so have a series of terrorist assaults and airplane hijackings that occurred against the background of the Mideast conflict. The first expansion of *Frankfurt Airport*, for example, was reported in the press as follows:

> Hätte Kafka mit Orwell ein Kind gezeugt oder umgekehrt, hätte dieses Kind die technischen Wissenschaften studiert, wäre dabei zum Linksradikalen geworden und hätte beschlossen, einen entscheidenden Schlag gegen den Westen zu führen [...] so stelle ich mir den Planer des neuen Frankfurter Flughafens vor. (Weigel, 1973 [1972], p. 4).[1]

Works of Kafka and Orwell enjoy great popularity and belong to the canon of literary texts to be read at schools and universities. They are—not surprisingly—frequently cited when security measures are rejected by the public. In this context, Kafka and Orwell serve as metonymies for bizarre bureaucratic structures and surveillance. They assert an equivocation of real and imagined procedures and related processes. Because both are referred explicitly to spatial issues, as well as to security concerns, they raise the question of the significance of literary fiction and fictitious elements in security spaces. Because the *Topological Manifesto* claims that "fictional media such as literature and film play a notable role within them" (TM [7]), I will further elaborate on the subject. In the following section, I introduce the term "fiction" and examine its meaning for security issues in commercial aviation in general terms, outlining that literary fiction partakes in the production and in the reception of security spaces. Section three addresses prototypic literary practices, namely practices of *as if,* relating them to philosophical and theoretical thought. Section four discusses how these practices of *as if* come into use in aviation security spaces. Security practices that focus on identity serve as example, as do those of scenario-making and practices of pretense as deception. In

---

1   "If Kafka had had a child by Orwell, or vice versa, and had this child studied technology, and thereby became a left-wing radical and would have decided to carry out a decisive blow against the West [...] this is how I imagine the planner of the new Frankfurt Airport." (translation AR) Weigel was a journalist for the *Wiener Kronen-Zeitung*. His article was published on June 16th, 1972 and is here cited from the airport magazine *Flughafen-Nachrichten* (1973).

order to compare literary with security practices and to better show the related-
ness of fact and fiction in security spaces, a textual concept is applied. Following
Kristeva's conception of text as a fabrication of quotes from other texts (Kristeva,
1972), relationships that reveal the fictitious and the intertextual character of aviation security spaces are demonstrated. Moreover, by identifying recurring illocutionary acts in different texts, these relationships are shown to have a performative
dimension entailing space building effects. The conclusion in section five summa-
rizes the findings.

2   Fiction

Fiction is commonly understood as either a "type of literature (e.g., novels, stories) describing imaginary events and people" or else as a "thing that is invented
or imagined and is not strictly true" (*OAL Dictionary*, 2005, p. 568). In academ-
ic debates, however, definitions differ considerably. Philosophical theories of fiction stress the auxiliary notion of consciously false or contradictory assertions,
whereas, in theories of the science of literature, fiction is most generally regarded as the fabrication of facts, without asserting a verifiable reference to the actual world. Two types of theories of the latter can be distinguished, which refer either to the production of texts or to the mode of communication and reception of
texts.[2] The inherent challenge for all theories is to clarify the relationship between
fictional texts and truth, actuality, and reality.[3] Although theoretical approaches
differ significantly from one another, their common denominator is the "mutual
belief principle" (Zipfel, 2001, p. 85), which means that the real world serves as a
model for fabricated fictional worlds, which, in turn, participate in constructing
the real world. However, here, fiction is related to literature and understood as fabrication of fictitious facts.

The significance of fictional issues for security concerns lies partly in perceiv-
ing and reflecting security measures (see above). But because the failure to prevent the 9/11 attacks was regarded a lack of imagination (Kean & Hamilton, 2004,
p. 339), and science fiction writers were invited by the Department of Homeland
Security (DHS) to give advice and partake in shaping security spaces, particularly
at airports (Hall, 2007, section 3), this also holds true for the production level of
security spaces. Works of science fiction have always been a source of inspiration

---

2   For a detailed survey, see Zipfel (2001).
3   Notably since constructivist considerations and Foucault's reflections on discourse theory
     gained increasing influence, suggesting a differentiation between fact and fiction has become
     obsolete.

to engineers, and many of the detection and profiling technologies now implemented at airports are familiar to us from diverse fictional media, as are scenarios with airplanes crashing into skyscrapers or the destruction of Western collective symbols. According to Masco, footage on the destruction of New York, often symbolized by a shattered Statue of Liberty, even gained the status of a Hollywood ritual that recurs annually (Masco, 2014, p. 100). Fictional issues, we may conclude so far, are involved in shaping security on the production and on the reception level, both of which are genuine categories in the field of literature.

However, in this article, I mainly refer to the level of practices within security spaces. As mentioned above, these practices are about terms of pretense that are not only of significance in literature but also for security concerns. On the level of practices, relationships between subjects and entities are changed in a way that may be described as being folded—not just in a metaphorical sense—, concealing their inherent double-sided character and making security spaces topological ones: in security spaces, fact is perceived as fiction, fiction as fact, citizens are suspected of being potential terrorists, terrorists pretend not to be terrorists and act as if they play by rules and laws, but actually do not. Undercover agents, e. g., of the Federal Aviation Administration (FAA), act like normal passengers but try to deceive security staff at check points, in order to test the reliability of security procedures; airport spaces suggest transparency but are obscure. To further discuss this, I will analyze security space by means of intertextuality and pretense theory. I thereby outline not only the fictitious character of security operations but also reveal its practices to be intertextual manifestations that stem from factual and fictional realms of Western culture.

3   Pretense Theory

This section introduces theoretical and philosophical approaches to the nature of literature and fiction. Because Kant pays special attention to aesthetic experience in his third critique and concludes, earlier, that not objects themselves orient our knowledge about them but, rather, how the objects appear to us (Copernican Revolution), he attributes awareness to how these appearances participate in constituting subjects' powers of judgment. According to his transcendental concept, aesthetic judgment enables material experience and practice by means of reflection. This reflection is focused on the object and on those qualities of its appearance to the subject that refer to that subject's cognitive faculties; therefore, objects are presented to subjects "as if" (Hubig, 1991, p. 143) they are objects with certain qualities. Aesthetic experience thus promotes a heuristic that enables the subject to relate to its available possibilities (p. 143). Strongly influenced by Kant, Vaihinger's classical book on pretense theory further examines *The Philosophy of 'As if'* by exploring the meaning of fiction with respect to various scientific fields, such as law, mathematics, and logic. Because Vaihinger insists on fiction being a consciously posed counterfactual that enables the production of factual knowledge, fiction takes on the character of an auxiliary operator, an artificial trick, that serves the expediency of thinking (Vaihinger, 1913 [1911], pp. 18, 152). For example, in law, fiction is used to recreate the progression of events that claim validity in real life. Although Vaihinger's book is explicitly not about aesthetic fiction, it has had an impact on theories of fiction in the science of literature (Bunia, 2007, pp. 42, 46). Among the prominent approaches that make use of pretense theory on the production level is Searle's *The Logical Status of Fictional Discourse*. Whilst Searle is also concerned with defining speech acts and their rules, he claims that, in fictional works, characters only pretend to carry out speech acts and the like (Searle, 1975, p. 324). Thus, fiction is characterized as "to engage in a performance which is *as if* one were doing or being the thing" (p. 324). Interestingly, speech act theory has also played a part in theorizing concepts of security. Namely, the concept of securitization offered by members of the *Copenhagen School* takes Austin and Searle as starting points to exemplify securitization processes as speech acts or, more precisely, illocutionary acts containing proposing and performing dimensions (Buzan, De Wilde & Wæver, 1998, p. 26; see also Rothe, 2016). Fiction, however, is deliberately excluded or else overlooked, probably because fiction is traditionally related to unreal aesthetic matters, fields unpopular for security analysts' concerns. And yet: fiction not only takes part in the production and the reception of security spaces, but it also maintains a structural relationship with security that can be identified on the level of practices. For security, fiction and fact are continuous. There is no sharp boundary because security is always concerned with possibility rather than with actuality (TM [7]). Its analysis provides an alternative understanding of the nature of security that might contribute to targeting desecuritization processes. To answer the question of how speech acts develop performative power, it must be noted that Searle stipulated four rules that hold for illocutionary acts of making assertions:

1) The essential rule: the maker of an assertion commits himself to the truth of the expressed proposition.
2) The preparatory rule: the speaker must be in a position to provide evidence or reasons for the truth of the expressed proposition.
3) The expressed proposition must not be obviously true to both the speaker and the hearer in the context of the utterance.
4) The sincerity rule: the speaker commits himself to a belief in the truth of the expressed proposition. (Searle, 1975, p. 322)

For fictional matters, all the rules are more or less difficult to apply, but the first rule is the most problematic: an author of a work of fiction might tell the truth or use facts and factual knowledge for it; but by no means must s/he commit him/herself to the truth of the assertions s/he makes. Searle's suggestion for resolving the problem lies in the framework of pretense theory, as stated above. Authors, he observes, just pretend to make assertions; they act *as if* utterances they make are illocutionary acts. And, referring to Austin, he states that even if the illocutionary act is just pretended, the utterances made thereby are real (p. 327). Thus, performing pretense is actually a double-sided action: pretending one thing by doing another. With respect to fiction, this means that authors create fictional works by pretending the illocutionary act of making assertions in general. As a more detailed example, he considers Iris Murdoch's novel *The Red and the Green,* and classifies her pretended illocutionary act of referring to a fictitious person, Andrew Chase-White, as creating this very fictitious person itself (p. 330). Moreover, says Searle, "*pretend* […] is one of those verbs which contain the concept of intention built into it" (p. 325) and he concludes that "the identifying criterion for whether or not a text is a work of fiction must of necessity lie in the illocutionary intentions of the author."[4] (p. 325). Whilst it is possible to agree with Searle regarding the character of illocutionary acts of making assertions, there are two essential aspects that provoke criticism. In addition to the fact that Searle does not distinguish between author and narrator, it is irritating that, despite the weight he gives to the author's intentions, he refuses to accept deception as possibly being one of them (p. 324).

However, in the history of literary fiction, there are numerous examples of where deception is used as, and is constitutive for, narrative strategy in fictional works. One could even say that, by staging deception, literary fiction makes itself a subject of discussion (Kern, 2004, p. 13). Especially in the genre termed *autofiction*—which might correspond most closely to Searle, because it stresses the relationship between author and character—deception is used to consciously mislead or provoke recipients, to bypass censorship, or to reflect satirically on common literary practices. Serge Doubrovsky's *Fils* (1977) and Thomas Glavinic's *Das bin doch ich* (2007) may serve as examples. Both authors indicate, in the paratext, that their works are novels, but they obviously use autobiographical data from their real lives. Other examples worth mentioning are *Fragments* (1995), by Binjamin Wilkomirski, and Misha Defonseca's *Misha. A Mémoire of the Holocaust*

---

4   Searle's well-known essay was followed by affirmation but also by some harsh critiques. Poststructuralists disagreed with the intentionalist part, whilst other theorists criticized the missing distinction between author and narrator (Hempfer, 1990, p. 110).

Years (1997). The authors published fictitious childhood memories of Jewish children in "Third Reich Germany" as if they were their own real ones. But, apart from deception on the production level and in the relationship author—narrator—character, literary works are and have always been inhabited by frauds and cunning characters in all literary epochs, so that deception might easily be identified as a common topos in the history of literature. Moreover, poetry has been perceived as an "art of deception" (Kern, 2004, p. 4) itself. In summary, constructing identities by using *as if*-practices is a crucial feature of literary fiction and, simultaneously, a genuine part of literary business. As will be shown below, and particularly in the practice of pretense as deception, this also applies to practices in aviation and airport security spaces.

4   Practices

Security spaces at airports are complex entities that are steadily widening their sphere of action. In terms of securitization theory, air travel has undergone many securitization moves since security measures became institutionalized at airports in the early 1970s. Securitization is the response to attacks on commercial aviation; it is, in the sense of Heidegger, an un-setting *(ent-setzen)* of regular orders and the implementation of extraordinary measures, initially carried out by illocutionary speech acts that follow the rules indicated above. However, it is rather to be seen as a process showing the dispositif's continuing expansion and not only affecting politics, law, and rules, but also the application of technologies, practices, and spatial arrangements, as well as the perception and interaction of securitized subjects, objects, and anyone involved (Croft, 2012, p. 6). The daily routines, as well as the permanent reproduction of security practices, generate habituating effects that impact our behavior and also our classification schemes of what or who is secure, insecure, dangerous, or endangered. Airports are places or, in anthropological terms, non-places (Augé, 2006) where security measures are first employed before they also come into use in other places.

To make security space legible, the analysis is concentrated on the performative and space building effects of textual elements. It is inspired by Kristeva's and Barthes' ideas of text as a multidimensional space and a fabric of quotes from different realms of culture (Barthes, 2009 [1968], p. 190). Because postmodernist thinking tends to cross boundaries and questions definitions, a radicalized version of Barthes and his student Kristeva is offered by Bloom, for whom "there are *no* texts, but only relationships between texts" (Bloom, 1975, p. 3). Hence text—like space—is no longer to be thought of as a closed structure but much more as a site for the production of meaning, through the establishment of dynamic sets of relationships. This means that a text does not necessarily have to consist of a series of words, nor does it have to be a syntagma on a horizontal axis between a meaningful author and her/his readers, but rather a syntagmatic *and* paradigmatic axis, conceptualized as the echospace of its own intertextuality (Baßler, 2005, p. 69).[5] In Bachtin's and Kristeva's words, a "mosaic of quotes, absorbing and transforming other texts." (Kristeva, 1972, p. 348 f.). Thus, in Kristeva's work, intertextuality denotes three major aspects that are of relevance here: first, the shift from subjectivity to textuality, and hence, the significance of intertextual relationships that are not only constitutive for the production of meaning but also for the production of subjectivity; second, the preference of space, because intertextuality connects synchronic and diachronic dimensions in textual space; and, last but not least, the focus on the extralinguistic significance of intertextuality, here referred to as practices. I apply pretense and intertextual theory by analyzing security practices of identity, scenario-making, and pretense as deception.

4.1 Securitizing Identity

Security practices at airports focus on identity and materiality. At the check-in desk, passengers' ID cards and reservations are checked and matched to data in *passenger name records* (PNR), luggage is collected, boarding cards and baggage tags issued. Behind or sometimes beneath public areas, checked-in materials are X-rayed. Whereas, in the early days of commercial aviation, passengers accompanied by family and friends could walk through to the departure gate without being scrutinized, public space has steadily shrunk ever since. From 1969 to 1977, more than four hundred events that threatened aircraft and aviation facilities were recorded.[6] Many of them were caused by the Mideast conflict and carried out by members of the Popular Front for the Liberation of Palestine (PFLP)—sometimes in cooperation with members of radical German left-wing groups. Israel was a frequent target, as were flights to Israel and *El Al,* Israel's national airline. Therefore, flights to Tel Aviv were checked-in separately under enhanced security measures

---

5   In linguistics, texts are traditionally observed as closed lexical units structured by a syntagmatic and a paradigmatic axis that follow a communicational intent. Whilst the syntagmatic axis (also called the horizontal axis) indicates coherent lexical elements on the author-reader level, the paradigmatic axis (also called the vertical axis) indicates exchangeable lexical elements on the text-context level (Göpferich, 1995, p. 56; Baßler, 2005, p. 67).

6   Volker Zintel, former chief representative of *Fraport Corporate Security* (the section of airport operations in charge of security issues at Frankfurt airport), in a lecture held at *Technische Universität Darmstadt* on January 19th, 2011.

(Fraport AG, 2009/024-209, pp. 4, 12)[7] and, at some places, such as Frankfurt, for example, even in isolated airport space (Fraport AG, 2009/024-97, p. 1).[8] Bodies and bags, as well as identification, were scrutinized several times. After repeated checks, passengers and staff had to walk through isolated airport space guarded by armed border police. Before boarding, hand luggage was examined again and baggage had to be identified once more. So-called *"Fluggastsonderkontrolle[n]"* (additional passenger inspection [translation AR]) were "angeordnet"[9] (prescribed [translation AR]) by the Federal Ministry of the Interior in an illocutionary speech act that demanded action by detailing procedures for airport operators that were followed by corresponding practices to be carried out by border police and airport staff. For securitizing processes, it is important to examine "who can 'do' or 'speak' security successfully" (Buzan et al., 1998, p. 27) by referring to threatening events "requiring emergency action and special measures" (p. 27); in this case, it is a governmental institution. Israeli and, thus, Jewish identity was securitized and, embarrassingly by doing so, "special treatment" was perpetuated, which, although it aimed at protection, was often perceived as humiliating.

Separation and isolation evoked memories of other tragedies that Jewish people had endured in "Third Reich Germany" and fatally repeated itself as practice in airplane hijackings conducted by members of the PFLP, together with German left-wing terrorists. The *Air France* Flight #139, scheduled from Tel Aviv to Paris via Athens, left Tel Aviv on June 27, 1976. It was hijacked by four terrorists after it left Athens and was diverted to Entebbe, Uganda, where passengers had to leave the aircraft and were taken hostage at Entebbe airport. Jewish passengers were separated from non-Jewish passengers; the latter were released and flown to Paris. Cockpit crew and flight attendants refused to abandon their passengers and remained in Entebbe. The hijackers were two Palestinians and two German members of the *Revolutionären Zellen*, Brigitte Kuhlmann and Wilfried Böse, who aimed to force the releases of imprisoned comrades.

---

7   Protocol of the 11th meeting of Working Group 1, "defense against external threats" of the permanent security committee (SAL) on 10 December 1976 in Bonn, *Federal Ministry of the Interior:* to grant air transportation security, preemptive measures had to be installed by the police, prior to hazard prevention (enclosure 1), especially for flights to Israel (Fraport AG, 2009/024-209, pp. 4, 12).
8   Ergebnisniederschrift über die Sitzung der Örtlichen Sicherheitskommission auf dem Flughafen Frankfurt am Main am 21. Oktober 1977 (Fraport AG, 2009/024-97, p. 1).
9   Fraport AG/central archive/2009-024-97; document "Angeordnete Maßnahmen zur Sicherheit des Luftverkehrs—Abwehr äußerer Gefahren", 3 November 1977. *Fluggastsonderkontrollen* also affected charter flights because, a few weeks earlier, the Lufthansa plane *Landshut* was hijacked on its way from Palma de Mallorca to Frankfurt am Main. The hijacking of *LH 181* was of particular political significance in Germany and closely connected to activities and (self-)assassinations of the *Red Army Fraction* (RAF).

In a spectacular military action under the command of Yonatan Netanyahu, Israeli fighter jets came to release the hostages; but while the mission was still ongoing, Netanyahu himself was killed, as were three hostages, twenty soldiers of the Ugandan army, and all four terrorists (Stevenson, 1976, p. 127–130). Within one year after the incident, three film productions were released: *Victory at Entebbe* (1976, directed by Marvin Chomsky), *Raid on Entebbe* (1977, directed by Irvin Kershner), and *Operation Thunderbolt* (1977, directed by Menahem Golan). Although these films differ slightly regarding the perspectives taken, the dramaturgical climax in all of them refers to the enforced separation of passengers, which was stressed by engaging German actors for the roles of the German terrorists. In *Operation Thunderbolt,* Klaus Kinski plays RZ-member Wilfried Böse, *Raid on Entebbe* features Horst Buchholz as Böse, and, in *Victory at Entebbe,* he is played by Helmut Berger (Vowinckel, 2011, pp. 100–103).

However, the illocution of separating Jewish passengers does not only occur in film scenarios. Stevenson's "authentic report" (Stevenson, 1976) includes interviews and statements of passengers involved. One young, pregnant British woman who was aboard the flight and freed earlier, informed Scotland Yard on her arrival in London of the dramatic events and also of the "selection" (p. 25) carried out by German terrorists. Another passenger, an elderly woman, said, *"es war eine schreckliche Szene—der harte deutsche Akzent und dann diese 'selekzia'."* (p. 50)[10] What became intertextually explicit as illocution in various documents such as security policies, documentation, literature, and film scenarios has perpetuated identical patterns of performance, referring to Jewish identity as both dangerous and endangered. In security studies that focus on identity, Kinnvall coined the term "as-if selves" (Kinnvall, 2004, p. 748), suggesting that so-called ontological security of the self is less a given static condition, even though its foundation lies in basal categories built in early childhood through "trust relations" (Croft, 2012, p. 24), but rather the product of representations of the self. These representations, which Kinnvall also calls "self-narratives" (Kinnvall, 2004, p. 748), are practiced in order to remain ontologically secure by relating the self reflexively to everyday challenges, crisis situations, and circumstances that represent a substantial threat to the self of the individual concerned (Croft, 2012, p. 25). They are carried out by individuals themselves, politicians, on a collective level by nations, or else by media such as literature and film. Literature and film present a "simulationspace of real possibilities" (Van Laak, 1999, p. 203) and, unlike historiography, fictional media allow for emotions, hero- and identity-making, characters' insights, madness, and violence (Scherpe, 2003, p. 152). While, on the one hand, emphasizing

---

10 "it was a horrible scene—the harsh German accent and then this 'selection.'" (translation AR).

the *as if*-narrative of separation in the films mentioned above served the purpose of memorizing a collectively suffered and fundamental ontological insecurity that was perpetuated by German involvement long after "Third Reich Germany", the rescue of hostages that took place in the immediate aftermath of the *Air France* hijacking offered a new narrative for Israeli identity. It explains why Israel and its allies had such a strong interest in making this operation the topic of a series of films that were released shortly after the incidents occurred: A (late) founding myth could be circulated that not only legitimated Israel as a (strong and capable) state but could also, at the same time, connect Israeli identity to self-determination and liberation, breaking down the long-term attributions of victimization by blaming segregation practices. All three films belong to the genre *Dokudrama*, using fictitious elements combined with factual elements to emphasize authenticity. In *Operation Thunderbolt*, Yitzhak Rabin, Moshe Dayan, and Shimon Peres were actually not represented by actors but played themselves (Vowinckel, 2011, pp. 99–103). However, on the other hand, security practices in commercial aviation continued to relate to Jewish identity in terms of separation through securitization. In an adaptation of Searle's view: by performing illocutionary acts prescribed in security policies, security staff contributed to shaping *as-if*-selves in a precarious process of iterability.

4.2   Scenarios

Literary texts, like films, imagine practices in fictional spaces. They represent performance by pretense and develop scenarios with differentiated strategies that allow experiences in unusual situations. The term scenario stems from dramatics and theater studies and comprises an ensemble of handling instructions for anyone participating in a play. Up until today, creating scenarios has become a significant part of risk management in enterprises of any kind. In aviation, scenarios are an important instrument for hazard assessment, as well as for exercising behavioral patterns in pretended emergency situations. The assaults of 9/11 have revealed that existing institutions are inappropriate for enabling personnel to cooperate adequately. And, even though the attacks were inconceivable, reactions of federal employees, such as "Is this real world or exercise?" (Kean & Hamilton, 2004, p. 20), indicate that another, unwanted effect has become reality through scenario techniques that may be described as indistinguishability between fact and fiction. The *9/11 Commission Report* states that scenario practices are common in aviation, the "most prominent of these mentioned a possible plot to fly an explosives-laden aircraft into a U.S. city." (Kean & Hamilton, 2004, p. 344). According to Sarasin, more than 200 anti-terrorist exercises have been carried out since the 1990s, including scenarios using aircraft as weapons against government buildings (Sarasin, 2004, p. 20). In his 1994 novel, *Debt of Honor,* bestselling author Tom Clancy makes his prominent character, Jack Ryan, experience a similar scenario. Ryan was appointed as the National Security Advisor to President Durling after Japan had begun to instigate hostilities and acts of war against the United States. Close to the end of the novel, Durling discovers that his vice-president is involved in indecent and illegal affairs and nominates Jack Ryan as vice-president, honoring his merits during the crisis. Shortly after, a commercial aircraft is hijacked by a *Japan Airlines* pilot who, as retaliation for the loss of his child and his brother in the warlike crisis, pilots the Boeing 747 of *Japan Airlines* directly into the U.S. Capitol. Almost all members of the federal government are killed, including President Durling, whereas Jack narrowly escapes the attack. In the aftermath of 9/11, Clancy has been ascribed prophetic capabilities, and the novel created another step towards the indistinguishability between fact and fiction. Clancy himself was considered "the author who predicted 9/11" (Kerridge, 2013), whilst, in the opinion of *TIME Magazine*'s journalist Christopher Matthews, Clancy's anticipatory abilities are not limited to 9/11 (Matthews, 2013).

Clancy is also mentioned in the *9/11 Commission Report,* when counter-terrorism expert and former national coordinator for security, infrastructure, protection, and counter-terrorism for the United States, Richard Clarke, admits that "he attributed his awareness more to Tom Clancy's novel than to warnings from the intelligence community" (Kean & Hamilton, 2004, p. 347).[11] Clancy may be a particularly appropriate example for demonstrating intertextual relationships between fact and fiction, because the author's expertise clearly lies in military matters that he uses for the fabrication of complex scenarios to make them appear more authentic, but he is definitely not the only one. Soon after the 9/11 attacks, Žižek pointed out that we have witnessed similar scenarios many times before in Hollywood productions, and connected the constant repetition of filmic threat scenarios to a Lacanian reading by outlining that the passion for "the pure semblance of the spectacular *effect of the Real* [...] ends up in a violent return to the passion for the Real." (Žižek, 2002, p. 10).[12] According to Masco, these film scenarios convey "a perverse kind of nation building through images of collective sacrifice and death." (Masco, 2014, p. 100). He continues his reasoning:

---

11 I owe this reference to Prof. Arich-Gerz.

12 For Lacan, the Real is an essential part of the psychic structure that can be captured neither by symbolization nor by the imaginary. It is not to be equated with reality but, rather, with inaccessibility, and accommodates the obscure and complex relationship between desire, deficiency, and, thus, traumatic experience (Žižek, 2008, pp. 88–90).

> In the first decade of its twenty-first-century emergency, the U.S. security state did nothing less than reinvent itself, imagining and pursuing a new planetary concept of American power organized around the anticipation and pursuit of terror. The endless futurity of terror (existing, imagined, emergent) transforms *defense* into a war that is boundless in both time and space and that is constantly evolving. (Masco, 2014, p. 193)

Thus, Žižek and Masco both locate the precarious development of threat and security thinking within Western culture. In the context of aviation, security scenarios promote performances of *as if* by producing security space as a texture of fictitious and factual elements that are becoming increasingly difficult to distinguish.

4.3   Pretense as Deception

The last practice I refer to here deploys *as if*-performance as deception. Similar to the literary genre of autofiction introduced above, it aims at deceiving by using pretended identity either to test the security system itself or to undermine it. Usually, it marks subversion and refers to passengers who consciously use false identification for traveling. Because most of the 9/11 assassins had previously used various (false) passports for traveling within and outside the United States, and because new reports about so-called ISIS members entering Europe with false identification documents do not seem to come to an end, identity fraud poses a major threat to aviation security. The *9/11 Commission Report* outlines the importance of passports for terrorists:

> For terrorists, travel documents are as important as weapons. Terrorists must travel clandestinely to meet, train, plan, case targets, and gain access to attack. To them, international travel presents great danger, because they must surface to pass through regulated channels, present themselves to border security officials, or attempt to circumvent inspection points. In their travels, terrorists use evasive methods, such as altered and counterfeit passports and visas, [...] and identity fraud. We also found that, had the immigration system set a higher bar for determining whether individuals are who or what they claim to be [...], it could potentially have excluded, removed, or come into further contact with several hijackers who did not appear to meet the terms for admitting short-term visitors. (Kean & Hamilton, 2004, p. 384)

Therefore, the efforts undertaken to detect identity fraud have been reflected in security measures and technologies deployed after 9/11. They comprise passenger profiling, biometric passport data, and several other data requirements such as Advance Passenger Information System (APIS), Electronic System for Travel

Authorization (ESTA), or the most recent information requirement, *Secure Flight*, imposed by the American government, as well as by border and security authorities (Bartholomew, 2010). As mentioned above, *passenger name records* (PNR) are created when booking a flight, containing information on passengers' names, itineraries, passports, and reservations. Since November 1, 2010 data required by *Secure Flight* have to be added to the PNR for flights to and from the United States. Airlines are obliged to transfer passenger records to Transport Security Agency (TSA) at least 72 hours prior to departure. The collected data are matched to so-called watch lists and no-fly lists, in order to prevent listed individuals from boarding a plane, or else to sort out those few passengers who travel with false documents.[13] Data collection and data mining thus play a significant role for securing aviation facilities and they also indicate the dilemma faced by security operators. Security policies and their preemptive regimes are thereby constructing passenger identities themselves that focus on a potential terrorist intent. They affect the perception of all travelers that they are being permanently endangered. As a consequence of repeated attacks carried out by radical Islamists, Muslims are often submitted to extra scrutiny, which has also led to considerable ill-treatment (Trieb, 2006; Yen, 2011).

5   Conclusion

Security practices in commercial aviation have gained increasing importance. The recent assaults in Brussels on March 22th, 2016 and in Istanbul on June 28th, 2016 have shown that air transportation facilities are still attractive targets for terrorist attacks, and maybe they have this status just because security issues are of such great concern. Many researchers have examined airport security, with a focus on surveillance, following Foucault's examinations of governmentality and the panopticon (Adey, 2004; Salter, 2008). However, in this article, the focus was less on surveillance but more on securitizing processes with respect to the relationship between fiction and fact. Practices from the realm of literature, referred to as *as if*-practices, served as a backdrop for the examination of how *as if*-practices come into use in aviation security. Security space was analyzed by intertextuality and pretense theory, to show its consistence with intertextual references and also to facilitate its reading. Thereby, *as if*-practices were identified as double-sided in character. Practices discussed in this paper were related to securitizing processes regarding identity, scenario-building, and *as if*-performances as deception. Securitizing identity concentrated on Israeli identity and the handling of flights to and

---

13   http://www.lufthansa.com/de/de/Secure-Flight, retrieved on July 14th, 2016.

from Tel Aviv. Its intertextuality featured relationships that showed fatal convergences with German history that became manifest in practices of separation and contributed to cementing an *as if*-narrative of victimization, even though security practices applied at airports aim at protection. Illocutions materialize in security techniques and, once actualized, they bring about unintended effects: in this case, perpetuating harassment. Scenario-building, however, was shown to be a prototypic literary technique that uses pretense and, by doing so, enables its characters to relate to the opportunities for performance available to them under the envisioned conditions. In aviation, security scenarios serve to anticipate dangers, but they also allow for rehearsing emergency situations. They involve a close relationship to literary practices and fictional works alike, exemplarily outlined by intertextual references to works of a bestselling author, Tom Clancy. It is somewhat problematic that they include fictitious and factual elements in equal shares that become ever harder to distinguish from one another. Finally, *as if*-practices, used as deception, label subversive performances. They refer to identity fraud and resemble literary practices. Posing a major challenge to security, they provoke the collection of ever-larger amounts of passenger data. Thereby, they simultaneously promote the construction of terrorist identities on the part of security operators. Literature, literary practice, and fiction participate in the production, the reception, and also in practices deployed in security spaces. They likewise affirm and subvert aviation security spaces. Security space was shown to maintain wide-ranging intertextual relationships that revealed its fictitious character of operation.

Literature

Adey, P. (2004). Secured and Sorted Mobilities. Examples from the Airport. *Surveillance & Society, 1* (4), 500–519.

Augé, M. (2006). *Non-Places. Introduction to an Anthropology of Supermodernity.* London/New York: Verso.

Barthes, R. (2009) [1968]. Der Tod des Autors. In F. Jannidis, G. Lauer, M. Martinez, & S. Winko (Eds.), *Texte zur Theorie der Autorschaft* (pp. 185–197). Stuttgart: Reclam.

Bartholomew, E. (2010). *Airport and Aviation Security.* Boca Raton, FL: Auerbach.

Baßler, M. (2005). *Die kulturpoetische Funktion und das Archiv. Eine literaturwissenschaftliche Text-Kontext-Theorie.* Tübingen: Francke.

Bloom, H. (1975). *A Map of Misreading.* New York: Oxford UP.

Bunia, R. (2007). *Faltungen. Fiktion, Erzählen, Medien.* Berlin: Schmidt.

Buzan, B., De Wilde, J., & Wæver, O. (1998). *Security. A New Framework for Analysis.* Boulder, CO et al.: Rienner.

Clancy, T. (1996). *Debt of Honor.* New York: Putnam.

Colin, M., Turnbull, J., & Wehmeier, S. (Eds.). (2005). *Oxford Advanced Learner's Dictionary of Current English*. Seventh Edition. Oxford: Oxford UP.

Collins, A. (2015). *Contemporary Security Studies*. Oxford: Oxford UP.

Croft, S. (2012). *Securitizing Islam. Identity and the Search for Security*. New York: Cambridge UP.

Fraport AG (Ed.). (1973). Das Terminal Mitte in der Kritik. *Flughafen-Nachrichten, 23* (2), 60–63.

Fraport AG Central Archive (2009). *Folder Aviation Security*, Signature 2009/024-097 and 2009/024-209.

Fuller, G., & Harley, R. (2004). *Aviopolis. A Book About Airports*. London: Black Dog.

Göpferich, S. (1995). Textsorten in Naturwissenschaft und Technik. Pragmatische Typologie – Kontrastierung – Translation. *Forum für Fremdsprachenforschung, 27*, Tübingen: Narr.

Griffin, D. R. (June 19, 2005). A National Disgrace. A Review of the 9/11 Report. *Global Research*. Retrieved on July 12, 2016 from http://www.globalresearch.ca

Hall, M. (May 31, 2007). Sci-fi writers join war on terror. *USA Today*. Retrieved on June 10, 2016 from http://usatoday30.usatoday.com

Hempfer, K. (1990). Zu einigen Problemen einer Fiktionstheorie. *Zeitschrift für französische Sprache und Literatur, 100*, 109–137.

Hubig, C. (1991). Kunst als Anwalt heuristischer Vernunft. Über die Möglichkeit der Kunst und die Kunst des Möglichen. In F. Koppe (Ed.), *Perspektiven der Kunstphilosophie* (pp. 133–146). Frankfurt am Main: Suhrkamp.

Kean, T. H., & Hamilton, L. H. (Eds.). (2004). *The 9/11 Commission Report. Final Report of the National Commission on Terrorist Attacks upon the United States*. New York: Norton & Company.

Kern, S. H. (2004). *Die Kunst der Täuschung. Hochstapler, Lügner und Betrüger im deutschprachigen Roman seit 1945*. Retrieved from https://www.deutsche-digitale-bibliothek.de/binary/3VMXJ4LI6ZFTQXSVB44BLDUN47YBSI7M/full/1.pdf

Kerridge, J. (October 2, 2013). Tom Clancy. The Writer who Predicted 9/11. *The Telegraph*. Retrieved on July 1, 2016 from http://www.telegraph.co.uk

Kinnvall, C. (2004). Globalization and Religious Nationalism. Self, Identity and the Search for Ontological Security. *Political Psychology, 25* (5), 741–767.

Kristeva, J. (1972). Bachtin, das Wort, der Dialog und der Roman. In J. Ihwe (Ed.), *Literaturwissenschaft und Linguistik. Ergebnisse und Perspektiven (Bd. 3)*. Frankfurt am Main: Athenäum.

Masco, J. (2014). *The Theater of Operations*. Durham/London: Duke UP.

Matthews, C. (October 2, 2013). 4 Real Life Events Predicted by Tom Clancy. *Time*. Retrieved on July 12, 2016 from http://nation.time.com

Rothe, D. (2016). *Securitizing Global Warming. A Climate of Complexity*. London/New York: Routledge.

Salter, M. B. (Ed.). (2008). *Politics at the Airport*. Minneapolis, MS: University of Minnesota Press.

Sarasin, P. (2004). *"Anthrax". Bioterror als Phantasma*. Frankfurt am Main: Suhrkamp.

Scherpe, K. R. (2003). Krieg, Gewalt und Science Fiction. Alfred Döblins 'Berge Meere und Giganten'. In H. Egger, & G. Prauß (Eds.), *Internationales Alfred-Döblin-Kolloquium*. Berlin 2001 (p. 141–156). Bern et al.: Lang.

Searle, J. R. (1975). The Logical Status of Fictional Discourse. *New Literary History*, 6 (2), 319–332.

Stevenson, W. (1976). *90 Minuten in Entebbe*. Frankfurt am Main/Berlin/Wien: Ullstein.

Trieb, E. (June 1, 2006). Terror Fears Hamper U.S. Muslims' Travel. *New York Times*. Retrieved on July 1, 2016 from http://www.nytimes.com

Vaihinger, H. (1913) [1911]. *Die Philosophie des Als Ob. System der theoretischen, praktischen und religiösen Fiktionen der Menschheit auf Grund eines idealistischen Positivismus. Mit einem Anhang über Kant und Nietzsche*. Berlin: Reuther & Reichard.

Van Laak, D. (1999). *Weiße Elefanten. Anspruch und Scheitern technischer Großprojekte im 20. Jahrhundert*. Stuttgart: DVA.

Vowinckel, A. (2011). *Flugzeugentführungen. Eine Kulturgeschichte*. Göttingen: Wallstein.

Weigel, H. (1973) [1972]. Das Terminal Mitte in der Kritik. *Flughafen-Nachrichten*, 23 (2), p. 60.

Wilpert, G. v. (1989). *Sachwörterbuch der Literatur*. Stuttgart: Kröner.

Yen, H. (August 31, 2011). U.S. Muslims find selves target on monitoring, abuse. *Boston. com*. Retrieved on July 15th, 2016 from http://archive.boston.com

Zipfel, F. (2001). *Fiktion, Fiktivität, Fiktionalität. Analysen zur Fiktion in der Literatur und zum Fiktionsbegriff in der Literaturwissenschaft*. Berlin: Schmidt.

Žižek, S. (2002). *Welcome to the Desert of the Real*. London/New York: Verso.

Žižek, S. (2008). *Lacan. Eine Einführung*. Frankfurt am Main: Fischer.

Virtualität und Macht

Tobias Holischka

Abstract

Die Informationsgesellschaft pflegt einen selbstverständlichen Umgang mit ihren sich immer weiter entwickelnden technischen Geräten. Die neuen Phänomene der Virtualität sind dabei jedoch weitgehend unreflektiert als Schein oder Unwirklichkeit konnotiert. In der phänomenologischen Analyse zeigt sich, dass insbesondere der virtuelle Ort als versammelndes Prinzip eine Realität schafft, die, ganz im Gegensatz zum abstrakten Konzept des *CyberSpace,* eine ontologische Verbindung zur menschlichen Alltagswelt herstellt und sie auf diese Weise erweitert.

Die topologische Wende in den Sozial- und Kulturwissenschaften lenkt den Blick auf den Raum als strukturierendes Element menschlicher Kultur. Dieser neue Blickwinkel beschreibt, allgemein und über die Grenzen der beteiligten Disziplinen hinweg, nicht lediglich ein kontingentes und homogenes Nebeneinander, sondern er differenziert Räume auch in qualitativer Weise hinsichtlich ihrer gesellschaftlichen und kulturellen Funktion. Der Begriff des Raumes ist dabei aufgrund seiner inhaltlichen Konstruiertheit eng an einen umfassenden Technikbegriff geknüpft. Insbesondere die moderne Computertechnologie ermöglicht nicht nur eine weitergehende Differenzierung materieller Räume, sie erschließt darüber hinaus den Zugang zu einer neuen Kategorie von Raum: dem *virtuellen* Raum. Als immaterielles technisches Konstrukt grenzt er sich einerseits seinem Wesen nach von den materiellen Räumen der Alltagswelt ab, offenbart andererseits aber auch seinen grundlegenden strukturellen, ontologischen, inhaltlichen und kausalen Rückbezug auf sie.

Der virtuelle Raum hat einen schweren Stand gegenüber seinen materiellen Pendants. Gegen die körperlich deutlich erlebbare Andersheit etwa von Sicherheits-, Transport- oder Privaträumen hat er, beispielsweise in Form der virtuel-

© Springer Fachmedien Wiesbaden GmbH, ein Teil von Springer Nature 2018
A. Brenneis et al. (Hrsg.), *Technik – Macht – Raum*, Technikzukünfte,
Wissenschaft und Gesellschaft / Futures of Technology, Science and Society,
https://doi.org/10.1007/978-3-658-15154-6_5

len Welt eines Computerspiels, wenig entgegenzusetzen und rückt damit in die Nähe von Schein, Fiktion und Illusion. Der *CyberSpace* als eine mögliche Art der Topologisierung der Inhalte des World Wide Web hingegen reduziert sich in einer auf seine argumentativen und narrativen Strukturen fokussierten Analyse auf einen allgemeinen Wissens- oder Diskussionsraum im Medium Internet. Diesen Umständen mag es geschuldet sein, dass der virtuelle Raum im *Topologischen Manifest* keine eigenständige Würdigung erfährt, sondern lediglich als technisch unterstützter Wahrnehmungs- und Interaktionsraum beschrieben wird, indem Computertechnik „herkömmliche Wahrnehmungsräume modifiziert, erweitert und im Sinne von erwarteter Leistung funktional spezifiziert" (TM [17]). Insbesondere scheint die prädikative Gegenüberstellung von „real" und „virtuell" eine umfassende Beschreibung des virtuellen Raumes bereits paradigmatisch zu verstellen. Dieser Aufsatz unternimmt den Versuch, den virtuellen Raum, präziser gesagt den virtuellen *Ort,* als eigenständiges topologisches Phänomen zu beschreiben und es auf diese Weise für eine weitergehende interdisziplinäre Analyse fruchtbar zu machen. Besonders die Verdeutlichung seines Verhältnisses zur reinen Denkmöglichkeit sowie zur materiellen Wirklichkeit erweist sich dafür als fundamental, denn erst davon ausgehend lassen sich die damit assoziierten topologischen Fragen nach Macht und Möglichkeit auch im Bereich des Virtuellen diskutieren.

1   Raum und Ort

In der Geschichte der Philosophie offenbart sich ein Spannungsverhältnis hinsichtlich der doppelten Bestimmung des Raumes, einerseits als räumliche Abstraktion, andererseits als örtliches Phänomen (Schlitte, 2014).[1] Diese Differenzierung lässt sich in einer Analogie am Beispiel der Zeit illustrieren: Ihrer Struktur nach beschreibt die Zeit als Relation ein Nacheinander, der Raum dagegen ein Nebeneinander. Die Zeit wird gemeinhin als physikalische Größe beschrieben und in normierte Einheiten wie Stunden oder Minuten unterteilt. Hierbei handelt es sich um eine Konstruktion mit dem Ziel einer (vermeintlich) objektiven Zeitbeschreibung. Demgegenüber verhält sich die *erlebte* Zeit völlig anders: Sie verläuft nicht stetig, sondern erscheint je nach Situation länger oder kurzweiliger. Das subjektive Zeitempfinden wird mit Metaphern wie „langweilig" oder „wie im Fluge vergehen" beschrieben und widerspricht als Phänomen gerade auf diese Weise dem Diktat der Taktung der physikalischen Zeiteinteilung. Raum und Ort verhalten sich in dieser Hinsicht analog: Raum ist zunächst ein physikalisches

---

1   Zur Bedeutung des Ortes in der Philosophiegeschichte siehe Casey (1997).

Modell, das mit Maßeinheiten und kartesischen Koordinaten beschrieben werden kann. Eine derartige Abstraktion umfasst allerdings gerade nicht die inhaltlichen Aspekte, die verschiedenartige Räume qualitativ unterscheiden. Ein moderner Sakralbau und eine avantgardistische Turnhalle mögen sich hinsichtlich ihrer räumlichen Beschreibung annähernd gleichen, ihre spezifischen Charakteristika als *Orte* gehen durch diese Reduktion jedoch fast völlig verloren. Man mag nun einwenden, dass beide Räume ja nicht nur physikalisch, sondern auch sozial konstruiert sind. Tatsächlich gibt es unterschiedliche soziale Regeln im Umgang mit diesen beiden Arten von Räumen, aus deren Unterschiedlichkeit sich auch eine inhaltliche Differenzierung ergibt. Der Standpunkt der Ortsphänomenologie geht diesbezüglich allerdings von einer Eigenständigkeit des Ortes jenseits sozialer Kategorien[2] aus. Als Phänomen ereignet (Casey, 2003, S. 74)[3] er sich gegenüber dem Subjekt im Akt des Erfahrens. Das Phänomen erschöpft sich dabei allerdings nicht im subjektiven Eindruck, sondern lässt sich durchaus intersubjektiv fassen: Gerade auch jenseits erlernter sozialer Konventionen vermag ein Sakralbau Erhabenheit zu vermitteln, die eigene Wohnung dagegen Privatheit und Intimsphäre. Der Sicherheitsbereich eines Flughafens ist über seine physikalische Abstraktion und seine soziale Konstruktion als Sicherheitsraum (siehe dazu den Beitrag von Annette Ripper in diesem Band) hinaus ein Ort der Entfremdung, der Auflösung von Privatsphäre, der Fremdbestimmung, ein Nicht-Ort des Übergangs. Orte sind in unterschiedlicher Ausprägung mit persönlichem und/oder kollektivem Erinnern und Erleben konnotiert. Sie umfassen als Phänomen mehr als der Raum in seiner Form als Konstruktion und Abstraktion. Erst diese Differenzierung eröffnet die Möglichkeit einer Analyse virtueller Räume jenseits paradigmatischer Schranken, sondern direkt am Phänomen.

2   *CyberSpace* und *CyberPlace*

Der virtuelle Raum wird, sofern er als *augmented reality* nicht auf die menschliche Lebenswelt rückgewendet wird, seit den 1990er Jahren mit dem Begriff des *CyberSpace* gefasst – vornehmlich mit der Bedeutung eines strukturierten Behälters für die Hypertext-Dokumente des WWW. Entsprechend der immanenten Logik des

---

2   Das *Topologische Manifest* fasst den Raum als abstraktes, soziales Konzept. Demgegenüber betrachtet und beschreibt die Ortsphänomenologie den Raum bzw. den Ort möglichst ohne theoretische Vorurteile und Annahmen als gegebenes Phänomen, wie es dem Subjekt erscheint, gemäß Husserls Diktum „Wir wollen auf die ‚Sachen selbst' zurückgehen" (Husserl, 1968, S. 6).

3   Bei diesem Aufsatz handelt es sich um eine hervorragende grundlegende Einführung in die Ortsphänomenologie.

Raumes als geometrischer Konstruktion (Panofsky, 1980, S. 101) bezeichnet der Begriff *CyberSpace* im eigentlichen Sinne einen abstrakten Datenraum mit homogener Struktur, also einer lediglich relativen Positionierung gleichwertiger Elemente. Ferner wird er als isotrop (richtungsunabhängig), stetig und prinzipiell unendlich ausgedehnt aufgefasst. Demgegenüber beschreibt die geläufige Metapher vom Internet als *Globalem Dorf* (McLuhan, 1995) etwas anderes, nämlich die Erfahrung von persönlicher Nähe über Kontinente hinweg, von einem Treffpunkt für gemeinsame Interaktion in einer neuen Umgebung mit bis dahin unbekannten Möglichkeiten. Das Konzept des *Globalen Dorfes* skizziert den *CyberPlace* als Gegenstück zum *CyberSpace*, nämlich als konkreten Erlebnisraum mit inhomogener, endlicher und unstetiger Struktur. Die Website der *Deutschen Bahn* unterscheidet sich ganz fundamental von der des Mitglieder-Bereichs eines E-Mail-Providers. Beide sind Elemente im homogenen virtuellen Raum, jedoch gänzlich verschieden als virtuelle Orte. Ferner sind sie anisotrop, also richtungsabhängig: Es macht einen Unterschied, auf welche Weise bzw. über welche Links eine Seite aufgerufen wird oder wie tief bestimmte Informationen dort verborgen sind – und auch, ob ein Rückweg vorgesehen ist. Gerade durch die Netzstruktur des WWW wird das „Surfen" zu einer Reise, die oftmals erst nach langem Suchen über verschiedene Etappen zum lohnenden Ziel führt. Ein verstecktes Forum etwa, das nur über Umwege zu erreichen ist und das auch nicht in den gängigen Suchmaschinen gelistet ist, weil dort zum Beispiel brisante Themen diskutiert werden, stellt alleine schon deswegen einen besonderen Ort dar, weil die dortigen User die Mühen auf sich genommen haben, überhaupt dorthin zu gelangen. Von dort aus lassen sich möglicherweise wiederum weitere, noch tiefer verborgene Seiten erreichen.

Diese Unterscheidungen sind insofern relevant, als die verwendeten Begriffe bereits den Blick auf den Gegenstand formen. *CyberSpace* ist ein abstraktes Konzept – *CyberPlace* ist dagegen ein erlebtes Phänomen. Der Versuch, den Bereich des Virtuellen vom Begriff des Raumes her zu denken, reduziert ihn von vornherein auf eine Konstruktion im analogen Sinne zur Geometrie. Ebendies geht jedoch am Erleben des Users vorbei, wie die genannten Beispiele zeigen. Erst als Orte verstanden lassen sich die Phänomene des Virtuellen umfassend in der Weise beschreiben, wie sie sich zeigen.

Im Gegensatz zu den Orten der menschlichen Alltagswelt gibt es im Virtuellen offensichtlich keine natürlichen[4] Orte, *CyberPlaces* sind stets technisch erzeugt. Hinsichtlich ihrer Genese lassen sich allerdings wertvolle Unterscheidungen treffen. Als virtuelle Orte sollen alle Orte bezeichnet werden, die im Bereich der com-

---

4   Gemeint sind hier Orte in der Natur, wie etwa – plakativ formuliert – erhabene Felsmassive, versteckte Wasserfälle oder verwunschene Lichtungen, die, im Gegensatz zu technisch erzeugten Orten, ohne menschliches Zutun entstanden sind.

putergenerierten Virtualität auftreten, vom einfachen Schreibprogramm bis zu den komplexen virtuellen Welten moderner Computerspiele (vgl. zur folgenden Unterscheidung: Holischka, 2016, S. 22).

Dabei zeigt sich zunächst ein Aspekt der virtuellen Verortung, der als *Wiederverortung* treffend beschrieben werden kann. Dabei handelt es sich um eine Verortung von in der Alltagswelt gegebenen Ortskonzepten im Virtuellen. Ein anschauliches Beispiel findet sich im Desktop von Heimcomputern als virtueller Arbeitspatz. Er bedient sich am Konzept des Schreibtisches als Ort und bildet ihn funktional und symbolisch nach, indem sich von dort aus verschiedene Programme und Dateien öffnen und bearbeiten lassen, als handle es sich um materielle Akten. Selbstverständlich übersteigt der Funktionsumfang moderner Desktops und der darauf ausführbaren Programme den eines konventionellen Schreibtisches, dem Konzept nach lässt sich hier eine Verortung im Virtuellen jedoch deutlich erkennen. Schreibprogramme und andere Büroanwendungen schließen an dieses Prinzip an. Auch bei einigen Spielen handelt es sich um Wiederverortungen, etwa beim virtuellen Schachspiel: Das Prinzip des Spiels bleibt erhalten, lediglich das Spielbrett und die Spielfiguren werden vom Materiellen ins Virtuelle überführt. Neue Funktionen wie Schachprogramme als Gegenspieler erweitern die Möglichkeiten, ändern am Spielprinzip jedoch nichts. Eine Aufzählung derartiger Wiederverortungen ließe sich beinahe endlos fortsetzen.

Virtuelle Orte können jedoch auch als *Neuverortungen* gefasst sein, wenn sie neue Orte beschreiben, die keine inhaltliche Vorlage in der Alltagswelt haben. Wir finden sie etwa in sozialen Netzwerken vor, aber auch in den virtuellen Umgebungen komplexer Computerspiele. Hier ist zunächst ganz besonders zu beachten, dass es sich um Spiele handelt, also einen eigenständigen Kontext symbolischer Handlungszusammenhänge. Computergenerierte Virtualität eröffnet hier neue Möglichkeiten der Umsetzung, und im Zuge dessen ergeben sich in diesen Spielwelten neue Orte, die keine direkte Vorlage in der Alltagswelt aufweisen. Als Beispiele dienen hier etwa die sogenannten *Spawnpunkte* in rundenbasierten Spielen wie Egoshootern, an denen die Avatare das Spielfeld betreten, oder auch Teleport-Punkte, von denen aus weiter entfernte Orte direkt angesteuert werden können. Solche Orte haben keine Vorlage in der Alltagswelt und ergeben sich erst aus dem Kontext des jeweiligen Spiels.

Der Wiederverortung und der Neuverortung steht zugleich eine *Rückverortung* in die materielle Wirklichkeit gegenüber. Diese materielle Grundlage jeder Virtualisierung ergibt sich notwendig aus der Form informationsverarbeitender Technologie, denn jede Art von Information ist auf ein Trägermedium angewiesen (vgl. z. B. Weizsäcker, 1979, S. 39–60). Konkret finden wir diese Rückverortung in Computern, Servern und Rechenzentren vor, die die technische Grundlage virtueller Orte bilden. Der virtuelle Ort ist in dieser Hinsicht also doppelt verortet –

einerseits inhaltlich im Virtuellen als Wieder- oder Neuverortung, technisch betrachtet jedoch auch im materiellen Trägersystem. Nicht nur auf diese Weise nehmen virtuelle Orte direkt Bezug auf die menschliche Alltagswelt und sind eng mit ihr verbunden. Es findet darüber hinaus auch eine inhaltliche Rückverortung virtueller Elemente in die Alltagswelt statt, beispielsweise wenn Aufdrucke auf Konsumgütern auf die Internetseite des Herstellers oder seinen Auftritt in sozialen Netzwerken verweisen (z. B. als QR-Codes), wenn sich die Mitglieder einer Online-Community persönlich begegnen (sog. Chattertreffen), oder auch wenn Gegenstände aus Computerspielen als materielles Spielzeug vermarktet werden (vgl. etwa die *LEGO*-Setreihe zu *Minecraft*).

3 Virtualität und Wirklichkeit

Hinter diesen Betrachtungen steht die Frage nach dem Wirklichkeitsstatus von virtuellen Orten. Sind sie tatsächlich der Realität gegenübergestellt und lediglich eine Erweiterung der bekannten Wahrnehmungsräume? (Vgl. zum Folgenden Holischka, 2016, Kap. 3.1).

Der Begriff „virtuell" geht auf das lateinische *virtus* zurück, das einerseits für Tüchtigkeit und Tugend, andererseits aber auch für Kraft *(vis)* steht. Das griechische δύναμις wird gelegentlich mit *virtus* übersetzt und gerät damit in Konkurrenz zu *potentia,* also einer noch nicht realisierten Möglichkeit, zu der jedoch ein Vermögen besteht, das sich schließlich im *Akt* verwirklicht. In der aristotelischen Lehre (Aristoteles, Metaphysik IX) meint *Potenz* also keine beliebige Möglichkeit im Sinne von Kontingenz, sondern eine zielgerichtete Veranlagung. Ein Kirschkern trägt die Möglichkeit in sich, zu einem Kirschbaum zu werden. Der Kirschbaum selbst ist (noch) nicht wirklich, seine Veranlagung als Vermögen des Kirschkerns dagegen schon. Möglichkeit in diesem Sinne ist also nicht das Gegenteil von Wirklichkeit, sondern Wirklichkeit ist eine Sonderform der Möglichkeit, nämlich diejenige, die realisiert wurde.

Die Virtualität ist im Vergleich zur Potentialität hinsichtlich ihres Bezugs zur Wirklichkeit etwas anders gelagert. Auch sie bewegt sich in der ontologischen Sphäre des Möglichen, insofern sie (noch) keine unmittelbare materielle Realisierung erfahren hat und auf diese Weise ein Gegenstand von Macht ist, wirkt aber der Kraft nach bereits aktiv in das Wirkliche hinein. In der scholastischen Tradition wird zum ersten Mal explizit von Virtualität gesprochen, um klar zu machen, wie der Leib Christi gemäß der katholischen Lehre in der Eucharistie an mehreren Orten zur gleichen Zeit anwesend sein kann: In natürlicher Weise *(modo naturali)* habe er nur einen Ort, an mehreren könne er jedoch der Kraft nach *(modo virtuali)* sein (Hildebertus Cenomenensis: De sacramento altaris, PL 171, 1150C-1151A).

Zit. n. Roth, 2000, S. 36.). Dieser kurze philosophiegeschichtliche Rückgriff stellt den Begriff „virtuell" in ein neues Licht: Er ist weniger ein Gegenteil von „wirklich", als vielmehr von „materiell". Er beschreibt eine Kraft, die auf die materielle Realität wirkt – deren Ursache zwar immateriell ist, der Wirkung nach dennoch real. Übertragen auf den virtuellen Ort lässt sich daraus folgern, dass dieser gerade nicht außerhalb der Wirklichkeit steht, sondern vielmehr ein Teil davon ist, der zwar (vermeintlich!) entgegen seiner Denotation als Ort nicht materiell zu fassen ist, seiner Wirkung nach dennoch als wirklich – auch im Sinne von *wirkend* – zu bezeichnen ist. In Anlehnung an Kants berühmtes Beispiel von den *hundert Talern* (Kant, KrV B 106 und A 599 ff.) wird dieser Zusammenhang unmittelbar einsichtig: Geld auf einem Girokonto ist dort lediglich virtuell verfügbar, während Münzgeld materiell vorhanden ist. Obwohl virtuelles Geld also über keine materielle Ausprägung verfügt, ist es dennoch unmittelbarer Teil unserer Wirklichkeit. Es dient zum virtuellen Zahlungsverkehr und hat als Geldanlage oft sogar mehr Bedeutung in der Alltagswelt als ein paar materielle Scheine im Portemonnaie. Niemand würde auf die Idee kommen, es als Illusion abzutun. Ebenso wie virtuelles Geld Teil der Wirklichkeit ist, so ist sein Ort, also zum Beispiel das Girokonto, als virtueller Ort ebenso wirklich – nur ist es eben nicht materiell (be)greifbar. Gleichwohl findet auch der virtuelle Zahlungsverkehr seine Rückverortung im materiell-technischen Trägersystem. Sein symbolischer Kontext ist dabei identisch mit dem des Bargeldes, bei dem es sich ganz analog um eine Verortung von Wert handelt.[5]

Vor diesem Hintergrund zeigen sich virtuelle Orte, zu denen auch das Girokonto gehört, als immaterieller Teil der Wirklichkeit (und sie sind als solche nicht die einzigen) und die Ereignisse, die dort stattfinden, sind als solche ebenso wirklich. Diskussionen in sozialen Netzwerken etwa sind kein Schein und sie lassen sich auch nicht auf allgemeine Diskurse zurückführen. Sie sind sehr spezielle Formen des Diskurses und diese Besonderheit ergibt sich auch, wenn nicht sogar hauptsächlich, aus dem Ort, an dem sie stattfinden. Die aktuelle *Hatespeech*-Debatte, inklusive der Forderung nach diesbezüglichen Gesetzesänderungen, resultiert gerade aus einer Mischung aus (vermeintlicher) Anonymität, hoher Reichweite, geringer Sanktionierung, einfacher Zugänglichkeit und der Bestätigung durch Peer-Groups. Virtuelle Orte sind in der Mitte der Gesellschaft angekommen und ihre Reduktion auf abstrakte Räume und Funktionszusammenhänge erklärt diese Zusammenhänge gerade nicht.

---

5   In der frühen Phase des Münzgeldes entspricht der Wert des Zahlungsmittels dem materiellen Wert des Trägers. Erst mit der Lösung dieses Verhältnisses, insbesondere mit der Einführung des Papiergeldes, wird der Wert zu einer symbolischen Größe, die sich im Geld rückverortet.

An dieser Stelle noch ein Wort zur Wirklichkeit von virtuellen Welten in Computerspielen, denn hier ist die Lage etwas komplexer. Computerspiele integrieren in der Regel fiktive Inhalte in den Kontext eines Spiels. Selbstverständlich ist ein Drache in *World of Warcraft* nicht wirklich – ebenso wenig wie ein Hotel in *Monopoly* ein wirkliches Hotel ist. Es handelt sich um Symbole, die nur im Spiel eine Bedeutung erhalten. Als wirklich ist hingegen die Tatsache zu bezeichnen, *dass* hier ein Spiel gespielt wird, mit Gewinnern und Verlierern, Zuschauern und möglicherweise sogar einem Preisgeld (Stichwort *E-Sports*). Der Ort des Geschehens stellt sich inhaltlich als Wieder- oder Neuverortung fiktiver Elemente dar, seine Verfasstheit als Ort ist hingegen real (und immateriell), indem er Spieler zur gemeinsamen Interaktion versammelt und sich ihnen in eigentümlicher Weise ereignet. Die Spieler eines Online-Rollenspiels entfliehen nicht in eine andere Welt, sondern an *neue* Orte *dieser* einen Welt (dazu auch Malpas, 2009).

4   Möglichkeit und Macht

Eine der inhaltlichen Quellen der Neuverortung im Virtuellen findet sich im Bereich des Möglichen. Der Begriff der „Potenz" meint, wie bereits angerissen, ein vorhandenes Vermögen, dessen Verwirklichung im Akt noch nicht erfolgt ist. Ein Kirschkern verfügt über das Potenzial zu einem Kirschbaum zu werden, doch was geschieht damit, wenn es nie realisiert wird? Der Wirklichkeit steht ein Reich von Möglichkeiten gegenüber, dem ein Wechsel des Modus versagt geblieben ist. Es existiert als reine Möglichkeit und führt neben der Wirklichkeit „eine Art Gespensterdasein" (Hartmann, 1966, S. 9). Konkret lassen sich Möglichkeiten im größeren Zusammenhang auch als Welten beschreiben: Es ist eine mögliche Welt vorstellbar, in der ein Kirschkern in feuchter Erde zum Baum wurde, wenngleich dies in der Wirklichkeit nicht der Fall ist. Ebenso kann eine mögliche Welt beschrieben werden, in der zum Beispiel Platon einen Sohn hatte, der selbst eine eigene Philosophenschule gründete. Diese mögliche Welt steht in enger Verbindung zur Wirklichkeit, insofern letztere den Ausgangspunkt bildet, von dem aus eine Änderung im Ablauf der Geschichte gedacht wird. Je weiter die Spekulation über einen alternativen Verlauf voranschreitet, desto unbestimmter werden jedoch die Zusammenhänge. Welche inhaltlichen Positionen vertritt die neue Denkrichtung, wie wird sie zeitgenössische und zukünftige Schulen und überhaupt den bekannten Gang der Geistesgeschichte beeinflussen? Mögliche Welten sind in dieser Hinsicht an den Rändern offen und unbestimmt. An dieser Stelle kommt die Virtualität ins Spiel. Eine computergenerierte virtuelle Welt[6] könnte etwa das Athen

---

6   Bei diesem Beispiel handelt es sich nicht etwa um eine Simulation, die dem Begriff nach eine

des Jahres 200 v. Chr. in diesem alternativen Szenario darstellen. Sie wäre gezwungen, sehr viele Details der möglichen Welt zu explizieren: Dem Sohn Platons könnte ein Ehrenmal errichtet worden sein, seine Anhänger könnten einflussreiche soziale Positionen bekleiden, und vieles mehr. Besucher könnten die Stadt auf eigene Faust erkunden und sich selbst ein Bild davon machen. Das Gesamtkonstrukt wäre die *Virtualisierung* einer rein möglichen, nie verwirklichten Welt – Virtualität als Explikation von Möglichkeit. Explikation meint hier die detaillierte Bestimmung und Ausgestaltung eines kontrafaktischen Bedeutungsnetzes. Die Konstruktion einer virtuellen Welt ist zur Aufrechterhaltung ihrer inhaltlichen Konsistenz auf diese Festlegungen angewiesen; der spekulative Charakter reiner Möglichkeit erfährt hier eine Konkretisierung.

In dieser Hinsicht kommt dem virtuellen Ort eine besondere Bedeutung zu. Als Phänomen ist er ein Teil der Wirklichkeit, der mögliche Welten in seinem Sein interaktiv zugänglich und erfahrbar macht. Er enthebt sie dem Modus der reinen Möglichkeit in einen konkreten, referenzierbaren Ort und verleiht ihnen dadurch eigene Wirklichkeit, indem er ihnen Wirkmacht bis in die Alltagswelt hinein zuspricht – all dies nicht zuletzt auch durch den Umstand der stets notwendigen Rückverortung, durch welche eine mögliche Welt ihre alternative Realisierung in Bits und Bytes erfährt.

Daraus ergibt sich ein fruchtbarer Bezug zum Begriff „Macht", zu dem das *Topologische Manifest* ebenfalls Stellung nimmt: „Die Öffnung und Schließung von Möglichkeitsräumen nennen wir MACHT. Macht ist ein Modalphänomen, kein Vermögen, folgt keinem Plan." (TM [28]). Der virtuelle Ort wird damit zum Dreh- und Angelpunkt von Macht. Er vermag den schier endlosen Raum des Möglichen in einen Modus zu überführen, der der reinen Möglichkeit einen medialen Zugang zur Wirklichkeit eröffnet. Die sich daran anschließenden sozialen Machtfragen zum Zugang zu diesen neuen Orten oder auch die Kontrolle über die Systeme der Rückverortung mögen damit in einem neuen Licht erscheinen.

Umgebung der materiellen Welt möglichst realistisch nachzustellen versucht, um darin alternative Handlungsstrategien auszutesten. Das beschriebene virtuelle Athen ist per se bereits eine eigenständige Umgebung mit einem spezifischen Netz von Bedeutungen, das seinen Zweck in sich selbst hat und als solches von Besuchern erkundet werden kann.

Literatur

Aristoteles (1991). *Metaphysik. Schriften zur Ersten Philosophie.* Stuttgart: Reclam.

Casey, E. (1997). *The Fate of Place. A Philosophical History.* Berkeley, CA/Los Angeles, CA/London: University of California Press.

Casey, E. (2003). Vom Raum zum Ort in kürzester Zeit. Phänomenologische Prolegomena. *Phänomenologische Forschungen 2003,* 55–95.

Hartmann, N. (1966). *Möglichkeit und Wirklichkeit.* Berlin: De Gruyter.

Holischka, T. (2016). *CyberPlaces. Philosophische Annäherungen an den virtuellen Ort.* Bielefeld: transcript.

Husserl, E. (1968). *Logische Untersuchungen. 2. Band, I. Teil.* Tübingen: Niemeyer.

Kant, I. (2003). *Kritik der reinen Vernunft.* Hamburg: Meiner.

Malpas, J. (2009). On the Non-Autonomy of the Virtual. *Convergence,* 15, 135–139.

McLuhan, M., & Powers, B. (1995). *The Global Village. Der Weg der Mediengesellschaft in das 21. Jahrhundert.* Düsseldorf/Wien/New York/Moskau: Junfermann.

Panofsky, E. (1980). Die Perspektive als „symbolische Form". In *Aufsätze zu Grundfragen der Kunstwissenschaft* (S. 99–167). Berlin: Spiess.

Roth, P. (2000). Virtualis als Sprachschöpfung mittelalterlicher Theologen. In P. Roth, S. Schreiber, & S. Siemons (Hrsg.), *Die Anwesenheit des Abwesenden. Theologische Annäherungen an Begriff und Phänomene von Virtualität* (S. 33–42). Augsburg: Wißner.

Schlitte, A., Hünefeldt, T., Romić, D., & van Loon, J. (2014). Einleitung. Philosophie des Ortes. In A. Schlitte, T. Hünefeldt, D. Romić, & J. van Loon (Hrsg.), *Philosophie des Ortes. Reflexionen zum Spatial Turn in den Sozial- und Kulturwissenschaften* (S. 7–23). Bielefeld: transcript.

Weizsäcker, C. F. v. (1979). Sprache als Information. In *Die Einheit der Natur. Studien von Carl Friedrich von Weizsäcker* (S. 39–60). München: Hanser.

Technogene Wahrnehmungsräume

Ein Sturm zieht auf

Urbane Katastrophen als Heterotopien und Heterochronien

Jacob Birken

Abstract

Wenn Katastrophen moderne Großstädte treffen, stehen alle gesellschaftlichen Ordnungen zur Disposition – ob nun durch das Scheitern unvorbereiteter Behörden, plötzlich aufkochende gesellschaftliche Konflikte oder das Zusammenbrechen der ‚Weltbilder', die alltäglich zwischen den Menschen und ihrer Umwelt vermitteln sollen. Katastrophen zeigen auch epistemologische Krisen innerhalb der Kultur auf: welchen Anteil hat noch die ‚Natur' an einem Umweltereignis, wenn es insbesondere durch fahrlässigen Umgang mit Technologie in seinen Folgen verstärkt wird, oder wenn ein Mythos der ‚Beherrschbarkeit' von Umweltkräften zum mitunter opportunen Ausblenden von realen Bedrohungen führt? Analog zu den materiellen Verwüstungen der Katastrophe ‚überschreiben' solche gesellschaftlichen und epistemologischen Krisen den Stadtraum und dessen Funktionen. Ausgehend von Foucaults Konzept der „Heterotopie" ist dieser Aufsatz ein Versuch, komplementär zur Katastrophe als Ereignis von ‚katastrophalen Räumen' auszugehen und diese – wie beispielsweise die ‚schöne Ruine' – sowohl ästhetisch und als Teil bestimmter politischer Programme zu analysieren, in denen das Katastrophale zum Anlass gesellschaftlicher Neuordnungen wird.

1 Deutungen und Bedeutungen des Katastrophalen

Kann eine Katastrophe jemals anders als *räumlich* gedacht werden? Folgen wir der Begriffsgeschichte, ist eine Katastrophe zuallererst ein Zeitpunkt: Im Theater der Renaissance, das einen wenig gebräuchlichen Begriff der griechischen Antike übernahm, bezeichnete die ‚Katastrophe' eine dramatische, nicht notwendigerweise *negative* Wendung des Geschehens auf der Bühne; die Natur kam dabei

© Springer Fachmedien Wiesbaden GmbH, ein Teil von Springer Nature 2018
A. Brenneis et al. (Hrsg.), *Technik – Macht – Raum*, Technikzukünfte,
Wissenschaft und Gesellschaft / Futures of Technology, Science and Society,
https://doi.org/10.1007/978-3-658-15154-6_6

über den Umweg der Kosmologie ins Spiel, wenn die ‚Katastrophe' im Drama von Himmelserscheinungen eingeleitet wurde oder die auf Sintflut und Apokalypse fixierten Erdwissenschaften sich umgekehrt an der Sprache des Theaters orientierten. Dass der Begriff in den allgemeinen Sprachgebrauch eintrat und in den meisten Fällen ein ‚Naturunglück' bezeichnet, gehört in einen langwierigen Prozess, der mit Klärungen oder vielmehr *Bestimmungen* verschiedenster Verhältnisse von Mensch, Natur, Kultur und nicht zuletzt Geschichte einherging.[1] Angesichts des dramatisch-narrativen Ursprungs des Begriffs liegt es also nahe, hier von einer zeitlichen und nicht räumlichen Kategorie zu sprechen, die zudem unsere erzählerischen Ansprüche an Geschichte(n) prägt und sie ästhetisch und ikonographisch rahmt.

Im übertragenen Sinne könnten so Bühne und Sternenhimmel als die eigentlichen Orte *jeder* Katastrophe markiert werden, wenn wir diese als eine *Dramatisierung* und *Interpretation* bestimmter Ereignisse verstehen. Selbstverständlich werden im allgemeinen Sprachgebrauch mit dem Begriff ‚Katastrophe' jeweils reale Geschehnisse mit für viele Menschen realen Auswirkungen bezeichnet, ohne dass nach einer narrativen Einordnung – also nach der ‚Bedeutung' der Ereignisse innerhalb eines weiteren historischen Zusammenhangs – gefragt werden müsste. Was auch immer aber als eine Katastrophe interpretiert oder zu einer ausgerufen wird, ist in allen Fällen durch einen anderen Begriff besser beschrieben: als Erdbeben, Sturmflut, Hungersnot, Bankenkollaps usw. Die Bedeutung des Begriffs der/ einer Katastrophe entsteht daher im Sprechakt und kann dabei durchaus normative Funktion haben: Gemäß dem Grundgesetz der BRD beispielsweise können nach dem Eintreten einer „Naturkatastrophe" unterschiedliche, sicherheitspolitisch und ökonomisch weitreichende Sonderregelungen in Kraft treten.[2] Was „Naturkatastrophen oder außergewöhnliche Notsituationen" konkret ausmacht, wird im Grundgesetz nicht bestimmt; nicht weiter verwunderlich, da doch Katastrophe und Notsituation eben den Moment bezeichnen, an dem die im Alltag geltenden Gesetze aufgehoben werden. Die Katastrophe ist dasjenige, was mit ‚normalen' Mitteln nicht bewältigt werden kann; kritisch gewendet könnte sie das Anliegen bedeuten, durch ebendiese *Benennung* bestimmte Handlungsoptionen zu eröffnen: Nur, wenn wir etwas als ‚Katastrophe' anerkennen, können wir mit entsprechendem Ernst und entsprechenden Maßnahmen reagieren. Wenn nun durch den Begriff ‚Katastrophe' angezeigt wird, dass aufgrund eines bestimmten Ereignisses die alltägliche Ordnung radikal aufgehoben wurde, geht damit keineswegs der *Anspruch* auf Ordnung verloren. Aus kritischer Perspektive hieße dies: Die Interpretation einer Situation als ‚katastrophal' dient dazu, Maßnahmen zur Herstellung

---

1   Zur Begriffsgeschichte vergleiche Briese & Günther (2009) sowie Walter (2010).
2   Art. 11, 35, 104 b, 109 und 115 GG.

der gewünschten Ordnung zu legitimieren; *was* dabei als katastrophal interpretiert wird, steht an zweiter Stelle. Momente „kollektiven Traumas" werden dabei aktiv zur Umgestaltung von Wirtschaft und Gesellschaft genutzt, wie beispielsweise Naomi Klein in *The Shock Doctrine* beschreibt (2007, S. 18). Dabei kann der Zustand *vor* der Katastrophe mitunter als das eigentliche Chaos dargestellt werden, und die Katastrophe als Anlass, zu einer Ordnung ‚zurückzukehren', die so noch nie oder nur als Utopie existiert hat.

Diese sehr aktuelle Problematik, zu der wir gegen Ende dieses Texts zurückkehren werden, entsteht jedoch vor dem historischen Horizont, wie er sich zwischen Bühne und Sternenhimmel aufzuspannen scheint. Im Folgenden werden wir diese beiden ‚ursprünglichen' Orte des Katastrophalen hinter uns lassen und zu einem anderen übergehen, der ab dem 18. Jahrhundert eine wesentliche Rolle im neuzeitlichen Katastrophendiskurs spielt: Der Ruine, die Antikensehnsucht und die Vorstellung einer Welt *nach* dem Menschen ästhetisch fasst und so bis heute die Logik des Katastrophalen effektiv zu ‚illustrieren' hilft – von den ‚schönen Ruinen' des 1755 durch ein Erdbeben zerstörten Lissabons bis zu den radioaktiv verstrahlten Geisterstädten unserer Gegenwart. Michel Foucaults Begriffspaar von Heterotopie und Heterochronie soll dabei helfen, bestimmte Charakteristiken von Räumen des Katastrophalen wie der kontaminierten ‚Zone' oder der Stadtruine zuzuspitzen und anschließend zu untersuchen, welche Rolle die ‚Andersartigkeit' dieser Räume für die Durchsetzung oder zumindest Forderung einer neuen Ordnung aus dem Ausnahmezustand heraus spielt.

Um das Katastrophale als radikalen Bruch mit dem Alltag aufrufen zu können, bedarf es zuerst eines etablierten Konzepts des Alltäglichen, bedarf es der Vorstellung, dass ‚Geschichte' als fortlaufende Narration organisierten menschlichen Lebens aufgezeichnet werden kann. *Dass* eine Katastrophe etwas bedeutet – beziehungsweise, dass ein Ereignis, ob Erdbeben oder einbrechende Aktienkurse, mit der Bedeutung einer Katastrophe versehen werden kann – ist nur möglich, wenn kulturell tradierte Konzepte bereitstehen, um das Geschehen entsprechend einzuordnen und dramatisiert zu vermitteln. In einer Gesellschaft, die Geschichte als zyklisch oder eschatologisch und als *Vorgeschichte* einer Endzeit versteht, wird die Idee des ‚Katastrophalen' anders oder gar nicht ausgeprägt sein. Diese Diskussion zeichnet sich bereits in Platons *Timaios* ab, wenn der Philosoph darin in einem wiederum durch Kritias nacherzählten Dialog zwischen einem ägyptischen Priester und dem athenischen Politiker Solon den Atlantis-Mythos aufarbeitet (oder, höchstwahrscheinlich, an dieser Stelle erst erfindet). Darin fällt es dem Priester zu, seinem Gesprächspartner überhaupt diese Ur-Katastrophe nahezubringen, denn – wie er nicht ohne Häme vermerkt – die Griechen seien im Gegensatz zu den Ägyptern umweltbedingt gar nicht erst dazu in der Lage, ein seriöses historisches Bewusstsein zu entwickeln:

> Bei euch und andern Völkern dagegen war man jedes Mal eben erst mit der Schrift und
> allem andern, dessen die Staaten bedürfen, versehen, und dann brach, nach Ablauf der
> gewöhnlichen Frist, wie eine Krankheit eine Flut vom Himmel über sie herein und ließ
> von euch nur die der Schrift Unkundigen und Ungebildeten zurück, so dass ihr vom
> Anbeginn wiederum gewissermaßen zum Jugendalter zurückkehrt, ohne von dem et-
> was zu wissen, was so hier wie bei euch zu alten Zeiten sich begab. (23a–b)

Es gehört freilich zu Platons politischem Projekt, den Atlantis-Mythos als eine
‚vergessene' Vorgeschichte zu inszenieren. Der am eigenen Hochmut gescheiterte Inselstaat Atlantis kann so mit der damals wie zu Platons Zeit vorbildlichen
Athener Zivilisation verglichen und – samt der ‚strafenden' Katastrophe – sinnstif-
tend in eine moralisierende Narration integriert werden: Im Gegensatz zu Athen
kommt Atlantis im nächsten historischen Zyklus nicht mehr vor. Platon setzt im
Timaios dabei eine geschickte erzählerische Strategie ein, um den Untergang des
Stadtstaates Atlantis selbst innerhalb des zyklischen Geschichtsmodells der alten
Griechen als *vorgeschichtlichen* Mythos zu erhalten – schließlich wird in diesem
Dialog eine sich über mehrere Generationen hinziehende mündliche Überliefe-
rung wiedergegeben, deren Fakten daher gar nicht verifiziert werden können.

Zwei Jahrtausende später wird das Erdbeben von Lissabon 1755 zum Anlass,
eine vergleichbare Strategie ‚katastrophaler' Geschichtsproduktion nun vor dem
Hintergrund neuzeitlicher Ideologien und Konflikte anzuwenden. Wesentlich dabei ist die *bildliche* Darstellung, die im 18. Jahrhundert mit dem Motiv der Ruine einen spezifischen Raum des Katastrophalen eröffnet. Die Ruine wird uns
beispielhaft für die räumliche Vorstellung von Katastrophen durch diesen Text
begleiten; vorerst soll sie kurz in ihrer Rolle für das neuzeitliche Geschichtsverständnis betrachtet werden. Während das Erdbeben und seine Folgen vielstim-
mig und kontrovers in den literarischen und philosophischen Diskurs einzogen,
ist die *bildliche* Vorstellung davon vor allem durch eine Serie von Graphiken von
Jacques-Philippe Le Bas (1707–1783) geprägt. Neben ihrer künstlerischen Qualität
sind diese Ansichten der (nicht nur) zerstörten Stadt aus ideologischen Gründen
interessant. Wie Constanze Baum (2008) und später Jörg Trempler (2013) herausgearbeitet haben, entfaltet sich aus dem Motiv der ‚schönen Ruine' ein neuzeit-
liches Geschichtsverständnis, das sowohl die Musealisierung der Vergangenheit
wie deren *Überwindung* im Fortschrittsgedanken umfasst – das Zeitalter der Aufklärung ist schließlich auch dasjenige Winckelmann'scher Archäologie und der
gezielten Ästhetisierung des Vergangenen. Die Ruinen, die auf Le Bas' Blättern
von Kirchenbauten und anderen *landmarks* geblieben sind, fügen sich so nahtlos
in die Antikensehnsucht des 18. Jahrhunderts ein; nur wenige Jahre zuvor hatte
beispielsweise Friedrich der Große noch im Park Sanssouci in Potsdam ein Was-
serreservoir mit *künstlichen* Ruinen geschmückt, wie sie dem Zeitgeist gemäß zur

ansehnlichen Landschaft gehörten.[3] Tatsächlich ist der Blick auf die Ruinen Lissabons, der in den zwei Jahre nach der Katastrophe erschienenen Bildern Le Bas' vorgestellt wird, ein regelrecht touristischer *Rückblick:* Nicht nur sind die Ruinen an mancher Stelle bereits pittoresk bewachsen – die interessiert-teilnahmslose Anschauung wird zudem durch die zwischen den Trümmern und zerbrochenen Fassaden spazierenden Figurengruppen geleitet. Im Hintergrund des ersten Blattes ragen schließlich auch die Neubauten des künftigen Lissabon auf – ausgehend von der Stadtzerstörung durch Beben, Flut und Feuer erschließt die Bildserie also den gesamten historischen Bogen zwischen pittoresker Historie und urbanem Fortschritt. Folgen wir Trempler, gelangt in diesen Bildern der Begriff der ‚Katastrophe' zu seiner modernen Bedeutung, als darin eben nicht nur auf ein Ereignis (in dem Fall das Erdbeben) verwiesen wird, sondern dieses gleichzeitig als ‚katastrophal' interpretiert wird und damit auf die dramatische Wendung der Geschichte hinweist. ‚Geschichte' meint hier im Großen die Historie, in der die Katastrophe von 1755 gleichsam als „Epochenschwelle" (Trempler, 2013, S. 174) zur Neuzeit dramatisiert wird. Dass diese Dramatisierung im Vordergrund steht, weist der Katastrophe jedoch zumindest in Le Bas' Ruinenbildern einen spezifischen Ort zu, der nicht mehr derjenige der *Realität* einer brennenden und zertrümmerten Stadt ist: „Kulissen einer ruinösen Welt als Bühne." (Baum, 2008, S. 146). Diese These ist zur oben angesprochenen kritischen Sicht auf die Katastrophe als einem Akt der Interpretation, der vorsätzlich bestimmtes Handeln legitimiert, kompatibel. Das Erdbeben ist eine Katastrophe, die Katastrophe geht aber weit über das Erdbeben hinaus und fügt dieses mit anderen Elementen innerhalb einer ideologischen Rahmung zusammen. Zugleich ist diese Rahmung mit einem spezifischen kulturellen Projekt verbunden – in diesem Fall der rationalistischen Aufklärung, die die erforderlichen Narrative und die Ikonographie mitbringt, dank denen die Katastrophe eben als „Epochenwechsel" vermittelt und sogar positiv besetzt werden kann. Sehen wir von den Metaphern der ‚Bühne' und der ‚Rahmung' ab, ist damit aber noch nichts über Raum und Ort der Katastrophe ausgesagt.

Ein im aktuellen Katastrophendiskurs populäres Zitat aus der 1979 erschienenen Novelle *Der Mensch erscheint im Holozän* von Max Frisch soll hier dazu dienen, die Frage nach der Definition der ‚Katastrophe' an sich von einem anderen Punkt aus anzugehen, bevor beide Ansätze in einer Betrachtung der Ruine als einem Raum des Katastrophalen zusammengeführt werden.

> Katastrophen kennt allein der Mensch, sofern er sie überlebt; die Natur kennt keine Katastrophen. (2008, S. 706)

---

3   Zu ‚falschen' Ruinen vergleiche Woodward (2002, S. 136–159).

In Frischs Text gehört der Satz zum inneren Monolog des mit ländlichen Naturgewalten und Gedächtnisverlust kämpfenden emeritierten Protagonisten, Herrn
Geiser. Der Satz ist zuallererst eine erkenntnistheoretische Beobachtung, die die
dramatische bzw. dramatisierende Bestimmung der Katastrophe stützt: Damit ein
Ereignis als Katastrophe erkannt werden kann, muss es bezeugt und erzählt werden können. Ist kein Mensch anwesend, um das Ausbrechen von Naturgewalten
zu erleben, kann es sich bei diesen und ihren Folgen nicht um Katastrophen handeln, da sie eben nicht ein Moment innerhalb einer durch ein Subjekt aufgezeich-
neten und wiedergegebenen *Geschichte* sind. Eine andere Passage – zur isländ-
dischen Landschaft – nimmt dies, ganz ohne Katastrophe, im Text vorweg: „Welt
wie vor der Erschaffung des Menschen. Manchenorts ist nicht zu erraten, welches
Erdzeitalter das ist." (S. 685). Geschichte wie Katastrophe setzen das menschliche
Subjekt voraus, das Ereignisse erinnert und aufzeichnet; der *Ort* der Katastrophe
wäre streng genommen also das Subjekt selbst. „Die Natur kennt keine Katastrophen": Das Erdbeben als seismologisches Ereignis ist *per se* keine Katastrophe, ge-
nauso wenig ein Vulkanausbruch oder ein Sturm, ganz ungeachtet ihrer relativen
Stärke. Eine räumliche Trennung zwischen Ereignis und Katastrophe ist selbst *innerhalb* der Katastrophe durchführbar. Das Epizentrum des Seebebens, das die
Mehrfachkatastrophe in Tōhoku 2011 auslöste, war circa 70 km von der Küste und
30 km unter den Meeresspiegel angesiedelt; erst nach den zerstörerischen Folgen
des Bebens konnte dieser Punkt innerhalb eines gemeinsamen Raums der Mehrfachkatastrophe als für diese relevant markiert werden – über den Umweg der an-
derswo abgelesenen und interpretierten Messwerte.

Was bedeutet diese Verortung der Katastrophe zwischen Subjekt und (ar-
chivarischer) Aufzeichnung für deren *räumliche* Diskussion? Fürs Erste müssen
wir uns mit einer Annäherung begnügen. Wenn Lefebvre in seiner *Einführung
in die Modernität* schreibt, dass die Natur „räumliche und zeitliche Abwesenheit
des Menschen [ist], folglich der Ort und der Zeitpunkt, wo sich die Abwesenheit des Menschen offenbart" (1978, S. 162), entspricht das dem Satz aus Frischs
Novelle und erweitert dessen Aussage um die Frage nach der (historischen) an-
thropozentrischen Subjektperspektive selbst: „An diesem unerreichbaren Ort, inmitten dieser Abwesenheit, bringt sich uns in Erinnerung, was keine Erinnerung
ist: das, woraus ‚wir' hervorgegangen sind, während ‚wir' tatsächlich noch nicht
dort waren. [Hervorhebung im Original]" (S. 162). Der Mensch bezieht seine
Identität (die Möglichkeit also, ‚wir' zu sagen) aus seiner als kontinuierlich ver-
standenen Geschichte, bleibt sich aber dessen bewusst, dass er eine Vorgeschichte hatte, die *vor* deren Verschriftlichung und *vor* seiner eigenen Erfahrung liegt.
In Platons *Timaios* spielt sich diese Diskussion noch vollständig innerhalb von
Kultur und Politik ab. Das katastrophenbedingte Vergessen (und zugleich das
Vergessen der Katastrophe) durch die entsprechend stets historisch ‚jung' blei-

benden Hellenen kann noch mittels der Schriftkultur Ägyptens aufgefangen werden, denn „das alles ist von alten Zeiten her hier in den Tempeln aufgezeichnet und aufbewahrt," wie Solon vom Priester über seine eigene Geschichte aufgeklärt wird (Timaios, 23a). Für den modernen Menschen gestaltet sich dies komplexer. Die ‚Natur' ist zum einen als prähistorische Sphäre ein „unerreichbare[r] Ort" – nicht nur erdgeschichtlich, sondern auch das Individuum betreffend, sofern damit die ‚Natur' des Menschen als vorbewusster und vorrationaler Prozess gemeint wird. Zum anderen lässt sie sich als ein ‚natürlicher' Raum ohne menschlichen Zugriff verallgemeinern. Korrekt stellt Lefebvre fest, „daß ein und dasselbe Wort die Natur im Menschen (die menschliche Natur: Instinkt, Bedürfnis, Verlangen, Wunsch) und die Natur ohne den Menschen, vor dem Menschen und außerhalb des Menschen bezeichnet." (Lefebvre, 1978, S. 158). Dies ist sowohl strukturell – in Bezug auf die Vorstellung der Weltgeschichte, innerhalb der sich jede Katastrophe abspielt – wie auch für bestimmte zeitgenössische Vorstellungen des Katastrophalen relevant, die explizit mit der paradoxen Zeugenschaft des abwesenden Menschen spielen. Wenige Seiten später bietet Lefebvre konkrete Beispiele für die Sphäre der Natur: „Die *reine Natur* (die von Rousseau und Feuerbach: die der Wellen auf hoher See oder eines Atolls im Pazifik) ist (physische und zeitliche) Abwesenheit des Menschen." (S. 161). Wenngleich dies mit leichter Polemik auf die Naturvorstellungen der Aufklärer bezogen ist, bleibt heute gerade in das Pazifikatoll ein weiteres prekäres Problem eingeschrieben – das der unkontrollierten Vorstellung technischer Machbarkeit und dem daraus entstehenden Potential der vollständigen Zerstörung menschlichen Lebens; nicht zuletzt wegen der physischen und zeitlichen Abwesenheit des Menschen wurden diese Atolle von letzterem zum Testfeld für Kernwaffen gemacht. Der Atomkrieg, der auch die Möglichkeit „einer totalen und restlosen Zerstörung des Archivs" (Derrida, 1985, S. 103) einschließt, wäre wohl die ultimative unglückliche ‚Wendung' der Weltgeschichte, da er mit den Archiven nicht nur die Geschichte als mediale Aufzeichnung ausradieren würde, sondern auch – mangels zukünftiger Rezeption – die Bedeutung der Geschichte als Überlieferung aufheben könnte. Selbst in ein zyklisches Geschichtsmodell eingeschrieben behält die nukleare Auslöschung ihre Ausweglosigkeit. Im klassischen Science-Fiction-Roman *A Canticle for Leibowitz* spitzte Walter M. Miller Jr. 1960 das Dilemma um katastrophales Vergessen weiter zu: Nach einem Atomkrieg wendet sich die verbleibende Menschheit in rächendem Furor gegen Wissenschaft und Kultur; nur (ausgerechnet) die katholische Kirche sammelt die verbliebenen Aufzeichnungen der Moderne als Relikte einer zivilisierteren Vergangenheit. Nach Jahrhunderten des Kopierens und der Exegese dieser Aufzeichnungen hat die Menschheit schließlich ihr Wissen rekonstruiert – und startet prompt einen neuen Atomkrieg, während einige zunehmend skeptische Mönche die Relikte menschlichen

Fortschritts ins Weltall retten. Falls wir überleben, dann nicht als Athener, sondern als Atlantiden.

Gerade die Ausweglosigkeit des Atomkriegs hat jedoch ihre eigene Bedeutung und Funktion. Derrida identifiziert den Atomkrieg als einen vor allem in seiner *Androhung* begründeten Sprechakt. „Bis zum Augenblick, heute, kann man sagen, daß ein nicht-lokalisierbarer Atomkrieg nicht stattgefunden hat, daß er nur dadurch existiert, daß man von ihm spricht, und nur dort, wo man von ihm spricht." (S. 191 f.). Der Atomkrieg erscheint so als reinste Form des oben angeschnittenen ideologischen Katastrophismus: Das katastrophale Ereignis ist in erster Linie als Legitimation autoritärer Maßnahmen signifikant, die wiederum zur Herstellung einer bestimmten Ordnung dienen sollen. Der *Ort* dieser Katastrophe ist daher derjenige, an dem Machtverhältnisse durch den Verweis auf die *Möglichkeit* des Atomkriegs verhandelt werden. Da beim tatsächlichen Eintreten des Atomkrieges alle Machtgefälle jedoch wieder nivelliert werden würden, kann er letzten Endes nicht im Namen irgendeiner spezifischen Autorität oder Ordnung ausgerufen werden – schließlich wird *keine* von ihnen die nukleare Zerstörung überstehen. Der Atomkrieg wird, so Derrida, daher „im Namen des Namens" (S. 113) ausgerufen; in *jemandes* Namen muss er ausgerufen werden, aber im Bewusstsein, dass danach niemand mehr existiert, der sich an diesen einen konkreten Namen erinnern könnte.

Obwohl der Atomkrieg nach dem Ende des sogenannten ‚Kalten Krieges' nicht länger populäre Imagination und Diskurse bestimmt, bleibt seine katastrophale Logik ins 21. Jahrhundert hinein erhalten und verwebt sich mit anderen, zumeist ökologischen Vorstellungen totaler Zerstörung. Mehrere Jahrzehnte nach Millers Roman und drei Jahre nach Derridas Text entsteht durch den Reaktorunfall in Tschernobyl 1986 im Osten Europas ein realer Raum, an dem die „Abwesenheit des Menschen" sowohl in ihrem Bezug zur Natur und zum Katastrophalen erfahrbar wird. Gerade diese Erfahrbarkeit bleibt aber paradox, da die *Abwesenheit* des Menschen die *Anwesenheit* von Betrachtenden kategorisch ausschließt – so kann ein Bericht *von* beziehungsweise *aus* einem solchen Raum nur als Ausnahmefall auftreten, indem er seinen Bestimmungen widerspricht. Die Faszination mit diesem Paradox drückt sich effektiv in der Welle zeitgenössischer Ruinenfotografie aus, wie sie seit einigen Jahren von prominenten Fotografen wie Robert Polidori, aber auch auf zahlreichen Blogs vertreten wird: Hier sind es von Katastrophen heimgesuchte Stätten wie Tschernobyl, Tōhoku oder das New Orleans nach Hurrikan Katrina 2005, die als bereits von einer ungezähmten Natur eingeholte Ruinen präsentiert werden und dabei explizit die Vergänglichkeit unserer (post)industriellen Gesellschaft ins Bild setzen sollen. Ob der Verfall nun durch den wirtschaftlichen Kollaps einer Region (besonders populär: Detroit), durch ein Naturereignis oder eine Technikkatastrophe eingetreten ist, bleibt ästhetisch, wenngleich nicht narrativ nachrangig.

Der wesentliche Unterschied zu Le Bas' ‚schönen Ruinen' ist das Fehlen der Betrachtenden und jeglicher Hinweise auf einen möglichen Wiederaufbau. Wenn Trempler also in den Bildern von 1755 eine „Epochenschwelle" dargestellt sieht, könnte sich in den zeitgenössischen Ruinenfotos ein neuer Wechsel abzeichnen, der mit einem neuen Geschichtsmodell einhergeht: Die katastrophale Wendung ist ab dem 20. Jahrhundert nicht länger ein Moment innerhalb einer Fortschrittserzählung, sondern repräsentativ für ein Weltbild, in dem menschliche Zivilisation und ergo Geschichtsschreibung als vorübergehend akzeptiert werden. Dazu gehört, dass solche Fotos die fatale Abwesenheit des Menschen nicht unbedingt anhand zerstörter *landmarks* inszenieren, sondern an den Orten des Alltags und Fortschritts: Wohnzimmer, Schule, Fabrik und Krankenhaus statt Kirche oder Palast.

Zusammenfassend könnten wir als *Orte* der Katastrophe nun einerseits das menschliche Subjekt (das ein Ereignis als Katastrophe bezeugt) und andererseits den politischen Akteur (der ein Ereignis als Katastrophe ausruft) festlegen. Für die Definition einer Katastrophe als Raum – oder des Raums einer Katastrophe – wäre es jedoch zu einfach, alleine die Fläche zu umreißen, auf der ein ‚katastrophales' Ereignis stattgefunden hat: Bereits dieses ‚Stattfinden' ist dafür in zu komplexe zeitliche Zusammenhänge und Konzepte eingebunden, zu sehr von Vorstellungen von ‚Alltag' oder geschichtlicher Kontinuität bestimmt. Folgen wir Martina Löws Definition von Raum als einer „relationale[n] (An)Ordnung von Lebewesen und sozialen Gütern an Orten" (2001, S. 271), betrifft die Katastrophe auf radikale Weise *alle* dieser Bestandteile; sie lässt sich daran erkennen, dass die momentane Ordnung aus ihrer bisherigen Kontinuität enthoben und somit auch das Potential zur *An*ordnung dramatisch modifiziert wurde. Selbst wenn eine Katastrophe ihre spezifischen Räume wie den der verseuchten ‚Zone' schaffen kann, zeichnet sie sich also vor allem dadurch aus, dass in ihrem Verlauf die unterschiedlichsten *bestehenden* Räume ihre Funktionen verlieren, von anderen Räumen ‚überschrieben' oder generell in Frage gestellt werden. Hier könnte schließlich von einem ‚katastrophalen Raum' gesprochen werden, da gerade die Weise, in der er konstituiert wird – wie also die „(An)Ordnung von Lebewesen und sozialen Gütern an Orten" von statten geht – als entsetzliche oder zumindest dramatische Wendung verstanden werden kann.

Um die gesellschaftliche Funktion solcher Räume besser zu beschreiben, können wir auf den Begriff der Heterotopie zurückgreifen, wie ihn Foucault 1967 in *Andere Räume* etablierte. Heterotopien sind „wirkliche Orte, wirksame Orte, die in die Einrichtung der Gesellschaft hineingezeichnet sind", die sich zugleich essentiell vom übrigen Raum in seiner Gesamtheit unterscheiden: „gewissermaßen Orte außerhalb aller Orte, wiewohl sie tatsächlich geortet werden können." (1993, S. 139). Ihre ‚Wirklichkeit' grenzt sie dabei von den Utopien ab, die „mit dem wirklichen Raum der Gesellschaft ein Verhältnis unmittelbarer oder umgekehrter Analogie unterhalten", aber „ohne wirklichen Ort" auskommen (S. 138 f.). In der Heterotopie ist diese Analogie jedoch in die Wirklichkeit eingeschrieben, zu der sie doch im Widerspruch stehen soll, oder mit der sie jedenfalls nicht identisch ist. Dieses Paradox kann sich im reinen ästhetischen Erleben äußern, wie Foucault am Beispiel des Spiegels zeigt (der Raum im Spiegelbild ist virtuell und zugleich von der *Wirklichkeit* des Spiegels und des betrachtenden Subjekts abhängig; S. 139); es kann aber schnell politisch werden, wenn die Heterotopie einen Raum für dasjenige eröffnet, was gewöhnlich keinen Raum haben kann, darf oder soll – von den vormodernen „Krisenheterotopien" des Tabuisierten zu den neuzeitlichen Institutionen der Psychiatrie oder des Gefängnisses (S. 140 f.). Heterotopien gehen dabei oft mit Heterochronien einher, wenn an einem Ort beispielsweise – wie im Museum oder der Bibliothek – Zeit „akkumuliert" wird (S. 143) oder er – wie eine Festwiese – gerade „an das Flüchtigste, an das Vorübergehendste, an das Prekärste der Zeit geknüpft" ist (S. 144).

Der ‚katastrophale Raum', der durch einen Sprechakt konstituiert wird und zugleich durch seine bezeugbaren und lokalisierbaren Auswirkungen *wirklich* ist, kann als eine solche Heterotopie verstanden werden. Dies gilt sowohl auf der Ebene der unmittelbaren Erfahrung einer Katastrophe, wie auf der Ebene der Politik. An dieser Stelle wird es notwendig, die in Foucaults Text so gut wie austauschbar verwendeten Begriffe des Raums *(espace)* und des Orts *(lieu)* gegeneinander zu präzisieren als einerseits – im Sinne des *Topologischen Manifests* – relationale Gefüge und andererseits spezifische Lokalitäten, ob letztere nun beweglich (der Ort des Subjekts) oder materiell ‚gefestigt' und in ihrer Funktion spezifiziert sind.[4] Dies wird dem Phänomen gerecht, das innerhalb des ‚katastrophalen Raums' bestehende Bindungen zwischen Orten und Räumen aufgehoben oder zwangsläufig neu verteilt werden – oder der ‚katastrophale Raum' durch ebendiese radikale, vorübergehende Neuordnung von „Lebewesen und sozialen Gütern an Orten" selbst erst entsteht. Zur dramatischen Wendung gehört, dass eine Kirche zum Lazarett, ein Park zum provisorischen Friedhof oder Militärstützpunkt, ein Zelt zur Kapelle wird. Bevor die politische Tragweite des ‚katastrophalen Raums' weiter untersucht wird, soll im nächsten Abschnitt anhand des bereits diskutierten Bilds der ‚schönen Ruine' zwischen Lissabon und Tschernobyl eine viel konkretere Heterotopie (und Heterochronie) des Katastrophalen weiter beleuchtet werden.

---

4   Vergleiche dazu auch die Kritik von Löw (2001, S. 165).

2   In Gegenwart von Ruinen

Ruinen sind Orte, die *in der Vergangenheit* in einem bestimmten räumlichen Zusammenhang standen. Die Burgruine ist nicht länger integrativ für einen ‚Regierungsraum‘, selbst wenn sie als Denkmal noch in dessen Sphäre der Repräsentation mit hineinspielen kann; kurz, sie ist keine Burg, wie die Kirchenruine keine Kirche ist, die Industrieruine keine Fabrik usw. Aus dieser Differenz entsteht der Raum der Ruine selbst, dessen historische Funktion gerade in der *Hervorhebung* des Verlusts der ursprünglichen Raumfunktionen besteht. Offen bleibt die Rahmung des Verlusts, ob es sich dabei also z.B. um ein Denk- oder um ein Mahnmal handelt – sie bestimmt sich durch die unterschiedlichen Machtgefüge, die die jeweils als korrekt betrachtete Interpretation leiten (dementsprechend kann derselbe Ort als Ruine Denk- *oder* Mahnmal sein, und zugleich bedeutungsloser Schutt). Im Bild der Ruine kann diese Rahmung explizit vermittelt werden. Le Bas kann diese im Fall seiner Graphiken durch die formale Annäherung an Motive und Darstellungsweisen seiner Zeit – beispielsweise in den Kerkerbildern und Allegorien Piranesis – vornehmen, wie Trempler schreibt: „Die Ruinen von Lissabon werden nicht nur wie antike Ruinen dargestellt, die Folgen des Erdbebens von Lissabon werden auch als untergegangene Antike interpretiert." (S. 174). Dass den Ruinen – vier Kirchen, ein Palast, die Oper – ihre ursprüngliche Funktion abhanden gekommen ist, verweist auch die dazugehörigen Machtgefüge in die Vergangenheit – kaum zufällig, wenn doch die durch den Außenminister und späteren Marquês de Pombal, Sebastião José de Carvalho e Mello, durchgeführten Maßnahmen zur Bewältigung der Katastrophe auch tiefgreifende politische und städtebauliche Umwälzungen in Lissabon mit sich brachten. Wie durch die für Bildbetrachter*innen einstehenden Figuren inmitten der Ruinen nochmals unterstrichen wird, eröffnen Le Bas’ Bilder zumindest virtuell einen Raum, in dem auf erbaulich-didaktische Weise Geschichte erlebt werden kann – als etwas Abgeschlossenes, das *vor* unserer Gegenwart mit ihrer fortschrittlichen Ausrichtung auf die Zukunft liegt. Diese Interpretation der Ruine als Raum der ‚Geschichtsproduktion‘ bleibt noch weit über das 18. Jahrhundert hinaus gültig. In den USA, die ideologisch mit einem Mangel an Geschichtlichkeit zu kämpfen hatten (nachdem die Geschichte der *Native Americans* als anschlussfähige Geschichte des Kolonialstaates mit Waffengewalt negiert wurde), war die Ruine in diesem Sinne von besonderem Interesse. Nach der Zerstörung Chicagos durch einen Großbrand 1871 bot die Ansicht der Ruinen so eine Möglichkeit, historisch zu Europa aufzuschließen oder es gar zu überbieten. „No fabled story of antiquity," schrieb der Pastor Otis Asa Burgess, „no ruined castles or antiquated towers, no moss-covered monuments, no ivy-clad columns of past gra[n]deur though tinged with the rosy hue of fiction and glimmering with the highest flight of a fitful imagination, were ever half so grand as the ruins of Chicago today." (Burgess, 1871, zitiert nach Smith, 1995, S. 192). Ein anderer Autor, der Geistliche Edgar J. Goodspeed, benannte konkret die Kontrahenten in diesem Wettkampf um Geschichtlichkeit: „No city can equal now the ruins of Chicago, not even Pompeii, much less Paris." (Goodspeed, 1871, S. 156). Eine ähnliche Stimmung herrscht noch 1906 nach dem Erdbeben und Großbrand in San Francisco. Die ästhetische Dimension der schönen Ruine ist dabei kaum zu vernachlässigen. So schrieb der Fotograf Edgar A. Cohen über die Jagd nach dem passenden Motiv in der verwüsteten Küstenstadt ganz in Hinsicht auf die historisierende Qualität der Bilder:

> The City Hall was easily the best field. The most striking thing was the Corinthian pillars at the end of the Larkin street wing. [...] I have seen a number of pictures made by others, and they are spoiled for me by having the wreck of the big tower included as well. This not only distracts attention from the artistic part, but it destroys the feeling that it might be a scene in ancient Greece. (Cohen, 1906, S. 193)

Die Zusammenstellung der Ruine mit dem Neubau, wie sie noch bei Le Bas eine neue, überraschende Qualität ins Bild einbrachte und die Stadtzerstörung im gleichen historischen Vektor verortete wie deren modernisierten Wiederaufbau, ist hier nicht gewollt und nicht mehr nötig. Die Antikensehnsucht kann sich insofern frei entfalten, als dass der Wiederaufbau ohnehin kulturell impliziert wird – kaum ein Leitartikel zu den Katastrophen in den USA der Industrialisierung, der nicht euphorisch die künftig schöner, größer und besser errichtete Stadt ankündigte.[5] Die Stadtruine erweist sich dabei als prekäre, nahezu virtuelle, vielleicht gar *chronische* Heterotopie: Obwohl die archäologische Anmutung der Ruine der Stadt eine ‚historische' Qualität verleiht, ist die Ruine selbst nicht als dauerhafter Ort relevant und kann nur flüchtig als Raum bestehen, um ihrer gesellschaftspolitischen Funktion nicht entgegenzuwirken. Wie Carl Smith zusammenfasst, ist der Nutzen der Ruinen Chicagos nach dem Brand 1871 nur vorübergehend:

> The sublime ruins were soon unceremoniously reduced to rubble and shoved into the lake to expand the available land on which to build a Chicago in which the fire had no meaning except as a starting point, on the other side of which there was little worthy of either reverie or reverence. (Smith, 1995, S. 193)

Die Bedeutung dieser modernen Ruinen besteht folglich darin, *einst da gewesen zu sein* und damit der Stadt eine ‚Antike' verschafft zu haben, die sie zuvor nicht

---

5 Vergleiche zum übergreifenden Narrativ des Wiederaufbaus Smith (1995, S. 147 f.) und vor allem Rozario (2007).

Abbildung 1   Larkin Street Wing, City Hall

besaß, und zugleich in der Gegenwart (die sie in Bezug auf die historische Reputation der Stadt positiv modifizieren) dem Wiederaufbau nicht im Wege zu stehen. Sie stellen gewissermaßen ein symbolisches Potential vor, das unmittelbar
eingelöst oder vielmehr einkassiert wurde, und helfen, Katastrophe und Stadtzerstörung selbst *positiv* zu besetzen: Hier wurde sowohl eine neue Antike geschaffen
wie Platz für eine bessere Zukunft freigeräumt. Nicht einmal Lissabons ‚schöne
Ruinen‘ waren als solche Teil städtischer Realität; noch bevor Le Bas’ Graphiken
zwei Jahre nach der Katastrophe erschienen, sollten sie dem Wiederaufbau weichen (Baum, 2008, S. 146 f.).

Bilder moderner Ruinen im 21. Jahrhundert folgen einer ähnlichen Logik unter umgekehrten Vorzeichen. Im Vergleich zu Le Bas’ Ruinenansichten und früheren Fotografien zerstörter Städte steht beispielsweise auf vielen Bildern Robert

Polidoris neben dem Motiv des zerstörten Gebäudes der Raum in seinem ursprünglichen Funktionszusammenhang im Vordergrund. In der unter dem Titel *Zones of Exclusion* 2003 veröffentlichten Serie zu Prypjat und Tschernobyl sind neben Aufnahmen des Geländes (das Kernkraftwerk, die Plattenbauten der Siedlung, jeweils einzeln fotografierte Häuser im überwucherten Dorf) auch Innenansichten von Gebäuden zu sehen: ein Kindergarten, Klassenzimmer einer Schule, OP und Entbindungsstation im Krankenhaus. Der dramatische Effekt dieser Bilder entsteht durch die Konfrontation von Räumen menschlichen Potentials mit deren *Verfall* aufgrund einer dauerhaften ‚Abwesenheit des Menschen' – die ihrerseits, als bittere Pointe, durch den Menschen verursacht ist. Hier wird in einer nunmehr klassischen Geste einer Kritik an der Moderne das menschliche Potential gegen sich selbst ausgespielt, beziehungsweise werden kritisch unterschiedliche Potentiale zueinander ins Verhältnis gesetzt: Der gescheiterte Anspruch, die ‚Natur' zur Energiegewinnung auf höchster Ebene zu kontrollieren, überschreibt die Techniken des Menschen, das eigene Leben zu formen und zu optimieren. Im Bildband folgt auf das Foto der rostzerfressenen Kontrollzentrale von Reaktor 4 ein Foto aus einem verwüsteten Spielzimmer, am Boden staubverkrustetes Spielzeug, darunter ein Panzer und ein Pritschenlaster (der Kreis schließt sich: Bestimmte möglicherweise zerstörerische Fortschrittsvektoren, scheint das Bild zu sagen, sind bereits in die frühkindliche Bildung eingeschrieben).

Die narrative Rahmung moderner Ruinenbilder bestimmt, vor welchem historischen Horizont diese Kritik an der Moderne gelesen werden soll. Betrachten wir diese Fotos als Zeugnisse eines historischen Ereignisses (am 26. April 1986 explodiert ein Kernreaktor im Kraftwerk Tschernobyl; in der Folge wird die Stadt Prypjat evakuiert; die radioaktiv kontaminierte Region bleibt bis heute unbewohnbar) oder als symbolische Darstellungen einer möglichen Zukunft ohne Menschen? In letzterem Fall ist die ‚Zone' eher als virtueller Raum zu verstehen, wobei die ‚Abwesenheit des Menschen' darin durch die katastrophale Kontaminierung des Ortes selbst eingefordert wird – Prypjat und Tschernobyl sind *normalerweise* nicht zugänglich, es sei denn auf eigenes (privates oder berufliches) Risiko. Zumindest in Polidoris Bildband ist nicht nur der hinter der Kamera unsichtbar bleibende Fotograf anwesend. Das Buch folgt einer klaren Struktur aufeinanderfolgender Bildstrecken: Außenansichten der Anlage; *funktionierende* Räume innerhalb der Gebäude mit – zumeist für das Portrait posierenden – Angestellten in uniformer weißer Arbeitskleidung, die die Instandhaltung der weiterhin gefährdeten Anlage betreuen; die erwähnte Aufnahme des verfallenen Kontrollraums von Reaktor 4; Innenansichten zerstörter öffentlicher Einrichtungen; Außenaufnahmen einer Wohnsiedlung, des umliegenden Brachlands mit Auto- und Schiffswracks; Dorfhäuser; verseuchte Landschaft. Verschiedene Konstellationen zwischen Mensch, Technik und Natur innerhalb der Heterotopie der ‚Zone' werden so in einer bestimmten Ordnung vorgestellt, selbst wenn sich daraus keine offensichtliche dialektische Narration ergibt.

Andere Fotograf*innen präsentieren die ‚Zone' in anderer Rahmung, selbst wenn sie die gleichen Orte als Bildmotive verwenden. Tod Seelie verzichtet in der Serie *Chernobyl* – in der unter diesem Titel zusammengestellten Bilderfolge auf seiner Website – mit der Ausnahme eines eher lakonisch eine Straße überquerenden Soldaten auf die Abbildung von Personen. Innen- und Außenaufnahmen sind gemischt; Details wie ausrangierte Portraitgemälde sowjetischer Würdenträger und ein vollständig mit alten Gasmasken gefülltes Bildfeld wechseln sich mit Ansichten der von Buschwerk und Gras überwachsenen Infrastruktur der Siedlung ab (Seelie, 2016). Ohne die einzelnen Orte also zueinander in Verhältnis setzen zu können, entsteht hier ein virtueller Raum des Katastrophalen, der insgesamt den Zusammenbruch zivilisatorischer Ordnung vermittelt. Bezüglich der Heterotopien schreibt Foucault, dass „sie gegenüber dem verbleibenden Raum eine Funktion haben", die „sich zwischen zwei extremen Polen" entfaltet. Während an einem Pol der „Kompensationsraum" eine ideale Ordnung vorstellt (dazu später mehr), entsteht am anderen ein „Illusionsraum [...], der den gesamten Realraum, alle Plazierungen, in die das menschliche Leben gesperrt ist, als noch illusorischer denunziert" (Foucault, 1993, S. 145). So stehen Tschernobyl und Prypjat – oder aktueller die Geisterstadt Namie bei Fukushima – zumindest in solchen bildlichen Repräsentationen für das *mögliche* vollständige Scheitern des urbanen Raumes und seiner Einrichtungen.

Für das Betreten von Räumen, die wie die ‚Zone' aus einer Katastrophe entstanden sind, bestehen oft konkrete Bedingungen. „Die Heterotopien setzen immer ein System von Öffnungen und Schließungen voraus, das sie gleichzeitig isoliert und durchdringlich macht. Im allgemeinen ist ein heterotopischer Platz nicht ohne weiteres zugänglich." (Foucault, 1993, S. 144). Kontaminierte Gebiete erfordern die Einrichtung und Durchsetzung spezialisierter Sicherheitsräume; dies gilt ebenso – wenngleich mit anderen Mitteln – für ‚konventionelle' Katastrophengebiete: Auch die zerstörten Stadtteile von Chicago 1871 und San Francisco 1906 wurden unter Einsatz des Militärs de facto zu Sperrbezirken, um die Bevölkerung von den instabilen Ruinen fernzuhalten und zudem der bürgerlichen Furcht vor Plünderungen zu entsprechen (Smith, 1995, S. 177–181; Davies, 2012, S. 144 f.); während der forcierten Evakuierung New Orleans' nach Hurrikan Katrina 2005 wurde dies ins innenpolitisch skandalöse Extrem getrieben. Der im weitesten Sinne polizeilichen Kontrolle über die Zugänge zum katastrophalen Raum stehen die unterschiedlichen und widersprüchlichen Intentionen entgegen, diesen zu betreten – die wiederum in den Darstellungen des Raumes reflektiert werden. Im Fall der kontaminierten ‚Zone' kann zum Betreten dieser Heterotopie gehören, gerade den Akt des Betretens selbst zu verleugnen oder zu dramatisieren, um damit, wie im virtuellen Bildraum der Fotografien, die Vorstellung einer ‚Abwesenheit des Menschen' aufrechtzuerhalten. Beispielhaft dafür ist die – vermutlich fingierte – Geschichte einer unter dem Pseudonym „Kiddofspeed" schreibenden jungen Frau, die 2004 auf einer Website zahlreiche Fotos von ihrer Motorradtour nach Tschernobyl mit ausführlichen Kommentaren zu ihrer Reise und der Geschichte der besuchten Orte veröffentlichte (Kiddofspeed, 2004). Die Umstände ihrer Tour wurden schnell in Frage gestellt, bis hin zu Aussagen, dass sie lediglich an einer der organisierten Führungen in Prypjat teilgenommen hatte (Avatar-X, 30. April 2004). Verglichen mit Polidoris 2001 entstandenen und 2003 veröffentlichten Fotos sind unter den Aufnahmen von „Kiddofspeed" tatsächlich weder neue noch ästhetisch interessante Motive zu finden – das Interesse an ihrem ‚Travelogue' entsprang vermutlich eher der möglichen Identifikation mit einer abenteuerlustigen Privatperson, die sich aus Eigeninitiative Zugang zur ‚Zone' verschafft hatte.

Zur Heterotopie der Katastrophe gehört ein medialer Raum, der zumindest zum Teil als Simulation verstanden werden muss und andere Räume aktiv *verbirgt*. Le Bas war für seine Graphiken der schönen Ruinen Lissabons nicht vor Ort, sondern orientierte sich an Zeichnungen lokaler Künstler (Baum, 2008, S. 144). Mit der Erfindung der Fotografie wird der Wert der *Anwesenheit* innerhalb der Bildproduktion indes neu definiert. 1871 schreibt die *New York Tribune* launig zum künstlerisch-technischen Blick auf das zerstörte Chicago: „Photographers, alarmed by the process of speedy construction, are training their cameras upon every unprotected point of picturesque ruins." (*New York Tribune*, 13. Oktober 1871, zitiert nach Smith, 1995, S. 320). Edgar A. Cohen bemerkt indes 1906: „The probabilities are that never since cameras were first invented has there been such a large number in use at any one place as there has been in San Francisco since the 18th of April." (Cohen, 1906, S. 182). Zwar entstehen nur wenige qualitative Aufnahmen während Erdbeben und Feuer selbst, diese aber mit besonderer Dringlichkeit:

> During the conflagration people were, as a rule, entirely too busy saving their own and friends' effects. Such as were seen with a camera were rushing around trying to cover as much territory as possible, apparently afraid the fire would be subdued before they secured all the pictures they wanted. (S. 184)

Während Cohen noch die Unfähigkeit seiner Kolleginnen und Kollegen verlachte, die Ruinen San Franciscos angemessen antik ins Bild zu setzen (s. o.), sind solche komplexeren ästhetischen Probleme im 21. Jahrhundert weitestgehend gelöst. Fotograf Gerd Ludwig beschreibt in einem Interview, wie Touristengruppen in den Ruinen bei Tschernobyl anrührende Arrangements von Artefakten (besonders beliebt: Kinderspielzeug) selbst anrichteten; in einem Raum hingen Gasmasken von der Decke, damit sich ältere Reisende zum Fotografieren nicht bücken müssten (Hoffmann, 27. August 2015). Ludwigs eigene Fotos, die das Interview begleiten, zeigen diesen (innerhalb) der Heterotopie der Nuklearkatastrophe nachgelagerten Simulationsraum und die ihm gegenüberstehende Wirklichkeit: Touristen mit Digitalkamera und Strahlenmessgerät vor Hundeleiche, eine Reiseleiterin mit einem Radioaktivitäts-Symbol als Kontaktlinse; aber auch Strahlungsopfer der jüngsten Generation im Krankenhaus und einen der ehemaligen Arbeiter der Räumaktionen nach der Reaktorexplosion, der mit sichtbaren Operationsnarben vom morgendlichen Schwimmen in einem zugefrorenen Fluss kommt.

Die Katastrophe als Hetero*chronie* – insbesondere die radioaktive Zone als ein sowohl ‚aus der Zeit gefallener‘ wie von konservatorischen Prozessen im musealen Sinne unberührter Raum – kann in ihrer Andersartigkeit explizit ideologische Züge annehmen. Der in der Katastrophe ‚festgehaltene‘ Moment ist im Falle Tschernobyls auch derjenige eines überkommenen staatlichen Systems, das zudem in gerade diesem Moment tragisch scheitert – die nie zum Zuge gekommenen sowjetischen Propagandabilder und ein Jahrmarkt mit Autoskooter und Riesenrad, die während der Evakuierung zurückgelassen wurden, waren Ende April 1986 noch für die Feierlichkeiten zum Tag der Arbeit eingeplant gewesen. Der repräsentative Raum des politischen Fests scheint ebenso als Ruine zurückzubleiben wie der repräsentierte Staat; heute eröffnet er ein Spektrum möglicher affektiver Identifikationen zwischen Nostalgie und Schadenfreude. Sowohl touristische, journalistische wie künstlerische Interessen am ‚Anderen‘ der radioaktiven Heterotopie können daher auf ihren konkreten politischen Inhalt – und sei es nur ein naiver Exotismus – hin befragt werden, insbesondere angesichts der Fülle an unterschiedlichen Aufzeichnungen der doch immer gleichen Orte und Motive.[6] Auch Tod Seelies bereits beschriebene Fotoserie *Chernobyl* ist in einem diesbezüglich erwähnenswerten Kontext entstanden – in ihrer Gesamtheit dokumentieren die 2010 geschossenen Fotos die Entstehung des Kunstprojekts *Plan C*, für das eine Gruppe um Eva und Franco Mattes und Ryan Doyle Schrott aus der ‚Zone‘ verwendete, um in einem öffentlichen Park der Industriestadt Manchester daraus ein funktionierendes, wenngleich weiterhin möglicherweise kontaminiertes Karussell zu bauen. Die Bilder, die in der Zusammenstellung auf Seelies eigener Website den Illusionsraum einer Geisterstadt schaffen, stehen auf der Website von Eva und Franco Mattes zwischen Aufnahmen, auf denen das ‚Team‘ in den

---

6 Zu nennen wären hier z. B. die von ihrer eigenen Biographie ausgehenden Projekte der in Prypjat geborenen Alina Rudya, die mit Selbstauslöser aufgenommen Tierfotos in den Wäldern der ‚Zone‘ des Biologen Sergey Gashchak, die von Modernenkritik geleiteten Arbeiten des Künstlerinnenduos Jane und Louise Wilson und die ökologisch motivierten Klangaufnahmen von Peter Cusack.

Ruinen Prypjats Schrott zusammensucht oder – alles in weißen Schutzanzügen und mit Gasmasken – das Karussell zusammenschweißt: Hier sind sie Teil eines Narrativs, das gerade in dem absurden Versuch, über eine Jahrmarktsattraktion eine Kontinuität zwischen der historischen Katastrophe und der Gegenwart herzustellen, der Heterotopie der ‚Zone‘ vielleicht am ehesten gerecht wird (Mattes & Mattes, 2016).

3 Die Welt brennen sehen

Für Überlebende kann die wesentliche Erfahrung der Katastrophe gerade in ihrer räumlichen und zeitlichen ‚Andersartigkeit‘ bestehen. Stadtzerstörung scheint die Zeiten aufzuheben oder miteinander zu verschränken. Eindrücklich beschreibt E. J. Goodspeed 1871 das niedergebrannte Chicago:

> Here all time is reproduced in a moment. The destroyer works by earthquake, by storm, by the attrition of the ages, and by fire. Time works slowly, and takes a thousand years in which to make an ornamental ruin; fire works with lightning speed, and sets before our eyes the ruins of a world in the compass of a single night. (Goodspeed, 1871, S. 157)

Innerhalb der Katastrophe findet nicht nur *alle Zeit* innerhalb eines einzelnen Moments statt; es sind auch die Ruinen einer *ganzen Welt,* die den Überlebenden vor Augen stehen. Das Erleben eines ‚katastrophalen Raums‘ als Heterotopie und Heterochronie kann dabei unmittelbar in ein politisches Projekt übersetzt werden. Wenn Foucault von Heterotopien als „tatsächlich realisierte[n] Utopien, in denen die wirklichen Plätze innerhalb der Kultur gleichzeitig repräsentiert, bestritten und gewendet werden" schreibt (Foucault, 1993, S. 139), ist innerhalb des ‚katastrophalen Raums‘ oft nicht einmal besonderer Zynismus vonnöten, um einer dramatischen Wendung utopische Qualitäten abzugewinnen. Katastrophale Stadtzerstörung wirkt unwiderruflich in den wirklichen urbanen Raum hinein, eröffnet darin aber Potentiale sowohl für eine Verwirklichung bestimmter Zukunftsvorstellungen wie für neue Rahmungen der Gegenwart und Vergangenheit. Die Katastrophe als *Vernichtung* der aktuellen Ordnung ist darin eben nicht allein der „Illusionsraum" der Heterotopie, der den „gesamten Realraum [...] als noch illusorischer denunziert", sondern auch der Kompensationsraum, „der so vollkommen, so sorgfältig, so wohlgeordnet ist wie der unsrige ungeordnet, mißraten und wirr ist." (S. 145). Hier ist die zerstörte Stadt, deren Chaos allen Glauben an Fortschritt und Zivilisation Lügen straft; hier ist sie als Tabula rasa, die bisher gewachsene (eher: verwachsene) urbane Wirren beiseite fegt und einen von Beginn an geordneten Neuanfang ermöglicht. Beide Pole spielen in die wirklichen

Vorgänge während einer Katastrophe hinein, insofern sie zur Rechtfertigung und Durchsetzung von unmittelbaren gesellschaftlichen Maßnahmen herangezogen werden. Sie sind auch – bis heute – in die Imagination des Katastrophalen eingeschrieben, die ihrerseits aufgerufen wird, sobald sich ein Unglück von entsprechenden Ausmaßen ereignet. Zwischen den Polen von Illusion und Kompensation einerseits und der heterochronischen Verschränkung von Gegenwart, Zukunft und Vergangenheit andererseits spannt sich so ein diskursiver Raum auf, der von sehr widersprüchlichen Narrationen über die Stadt und ihren Untergang erfüllt ist. Anders gesagt: Die abrupte Unterbrechung des Alltäglichen in der Katastrophe und das Bewusstsein, dass – schon rein materiell – ‚nichts mehr wie früher sein wird‘, erzeugt einen enormen Freiraum der Interpretation des Geschehens und der möglichen Reaktionen darauf – wobei für beides wiederum zahlreiche Vorbilder zur Verfügung stehen. Der Freiraum dieser Tabula rasa kann beileibe nicht immer als demokratische Öffnung verstanden werden. Wie Naomi Klein anhand zahlreicher Beispiele zwischen Tsunami und Militärputsch beschreibt, kann im Krisenmoment als gesellschaftliche „Schocktherapie" legitimiert und durchgeführt werden, was zu einer anderen Zeit durch demokratische Prozesse aufgehalten worden wäre: „Crises are [...] democracy-free zones – gaps in politics as usual when the need for consent and consensus do not seem to apply." (Klein, 2007, S. 140).

Ein Blick in die Geschichte der großen Katastrophen der industriellen USA und auch ihrer heutigen Interpretation zeigt, wie unterschiedliche Erzählmuster die Heterotopie zu deuten helfen und ihrerseits zur Durchsetzung bestimmter Räume führen können. Die Bewältigung des traumatischen Ereignisses durch die Überlebenden ist eine individuelle Angelegenheit, die sowohl durch kollektive Deutungsmuster aufgefangen wie für hegemoniale Strategien nutzbar gemacht werden kann. So lassen sich sehr knapp folgende Deutungen der Stadtzerstörung zusammenfassen:

a) Die Zerstörung der Infrastruktur, der Bausubstanz und materieller Güter ist vor allem als Anreiz zu verstehen; eine Hürde, die es für den (evtl. spezifisch amerikanischen) Pioniergeist zu nehmen gilt – notfalls mit Humor.
b) Die Zerstörung ist eine Tragödie, die aber zugleich Klassengrenzen und Ungleichheiten niederreißt: In der Katastrophe erweisen sich alle als *Menschen*, die durch ihr Zurückgeworfensein auf das *Überleben* eher die Gemeinsamkeit erkennen als Unterschiede suchen.
c) Durch das Chaos der Katastrophe entsteht ein rechtsfreier Raum, der unweigerlich zu einem Zusammenbruch öffentlicher Ordnung führen wird, sofern diese nicht mit polizeilichen oder militärischen Mitteln aufrechterhalten wird.

d) Der Zusammenbruch der Ordnung während der Katastrophe diskreditiert auch die bisherigen Mächte – wenn noch etwas zu retten ist, wird das durch die Bürgerinnen und Bürger geleistet werden, und nicht durch die ‚offiziellen' Institutionen.

e) Die Katastrophe ist zugleich Reinigung: Anstelle der alten, unkontrolliert gewachsenen Strukturen kann nun eine sowohl moralisch wie ästhetisch geordnete Stadt erbaut werden.

f) Das Unglück trifft alle, aber nicht alle *gleich*. Dank elitärer Netzwerke oder Ressourcen bleiben bestimmte Menschen auch nach der Katastrophe privilegiert, während andere tatsächlich *alles* verlieren.[7]

Zwischen diesen Deutungsmustern, zu denen freilich weitere hinzukommen können, lassen sich mögliche Verbindungen und deutliche Grenzen ziehen. Sie sind durch Berichte von Überlebenden überliefert wie durch Zeitungsartikel von Redaktionen, die durch Ozeane vom Ort des Geschehens getrennt blieben; sie wurden in der Fachliteratur aufgegriffen und es wurden Versuche unternommen, sie für eine gültige Interpretation der gesamten Katastrophe heranzuziehen. Bezüglich ihrer Bewertung besteht – mehr noch als hinsichtlich anderer Quellen – das Problem, dass gerade der Ausnahmezustand der Katastrophe die Bestätigung des Wahrheitsgehalts unterschiedlicher Aussagen unmöglich macht; auch ohne Atomkrieg kann das Verschwinden der Archive nach einer Katastrophe Wirkung zeigen. Als die Flammen im April 1906 die Verwaltungen in San Francisco auslöschten, betraf das die Register der Stadt und in Folge auch die Einordnung der Katastrophe selbst. Lange Zeit wurde von einer Opferzahl von etwa 450 ausgegangen; erst aufwändige Nachforschungen ab den 1980er Jahren führten zu einer Anpassung der Zahl auf aktuell circa 3 000. Die – maßgeblich durch die Archivarin Gladys Hansen geleitete – stufenweise Anpassung führte über die Auswertung von Listen der Toten in Tageszeitungen (549 gezählte Tote), Registern von Kranken- und Waisenhäusern oder Nachweisen für Erbschaftssteuern (826), einer landesweiten Briefaktion an genealogische und historische Vereine (1 498) bis hin zu der nun statistisch hochgerechneten Zahl von 3 000 bis 5 000 Opfern (Fradkin, 2005, S. 190 f.). Der Verlust und die nachträgliche fragmentarische Rekonstruk-

---

7   Siehe hier als relevante Analysen und für weitere Quellen Solnit (2010) als eine weitgehend affirmative Position gegenüber a., b. und d.; Klein (2003) und Rozario (2007) zur Re-Kontextualisierung und Zurückweisung von a. als Mythos im Rahmen kapitalistischer Wachstumslogik; in diesem Sinne ähnlich und mit starkem Fokus auf d. und f. und entsprechender Zurückweisung der gesellschaftlichen Realität von b. Davies (2012). Smith (1995) setzt a., c. und e. kritisch in einen gemeinsamen Zusammenhang US-amerikanischer Glaubenssysteme im 19. Jahrhundert.

Abbildung 2   Der Portsmouth Square in San Francisco am Morgen des 18. April 1906 nach dem Erdbeben

tion des Registers haben politische Dimensionen. Zum einen widersprechen sie *positiven* Auslegungen der Katastrophe (z. B. a. oder b.), die ihrerseits von strategischen Interessen geleitet sein könnten; zum anderen markieren sie die ihrerseits exklusive Funktion administrativer Erfassung, die bestimmte Personen ohnehin aus der Zählung ausließ – beispielsweise Wanderarbeiter oder Menschen, die sich aus dem einen oder anderen Grund illegal in San Francisco bzw. den USA aufhielten. Schließlich ermöglichte der Verlust der Archive auch subversive Strategien: Die zuvor mit Einreiseverboten belegten Chinesen konnten dank der Regelung, gemäß der in den USA geborene Chinesen ihre in China gezeugten Nachkommen einbürgern durften, ein Schlupfloch zur legalen Immigration nutzen. Da sowohl Staatsbürger- wie Nachkommenschaft unter den gegebenen Umständen nur der Katastrophe wegen ‚undokumentiert' sein konnten, entstand aus der Leerstelle dieses ‚Speicherraums' (TM [19–21]) für die sogenannten „Paper Sons" (die eben nur auf dem Papier ‚Söhne' waren) neues Potential zur Staatsbürgerschaft und den damit verbundenen wirtschaftlichen und sozialen Optionen (Davies, 2012, S. 132).

Die Datenlücke bezüglich der Todeszahlen ist auch für die Diskussion der problematischen Deutung c. relevant, da unter den Toten mögliche Opfer von krimineller oder polizeilicher Gewalt sein könnten. Berichte über sowohl ausschweifendes Verbrechen, Selbstjustiz wie Übergriffe durch Militär oder Polizei begleiten viele Katastrophen, lassen sich aber in der Regel nicht beweisen oder werden widerlegt bzw. von anderen Berichten (b.) konterkariert. Ein typisches Erzählmuster aus diesem Zusammenhang ist für unser Thema besonders interessant, da es explizit die Frage nach ‚Sicherheits- und Regierungsräumen' (TM [4–7] und [8–11]) einbezieht: Die massenhafte Flucht oder Befreiung von Gefangenen während einer Katastrophe. Eine solche Geschichte wurde nach dem Brand in Chicago 1871 kolportiert und von Autoren mit grauenerregenden Details der folgenden Verbrechen ausgemalt. Weder für Befreiung noch Verbrechen ließen sich später schlagkräftige Beweise finden (die meisten Gefangenen wurden schlichtweg in andere Haftanstalten verlegt), ebenso wenig wie für die wiederum darauffolgende Lynchjustiz – die Erzählung erfüllt jedoch ihren Zweck im Vermitteln bestimmter Gefahrenpotentiale und Antagonismen, die wiederum als Rechtfertigung realer Maßnahmen wie eben dem Durchsetzen polizeilicher Ordnung dienen können: „In view of the horrible scenes of incendiarism, robbery, and murder afterward enacted, it is almost a matter of regret that the entire batch of villains were not allowed a hasty roasting." (*Chicago Times*, 18. Oktober 1871, zitiert nach Smith, 1995, S. 158). In diesem Satz werden die Gefängnisinsassen zu einer homogenen Gruppe stilisiert, die ein zu hohes Gefahrenpotential mit sich bringt, um überhaupt am Leben gelassen worden zu sein. Vergleichbare Geschichten werden mit spezifischer Intention, wie der rassistischen Diskriminierung bestimmter Gruppen, verbreitet. Die *Coburger Zeitung* schreibt so 1906 zu den Zuständen in Übersee:

San Francisco, 19. April. Das Chinesenviertel ist zerstört. Nach den ersten Stößen liefen die Chinesen in wilder Panik aus ihrem Vierteln nach Portsmouthsqare [sic!] auf Gongs schlagend und wie Wahnsinnige brüllend. Hier trafen sie auf Flüchtlinge aus dem spanischen, italienischen und amerikanischen Viertel, mit denen sie einen erbitterten Kampf begannen. Das blutige Ringen dauerte stundenlang, bis die Truppen mit aufgepflanztem Bayonett Ordnung schafften. (*Coburger Zeitung*, 21. April 1906, S. 3)

Die Redaktion beruft sich hier zwar auf „Original-Telegramme und telephonische Nachrichten"; von solchen ‚erbitterten Kämpfen' ist allerdings in keiner anderen Quelle zu lesen, selbst wenn die lokale Presse der Westküste regelmäßig mit unverhohlenem Rassismus gegen Einwanderer agitiert (Fradkin, 2005, S. 289–304). Während solche Beschreibungen zu bestimmten Deutungsmustern (b.) inkompatibel bleiben, können sie wieder andere stützen. Die Vorstellung einer *Reinigung*

Abbildung 3   The Evacuation of Chinatown

durch die Katastrophe und die Möglichkeit, anstelle der schadhaften alten Stadt eine utopische neue zu errichten (e.), wird durch das Bild einer bisher herrschenden Dystopie in ihrer Dringlichkeit bestärkt. In einem Leitartikel des Magazins *Overland Monthly* fügt Pierre N. Beringer die bereits bekannten Elemente der Katastrophe als historisch sinnstiftender Heterochronie zusammen:

Catharge never rose again, Rome is glorious only in its decay, but the indomitable American spirit rebuilt Chicago; Baltimore, phoenix-like, sprang from its ashes.

San Francisco, visited by earthquake and fire, will rise once more chastened and, more beautiful than before, in a cleansed majesty, in robes of white, it will turn to a magnificent future. (Beringer, 1906, S. 393)

Majestätische Reinheit hat jedoch Voraussetzungen:

Fire has reclaimed to civilization and cleanliness the Chinese ghetto and no chinatown will be permitted in the borders of the city. Some other provision will be made for the caring of the Oriental. It seems as though divine wisdom directed the range of the seismic horror and the rage of the fire god. Wisely the worst was cleared away with the best. (S. 398)

Beringers Verquickung urbanen Wiederaufbaus mit (sexualisierten) moralischen Vorstellungen von Reinheit geht einher mit der Stigmatisierung einer Minderheit als *unrein;* die Zerstörung von Chinatown als einem entsprechend unreinen Raum ist zur Realisierung der Utopie der ‚*city beautiful*‘ aus der Heterotopie der Katastrophe notwendig (für die ‚schöne‘ Umgestaltung im Sinne der urbanen Reformbewegung der Jahrhundertwende bestanden bereits vor dem Erdbeben Pläne des prominenten Architekten Daniel Burnham, deren Zeit nun angesichts der Tabula rasa viele gekommen sahen).

Es bleibt zu erwähnen, dass für den ‚weißen‘ Blick Chinatown selbst eine veritable, von allerlei verbotenen Verlockungen und Geheimnissen durchdrungene Heterotopie darstellte. Dazu gehörte die Vorstellung vielstöckiger unterirdischer Gangsysteme, die eine chinesische ‚Parallelgesellschaft‘ der sozialen und polizeilichen Kontrolle entzog. Auch dieser Illusionsraum wurde durch die Tourismusindustrie aufrechterhalten: Wie sich später herausstellte, konnte aufgrund der hügeligen Topographie San Franciscos beim Durchqueren der verbundenen Kellergeschosse benachbarter Häuser der Eindruck entstehen, man wäre sieben oder acht Etagen hinabgestiegen – dabei waren die neugierigen Besucher*innen einer ‚abenteuerlichen‘ Chinatown-Führung immer nur im Untergeschoss auf der jeweils aktuellen Straßenhöhe geblieben (Rast, 2007, S. 147). Trotz der Bestrebungen, Chinatown nach der Katastrophe tatsächlich aus der Stadt zu verlagern, wurde es – in strategischer Partnerschaft der chinesischen Gemeinschaft und weißer Grundbesitzer – rasch an Ort und Stelle wiederaufgebaut: Die von Beringer in seinem Text angeschnittene Ideologie des „indomitable American spirit" (Deutungsmuster a.) traf wohl auch und insbesondere auf die von ihm stigmatisierten Einwanderer zu.

Die hier skizzierten Züge urbaner Katastrophe als Heterotopie lassen sich selbstverständlich durch andere Narrative und Fallstudien erweitern. Angesichts der politischen Implikationen ist die Dialektik der Katastrophe zwischen Illusionsraum und Kompensationsraum kaum zu unterschätzen; der rassistische Missbrauch des im weitesten Sinne *polizeilichen* Apparates nach Hurrikan Katrina 2005 ist wohl als wesentlich schwerer einzuschätzen als derjenige im San Francisco knapp hundert Jahre zuvor. Wie sehr ein ‚katastrophales Imaginäres‘ weiterhin von den – mitunter gebrochenen und widersprüchlichen – Narrativen geprägt ist, wie sie oben angerissen wurden, zeigt bereits ein Blick in die populäre Fiktion. In der *Dark-Knight*-Trilogie um die Superheldenfigur Batman von 2005 bis 2012 taucht der Topos der ‚befreiten Gefangenen‘, die anschließend die Kontrolle über die Straßen übernehmen, gleich in zwei der drei Folgen auf; in beiden tritt zudem der Plan zutage, eine ‚verdorbene' Stadt aus moralischen Gründen der vollständigen Zerstörung preiszugeben (sie hätten auch schon London niedergebrannt, erwähnt der Superschurke Ra's al Ghul nebenbei, ein Verweis auf den Stadtbrand von 1666). Im letzten Teil der Trilogie, *The Dark Knight Rises,* soll dies noch durch einen zur Bombe umgebauten Fusionsreaktor geschehen, im ersten Teil, *Batman Begins,* bleibt die urbane Katastrophe gewissermaßen im abstrakten Innenraum ihrer Narrative: Ein psychoaktives Mittel soll in der gesamten Stadt in der Luft verteilt werden, um eine Massenpanik und folglich die gesellschaftliche Selbstzerstörung hervorzurufen. Massenpanik gehört zu den typischen Erzählungen des ‚katastrophalen Imaginären'; soziologisch zumindest kontrovers und möglicherweise nicht haltbar, ist sie (Narrativ c.) ein beliebtes Argument für die Durchsetzung autoritärer Maßnahmen im Katastrophenfall.[8] So aktiviert der Plot des Superheldenfilms gleich mehrere reaktionäre Narrative innerhalb einer fiktiven Heterotopie – sicherlich kein Beitrag, um diese aufzulösen, sondern wohl eher eine Warnung angesichts der ungebrochenen Effektivität dieser Erzählungen.

Literatur

Avatar-X (30. April 2004). chernobyl motorcycling fake! Abgerufen von http://www. uer.ca/forum_showthread_archive.asp?fid=1&threadid=8951&currpage=1

Baum, C. (2008). Ruinen des Augenblicks. Die bildliche Repräsentation des Erdbebens von Lissabon im Kontext eines Ruinendiskurses im 18. Jahrhundert. In G. Lauer, & T. Unger (Hrsg.), *Das Erdbeben von Lissabon und der Katastrophendiskurs im 18. Jahrhundert* (S. 134–147). Göttingen: Wallstein.

Blum, A. (1996). Panic and Fear. On the Phenomenology of Desperation. *The Sociological Quarterly Volume,* 37 (4), 673–698. doi: 10.1111/j.1533-8525.1996.tb01758.x

Briese, O., & Günther, T. (2009). Katastrophe. Terminologische Vergangenheit, Gegenwart und Zukunft. *Archiv für Begriffsgeschichte,* 51, 155–195.

Cohen, E. A. (1906). With a Camera in San Francisco. *Camera Craft,* XII (5), 183–194.

Davies, A. R. (2012). *Saving San Francisco. Relief and Recovery after the 1906 Disaster.* Philadelphia: Temple UP.

Foucault, M. (1993). Andere Räume. In K. Barck, P. Gente, H. Paris, & S. Richter (Hrsg.), *Aisthesis. Wahrnehmung heute oder Perspektiven einer anderen Ästhetik* (S. 134–46). Leipzig: Reclam.

Fradkin, P. L. (2005). *The Great Earthquakes and Firestorms of 1906. How San Francisco Nearly Destroyed Itself.* Berkeley, CA/Los Angeles, CA: University of California Press.

Frisch, M. (2008). Der Mensch erscheint im Holozän. In *Romane, Erzählungen, Tagebücher* (S. 645–732). Frankfurt am Main: Suhrkamp.

---

8 Vergleiche hier Solnit (2010) und als grundlegenden Text Blum (1996).

Goodspeed, E. J. (1871). *The Great Fires in Chicago and the West. History and Incidents, Losses and Sufferings, Benevolence of the Natives, etc., etc.* Chicago, IL: Goodspeed.

Hoffmann, E. von (27. August 2015). Where are Chernobyl's Children? Photography in the Age of Disaster Tourism [Interview mit Gerd Ludwig]. *Pixel Magazine.* Abgerufen von https://medium.com/@pixelmagazine

Kiddofspeed (2004). *Kiddofspeed – GHOST TOWN – Chernobyl Pictures – Elena's Motorcyle Ride through Chernobyl.* Abgerufen am 6. April 2016 von http://www.kiddofspeed.com/

Klein, N. (2007). *The Shock Doctrine.* London: Penguin.

Lefebvre, H. (1978). *Einführung in die Modernität. Zwölf Präludien.* Frankfurt am Main: Suhrkamp.

Löw, M. (2001). *Raumsoziologie.* Frankfurt am Main: Suhrkamp.

Mattes, E., & Mattes, F. (2016). Plan C. Abgerufen am 07. April 2016 von http://0100 101110101101.org/plan-c/

Platon (1857). Timäios. In *Platon's sämmtliche Werke. Bd. 6.* Leipzig: Brockhaus.

Rast, R. W. (2007). The Cultural Politics of Tourism in San Francisco's Chinatown, 1882–1917. *Pacific Historical Review, 76* (1), 29–60. doi: 10.1525/phr.2007.76.1.29

Rozario, K. (2007). *The Culture of Calamity. Disaster and the Making of Modern America.* Chicago, IL/London: The University of Chicago Press.

Seelie, T. (2016). *Chernobyl.* Abgerufen am 06. April 2016 von http://todseelie.com/projects/chernobyl/chernobyl1

Smith, C. (1995). *Urban Disaster and the Shape of Belief. The Great Chicago Fire, the Haymarket Bomb, and the Model Town of Pullman.* Chicago, IL/London: The University of Chicago Press.

Solnit, R. (2010). *A Paradise Built in Hell. The Extraordinary Communities that Arise in Disaster.* London: Penguin.

Trempler, J. (2013). *Katastrophen. Ihre Entstehung aus dem Bild.* Berlin: Wagenbach.

Walter, F. (2010). *Katastrophen. Eine Kulturgeschichte vom 16. bis ins 21. Jahrhundert.* Stuttgart: Reclam.

Woodward, C. (2002). *In Ruins.* London: Random House.

Bildnachweise

Abbildung 1: Cohen, E. A. Larkin Street Wing, City Hall. In Cohen, E. A. (1906). With a Camera in San Francisco. In *Camera Craft,* XII (5), 183–194, S. 191 (© Cohen, E.A.).

Abbildung 2: *Der Portsmouth Square in San Francisco am Morgen des 18. April 1906 nach dem Erdbeben.* Bear Photo Company, California State Library Library (© Bear Photo Company).

Abbildung 3: The Evacuation of Chinatown. In Morris, C. (1906). *The San Francisco Earthquake and Fire.* Washington: W. E. Scull, Einlage S. 50 (© Morris, C.).

Die ausgeklammerte Welt
und das Gefängnis der eigenen Sprache

Zur Sprecherin von Luhmanns Ausführungen zur Technik

Frauke Nowak

Abstract

Die Erzähltheorie Gérard Genettes gehört zu den Theorieentwürfen, die die logische Struktur von Erzähltexten in weitgehender Widerspruchsfreiheit begrifflich abbildbar machen. Genette öffnet Erzähltexte für eine nahezu hyperwissenschaftliche Zugangsweise, die bis weit in die Wechselwirkungen und Beziehungen zwischen erzählenden Texten und Realität logisch vordringt und sie beschreibt. Der Aufsatz fokussiert mit Hilfe von Genettes Erzähltheorie auf die Aussage-Mechanismen, derer sich die ‚Sozialontologie' Luhmanns bedient und zielt auf den „rhetorischen Status eines Textes" (TM [26]). Die These: Aufgrund ihrer Raumignoranz eignet sich der Soziologieentwurf schlecht für techniktopologische Fragestellungen und lässt sich als Negativ-Folie gegen das *Topologische Manifest* lesen. Vom Technikbegriff ausgehend wird die Logik der Text-Architektur von *Die Gesellschaft der Gesellschaft* und deren diskursive Einbindung ‚geröntgt'. Zwar werden im Spannungsfeld „komplexe Infrastrukturprobleme – Machtbeziehungen" (TM [1]) die mit Technik einhergehenden komplexen Infrastrukturprobleme bei Luhmann ‚(sozial)ontologisch' erfassbar, der Ansatz bleibt jedoch blind gegenüber diskursiven Machtbeziehungen, die Raum be- und durchsetzen. Ein demokratischer und empirisch gesättigter – das heißt: ortsrelational und praktiken-interessierter – Umgang mit Technik wird durch Luhmanns Ansatz mindestens behindert. Der „technisierte Raum", in dem Luhmanns Wissenschaft agiert, ist ein ‚sprach-technisiert' konzeptualisierter Raum, der paradoxerweise keinen Raum braucht.

© Springer Fachmedien Wiesbaden GmbH, ein Teil von Springer Nature 2018
A. Brenneis et al. (Hrsg.), *Technik – Macht – Raum*, Technikzukünfte,
Wissenschaft und Gesellschaft / Futures of Technology, Science and Society,
https://doi.org/10.1007/978-3-658-15154-6_7

> [N]icht jede extradiegetische Erzählung gibt sich unbe-
> dingt als literarisches Werk aus, und ihr Protagonist muss
> nicht unbedingt ein Autor-Erzähler sein. (Genette, 2010
> [1998], S. 149)

Dieser Beitrag untersucht Niklas Luhmanns Ausführungen zur Technik, und bezieht sich vornehmlich auf ein zwanzigseitiges Unterkapitel des Monumental-
werks *Die Gesellschaft der Gesellschaft* (Luhmann, 1997). Zur Vorbereitung wird
eine kleine Textstelle herausgegriffen und analysiert, wofür in loser Kopplung
Begrifflichkeiten aus der Erzähltheorie von Gérard Genette verwendet werden,
die sich in seinem Standardwerk *Die Erzählung* (2010 [1998]) finden. Diese lassen sich auch auf die „sehr partikulären Erzählformen [...] wissenschaftliches
Problem oder Experiment" (Genette, 2010 [1998], S. 139 FN 7) anwenden. Ziel ist
es, „die Existenz- oder Produktionsbedingungen des Textes aufzuklären" und die
verborgene Komplexität sichtbar zu machen, „die das *Geheimnis* der Einfachheit
ist." (S. 89).[1] Wer spricht in *Die Gesellschaft der Gesellschaft*? Wer (oder was) artikuliert sich in den Ausführungen wie? Die Fassung des Technikthemas hängt
mit dem soziologischen Theorieentwurf zusammen, der als Erzählung hinsichtlich des „wohlunterrichteten Erzählers" (S. 155)[2] und hinsichtlich des Privilegs der
„narrativen Funktion" (S. 160) rekonstruiert werden kann. Ein textuell orientier-
tes Interpretationsverfahren, das sich versuchsweise entlang der literaturwissen-
schaftlich ‚gebildeten' Begrifflichkeiten von Genette hangelt, kann zeigen, wie die
Stimme des Textes in einem komplex indizierten Verhältnis zu den wissenschaftlichen Aussagen steht. Es liegt ein mit bestimmten Strategien verfasster Text vor, der
machtvolle Aussagen über Technik produziert und gleichzeitig die eigene Wissenschaftlichkeit legitimiert. Dazu wird zunächst die Kommunikationssituation, innerhalb derer die soziologische *Stimme* des Textes situiert ist, rekonstruiert. Mit
Genette markiert die *Stimme* die Beziehung der sprachlich manifesten Handlung
zu der produzierenden Instanz des Diskurses (S. 137), mit ihrer Rekonstruktion
fokussiert man auf seine legitimierende Instanz.

Es wird eine spezifische Schreib- und Texttechnik analysiert, um Einsicht in
die Wissenschafts- und Techniksemantik zu gewinnen. Wie entsteht die „persuasive Funktion" (S. 151) der Wissenschaftserzählung? Eine zentrale Referenz für
Luhmanns Ausführungen zur Technik ist die Bestseller-Autobiographie *The Edu-*

---

1   „[D]ie Analyse der tieferen Schichten (enthüllt) unter der ruhigen Horizontalität aneinander
    gereihter Syntagmen das zerklüftete System von Entscheidungen und paradigmatischen Be-
    ziehungen. Wenn ihr Ziel also darin besteht, die Existenz- oder Produktionsbedingungen
    des Textes aufzuklären, so tut sie dies dadurch, dass sie die verborgene Komplexität sichtbar
    macht, die das Geheimnis der Einfachheit ist."
2   Genette übernimmt den Begriff von Marcel Proust.

cation of Henry Adams (1996 [1918]), die den Pulitzer Preis gewann,[3] und die durch die Art der Zitation eine bemerkenswerte Sonderstellung im Fließtext einnimmt.

Die Diskussion des luhmannschen Gesamtentwurfs liegt auf einem Nebenschauplatz, Verbindungen zum Technikdiskurs über den Verein deutscher Ingenieure VDI werden nicht thematisiert.[4]

1   Drei Vermutungen zur luhmannschen Technik-Narration

Luhmanns Texte sind Klassiker und wurden, dies ist die *erste Vermutung,* für die historischen Weltmeere der Wissenschaftspublikationen als Containerschiffe der Primärliteratur gebaut. 1997 markiert das 28. Jahr des Forschungsprojektes, das vor der Einführung von textverarbeitungsprogrammierten Computern auf die soziologische Erklärung alles Sozialen abzielt: „Theorie der Gesellschaft; Laufzeit: 30 Jahre; Kosten: keine" (Luhmann, 1997, S. 11). Luhmann entwirft die Systemtheorie als Aussagesystem mit einer durchorganisierten „Professionsrhetorik" (Grasshoff, 2009, S. 83) und nutzt eine Schreib- und Denktechnik, die hier versuchsweise als Narration rekonstruiert wird. Die „Narration [ist] ein *Akt* [...], eine Handlung wie jede andere auch." (Genette, 2010 [1998], S. 152).

Die *zweite Vermutung* lautet: Technik- und Gesellschaftsentwurf laufen parallel. Zusätzlich liegt ein bestimmtes Verhältnis von epistemischem und Fertigungswissen vor: Das epistemische soziologische Wissen konvergiert mit einem soziologischen Fertigungswissen.[5] Es lohnt sich, diesen diskursiven Raum zu untersuchen, weil Funktionsbedingungen soziologischer Technikreflexion erkennbar werden.

---

3   Einhundert Exemplare wurden 1906 veröffentlicht, vgl. das für die posthume Publikation verfasste Vorwort, das Adams 1916 mit dem Pseudonym Henry Cabot Lodge signiert (Adams, 1996 [1918], S. xxxiii sowie Taylor, 2013, S. 201 FN 5).

4   Luhmann bezieht sich in der „Durchsicht der Begriffsgeschichte" auf Rapps *Analytische Technikphilosophie* (1978). Der Ehrenmedaillenträger des *Vereins Deutscher Ingenieure* (VDI) war im Ausschuss *Technik und Philosophie,* Vorsitzender des Ausschusses *Grundlagen der Technikbewertung* und bis 1997 Vorsitzender der VDI-Hauptgruppe *Mensch und Technik,* in der sich politische und gesellschaftliche Auseinandersetzungen um Technik nach 1945 institutionalisierten (Hubig, Huning & Ropohl, 2013, S. 544, 517 f.). Der VDI verabschiedet z. B. Richtlinien, die „zwar keine Rechtsvorschriften im strengen Sinn [sind], doch [...] Sollensregeln für technisches Handeln vor[geben], auf die Gesetzgebung und Rechtsprechung verweisen und sich fallweise berufen können" (S. 518), so die Richtlinie 3780 *Technikbewertung – Begriffe und Grundlagen* (Druckfassung 1991) und *Ethische Grundsätze des Ingenieurberufs* (2001).

5   Die technikphilosophische Unterscheidung von Fertigkeitswissen und epistemischem Wissen wird damit im Hinblick auf Textproduktion zurück gebogen (Nordmann, 2011, S. 573 f.).

Die *dritte Vermutung* zielt erzähltheoretisch gesprochen auf den Modus, in dem über Technik gesprochen wird. Die Art der Fokalisierung gehört zu Luhmanns Technikausführungen, die unangreifbare Sprecherposition führt zu einem elementaren Machtanspruch. Der diskursiv generalisierende Raum des Techniktextes ist ein mehrere Ebenen umfassender Schreib- sowie thematischer Suchraum, der Bezüge zur Materialität der Schrifttechnik (Druckpresse) und zu juristischen Diskursivierungen (Autonomie) aufweist, die hier nur erwähnt werden.

2   Die Stimme des Textes

Luhmanns Untersuchungen hängen theoretisch und

> methodologisch von sehr abstrakten Begriffsentscheidungen ab. [...] [Die] formulierten Annahmen über die Eigenart der modernen Gesellschaft und über das, was [...] als hinreichend evidente Tatsache behandelt werden kann, sind [...] abhängig von der Beobachtungsweise und den Unterscheidungen, mit denen die Gesellschaftstheorie sich selbst etabliert. [...] [Es] bleibt [...] die Möglichkeit, theoriebautechnisch so transparent wie möglich zu verfahren und Begriffe als Entscheidungen auszuweisen, die mit erkennbaren Folgen geändert werden können. (Luhmann, 1997, S. 43)

Luhmann ist kein unbeteiligter Zeuge einer Selbstenthüllung der Gesellschaft und ihrer Theorie, sondern kennzeichnet die Wahl der Begrifflichkeiten für die Analyse explizit als Wahl. Sein Theorieentwurf beansprucht höchstmögliche Aufgeklärtheit der verwendeten Begriffe. Der Text, als dessen Autor er paratextuell identifiziert werden kann (mit Erben, die Gelder vom Verlag bekommen), erzeugt eine überpersonale Analyseebene und einen hohen Grad dokumentierender Sachproblematikdarstellung, bei der der Prozess der Entstehung der Darstellung sowohl formal als auch inhaltlich schwierig zu rekonstruieren ist. Die Gesellschaftstheorie etabliert in diesem Text sich selbst, in der Analyse manifestiert sich ein soziologisches Funktionswissen, das nicht zu überbieten und deshalb dem Vorwurf der „Supertheorie" (Werber, 1992, S. 9) ausgesetzt ist.[6] Wie erreicht Luhmann das, oder besser: Wie funktioniert das?

---

6   „Diese Theorien tendieren zu einem ‚totalen' Universalismus, der keine anderen Beobachtungsposten der Welt zulässt. Sie ignorieren den blinden Fleck ihrer [...] historischen und methodischen Kontingenz und beanspruchen einen souveränen Blick, der die gesamte Welt umfasst, ohne die eigene Perspektive als perspektivenabhängig zu reflektieren. Sie stehen [...] in der Nachfolge des christlichen Gottes, der alles sieht, ohne an einen bestimmten Standpunkt gebunden zu sein."

Behandelt man den Text zunächst als Erzählung von der Selbstkonstitution der Soziologie, kann man mit Genette drei diskursive Kategorien und ihr Verhältnis zueinander unterscheiden: Erzählung, Geschichte und Narration. „Geschichte und Narration existieren für uns [...] nur vermittelt durch die Erzählung" (Genette, 2010 [1998], S. 13). Die Erzählung als textuelles Wortding, als geformtes und geordnetes Wortmaterial (als gedruckter, digitaler oder fixierter gesprochener Text) ist logisch und ontologisch vorgängig, allerdings mit der Einschränkung, dass es eine Geschichte geben muss, die erzählt wird, und keine philosophische Abhandlung wie Spinozas *Ethik* (S. 13), und dass ein erzählerischer Akt, eine Narration vorliegt, also nicht allein dokumentiert wird. Diese Bedingungen sind insofern erfüllt, als die Ausführungen über Technik weder reine Dokumentation noch reine Theorie sind. Ich würde sagen, es handelt sich um einen interdisziplinären Mischtext, um ein historisch-philosophisches Traktat, in dem die Personalpronomina „man" und „wir" (zusätzlich in der Verneinung „niemand") als Subjektinstanzen eines soziologischen Funktionstextes eingeführt werden und dessen *Stimme* analysiert werden kann. Da jede Erzählung als „sprachliches Produkt" (S. 14) von Ereignissen erzählt, kann sie mit einer linguistischen Metapher als ein überdimensioniert gedehntes Verb angesehen werden, bei dem drei Untersuchungsfelder wichtig sind: temporale Bestimmungen, Modi der Darstellung (starke vs. schwache Behauptungen) sowie die *Stimme* als „Handlungsart des Verbs in Beziehung zum Subjekt" des Aussagevorgangs, womit Erzähler und reale oder virtuelle Adressaten in eine Beziehung treten (S. 14–15).[7] Die Stimme ist ein Aspekt der verbalen Handlung, „wobei das Subjekt hier nicht nur das ist, das die Handlung vollzieht oder erleidet, sondern ebenso das (dasselbe oder ein anderes), das von ihr berichtet: letztlich also alle Subjekte, die, sei es auch nur passiv, an dieser narrativen Aktivität beteiligt sind." (S. 137). Die Stimme stellt die Relation zwischen Erzähler und Adressaten des Textes, als den „Protagonisten" des Aussagevorgangs, her.

Ich werde diese Kategorien nun an zwei Sätzen erproben, die unmittelbar vor Beginn des Technikkapitels stehen und die ich als konzentrierte soziologische Minimalerzählung ansehe.

> Wenn man wissen will, wie die moderne Gesellschaft sich selber historisch abgrenzt, muss man sie [...] von einer Ebene zweiter Ordnung aus beobachten. Man muss beschreiben, wie sie sich selbst beschreibt. (Luhmann, 1997, S. 516)

Diese Sätze versammeln Aktivitäten und Akteure: Grammatikalisch agieren „man" und „die moderne Gesellschaft", sie sind in den Tätigkeiten „wissen wollen", „sich

---

7   Genette zitiert hier Vendryès aus dem Lexikon *Petit Robert*.

abgrenzen", „beschreiben", „beobachten" und „müssen" miteinander verknüpft. Ein singuläres Ich ergibt als semantische Bezugsfolie keinen Sinn. Welche Vollzüge werden mit den Verben und Personalpronomen eingefordert und ins Werk gesetzt? Wer oder was ist mit „man" bezeichnet? Wessen Stimme spricht? Wer ist Zeuge, Mitseher oder Mittäter dessen, was im Text passiert? Und was hat das mit Technik und mit Wissenschaft zu tun?

Zunächst gibt es ein „man", das eventuell etwas „wissen will" („Wenn"). Genau genommen handelt es sich um zwei Aktivitäten, die kombiniert auftreten: (a) „wissen" und (b) „wollen", eine deutsche Substantivierung für diese Kombination wäre „Erkenntnisdrang" (a) + (b) = E. „Man" darf etwas wissen wollen, und es werden Bedingungen angegeben, wie der Erkenntnisdrang befriedigt werden kann: durch (c) „beobachten", (d) „beschreiben" und ein doppeltes (e) „müssen". Ohne das Verhältnis zwischen „beobachten", „beschreiben" und „müssen" genauer aufzufalten, möchte ich bemerken, dass die Aktivitäten (e) + (c) sowie (e) + (d) ebenso eng zusammenhängen wie (a) + (b). Eine deutsche Substantivierung für (e)[(c) + (d)] wäre „Begriffsbildung" oder, um ein Wort von Luhmann zu verwenden, „Formbildung". Wenn etwas beobachtet und im starken Sinn beschrieben werden *muss*, kommt ein Begriff (oder eine Gestalt oder eine Form) heraus (e)[(c) + (d)] = B.

Wer kann der Agierende des Erkenntnisdrangs sein? Zunächst wahlweise jede(r) Leser*in X: Das Erkenntnisinteresse eines jeden, der das Buch liest, wird in der unpersönlichen Formulierung „man" angesprochen. Wenn Du, Leser*in, wissen willst … Handelt es sich bei der agierenden Instanz der Verben eher um X_E oder um E_X? Sowohl als auch: Jedes Erkenntnisinteresse, das sich identifizieren lässt und jeder X ist angesprochen, der einen Erkenntnisdrang verspürt, inbegriffen der Erzähler Erz und dessen Wissensdrang. Das Besondere: Es kann sowohl ein Laie als auch ein Experte einer wissenschaftlichen Disziplin (nicht nur aus der Soziologie) sein. Das „man" vereinigt jeden wissenshungrigen Leser mit dem wissenshungrigen Erzähler X+Erz in der gemeinsamen Aktivität Erkenntnisdrang E_{X+Erz}, die als vereinigender und überwölbender Akteur auftritt: Alle denkbaren oder realen Akteure verschmelzen in der Aktivität „wissen wollen". Insofern jemand an der Fähigkeit oder Tätigkeit „wissen wollen" teilhat oder sich dazu rechnet, gehört er oder sie als Akteur der Verben dazu. Wer den Erkenntnisdrang, der sich auf den Gegenstandsbereich (zu dem ich gleich komme) richtet, nicht verspürt, gehört nicht dazu: Von der- oder demjenigen ist nicht die Rede und er oder sie ist ausgeschlossen. Indem der unpersonale Erkenntnisdrang als Akteur gewissermaßen in den Vordergrund drängt, werden Unterscheidungen zwischen Adressat und Erzähler und die Unterscheidungen, die anhand von Institutionen und Orten (*Wo* konstituiert sich die Gesellschaft?) abgesichert sein könnten oder müssten, hinfällig. Gehen wir, um die Sache abzukürzen, davon aus, dass eine mögliche Begriffs- oder Formbildung von demselben Akteur ausgeübt wird wie der Erkenntnisdrang, und lassen die kleine Kategorienverwirrung beiseite, die entsteht, wenn der nach Erkenntnis drängende (das erste „man") zu dem wird, der auch die Begriffsbildung vornimmt (das erste „man" wäre in diesem Fall mit dem zweiten und dritten „man" identisch): E = (e)((c) + (d)) = B. Wie lässt sich die Stimme beschreiben, die uns in Kenntnis über die Aktivitäten des „man" setzt, das einen Erkenntnisdrang haben darf, und, im Fall, dass der Erkenntnisdrang befriedigt werden soll, eine Begriffs- oder Formbildung unternimmt? Ich würde sagen, dass die Stimme dieser Textstelle die Beziehung zwischen Erzähler und Adressaten in einer Nulldistanz anordnet und dass der Erzähler sich an einen Adressaten richtet, der er verwirrenderweise gleichzeitig selbst ist. Es entsteht der Eindruck, es sei der Erkenntnisdrang selbst, der etwas wissen will, der agiert und dem wir zusehen (oder lesend beiwohnen), wie er begriffsbildend zum Soziologen wird, und wir mit ihm. Die Erzählsituation erscheint gleichzeitig autistisch und hyperkommunikativ, und als „Werkzeug der Wahrheit" (Genette, 2010 [1998], S. 168) verschmilzt der Erzähler mit dem Adressaten im Erkenntnisdrang.

Ich komme zum zweiten agierenden Subjekt, der modernen Gesellschaft. Diese taucht als Agierende auf, über die etwas erzählt wird. War vorher nicht klar, wer von Erkenntnisdrang und Begriffsbildung berichtet, wird nun erzählt, dass die moderne Gesellschaft etwas tut: Sie (f) „grenzt sich selber historisch ab", und (g) „sie (beschreibt) sich selbst". Und jetzt wird es kompliziert, denn dies kann entweder als *Geschichte* aufgefasst werden, die über die Gesellschaft erzählt wird: Dann wird die Geschichte von historischer Selbstdifferenzierung der Gesellschaft aus der Perspektive des Erkenntnisdrangs erzählt. Oder man kann dies als *metadiegetische Erzählung* auffassen, die in die erste Erzählung von der Wissensgenerierung (Erkenntnisdrang + Begriffsbildung) als eingeschachtelte Erzählung höherer Ebene eingebettet ist. Im zweiten Fall würde man die Formulierungen des Zitats so verstehen, dass die metadiegetische Erzählung verantwortlich für den Erkenntnisdrang und seine Begriffsbildung zeichnet: Wie die Gesellschaft sich selber historisch abgrenzt und wie sie sich selbst beschreibt, hat einen direkten Einfluss darauf, wie die Wissensgenerierung funktioniert; die Metadiegese erfüllt damit ihre „explikative Funktion" (S. 150).

Handelt es sich dagegen um eine *Geschichte*, die über die aktive Gesellschaft erzählt wird, lässt sich fragen, in welcher zeitlichen Relation der Narrationsakt zu dem steht, wovon erzählt wird. Der Narrationsakt, der relational zur Geschichte über die Tätigkeiten (f)+(g) der Gesellschaft vollzogen wird, kann als gleichzeitige Narration klassifiziert werden: Der Erkenntnisdrang richtet sich auf die Aktivitäten der gesellschaftlichen Selbstbeschreibung und Selbst-Abgrenzung, wovon zeitgleich erzählt wird. Es gibt keine zeitliche Distanz. Zweitens kann dies als prädiktive, voraussagende Narration, als zeitlich vorhersagende Relation, klassifiziert werden: Sobald der Zeitpunkt gekommen ist, dass „man" einen Erkenntnisdrang verspürt, kann der Gesellschaft bei der Selbstbeschreibung unter Beachtung der Vorschriften („müssen") zugesehen werden. Drittens kann man dies als eingeschobene Narration bezeichnen. In diesem Fall wäre die Gesellschaft andauernd mit Selbstbeschreibungen und Abgrenzungen beschäftigt, und der Narrationsakt, der davon erzählt, zwängte sich gewissermaßen zwischen diese permanenten Aktivitäten der Gesellschaft, sozusagen mitten in ihre Aktivitäten hinein. Als eingeschobene Narration handelte es sich um den „a priori komplexeste[n] Typus", „da es sich um eine Narration mit mehreren Instanzen handelt und [...] Geschichte und die Narration [sich] [...] dergestalt verwickeln können, dass letztere auf erstere reagiert." (S. 140). Die Analyse wird an dieser Stelle fast unmöglich, da eine permanente Verknüpfung dessen eintritt, „was man in der Rundfunksprache Direktübertragung und Übertragung zu einem späteren Zeitpunkt [...] nennt, eine Art inneren Monolog mit einem nachträglichen Bericht." Oder es handelt sich, viertens, um eine nachträgliche Narration, wie in der Form einer Rundfunk- oder Fernsehreportage: „Die Narration ist hier der Handlung so nah auf den Fersen, dass beide praktisch als gleichzeitig betrachtet werden, woraus sich der Gebrauch des Präsens erklärt." (S. 140 FN 10). In diesem Fall wird zwar im Nachgang erzählt, wie sich die Gesellschaft selbst beschreibt und historisch abgrenzt, aber die Retrospektive fügt der Geschichte keine temporalen Grauwerte zu, sondern präsentiert sie gleichsam im Präsens der frischesten Gegenwart.

Die narratologische Perspektive verlassend und einen semantischen Blick auf diese Textstelle riskierend, erscheint es mir nach den obigen Ausführungen nicht überinterpretierend, zu behaupten, dass an dieser Textstelle die Wissenschaft selbst als Akteur auftritt und agiert. Das „man" repräsentiert das (und fungiert als) Subjekt der Wissenschaft. Das gilt auch für das Technikkapitel: Das „man", das über Technik spricht, ist dem hier analysierten „man" verpflichtet, auch wenn dort weitere Aktivitäten vor sich gehen. Der Erkenntnisdrang konstituiert eine Gemeinschaft aus Adressaten und Erzähler, die zusammen wissen wollen, ohne eine Gemeinschaft oder gar personal zu sein. Die narratologische Analyse zeigt eine textuell gebundene soziologische Vergemeinschaftung als nicht-lokalisierbaren und a-personalen Kommunikationsakt, als konkreten Vollzug, der sich temporal uneindeutig innerhalb des Textes, darüber hinaus aber nicht räumlich lokalisierbar, beim Lesen realisiert. Die Macht liegt dabei in der Ausklammerung der Welt (siehe unten). Oder anders: Machtanalytisch gesprochen wird durch die Exklusion von Welt ein Unantastbarkeitsanspruch formuliert, der sich durch das autologisch auf sich bezogene „man" konstituiert. Die Exklusivität des Erkenntnisdrangs des soziologischen „man" verbleibt (ich befürchte, nicht nur) in der analysierten Textstelle autologisch auf sich bezogen und wird dadurch unantastbar. Für die Funktionsweise der Soziologie als historisch ,gebildeter' Gesellschaftstheorie gilt dann dasselbe, was im Hinblick auf Technik geäußert wird. Technik (Informationsver-arbeitungs- und Kausaltechniken) wird begrifflich als funktionierende Simplifi-kation gefasst.[8] Es geht

> um einen Vorgang effektiver Isolierung; um Ausschaltung der Welt-im-übrigen; um Nichtberücksichtigung unbestrittener Realitäten [...], um aus der Realität der Welt nicht ableitbare Einschränkungen. Das Funktionieren kann man feststellen, wenn es gelingt, die ausgeklammerte Welt von Einwirkungen auf das bezweckte Resultat ab-zuhalten. [...] Extrem abstrakt formuliert, geht es also um gelingende Reduktion von Komplexität. Es mag [...] geschehen, was will: die Technik liefert die beabsichtigten Ergebnisse. Allerdings [...] [lässt sich] die Komplexität selbst [...] in keine Reduktion einfangen, in keinem Modell repräsentieren [...] Auch wenn es funktioniert, muss man immer damit rechnen, dass etwas übrig bleibt. ‚Gelingende' Reduktion läuft also auf unschädliches Ignorieren hinaus. (Luhmann, 1997, S. 524–525)

Ich meine, dieser Begriff von Technik lässt sich mit der autologisch agierenden Gesellschaftstheorie mit einer Abweichung zur Deckung bringen: Für Technik gilt, „dass der *Einsatz* von Technik zahlreichen sozialen und kulturellen Bedingungen unterworfen ist." (S. 525). Das gilt, soweit das aus der narratologischen Analyse des soziologischen „man" erkennbar wird, nicht für die Soziologie. Der Einsatz der soziologischen Wissenschaft ist weder sozialen noch kulturellen Bedingun-gen unterworfen, und damit ausgesprochen und unhintergehbar machtvoll. Die Soziologie des „man" ist sogar so mächtig, dass die Analysen stets die notwendige Realisation einer Weltgesellschaft betonen. (S. 534, S. 809)

> Wahrheit und Wissenschaft gründen auf eine Reduktion, aber diese Reduktion hat ein-zig die Funktion, den Aufbau systemeigener Komplexität zu ermöglichen, durch die dann auf spezifische Weise die Beobachtung und Beschreibung der Welt neu konsti-tuiert wird. Es geht um die Herstellung von Offenheit durch die Geschlossenheit des Systems. [...] [D]ie Form, mit der sich das System zur Umwelt in Beziehung setzt, und dies sehr radikal begriffen als Einheit und Unterschiedenheit, ist eine Eigenleistung des Systems. (Luhmann, 2002 [1990], S. 287–288)

Die blinde Raumvergessenheit des theoretischen Entwurfs füttert ununterbro-chen eine unkorrigierbare Kolonialisierungsdynamik: Die autonome Schließung ausdifferenzierter gleichartiger Systeme führt dazu, dass wissenschaftlich, poli-tisch, juristisch, ... kolonialisiert wird, unaufhaltsam, modern und unangreifbar, versehen mit maximaler Macht, geradewegs auf die Weltgesellschaft hinauslau-

---

8 Dieser Technikbegriff passt wunderbar zur PowerPoint-Technik (Grasshoff, 2009).

fend.[9] Zusätzlich wird die Kolonialisierungsleistung der Wissenschaften aus einer eurozentristischen Weltsicht überhöht, weil, so könnte man sagen, die *Stimme* des Textes ontologisch dem kybernetisch definierten, strikten Ja/Nein Code der Sprache (Luhmann, 1997, S. 221, insbesondere FN 49) verpflichtet wird.[10] Nicht nur ein Graus für jeden Erzähltheoretiker, sondern vielleicht auch fatal für jeden Umgang mit Technik.

3   Ein besonderes Zitat

Luhmanns Professionsrhetorik verwendet das „man" als Subjekt des Textes, was, wie gezeigt wurde, zu einer a-personalen Selbstvergemeinschaftung der soziologischen Wissenschaft führt. Im Text über Technik wird dieses grammatikalische Subjekt des Textes mehrmals von einem „wir" (bzw. „uns"), einem „niemand" sowie einmal, in einem ungewöhnlichen Zitat, von Henry Adams ergänzt. Auf das Zitat gehe ich ausführlicher ein, weil es eine außergewöhnliche Zitierweise zeigt. Luhmann vermeidet es, im Fließtext oberhalb der Fußnoten singularisierend auf wissenschaftliche Autoren und deren Leistungen Bezug zu nehmen. Dies entspricht dem Ansatz, ein reflektiertes Produkt einer „Ideenevolution" vorzulegen, das als (Beitrag zur?) soziologische(n) Genesis interpretierbar ist. Infolge von

> Plausibilitätstests sind Selektionen in der Ideenevolution [...] umweltabhängig und [...] Bedingungen unterworfen, die sie weder schriftlich noch argumentativ kontrollieren können. [...] Ideenevolution [...] bleibt [...] von Sozialstrukturen abhängig, die durch die [...] dominante Form der Systemdifferenzierung vorgegeben sind. Plausibilitäten vermitteln eine Art Realitätsindex [...]. Neuerungen müssen mit ihnen [...] introduziert werden. Immerhin steigert der Buchdruck die Komplexität des Möglichen so rasch und so weitreichend, dass Innovationen ihre Plausibilitäten ihrerseits selegieren können. Und außerdem kommt es in hohem Maße zur Selbstbefriedigung. Man zitiert und erweckt dadurch den Eindruck, dass bereits andere für Plausibilität gesorgt haben. (Luhmann, 1997, S. 549)

---

9   Luhmann, ein frühmoderner Apologet der Globalisierung?

10   Die Rekonstruktion der eurozentristischen Weltsicht muss ich hier schuldig bleiben, sie ergibt sich aus der verwendeten wissenschaftlichen Bezugsmatrix, vor allem aus dem Ja/Nein-Code der Sprache, wobei es unerheblich ist, ob dieser kybernetische Begriff der Sprache wissentlich, unwissentlich oder falsch gewählt wurde.

Für die Vermeidung von wörtlichen Zitaten im Fließtext lassen sich also Gründe angeben. Zitate fungieren als Plausibilitätserzeuger, demzufolge verweisen sie auf Wissenschaftszeugen. Im Textfluss und Schreibsystem wird daher wörtliche und namentliche Zitation tunlichst vermieden, da es in erster Linie um Funktionsbeschreibungen und Beobachtungen zweiter Ordnung geht. Das, worum es geht, beruht nicht auf Bezugstexten und -autoren, weil vornehmlich auf die Funktionsweise gleichartiger, autonomer Teilsysteme fokussiert wird. Der Text verleibt sich zwar in seinen soziologischen Containerbauch in interdisziplinärer Schlemmerei die Wissenschaftsleistungen vergangener Jahrzehnte und Jahrhunderte ein, rühmt sich aber letztlich für seine disziplinäre Theorieleistung (z. B. S. 806 FN 382). Forschungsergebnisse erwähnen, Wissenschaftlernamen in die Fußnoten: Das kann man als simple Machttechnik auffassen, praktisch, wenn es um die Einordnung kritischer Stimmen geht, die versachlicht (oder als Nicht-Beitrag) erfasst werden.[11] Ein wichtigerer Grund für die Vermeidungsstrategie liegt aber in einer liberalen wissenschaftlichen Sprachauffassung. Dieser Liberalismus klebt nicht an „Einzelworten" und „Begriffen", sondern fokussiert auf das „Ideengut", das durch Analysen und einen „Variationszusammenhang von Differenzierung und Generalisierung [...] mannigfach belegt" (S. 983) und sachlich gerechtfertigt ist.

> Die Beispiele ließen sich vermehren, aber man muss jeweils auf die Formen, das heißt auf die Unterscheidungen achten und nicht nur auf den in Einzelworten oder Begriffen fixierten Sinn. Dann sieht man, dass und wie das Ideengut durch die Ausdifferenzierung der Funktionssysteme und deren Reflexionstheorien in Bewegung gesetzt wird. Ein anderer Formwandel zeigt sich, wenn man die Veränderung mit Hilfe einer soziologischen Hypothese analysiert. Diese lautet, dass stärkere Differenzierung zu einer stärkeren Generalisierung derjenigen Symbole zwingt, mit der die Einheit des Differenzierten dann noch zum Ausdruck gebracht werden kann. (S. 982)

Bei dem nun folgenden Zitat, das sich im luhmannschen Technikkapitelchen findet, handelt es sich um eine der seltenen Stellen, in denen ein Autor namentlich *und* wörtlich zitiert und in syntaktischer und paradigmatischer Einheit innerhalb eines extrem beweglichen Systemdiskurses fixiert wird.

> Wenn die Naturwissenschaft selbst den (beobachterunabhängigen) Naturbegriff aufgelöst hat und sich im ökologischen Kontext Technik und Natur auf untrennbare und unprognostizierbare Weise mischen, macht es keinen Sinn mehr, Phänomene nach der

---

11 Weiterführend im Hinblick auf Kritik in der Wissenschaft: Luhmann, 1990, S. 297 FN 40, 319, 345, 355.

Unterscheidung Technik/Natur zu ordnen. Technik wird wieder zur Natur, zur zweiten Natur, weil kaum jemand versteht, wie sie funktioniert, und weil man dies Verständnis in der Alltagskommunikation auch nicht mehr voraussetzen kann. Wie (und warum?) sollte man gentechnisch produzierte Organismen von anderen unterscheiden? Nur, um kommunizieren zu können, dass man dagegen ist? Zu den Wundern, die Amerika dem 19. Jahrhundert zu bieten hat, zählt Henry Adams „Niagara Falls, the Yellowstone Geysirs, and the whole railway system." (S. 523, zitiert wird Adams, S. 339)

Was liegt vor? Ein zustimmendes, unironisches Zitat aus der Autobiographie des aus einer amerikanischen Politikerdynastie stammenden Antisemiten Henry Adams, der als weißer Mann mittleren Alters sein Leben, seine Reisen und seine Erfahrungen in der dritten Person, in maximal distanziert unpersönlicher Weise referiert. Der Text dokumentiert (s)eine Auseinandersetzung mit der Welt als objektiv bedeutungsvolle Erzählung, die eine Kosmologie ohne Subjektposition aufruft: „The education of Henry Adams is a remarkably uninhabited autobiography." (Taylor, 2013, S. 57). Bei dieser Kosmologie ist im Hinblick auf Natur und Geschichte ein umfassendes, gar universales Verständnis von Evolution zentral. „Evolution" als Prinzip der Veränderung und Entwicklung betrifft nicht nur Tier und Mensch, sondern das anorganische Universum, die menschliche Gesellschaft und die Entwicklung des einzelnen Individuums namens Henry Adams. Der autobiographische Bildungsroman verbindet alle Themen miteinander, die allesamt derselben universalen wissenschaftlichen evolutionären Perspektive genügen und nüchtern und perspektiviert dargestellt werden müssen. Für den historisch interessierten Adams können sowohl Natur als auch Gesellschaft vereinheitlicht als mathematisch fassbares Problem der Beeinflussung durch (physikalische) Energie und Kraft aufgefasst werden.

[T]he historian's business was to follow the track of [...] energy [...] as a mathematical problem of influence on human progress. (Adams, S. 389; vgl. Taylor, 2013, S. 60)[12]

Bei Adams' Schrift handelt es sich um den Versuch der Verbindung von Wissenschaftsgeschichte und Sozialtheorie, auf der Höhe der Philosophie und der naturwissenschaftlichen Erkenntnisse ihrer Zeit. Indem die *Stimme* jenes Textes als Zeitzeuge, Forscher und aufgeklärte seriöse Person eine wissenschaftliche Bildungsgeschichte erzählt, und diese in einer speziellen Objektivationsleistung mit den Evolutionsgesetzen des Kosmos verquickt, liegt eine erzählend-literari-

---

12   Bei Luhmann (1997) heißt es: „Die jetzt erforderliche Kosmologie war schon mit dem Entropiegesetz angezeigt." (S. 536).

sche Verarbeitung vor, deren Fiktionalitätsstatus techniksoziologisch vernachlässigbar zu sein scheint. Adams Worte werden in nicht-ironischer Weise und vor allem nicht als Literatur zitiert: das literarische Stück Autobiographie schließt nahtlos an den soziologischen Wahrheitsdiskurs über Technik an. Wie wichtig Adams mit seiner Schreib- und Denkweise für Luhmann ist, ob er als „konservativer Anarchist" (Luhmann, 1997, S. 1149) eine elementare Bezugsfigur darstellt, muss offen bleiben, ebenso, ob Adams' Biographie als künstlerisches Sprachprodukt überhaupt Eingang in den wissenschaftlichen Wahrheitsdiskurs finden dürfte oder nicht.

Auffällig ist, dass Adams als wichtige Originalstimme mit Vor- und Nachnamen und wörtlich zitiert und damit als Kronzeuge herangezogen wird.[13] Adams' Text, der ausgefeilte literarische Techniken verwendet, erscheint als Vorbild nicht nur für den Technikbegriff, sondern insgesamt für „Die Gesellschaft der Gesellschaft", indem die Stimme seines Textes durch eine „atemberaubende" Generalisierung eine Verbindung und Einheit der Gesellschaftswissenschaften mit der objektiven Naturlehre ermöglicht.

> [B]reathtaking in its generality [...] the attempt to correlate universal and human history spans Adams's oeuvre [...] leaving ‚the future of [...] History [...] in the hands of the physicists'. (Taylor, 2013, S. 60, ergänzender Verweis auf Adams, 1909, S. 283.)

Die Funktionsweise des evolutionär durch Wissenschaft, Philosophie, Gesellschaft, Bildung entstandenen Bewusstseins wird an die evolutionär entstandene Natur zurück gebunden. Ein ewig gültiges, genealogisches Funktionsprinzip ‚Evolution' ermöglicht die Wahrnehmung der dynamischen Eigenlogik von Prozessen, Institutionen, der Gesellschaft. Adams positioniert sich „within a genealogical narrative of modern science, understanding his work as furthering the age's signal assumption that ‚the forces of nature capture man.'" (Taylor, 2013, S. 62). Luhmann und Adams verbindet in der Suche nach einer theoretisch lokalisierbaren wissenschaftlichen Position eine genealogische Erzählung, die die Erfordernisse der „Begriffswelt der Wissenschaften" (Luhmann, 1997, S. 1148) zuverlässig und nachhaltig einholt. Luhmann passt dabei den adamschen Entwurf an, indem „die strukturelle Kopplung von physikalischer Welt und Gesellschaft nicht mehr mit dem Begriff der Natur" erfasst, sondern durch die „Doppelbegriffe Energie/Arbeit und Energie/Ökonomie" und damit durch den Technikbegriff ersetzt wird.

---

13 Adams unterstützt als „christlich-konservativer" Anarchist durch seine Beobachtung („but paradox had become the only orthodoxy in politics as in science") die luhmannsche Ablehnung der Postmodernen und verunmöglicht Lyotards Epocheneinteilung in Moderne und Postmoderne bereits 1918 (S. 1144 FN 429).

Abhängigkeit von Technik hat zur Folge, dass die strukturelle Kopplung von physikalischer Welt und Gesellschaft nicht mehr mit dem Begriff der Natur erfasst werden kann, so als ob es eine in der Natur fundierte analogia entis gäbe. An die Stelle des Naturbegriffs treten in diesem Zusammenhang die Doppelbegriffe Energie/Arbeit und Energie/Ökonomie. Die Technik konsumiert Energie und leistet Arbeit und verbindet auf diese Weise die physikalischen Gegebenheiten mit der Gesellschaft. [...] Die Technik selbst definiert und verändert die Grenzen der Umwandlung von Energie in Arbeit. Die Risiken, auf die man sich dabei einlassen muss, nehmen zu, und die Zukunft hängt von Techniken ab, die [...] noch nicht zur Verfügung stehen. (S. 532–533)

4   Technik als evolutionäre Errungenschaft

Das Technikkapitelchen gehört zur „Evolution der Gesellschaft", dem dritten von insgesamt fünf Teilen[14] von *Die Gesellschaft der Gesellschaft*. Für die Soziologie als Metawissenschaft der Gesellschaft steht Technik nicht im Zentrum, sondern bekommt, wie die Sprache, eine seltsame theoretische Sonderstellung. Sie ist weder singularisierbares (Teil)System, noch gehört sie zur Umwelt der Gesellschaft. Technik ist eine „evolutionäre Errungenschaft der Gesellschaft", an die sich die Gesellschaft inzwischen „gewöhnt" hat (S. 531).[15]

Es kann [...] evolutionäre Errungenschaften geben, die dramatische Formveränderungen auslösen. [...] Auf diese Weise entstehen [...] unmögliche Möglichkeiten, deren Nutzung die Gesellschaft nach und nach auf eine Stufe höherer Komplexität bringt. (S. 516)

Bei Technik handelt es sich nicht um eine „kulturelle Leistung"[16], sondern um einen soziologischen Tatbestand, eine Faktualität, die als „unwahrscheinliche Wahrscheinlichkeit" in der Gesellschaft emergiert (ist) und (teleologisch?) zur Evolution der Gesellschaft beiträgt (S. 413 f.). Auf der Suche nach einer begrifflich

---

14 1. Gesellschaft als soziales System, 2. Kommunikationsmedien, 3. Evolution (Technikkapitel S. 517–536) im ersten Teilband, 4. Differenzierung und 5. Selbstbeschreibungen im zweiten Teilband.

15 Vermutlich ist nicht die gesellschaftliche Gewöhnung gemeint, die hinsichtlich der Industrialisierung des Todes im sogenannten „Dritten Reich" herrschte.

16 1985 startet die VDI-nahe *Georg-Agricola-Gesellschaft* (VDI-Präsident W. Dettmering war 1977 bis 1994 ihr Vorstand) „die Vorbereitung einer [...] Kulturenzyklopädie der Technik", die zehnbändig unter dem Titel *Technik und Kultur* von 1989 bis 1994 erschien. Ziel war es, „die objektive Darstellung der Technik in den geistigen Räumen der Kultur, Philosophie, Religion, Kunst, Gesellschaft, Politik, Wirtschaft, Zivilisation, Natur und Bildung [...] für die breite Öffentlichkeit aufzubereiten." Laut Wissenschaftsbeirat soll „Die Kulturenzy-

angemessenen Fassung der Technik („Was ist Technik?", S. 519) und einer „Form",
die den eigenen Systementwurf nicht torpediert sondern stützt, erkennt Luhmann,
dass Technik

> (immer unter dem Vorbehalt, dass sie funktioniert) eine Kopplung völlig heterogener
> Elemente [ermöglicht und] [...] orthogonal zur operativen Schließung autopoietischer
> Systeme [wirkt. Die] [...] gesellschaftliche Evolution [rekurriert] auf Technik [...], um
> Kopplungen zwischen dem Gesellschaftssystem und seiner Umwelt sicherzustellen, an
> die dann interne Prozesse der Informationsverarbeitung und die soziale Technisierung
> anschließen können. (S. 526–527)

> [...] Damit ist nicht gesagt, wie man zuweilen liest, dass die Gesellschaft selbst zu einer
> Art Technologie geworden ist. [...] Nur die Abhängigkeit von funktionierender Tech-
> nik hat zugenommen mit der Folge, dass ein Zusammenbruch der Technik (insbeson-
> dere der Energieversorgung) auch zu einem Zusammenbruch der uns vertrauten Ge-
> sellschaft führen würde. (S. 532)

Technik wird, obwohl nicht außerhalb der Gesellschaft, dennoch in sie „eingeführt", umgekehrt gehört sie zwar als evolutionäre Errungenschaft integral zur
Gesellschaft, ist aber trotzdem etwas Äußeres: „Die evolutionäre Errungenschaft
Technik wird in eine Gesellschaft eingeführt, die darauf weder strukturell noch
semantisch vorbereitet ist." (S. 533). Dabei handelt es sich um einen irreversiblen
Prozess, wie an anderer Stelle klar wird, bei der Technik als „Außenhalt", aber
nicht als Umwelt, der Gesellschaft bezeichnet wird. Der

> Zeitbedarf der Ablösung von Technik durch Einleitung regredierender Entwicklungen
> wäre [...] groß und die sachlichen Konsequenzen [...] gravierend und [...] unabschätz-
> bar, [so] dass eine Umstellung auf andere Außenhalte der Gesellschaft [...] ausgeschlos-
> sen ist. (S. 532)

Neben dieser unklaren Raumsemantik (die Technik steckt sozusagen *ortlos* mitten
im Funktionssystem Gesellschaft) werden innerhalb eines Wissenschaftssystems
mit ausdifferenzierten Disziplinen dessen innere Hierarchien und widersprüch-

---

klopädie' [...] über die Technik als eine der großen Kulturleistungen der Menschheit Zeug-
nis ablegen und durch diese [...] Information der irrationalen Angst vor der Technik ent-
gegentreten. [...] [D]urch eine wissenschaftlich kritische Aufarbeitung dieses komplexen
und kontroversen Themas [werden] [...] die positiven und die negativen Seiten [...] in gleicher Weise gewürdigt [...] [So kann sie] ihre Aufgabe erfüllen, als Arbeitsinstrument und
zur Urteilsfindung für Wissenschaftler, Techniker, Lehrer und Studenten wie für Journalis-
ten und interessierte Laien zu dienen." (Albrecht & Schönbeck, 1995, S. 226–27).

lichen gegenseitigen begrifflichen Landnahmen ignoriert. Der Begriff der Evolution wird wimpernzuckendfrei zur Gesellschaftsbeschreibung herangezogen und soziologisch reformuliert (Nowak, 2017). Luhmann spricht explizit von „gesellschaftlicher Evolution". Er wählt damit für die Rekonstruktion der Rolle der Technik in der Gesellschaft einen biologistischen Begriff, der über J.-B. de Lamarck, C. Darwin und A. R. Wallace mit einer realhistorischen Aussagekraft, Dynamik und Wissenschaftlichkeit assoziiert ist, deren soziale Sprengkraft bei seiner Erfindung erheblich war. Der mit dem theoretischen Konzept verbundene, struktursemantische Gehalt des Begriffs wird aus dem Kontext der biologischen Vererbungslehre, die die Anpassung von Tieren und Pflanzen an ihre Umwelt erklären soll, herausgelöst, und als abstraktes Funktionsgeripppe, und das heißt hier: als mathematisch konnotierter wissenschaftlicher Begriff mit einer neubestimmten begrifflichen Eigenlogik in die Normalsprache der Gesellschaftstheorie überführt. Luhmann unterscheidet einen echten wissenschaftlichen Wortsinn von Evolution von einem unscharfen oder biegsamen, einen ,strengen' von einem nachlässigen Gebrauch des Begriffs. Er entwirft den Evolutionsbegriff, als müsse man damit „mathematische Kalküle [...] temporalisieren" können (S. 413 FN 2; zur „Temporalisierung der Formen" S. 1148). Die von ihm favorisierte Wissenschaftlichkeit des Evolutionsbegriffs besteht darin, dass die „Paradoxie der Wahrscheinlichkeit des Unwahrscheinlichen" (S. 413) und die (temporal indizierte) „Morphogenese von Komplexität" bewältigt werden kann, bei der es sich um eine „Zeit einbeziehende, auf Dynamik abstellende Problemstellung" (S. 415) handelt. Mit Raum hat das alles nichts zu tun: „Raumgrenzen machen für die auf Universalismus und Spezifikation angelegten Funktionssysteme keinen Sinn" (S. 809).

> Evolution ist [...] eine Theorie des Wartens auf nutzbare Zufälle, und dies setzt [...] voraus, dass es bestands- und/oder reproduktionsfähige Systeme gibt, die sich selbst erhalten – und warten können. (S. 417)

Man könnte fragen: *Wo* warten die Systeme? *Wo* steckt das System, das wartet? Als indirekte Antwort möchte ich festhalten, dass ein biologisches Evolutionswissen in dem Augenblick stabilisiert wird (selbst wenn Biologie oder Genetik weiter forschen), sobald es als unverzichtbares Element in das theoretische Erklärungsmodell der Soziologie verbaut wird. Die Evolution als Erklärungsmodell, mit dem sich spezifische biologische Phänomene erklären lassen, wechselt Beweglichkeit und epistemischen Status, wenn es in einer interdisziplinären Grenzüberschreitung als Wissensbestand einer fremden Wissenschaft gekapert wird und dort als Baustein fungiert (eigentlich müsste man Theoriemotor sagen). Evolution verliert ihren beweglichen Modellcharakter und steigt in die Ritterrüstung der soziologischen Faktualität und Wissenschaftlichkeit – des soziologischen Systemzwangs? –, um fortan für einen neuen Herren zu kämpfen. Auch für Adams fungiert Evolution als entscheidende, widersprüchliche Bezugsfolie seines Denkens, bei der die gesellschaftliche Evolution schriftkulturell ablesbar ist.

> Adams finds the most telling evidence [...] in the proliferation of evolutionary literature, both academic and popular, following the publication of Darwins's *The origin of Species* (1859) and *The Descent of Man* (1871). [...] Darwinian evolution was certainly the most widely circulated of mid- to late-nineteenth-century discourses to submit human life to the processes of ‚natural' law. [...] the human in evolutionary theory was considered an entity subject, like any other, to nonhuman processes. (Taylor, 2013, S. 62–63)

Bei Luhmann wie bei Adams entsteht eine „godlike hubris of tying the universe's fate to our own" (Taylor, 2013, S. 83), wobei sich diese Hybris bei Luhmann als „Systemgedächtnis" sedimentiert (Luhmann, 2000, S. 155).

5   Im Gefängnis der eigenen Sprache

Luhmanns Theorie ist in besonderer Weise herausgefordert angesichts einer Einordnung und Thematisierung von Technik, die, wie die Sprache, funktional in der Evolution der Gesellschaft verbaut wird. Deshalb führen Untersuchungen der Untersuchungen über Technik gleichzeitig ins Zentrum und an die Grenzen des Theoriemodells. Das ‚Schillern' zwischen Kommunikationsthema und Sachproblem entsteht als eine Schwierigkeit, mit der der luhmannsche Entwurf zu kämpfen hat. Es ist fast unmöglich, angesichts der modernen, als evolutionär entstanden angesehenen technisch gestalteten Wirklichkeit echte Probleme und Handlungsfelder zu identifizieren, solange alle Subsysteme auf Selbstgesetzgebung (Autonomie), autopoietische Kommunikation und operative Schließung festgelegt sind. Es „ist ausgeschlossen, dass man nicht vom System erzeugte Einheiten als ‚Elemente' des Systems behandelt" (Luhmann, 2002, S. 275). Technik entsteht im Gesellschaftssystem und trägt als evolutionärer Teil dieses Systems zur systeminternen Kommunikation bei; in der „Phänomenologie der Kommunikation" (Luhmann 1997, S. 306), die angeblich die „Phänomenologie des Seins" ersetzt (S. 306)[17], ist eine externe Kritik an Technik nicht möglich, weil es keinen Ort für eine kritisierende Position gibt. Die verführerische Konzentration auf die absolute Funktionalität,

---

17 Wobei man sich fragen muss, wie das kategorial möglich sein soll. Handelt es sich nicht eher um eine Phänomenologie des Seins der Kommunikation, um eine ontologische Perspektivverschiebung?

für einen Beobachter zweiter Stufe erkennbar, geht außerdem mit einem fatalen
Verlust an Empirie einher; plötzlich wird das Erziehungssystem der Gesellschaft
aufgerufen, einen Problemlösungsbeitrag zu ökologischen Folgelasten der Technik zu liefern, obwohl diese Entwicklungen evolutionär zur Gesellschaft gehören
und vor allem bloß über mediale Konstruktionen wahrnehmbar sind (Luhmann,
2002, S. 140–141). Der, wie es bei *Wikipedia* huldigend heißt,

> erstmals in der relativ jungen Geschichte der Soziologie […] allgemein gültige […]
> und zeitlich konsistente […] Begriff der Gesellschaft (Wikipedia, 2016)

beruht darauf, dass Technik „mit der Vermehrung von Optionsmöglichkeiten
der Entfaltung der Eigendynamik des Gesellschaftssystems" dient (Luhmann 1997,
S. 535). Die kybernetisch geschulte und frühmodern inspirierte Ordnungsbemü-
hung „im akkumulativ gehäuften Wissenshaushalt"[18] koppelt zwar das State of the
Art-Wissen von Wissenschaftsdisziplinen wie *Cognitive Sciences,* Biologie oder
(Kunst)Geschichte, deren Wissen sich in einen technikbasierten, dynamischen
System-Entwurf integriert. Werden empirische Sachphänomene aber als regio-
nale Eigenart gelabelt, die nur in theoretischer Einordnung relevant sind, spielt
Technik als räumliches, demokratisches und juristisches Problem keine Rolle. Die
Problematik der Hoch- und emergierenden Technologien reduziert sich auf das
Energieproblem, ökonomische Argumente und die Frage, ob uns neue Techniken
(noch) retten können.

> Die eigentlich spannende Frage ist, […] ob die Errungenschaften der Technik nach
> einer Logik der Evolution irreversibel sind und jeder Ausfall […] durch neue Tech-
> niken kompensiert werden kann; oder ob Technik wie ein Vorrat von Möglichkeiten zu
> begreifen ist, auf die man bei Bedarf […] zurückgreifen kann. Unter derzeit gegebenen
> ökonomischen Bedingungen spricht viel für Irreversibilität, gegeben die Knappheit der
> Ressourcen und die unübersehbar hohen Kosten einer Rückentwicklung (im Vergleich
> zu besser kalkulierbaren Chancen und Kosten einer Neuentwicklung). Aber dies sind
> ökonomische Argumente, von denen heute niemand sagen kann, ob sie einer künfti-
> gen Evolution des Gesellschaftssystems standhalten oder durch Notwendigkeiten aus-
> geschaltet werden, wenn die Energie zur Versorgung der Technik nicht mehr ausreicht.
> (Luhmann, 1997, S. 535–536)

---

18 Buschmeier (2005, S. 130), zitiert Stichweh: „Erhaltung des Wissens und der Versuch seiner Organisation sind […] die beiden wesentlichen […] Tätigkeiten frühmoderner Wissenschaft." (Stichweh, 1994, S. 88).

Das vom analogen Verwaltungswissenschaftler Luhmann *entworfene* Systemgedächtnis könnte man als (sprach)*technisch evolvierte* Vorform eines „Cyber-Physical-System CPS" (Broy, 2011) „mit dezentralen und Bottom-up Strukturen" begreifen, das die Evolution der Gesellschaft, mit einer luhmannschen Formulierung, *im Gefängnis der eigenen Sprache* garantiert – als „Antwort auf die zunehmende Komplexität unserer Versorgungs- und Kommunikationssysteme, mit denen die Menschheit – so könnte man es ausdrücken – in einem computergestützten Superorganismus zusammenwächst." (Mainzer, 2011, S. 187). Ist demgegenüber tatsächlich vornehme (inter)disziplinäre Enthaltung angesagt?

> Die Gesellschaft richtet sich im Gefängnis der eigenen Sprache ein und reflektiert von da aus auf Aprioris, auf Werte, auf Axiome, die aber nur noch in kontingenzkompensierender Funktion benötigt werden [...] zum Abschluss der eigenen Unabschließbarkeit [...] als verdeckte Paradoxien. (Luhmann, 1997, S. 996–997)

Wie lässt sich dem Sog einer Sprache entgehen, die, gleichsam in purer ontologischer Arroganz, eine autologische Form von Wissenschaft ohne Ort, Position und Zeit der Sprecherposition propagiert und praktiziert? Wenn es doch um die Frage geht, wo und wie es mit der Technik weitergeht? Das analog zu den Kognitionswissenschaften modellierte „Systemgedächtnis" (Luhmann, 2000, S. 155) ist sozusagen der ‚ortlose Ort', aus dem heraus die soziologische Sprecherposition der Texte ihre Ausführungen unternimmt; meiner Ansicht nach sollte man diesen Ansatz mindestens versuchsweise mit der bescheidenen Haltung der Genetteschen „Analysemethode" (Genette, 2010 [1998], S. 10) der Erzählung konfrontieren, die der Empirie und der narrativen Instanz von Texten gegenüber eine kompromisslose Aufmerksamkeit anbietet. Dazu braucht man Literatur- und erzähltheoretisch gebildetes Wissen um sprachliche Machtmechanismen, das Tonfall, Tempo, Begrifflichkeiten und die Empirie verschiedener Disziplinen ernst nimmt und komponiert. „Wie gesagt, seltsame Macht (und List) der Erzählung." (S. 158).

Literatur

Adams, H. (1996) [1918]. *The Education of Henry Adams. An Autobiography.* New York: Random House.

Albrecht, H., & Schönbeck, C. (1995). Die Georg-Agricola-Gesellschaft zur Förderung der Geschichte der Naturwissenschaften und der Technik. In A. Hermann, & W. Dettmering (Hrsg.) (1989), *Technik und Kultur. In 10 Bänden und einem Registerband im Auftrag der Georg-Agricola-Gesellschaft herausgegeben. Gesamtregister* (S. 211–228). Düsseldorf: VDI.

Broy, M. (2011). Software Engineering. Potenziale einer immateriellen Technologie. In C. Kehrt, P. Schüßler, & M.-D. Weitze (Hrsg.), *Neue Technologien in der Gesellschaft. Akteure, Erwartungen, Kontroversen und Konjunkturen* (S. 199–205). Bielefeld: transcript.

Buschmeier, M. (2005). Ordnungen der ungesicherten Welt. Archiv und Karte in der Metaphorologie des Wissens bei Sterne und Goethe. In H. Böhme (Hrsg.), *Topographien der Literatur. Deutsche Literatur im transnationalen Kontext* (S. 126–150). Stuttgart/Weimar: Metzler.

Genette, G. (2010) [1998]. *Die Erzählung.* Paderborn: Fink.

Grasshoff, R. (2009). Die Geschichten der Berater. PowerPoint als Text. In W. Coy, & C. Pias (Hrsg.), *PowerPoint. Macht und Einfluss eines Präsentationsprogramms* (S. 63–86). Frankfurt am Main: Fischer.

Hubig, C., Huning, A., & Ropohl, G. (Hrsg.). (2013). *Nachdenken über Technik. Die Klassiker der Technikphilosophie und neuere Entwicklungen.* Berlin: edition sigma.

Luhmann, N. (1997). *Die Gesellschaft der Gesellschaft.* Frankfurt am Main: Suhrkamp.

Luhmann, N. (2000). *Die Politik der Gesellschaft.* Frankfurt am Main: Suhrkamp.

Luhmann, N. (2002). *Das Erziehungssystem der Gesellschaft.* Frankfurt am Main: Suhrkamp.

Luhmann, N. (2002) [1990]. *Die Wissenschaft der Gesellschaft.* Darmstadt: WBG.

Mainzer, K. (2011). Computer als Neue Technologie. Vom Rechner zu integrierten IuK-Systemen. In C. Kehrt, P. Schüßler, & M.-D. Weitze (Hrsg.), *Neue Technologien in der Gesellschaft. Akteure, Erwartungen, Kontroversen und Konjunkturen* (S. 177–189). Bielefeld: transcript.

Nordmann, A. (2011). Was wissen die Technowissenschaften? In C. F. Gethmann (Hrsg.). *Lebenswelt und Wissenschaft. Kolloquiumsband XXI. Deutscher Kongress für Philosophie* (S. 566–579). Hamburg: Meiner.

Nowak, F. (2017). *Nanotechnologie als Kollektivsymbol. Versuch über die Raumsemantik einer Schlüsseltechnologie.* Bielefeld: Transcript.

Rapp, F. (1978). *Analytische Technikphilosophie.* Freiburg/München: Alber.

Stichweh, R. (1994). *Wissenschaft, Universität, Profession. Soziologische Analysen.* Frankfurt am Main: Suhrkamp.

Taylor, M. A. (2013). *Universes Without Us. Posthuman Cosmologies in American Literature.* Minneapolis, MN: University of Minnesota Press.

Werber, N. (1992). *Literatur als System. Zur Ausdifferenzierung literarischer Kommunikation.* Opladen: Westdeutscher Verlag.

Wikipedia (2016). *Niklas Luhmann.* Aufgerufen am 1. Juli 2016 von de.wikipedia.org/wiki/Niklas_Luhmann#cite_ref-22

Die Technisierung des Leibes

Oliver Honer

Abstract

Der Diskussion um die medizinischen Grundkategorien (krank/gesund) und die mögliche Entwicklung hin zu einer ‚wunscherfüllenden Medizin‘, die sich an biomedizinischen Technologien und ihrer potentiellen Dienlichkeit zu Enhancementpraktiken entzündet, mangelt es an einer technikphilosophischen Perspektive. Ausgehend von der Kulturphilosophie wird versucht, eine Modellierung zu entwickeln, die den Zusammenhang von Handlungslogik, Technik und orientierenden Wertdimensionen verständlich macht, d. h. wie technische Artefakte jenseits von Vermarktwirtschaftlichungsprozessen auf Praktiken, aus denen sie hervorgingen, zurückwirken. Die Ordnung des durch Technik – verstanden als symbolische Form – eröffneten Möglichkeitsraumes wird über die Begriffe vom logischen, teleologischen und kulturellen Raum aufgeschlüsselt. Entwicklungsdynamiken lassen sich dann als subversive Prozesse wie auch in Form einer orientierenden, aber nicht determinierenden „kulturellen Logik der Objekte“ (Simmel) begreifen. Angewendet auf die Medizin als Handlungsfeld zeigt sich Enhancement als abweichende Praxis auf Basis des medizinischen Möglichkeitsraumes, der nicht nur quantitativ, sondern qualitativ um eine neue orientierende Wertdimension erweitert wird.

1   Einleitung

Betrachtet man die Entwicklung der Medizin innerhalb der letzten Jahrzehnte, lässt sich eine Vielzahl von technologischen Neuerungen konstatieren. Die Bandbreite reicht hierbei von der Tiefen Hirnstimulation (THS, ‚Hirnschrittmacher‘), der Ausweitung der kosmetischen Chirurgie, Techniken der Fortpflanzungsmedizin (‚*social freezing*‘), leistungssteigernden Medikamenten (Doping), Gendiagnos-

© Springer Fachmedien Wiesbaden GmbH, ein Teil von Springer Nature 2018
A. Brenneis et al. (Hrsg.), *Technik – Macht – Raum*, Technikzukünfte,
Wissenschaft und Gesellschaft / Futures of Technology, Science and Society,
https://doi.org/10.1007/978-3-658-15154-6_8

tik und Gen-Therapie bis hin zu Experimenten mit bionischen Prothesen und Exoskeletten.

Wenn auch die meisten dieser Technologien – vielleicht mit Ausnahme der kosmetischen Chirurgie – noch keine breite Anwendung finden und die Erwartungen an ihre Effektivität und Effizienz bislang nicht erfüllt werden, zeigen sie doch eine starke Präsenz im öffentlichen Diskurs. Denn gemeinsam ist diesen Technologien, dass sie das Potential besitzen, Fähigkeiten und Eigenschaften von Personen zu steigern und zu optimieren, also zu ‚Human Enhancement‘ genutzt werden können. Offen ist dabei, ob eine solche Praxis noch auf der Basis der Grundkategorien der Medizin (krank/gesund) als Bezugsgrößen normativer Handlungsrechtfertigung erfolgt. Technikinduziert meldet sich damit ein altes Problem der Medizinphilosophie: Die definitorischen Grenzen von Krankheit und Gesundheit sind labiler, als es der alltägliche Sprachgebrauch suggeriert. So richten sich Bemühungen darauf, sich dieser Grundbegriffe neu zu versichern, um die eigentlich therapeutische Aufgabe der Medizin von sogenannten Enhancement-Praktiken abzugrenzen (beispielsweise Lenk, 2002). Gleichzeitig tritt die Frage auf, ob wir nicht bereits die Ausrichtung der Medizin an einem neuen orientierenden Code hin zu einer „wunscherfüllenden Medizin"[1] (Junker & Kettner, 2009; Kettner, 2012) beobachten können. Matthias Kettner versucht mit diesem Begriff einer kulturreflexiven Medizinethik, eine Reihe von Transformationen innerhalb der Medizin beobachtbar zu machen: „Es geht bei diesen Verschiebungen offenbar um die Deregulierung der Ziele und Zwecke der medizinischen Produktivität, gleichsam um die Entsicherung dieser Produktivität, die sich nicht länger im Rahmen der angestammten Produktionsverhältnisse der kurativen Medizin gängeln und finalisieren lässt." (Kettner, 2012, S. 18). Primärer Gesichtspunkt bildet die Orientierung an „GESUNDHEIT" (buchstäblich großgeschrieben) als positiver Qualität, die unbegrenzt steigerungs- und verbesserungsfähig gedacht wird, anstatt Gesundheit als doppelter Negation, als die Abwesenheit von etwas Negativem, sprich: von einer krankhaften Beeinträchtigung. In das Kalkül der Medizin tritt damit neben die Behandlungsbedürftigkeit von Krankheiten die Bedeutung individueller Bedürfnisse. Hierunter fällt alles, was möglicherweise zum Entwurf „eines subjektiv guten Lebens" (S. 19) gehört, aus dessen Perspektive es einem stets noch besser gehen könnte. Handlungsleitend wird ein konsumentischer Optativ anstelle eines therapeutischen Imperativs – die Indikation wird zur Kontraindikation einer nicht-Schädlichkeit (S. 19).

Zwar sei diese Fokussierung auf „kulturell interpretierte Bedürfnisse" als Teil einer Vermarktwirtschaftlichung der Medizin zu fassen, dennoch möchte

---

1   Hierunter fallen selbstverständlich nicht nur Enhancementpraktiken, sondern auch die sogenannte *Alternativmedizin, Wellness* und *individualvertragliche Gesundheitsleistungen* (IGEL).

Kettner diese Entwicklung nicht ausschließlich den Auswirkungen der Konsumgesellschaft zuschreiben. Welche Faktoren aber stattdessen bemüht werden müssen, bleibt unklar. Kettner betont, mit diesem Begriff lediglich ein Beobachtungsinstrument und keine ausgearbeitete Theorie vorzulegen, doch scheint dieses Instrument einen blinden Fleck zu besitzen. Alina Buyx und Peter Hucklenbroich (2009) halten Kettner darüber hinaus entgegen, dass viele Praktiken der sogenannten ‚wunscherfüllenden Medizin‘ durchaus im Sinne der kurativen Medizin betrachtet und betrieben werden können. An die Grenzen stoße diese erst bei „eindeutigen" Enhancement-Maßnahmen. Allerdings ist gerade in diesen Fällen fraglich, ob es sich um „Gesundheitsverbesserungen" handelt. Der Begriff „GESUNDHEIT" selbst sei unterbestimmt, da er primär in Abgrenzung zu Gesundheit als doppelter Negation definiert wird. Weiter fehle es an Gründen, warum diese Praktiken überhaupt unter medizinischen Kategorisierungen begriffen werden sollten. Das Argument, es komme medizinisches Wissen und damit medizinische Technologie zum Einsatz (Kettner, 2012, S. 24–25), reiche nicht aus: „Technische Maßnahmen können *nicht unabhängig* von den jeweils konkret verfolgten Zielen einer bestimmten Disziplin oder Anwendungskategorie zugeordnet werden." (Buyx & Hucklenbroich, 2009, S. 48).

Dieser Diskussion um die Frage eines neuen Codes der Medizin, darauf scheinen mir die geschilderten Kritikpunkte hinzuweisen, mangelt es an einer technikphilosophischen Reflexion. Ich möchte deshalb im Folgenden versuchen, mit Georg Simmel und Ernst Cassirer eine Modellierung vorzuschlagen, die diesen Zusammenhang von Technik, Handlungslogik und orientierenden Wertdimensionen verständlich machen soll. Im Zentrum des Ansatzes steht der Begriff der „kulturellen Logik der Objekte", den Simmel in seinem Aufsatz über den Begriff und die Tragödie der Kultur einführt. Dieser wird aufgeschlüsselt als Wirksamkeit der symbolischen Einschreibung von Formungsprinzipien in kulturellen Objekten. Hierfür werde ich zunächst den Symbolbegriff und den daraus resultierenden methodologischen Symbolismus bei Simmel charakterisieren (2), um anschließend (3) diesen Ansatz auf die Technik zu beziehen. Mit Hilfe der Begriffe „logischer", „teleologischer" und „kultureller Raum" gilt es, die Ordnung der durch Techniken eröffneten Möglichkeitsräume zu bestimmen. Innerhalb dieser Konzeption werde ich (4) den Begriff der kulturellen Logik der Objekte im Verhältnis zur Subversion entwickeln. Auf dieser Grundlage kann (5) über Hucklenbroichs wissenschaftstheoretische Rekonstruktion des Krankheitsbegriffes die Medizin als kultureller Raum begriffen und daraufhin (6) anhand von Enhancement-Praktiken verständlich gemacht werden, wie technische Artefakte jenseits von Vermarktwirtschaftlichung kulturelle Räume strukturieren und orientieren, d. h. auf die Praxis, aus der sie hervorgingen, zurückwirken.

2 Kulturelle Objekte als Symbole und methodologischer Symbolismus

Die Grundlagen einer Konzeption der „kulturellen Logik der Objekte" entwickelt Simmel über den Symbolbegriff paradigmatisch am Beispiel des Geldes. Das Geld wird beschrieben als Materialisierung eines wechselseitigen Verhältnisses, nämlich des Tausches. Im Tausch bestimmen zunächst subjektiv als wertvoll empfundene Gegenstände ihren Wert als Waren aneinander, d.h. ihren wirtschaftlichen Wert. Das Geld drückt dieses Verhältnis zueinander in quantifizierter Form aus. Es sichert über diese abstrakte Funktion die Tauschbeziehungen ab, indem es sich selbst als Mittel in die Tauschbeziehungen einschiebt. So sind die am Tausch Beteiligten durch das Geld als Zwischenstation nicht darauf angewiesen, für den Tauschpartner unmittelbar begehrenswerte Güter zu besitzen.

Der „abstrakte[] Vermögenswert[]" wird aus dem Tauschgeschehen „herausdifferenziert" und gewinnt „eine begriffliche – und [...] an ein sichtbares Symbol [d.h. Münzen und Geldscheine] geknüpfte Existenz". Das Geld ist in diesem Sinne „der zur Selbständigkeit gelangte Ausdruck dieses Verhältnisses" (Simmel, 1989, S. 122). Die Leistung des Symbols besteht so darin, eine abstrakte Beziehung an einem „materiellen Träger" (Schlitte, 2012, S. 269) objektiv zugänglich und anschaulich zu machen.

Wie am Beispiel des Geldes ersichtlich wird, kann eine solche Materialisierung eines Verhältnisses nur im Rahmen einer kollektiven Sinngebung erfolgen, also wenn die Form des Geldes gesellschaftlich anerkannt ist und konkret die jeweilige Währung akzeptiert wird. In dieser Konstellation drückt das Symbol aber das Verhältnis nicht nur aus, sondern stellt es erst her: Das Symbol selbst ist wirksam (Schlitte, 2012, S. 279). Wo das Geld anerkannt ist, eröffnet sich erst die Möglichkeit zur umfassenden Tauschbarkeit. Die Waren treten über das Geld in ein wirtschaftliches Verhältnis. Sie werden erst durch diese Vermittlung als Waren identifiziert. Diese Wirksamkeit zeigt sich auch an von Simmel gewählten Beispielen, wie das der Telegraphendrähte, die die Beziehung von Staaten sichtbar machen und gleichzeitig herstellen (Simmel, 1989, S. 136). Ebenso könnte man an das Entsenden oder Abziehen eines Botschafters als Symbol diplomatischer Beziehungen denken.

Dieser Prozess, Verhältnisse zwischen Elementen in einem weiteren zu verkörpern, gilt Simmel als Grundfunktion des Geistes mit der sich die kulturelle Welt des Menschen aufbaut. „Die geistige, kulturelle Welt ist ein Zusammenhang von aufeinander verweisenden Symbolen, so könnte man im Anschluss an Simmels Kulturkonzept auch formulieren." (Schlitte, 2012, S. 318). Simmel selbst verwendet hierbei auch die Metapher des Netzes (Simmel, 1999c, S. 236), in das der Geist die Welt einfängt. Mit dieser Vorstellung wird es möglich, Kultur dadurch zu analysieren, dass einzelne Fäden dieses Netzes aufgegriffen werden, also bestimmte in Symbolen verkörperte Verhältnisse (Schlitte, 2012, S. 319).

Diese Zugangsweise zu kulturellen Bedeutungsstrukturen verleiht Simmels Philosophie jenen oft hervorgehobenen ästhetizistischen und essayistischen Stil. Die ästhetische Betrachtungsweise versteht Simmel aber nicht als eine, die ihre Gegenstände nur nach künstlerischen Gesichtspunkten beurteilt, sondern als eine Methode, die „in dem Einzelnen [...] [den] Typus, in dem Zufälligen das Gesetz" (Simmel, 1992a, S. 198) zum Vorschein bringt. Im Falle des Geldes beginnt Simmel ausgehend vom materiellen Geldstück, dessen wertphilosophische Voraussetzungen im Tausch zu analysieren und von dort weiter die wirtschaftliche Beziehung bis hin zum Geld als Ausdruck der Möglichkeit eines symbolisch vermittelten Weltverhältnisses überhaupt.

3 Technik in logischen, teleologischen und kulturellen Räumen

Simmels Methode ist wie folgt aufzufassen: Es handelt sich um eine Analyse der Symbole hinsichtlich der ihnen eingeschriebenen Möglichkeiten bestimmter Verhältnisse, die jeweils im Gebrauch/Bezug aktualisiert werden. Die meisten der so behandelten Gegenstände entspringen dem, was wir als „Sozialtechniken" bezeichnen würden. Realtechniken und realtechnische Systeme werden zwar immer wieder erwähnt, sind jedoch nie alleiniger Gegenstand einer symbolischen Analyse. Indes nehmen gerade Simmels Überlegungen zum Geld als Mittel ihren Ausgang vom Werkzeugbegriff. Für eine simmelsche Technikphilosophie und die Reflexion auf bio-medizinische Technologien kann dies unser Anknüpfungspunkt sein.

Das Werkzeug gilt als „das potenzierte Mittel, denn seine Form und sein Dasein ist schon durch den Zweck bestimmt" (Simmel, 1989, S. 261). Simmel versucht diesen Unterschied des technischen gegenüber einem sonstigen Wirken dadurch zu verdeutlichen, dass hier nicht „auf", sondern „mit" einem Objekt gewirkt wird: Das meint unter Anderem, dass hier nicht nur naturhaft kausale Prozesse in Gang gesetzt werden, sondern diese als Zweck-Mittel-Reihen selbst gestaltet und bearbeitet werden. „[D]er Punkt, von dem an die natürlichen Prozesse sich selbst überlassen sind, [wird] weiter hinausgeschoben, das subjektiv [technisch] bestimmte Moment ist dem [naturhaft] objektiven gegenüber verlängert." (S. 261) [Ergänzungen O.H.].

Für die Beschreibung von Zweck-Mittel-Verhältnissen ist es wesentlich, dass durch das Wissen und die Verfügung über technische Mittel die Möglichkeit besteht, Zwecke zu setzen (Simmel, 1989, S. 259–260). „Mittel und Zwecke sind nicht unabhängig voneinander denkbar: Im Unterschied zu bloßen Wünschen (oder ‚Visionen') werden Zwecke als erstrebenswerte Sachverhalte nach Maßgabe ihrer Herbeiführbarkeit durch Mittel gesetzt." (Hubig, 2015, S. 50). Die Mittel ihrerseits sind als solche nur auf Grundlage ihrer Dienlichkeit zu jeweiligen Zwecken zu bestimmen. Im Rahmen der Möglichkeiten, die bestimmte Techniken eröffnen, lassen sich also Zwecke identifizieren.

Wie lässt sich unser Bezug zu solcherlei Möglichkeiten denken? Hierfür ist es notwendig, auf die Form des technischen Wirkens zu reflektieren, d. h. mit Cassirer Technik nicht nur als Gerätschaft, sondern auch als symbolische Form zu begreifen. Bedeuten die symbolischen Formen jeweils unterschiedliche Weisen der Objektivierung, dann leistet die Technik die Objektivierung von Möglichkeiten: „Mitten im Gebiet des Notwendigen stehend und in der Anschauung des Notwendigen verharrend, entdeckt sie [die Technik] einen Umkreis freier Möglichkeiten. Diesen haftet keinerlei Unbestimmtheit, keine bloß subjektive Unsicherheit an, sondern sie treten dem Denken als etwas durchaus Objektives entgegen." (Cassirer, 2009a, S. 160).

Indem sich das Werkzeug als „terminus medius" zwischen Wille und Ziel schiebt, rückt Letzteres in die Ferne und bringt unser Verhältnis zur Welt unter Regeln des Mitteleinsatzes. Es eröffnet sich eine eigenständige Ordnung des Möglichen mit festen und allgemeinen Gesetzen (Cassirer, 2009a, S. 141–143). Fragen wir weiter nach dem Verhältnis der Möglichkeiten zueinander, meint dies ihre „Ordnung im möglichen Beisammensein" (Cassirer, 2009b, S. 177), die Modalität des Möglichkeitsraumes. Auch Simmel versteht unter „Raum", in Anlehnung an Kant, die formale Bedingung der „Möglichkeit des Beisammenseins" (Simmel, 1992b, S. 689–690). Raum ist transzendentalphilosophisch gefasst eine Form des Gegenstandbezuges, mitunter die Form eines Verhältnisses, in der Gegenstände, hier mögliche Zustände, in ihrem Verhältnis zueinander gedacht werden. Ich möchte im Folgenden versuchen, den Modus der Räumlichkeit der technischen Möglichkeitsbeziehungen über eine modifizierte Form des logischen Raumes nach Ludwig Wittgenstein auszudeuten:

Im geometrisch-physikalischen Raum werden Punkte als Orte verstanden, an denen sich materielle Teilchen, also Dinge, befinden können. Im logischen Raum werden Punkte dagegen metaphorisch als Orte von möglichen Tatsachen bezeichnet, die durch Elementarsätze ausgedrückt werden können (Wittgenstein, 1963, 1.13 und 2.0131). Die faktischen Verhältnisse der jeweils durch Tatsachen belegten Punkte sind nun in dieser Beschreibung eingebettet in eine Menge an möglichen Welten, die andere Verteilungen von Tatsachen auf den Punkten darstellen. Diese möglichen Welten bilden den logischen Raum. Formuliert man nun einen Satz [p], lässt sich die Menge der möglichen Welten in zwei Teilmengen untergliedern: (1) in die Teilmenge, in der [p] wahr ist, und (2) in die Teilmenge, in der [p] falsch ist. Die Teilmenge (1) stellt nun gleichzeitig den „Spielraum" dar, „der den Tatsachen durch den Satz [p] gelassen wird." (Wittgenstein, 1963, 4.463).

Die Konzeption des logischen Raumes lässt sich so auf ein Handlungsfeld, wie das der Medizin, übertragen. Hier wird eine Menge denkbarer und erreichbarer Zustände beschrieben. Die Funktion dieses logischen Raumes besteht dann darin, mögliche Zustände nach ihrer Herbeiführbarkeit zu ordnen. Er setzt also eine Menge an Zuständen M_g in ein Verhältnis zueinander und bestimmt damit den Spielraum M_{zg}, der sich von einem jeweiligen Zustand $z \in Mg$ aus eröffnet, bzw. den Möglichkeitsraum $M_{zg'}$, der sich gleichzeitig verschließt. Diese Verhältnisse im logischen Raum sind ihrerseits abhängig von den zur Verfügung stehenden Techniken und den Praktiken ihrer Verwendung. Ob ein Zustand herbeiführbar ist, ob und inwiefern er einen andern ausschließt, lässt sich nur über den Stand der Methoden bestimmen. In technischen Artefakten sind so, Hans Poser (2016) folgend, Wissen, Know-how und Kreativität materialisiert – allerdings auch Werte und Intentionen.

Dieser Intuition folgt auch Simmels Symbolbegriff. In technischen Artefakten sind bereits bestimmte Zweck-Mittel-Verhältnisse (Formen) eingeschrieben. Wir sind im Bezug und Gebrauch solcher Objekte zu einem solchen Zweck in ein Verhältnis gesetzt, indem „die Reize einer nur subjektiv antizipierbaren Zukunft in der Form einer objektiv vorhandenen Gegenwart [ver]sammelt [sind]." (Simmel, 1989, S. 313–314). Wir fühlen uns durch den Bezug auf ein solches Objekt und durch den Gebrauch zu einem solchen Zweck in ein bestimmtes Verhältnis gesetzt. Ein intuitives Beispiel hierfür kann das mulmige Gefühl sein, das manche Menschen ergreift, wenn sie ein Skalpell in den Händen halten: Die Präsenz des Skalpells ruft die Vorstellung seiner Funktion, dem Durchtrennen von organischem Gewebe, mit einer entsprechenden psychischen Reaktion ins Bewusstsein.

In Bezug auf solche im Objekt gesetzten Ziele stellen die Zustände im logischen Raum keine gleichwertigen oder neutralen Punkte dar. Sämtliche Verbindungen und Konstellationen lassen sich als Zwischenstufen oder Mittel hin zu einem Ziel begreifen. Ein bestimmter Zustand ist damit als Mittel auf seine Effektivität und Effizienz, ein jeweiliges Ziel zu erreichen, bewertbar. Ein logischer Raum wird so von teleologischen Reihen durchzogen und damit wertmäßig strukturiert: Er wird zu einem teleologischen Raum.

Wenn solche Wertungen in den Symbolen selbst eingeschrieben sind, können sie aber nicht ausschließlich Produkt individual-psychologischer Akte sein, da sie sonst, in letzter Konsequenz, zufällig und ohne Objektivitätsanspruch blieben. Doch stets ist eine „Anerkennung dessen", dass diese Symbole überhaupt da sind, mit im Spiel (Simmel, 1996, S. 392–393). Simmel zieht hierbei die Verbindung zum Fetischcharakter der Waren nach Karl Marx (S. 408), bei dem der gesellschaftliche Ursprung der Wertzuschreibung verschleiert wird und die Wertform stattdessen als dinglich-naturhafte Eigenschaft auftritt. Im Vordergrund steht bei Simmel aber weniger die Art der Verschleierung der Wertidentifikation als ihre Legitimation in einem kulturellen Netzwerk, in „einer ideellen Welt oberhalb des individuellen Bewußtseins", in der die Anstrengungen der Individuen „gesammelt" sind (S. 392).

> Denn wie räumlich naturhafte Vorstellungen die Unheimlichkeit, innerhalb des flie-
> ßenden Bewußtseinsprozesses als etwas völlig Formfestes zu verharren, dadurch beru-
> higen, daß sie diese Stabilität an ihrer Beziehung zu einer objektiv äußerlichen Welt le-
> gitimieren – so leistet die Objektivität der geistigen Welt den entsprechenden Dienst.
> (S. 391–392)

Die Objekte verkörpern auf diese Weise umfassendere Ordnungen und sind Teil dieser. Jene Ordnungen entsprechen den „großen Funktionsarten des Geistes", die durch „ihre Formungskräfte die prinzipielle Unendlichkeit möglicher Inhalte zu je einer, durch bewußt besonderen Charakter vereinheitlichten ‚Welt'" (Simmel, 1999c, S. 238) zusammenwachsen lassen. Angesprochen werden hier wie bei Cassirer unter anderem Kunst, Erkenntnis und Religion – doch wird auch angedeutet, dass Simmel nicht nur die „großen" kulturellen Formen im Sinne hat. So dient auch das Gesellschaftsspiel an anderer Stelle als Beispiel (Simmel, 2001, S. 179). Es geht um Formungsprozesse, die unter einer notwendigen Einseitigkeit von Bestimmungskategorien eine relative Geschlossenheit eines Feldes gewähren. Ich möchte dies als kulturellen Raum bezeichnen: Durch die Fassung unter ein Formungsprinzip wird dem teleologischen Raum eine bestimmte Ausrichtung verliehen. Orientierend wirkt hier nicht ein Zweck als Zielpunkt *(terminus ad quem)*, sondern ein Formungsprinzip[2] *(terminus a quo)*. Der kulturelle Raum ist zwar intern teleologisch strukturiert, steht als Ganzer aber jenseits der Teleologie. Aus diesem Grund hält es Simmel hier auch für verfehlt, vom psychischen Auswachsen von Mitteln zu Endzwecken zu sprechen (Simmel, 1999c, S. 245). Symbole verkörpern auf dieser Stufe nicht nur eine bestimmte Form, ein Zweck-Mittel-Verhältnis, sondern gleichzeitig auch einen Typ von Verhältnissen, ein Formungsprinzip.

Innerhalb dieser kulturellen Räume diagnostiziert Simmel nun „eine innere, sachliche Logik, die zwar Spielraum für große Mannigfaltigkeit und Gegensätze gibt, aber doch auch den schöpferischen Geist an ihre objektive Gültigkeit bindet." (S. 238). Es vollzieht sich damit die „Achsendrehung" des Lebens, die Simmel auch

---

2   Da sich kulturelle Formungsprinzipien nur in bestimmten geschichtlichen Realisierungen zeigen, ist Simmel skeptisch, ob sich diese abschließend definieren lassen: „Mit der absoluten Allgemeinheit dieser Begriffe verbindet sich keine bestimmte Vorstellung mehr, sie liegen sozusagen im Unendlichen" (Simmel, 1999c, S. 240).

als „Wendung zur Idee" bezeichnet – das Dominantwerden der Formungsprinzipien: Zwecke sind dann nicht wertvoll, weil sie von einem Individuum in einem psychischen Akt gesetzt wurden, sondern weil sie unter einem bestimmten Formungsprinzip zustande kamen. Wir können uns dies als einen Perspektivenwechsel vorstellen, hin zu einer Wertung vom Standpunkt einer autonomen Kulturwelt, die als solche dann erst eigentlich erkannt, erkennend und produktiv wird.

Als Beispiel erscheint hier immer wieder die Autonomie der Wissenschaft: Von ihr aus betrachtet ist es völlig gleichgültig, ob und in welcher Hinsicht ihre Ergebnisse (also Inhalte) von Nutzen sein oder von einzelnen als wichtig/unwichtig erachtet werden. Entscheidend ist, dass Inhalte unter bestimmten Formungsprinzipien entstanden sind und diese erfüllen: „[D]as Ergebnis der Forschung als solches soll wahr sein und absolut weiter nichts" (Simmel, 1996, S. 398). Sie bildet so einen „freischwebende[n] Komplex" (S. 263), eine „logisch verbundene Totalität", die „ideell vor uns" (S. 265) steht. Selbiges im kleineren Maßstab lässt sich wieder im Gesellschaftsspiel beobachten: Das Spiel abstrahiert bestimmte im Leben entstandene Formen in eine eigene Welt, in der sie von materialen Inhalten/Zwecken entleert sind. Im Schachspiel geht es nur um bestimmte Formen von Strategien und Taktiken – dem Spiel selbst geht es aber um keinen Zweck außerhalb seiner selbst (Simmel, 2001, S. 179).

4 Kulturelle Logik der Objekte, Sinnüberschuss und Subversion

Die hier eröffneten Raumbegriffe unterscheiden verschiedene Aspekte. Der kulturelle Raum gibt eine Richtung vor, eine Perspektive, unter der Zweck-Mittel-Verhältnisse gesucht und gesetzt werden. Als einheitlicher Typus und einer Ordnung zugehörend werden diese Verhältnisse unter einem Formungsprinzip erkannt. Diesen Verhältnissen sehen wir uns dann als wertmäßig strukturiertes Netz im teleologischen Raum gegenüber. Der logische Raum hingegen beschreibt mögliche, herbeiführbare Zustände, d. h. Kandidaten möglicher Zwecksetzung. Die Räume stehen damit in einer gegenseitigen Abhängigkeitsbeziehung.

Wir sehen, dass im logischen Raum mehr Möglichkeiten bereitstehen, als Zweck-Mittel-Verhältnisse im teleologischen Raum gesetzt sind. Dies ist notwendig der Fall, da technische Artefakte stets mehr Möglichkeiten eröffnen als die eingeschriebene Zweck-Mittel-Relation (Simmel, 1999a, S. 168). Herbeiführbarkeit ist schließlich eine notwendige, jedoch keine hinreichende Bedingung für einen Zweck. Weiter produziert ihre Anwendung stets ein „Auch von Eigenschaften", ein entstandenes Werk zeigt immer eine Differenz gegenüber der ihm zugrundeliegenden abstrakten Idee (Hubig, 2015, S. 48).

Mit Michel Foucault könnte man an dieser Stelle anführen, dass jener „Sinnüberschuss" Subversion ermögliche (Foucault, 1978, S. 121). Unter dem Vollzug von bestehenden Formen können sich durch das „Auch von Eigenschaften" neue Formen ausbilden und instantiieren. In Simmels eigenen Worten „nagt" hier das Leben an den „entstandenen Kulturgebilden" und formt, sowie diese zu ihrer „vollen Ausbildung" (Simmel, 1999b, S. 184) gelangt sind, unter ihnen bereits die nächsten. Über die Wandlung der Formen wird so auch verständlich, wie es zu Veränderungen von Formungsprinzipien kommt, d. h. sich ein neuer kultureller Raum ausbildet.

Die entscheidende Frage ist, unter welcher Perspektive jenes ‚Mehr' an Bedeutung, die Bedeutungsmöglichkeiten identifiziert werden: entweder mit dem Blick auf die Einseitigkeit der Bestimmung durch die jeweilige Form, um so im Sinnüberschuss die Möglichkeit neuer Formungen zu erkennen; also aus der Dialektik von Schema und Realisierung. Oder: aus der Perspektive des bestehenden Formungsprinzips, das der ursprünglichen Form zugrunde liegt. Im zweiten Fall würde dieses sozusagen in seinen Bestimmungsmöglichkeiten ‚ausgereizt', d. h. neue Möglichkeiten unter ihm angeeignet – trotz fortbestehender Einseitigkeit. Das Formungsprinzip erweist sich in dem Fall als widerständig. Meiner Lesart zufolge wird dieser zweite Fall unter dem Terminus „kulturelle Logik der Objekte" reflektiert; also die Einsicht, dass der Sinnüberschuss, das „Auch von Eigenschaften" und Möglichkeiten, nicht ausschließlich subversiv wirkt. So beschreibt Simmel jenes ‚Mehr' an Bedeutung auch als „metaphysisches Fundament für die verhängnisvolle Selbständigkeit, mit der das Reich der Kulturprodukte wächst und wächst" (Simmel 1996, S. 408). Die „kulturelle Logik der Objekte" ist also die Wirksamkeit der in den Objekten materialisierten Formen und Formungsprinzipien. Diese drückt sich darin aus, dass unter ihnen Möglichkeiten im logischen Raum identifiziert und in ein Verhältnis zum kulturellen/teleologischen Raum gesetzt werden. In dieser Bestimmung besitzen sie einen Geltungsanspruch als zu verwirklichende, wichtige, unwichtige, zu vermeidende usw. In dieser Weise entsteht ein „innerer Zwangstrieb aller ‚Technik'", wenn die „technische[n] Reihe[n]" bestimmte Möglichkeiten „nahelegen" (Simmel, 1996, S. 408).

Es gilt festzuhalten, dass die „kulturelle Logik der Objekte" nach dem bisher dargelegten keine Determination von Entwicklungen meint. Sie gibt – oder besser gesagt: erhebt Anspruch auf – Orientierung, indem sie Möglichkeiten identifiziert und in bestimmte Richtungen weist. „Zwingen" kann sie uns nur, uns reflexiv zu bestimmten Möglichkeiten, Ansprüchen und Verhältnissen selbst wiederum in ein Verhältnis zu setzen. Andernfalls würden wir hier einem Fetischcharakter anheimfallen, es würde das identifizierende Verhältnis, unter dem sich diese Möglichkeiten zu etwas bestimmen, verschleiert und jene Bestimmung verdinglicht. Leugnen können wir die Bedeutsamkeit der identifizierten Möglichkeiten aber nicht, da auch in ihrer Zurückweisung als Akt der transzendentalen Freiheit eine Form der Anerkennung *als* Ansprüche liegt.[3] Ein „Wert" (egal, ob positiv oder negativ), dessen Forderung nach Anerkennung objektiv empfunden wird, ist über die kulturelle Formung bereits „investiert" (Simmel, 1989, S. 37). Entscheidend ist, dass ein Verhältnis und gleichzeitig das Prinzip, unter dem dieses gebildet wurde, im Objekt als Symbol „präsent" sind. Wie das Geld zum einen als Prinzip der wirtschaftlichen Relativität schlechthin gelten kann, so auch als konkretes Mittel in der einzelnen Tauschbeziehung.

5 Die Medizin als kultureller Raum

Wenn wir hier versuchen, die Medizin unter den aufgewiesenen Raumbegriffen zu reflektieren und als Handlungsfeld zu begreifen, orientiert sich dieses Vorgehen an den medizintheoretischen Arbeiten Hucklenbroichs zum Krankheitsbegriff. Im Unterschied zu vielen anderen Ansätzen zum Krankheitsbegriff versucht Hucklenbroich, diesen aus „der Struktur des medizinischen Wissens und Handelns insgesamt" (Hucklenbroich 2013, S. 14) als implizites Wissen zu rekonstruieren. Gegenüber dem expliziten Wissen, das in „sprachlich-schriftlichen und bildlichen Darstellungen" (S. 19) verfügbar ist, meint implizites Wissen jenes,

> das bei der Aneignung, kognitiven Durchdringung und Ausübung des expliziten Wissens *im Vollzug* erworben wird. Das implizite Wissen bezieht sich auf den Zusammenhang, die Funktion und relative Bedeutung der expliziten Wissenskomponenten füreinander, ihre Abhängigkeiten voneinander und die Art und Weise, wie sie einander gegenseitig voraussetzen, erläutern und stützen oder aber einander widersprechen. (S. 23)

Implizites Wissen ist deshalb nur in einer nachträglichen Rekonstruktion zugänglich. Anders als bei ethnographischen oder historischen Analysen klammert die Rekonstruktion aber Fragen der Geltung und Begründbarkeit nicht aus – sie bewegt sich auf der Ebene des wissenschaftlichen Selbstverständnisses des Mediziners (S. 24). Innerhalb der westlichen Schulmedizin unumstritten ist dabei die Analyse von Krankheitsprozessen mit kausalen und systemtheoretischen Erklärungsmodellen (S. 19). Das medizinische Wissen lässt sich nun anhand von Inhalt

---

3   In einer Vorlesung im Sommersemester 1913 argumentierte Simmel, dass sich ideale Ansprüche im Konfliktfall im „Gegensatz zur physikalischen Kollision zweier Kräfte" (2012, S. 842) nicht aufheben, sondern auch ein zurückgewiesener Anspruch fortbesteht.

und Struktur des medizinischen Studiums darstellen und in folgende Bereiche gliedern: *Vorklinik, Klinik I* und *Klinik II*.

Neben Grundlagendisziplinen wie Physik, Biologie und Chemie findet sich in der *Vorklinik* die Orthologie als die „medizinische Organismuslehre, soweit sie sich mit der *normalen, gesunden* Form, Funktion und Entwicklung des menschlichen Körpers befaßt." (S. 15). Wie Hucklenbroich hervorhebt, ist bereits auf dieser Ebene der Begriff der Krankheit konstitutiv investiert, ohne dass er in expliziter Weise gefasst wird. Gegenstand der Organismuslehre bildet „das gesamte Leben individueller Menschen in seinen körperlichen, seelischen und interaktiven Aspekten" (S. 25). Um diesen sozio-psychosomatischen Komplex zu bewältigen, wird dieser in unterschiedliche Perspektiven aufgelöst und innerhalb dieser Teilaspekte modelliert. „Entlang dieser Grund- und Teilperspektiven wird das medizinische Wissen, als Resultat von Grundlagenforschung, klinischer Forschung und klinischer Empirie, erarbeitet und zu Modellen des menschlichen Lebens und seiner Teilprozesse und Teilsysteme geordnet." (S. 26). Ziel ist es, ein „*allgemeines Systemmodell des Organismus*" zu entwickeln, anhand dessen sich „*Art des Zusammenwirkens* physiochemischer, biologischer, psychischer und sozialer Faktoren und die Rolle von *Kausalität* und *Intentionalität*" (S. 16) erklären lässt. Dabei werden „nicht alle Vorgänge, Zustände und Strukturen (allgemein: Organismusmerkmale), die empirisch aufgefunden werden können, gleich behandelt", vielmehr wird zwischen „*gesund* und *krankhaft*" sowie „*ambivalent (= krankhaft und zugleich protektiv)*" und „*bedingt krankhaft* oder *fakultativ krankhaft*" (S. 26) unterschieden.

Im Bereich der *Klinik I* hebt Hucklenbroich die Pathologie heraus. Sie bildet gleichsam die „spiegelverkehrte" Variante der Orthologie: Es geht um ein „Modell der Entstehung, Entwicklung und des Ausgangs von Krankheitsprozessen" (S. 16). Da krankheitswertige Zustände in kausalen Beziehungen mit weiteren Vorgängen und Zuständen stehen, lassen sich ganze Ketten und Geflechte von pathologischen Prozessen identifizieren, auf erste Krankheitsursachen zurückführen und zu einem Krankheitsausgang weiterverfolgen. Im Rahmen einer solchen Ätiopathogenese eröffnet sich zumeist ein „ganzes Spektrum möglicher Verläufe" (S. 31), die in „rein biologischer Betrachtung" (S. 32) gleichermaßen nebeneinander stehen. Die Häufigkeit ihres Vorkommens bildet kein sinnvolles Kriterium der Krankhaftigkeit, wie sich an Einzelbeispielen zeigen lässt. „Die pathologischen bzw. spezifisch pathogenetischen Schritte sind daran erkennbar, dass sie zum einen *notwendige* Entwicklungsschritte im Hinblick auf den pathologischen Ausgang sind, zum anderen aber im Vergleich zum gesunden Verlauf *verändert* sind." (S. 33). Auch hier werden Kriterien der Krankhaftigkeit implizit vorausgesetzt.

Im Feld der *Klinik II* als den klinisch-praktischen Disziplinen werden krankheitswertige Zustände nicht nur als Glieder in ätiopathogenetischen Abläufen betrachtet: „[D]iese Abläufe sind auch selbst jeweils Instanzen (Einzelfälle) von *Krankheitsentitäten.* Krankheitsentitäten sind theoretische Konstrukte der medizinischen Krankheitslehre" (S. 36), d. h. auf allgemeinbegrifflicher Ebene definierte Verlaufsmuster inklusive bestimmter Ursachen, Varianten, Symptomen, Ausprägungen und ätiopathogenetischer Erklärung. So entsteht in den Disziplinen „jeweils eine spezifische systematische *Nosologie,* also ein geordnetes System der Krankheitsbilder bzw. *Krankheitsentitäten*" (S. 17), das Anspruch auf Vollständigkeit erhebt und im Idealfall auch alle Aspekte einer Krankheitsentität angeben kann.

> Nach dem bisher Gesagten ist die medizinische Organismus- und Krankheitslehre in der Weise strukturiert, dass ihr Gegenstandsbereich in Phänomene ohne und mit Krankheitswert differenziert wird, wobei letztere durch ätiopathogenetische Modelle erklärt und im Rahmen einer Taxonomie von Krankheitsentitäten systematisiert werden. (S. 39)

Weiter wird versucht, die dem medizinischen Wissen zugrundeliegenden Krankheitskriterien zu explizieren. Dabei unterscheidet Hucklenbroich zwischen primären, sekundären und tertiären Krankheitskriterien. Die primären Krankheitskriterien entsprechen jenen, die sich in vorwissenschaftlichen und lebensweltlichen Wahrnehmungen herauskristallisiert haben und deswegen intuitiv einleuchten mögen. Diesen gemäß ist ein Zustand oder Vorgang im Organismus dann krankhaft,

> wenn er (unbehandelt)
> 1) zum vorzeitigen Tode führt,
> 2) mit Schmerzen oder Leiden verbunden ist, [die sich nicht willkürlich beenden lassen; O. H.]
> 3) oder das (individuelle) Risiko erhöht, dass ein Ereignis der ersten oder zweiten Art auftritt [...]
> 4) zur Fortpflanzungsungfähigkeit führt[4] oder
> 5) die Fähigkeit zum Zusammenleben in Lebensgemeinschaften grundsätzlich beeinträchtigt. (S. 40)

Zur Klärung der „Vorzeitigkeit" des Todes wird der fragliche Vorgang mit den möglichen, natürlich vorkommenden Alternativ-Verläufen verglichen (S. 41). Ein

---

4 Kriterium ist hierbei die *biologische* Reproduktionsfähigkeit, weswegen Homosexualität nicht unter diesen Punkt fällt (S. 43).

Missverständnis gilt es hier zu vermeiden: Diese Kriterien sind *nicht* als axiomatische Definitionen einer Theorie zu verstehen; es handelt sich eher um „Kernannahmen eines *Forschungsprogramms*", die „durch *weitere Forschung im Sinne der experimentellen Erfahrungswissenschaften* zu explizieren, zu präzisieren, zu ergänzen und an die empirischen Befunde anzupassen sind – nicht durch bloße sprachlich-begriffliche Manipulationen." (S. 47). Diese primären Kriterien sind damit *nicht unabhängig* von der vorangegangenen Modellierung zu betrachten.

Daran anschließend werden sekundäre Krankheitskriterien als „*Folgen* und *Manifestationen* von *Krankheitsprozessen*" bestimmt, „die also *kausal* auf bereits als krankhaft erkannte Zustände zurückgeführt werden können", hierzu zählen auch „*Symptome* und *regelhaft* vorliegende *Begleiterscheinungen* bereits identifizierter Krankheitsentitäten." (S. 50). Solcherlei Merkmale lassen sich nur auf Basis des pathogenetischen und nosologischen Wissensstandes bestimmen (S. 54). Ebenso die tertiären Kriterien, die über statistische Normalität bestimmt werden und Merkmale beschreiben, die bloß eine bestimmte Wahrscheinlichkeit besitzen, Anzeichen einer Erkrankung zu sein. Finden sich Messwerte eines Organismus außerhalb bestimmter statistischer Intervalle, lässt sich trotz einer gewissen Unsicherheit auf eine pathologische Veränderung schließen (S. 55).

Mittels der erarbeiteten Raumbegriffe kann nun das Systemmodell des menschlichen Organismus als logischer Raum möglicher Zustände – die wiederum als gesund, krank, ambivalent oder fakultativ krank markiert werden – und Relationen dieser Zustände beschrieben werden. Was Hucklenbroich dabei nicht eigens hervorhebt: Eine Einsicht in die Funktionsweise des Organismus, seiner Zustände, ihrer Veränderung und damit ihrer entsprechenden Markierung lässt sich nur in Abhängigkeit von bestimmten Technologien und Praktiken gewinnen. Zu nennen sind hier bildgebende Verfahren, Messtechniken, Behandlungsmethoden von der Pharmazie, Chirurgie, Prothesentechnik über die Strahlentherapie bis hin zu überwachenden und lebenserhaltenden Maßnahmen der Intensivmedizin und nicht zuletzt der Labortechnik. Wir verstehen diese medizinischen Mittel, wenn wir wissen, bei welchen Diagnosen sie ihren möglichen Einsatz finden und welchen Zwecken dieser dient, also Krankheit zu erkennen, zu heilen, zu mildern oder gar nicht erst aufkommen zu lassen. *Als* medizinische Mittel funktionieren sie vor dem Hintergrund des logischen Raumes, des Systemmodells des Organismus mit seinen Teilperspektiven, Krankheitswerten und Krankheitsentitäten. Aufgrund der Abhängigkeit des Systemmodells des Organismus von Praktiken und Techniken ist dieses mit teleologischen Reihen durchzogen und bildet einen teleologischen Raum. Hier zeigen sich standardisierte Vorgehens- und Behandlungsweisen, das, was man als den Stand des medizinischen Wissens oder der ärztlichen Kunst bezeichnen könnte. Es gilt zu beachten, dass die alleinige Bestimmung eines Zustandes als krankhaft nicht ausreicht, eine therapeutische Zielsetzung vorzunehmen, d. h. ein Zweck-Mittel-Verhältnis zu bilden. Ein krankhafter Zustand ist weder eine hinreichende[5] noch eine notwendige[6] Bedingung für eine ärztliche Indikation oder für den Anspruch auf ärztliche Behandlung. Der Krankheitsbegriff ist *nicht in diesem Sinne* normativ. Dennoch kann er „normativ gebraucht werden [...], nämlich als *Kriterium innerhalb* von Normen." (S. 66). Hucklenbroich unterscheidet deshalb zwischen

a) Krankheitszuschreibung bzw. Diagnose (x ist krank bzw. x hat die Krankheit K)
b) Behandlungsindikation (eine Behandlung von x ist ärztlich angezeigt);
c) Behandlungszustimmung (informed consent) (einer indizierten Behandlung von x wird von y zugestimmt);
d) Finanzierungszustimmung zur Behandlung (x stimmt der Finanzierung einer Behandlung von y zu) (S. 68)

Erst die Schritte b bis d sind normativ gehaltvoll und generieren die Voraussetzung für eine Behandlung. Der Krankheitswert ist damit unabhängig von der *subjektiven* Wertung eines Zustandes durch den Betroffenen oder andere. Hier ist „gewissermaßen eine eigene medizinische oder medizintheoretische ‚Wertdimension' geschaffen oder angesprochen [...], analog etwa zur ökonomischen oder ästhetischen Wertdimension" (S. 63). Die Diagnose eines Krankheitszustandes (oder seine Abwesenheit) mithin einer Krankheitsentität bildet als Kriterium eine Bezugsgröße für die ärztliche Indikation und normative Verpflichtungen – wenn auch nicht die einzige. Für die Aktualisierung der im teleologischen Raum angelegten Zweck-Mittel-Formen bedarf es zusätzlich mindestens der Schritte b und c.

Die Synthese von Zweck und Mittel verläuft auf Grundlage verschiedener Prinzipien. Diese beinhalten neben dem kausal-systemtheoretischen Erklärungsmodell vor allem den Krankheitsbegriff, die Indikation und die Behandlungszustimmung. Was Hucklenbroich in seiner Rekonstruktion herausarbeitet, ist das Formungsprinzip der medizinischen (Handlungs)Form. Die Medizin bildet damit einen eigenen kulturellen Raum mit einer Wendung zur Idee. Dies zeigt sich nicht zuletzt daran, dass im Krankheitsbegriff nicht mehr eine subjektive Wertung eines Zustandes entscheidend ist, sondern über den Krankheitswert eine eigene Wertdimension entsteht. Die Vorstellung des Behandlungsverhältnisses emanzipiert sich zur eigenständigen medizinische Form jenseits konkreter Individuen und lebensweltlicher Interessenlagen. Entspringen die primären Krankheitskrite-

---

5 Beispielsweise im Falle von Erkrankungen, bei denen sich auf die Selbstheilungskräfte des Körpers verlassen wird, oder wenn keine Therapie verfügbar ist.
6 Ansonsten könnten präventive Maßnahmen nicht Teil ärztlichen Handelns sein.

rien retrospektiv noch dieser Ebene, werden sie in der medizinischen Fassung aus einer definierten Perspektive betrachtet und analysiert, ferner um den medizinischen Krankheitswert objektiviert. Mit Simmel betrachtet, eröffnet dies die Möglichkeit, dass unsere alltägliche Vorstellung von Krankheit rückwirkend durch den medizinischen Begriff (mit)geprägt wird.

6   Enhancement

Nach den bisherigen Ausführungen wäre Enhancement zunächst als abweichende Praxis, die überschüssige Möglichkeiten biomedizinischer Technologien ausnutzt, zu verstehen. Als „überschüssige Möglichkeit" kann die Zielsetzung einer solchen Praxis dann gelten, wenn sie nicht den eingeschriebenen Zweck-Mittel-Formen folgt oder gemäß den offengelegten Formungsprinzipien neue Zweck-Mittel-Synthesen bildet, also sich mittels der dargelegten medizinischen Kriterien direkt oder indirekt auf als krankhaft gewertete Zustände bezieht. Beispiele hierfür wären der nicht indizierte Einsatz von Viagra, des Antidepressivums Prozac, von Ritalin usw. Es werden bestimmte Möglichkeiten aktualisiert, die sich als Form in die technischen Artefakte einschreiben können. Die Artefakte werden in ihren symbolischen Bedeutungsebenen erweitert und verändert. Leitend wäre in solchen Fällen zunächst die subjektiv empfundene Nützlichkeit für konkrete Ziele. Von einer Wendung zur Idee ist dann zu sprechen, wenn sich aus einer solchen Praxis ein Formungsprinzip entwickelt, das den Leib unter einer neuen Perspektive betrachtet, Möglichkeiten identifiziert und Zweck-Mittel-Verhältnisse knüpft. Die Praxis steht nicht mehr unter dem, was zufällig als nützlich empfunden wird, sondern besitzt eine eigene Gesetzlichkeit, sie wird damit erst reflexiv verständlich und im eigentlichen Sinne produktiv.

Die Analyse von Enhancement-Praktiken unter dem kettnerschen Begriff der „GESUNDHEIT" ermöglicht ein solches Verständnis nicht. Die Steigerbarkeit von „GESUNDHEIT" als komplexer Qualität bezog sich darauf, dass es einem in für „Entwürfe eines subjektiv guten Lebens" relevanten Hinsichten stets „noch besser" gehen könnte. Der Begriff des Entwurfs eines subjektiv guten Lebens verweist damit zwar auf die Ausweitung der Zielsetzung in der Anwendung medizinischer Mittel. Es wäre aber widersinnig, mit ihm die *allgemeine Gesetzlichkeit* einer Praxis zu charakterisieren. Als unabhängiges Explanans ließe er sich nicht von einer subjektiven Willkür befreien. Zeigt sich mit dieser Ausweitung der Ziele nicht bereits, dass diese Praktiken aus der Logik des ärztlichen Handelns herausfallen, da die Zuordnung von technischen Mitteln nur mit Blick auf die konkret verfolgten Ziele möglich ist, wie Buyx und Hucklenbroich argumentieren? Ausschlaggebend ist, in welches Verhältnis uns die technikgestützten Praktiken zu jenen Zielen setzen, welche Art und Weise der Ziel*setzung* vorliegt. Oder mit Cassirer gesprochen: die *forma formans* statt der *forma formata*.

Enhancement-Technologien knüpfen an den Möglichkeitsraum der Medizin an. Auch ihre Praxis basiert auf der medizinischen Vorstellung des Organismus als kausalem System auf verschiedenen Ebenen mit möglichen Zuständen, die nicht gleichwertig nebeneinander stehen und sich mit technischen Mitteln beeinflussen lassen. Genauer gesagt basiert sie nicht nur auf dieser Vorstellung, sondern erweitert diese quantitativ und verändert sie qualitativ: Die möglichen Zustände des Organismus sind in diesem erweiterten Systemmodell objektiviert. Denn wenn Enhancement auf Zustände gerichtet ist, die nicht ohne weiteres krankhaft sind – also aufgeführte Kriterien nicht erfüllen –, aber keine „natürlich" vorkommenden Varianten – medizinisch: Gesundheit – bilden, sondern durch gezielte technische Modifikation zustande kommen, dann wird das Spezifische dieser Praxis über die Kategorien „krank" und „gesund" *nicht* abgedeckt. Dennoch sind die medizinischen Kategorien für Enhancement-Praktiken notwendig, da sie pathologische Begleiterscheinungen von Eingriffen oder mögliche Spätfolgen, Risiken und Anfälligkeiten berücksichtigen müssen – letztendlich unabhängig davon, ob man dies als Hindernis für die Enhancement-Absicht selbst ansieht oder medizinisch als Beeinträchtigung der Gesundheit.

Enhancement-Praktiken und die zugrundeliegenden Techniken sind an einer neuen Kategorie, einer neuen Wertdimension orientiert, die sich im fortschreitenden Vollzug der Praktiken weiter präzisieren und ausformen wird. Gingen wir davon aus, dass die Anwendung jener Mittel auf den eigenen Leib dazu dient, bestimmte Ziele *(terminus ad quem)* zu erreichen, oder zumindest die Chancen hierfür zu verbessern, dann ließe sich die zugrundeliegende Perspektive *(terminus a quo)* als die technische Überwindung körperlich-leiblicher Grenzen in der menschlichen Praxis beschreiben. Wie bei den primären Krankheitskriterien der Medizin ist diese Bestimmung erst im Rahmen der medizinischen Modellierung des menschlichen Organismus sinnvoll. Sie formt sich unter diesem Verhältnis zwischen Subjekt und Gegenstandsbereich aus und ermöglicht objektstufige Aussagen. Hieraus leiten sich schließlich bekannte Enhancement-Ziele ab: Resistenz gegenüber Erschöpfung und Ermüdung; Steigerung von Kraft, Beweglichkeit und Geschicklichkeit; Verbesserung der kognitiven Fähigkeiten; Widerstandskraft gegenüber schädlichen Umwelteinflüssen wie Giften, Hitze, Kälte; Kontrolle von Emotionen oder sexueller Erregung; Verhinderung von Alterungsprozessen und das Gestalten des Aussehens durch ,Schönheitsoperationen'.

Wenn nicht zumindest indirekt ein Bezug zu Krankheit oder Gesundheit vorliegt, wie beispielsweise bei prophylaktischen Maßnahmen oder der Unterstützung von körpereigenen Heilungskräften, bildet Enhancement vom dargelegten Konzept der Medizin aus keine Form möglicher Zweck-Mittel-Setzung. Durch den eigenen technischen Fortschritt kann die Medizin allerdings selbst Zustände hervorbringen, die der Überwindung von körperlichen Grenzen in der menschlichen Praxis dienlich sind.

Es ist ohne weiteres denkbar, dass in einigen Jahrzehnten Prothesen zur Verfügung stehen, die menschlichen Gliedmaßen in einigen oder gar in allen Aspekten überlegen sind. Ein Beispiel hierfür lieferte die Diskussion um mögliche Vorteile des unterschenkelamputierten Sprinters Oscar Pistorius durch seine Beinprothesen gegenüber anderen Athleten bei der Olympiateilnahme 2012.

In biomedizinischen Technologien können also die Möglichkeiten verschiedener Verhältnisse eingeschrieben sein: Sie vermögen, eine medizinische Perspektive oder eine erweiterte Enhancement-Perspektive zu eröffnen. Unter diesen jeweiligen Perspektiven sind wir imstande, uns in einen Bezug zu Zuständen und Möglichkeiten des menschlichen Organismus zu setzen, krankhafte oder gesunde Zustände zu thematisieren ebenso wie die leiblich-körperlichen Grenzen im Rahmen der menschlichen Praxis und die Möglichkeit ihrer technischen Überwindung zu objektivieren. Vermittelt über den Umgang mit solchen Technologien eröffnen sich jene logischen Räume. Bei der Ausdeutung logischer Räume und in ihrer Überführung in Zweck-Mittel-Formen zeigte sich, dass nicht nur die Objektivierung von Möglichkeiten bestimmten Prinzipien folgt, sondern auch die Objektivierung von Wertdimensionen durch Regeln der Zweck-Mittel-Synthese. Werkzeuge und Techniken leisten nicht nur die Objektivierung von Möglichkeiten, sondern verkörpern gleichzeitig bestimmte Formungsprinzipien. Diese Eigenlogik der Objekte bietet in der Anwendung und Entwicklung von Technologien Orientierung. Von ihrer Warte aus zeigt sich, welche Therapieverfahren oder Enhancement-Techniken möglich sind und wie sich diese Möglichkeiten zu den geschilderten Wertdimensionen verhalten. Es ist zunächst nicht entscheidend, was individuell als nützlich oder erstrebenswert erachtet wird. Der subjektiv-individuelle Bezug ist hier nachgeordnet, formt sich erst in diesem Rahmen aus. Die Eigenlogik der Objekte ist damit als Faktor von einer einfachen Vermarktwirtschaftlichung zu unterscheiden, kann jedoch ihrerseits entsprechende Arzt-Patienten-Verhältnisse befördern.

Literatur

Buyx, A., & Hucklenbroich, P. (2009). „Wunscherfüllende Medizin" und Krankheitsbegriff. Eine medizintheoretische Analyse. In M. Kettner (Hrsg.), *Wunscherfüllende Medizin* (S. 25–53). Frankfurt am Main: Campus.

Cassirer, E. (2009a). Form und Technik. In *Schriften zur Philosophie der symbolischen Formen* (S. 123–167). Hamburg: Meiner.

Cassirer, E. (2009b). Mythischer, ästhetischer und theoretischer Raum. In *Schriften zur Philosophie der symbolischen Formen* (S. 168–190). Hamburg: Meiner.

Foucault, M. (1978). *Dispositive der Macht*. Berlin: Merve.

Hubig, C. (2015). *Die Kunst des Möglichen III. Grundlinien einer dialektischen Philosophie der Technik. Bd. 3. Macht und Technik*. Bielefeld: transcript.

Hucklenbroich, P. (2013). Die wissenschaftstheoretische Struktur der medizinischen Krankheitslehre. In A. Buyx, & P. Hucklenbroich (Hrsg.), *Wissenschaftstheoretische Aspekte des Krankheitsbegriffs* (S. 13–83). Münster: mentis.

Junker, I., & Kettner, M. (2009). Konsequenzen der Wunscherfüllenden Medizin für die Arzt-Patienten-Beziehung. In M. Kettner (Hrsg.), *Wunscherfüllende Medizin* (S. 55–74). Frankfurt am Main: Campus.

Kettner, M. (2012). Enhancement als wunscherfüllende Medizin. In A. Borkenhagen, & E. Brähler (Hrsg.), *Die Selbstverbesserung des Menschen. Wunschmedizin und Enhancement aus medizinpsychologischer Perspektive* (S. 13–31). Gießen: Psychosozial.

Lenk, C. (2002). *Therapie und Enhancement. Ziele und Grenzen der modernen Medizin*. Münster: Lit.

Poser, H. (2016). *Homo Creator. Technik als philosophische Herausforderung*. Wiesbaden: Springer VS.

Schlitte, A. (2012). *Die Macht des Geldes und die Symbolik der Kultur*. Paderborn: Fink.

Simmel, G. (1989). Philosophie des Geldes. *Georg Simmel Gesamtausgabe. Bd. 6*. Frankfurt am Main: Suhrkamp.

Simmel, G. (1992a). Soziologische Ästhetik. In *Georg Simmel Gesamtausgabe. Bd. 5* (S. 197–214), Frankfurt am Main: Suhrkamp.

Simmel, G. (1992b). Soziologie. *Georg Simmel Gesamtausgabe. Bd. 11*, Frankfurt am Main: Suhrkamp.

Simmel, G. (1996). Der Begriff und die Tragödie der Kultur. In *Georg Simmel Gesamtausgabe. Bd. 14* (S. 385–416). Frankfurt am Main: Suhrkamp.

Simmel, G. (1999a). Vom Wesen des historischen Verstehens. In *Georg Simmel Gesamtausgabe. Bd. 16* (S. 151–179). Frankfurt am Main: Suhrkamp.

Simmel, G. (1999b). Der Konflikt der modernen Kultur. In *Georg Simmel Gesamtausgabe. Bd. 16* (S. 181–207). Frankfurt am Main: Suhrkamp.

Simmel, G. (1999c). Lebensanschauungen. In *Georg Simmel Gesamtausgabe. Bd. 16* (S. 209–425). Frankfurt am Main: Suhrkamp.

Simmel, G. (2001). Soziologie der Geselligkeit. In *Georg Simmel Gesamtausgabe. Bd. 12* (S. 177–193). Frankfurt am Main: Suhrkamp.

Simmel, G. (2012). Kolleghefte und Mitschriften. *Georg Simmel Gesamtausgabe. Bd. 21*. Frankfurt am Main: Suhrkamp.

Wittgenstein, L. (1963). Tractatus logico-philosophicus. In *Schriften* (S. 7–83). Frankfurt am Main: Suhrkamp.

Transporträume

Kryosphäre

Künstliche Kälte im Dispositiv der Biomacht

Alexander Friedrich und Christoph Hubig

Abstract

Der vorliegende Beitrag untersucht die Topologie globaler Kühlnetzwerke unter dem Gesichtspunkt eines modalen Machtkonzeptes. Zunächst stellen wir das integrierte Raum-Zeit-Gefüge biozentrischer Kälteinfrastrukturen als einen vernetzten Dispositionsraum und dessen Topologie vor: die Kryosphäre. Darauf folgt eine historische Rekonstruktion ihres Zustandekommens, der daran beteiligten Akteurs-Netzwerke und des sich in ihnen scheinbar zielgerichtet entfaltenden Zwecks: die umfassende Disposition, Inwertsetzung und Sicherung des Lebens. Die Kryosphäre lässt sich damit als ein zentrales Dispositiv der Biomacht beschreiben. Wie aber lässt sich das Verhältnis der biopolitischen Strategie, die sich in der Entfaltung der Kryosphäre realisiert, zu den Akteurs-Netzwerken näher bestimmen, denen sie ihr Zustandekommen verdankt? Und wie verhält sich die enorme raum-zeitliche Handlungsmacht, die der biozentrische *Technospace* der Kryosphäre eröffnet, zu der umfassenden Abhängigkeit moderner Gesellschaften von der Verfügbarkeit künstlicher Kälte? Ausgehend von der Topologie global vernetzter Kälteinfrastrukturen werden am Schluss des Beitrags weiterführende machttheoretische Überlegungen angestellt.

1 Kryosphäre

Zu den unabdingbaren Voraussetzungen des Funktionierens moderner Gesellschaften gehört die umfassende Verfügbarkeit künstlicher Kälte. Das zeigt sich nicht nur im regelmäßigen Gang zum Kühlregal im Supermarkt zur Auffrischung unserer heimischen Lebensmittelvorräte. Die meisten unserer technisch vermittelten oder mediatisierten Lebensvollzüge hängen, oftmals unsichtbar, von einer funktionierenden Kälteinfrastruktur ab. Neben der Nahrungsbeschaffung ist die

A. Brenneis et al. (Hrsg.), *Technik – Macht – Raum*, Technikzukünfte, Wissenschaft und Gesellschaft / Futures of Technology, Science and Society, https://doi.org/10.1007/978-3-658-15154-6_9

medizinische Versorgung – von der Arzneiproduktion über die Bereitstellung von Blutkonserven bis zu reproduktionsmedizinischen Dienstleistungen – inzwischen ohne die ständige Mitarbeit von Kühlmaschinen undenkbar. Dies gilt auch für die enorme Mobilität moderner Gesellschaften: Sie beruht auf leistungsstarken Motoren, die durch geeignete Kühlvorrichtungen funktionstüchtig gehalten werden müssen. Weiterhin sind unsere Kommunikationstechnologien – Internet, Rundfunk, Telefonie – von Computern abhängig, die beträchtliche Mengen an Energie allein wegen ihres enormen Kühlbedarfs konsumieren. Die globale Energieversorgung wird zu großen Teilen von Kraftwerken gewährleistet, die ihrerseits infolge enormer Hitzeproduktion den ununterbrochenen Einsatz von Kühlvorrichtungen erfordern. Ein immer größerer Anteil des weltweiten Energieverbrauchs verdankt sich wiederum der stetigen Ausbreitung klimatisierter Räume, nicht nur in Wohnungen, Bürohäusern, Hotels, Labors und öffentlichen Gebäuden, sondern auch in den mobilen Innenräumen von Autos, Zügen und Flugzeugen sowie den infrastrukturierten Transitorten, die sie verbinden: Tankstellen, Bahnhöfe, Flughäfen.[1] Darüber hinaus gibt es ein reiches Spektrum an Industrieprodukten, die nur durch den systematischen Einsatz künstlicher Kälte verfügbar gemacht werden, darunter Supraleiter, Flüssiggas, Kosmetik, selbst Schnittblumen: Güter, die für unsere Lebensvollzüge individuell zwar verzichtbar sein mögen, gesellschaftlich aber unentbehrlich geworden sind.[2]

Die lebenserhaltenden Systeme industrialisierter Gesellschaften sind, wie unser Lebensstandard, auf der umfassenden Verfügbarkeit und Abhängigkeit von künstlicher Kälte errichtet. Ihre thermodynamische Arbeit zuverlässig, leise und unsichtbar verrichtend, tritt uns diese Macht normalerweise kaum ins Bewusstsein; in der Regel nur, wenn sie versagt. Das beschert uns zumeist sofortigen Handlungsdruck – im schlimmsten Fall sogar veritable Katastrophen, wie etwa nach dem Ausfall der Notkühlsysteme in Fukushima 2011; oder die Havarie der Kühlinfrastruktur von New Orleans nach dem Hurrikan Katrina 2005. Der Zusammenbruch der Stromversorgung in der Hafenstadt am Mississippi hatte neben allen anderen Übeln für eine monströse hygienische Misere gesorgt, die sich

---

1 Zum Konzept des Infrastrukturalismus siehe Delitz & Höhne (2011).
2 Das Beispiel der Schnittblumen mag kontraintuitiv wirken; aber sie machen derzeit etwa 1/3 des Gesamtvolumens der per Luftfracht, zumindest in Deutschland, transportierten Kühlgüter aus; das ist das Ergebnis einer 2014 unter der Leitung von Stefan Höhne und Alexander Friedrich durchgeführten Forschungsexkursion in das *Perishable Center Frankfurt* auf dem Frankfurter Flughafen. Die Unentbehrlichkeit von Schnittblumen (wie auch von Kosmetik) bezieht sich freilich nicht auf unmittelbare Überlebensnotwendigkeit (wie bei Lebensmitteln), sondern auf einen Lebensstandard und soziale Rituale, die aufzugeben für große Teile der Bevölkerung inakzeptabel sein dürfte, an denen festzuhalten inzwischen eine entsprechende großtechnische Infrastruktur erfordert.

ausgehend von den urbanen Kältespeichern ausbreitete: Wohin mit den enormen Mengen schlagartig verwesender Lebensmittelvorräte einer verwüsteten Großstadt in den Subtropen, die zumal Standort eines der weltweit wichtigsten Kühlgut-Logistikzentren ist (Friedrich, 2016)?

Dass die enorme Stärke des Hurrikans wiederum Ausdruck des Klimawandels sein könnte, ist Gegenstand einer ökologischen Sorge geworden, die inzwischen auch Anlass dazu gibt, das Klima selbst als Gegenstand kühltechnischer Ansinnen zu projektieren (Grunwald, 2012). Im November 2015 erschien *The Climate Issue* der Zeitschrift *National Geographic* mit einem Titelblatt (Abb. 1), das die denkbar prägnanteste Devise solchen Ansinnens formuliert: *Cool it*. Noch entzieht sich die Biosphäre unserer direkten thermodynamischen Kontrolle. Doch

Abbildung 1 Titelblatt der *National Geographic,* November 2015

wird der menschliche Einfluss auf die klimatischen Prozesse und Veränderungen unseres Planeten seit einigen Jahren unter dem Titel des Anthropozäns diskutiert, während gleichzeitig um geeignete Maßnahmen zur Beschränkung oder Kompensation der globalen Erwärmung gerungen wird.[3]

Umso effizienter sind die bereits entwickelten Möglichkeiten der Kontrolle einer anderen Art von Sphäre, die sich um das Leben herum aufspannt; einer Form des Lebens allerdings, dessen Lebendigkeit gezielt von seinen natürlichen Umweltbedingungen gelöst, bisweilen sogar suspendiert wird. Die Rede ist von dem weltumspannenden infrastruktruierten Raum, der in Anlehnung an sein natürliches Pendant als *artificial cryosphere* (Twilley, 2012) bezeichnet worden ist: eine künstliche Kryosphäre.

In der Geographie meint der Begriff ‚Kryosphäre‘ den gesamten planetarischen Raum, der durch gefrorenes Wasser entsteht.[4] Das griechische Wort *kryos* meint ‚eisig, kalt‘ und *sphaira* ‚Kugel‘, aber auch ‚Territorium‘ oder ‚Gebiet‘. Die natürliche Kryosphäre ist also das eisige Territorium unserer Erdkugel, ein Gebiet, das die Arktis und die Antarktis ebenso umfasst, wie sämtliches Packeis, Gletscher, Schnee und Permafrostböden. Abhängig von den Jahreszeiten und Klimazyklen wächst oder schrumpft die natürliche Kryosphäre. Die künstliche Kryosphäre indessen ist ein Raum ohne Jahreszeiten, der kontinuierlich zu expandieren scheint.[5] Es ist ein Raum des ewigen Winters, der geschaffen wurde, um Lebendiges wie Totes darin so lange wie möglich frisch zu halten: eine globale Topologie der künstlichen Kälte, die ganz auf die Disposition organischen Materials abgezweckt ist. In der künstlichen Kryosphäre zirkulieren Obst, Gemüse, Blutkonserven, Arznei, Leichen, Blumen, Wurst, Samen, Milch, Impfstoffe, Eizellen, Organe, Gewebeproben, Käse und Fisch. All diese Dinge haben in der Ordnung des gesellschaftlichen Raums, in dem wir uns bewegen, ihren gesonderten Platz; man findet sie in der Regel nie so dicht beieinander wie in dem vorhergehenden Satz – außer in den großen Kühlzentren, wie dem oben erwähnten in New Orleans. Solche Zentren sind Knotenpunkte, in denen die globalen Zirkulationswege des gekühlten Lebens zusammenlaufen. Diese Wege sind infrastrukturell streng reguliert. Sie verlaufen über die Kühlkette, die die Orte der Produktion und Konsumtion des gekühlten

---

3   Zu den sicherlich spektakulärsten Vorschlägen, die in jüngster Zeit in diese Richtung vorgebracht wurden, gehört die Idee einer Polkappenrückfrostung mittels einer windkraftbetriebenen arktischen Meerwassersprühanlage (Desch et al., 2017).

4   Einen instruktiven Überblick zum Thema bietet das Online-Informationsportal *All About the Cryosphere* des *National Snow and Ice Data Center* an der *University of Colorado,* Boulder (http://nsidc.org/cryosphere/allaboutcryosphere.html).

5   Dass diese Expansion nicht bruch- und reibungslos erfolgt und die dabei entwickelte Reibungswärme Verwerfungen eigener Art hervorbringt, untersucht der Beitrag von Stefan Höhne in diesem Band.

Lebens miteinander verknüpft. Aus der weltweiten Vernetzung lückenloser Kühlketten ergibt sich die spezifische Topologie der technischen Kryosphäre. Sie ist das Netzwerk biozentrischer Kühlräume, deren Zweck die Frischhaltung, Speicherung, Verteilung oder Archivierung organischen Materials ist.

Diesem Zweck folgend, entfaltet die Topologie der künstlichen Kryosphäre ein Raum-Zeit-Gefüge, das sich von der natürlichen Umwelt entkoppelt, die den Lebensrhythmus von Organismen durch eine komplexe Interaktion geologischer, meteorologischer, ökologischer, chemischer, biologischer, phänologischer und anderer Faktoren bestimmt. Innerhalb der Kryosphäre werden diese Faktoren und deren Zusammenspiel auf ein Minimum reduziert. Als ein infrastrukturiertes Kompositum kontrollierter Umwelten ermöglicht die Kryosphäre den Verzehr von Südfrüchten im winterlichen Nordeuropa und den ganzjährigen Verkauf gefrorener Lachse in tropischen Metropolen ebenso wie die weltweite Zustellung von Impfstoffen, Blutkonserven oder Spenderorganen binnen Stunden und die Langzeitspeicherung geologischer Bodenproben, agrarischer Pflanzensamen, seltener Bakterienstämme, tierischer Zellkulturen oder menschlicher Embryonen in Tiefkühlarchiven, sogenannten Kryobanken. Die künstliche Kryosphäre ist, mit anderen Worten, eine thermodynamische Raum-Zeit-Maschine, die eine umfassende Disponibilität organischer Substanzen ermöglicht.

Bemerkenswert an diesem globalen biotechnischen Netzwerk ist in dem hier interessierenden Kontext von *Technik, Macht* und *Raum* vor allem dreierlei:

1) In *topologischer* Hinsicht ist nach der spezifischen räumlichen Verfassung der Kryosphäre, ihrer Genealogie und einer genaueren Bestimmung der zugrundeliegenden Raumlogiken zu fragen. In Begriffen des *Topologischen Manifestes* gesprochen, lässt sich die Kryosphäre als eine topologische Verknüpfung von Transport- und Mobilitätsräumen (TM [12]), Speicherräumen (TM [19]), Sicherheitsräumen (TM [4]) und Regierungsräumen (TM [8]) beschreiben. Diese verschiedenen Raumlogiken waren indes nicht von Anfang an in gleichem Maße bei der Entstehung des World Wide Web der künstlichen Kälte involviert. Und ihre zunehmende Interaktion setzt wiederum Raum-Dynamiken eigenen Typs in Gang. Eine genauere Betrachtung ihrer topologischen Dynamik wird ein besseres Verständnis des Zusammenhangs von Raum- mit Technik- und Machtfragen in kryogenen Zusammenhängen ermöglichen.

2) In *technikphilosophischer* Hinsicht ist insbesondere das eigentümliche Verhältnis von Mitteln und Zwecken von Interesse, das sich in der strategisch-funktionalen Verfassung der Kryosphäre als ein Medium der Disposition des Lebendigen bekundet. Beruht die Entwicklung der Kryosphäre auf einer sehr heterogenen Geschichte zunächst getrennt oder parallel verlaufender Unternehmungen zur Bereitstellung, Verteilung, Sicherung, Speicherung biologi-

scher Substanzen für verschiedene Zwecke, scheinen sich diese verschiedenen Linien sukzessive und schließlich zielstrebig unter einer einheitlichen Strategie zu einem globalen Ganzen zusammenzuschließen – ganz so als ob sie einer koordinierten Handlungsabsicht folgten. Hier gilt es genauer nach dem Status des finalen Zwecks, der Disposition des Lebens, seinem Verhältnis zu den verschiedenen Akteurs-Netzwerken und den dafür investierten Mitteln und Absichten zu fragen.

3) *Machttheoretisch* ist an der Kryosphäre vor allem ihr wesentlich modaler Charakter von Interesse. Ausgehend von der einheitlichen Strategie und ihrem finalen Zweck lässt sich das globale Netzwerk der biozentrischen Kühltechnik als ein Dispositiv dessen beschreiben, was Michel Foucault ‚Biomacht' *(bio-pouvoir)* nannte, wobei sich in der Kryosphäre bereits eine neue Stufe dieses Machttyps abzeichnet. Eine angemessene begriffliche Explikation dieses neuen Machttyps verlangt, insbesondere im Kontext einer *Topologie der Technik,* eine genauere Reflexion ihres Netzwerkcharakters. Wie lässt sich der Eigensinn der heterogenen Akteurs-Netzwerke, die die Kryosphäre erschufen, aufrechterhalten, weiterentwickeln und mit der übergeordneten Logik einer einheitlichen Machtstrategie in Einklang bringen?

Vor dem Hintergrund dieser drei Fragestellungen wird am Ende des Beitrags auf die Paradoxie zurückzukommen sein, dass die Macht der Kryosphäre zum einen gänzlich neue Handlungsmöglichkeiten eröffnet, d. h. Disponibilität steigert, selber aber – als deren Ermöglichungsbedingung – zunehmend indisponibel wird, wobei sich beide Machtverhältnisse und -dynamiken dem Bewusstsein tendenziell entziehen, indem sie technisch invisibilisiert und alltagspraktisch als selbstverständlich betrachtet werden.

2   Raum: Die Topologie der Kryosphäre

An der topologischen Struktur der Kryosphäre lassen sich zunächst vier funktionale Raumlogiken differenzieren: die Räume der *Produktion,* der *Distribution,* der *Konsumtion* und der *Disposition* gekühlten Lebens, wobei die Räume der Distribution der Logik der Transport- und Mobilitätsräume (TM [12]) und die Räume der Disposition den Speicherräumen (TM [19]) im Sinne des *Topologischen Manifestes* folgen. Die Kryosphäre als Ganzes ist ein hoch differenzierter Sicherheits- (TM [4]) und Regierungsraum (TM [8]). Was gesichert und regiert wird, ist das Leben im Sinne der Foucault'schen Biomacht (mehr dazu weiter unten). Die topologische Struktur selbst ist inhomogen, d. h. die Räume sind netzwerkartig verteilt, können einander überlappen oder durchdringen, sind aber funktional voneinander geschieden, operativ aufeinander bezogen und inzwischen auch weitestgehend interdependent organisiert. So setzen die Konsumtion und Disposition von Kühlwaren nicht nur deren zureichende Produktion und Distribution voraus, sondern auch umgekehrt: Die Herstellung und Verteilung des gekühlten Lebens wird bedingt von dem großen – und unaufhörlich wachsenden – Bedarf und der einmal dafür geschaffenen Infrastruktur. Historisch gesehen entspricht die Reihung von *Herstellung, Verbreitung, Verzehr* und *Speicherung* jedoch durchaus der zeitlichen Entwicklung der funktional differenzierten Raumlogiken.

2.1 Räume der Produktion

Die Herstellung und der Genuss kältebasierter Kulturprodukte sind bereits bis in die Antike bezeugt, dort aber vor allem als Luxusgüter, die nicht alltäglich oder selbstverständlich verfügbar waren, wie etwa Speiseeis, das vom Schnee des Vesuvs unter aufwendigen Vorkehrungen zur Erfrischung erlesener Gemüter gefertigt wurde. Verbreitet waren auch noch bis in das 19. Jahrhundert hinein Eiskeller, in denen man die natürliche Kälte des Winters bis in den Hochsommer speichern konnte, indem man so viele Eisblöcke in unterirdische Räume schaffte, dass diese sich aufgrund der schieren Menge gegenseitig solange kühlten, bis der Sommer vorbei war. Solche subterranen Kältekammern wurden hauptsächlich für die Bevorratung verderblicher Lebensmittel verwendet. Obwohl ab der frühen Neuzeit auch schon medizinische Zwecke der Kältekonservierung erwogen wurden (Friedrich, 2016), blieb bis in die Mitte des 20. Jahrhunderts hinein die zunehmende Technisierung der Kälte ein Unternehmen, das – ökonomisch betrachtet – in erster Linie der Lebensmittelproduktion galt. Mit der Industrialisierung des Natureishandels wurde zunächst das Prinzip der Kältekeller zu einer Systemtechnik entwickelt. Eis wurde in großem Maßstab aus gefrorenen Flüssen der Umgebung gesägt und in eigens dafür gebaute Häuser geschafft, wo es die heiße Jahreszeit über verfügbar blieb; ab Mitte des 19. Jahrhunderts entwickelte sich die Natureisernte zum *big business* (Täubrich, 1991). Bald reichten regionale Vorräte nicht mehr aus und Eis musste aus Übersee importiert werden, zum einen, um den wachsenden Bedarf zu decken, zum anderen der zunehmend verschmutzen Flüsse wegen – es dauerte einige Jahrzehnte, bis man erkannte, dass die Kontamination von Nahrungsmitteln mit gefrorenen Industrieabwässern Krankheiten verursachte (Rees, 2013, S. 55–75). Die Erkenntnis war wegweisend für einen Richtungswechsel in der Technologieentwicklung. Etwa ab der Jahrhundertwende wurde Eis zunehmend und bald ausschließlich künstlich durch riesige Kühlmaschinen erzeugt, das dann aber immer noch verteilt und an die Orte des Konsums gebracht werden musste, wo es unpraktischerweise stets früher schmolz, als einem lieb sein konnte. Schmelzwasser verschlechterte die Qualität der gekühlten Lebensmittel. Daher wurde fieberhaft – und äußerst erfolgreich – die Entwicklung mechanischer Kühlmaschinen vorangetrieben, die noch heute die Vorratshaltung frischer Lebensmittel in unseren heimischen Küchen gewährleisten. Diese wurden zunächst für die Herstellung und den Transport verderblicher Waren eingesetzt, also für Fleisch, Milch, Bier, Eier, Obst und Gemüse, die dank besserer Frischhaltungsbedingungen in immer größeren Mengen erzeugt und, über immer größere Distanzen hinweg, in die Städte geschafft wurden. Vor dem Gebrauch künstlicher Kälte orientierte sich das Produktionsvolumen von Frischlebensmitteln an der Menge, die lokal oder regional verzehrt werden konnte; der Rest verdarb. Mit der Kühltechnik aber wird der sich in Kaufkraft ausdrückende Appetit aller Menschen zum Maßstab, die über die Kühlkette erreicht werden können. Insbesondere urbanisierte Räume übten eine wachsende Sogwirkung auf den Import von Kühlgut aus, der das rasante Wachstum städtischer Bevölkerungen überhaupt erst ermöglichte; Berlin etwa verzehrte unmittelbar vor dem Ersten Weltkrieg bereits 1,7 Millionen Eier täglich (Tschoeke, 1991, S. 138). Zur Deckung des Bedarfs floss ein sorgfältig gekühlter Strom an Eiern, aber auch an Milch und Butter aus Russland in die Reichshauptstadt – die zwischen 1908 und 1920 ihre Bevölkerungszahl von zwei auf vier Millionen Einwohner verdoppelte.

Auf diese Weise ermöglichte die biozentrische Kältetechnik gänzlich neue Räume, Ökonomien und Lebenswelten. Die kühltechnisch zu versorgenden urbanisierten Zentren gestalteten wiederum ihre Peripherien. Südfruchtplantagen z. B. sind nicht nur ein Produkt des Kolonialismus, sondern auch der Kühlaggregate. Der massenweise Import frischen Obsts in die nördliche Hemisphäre erforderte eine exakt aufeinander abgestimmte Logistik des Anbaus, der Ernte und des Transports verderblicher Güter. Mit der Gründung internationaler Fruchthandelsgesellschaften ab den 1870er Jahren wurden riesige Gebiete in Mittelamerika durch zwischenstaatliche Bestechungsmaßnahmen für Pflanzungen annektiert (Tschoeke, 1991, S. 131). Mit der Ausbreitung kühltechnisch gerüsteter Schiffe, Häfen und Eisenbahnlinien sind ganz neue Wirtschaftsgeographien entstanden, etwa die sogenannten „Bananenrepubliken" (Guatemala, San Salvador, Honduras, Nicaragua, Costa Rica und Panama), von denen noch heute zwei Drittel des weltweiten Bananenhandels ausgehen. Ab 1860 wurde die Kühltechnik auch für die industrielle Fleischproduktion bedeutsam (Anderson, 1953, S. 55). Ohne den systematischen Einsatz effizienter Kältemaschinen wäre die industrielle Fleischproduktion gar nicht zu bewältigen. Ende der 1870er Jahre entstanden in Chicago gigantische Schlachthöfe, die ganz Nordamerika zentral mit gekühltem Fleisch belieferten (Dienel, 1991, S. 109). Zu dem Zweck wurde die *disassembly line* erfunden. Diese ursprüngliche Form des Fließbandes erlaubte die Verarbeitung von bis zu 5 000 Schweinen täglich. Die Erfindung der Tiefkühlkost führte bald auch in Europa zu einem massenhaften Import von Schlachtgut (Tschoeke, 1991, S. 135). 1912 wurden bereits über 300 Millionen Hammel und Rinder aus Neuseeland, Australien und Argentinien verschifft. Der Einsatz der Kühltechnik ermöglicht die Produktion und Verarbeitung solch enormer Mengen an verderblichen Speisen, die in den Industrienationen seither verzehrt werden (Teuteberg, 1991). Die mechanische Lebensmittelkühlung sorgte so für ein rasantes Wachstum der Nahrungsmittelindustrie, die ihrerseits zur notwendigen Voraussetzung für das Wachstum urbaner Räume wurde – und damit auch der Industriegesellschaft.

Heute umfassen die Räume der kryosphärischen Produktion mehr als nur landwirtschaftliche Betriebe. Neben der Zucht und Verarbeitung von Pflanzen und Tieren für Ernährungszwecke hat die industrielle Produktion biologischer Stoffe für kosmetische und medizinische Zwecke eine ebenso wichtige Bedeutung erlangt. Arzneimittel, Blutkonserven, Bakterien, Zelllinien, Transplantationsorgane, Blumen, Spermien, Eizellen, Impfstoffe übersteigen heute sogar das physische Handelsvolumen von Lebensmitteln um etwa das Doppelte (Friedrich & Höhne, 2014, S. 23). Das liegt letztlich daran, dass Schnittblumen und empfindliche biomedizinische Produkte deutlich weniger platzsparend transportiert werden können als etwa Wurst- und Käsescheiben oder Frischmilch in Tetrapaks, die ohne nennenswerten Leerraum in Container gestapelt und damit logistisch ideal verfrachtet werden können: Blumen dürfen nicht gequetscht, Ampullen mit Impfstoffen müssen gepolstert, biotechnische Gefahrenstoffe noch einmal besonders gesichert werden usw. Für den Versandhandel biotechnologischer Produkte für wissenschaftliche Zwecke gibt es inzwischen auch eine eigene globale Infrastruktur, die auf Einrichtungen wie etwa der *American Type Culture Collection* (ATCC) beruht, die in einer 1 700 m^2 umfassenden Kühlraumanlage biologische Referenzproben global verfügbar macht (Landecker, 2010). Die Entwicklung dieser Infrastruktur setzt allerdings schon eine umfassende Ausbildung und Vernetzung kältetechnischer Speicherräume voraus, auf die weiter unten noch einmal zurückzukommen sein wird.

Sowohl die lebensmitteltechnischen als auch kosmetischen und biomedizinischen Stätten kryogener Produktion setzen den Betrieb hocheffizienter Kühlaggregate und eine effiziente thermodynamische Gestaltung isolierter Innenräume voraus. Der unkontrollierte Wärmetausch mit der Umgebung muss möglichst verhindert werden. Doch nur die wenigsten aller in solchen Räumen hergestellten Produkte setzen *an sich* die Existenz einer effizienten Kälteinfrastruktur voraus, die *Vergesellschaftung* ihres Gebrauchs aber sehr wohl. Milch, Wurst, Blut, Sperma und Organe sind auch ohne Kühltechnik verfügbar, nur wäre deren Gebrauch ohne sie auf lokale Zusammenhänge beschränkt bzw. in den Größenordnungen, in denen sie inzwischen erzeugt werden, nicht zu bewältigen. Das größte europäische Luftfrachtzentrum, das *Perishable Center Frankfurt,* schlägt allein

täglich um die 700 Tonnen Frischwaren um.[6] Ohne eine entsprechende Kälteinfrastruktur wäre die Menge der kühltechnisch erzeugten Waren nicht nur ein
verwendungsloser Überschuss, sondern eine doppelte Gefahr: zum einen der ökonomische Verlust für Unternehmen und zum anderen das gesundheitliche Risiko
für die Bevölkerung, der aus der ungehinderten Verwesung riesiger Mengen an
Frischwaren entstünde. So begann die industrielle Tierverarbeitung mit den riesigen Schlachthöfen Chicagos in den 1880er Jahren nur unter der Voraussetzung
einer funktionierenden Kühlkette, mit der das nun erstmals am Fließband produzierte Schweinefleisch nicht nur landes- und bald weltweit verbreitet werden
konnte, sondern auch verbreitet werden *musste.* Die Verkopplung von Thermo-
dynamik und Großkapital brachte so innerhalb eines relativ kurzen Zeitraums um
1900 eine umfassende biozentrische Kälteinfrastruktur hervor, die das prozessual
Sekundäre funktional voraussetzen: die Topologie der Distribution in Gestalt der
Kühlkette. Die Produktionsräume der Kryosphäre sind damit nicht unabhängig
von den Transporträumen entstanden.

2.2   Räume der Distribution

Die *cold chain* bildet das topologische Paradigma, das die Räume der Distribution
formatiert. Während die Erfindung effizienter Kältemaschinen bis 1930 als eine
deutsche Spezialität galt (Hård, 1991), ist die geschlossene Kühlkette in erster Linie
eine amerikanische Erfindung (Dienel, 1991). Die Anfangsprobleme ihrer Realisierung bestanden vor allem darin, die mechanischen Kühlsysteme in die Transport-
infrastrukturen zu implementieren, also die Kälteaggregate in die Eisenbahn- und
Lieferwagen einzubauen (Tschoeke, 1991). Die technische Lösung dieser Probleme zum Ende der 1880er Jahre ermöglichte nun, gewaltige Mengen an Fleisch
und Südfrüchten auch im Sommer über große Distanzen zu verschicken. Innerhalb kürzester Zeit adaptierten US-amerikanische Unternehmen die Technologie
und trieben eine massive Expansion der Kühlkette voran. Sie erstreckte sich bald
über den gesamten nordamerikanischen Kontinent, erfasste auch die Kolonien
und erreichte schließlich Europa, um in die dortigen Märkte einzudringen. Bis
in das frühe 20. Jahrhundert hinein wuchs die Kühlkette vor allem unter der Ägi-
de der Fleischproduktion. Dabei entwickelte sie sich als eine Infrastruktur zweiter Ordnung, indem sie sich schon bestehenden Infrastrukturen gleichsam auf-
pfropfte und in deren Möglichkeitsräumen entfaltete. So wurde zunächst entlang
der bestehenden Eisenbahnlinien ein System aus Eisstationen errichtet, um die

---

6   Beruhend auf den Abgaben der Selbstdarstellung des Unternehmens: http://www.pcf-frank
     furt.de (abgerufen am 28. Januar 2017).

noch mit Eisblöcken temperierten Kühlwagen regelmäßig auffrischen zu können (Rees, 2013, S. 90 ff.). Bereits Frederic Tudor, der „Vater" der Kühlkette, errichtete in der ersten Hälfte des 19. Jahrhunderts ein Netz aus Eishäusern in den Häfen großer Schifffahrtslinien. Ab den 1870er Jahren entwickelten große Fruchthandelsgesellschaften eine exakt aufeinander abgestimmte Logistik des Anbaus, der Ernte und des Transports verderblicher Güter mittels kühltechnisch ausgerüsteter Schiffe, Häfen und Eisenbahnlinien. Zur logistischen Verknüpfung der kolonisierten Räume mit den urbanen Zentren ist die Kühlkette systematisch mit den Transport- und Kommunikationsinfrastrukturen verschaltet und synchronisiert worden. Nach den Häfen, Schiffslinien, Eisenbahn- und Telegraphennetzen kamen ab dem Ersten Weltkrieg die Strom- und Straßennetze hinzu – später die Flugzeuge, Satelliten und das Internet.

Dieser Entwicklungslogik entsprechend sind es vor allem große Infrastrukturunternehmen gewesen, die den Ausbau der Kühlkette systematisch vorantrieben. Das hat nicht nur finanzielle, sondern auch funktionale Gründe. Schon während der Hochphase des Natureishandels wurde das Eis vor allem von jenen Firmen ausgeliefert, die sich auf den Kohlehandel spezialisiert hatten, da der Kühlbedarf praktischerweise genau dann zunahm, wenn der Verbrauch an Heizmaterial sank und umgekehrt (Rees, 2013, S. 79). Bei der Umstellung von Natur- auf Kunsteis sind es die Elektrizitätswerke, die sich zu wichtigen Eisproduzenten entwickelten: In dem Maße wie der Stromverbrauch im Sommer abnahm, wurden die überschüssigen Kapazitäten durch die sehr energiehungrigen Eismanufakturen verwertet, deren Produkte in eben genau dieser Zeit dringend benötigt wurden. Teilweise verdienten die Stromversorger mit der Eisproduktion sogar mehr als mit dem Stromgeschäft selbst (Rees, 2013, S. 53). Mit der immer besseren Verfügbarkeit künstlicher Kälte entfaltete sich eine einheitliche topologische Struktur, die infolge ihrer Infrastrukturierung operative Regeln gelingenden Prozessierens ausgebildet hat, die letzlich der obersten Maxime folgen: *Die Kühlkette darf nicht unterbrochen werden!* Dieser Maxime gemäß entstand ein zunehmend lückenloses Netz, das sich sehr schnell um den ganzen Globus auszubreiten begann.

Als Infrastruktur zweiter Ordnung wird das mittlerweile globale Kältenetzwerk inzwischen als ein in mehrere Klimazonen ausdifferenzierter Transportraum mittels Computer und Satelliten in Echtzeit kontrolliert. Die gegenwärtige Herausforderung der Kühlkettenoptimierung liegen in der Implementierung digitaler Informationstechnologien und RFID-Chips und der systematischen Identifizierung von Lecks des operational geschlossenen Kälteraums (Emond, 2008; Gwanpua et al., 2014). Die computerisierte und containerisierte Logistik des modernen *Cold Chain Management* ermöglicht dank digitaler Vernetzung eine stabile Zirkulation organischer Substanzen innerhalb modularisierter Kühlketten in bislang ungeahnter Geschwindigkeit und Kapazität. Die globalen Kühlnetzwerke stiften damit nicht nur gänzlich neu strukturierte Spielräume des Prozessierens, sondern auch eine umfassende Verfügbarkeit organischen Materials, sei es zu Zwecken der Ernährung, sei es für medizinische Zwecke. Die Kühlkette erweist sich so als das fundamentale raum-zeitliche Dispositiv kryogener Kulturen. Sie koppelt die kühltechnisch induzierten Orte der Produktion und Konsumtion aneinander und integriert sie in einen gemeinsamen, biozentrierten Raum, in dem organische Substanzen zwischen beliebigen Punkten zu identischen Bedingungen transportiert werden können. Im Alltag wird die geschlossene Kühlkette für gewöhnlich nur an den offenen Enden des Konsums wahrnehmbar – die seit den 1920er Jahren in den Bereich des Privaten hinein verlängert werden.

2.3 Räume der Konsumtion

Vor der Verbreitung des Kühlschranks bildeten große, zentrale Kühlhäuser die Endpunkte der Kühlkette und damit das dritte topologische Paradigma der Kryosphäre: Die Räume der Konsumtion sowohl von Kühlwaren, aber auch der Kälte selbst. In den Kühlhäusern, die sich stets an großen urbanen Verkehrsknotenpunkten entwickelten, liefen alle Frischwarenlieferungen wie in Markthallen zusammen. Der Gang in die Kühlhäuser erlaubte so nicht nur die Besorgung frischer Lebensmittel, sondern auch eine Erfrischung des eigenen Körpers an heißen Sommertagen. Um die Kühlhäuser, eigentümliche Hybriden aus Transport- und Speicherräumen, gruppierten und verdichteten sich die vielschichtigen Infrastrukturnetze sowie ein sich immer feingliedriger ausbildendes Regime der biopolitischen Regulation. Denn die technisierte Frische bedurfte aus kulinarischen wie hygienischen Gründen der ständigen Kontrolle. Im Hinblick auf die Verbesserung der allgemeinen Ernährungslage bildeten um 1900 die Auswirkungen der Kühltechnik auf die Gesundheit der Bevölkerung ein zentrales Thema der Biopolitik (Friedrich & Höhne, 2014). Es galt, mithilfe von Gesetzen, Behörden, Sachverständigen und Prüfinstrumenten, die Risiken unsachgemäßer Kühlung zu minimieren und die vitalisierende Wirkung künstlicher Kälte maximal zu steigern. Die Debatte beschränkte sich bald nicht mehr nur auf Lebensmittel. Ab der Mitte des 19. Jahrhunderts interessieren sich auch Mediziner, Sozialreformer, Architekten, Stadtplaner und Politiker mehr und mehr für die gesellschaftlichen Implikationen der sich stetig ausweitenden Kryosphäre.

Heute ist die Klimatisierung urbanisierter Räume so weit vorangeschritten, dass diese in ihren höchstentwickelten Formen auch kühlkettenförmig organisiert ist: Wo Flughäfen, Züge, Taxis und Hotels klimatisiert sind, ist es prinzipiell möglich, sich von einem Ende der Welt zu einem anderen durch eine ununterbrochene Kühlkette zu bewegen, deren Zweck die Frischhaltung menschlicher Leiber ist.

Das Wachstum des klimatisierten Teils der Kryosphäre folgt dabei nicht nur luxurierenden, sondern auch umfassenden ökonomischen und geopolitischen Zwecken.[7] Auch hier lässt sich sehen, wie sich verschiedene Raumlogiken überlappen und einander bedingen. Die Konsumtion künstlicher Kälte in Verkehrsinfrastrukturen lässt sich als Produktion und Distribution frischer Arbeitskräfte und damit als eine Form biopolitischer Regulation verstehen, der auf Ebene der Nahrungsmittel die Sicherung von Gesundheits- und Hygienestandards entspricht.

Die Erfordernisse der Kühlung frischer Lebensmittel sind es indessen, die zunächst die topologische Entwicklung der Kryosphäre bestimmten. Bei der Einführung des elektrischen Kühlschranks in den 1920er Jahren waren es abermals große Energieunternehmen, insbesondere *General Electric,* die sich gezielt an der Markteinführung von Kleinkälteapparaturen für Privathaushalte beteiligten. Ein Kühlschrank verursachte etwa die Hälfte des Stromverbrauchs eines durchschnittlichen Haushaltes, sodass die Verbreitung der Kleinkälte den Stromversorgern großartige Geschäfte erlaubte (Freidberg, 2010, S. 39; Rees, 2013, S. 145 f.). Nach dem entsprechenden Ausbau der Stromnetze und der flächendeckenden Elektrifizierung der Privathaushalte ging die Herstellung elektrischer Kühlschränke in die Massenproduktion über. 1918 brachte *General Motors* das *Modell Frigidaire* auf den Markt. Spätestens ab den 1950er Jahren hielt der Kühlschrank im großen Stil Einzug in die bürgerlichen Haushalte (Giedion, 1982). Während des Kalten Krieges ist er zunehmend als ein Küchenmöbel in Erscheinung getreten, dessen Besitz das Selbstverständnis der industrialisierten Gesellschaften prägt – diesseits wie jenseits des Eisernen Vorhangs. Inzwischen gehört er einem großtechnischen Regime der industrialisierten Frische an und ist Voraussetzung des modernen Lebensstils. Die selbstverständliche Verfügung über künstliche Kälte definiert nun geradezu eine Lebensform: „Ice is civilization" (Theroux, 1982, S. 35). Seit 1984 schließt das Verständnis von Menschenwürde in Deutschland den Besitz eines Kühlschranks ein.[8]

Mit der nun mühelos verlängerten Lagerung und Bevorratung frischer Lebensmittel auch im Privaten sowie einer zunehmenden Internationalisierung und Verwissenschaftlichung des Speiseplans wandelten sich alltägliche Ernährungs- und Lebensgewohnheiten – und mit ihnen die Raum-Zeit-Organisation der modernen Gesellschaft. Die Kryosphäre als ein global vernetzter Kälteraum

---

7   Eine ausführliche Darstellung dieser Entwicklung findet in Stefan Höhnes Beitrag in diesem Band.

8   „Das Verwaltungsgericht in Berlin stellt 1984 fest, eine der Würde des Menschen entsprechende Lebensführung erfordere den Kühlschrank und verlangt, einem Sozialhilfeempfänger seien die Anschaffungskosten für ein Kühlgerät zu ersetzen. Schon Anfang der sechziger Jahre hatte das Oberlandesgericht in Frankfurt in einem vielbeachteten Urteil die Unpfändbarkeit des Gerätes mit den veränderten Lebensverhältnissen begründet." (Hellmann, 1991, S. 151).

entkoppelt das kulturelle Raum-Zeit-Gefüge zunehmend vom natürlichen. Von der thermodynamischen Infrastrukturierung des Raums profitiert auch der dritte Bereich der Konsumtion biozentrischer Kühltechnik: die Bereitstellung und Inanspruchnahme medizinischer und biotechnologischer Produkte. Von Blutkonserven über Keimzellen bis hin zu Organen ist der weltweite Konsum tierischer wie menschlicher Körperflüssigkeiten und -teile wesentlich auf eine lückenlose Kühlinfrastruktur angewiesen.

Gerade das Blut spielte eine Pionierrolle in der Erschließung der Frischwarentransporträume für neue Zwecke. Die Einrichtung von Blutbanken verdankt sich wesentlich ihrer militärischen Vorgeschichte. Während des Zweiten Weltkriegs wurden neben Blutbanken zur Versorgung verwundeter Soldaten (Swanson, 2014, S. 49–119) auch die erste Langstrecken-Kühlkette für militärische Blutkonserven von den USA bis in den Pazifik eingerichtet, die nach dem Ende des Krieges für neue biopolitische Zwecke umgenutzt wurde, und zwar für den Transfer von Blutproben indigener Gruppen in die technowissenschaftlichen Zentren der industrialisierten Welt, wo sie im Zuge anthropologischer, humangenetischer und immunologischer Studien im Hinblick auf ökologische und epidemiologische Risiken des technischen Fortschritts für die Weltgesundheit untersucht wurden (Radin, 2012, 2013, 2014). Immer mehr medizinische Verbrauchsgüter können durch immer zuverlässigere Kühlapparaturen immer besser verfügbar gemacht werden. Der Anteil biomedizinischer Produkte, die in der Kryosphäre zirkulieren, wächst beständig. Mit den Erfolgen der Transplantationsmedizin wurde die Kühlkette auch für den Versand von Organen erschlossen. Bei der Kommodifizierung und dem Konsum reproduktionsmedizinischer Produkte stand vor allem die kühltechnische Aufrüstung der Viehzucht Modell. Dem profitablen Versandhandel mit Bullensamen folgte die Einrichtung menschlicher Samenbanken, auch in der Art der Vermarktung (Parry, 2015). Mit der Entwicklung dieser Strukturen wurden zugleich neue Optionen für Zwecksetzungen realisiert, d. h. die neuen technischen Möglichkeiten wurden als Mittel für Zwecke erschlossen, die sich an ihnen erst ausbildeten. So kommen etwa ungenutzte Eizellspenden, die im Rahmen des *Social Freezing* anfallen, zunehmend für die Stammzellforschung in Betracht, die es ihrerseits auf eine Optimierung der Gesundheit der Bevölkerung oder bestimmter Bevölkerungsgruppen abgesehen hat (Friedrich, 2016). Vor allem dieser Konsumbereich hat eine neue Form der Verfügbarmachung des Lebendigen und damit ein neues topologisches Paradigma hervorgebracht.

2.4   Räume der Disposition: Biobanken und Kryokonservierung

Das vierte und letzte topologische Paradigma der Kryosphäre bilden die Räume der Disposition in Gestalt von Biobanken und Kryokonservierungsanlagen. Sie können im Sinne des *Topologischen Manifests* als thermodynamische Speicherräume gelten (TM [19]). Der durch Kühlung potentiell unendlich verlangsambare Zersetzungsprozess organischer Substanzen ermöglicht eine umfassende biotechnologische Manipulation und eine vorher nie dagewesene Macht über das Leben. Kryogenische Verfahren gestatten das Einfrieren von Blutprodukten, Geweben, Samen, Embryonen. Organspenden und In-Vitro-Fertilisation verdanken sich in entscheidendem Maße den logistischen und technischen Prozessen kältetechnischer Konservierung. Mit der Einrichtung von Biobanken dehnt sich die Kühltechnik über die gesamte Sphäre des Lebens aus, sucht nun den direkten Zugriff auf das Lebendige selbst, und zwar auf dem Weg der kühltechnischen Archivierung seiner interessantesten Komponenten. Als ‚interessant' dürfen dabei diejenigen biologischen Komponenten gelten, die von einer bestimmten sozioökonomischen oder biopolitischen Gemeinschaft als wertvoll für die eigene Lebensform erachtet und entsprechend kommodifiziert werden: biologische Stoffe, die dazu beitragen sollen, das Leben und die Vitalität der Bevölkerung zu erhalten, zu sichern, zu verlängern, zu vermehren und zu steigern.

Zu diesem Zweck werden weltweit tieftemperaturbasierte Samenbanken für Pflanzen, Tiere und Menschen errichtet, von denen man sich eine Sicherung bestimmter Optionswerte verspricht. Dazu zählen etwa das *Svalbard Global Seed Vault* als der globale Backup-Speicher für nationale oder regionale Saatgutbanken (Alpsancar, 2017), die reproduktionsmedizinischen Kryobanken für humane Keimzellen beiderlei Geschlechts, die bereits in der Mitte des 20. Jahrhunderts entstandenen Spermabanken für Zuchttiere oder die 1914 gegründete *American Type Culture Collection* (ATCC), in der – Akteur-Netzwerk-theoretisch gesprochen – biologische Spezimen in *immutable mobiles* (Latour, 1987, S. 237) verwandelt werden: unveränderliche und zirkulierbare Referenzobjekte, deren zentralisierte Verfügbarkeit die Vergleichbarkeit und Reproduzierbarkeit biologischer Experimente industrieller, staatlicher und internationaler Akteure wie der *U. S. Food and Drug Administration* oder der *Weltgesundheitsorganisation* WHO sicherstellt (Landecker, 2010). Je nach Bedarf und Umständen können die kryokonservierten Bestände aus den zentralen Tiefkühlspeichern abgerufen und überall dahin geliefert werden, wohin die Kühlkette reicht.

Die Bestandsbildung als solche akkumuliert dabei nicht nur Stoffe als Material für bestimmte Zwecke, die die Bestandsbildung von vorn herein anleiten. Wie viele der genannten Beispiele bereits zeigen, werden an den einmal gebildeten Beständen oder Infrastrukturen Zweckoptionen generiert, die von unterschiedlichen

Akteuren in unterschiedlicher Weise realisiert werden. Teils werden bestimmte Bestände ganz explizit für „purposes ‚as yet unknown'" (Radin, 2012, S. 223) gebildet, wie etwa in Biobanken, die der Konservierung bedrohter Spezies gelten, die daher auch oft als „Archen" bezeichnet werden. Die Archive als Archen gehen dabei über den bloßen Bestandsschutz hinaus, etwa, wenn sie als Rohstoff künftiger Biotechnologien in den Blick kommen, die noch nicht entwickelt sind, deren Entwicklung aber angestrebt wird; oder wenn genetische Bestände als Grundlage von Züchtungsabsichten oder eugenischer Projekte dienen sollen. Bisweilen werden diese Bestände auch gar nicht mehr auf ihren Verbrauch hin kalkuliert, sondern fungieren lediglich als reine Optionswerte, über die es – nationalökonomisch oder biopolitisch gedacht – besser ist, verfügen zu können, als verzichten zu müssen. Daher bilden sich in jüngerer Zeit Akteurs-Netzwerke wie die *Gemeinschaft Deutscher Biobanken e. V.* aus, denen es um eine höherstufige Absicherung der Sicherungsmechanismen für die Optionswerte zu tun ist.[9] Wenn etwa eine Kryobank havariert, soll damit eine schnellstmögliche Verlagerung des bedrohten Speicherguts in das nächstgelegene Tiefkühlarchiv mit entsprechenden Kapazitäten gewährleistet und so der Verlust kostbaren Biokapitals verhindert werden. „Speicherräume haben immer auch den Aspekt, ein Sicherheitsraum zu sein" (TM [21]). Voraussetzung dafür ist hier eine lückenlose und effiziente Kühlkette, die damit zum Gegenstand biopolitischer Strategien wird.

Sukzessive zu einem großtechnischen System der künstlichen Kälte ausgebaut, hat die Kühltechnik völlig neue Möglichkeiten der Disposition organischen Materials eröffnet. Die Möglichkeit, Lebensprozesse auszusetzen, um sie zu einem beliebigen Zeitpunkt wieder einsetzen zu lassen, hat die Macht über das Leben als solches enorm gesteigert. Diese Macht befähigt nun nicht nur dazu, neuartige Archive des Lebens zu bilden. Die Kryokonservierung stellt eine neue Stufe der Ausbildung dessen dar, was Foucault ‚Biomacht' nannte (1999, S. 291): Wenn diese darin besteht, Leben zu machen und sterben zu lassen, so lässt sich das Wesen dieser neuen, kryogenen Biomacht darin bestimmen, Leben zu machen und *nicht* sterben zu lassen (Friedrich, 2017; Friedrich & Höhne, 2014, S. 2; Kowal & Radin, 2015, S. 68). Indem sie das Organische nicht nur als Vorhandenes, sondern als *Option* und *Potentialität* konserviert, bilden Biobanken ein raum-zeitliches Dispositiv der Biomacht als *modaler:* Sie richtet sich nicht nur auf das schon existierende, sich entwickelnde, sondern auch auf die Optimierung des *möglichen* Lebens, dessen Potentiale in den eisigen Archiven akkumuliert werden. Die spezifische Modalität der kryogenen Biomacht besteht damit darin, *sicherzustellen,* dass sie Leben machen *kann.* In Bezug auf tierisches und menschliches Leben wird die neue

---

9   http://www.kryobanken.de/ziele.php. Siehe dazu auch die Vereinssatzung vom 28. Juni 2010.

Qualität der kryogenen Biomacht umso deutlicher, als die Konservierung und reproduktionstechnische Behandlung von Samen- und Körperzellen ohne Kühltechnik gar nicht möglich wäre. Wenn die moderne Biotechnologie auf der medizinischen Bereitstellung biologischer Artefakte, wie Stammzellen, Blutkonserven und Transplantaten beruht, so sind diese Artefakte wesentlich kryogene Erzeugnisse, die das Leben als Phänomen und Begriff neu zur Disposition stellen. Die Voraussetzung dafür sind die neuartigen Speicherräume in Gestalt von Kryobanken und -archiven – deren infrastrukturiertes Korrelat nicht nur die kryogenen Dispositionsräume sind, sondern auch eine neue Form von Leben ist.

3 Macht und Technik: Die Kryosphäre als Medium und Möglichkeitsraum

Um den neuartigen und umfassenden Zugriff auf das Lebendige zu ermöglichen, der sich in der kryogenen Biomacht artikuliert, wird das Leben in einen Zustand versetzt, der es dem Tod unendlich annähert und zugleich unendlich weit von ihm entfernt ist. In diesem Zustand, der bereits unterschiedliche Namen erhalten hat (*latent life, anabiosis, suspended animation, cryostasis*), kann das suspendierte Leben innerhalb der Kühlketten zur Zirkulation gebracht werden, die zunächst für Lebensmittel geschaffen wurden, d. h. für tote Organismen, die von lebenden verdaut werden sollen. Das tiefgekühlte Ensemble des latenten Lebens umfasst kryogene Konserven von Mikroorganismen, Saatgut, Blut, Sperma, Gewebe, Organe und vieles mehr. Diese können an einem Ort der Welt gleichsam auf Eis gelegt werden, damit sie an einem anderen Ort zu einem beliebigen Zeitpunkt wieder aufgetaut und einem geeigneten Organismus zugeführt werden können, um dessen Leben zu verlängern, zu steigern oder zu verwandeln. Die Gesamtheit des kühltechnisch ermöglichten Lebens kann daher als *kryogenes Leben* bezeichnet werden. Indem es das Leben in seiner Frische, das heißt in seiner besten Form, darstellt, zeichnet es sich über den neuen, kryogenen Zustand der Latenz hinaus durch eine spezifische Modalität aus, die in seiner technischen Verfügbarkeit, also in seiner Disponibilität besteht. Indem die Kühltechnik das entropische Schicksal aller organischen Entitäten aufzuhalten verspricht, stellt es ihr Schicksal zur Disposition.

Die Macht, die über diese Disposition verfügt, ist die Biomacht. Mit dem Dispositiv ihres kryopolitischen Netzwerks erlangt die Biomacht eine bisher nie dagewesene Kontrolle nicht nur über den Gattungskörper, sondern über das Leben als solches. Das Leben, das als Ergebnis dieser Macht hervorgebracht und nicht sterben gelassen wird, kann sich auf sehr unterschiedliche Weise darstellen. Höchst unterschiedlich sind auch die Zwecke, denen es zugeführt werden soll und ebenso verschieden die Praktiken, mit denen es für diese Zwecke reserviert wird. Doch ebenso wie biozentrische Kühltechniken – von Klimaanlagen bis zu Kryobanken – eine unverzichtbare Technik darstellen, die all diesen Praktiken zugrundeliegt, scheint sich in der Entwicklung der Kryosphäre ein geradezu teleologisches Moment zu entfalten. Denn die Tendenz lässt sich von dem Zweck der Optionalisierung (oder: Disponibilisierung) her bestimmen: Alles, was geeignet ist, die Verfügbarkeit lebendiger Substanzen zu verbessern, wird (zumindest der Möglichkeit nach) mobilisiert werden; wenn auch nicht überall und nicht für alle (das ist das das Problem der Aktualisierung, das sich in Form sozialer Rechte, Privilegien oder Ausschlüsse manifestiert). Und zu dem, was da mobilisiert wird, gehören wesentlich biozentrische Kühlmaschinen und deren systemische Verknüpfung zu einem weltweiten Netz der künstlichen Kälte.

Angesichts dieser enormen Macht der Kryosphäre und der scheinbaren Zielgerichtetheit dieses globalen Netzwerks stellt sich die Frage: Woher rührt das Ziel dieser Entwicklung und wer ist das Subjekt dieser Macht? Eine genauere Analyse kann im Ausgang von der Korrelativität der Grundbegriffe „Mittel" und „Zweck" vorgenommen werden, wie sie von Christoph Hubig (2006) rekonstruiert wurde. Mittel und Zwecke sind demnach nicht unabhängig voneinander denkbar: Im Unterschied zu bloßen Wünschen werden Zwecke als erstrebenswerte Sachverhalte nach Maßgabe ihrer Herbeiführbarkeit durch Mittel gesetzt. Zwecke sind nur nach Maßgabe einer unterstellten Herbeiführbarkeit Zwecke; Herbeiführbarkeit ist eine notwendige Bedingung des Zweckseins. Umgekehrt sind Dinge oder Ereignisse für sich gesehen keine Mittel; nur nach Maßgabe ihrer Dienlichkeit für Zwecke gewinnen sie ihren Charakter als Mittel, werden zu (funktional) bestimmten Sachen. Zwecke sind notwendige Bedingungen für Mittel in ihrer Dienlichkeit. Dienlichkeit und Herbeiführbarkeit sind also zwei Beziehungen des korrelativen Verhältnisses von Mitteln und Zwecken, welches sich als eines der wechselseitig notwendigen Bedingungshaftigkeit erweist. Dienlichkeit ist eine Inferenz, d.h. Begriffsimplikation für Mittel, Herbeiführbarkeit eine Inferenz für Zwecke.

Wie die Endungen „-lichkeit" und „-barkeit" anzeigen, handelt es sich nicht um die Verfasstheit manifester Ursächlichkeit für eine bestimmte Wirkung oder die manifeste Verfasstheit von Wirkung einer bestimmten Ursache, sondern um *Dispositionen*, d.h. um Eigenschaften, die eine mögliche Wirksamkeit oder mögliche Ursächlichkeit ausdrücken, welche erst aufgrund *struktureller Bedingungen* (Eignung) in Verbindung mit *hinreichenden Voraussetzungen für die Auslösung des Effektes* (Gelegenheit) eintritt. Wenn auch der ontologische Status von Dispositionen in der Wissenschaftstheorie notorisch umstritten ist (Hubig, 1997, Kap. 2.2; Jansen, 2004), handelt es sich bei „Dienlichkeit" und „Herbeiführbarkeit" jedenfalls um *modale* Inferenzen. Sie charakterisieren den jeweiligen Möglichkeitsraum, innerhalb dessen Mittel und Zwecke in ihrer spezifischen korrelativen Beziehung stehen.[10] Im Bereich des Technischen handelt es sich um einen artifiziellen Möglichkeitsraum, dessen Gestaltung verschiedene Ebenen umfasst. Diese machen die Momente des technischen Systems aus, in dem spezifische Mittel-Zweck-Korrelativitäten auftreten können. Im Bereich der Kryosphäre handelt es sich entsprechend um einen Möglichkeitsraum, in dem sich die Mittel-Zweck-Korrelativitäten an der zu steigernden Disponibilität des kryogenen Lebens ausrichten.

Herbeiführbarkeit und Dienlichkeit sind als modale Inferenzen noch weiter potenzierbar, wenn eine Herbeiführbarkeit qua möglicher Mittel unterstellt, erstrebt, gesucht und entwickelt wird, damit völlig neue Zwecke validierbar werden und in den Streit um ihre Rechtfertigbarkeit geführt werden können. Oder wenn eine Dienlichkeit für mögliche Zwecke unterstellt wird und realisiert werden soll, wobei eine Bindung an reale Zwecke oder als real vorgestellte Zwecke noch nicht ersichtlich ist und die Mittel in gewisser Hinsicht als neutrale Ressourcen, als bloße ungebundene Ursächlichkeit untersucht und hergestellt werden. Genau dieser Prozess lässt sich im Umgang mit kryokonservierten Beständen erkennen, die zunächst für bestimmte Zwecke angelegt wurden, z. B. Blutkonserven indigener Völker oder Fertilitätsreserven von Frauen, die mit der Tiefkühlspeicherung ihrer Eizellen sich die Möglichkeiten einer späteren Schwangerschaft offenhalten wollen. Geht der ursprüngliche Zweck solcher Kryokonserven anderweitig in Erfüllung oder verloren, kommen sie – insbesondere dadurch, dass ihr zumeist kostspieliger Verbleib in den Speicherräumen zur Disposition steht – für neue Zwecke in Betracht, etwa für die biomedizinische Forschung. Neben relativ hohen „versunkenen" Kosten, die sich in der Regel mit kryokonservierten Gütern verbinden, können auch moralische Skrupel die Entsorgung überflüssig gewordener Tiefkühlbestände verzögern oder verhindern, insbesondere dann, wenn es sich um Humangewebe handelt. In seiner Eigenschaft als „potentielles Leben" ist es aus Sicht der kryogenen Biomacht ohnehin etwas, das *nicht* sterben darf. Unter diesen Modalitäten werden die zur Disposition stehenden Bestände nun für neue Zwecke adressierbar, die darin mögliche Mittel zu ihrer Realisierung sehen. Die noch mittellosen Zwecke erheischen so unter Maßgabe ihrer unterstellten Herbeiführbarkeit die zwecklos gewordenen Mittel im Hinblick auf deren Dienlichkeit für Anderes.

Was in dem Vorgang noch als *bestimmtes Anderes* in Gestalt eines neuen Zwecks in den Blick kommt, hat sich nun als modale Inferenz an der Erfahrung

---

10 Ein solcher Möglichkeitsraum lässt sich durch den Terminus „Medium" bzw. „Medialität" charakterisieren (Hubig, 2006), der in der philosophischen Tradition auch in einem weiteren Sinne für die Charakterisierung der Korrelativität von Ursache und Wirkung mit ihren modalen Inferenzen einer aktiven Kraft als Potenzial und der Disposition zur Aktualisierung dieser Kraft beim Bewirkten als passive Kraft gebraucht wird.

im Umgang mit kryokonservierten Beständen im Hinblick auf ein *unbestimmtes Anderes* weiter potenziert, und zwar in Gestalt möglicher Zwecke, deren Herbeiführbarkeit noch nicht ersichtlich ist, die aber – vermöge des wissenschaftlichen und technischen Fortschritts – als künftig realisierbar in Betracht gezogen und als solche strategisch einkalkuliert werden. Für die noch unbekannten Möglichkeiten und Zwecke werden in Kühlspeichern unerschlossene Potentiale in Gestalt kryokonservierter Biota akkumuliert, die – vermöge ihrer Lebendigkeit – sonst Gefahr laufen, zukünftigen Zwecken nicht mehr zur Verfügung zu stehen. Denn Lebendigkeit heißt auch Veränderlich- und Sterblichkeit. Beides wird in den Kältespeichern inhibiert. Auf diese Weise verwandeln sich die Bestände des kryogenen Lebens in *potentielle Optionswerte*,[11] deren Bestandserhaltung und Bewirtschaftung eine technische Infrastruktur voraussetzt, die auf die Sicherstellung einer Realisierbarkeit noch unbekannter Potentiale abgezweckt ist.

4 Macht: Die Kryosphäre als Netzwerk und Dispositiv

Um die Realisierbarkeit der unbekannten Potentiale des kryogenen Lebens sicherzustellen reicht es nun nicht, die Räume der Disposition, d. h. die Kältespeicher, als bloße Aufbewahrungsorte zu bewirtschaften. Damit ihr Bestand verfügbar bleibt und zweckdienlich sein kann, müssen diese Räume Teil eines Netzwerks sein, das sich in diesem Fall als der artifizielle Möglichkeitsraum eines infrastrukturierten Gefüges darstellt, das zum einen aus der Interaktion höchst unterschiedlicher Akteure mit sehr heterogenen Zielen hervorgegangen ist[12] und zum anderen einer einheitlichen Strategie zu folgen scheint: das Leben zunehmend disponibel zu machen. Die Kryosphäre als ein Möglichkeitsraum, in dem sich die

---

11 Optionswerte beruhen normalerweise auf dem Kalkül, demzufolge es besser ist, über die Möglichkeiten zu verfügen, die sie bieten, als auf diese Möglichkeiten zu verzichten, auch wenn diese mit Investitionen unbekannten Ertrags verbunden sind. „Potentielle" Optionswerte würden sich demgegenüber dadurch auszeichnen, dass nicht sicher ist, welche Möglichkeiten sie (noch) eröffnen und daher auch nicht, ob diese tatsächlich Vorteile bieten oder nicht vielmehr Nachteile, die ja noch ebenso unbekannt sind wie das Potential, denen sie sich verdanken. Kryokonservierte Biota wären dann Hybride aus „normalen" und „potentiellen" Optionswerten, insofern man teils schon weiß, wozu sie gut sind, teils dieses Wissen zukünftigen Generationen überlässt.

12 In dem Beitrag wurden nur einige Akteursgruppen genannt: Lebensmittelfabrikanten, Kältetechnikingenieure, Energiebetreiber, Landwirte, Politiker, Handels- und Logistikunternehmen, Biobanken, NGOs, staatliche und überstaatliche Gesundheitsbehörden, medizinische Dienstleister und Forschungszentren, Maschinenbauer, Kommunikationsunternehmen, Konsumenten, Militärs. Die Liste ließe sich noch um eine ganze Reihe weiterer Akteure erweitern; siehe dazu auch Friedrich & Höhne (2014).

Mittel-Zweck-Korrelativitäten an der zu steigernden Disponibilität des kryogenen Lebens ausrichten, lässt sich damit sowohl als unverabredeter Effekt der Operationen heterogener Akteurs-Netzwerke verstehen als auch als strategisch angelegtes Dispositiv einer modal verfassten Macht, der kryogenen Biomacht – oder kurz: Kryomacht (Friedrich, 2017). Das widersprüchlich erscheinende Verhältnis beider Momente soll nun abschließend noch im Zusammenhang mit der paradoxen, letztlich dialektischen Konsequenz betrachtet werden, dass mit der gesteigerten Disponibilität, die der Möglichkeitsraum der Kryosphäre eröffnet, zugleich eine Abhängigkeit von ihm einhergeht, wodurch sie selbst indisponibel wird.

Die indisponiblen Momente der Kryosphäre lassen sich am deutlichsten an den Konsequenzen des Imperativs erkennen, dass die Kühlkette nie unterbrochen werden darf. Der Imperativ hat ja zwei Seiten: Zum einen bezieht er sich auf die Sicherheit der darin zirkulierten Frischwaren, die jederzeit unter der thermodynamischen Kontrolle präziser Kältemaschinen gestanden haben müssen, um im Moment ihres Verzehrs relativ sorglos konsumiert werden zu können. Zum anderen bezieht sich der Imperativ auf die Systemrelevanz der Kühlkette. Ihr Totalausfall würde unsere Gesellschaft rasch in einen geradezu katastrophalen Zustand führen, denn für die Menge der zu ernährenden Menschen wären subsidiäre Versorgungspotentiale rasch erschöpft, während zugleich das vorhandene Kühlgut, zu dem ja nicht nur Essen zählt, in gigantischen Mengen auf einen Schlag verderben und eine beispiellose hygienische Misere auslösen würde. Über dieses quasi apokalyptische Argument für die Systemrelevanz der Kühlkette hinaus, das sie mit anderen Worten als kritische Infrastruktur qualifiziert, lässt sich auch geltend machen, dass selbst bei einem nicht-katastrophischen, sondern geordnetem Rückbau der Kühlkette derzeit kein adäquater Ersatz für ihre Leistungen verfügbar wäre, der den Verlust kompensieren würde. Denn ihr Wegfall würde ja nicht nur den Zugang zu bestimmten Gütern, wie etwa Südfrüchten, Frischfleisch, Blutkonserven oder Impfstoffen, sondern auch die Koordination der an ihren Leistungen partizipierenden Akteure und ihrer Beziehungen zueinander, also das Raum-Zeit-Gefüge der modernen Gesellschaft betreffen. Indisponibel ist die Kryosphäre also nicht deswegen, weil die involvierten Akteure keine Macht hätten, sie zu demontieren (sie selbst sind es ja, die sie beständig aufrechterhalten), sondern weil eine derart grundlegende Änderung mit inakzeptablen Konsequenzen verbunden wäre, solange eine Alternative fehlt, die sich auf das gesamte Spektrum des kryogenen Möglichkeitsraums bezieht. Obwohl also die technischen und operativen Einzelheiten des kryogenen Netzwerks und die damit verbundenen Möglichkeiten disponibel sind, ist es als Ganzes im Hinblick auf seine Systemrelevanz indisponibel. Die Indisponibilität der Kryosphäre ist also weder technisch noch historisch *determiniert,* sondern gesellschaftlich *bedingt.*

Die Abhängigkeit moderner Gesellschaft von den Leistungen und Möglich-keiten der Kryosphäre korrespondiert wiederum einer allgemein fehlenden Über-sicht darüber, was wir alles der Kryosphäre verdanken. Die Gesamtheit der kryoge-nen Leistungen und Erzeugnisse ist in ihrem Umfang meist nicht bewusst. Dieses ‚technologisch Unbewusste‘ wird dadurch begünstigt, dass sich die Kryosphäre schon aus thermodynamischen Gründen von ihrer Umwelt abschotten muss und darum (aus Konsumentenperspektive) weitgehend unsichtbar bleibt. Gegenstand der Wahrnehmung sind zumeist nur die „offenen Enden" der Kühlkette, etwa das Kühlregal im Supermarkt, oder ihre „geblackboxten Zwischenglieder" in Gestalt von Kühltransportern, die die Autobahn verstopfen, oder von Flugzeugen, die betroffene Landstriche mit Lärm belasten. Dass das sich in zunehmenden Staus, Lärm, erhöhten Emissionen und letztlich auch in der Erwärmung des Erdklimas ausdrückende Wachstum der Kryosphäre, auch aufgrund ihrer thermodynamisch bedingten Abschottung,[13] nicht unter einem einheitlichen Gesichtspunkt wahr-genommen wird, begünstigt die Invisibilisierung ihrer Indisponibilität.

Unter diesen Voraussetzungen kann die Kryosphäre, im Hinblick auf die mit ihr verbundenen Leistungen, Möglichkeiten und Versprechen, umso leich-ter wachsen als dabei zugleich die Ungleichheit verborgen bleibt, mit der sie sich – eben auch ökonomischen und energetischen Kriterien folgend – über den Globus ausbreitet.[14] Eine Sichtbarmachung des systemischen Zusammenhangs wirft daher, zumal unter einer machttheoretischen Perspektive, die Frage nach dem Subjekt der Macht auf, die sich in dem Dispositiv der Kryosphäre artiku-liert. Diese Macht lässt sich als kryogene Biomacht bzw. Kryomacht adressieren. Nach Foucault wäre es aber verfehlt, diese Macht selbst wieder zu einem Sub-jekt zu hypostasieren – so als würde sie selber eine Form von Macht ausüben, die auf der Maxime gründet: *Maximiere die Optionen des Lebens durch die kühltech-nische Konservierung seiner Bestandteile!*, und zwar, um die Möglichkeit sicher-zustellen, *Leben zu machen und* nicht *sterben zu lassen*. Das Dispositiv, das dieser Maxime folgt, müsste mit Foucault vielmehr als eine Strategie ohne Subjekt ver-standen werden. Wenn eine solche Strategie aber weder das Ergebnis eines Deter-minationszusammenhangs noch das Resultat der Machtausübung eines Subjekts sein soll, wie lässt sich das Zustandekommen einer solchen einheitlichen Strate-gie eines so umfassenden soziotechnischen Systems wie der Kryosphäre plausibel rekonstruieren?

---

13 Hier zeigt sich, dass die Kryosphäre als ein Transport- und Mobilitätsraum die Qualität eines Speicherraums annimmt: „Orientieren sich Transporträume am *Sofort*, gilt in Spei-cherräumen das *Jederzeit*. Charakteristisch für Speicherräume ist dabei die Tendenz zu einer räumlichen Schließung, das heißt eine Materialisierung der strukturellen Differenz von In-nen und Außen." (TM [19]).
14 Mehr dazu auch in dem Beitrag von Stefan Höhne in diesem Band.

Hier könnte das „Übersetzungsmodell" der Macht hilfreich sein, das Bruno Latour dem „herkömmlichen Diffusionsmodell" der Macht entgegengesetzt hat, von dem bei Foucault noch Anklänge zu finden sind (Hubig, 2015, S. 88–95). Woraus diese Macht resultiert, ist für Latour nicht die Forschungsfrage; Macht wird resultativ gefasst als Ergebnis gelungener Übersetzungsketten. Wenngleich sein Konzept der Akteurs-Netzwerke sich als Gefüge nachvollziehbarer Bahnen mit materialen Trägern rekonstruieren lässt, so beruht seine Modellierung von Netzen nicht mehr auf einem Machtkonzept, demzufolge Macht etwas ist, was jemand besitzen kann im Zuge der Verfügung über ein Gut, welches er, bewehrt durch Sanktionen oder Gratifikationen, über ein Netz zur Verfügung stellt. Im Gegensatz zu Foucaults „Strategien ohne strategisches Subjekt", d.h. ohne ein Subjekt, dem die Autorschaft für die Erreichung strategischer Ziele zugeschrieben werden könnte, gibt es im Rahmen der Latour'schen Modellierung von Netzen keinen Ort für eine Konzeptualisierung von Strategien, es sei denn, man beschreibt das Resultat einer gelungenen Übersetzung verschiedener Operationsketten selbst als Ausdruck einer Strategie. Dann wäre das, was in der Sprache der ANT „obligatorischer Passagepunkt" heißt, der Ort einer realisierten Strategie (Hubig, 2015, S. 105 f.). Da diese Realisierung aber nicht das Resultat einer Verwirklichung der Intention eines einzelnen Akteurs (bzw. eines „mächtigen" Knotens im Netzwerk) ist, sondern der Gesamteffekt der gegenseitigen Beeinträchtigung und Übersetzung ihrer jeweiligen Operationsketten, kann man schwerlich von einer Strategie sprechen.

Ausgehend davon würde sich die Entwicklung von Kühl- und Kältetechniken und ihrer Umsetzung in Kühlketten als eine Netzdynamik dahingehend modellieren lassen, dass die Potentiale vom Frischhalten toter Organismen auf diejenigen eines Dem-Tod-Entziehens ausgeweitet wurden, indem die einmal für bestimmte Zwecke geschaffenen Infrastrukturen alternativ auch für andere Zwecke genutzt werden, sobald diese für bestimmte Akteurs-Netzwerke anschlussfähig, und das heißt: übersetzbar werden. Im Ausgang von der Kryokonservierung organischer Substanzen im Kontext der Desiderate militärischer Versorgung mit Blut, des Erhalts des Genpools indigener Völker oder der Bereitstellung von Tiefkühlkost für die Welternährung erweiterten sich die Anwendungsfelder auf bevölkerungspolitische Ambitionen, die Reproduktionsmedizin sowie die Sicherung biotischen Materials für die Zukunft, also die Verstetigung biologischer Potentiale als kryogenes Leben. Kühltechniken mit ihrer Infrastruktur wurden zum Dispositiv einer Biomacht, die ihre eigene Disponibilität erweitert.

Infolge der infrastrukturierten Vernetzung kryogener Operationsketten konnten sich also neue Zweck-Mittel-Korrelativitäten ausbilden, sodass aus bestimmten Mitteln neue, auch unbestimmte Zwecke entstehen können, die sich aber nie außerhalb, sondern immer schon innerhalb des – weiterwachsenden – Möglichkeitsraums ausbilden. Je mehr Möglichkeiten in diesem Raum hervortreten, sich in gesicherten Optionswerten manifestieren oder auf potentielle Optionswerte extrapolieren und aneinanderknüpfen, umso stärker arbeiten alle Operationsketten – auch unverabredet – an der Verstetigung des gemeinsamen Möglichkeitsraums, den man daher – *mutatis mutandis* – auch einen obligatorischen Passageraum nennen könnte. Es bildet sich aus, was man ein kollektives Interesse nennen kann, das sich in dem scheinbaren teleologischen Charakter der Kryosphäre bekundet. Dies ist es dann auch, was man mit Foucault wieder eine Strategie ohne Subjekt nennen könnte.

Literatur

Alpsancar, S. (2017). Von der Cultura zur Option. Wie Samenbanken als Sicherungstechniken Realwerte in Optionswerte verwandeln. *Jahrbuch Technikphilosophie*, 3, 427–444.

Anderson, O. E. (1953). *Refrigeration in America. A History of a New Technology and its Impact.* Princeton, NJ: Princeton UP.

Delitz, H., & Höhne, S. (2011). Gefüge, Kollektive und Dispositive. Zum „Infrastrukturalismus" der Gesellschaft, *Werkstatt ArtefaktTheorien II.* 18./19. März 2011, Center for Metropolitan Studies, TU Berlin. Abgerufen am 6. April von https:// www.geschundkunstgesch.tu-berlin.de/fileadmin/fg95/Veranstaltungen/2010/ CfP__Kollektive_und_Dispositive_-_Zum_Infrastrukturalismus_des_Gesellschaftlichen_18_19__2010_CMS_Berlin.pdf

Desch, S. J., Smith, N., Groppi, C., Vargas, P., Jackson, R., Kalyaan, A., Nguyen, P., Probst, L., Rubin, M. E., Singleton, H., Spacek, A., Truitt, A., Zaw, P. P., & Hartnett, H. E. (2017). Arctic Ice Management, *Earth's Future,* 5 (1), 107–127. doi: 10. 1002/2016EF000410

Dienel, H.-L. (1991). Eis mit Stil. Die Eigenarten deutscher und amerikanischer Kältetechnik. In Centrum Industriekultur Nürnberg & Münchner Stadtmuseum (Hrsg.), *Unter Null. Kunsteis, Kälte und Kultur* (S. 100–111). München: Beck.

Emond, J.-P. (2008). Cold Chain. In J. R. Williams, S. B. Miles, & S. E. Sarma (Hrsg.), *RFID Technology and Applications* (S. 144–155). Cambridge: Cambridge UP.

Foucault, M. (1999). *In Verteidigung der Gesellschaft. Vorlesungen am Collège de France (1975–76).* Frankfurt am Main: Suhrkamp.

Freidberg, S. (2010). *Fresh. A Perishable History.* Cambridge, MS: Harvard UP.

Friedrich, A. (2016). Die Vergänglichkeit überlisten – Leben und Tod in kryogenen Zeitregimen. *Jahrbuch Technikphilosophie*, 2, 35–56.

Friedrich, A. (2017). The Rise of Cryopower. Biopolitics in the Age of Cryogenic Life. In E. Kowal, & J. Radin (Hrsg.), *Cryopolitics. Frozen Life in a Melting World* (in Druck). Cambridge, MA: MIT.

Friedrich, A., & Höhne, S. (2014). Frischeregime. Biopolitik im Zeitalter der kryogenen Kultur. *Glocalism. Journal of Culture, Politics and Innovation,* 1 (2), 1–44. Abgerufen von https://doi.org/10.12893/gjcpi.2014.1-2.3

Giedion, S. (1982). *Die Herrschaft der Mechanisierung. Ein Beitrag zur anonymen Geschichte.* Frankfurt am Main: Europäische Verlagsanstalt.

Grunwald, A. (2012). „Lasst uns die Erde kühlen!". Neue Technikzukünfte in der Klimadebatte. In *Technikzukünfte als Medium von Zukunftsdebatten und Technikgestaltung* (S. 221–230). Karlsruhe: KIT Scientific Publishing.

Gwanpua, S. G., Verboven, P., Brown, T., Leducq, D., Verlinden, B., Evans, J., … Geeraerd, A. (2014). Towards Sustainability in Cold Chains. Development of a Quality, Energy and Environmental Assessment Tool (QEEAT). Abgerufen von: https://www.researchgate.net/publication/288794126_Towards_sustaina bility_in_cold_chains_Development_of_a_quality_energy_and_environmen tal_assessment_tool_QEEAT

Hård, M. (1991). Überall zu warm. Vorbilder und Leitbilder der Kältetechnik. In H.-C. Täubrich, J. Toeschke, & Centrum Industriekultur Nürnberg und Münchner Stadtmuseum (Hrsg.), *Unter Null. Kunsteis, Kälte und Kultur* (S. 68–85). München: Beck.

Hellmann, U. (1991). Höchst unauffällig. Der Aufstieg des Kühlschranks zur Unabdingbarkeit. In Centrum Industriekultur Nürnberg & Münchner Stadtmuseum (Hrsg.), *Unter Null. Kunsteis, Kälte und Kultur* (S. 142–155). München: Beck.

Hubig, C. (1997). *Technologische Kultur.* Leipzig: Leipziger Universitätsverlag.

Hubig, C. (2006). *Die Kunst des Möglichen I. Grundlinien einer dialektischen Philosophie der Technik. Bd. 1. Technikphilosophie als Reflexion der Medialität.* Bielefeld: transcript.

Hubig, C. (2015). *Die Kunst des Möglichen III. Grundlinien einer dialektischen Philosophie der Technik. Bd. 3. Macht der Technik.* Bielefeld: transcript.

Jansen, L. (2004). Dispositionen und ihre Realität. In C. Halbig, & C. Suhm (Hrsg.), *Was ist wirklich? Neuere Beiträge zu Realismusdebatten in der Philosophie* (S. 115–137). Frankfurt am Main: Ontos.

Kowal, E., & Radin, J. (2015). Indigenous Biospecimen Collections and the Cryopolitics of Frozen Life. *Journal of Sociology,* 51 (1), 63–80. Abgerufen von https://doi.org/10.1177/1440783314562316

Landecker, H. (2010). Living Differently in Time. Plasticity, Temporality and Cellular Biotechnologies. In J. Edwards, P. Harvey, & P. Wade (Hrsg.), *Technologized Images, Technologized Bodies* (S. 211–236). New York: berghahn.

Latour, B. (1987). *Science in Action. How to Follow Scientists and Engineers Through Society.* Cambridge, MS: Harvard UP.

National Snow and Ice Data Center. (2017). *All About the Cryosphere.* Abgerufen von http://nsidc.org/cryosphere/allaboutcryosphere.html

Parry, B. (2015). A Bull Market? Devices of Qualification and Singularisation in the International Marketing of US Sperm. In P. Bronwyn, T. Brown, I. Dyck, & Greenhough, B. (Hrsg.), *Bodies Across Borders. The Global Circulation of Body Parts, Medical Tourists and Professionals* (S. 53–72). Farnham/Burlington, VT: Ashgate.

Perishable Center, Frankfurt am Main. Abgerufen am 28. Januar 2017 von http://www. pcf-frankfurt.de

Radin, J. (2012). *Life on Ice. Frozen Blood and Biological Variation in a Genomic Age, 1950–2010* (A Dissertation in History and Sociology of Science Presented to the Faculties of the University of Pennsylvania in Partial Fulfillment of the Requirements for the Degree of Doctor of Philosophy). University of Pennsylvania, Ann Arbor, MI.

Radin, J. (2013). Latent Life. Concepts and Practices of Human Tissue Preservation in the International Biological Program. *Social Studies of Science,* 43 (4), 484–508. Abgerufen von https://doi.org/10.1177/0306312713476131

Radin, J. (2014). Unfolding Epidemiological Stories. How the WHO Made Frozen Blood into a Flexible Resource for the Future. *Studies in History and Philosophy of Science Part C: Studies in History and Philosophy of Biological and Biomedical Sciences,* 47, 62–73. Abgerufen von https://doi.org/10.1016/j.shpsc.2014.05.007

Rees, J. (2013). *Refrigeration Nation. A History of Ice, Appliances, and Enterprise in America.* Baltimore, MD: Johns Hopkins UP.

Swanson, K. W. (2014). *Banking on the Body. The Market in Blood, Milk, and Sperm in Modern America.* Cambridge, MS: Harvard UP.

Täubrich, H.-C. (1991). Eisbericht. Vom Handel mit dem natürlichen Eis. In Centrum Industriekultur Nürnberg & Münchner Stadtmuseum (Hrsg.), *Unter Null. Kunsteis, Kälte und Kultur* (S. 50–67). München: Beck.

Teuteberg, H. J. (1991). Zur Geschichte der Kühlkost und des Tiefgefrierens. *Zeitschrift für Unternehmensgeschichte,* 36 (3), 139–155.

Theroux, P. (1982). *The Mosquito Coast.* London/New York: Penguin.

Tschoeke, J. (1991). Frostige Glieder. Aspekte der Kühlkette. In Centrum Industriekultur Nürnberg & Münchner Stadtmuseum (Hrsg.), *Unter Null. Kunsteis, Kälte und Kultur* (S. 128–141). München: Beck.

Twilley, N. (2012). The Coldscape. *Cabinet,* 47. Abgerufen von http://cabinetmagazine. org/issues/47/twilley.php

Gemeinschaft Deutscher Kryobanken e. V. (2017): Ziele. Abgerufen von http://kryo-banken.de/ziele.php

Bildnachweis

Abbildung 1: The Climate Issue, *National Geographic Magazine,* November 2015. Abgerufen am 28. Januar 2017 von http://press.nationalgeographic.com/2015/10/15/national-geographic-magazine-november-2015/.

Kryosphären des Kapitals

Zur urbanen Topologie des gekühlten Lebens

Stefan Höhne

Abstract

Mit der Ausbreitung von Technologien des Kühlens und Gefrierens etabliert sich im 19. Jahrhundert eine neue räumliche Konfiguration: die Kryosphäre. Die klimakontrollierten Umwelten erweisen sich dabei nicht nur als entscheidende Faktoren kapitalistischer Industrialisierung, Kolonialisierung und Urbanisierung. Sie durchdringen zudem immer mehr Bereiche des Alltags: von Wohnen, Arbeit und Freizeit bis hin zu Mobilität und Ernährung. Längst sind die Territorien und Techniken künstlicher Kälte zu einem konstitutiven Element moderner Gesellschaften geworden. Dieser Aufsatz rekonstruiert die historischen Dynamiken, die zur Entfaltung der Kryosphäre seit der Mitte des 19. Jahrhunderts geführt haben. Er führt uns über die Sümpfe Floridas, die Schlachthöfe Chicagos und Fabriken New Yorks hin zur planetaren Durchsetzung klimakontrollierter urbaner Räume im späten 20. Jahrhundert. Dabei zeigt sich, dass sich in der Durchsetzung dieser Territorien und Netzwerke der Kälte ein neues Dispositiv der Kryopolitik formiert. In der Schaffung wohltemperierter Körper zielt es darauf ab, die Produktivität und Vitalität der Bevölkerung zu steigern. Zugleich etablieren sich insbesondere an den Rändern der Kryosphäre neue Formen sozio-ökonomischer Ungleichheit und Exklusion.

1 Einleitung

Im historischen Rückblick wird das Jahr 2015 vielleicht aufgrund eines bislang kaum beachteten Fakts als Moment einer tiefgreifenden Zäsur gelten: In diesem Jahr wurde weltweit erstmals mehr Energie zur Kühlung von Umwelten aufgewendet als zu ihrer Erwärmung (Kunzig, 2015, S. 14). Diese Entwicklung ist Ausdruck eines globalen Begehrens nach dem Einsatz von Kühltechnik in zahlreichen Berei-

© Springer Fachmedien Wiesbaden GmbH, ein Teil von Springer Nature 2018
A. Brenneis et al. (Hrsg.), *Technik – Macht – Raum*, Technikzukünfte,
Wissenschaft und Gesellschaft / Futures of Technology, Science and Society,
https://doi.org/10.1007/978-3-658-15154-6_10

chen des täglichen Lebens: von Nahrungsmitteln und medizinischen Gütern bis zu technischen Geräten und klimatisierten Räumen. Angesichts des gewaltigen Energiebedarfs dieser Technologien droht der Hunger nach den Segnungen klimakontrollierten Komforts jedoch, jegliche Bestrebungen der Reduktion globaler Erwärmung zunichte zu machen. Dies verweist auf ein Paradox: Die Erwärmung des globalen Klimas aufzuhalten oder gar umzukehren, macht es erforderlich, die Energie für seine Kühlung drastisch zu reduzieren.

Zugleich bezeugt diese Entwicklung eine mittlerweile planetare Ausdehnung eines modernen sozio-technischen Dispositivs der Kälte, das man als „kryogene Kultur" bezeichnen kann (Friedrich & Höhne, 2014). Der Aufstieg dieser kryogenen (von gr. *kryos* Kälte und lat. *generare* hervorbringen), also Kälte erzeugenden wie durch Kälte erzeugten Kultur, ist Resultat einer komplexen historischen Dynamik ökonomischer, sozialer wie technologischer Elemente. So avancieren spätestens mit der Entwicklung industrieller Kältetechnik und der Expansion der Kühlkette ab dem frühen 19. Jahrhundert diese Verfahren zu einem konstitutiven Element des Sozialen. Sie konstituieren einen fragmentierten und umkämpften Raum, der ganz im Sinne der Verfasser*innen des *Topologischen Manifests* den Alltag vieler Menschen prägt sowie ein Netz der Macht bildet. Dieses Netz strukturiert die Topologien und Temporalitäten moderner Gesellschaften und erfasst zunehmend auch das Leben selbst. Dies zeigt sich daran, dass längst nahezu alle Bereiche des Alltagslebens entscheidend durch Techniken und Praktiken künstlichen Kühlens und Gefrierens strukturiert sind.[1] Dabei haben sie sowohl eine neue temporale Verfügbarkeit über das Leben ermöglicht als auch eine neue Form des Vitalen erschaffen, das sogenannte „Kryogene Leben" (Friedrich, 2016).

Zugleich produziert die kryogene Kultur neue räumliche Arrangements, die geradezu als Paradigma jener *Topologien der Technik* gelten können, zu deren Beschreibung und kritischer Analyse das *Topologische Manifest* aufruft. So haben sich seit dem 19. Jahrhundert hochkomplexe Territorien der Kältetechnik entfaltet, die längst planetare Ausmaße erreicht haben: von Flughäfen, Hotels und Logistikzentren bis zu Krankenhäusern, Büros, Fabriken und Wohnhäusern. Diese haben einerseits Netzwerkcharakter und entspannen sich beispielsweise durch die globalen logistischen Güterströme gekühlter Waren (Twilley, 2012). Anderseits bilden sie auch kapselartige Strukturen und Territorien aus, von Klimacontainern und Stadien bis hin zu ganzen Städten. Dies gilt ursprünglich in besonderem Maße für Territorien des sogenannten Globalen Nordens, allerdings hat sie sich auch jenseits dieser Räume ausgebreitet (Twilley, 2012). Gerade in den subtro-

---

1   Vgl. ausführlich zu diesen Entwicklungen den Beitrag von Alexander Friedrich und Christoph Hubig in diesem Band.

pischen wie tropischen Klimazonen machen die Techniken gekühlter Umwelten immer mehr Gebäude und Transportmittel komfortabel sowie zahlreiche Landstriche überhaupt erst bewohnbar.

Alexander Friedrich und ich haben vorgeschlagen, diese vielfältigen Arrangements kryogener Räume und Netzwerke als „Kryosphäre" zu bezeichnen (Friedrich & Höhne, 2014; Friedrich, 2016). Dabei kann die Kryosphäre als Sphäre im Sinne Tim Ingolds (2000) gelten, insofern der Begriff der *sphere* im Unterschied zu dem des *globe* die wechselseitige Produktion und Verbundenheit der Menschen und Umwelten sichtbar machen will und so ihre inhärente Ko-Konstitution herausstellt. Versteht man kulturelle Dynamiken und Formationen zudem als inhärent *technomorph* (Böhme, Matussek & Müller, 2000, S. 164), muss das Herausarbeiten der komplexen Verwicklungen materiell-technischer Apparaturen mit sozialen, diskursiven und praxeologischen Elementen als eine Kernaufgabe historischer Kulturwissenschaft überhaupt angesehen werden.

Wenn dies im Folgenden für die räumlichen Konfigurationen der kryogenen Kultur zumindest skizzenhaft unternommen wird, soll dabei jedoch weder eine technikdeterministische Position vertreten werden, welche diese kulturelle Formation primär als Effekt beziehungsweise Korrelat von technischer Innovation versteht, noch ein sozialkonstruktivistischer Standpunkt eingenommen werden, der Technik primär als abhängige Variable kultureller Entwicklungen begreift (Heßler, 2012, S. 6 ff.). Stattdessen soll hier eine alternative Strategie verfolgt werden, die von der *ko-konstituierenden* Funktion technischer Artefakte für die Verfasstheit kultureller Existenz ausgeht (Höhne & Umlauf, 2015).

So zeigt sich, dass die historische Herausbildung und Ausbreitung der Kryosphäre eng an Prozesse der Industrialisierung, Urbanisierung und Kolonialisierung sowie der globalen Durchsetzung kapitalistischer Akkumulationsregime gekoppelt ist. Im Zuge dessen sind die Territorien und Techniken künstlicher Kälte zu elementaren Ressourcen spätkapitalistischer Gesellschaften geworden. Sie operieren als Instrumente globaler Wertschöpfungsketten und einer immer weiter reichenden Inwertsetzung des *bios,* als Biokapital bzw. Kryokapital (Cooper, 2008). Im Zuge der Expansion der Kryosphäre werden jedoch nicht nur gekühlte tote organische Substanzen zu wichtigen biokapitalistischen Ressourcen, sondern auch die wohltemperierten Körper der Arbeiter*innen und Angestellten. Dass die Entfaltung der Kryosphäre dabei primär sozio-ökonomischen Logiken der Verwertung und Kapitalakkumulation folgt, soll dieser Text aufzeigen.

Eine detaillierte wissenschaftliche Rekonstruktion der Dynamiken, die zur planetaren Ausbreitung der Kryosphäre geführt haben, steht noch aus.[2] Deshalb

---

2 Dabei mag es erstaunen, dass der Siegeszug dieses sozio-technischen Dispositivs bislang relativ wenig Aufmerksamkeit in der sozial- und kulturwissenschaftlichen wie auch histori-

können im Folgenden nur einige ausgewählte Ereignisse und Entwicklungen in den Blick genommen werden, die für die Ausbreitung der Kryosphäre zentral sind. Diese Tour de Force über nahezu zwei Jahrhunderte kryogener Kultur führt uns über die Sümpfe Floridas, die Schlachthöfe Chicagos und Fabriken New Yorks hin zur einer weitreichenden Durchsetzung klimakontrollierter urbaner Umwelten, die sich nach dem Zweiten Weltkrieg zunächst im US-amerikanischen Süden besonders prägnant entfaltet hat. Daran anschließend werden die globalen Dynamiken kryogener Urbanisierung in den rasant wachsenden Megastädten des sogenannten Globalen Südens in den Blick genommen. Diese erweisen sich im Lichte aktueller Klimadebatten als besonders herausfordernde und krisenhafte Räume. Ein besonderer Fokus wird dabei auf den Formen sozio-ökonomischer Ungleichheit und Exklusion liegen, die vor allem an den Rändern der Kryosphäre sichtbar werden. Zuletzt möchte ich die These wagen, dass sich in der Entfaltung wohltemperierter Umwelten in den städtischen Zitadellen ein neues Dispositiv der Kryopolitik formiert, das man als urbanes *Wellbeing Regime* bezeichnen könnte.

2   *Cooling Comfort*

Selbstverständlich ist die klimatologische Berücksichtigung von Kälte und Hitze im Bau von Häusern und Städten eine uralte Kulturtechnik (Fezer, 1995). So hat beispielsweise bereits die antike persische Architektur mit den *bâdgir* beeindruckende Windtürme zur Kühlung von Gebäuden hervorgebracht (Bahadori, 1994). Wie wir sehen werden, erfährt diese Technik im Zuge der Industrialisierung und der Durchsetzung industriell-kapitalistischer Arbeits- und Wohnformen einige entscheidende Transformationen. Einen ihrer zentralen Ausgangspunkte nimmt sie dabei in der Mitte des 19. Jahrhunderts in den Sümpfen Floridas.

Hier siedelt sich im Jahre 1833 der junge Arzt John Gorrie in der kleinen Hafenstadt Apalachicola an, um eine medizinische Praxis zu eröffnen (Sherlock, 1982). Im Zuge des Aufstiegs der Stadt zu einem der strategisch wichtigsten See-

---

schen Forschung gefunden hat. Allerdings haben einige Arbeiten der Technikgeschichte zumindest die Erfindung und Implementierung von Technologien der Kühlung in den USA und Kanada um 1900 dokumentiert (Friedman, 1984; Donaldson & Nagengast, 1994). Auch der Einfluss von Klimaanlagen auf die nordamerikanische Kultur und Gesellschaft ist Gegenstand einiger detaillierter Untersuchungen geworden (Cooper, 1998; Ackerman, 2010; Basile, 2014). Diese machen diese Erkenntnisse allerdings selten kulturtheoretisch fruchtbar oder verorten sie innerhalb einer größeren geschichtlichen Dynamik. Dennoch stellen diese Arbeiten für die Frage nach den Effekten und Dynamiken klimakontrollierter Umwelten unverzichtbare Ressourcen dar, auf die sich auch dieser Text immer wieder mit Gewinn beziehen wird.

häfen der Südstaaten findet bald eine wachsende Anzahl von an Malaria, Typhus, Gelbfieber oder anderweitig erkrankten Seeleuten den Weg in Corries Krankenstation. Als glühender Verfechter der sogenannten Miasma-Theorie, das heißt der Idee, dass die primäre Ursache für Krankheiten in üblen Gerüchen beziehungsweise schlechter Luft zu suchen sei, ist Gorrie überzeugt, dass auch die Leiden der Seeleute durch die feucht-stickigen Umwelten hervorgerufen werden (Becker, 1972). Besondere Sorge bereiten ihm dabei die sich allsommerlich stark häufenden und oftmals tödlich endenden Ansteckungen mit Malaria. Wie für viele Mediziner der Zeit stellte diese Krankheit auch für Gorrie eine Art Ausdünstung dar, die aus den naheliegenden Sümpfen den Weg in die Behausungen findet und die Menschen reihenweise dahinsiechen lässt. Diese schädlichen Umwelteinflüsse abzuwehren und so die Lebensbedingungen in der rasch wachsenden Stadt zu verbessern, sollte zu seiner Lebensaufgabe werden.

Als er vier Jahre nach seiner Ankunft Bürgermeister von Apalachicola wird, lässt er Sümpfe trockenlegen, macht Pläne für ein gigantisches städtisches Krankenhaus und erlässt strenge Regularien für die auf dem Markt verkauften Lebensmittel, die bei Inspektionen keinerlei Anzeichen für einsetzende Verwesung aufweisen dürfen (Gladstone, 1998). Um die Ausdünstungen der Sümpfe und Urwälder von den zahlreichen Kranken fern zu halten, lässt er auch die Krankenbetten mit schweren Gardinen verhängen, die isolierend und zugleich kühlend wirken sollen. Da so auch die Moskitos ferngehalten werden, kann Gorrie in der Tat bald einige Heilerfolge vorweisen, auch wenn ihm die Bedeutung dieser Tiere für die Krankheitsübertragung noch völlig unbekannt ist. Zugleich lässt er eine durch Natureis gekühlte Luftzirkulation zur Behandlung seiner Patienten installieren, um so deren Leiden zu lindern. Eisblöcke werden in großen Eimern an der Zimmerdecke aufgehängt und die so gekühlte Luft über handbetriebene Ventilatoren in den Krankenzimmern verteilt. Beliefert wird Gorrie mit einer beständig wachsenden Menge an Eis aus den Seen und Flüssen des amerikanischen Nordostens, wo sich bereits im Laufe des 18. Jahrhundert eine rege Ökonomie der Eisernte etabliert hatte (Täubrich, 1991). Dank wachsender Nachfrage und neuen Lagerungsmethoden etablierte sich von Neuengland aus ein weitreichendes Handelsnetzwerk, das bald bis nach Indien und in die Karibik reichte (Cummings, 1949; Whittemore, 1994). Auch Gorrie profitiert zunächst von diesem rasch expandierenden Handel, allerdings erweist sich die Belieferung der regelmäßig von tropischen Wirbelstürmen heimgesuchten Region Floridas mit Natureis bald als ebenso unzuverlässig wie kostspielig.

Angesichts dieser Widrigkeiten beginnt Gorrie, mit einer Apparatur zur Herstellung künstlicher Kälte zu experimentieren, die ihn von den Natureislieferungen unabhängig machen soll. Das Gerät komprimiert Luft in einer Kammer und leitet die dabei entstehende Hitze über eine Wasserspirale ab. Wird nun diese Luft entkomprimiert und in Röhren umgeleitet, entsteht Kälte, welche die Luftfeuchtigkeit an der Außenhaut der Röhren kondensieren lässt.

Dieses Verfahren erweist sich jedoch als fehleranfällig und aufwendig, sodass Gorrie mehrere Jahre mit Versuchen zubringt, ehe er es im Jahre 1851 endlich wagt, ein Patent für diese Apparatur anzumelden. Wenig später erhält er die Bestätigung des amerikanischen Patentamts, das ihm offiziell bescheinigt, sein Gerät sei: „the first machine ever to be used for mechanical refrigeration and air conditioning" (Gorrie, 1851, S. 1). Auch wenn diese Maschine in der Praxis mehr schlecht als recht funktioniert, sichert sie Gorrie den Platz in den Geschichtsbüchern, als erster eine mechanische Apparatur für künstliche Kälte entwickelt zu haben (Basile, 2014, S. 24). Im Unterschied zu den Kühlgeräten zur Produktion von Eis oder der Konservierung von Lebensmitteln, mit denen zeitgleich in den USA und Europa experimentiert wird (Dienel, 1991), ist es hier ausdrücklich das menschliche Wohlbefinden beziehungsweise der „cooling comfort", welcher im Zentrum steht. Damit manifestiert sich eine Vorstellung, in der Heilung beziehungsweise Lebenssteigerung nicht allein am kranken Körper ansetzt, sondern bestrebt ist, diese durch eine Transformation der Umwelten dieser Organismen herbeizuführen.

Inspiriert von den durch diese Verfahren erzielten Heilerfolgen, stellt Gorrie bald auch Überlegungen an, wie und nach welchen Kriterien man gleich ganze Städte kühlen könnte. Durch den flächendeckenden Einsatz der Apparatur rücke dies jetzt in greifbare Nähe: „[W]e are able to cool a city to any degree required by the habits, comfort and health of its inhabitants." (Gorrie, 1852, S. 446). Hier zeichnet sich bereits das Phantasma großflächig klimakontrollierter Umwelten zur Steigerung des Wohlbefindens ganzer Populationen ab, das sich gute einhundert Jahre später zumindest in den USA weitestgehend verwirklicht haben wird.

Ein zentraler Moment dieser Dynamik formiert sich zeitgleich zu Gorries Experimenten in den Schlachthöfen Chicagos. Hier verweben sich die Implementierung industrieller Kälteregime, die Vorläufer tayloristischer Produktion und die rasante Urbanisierung samt einer Verdichtung tierischer wie menschlicher Körper zu einem machtvollen Komplex, der die kapitalgetriebene Expansion der Kryosphäre entscheidend befördert. Auch in diesem Falle ist es zunächst die intensive Verwendung von Natureis zur Kühlung der Fabriken, die den entscheidenden Impuls gibt. Sie erlaubt es, ab 1855 den Schlachtbetrieb auch in den heißen Sommermonaten aufrechtzuerhalten. Damit gelingt es, die Produktivität der Fleischindustrie enorm zu steigern, was ein rapides Wirtschafts- wie Bevölkerungswachstum der Stadt begünstigt, das zugleich den Bedarf an Lebensmitteln immer weiter ansteigen lässt (Cronon, 1992).[3] Mit der Entwicklung und dem Einsatz mechanisch

---

3   Vgl. ausführlicher dazu den Beitrag von Alexander Friedrich und Christoph Hubig in diesem Band.

gekühlter Eisenbahnwaggons ab 1880 wird es möglich, gewaltige Mengen frischen Fleisches auch im Sommer über große Distanzen zu verschicken. Rasch entfaltet sich von Chicago aus eine komplexe räumliche Struktur von Kühlnetzwerken, die bald den gesamten nordamerikanischen Kontinent sowie die Kolonien und Teile Europa erfasst (Rees, 2013, S. 258). Auf der Grundlage dieser Kopplung von technischer Innovation und Großkapital etabliert sich eine höchst leistungsfähige und einflussreiche Ökonomie. Dank deren Kälteinfrastruktur ist man am Ende des 19. Jahrhunderts in der Lage, nahezu die gesamte US-Bevölkerung zentral mit frischem Fleisch zu versorgen. Gorrie selbst sollte diese beeindruckende Expansion der Kryosphäre jedoch nicht mehr erleben. Nach zahlreichen kräftezehrenden und letztlich erfolglosen Versuchen, seiner Kälteapparatur zur Marktreife zur verhelfen, stirbt er im Jahre 1855 einsam und verarmt.[4]

3   Wohltemperierte Körper

Erst mit Beginn des 20. Jahrhunderts sollte es schließlich gelingen, die von Gorrie bereits angedachte Apparatur dergestalt zu transformieren und weiterzuentwickeln, dass sie im großen Stil eingesetzt werden kann. Als entscheidender Moment hierfür kann der Sommer des Jahres 1902 gelten. Hier installiert der erst 26 Jahre alte Erfinder und Unternehmer Willis Carrier eine gigantische Kühlapparatur in seiner Druckereifabrik in Brooklyn, New York (Ingels, 1952). Damit gelingt es Carrier, das Problem schlecht trocknender und verschmierter Druckertinte zu lösen, was bislang in den Sommermonaten zu argen Problemen der Produktion und somit zu Umsatzeinbrüchen geführt hatte. Was dieses Gerät im Gegensatz zu seinen Vorläufern tatsächlich zur ersten Maschine des *Air Conditioning* im heutigen Verständnis macht, ist, dass sie die Luft nicht nur kühlt, sondern ebenso zum Zirkulieren bringt, trocknet und reinigt. Carrier selbst spricht jedoch noch bis in die 1930er Jahre nicht von *Air Conditioning*, obwohl sich dieser

---

4   Seine Verfahren zur Schaffung kryogener Umwelten im Bestreben der Steigerung von Gesundheit und Wohlbefinden fanden jedoch zahlreiche Nachahmer. So werden Gorries Techniken der Natureiskühlung von Räumen beispielsweise 1881 im Weißen Haus in Washington implementiert, um dem durch ein Attentat schwer verletzten Präsidenten James A. Garfield zur Genesung zu verhelfen. Dafür installieren Ingenieure der US Navy ein komplexes Kühlsystem aus Ventilatoren, eisgefüllten Stoffbahnen und Lüftungsrohren. Dem Todeskampf des Präsidenten ließ sich damit jedoch letztlich nicht Einhalt gebieten, auch wenn dieses Ereignis als erster Versuch des Einsatzes moderner Kühltechnik in einem Wohngebäude gilt (Basile, 2014, S. 46). Trotz zahlreicher Bestrebungen von Erfindern, Ingenieuren und Unternehmern in Nordamerika und Europa sollte der Durchbruch im Einsatz klimakontrollierter Techniken noch einige Jahre auf sich warten lassen.

Begriff bald eingebürgert hat. Er selbst verwendet weiterhin stoisch die latent größenwahnsinnige Bezeichnung „Man-Made Weather" (Carrier, 1931).

Den Verfahren der Natureiskühlung nicht unähnlich, die sich ein halbes Jahrhundert zuvor in Chicago etabliert hatten, befördern auch die Apparaturen Carriers eine immense Produktionssteigerung. Ihr Erfolg führt dazu, dass bald zahlreiche weitere Industrien die aufwendige und kostspielige Implementierung dieser Maschinen wagen (Rees, 2013, S. 132). Dies betrifft zunächst die Tabakindustrie, wo man dank dieser Geräte nun die Trocknungsdauer der Tabakblätter stark reduzieren kann. Ebenso sind es Bier- und Textilindustrie, die Carriers Techniken in großem Maßstab einsetzen. Auch erlauben diese Techniken neue Verfahren des Stoffdrucks, wo das Verschmieren der Farben ebenso unterbunden werden kann wie das Zerlaufen der Schokolade im Zuge der Herstellung von Süßigkeiten. Jenseits dieser Effizienzerhöhung in der Produktion haben diese Kühlapparaturen jedoch noch einen weiteren entscheidenden Effekt: Bald bemerken die Controller der Unternehmen wie auch Arbeitswissenschaftler, dass diese gekühlten Umwelten und die geringere Luftfeuchtigkeit in den Fabriken einen entscheidenden Anstieg der Produktivität bei der Belegschaft bewirken (Arsenault, 1984, S. 602 f.).

Dass sich diese Techniken zur Steigerung des Wohlergehens wie auch der Arbeitsleistung der Arbeitnehmer eignen, zeigt sich übrigens bereits in Carriers Druckerei in Brooklyn. Bereits wenige Tage nach der Installation der Kühlung für die Maschinen bemerkt Carrier, dass die Arbeiter ihre Mittagspausen nun nicht mehr außerhalb der Fabrik verbringen, sondern in das unmittelbare Umfeld der Druckermaschine verlagern, um von ihrer Kühlwirkung zu profitieren (Ingels, 1952, S. 124). Diese Entdeckung des kryogenen Wohlbefindens sowie der Produktivitätssteigerung der Belegschaft gilt bis heute als zentrale Errungenschaft Carriers. Auch die Geschichtsbücher würdigen ihn nicht nur als Beförderer ganzer Industriezweige, sondern sehen seine Verdienste vor allem als Heilsbringer des „Komforts" (Ackerman, 2010, S. 87). Damit erweist sich der Komfort der Arbeiter und Angestellten bald als entscheidende biopolitische Ressource der Produktivität und damit der Überlebensfähigkeit des Unternehmens.

Inspiriert von diesen Erfolgen baut Carrier in den folgenden Jahren ein rasch expandierendes Unternehmen auf, das seine Kühlapparaturen in großem Maße herstellt und in immer mehr Fabriken des Landes implementiert. Bald halten die klimakontrollierten Umwelten auch Einzug in die Büroetagen der Führungskräfte sowie in die Handelsbörsen, Banken und Gerichtsgebäude Nordamerikas, also vor allem die Orte staatlicher wie ökonomischer Macht (Basile, 2014, S. 178). Allerdings breitet sich die Kryosphäre in den ersten Dekaden des 20. Jahrhunderts nicht nur innerhalb der Büros, Fabriken und Produktionsstätten mit rasanter Geschwindigkeit aus, sondern erreicht bald auch den Bereich der Freizeit und des Konsums. Neben den Luxushotels sind es hier vor allem die Theater und Lichtspielhäuser, die eine Vorreiterrolle einnehmen. Diese erlebten in den Sommermonaten bislang massive Umsatzeinbußen, da die Säle oftmals zu heiß waren, um sich dem Filmgenuss zu widmen. Nach dem erfolgreichen Einsatz von Kühlanlagen in einigen kleineren Kinos gelingt es William Carrier im Jahre 1925, die *Paramount Corporation* davon zu überzeugen, ihr neues Vorzeigekino, das *Rivoli Theater* am *Times Square* in Manhattan, mit einer teuren und aufwendigen Klimaanlage auszustatten (Ingels, 1952, S. 78). Schon in den ersten Tagen nach der Eröffnung zeigt sich der Erfolg dieser riskanten Unternehmung. Die Menschen strömen in Scharen in die Kinosäle, um den heißen Straßen New Yorks zu entkommen. Diese Schlagzeilen machende Sensation führt dazu, dass Carrier innerhalb von nur fünf Jahren mehr als 300 weitere Klimaanlagen in Kinos überall in den Vereinigten Staaten installiert. Vor allem in den Kleinstädten der US-amerikanischen Südstaaten sind die Theater und Kinos oftmals die ersten und einzigen klimatisierten öffentlichen Gebäude, sodass sie bald auch weitere Funktionen übernehmen, beispiesweise als öffentliche Versammlungsorte oder „Heat Shelter" (Basile, 2014, S. 118).

Der massive Wandel, den die Ausbreitung der Kryosphäre herbeiführt, erfasst auch die ökonomische Basis des Kinos. So führt die Implementierung von Klimaanlagen zur Entstehung des sogenannten *Blockbusters* sowie zur Veröffentlichung der wichtigsten und potentiell gewinnträchtigsten Kinofilme im Hochsommer. Vor der Ankunft der Klimaanlagen stellten die Sommermonate noch die mit Abstand verlustreichste Zeit für die großen Hollywood-Studios dar, nun sind es die lukrativsten Wochen des Jahres (Acland, 2013). Da die Menschen nun gerade in den heißen Tagen verlässlich in die Kinos strömen um den Komfort gekühlter Räume zu genießen, kann man gerade bei teuren Produktionen wesentlich sicherer sein, in diesen Monaten die Kosten wieder einzuspielen.

Wenn die Lichtspielhäuser durch die Implementierung dieser Kühltechniken in der Lage sind, ihre Umsätze massiv zu steigern, so zeigt sich hier bereits die Warenförmigkeit wohltemperierter Umwelten. Zugleich machen sie die amerikanische Mittelklasse mit diesen neuen Räumen künstlicher Kälte vertraut. Damit operieren die Kinos und Theater als wirkmächtige Popularisierungsinstanzen von Klimaanlagen, deren Herstellern es nach dem Zweiten Weltkrieg gelingt, diese Apparate auch für den Massenmarkt erschwinglich zu machen. So erreicht die Dynamik der Ausbreitung der Kryosphären eine neue Qualität, die sich unter anderem in einer historisch ungekannten Urbanisierungswelle des US-amerikanischen Südens zeigt.

4   Kryogene Urbanisierung

Bereits vor dem Zweiten Weltkrieg hatte der durchschlagende Erfolg künstlicher Kältetechnik in immer mehr Bereichen des Lebens zahlreiche Ingenieure angespornt, immer kompaktere Kühleinheiten zu entwickeln (Ackerman, 2010, S. 65). Diese Geräte sollten in der Lage sein, einzelne kleine Räume zu kühlen und in Massenproduktion hergestellt zu werden. Entscheidend befördert wurden diese Entwicklungen durch die im Jahre 1931 gelungene Synthetisierung des schwer entflammbaren Gases Freon. Dies machte die Apparaturen der Klimakontrolle sowohl sicherer als auch wesentlich kostengünstiger.

Im Jahre 1951 kommen nun die ersten günstigen Kleinklimaanlagen auf den Markt, die man in den Fensterrahmen installieren kann. Sie brechen sofort alle Verkaufsrekorde und bewirken eine historisch einmalige Urbanisierungs- und Industrialisierungswelle des amerikanischen Südens und darüber hinaus. Dabei hilft es, dass die Installation dieser Anlagen in den Häusern und Apartmentblocks nun auch von den amerikanischen Gesundheitsbehörden propagiert wird und dabei nicht zuletzt für das Wohlergehen von Kleinkindern als nahezu überlebensnotwendig erscheint (Arsenault, 1984).

Mit der Verbreitung von Klimaanlagen in den Siedlungen des amerikanischen Südens in den 1950er bis in die 1980er Jahre geht ein nie da gewesener demographischer Wandel einher. Ausgelöst wird dieser zunächst durch den verstärkten Einsatz klimakontrollierter Umwelten in den Fabriken. Glaubt man Studien des amerikanischen Wirtschaftsministeriums, so bewirken diese massive Produktivitätssteigerungen und führen auch dazu, dass ganze Industriezweige ihre Produktionsstätten in den amerikanischen Süden und Südwesten verlagern (Cooper, 1998, S. 247).

Dort ist die Arbeitskraft wie auch das Bauland wesentlich billiger – zudem befördert eine staatliche Anreizpolitik mit niedrigen Abgaben und günstigen Krediten die Migration der Unternehmen. Dies bewirkt nicht nur einen Stopp der Abwanderung, von der die Südstaaten traditionell sehr stark betroffen waren. Ganz im Gegenteil lässt sich ab diesem Moment eine starke Zuwanderung konstatieren, welche den neuen Jobs in den klimatisierten Fabriken und Büros folgt. So zählt man im Jahre 1950 in der Gegend der Golfküsten in Louisiana und Florida weniger als 500 000 Einwohner, im Jahre 2000 sind es bereits mehr als 20 Millionen Menschen (Basile, 2014, S. 246). Ihr neues Zuhause finden diese Menschen oftmals in den rasant wachsenden klimakontrollierten Wohnhäusern der Suburbs. Bereits im Jahre 1966 ist Texas der erste Bundesstaat, wo mehr als der Hälfte aller Privathäuser und Wohnungen über Klimaanlagen verfügen. 1969 sind nahezu 60 Prozent der kompletten Architektur der Südstaaten klimatisiert, sechs Jahre später sind es bereits 90 Prozent (Robbins, 2003). Der Einzug der Klimakontrolle in die Sphären der Reproduktion liegt dabei auch im Interesse der Arbeitgeber, die sich dadurch Produktivitätssteigerungen der Belegschaft in der Schichtarbeit erhoffen. Schon 1955 hatte die *St. Petersburg Times* aus Florida konstatiert: „Air Conditioning has become a major importance for the night shift worker, who needs to sleep during the day unbothered by heat and outside noises." (St. Petersburg Times, 7. Juni 1955, zitiert nach Arsenault, 1984, S. 620). Im Jahre 1963 kann das Branchenblatt *Air Conditioning, Heating, and Refrigeration News* euphorisch vermelden, dass durch die Implementierung von Klimaanlagen in den Arbeiterwohnungen die Produktivität dramatisch angestiegen sei und auch die Krankmeldungen drastisch zurückgingen (Air Conditioning, Heating, and Refrigeration News, 1963).

Spätestens hier wird deutlich, wie der Einsatz kryogener Techniken darauf abzielt, auch jenseits der Fabrik die Produktivität der Arbeiter*innen und Angestellten zu transformieren und zu steigern. Sie sind hochgradig wirkmächtige Vehikel globaler Akkumulationsregime des Kapitals. So nennen in einer Studie des amerikanischen Wirtschaftsministeriums im Jahre 1957 auch 90 Prozent der amerikanischen Unternehmen die Technologien der Klimakontrolle als den mit Abstand stärksten Faktor ihrer beständigen Produktivitätssteigerungen (Arsenault, 1984). Dieser durch kryogene Techniken bewirkten rasanten Urbanisierung widmet sich im Jahre 1970 auch die *New York Times* in einer ausführlichen Analyse. Kurz davor hatte eine landesweite Volkszählung die massiven Migrationswellen der weißen Mittelklasse in den amerikanischen Süden eindrucksvoll vor Augen geführt. Dies betrifft neben den Arbeiter*innen und Angestellten bald auch die Pensionär*innen, die den *Sun Belt* ab den späten 1960er Jahren zu einem begehrten Siedlungsgebiet von *Retirement Homes* gemacht haben. Unter der Überschrift „An Air-Conditioned Census" bringt die Zeitung diese Dynamiken wie folgt auf den Punkt: „The humble air conditioner has been a powerful influence on circulating people as well as air in this country." (An Air-Conditioned Census, 1970).

Zugleich wird die *New York Times* nicht müde, die zahlreichen Segnungen des komfortablen Lebens zu betonen, die durch die Ausbreitung der Kryosphäre nun auch in den Wüsten, Sümpfen und Urwäldern der Südstaaten möglich seien. Diese Kategorie des Komforts, die bereits von Carrier beschworen wurde, erfährt im Zuge der rasanten Ausbreitung klimakontrollierter Umwelten eine entscheidende Neubestimmung. War Komfort und Wohlbefinden lange Zeit eine primär subjektive Wahrnehmung und Einschätzung, gelingt es dem Meteorologen Earl Thom im Jahre 1959, eine bis heute gültige und wirkmächtige Quantifizierung menschlichen Komforts zu entwickeln, den sogenannten „Discomfort Index" (Thom, 1959). Dieser Index bestimmt eine Toleranzzone an Lufttemperatur (um ca. 20,8 Grad Celsius) und Luftfeuchtigkeit (um ca. 51 Prozent), innerhalb dessen menschliches Dasein nicht nur zumutbar, sondern vor allem behaglich und komfortabel sei. „The index", so betont Thom, „would serve to indicate the amount of human discomfort and the resulting need for air conditioning." (S. 61). Bemerkenswerterweise wird dieser Idealwert jedoch weder begründet noch hinterfragt, sondern als universell gültig unterstellt.

Dies erlaubt es, den *bios* unter der nun exakt mess- wie regulierbaren Größe von klimatischem Komfort zu adressieren und zu regulieren. Dabei geht es längst nicht mehr nur um eine Biopolitik des Überlebens, sondern um eine Steigerung des Lebens als adaptiv, wohlbefindend und wachsend. Dies geschieht nun vor allem über die technische Kontrolle der Umwelten, die dank Thoms Index nun präzise bestimmt und gesteuert werden kann. Bis heute wird jegliches Innenraumklima weltweit nach diesem Index justiert und über Klimaanlagen reguliert (siehe bspw. Yousif, 2013). In diesen Imperativen des kryogenen Komforts ist es nur ein kleiner Sprung zur mittlerweile ebenso messbaren „Quality of Life", auf die später noch genauer eingegangen wird.

Unter diesen biopolitischen Prämissen erfolgt ab den 1960ern auch eine flächendeckende Klimatisierung von Krankenhäusern in den westlichen Industrienationen, was zu einem Rückgang der Sterberate und einer Verlängerung der Lebenserwartung in diesen Gegenden beiträgt. Zu verdanken ist dies ebenso einer weitreichenden Durchsetzung von Impfstoffen wie Penizillin, die natürlich ebenso gekühlt werden müssen und mittlerweile einen bedeutenden Teil der global in Kühlketten zirkulierenden Güter ausmachen. Auch die Sphären der Mobilität werden im Verlauf der zweiten Hälfte des 20. Jahrhunderts Ziel klimaregulierender Anstrengungen. Bereits im Jahre 1929 hatte Carrier erste Versuche mit klimatisierten Eisenbahnwaggons unternommen und drei Jahre später mit dem sogenannten „Frigicar" ein marktfähiges Modell entwickelt (Basile, 2014, S. 45). Seit 1940 waren bereits nahezu alle Eisenbahnwaggons der USA mit Klimaanlagen ausgestattet. Spätestens seit den 1970er Jahren verfügen nun auch nahezu alle Privatkraftfahrzeuge über sensorgesteuerte und hochgradig effiziente Kühlsysteme für Fahrer und Passagiere. Sie sorgen dafür, dass die Körper nicht nur in den Heimen und Arbeitsstätten wohltemperiert sind, sondern auch im Transit. Zugleich halten die Techniken der Klimakontrolle Einzug in die Sphären des Konsums, wie beispielsweise in Stadien, Supermärkte und nicht zuletzt die Shoppingmalls. So ist insbesondere die Mall als zentraler Ort von Freizeit, Begegnung und Konsum für weite Teile der nordamerikanischen Bevölkerung ohne Klimaanlage nicht zu denken. Wie radikal die Ausweitung der Kryosphäre die Lebensweisen der Menschen transformiert, bringt die *New York Times* in dem bereits zitierten Artikel wie folgt auf den Punkt:

Because the air conditioner, the airplane and television have smoothed out harsh differences in climate, nearly abolished distance, and homogenized popular taste, Americans are becoming much less regionally diverse. [...] The regions fade. The urbanized nation strides on. (An Air-Conditioned Census, 1970)

Diese Prophezeiung einer sich fortsetzenden und intensivierenden kryogenen Urbanisierung sollte sich in der Tat bewahrheiten. So kann der amerikanische Süden mittlerweile als der am stärksten verstädterte Teil der USA gelten: Lebten hier 1940 weniger als 37 Prozent der Bevölkerung in Städten, sind es heute nahezu 90 Prozent. Diese bewohnen vor allem die sich immer weiter ausbreitenden *Suburbias* und *Sprawls* der urbanen Ballungsgebiete von Dallas, Houston, Atlanta oder Phoenix (Ackerman, 2010, S. 22).

Durch die Ausbreitung der Techniken der Klimakontrolle in den USA wandeln sich allerdings nicht nur die Siedlungsstrukturen, sondern auch die Architektur selbst. Sie erlaubt einmal die Schaffung von gigantischen Bürokomplexen wie auch von sehr hohen baulichen Strukturen. Diese sind durch natürliche Ventilation schwierig zu kühlen, da dort hohe Windgeschwindigkeiten herrschen (Banham, 1969). Ebenso transformieren Klimaanlagen die Wohnarchitektur. Im Zuge ihrer Verbreitung beginnen ab den 1960er Jahren auch die Hausbauer im Süden der USA, standardisierte Bauformen und Fertigbauweisen zu übernehmen, die günstiger sind als die traditionellen architektonischen Adaptionen an das lokale Klima (Healy, 2008). Damit werden zahlreiche für die Südstaaten als typisch geltende Architekturformen historisch, wie beispielsweise die Hauslängen umgebenden Außenbalustraden oder die traditionell langen Korridore und schattigen Verandas, die die Zirkulation befördern (Koeniger, 1988). Stattdessen richten sich die Wohnhäuser wie auch die Shoppingmalls und Fabriken nun nach innen. Spätestens hier wird deutlich, dass die Transformation urbaner Siedlungsräume zu Kryosphären nahezu alle Dimensionen des Lebens radikal transformiert, von Städtebau und Architektur bis zu Schlafgewohnheiten und Alltagsrhythmen. Der amerikanische Historiker Raymond Arsenault geht in seinem ikonischen Text *The End of the Long Hot Summer* (1984) sogar so weit, die Durchsetzung künstlicher Klimatisierung für die Erosion traditionell als südstaatlich geltender Kultur und ländlicher Lebensweise verantwortlich zu machen. So markiere die Einführung dieser Techniken beispielsweise den Niedergang des Vorgartens, der Veranda und der Straße als zentralen Orten der Begegnung und Kommunikation und verändere auch lokale Kochpraktiken und Geschmäcker. Zugleich befördern diese Apparaturen einen Wandel der Familienformen, indem sie zwar die Kernfamilie im klimatisierten Wohnzimmer versammelt, während die nun als mühsam empfundenen sozialen Praktiken des Besuchens von Verwandten zusehends abnehmen.

Allerdings folgt die Durchsetzung kryogener Technologien nicht allein technischen, sondern ebenso auch politischen und ökonomischen Logiken. Dies gilt nicht zuletzt für die Expansion der Kryosphäre im amerikanischen Süden ab dem Ende des Zweiten Weltkriegs. Hier sind es der ökonomische Nachkriegsboom, die steigenden Einkommen, die rasche Suburbanisierung sowie der Wettbewerb zwischen Stadtregierungen um kommerzielles Wachstum, welche als zentrale Faktoren gelten können. Doch die Ausbreitung der Kryosphäre betrifft auch die Bundesstaaten jenseits des Südens. So sind im Jahre 2003 bereits nahezu 95 Prozent der Konsumräume der gesamten USA technisch gekühlt (Robbins, 2003, S. 42). Im Jahre 2014 hatten zudem nahezu 90 Prozent der Amerikaner mindestens einen klimakontrollierten Raum in ihrer Behausung (Basile, 2014, S. 246). So haben sich diese kryogenen Techniken langsam, aber sicher in nahezu alle Formen, Funktionen und Ikonographien der Metropolen eingeschrieben und sind selbst essentielle Grundlagen des urbanen Alltags geworden.

Diese Dynamiken, die ich hier für die USA skizziert habe, sind nur ein Ausschnitt einer mittlerweile global fortschreitenden kryogenen Urbanisierung. Allerdings sind die USA noch mit Abstand Spitzenreiter in der Klimatisierung ihrer Umwelten: So konsumiert das Land mehr Energie für Klimakontrolle als der Rest der Menschheit zusammen. Die USA verbrauchen auch eine größere Energiemenge allein für die Kühlung von Gebäuden, als der Gesamtenergieverbrauch von Afrika beträgt. War die Ausbreitung der Kryosphäre lange Zeit vor allem auf Nordamerika konzentriert, so hat sich diese Dynamik in den letzten Dekaden deutlich globalisiert. Diese Dynamiken sind jedoch weit weniger gut dokumentiert als der Fall der USA. Die wenigen Studien, die es gibt, skizzieren ein Bild einer komplexen und fragmentarischen Ausbreitung der Kryosphäre und eines uneinheitlichen Transfers dieser Technologien (Hitchings & Lee, 2008; Sahakian, 2014; Winter, 2013).

5   Auf dem Weg zur globalen Kryosphäre

Schaut man auf die weltweite Entfaltung der Kryosphäre, so stellt man zunächst fest, dass sie jenseits der USA noch relativ wenig verbreitet ist. Allerdings hat sich die planetare Durchsetzung von Techniken der Klimakontrolle in den letzten Dekaden entscheidend beschleunigt und folgt dabei lokal unterschiedlichen Rhythmen und Dynamiken. In Japan kommen die Technologien der Klimakontrolle beispielsweise bereits in den 1960er Jahren verstärkt zum Einsatz und finden bald ebenso rasche Verbreitung wie in den USA (Hitchings & Lee, 2008). Seit Mitte der 2000er Jahre verfügen auch nahezu 90 Prozent aller japanischen Haushalte über mindestens eine Klimaanlage. Australien wiederum war bis Mitte der 1990er Jahre noch kaum kryotechnisch erschlossen. Jedoch hat sich die Versorgung mit Klimaanlagen von 1994 bis 2008 von einem Drittel auf zwei Drittel aller australischen

Haushalte in kürzester Zeit verdoppelt. Auf chinesischem Territorium wiederum findet aktuell eine noch rasantere Ausbreitung der Kryosphäre statt. Wenn man den Zahlen Glauben schenken kann, hat sich die Anzahl der kyrogenen Haushalte im letzten Jahrzehnt von 20 Prozent auf über 80 Prozent vervierfacht. Mittlerweile werden allein in der Volksrepublik China jährlich über 50 Millionen Klimaanlagen verkauft (Basile, 2014, S. 247). In anderen sich rasant industrialisierenden und modernisierenden Schwellenländern fasst die Kryosphäre jedoch nur langsam Fuß. So verfügen in Brasilien nur elf Prozent, in Indien gerade einmal zwei Prozent der Haushalte über solche Apparaturen. Der Hauptgrund der relativen Abwesenheit von klimakontrollierten Umwelten in diesen Gegenden trotz des heißen Klimas sind primär die Investitionskosten für die Apparaturen wie auch die Kosten für die Energie, um diese zu betreiben. Wenn man annimmt, dass die Mittelschichten in diesen Ländern weiter anwachsen, werden wohl bald auch diese Zahlen und damit der Energieverbrauch rapide ansteigen.

In Europa wiederum, wo man traditionellerweise relativ wenige Klimaanlagen jenseits der Fabriken und Büros implementiert hatte, lässt sich aktuell ebenso eine Veränderung saisonalen Energiekonsums beobachten. In Spanien, Griechenland und Italien ist der Energieverbrauch im Sommer durch Kühlungen mittlerweile höher als die verbrauchte Strommenge in den Wintermonaten (Sivak, 2008). Die Zahlen für Großbritannien zeigen, dass dort zwar kaum Privathaushalte über Klimaanlagen verfügen, die Anzahl klimatisierter Büroflächen jedoch rasant wächst. Schaut man auf die Hotels auf den britischen Inseln, so verfügen zwar weniger als die Hälfte über Klimaanlagen, im hochpreisigen Segment und den urbanen Ballungsgebieten sind es jedoch 100 Prozent (Walker, Shove & Brown, 2014).

Hier zeigt sich schon, dass diese Expansion der Kryosphäre nicht einheitlich operiert, sondern sich in jeweils spezifischen Adaptionsformen ausprägt, die eng mit Investitionsdynamiken verknüpft sind. Schaut man nicht auf die Nationalstaaten, sondern auf die 50 größten urbanen Ballungsgebiete des Planeten, stellt sich das Bild noch einmal anders dar. So befinden sich 37 dieser Megastädte in sogenannten „Entwicklungsländern" und mehr als zwei Drittel in tropischen und subtropischen Regionen. Im Jahre 2008 hat der Geograph Michel Sivak eine Aufsehen erregende Studie vorgelegt, in der er die Energiemenge kalkuliert, die nötig wäre, um die Gebäude der 50 größten Metropolregionen der Welt zu kühlen und kommt dabei auf schwindelerregende Zahlen (Sivak, 2008). So wäre allein für die Kühlung der Stadt Mumbai ein Energiebedarf erforderlich, der einem Viertel des gesamten Energiebedarfs der USA entspräche. Sivaks Berechnungen werden in der Folge rasch aufgegriffen und zumeist als absolutes Schreckensszenario propagiert (bspw. in Akpinar-Ferrand & Singh, 2010). In diesem Diskurs der globalen Klima- und Energiepolitik avancieren nun die Städte zu den zentralen Problemfeldern des Klimawandels (Urry, 2011). Dies zeigt sich unter anderem im

Phänomen der sogenannten *Urban Heat Islands,* das mittlerweile ins Zentrum des Kampfes gegen die Klimaerwärmung gerückt ist.

So konsumieren die klimakontrollierten Umwelten der großen Metropolen nicht nur gewaltige Energiemengen, sondern produzieren auch eine gigantische Menge Abwärme. Da Klimaanlagen in erster Linie Wärmetauscher sind, entziehen sie zwar den Interieurs Energie zur Kühlung, geben diese jedoch als Abwärme in die Umwelt wieder ab (Kim, 1992). Dieser Effekt erweist sich seit einigen Jahren als derart stark, dass er sich mittlerweile deutlich in Messwerten abbilden lässt. In Phoenix, Arizona, führt beispielsweise die Abwärme der längst rund um die Uhr laufenden Klimaanlagen dazu, dass die nächtliche Außentemperatur um mehr als 2 Grad Celsius ansteigt (Garland, 2012, S. 15 f.). Dieser Zunahme der Hitze wird dadurch entgegengewirkt, dass die Leistung der Klimaanlagen erhöht werden muss, um im erforderlichen Toleranzbereich des *Discomfort Index* zu bleiben. Dabei sind die Städte des US-amerikanischen Südens keine Einzelfälle. Die Konzentration von Verkehr, Straßen- und Innenraumbeleuchtung, Heizung, und nicht zuletzt die Körpertemperatur von Millionen Menschen kann die Temperatur in Städten um bis zu 5 Grad Celsius höher ansteigen lassen als im Umland. Wie Forschungen in China und Indien zeigen, trägt der *Urban Heat Island*-Effekt bis zu 30 Prozent zur globalen Klimaerwärmung bei (Wong, Paddon & Jimenez, 2013).

Die Effekte des Klimawandels treten dabei auch in anderer Hinsicht in den Städten besonders deutlich zutage. So konstatieren Gesundheitsorganisationen zunehmend sogenannten „urbanen Hitzestress" bei den Bevölkerungen der Megastädte. Die Biopolitiker in China haben bereits darauf reagiert und die lokalen Stadtregierungen stellen mittlerweile Atomschutzbunker als *Heat Shelter* für ausgewählte Teile der Bevölkerung zur Verfügung (O. A., 2012). Damit manifestiert sich hier eine zentrale Dynamik dessen, was man als kryogene Ungleichheit bezeichnen könnte: Da die kühltechnische Behandlung lebendiger Organismen ein ebenso aufwendiges wie kostenintensives Verfahren darstellt wie die Kühlung toter organischer Substanz, zum Beispiel von Fleisch oder Südfrüchten, erfahren nur die wertvollsten Körper diese Segnungen kryogener Techniken. Auf diese Dimensionen soll zum Abschluss genauer eingegangen werden.

6   Kryogene Ungleichheit und der Aufstieg des *Wellbeing Regimes*

Um den Exklusionscharakter und die Strukturen sozialer Ungleichheiten innerhalb und außerhalb der Kryosphäre deutlich zu machen, ließen sich zahlreiche Beispiele finden, von New Orleans bis Manila. Diese Ränder der Kryosphäre manifestieren sich jedoch nicht nur an den Peripherien der industrialisierten Welt, beispielsweise dort, wo die Kühlketten für Nahrungsmittel oder Impfstoffe an ihr Ende kommen. Die Kryosphäre hat auch innerhalb der westlichen Nationen Löcher, Aussparungen und Lecks. Dies zeigt, dass die planetaren Territorien der Kryosphäre im Unterschied zu aktuell beliebten Beschreibungen des Raumschiffs Erde, von Gaia oder der Epoche des Antropozäns durchaus ein Außen kennen. Um diese fragmentierten wie perforierten Topologien der Kryosphäre deutlich zu machen, möchte ich für ein letztes Beispiel in eine der Wiegen der kryogenen Kultur zurückkehren: nach Chicago.

Hier ereignet sich im Juli 1995 eine der größten Katastrophen in der Geschichte dieser Stadt, die sogenannte *Chicago Heat Wave*. Die Stadt erlebt eine Folge von fünf Tagen extremer Hitze und Luftfeuchtigkeit sowie absoluter Windstille, die die Höchsttemperaturen rasch auf 42 Grad Celsius ansteigen lassen. Auch nachts sinken in Folge des Effekts der *Urban Heat Islands* die Temperaturen selten unter 30 Grad Celsius. Auch wenn es schwierig ist, exakte Berechnungen darüber aufzustellen, wer genau als Opfer dieser Katastrophe zu zählen ist, gehen die staatlichen Behörden von einer Todeszahl von mindestens 739 Menschen aus. Die Hitzewelle betrifft jedoch nicht nur Chicago, sondern auch zahlreiche weitere Städte des mittleren Westens. So zählt man insgesamt mehr als 3 000 Opfer der Hitzewelle, was die *Heat Wave* zu einer der größten urbanen Katastrophen der Moderne macht (Semenza et al., 1996).

Der amerikanische Soziologe Eric Klinenberg hat die Ursachen und Folgen dieses Ereignisses in seinem 2002 erschienenen Buch *Heat Wave. A Social Autopsy of Desaster in Chicago* detailliert untersucht. Dabei stellte er fest, dass die räumliche Verteilung der Todesopfer erstaunlich genau derjenigen der Armutsquartiere in Chicago entspricht. Die weitaus größte Anzahl der Toten waren ältere arme Afro-Amerikaner*innen, die zumeist in verwahrlosten innenstädtischen Vierteln lebten. Sie verfügten entweder nicht über Klimaanlagen oder konnten es sich aufgrund der steigenden Energiepreise nicht leisten, diese zu aktivieren. Viele ältere Menschen trauten sich zudem aufgrund der hohen Kriminalitätsraten nicht, die Fenster zu öffnen oder draußen zu schlafen. Dem entgegen hatten bei den ähnlich drastischen Hitzewellen in den 1930er Jahren zahlreiche Menschen in den Parks oder am Ufer des *Lake Michigan* übernachtet, weswegen die Todesraten damals wesentlich niedriger waren.

Dies verdeutlicht die Klassendimension kryogener Urbanisierung und zeigt, dass die Segnungen wohltemperierter Körper vor allem den Bessergestellten zugutekommen. Technische Frische und Kühle ist damals wie heute ein teures Gut und eine knappe Ressource, deren ungleiche gesellschaftliche Verteilung oftmals entlang der Kategorien von Geschlecht, Klasse und Hautfarbe verläuft. Dass die Inklusionen und Exklusionen der kryogenen Kultur entlang dieser Dynamiken organisiert sind, zeigt sich auch darin, dass die Menschen jenseits der Kryosphäre in weitaus geringerem Maße in den Genuss biopolitischer Gesundheitsversorgung kommen. Zugleich lässt sich innerhalb der Zitadellen des gekühlten Lebens die Formierung einer neuen Gruppe an Regimes der Gesundheit und der Vitalitätssteigerung beobachten, die man als *Wellbeing Regimes* bezeichnen kann (Copestake & Wood, 2008). Diese zielen auf die Schaffung eines gesunden und produktiven Lebens mit positiven Umwelteinflüssen wie beispielsweise kultureller Vielfalt, Nahverkehrsangeboten oder einer niedrigen Kriminalitätsrate ab. Vor allem aber kommt den Kategorien der Lebensqualität, des Wohlbefindens und des klimatisierten Komforts eine entscheidende Rolle zu (Sullivan, 2014). In ihrem Zusammenspiel entfaltet sich aktuell in den westlichen Metropolen ein mess- wie quantifizierbares Dispositiv des *Wellbeing,* das durchaus auch repressive Züge trägt (Dick & Rimmer, 1999). Sein Erfolg zeigt sich unter anderem an der zunehmenden Bedeutung von einem Ranking der lebenswertesten Städte für die globalen Eliten (Okulicz-Kozaryn, 2013). Dieser Wettbewerb um die besten Umwelten wird auch in den immer rasanter wechselnden städtischen Leitbildern deutlich: von *Smart Cities* und *Green Cities* zu *Wellbeing Cities.* Der exkludierende Effekt für die armen und diskriminierten Bewohner*innen dieser Städte durch Verdrängung und mangelnde Gesundheitsversorgung, der dabei sichtbar wird, hatte Willis Carrier bereits vor nahezu einem Jahrhundert erkannt: „Of course no one cares to cool the poor" (zitiert nach Ingels, 1952, S. 163).

7 Fazit

Anspruch dieser Ausführungen war es zu zeigen, wie kryogene Techniken gerade in urbanen Kontexten darauf abzielen, das Leben über wohltemperierte Umwelten produktiver und aktiver zu machen. In den Wissensformen und Verfahren der Schaffung wohltemperierter Umwelten bricht sich ein Verständnis des Lebens bahn, das weit über organische Vitalität und der Fähigkeit eines *Überlebens* hinausgeht. Indem die kryogenen Techniken oikozentrisch operieren, das heißt auf die Kontrolle und Stabilisierung gekühlter beziehungsweise klimaregulierter Umwelten abzielen, zeigen sie eine Idee von Leben und Vitalität als emergentes Phänomen in der Interaktion von Organismus und Umwelt, das im Konzept des Komforts ihr Programm findet. Es zeichnet sich dabei durch eine spezifische Idee der totalen Beherrschbarkeit der Umwelt aus, die der Architekturtheoretiker Reyner Banham bereits in den 1960ern als neues Paradigma des Städtebaus erkannt hat (1969). In dieser Kontrolle der wohltemperierten Umwelten manifestiert sich ein Zugriff auf das Leben nicht nur in der Sphäre der Produktion, sondern auch der Reproduktion. Die Kryosphäre erscheint somit als ideale Verkörperung des Lebens in technisierten Räumen, die, wie die Verfasser*innen des *Topologischen Ma-*

nifests nahe legen, durch technogene Konzepte und Normierungen Leben formen. Diese Dynamik zielt auf nichts weniger ab, als die In-Wert-Setzung aller Aspekte des Lebens als Biokapital, oder besser: als Kryokapital.

Literatur

Ackermann, M. (2010). *Cool Comfort. America's Romance with Air-Conditioning.* Washington D. C.: Smithsonian Institution Press.

Acland, C. (2013). Senses of Success and the Rise of the Blockbuster, *Film History,* 25 (1-2), 11–18.

Air Conditioning, Heating, and Refrigeration News (1963), 26. August, 1.

Akpinar-Ferrand, E., & Singh, A. (2010). Modeling Increased Demand of Energy for Air Conditioners and Consequent CO_2 Emissions to Minimize Health Risks Due to Climate Change in India. *Environmental Science & Policy,* 13 (8), 702–712.

Arsenault, R. (1984). The End of the Long Hot Summer. The Air Conditioner and Southern Culture. *The Journal of Southern History,* 50 (4), 597–628.

Bahadori, M. N. (1994). Viability of Wind Towers in Achieving Summer Comfort in the Hot Arid Regions of the Middle East. *Renewable Energy.* 5 (5–8), 879–892.

Banham, R. (1969). *Architecture of the Well-tempered Environment.* Chicago, IL: University of Chicago Press.

Basile, S. (2014). *Cool. How Air Conditioning Changed Everything.* New York: Fordham UP.

Becker, R. B. (1972). *John Gorrie, M. D. Father of Air Conditioning and Mechanical Refrigeration.* Sheffield: Carlton.

Böhme, H., Matussek, P., & Müller, L. (2000). *Orientierung Kulturwissenschaft. Was sie kann, was sie will.* Reinbek bei Hamburg: Rowohlt.

Carrier W. H. (1933). The Economics of Man-Made Weather. *Scientific American,* 148 (4), 199–202.

Cooper, G. (1998). *Air-conditioning America.* Baltimore: Johns Hopkins UP.

Cooper, M. (2008). *Life as Surplus. Biotechnology and Capitalism in the Neoliberal Era.* Seattle: University of Washington Press.

Copestake, J., & Wood, G. (2008). *Wellbeing and Development in Peru.* New York: Palgrave Macmillan.

Cronon, W. (1992). *Nature's Metropolis. Chicago and the Great West.* New York: Norton.

Cummings, R. O. (1949). *The American Ice Harvests. A Historical Study in Technology, 1800–1918.* Berkeley: University of California Press.

Dick, H., & Rimmer, P. (1999). Privatising Climate. First World Cities in South East Asia. In J. Brotchie, P. Newton, P. Hall, & J. Dickey (Hrsg.), *East West Perspectives on 21st Century Urban Development. Sustainable Eastern and Western Cities in the New Millennium* (S. 305–323). Aldershot: Ashgate.

Dienel, H.-L. (1991). Eis mit Stil. Die Eigenarten deutscher und amerikanischer Kältetechnik. In Centrum Industriekultur Nürnberg & Münchner Stadtmuseum (Hrsg.), *Unter Null. Kunsteis, Kälte und Kultur* (S. 100–111). München: Beck.

Donaldson, B., & Nagengast, B. (1994). *Heat and Cold. Mastering the Great Indoors. A Selective History.* Atlanta, GA: American Society of Heating, Refrigerating and Air-Conditioning Engineers.

Fezer, F. (1995). *Das Klima der Städte.* Gotha: Perthes.

Friedman, R. (1984). The Air-Conditioned Century. *American Heritage,* 35 (August-September), 20–33.

Friedrich, A. (2016). Die Vergänglichkeit überlisten. Leben und Tod in kryogenen Zeitregimen. *Jahrbuch Technikphilosophie. List und Tod,* 3, 35–56.

Friedrich, A., & Höhne, S. (2014). Frischeregime. Biopolitik im Zeitalter der kryogenen Kultur, *Glocalism,* 2 (1-2), 1–44.

Gartland, L. M. (2012). *Heat Islands. Understanding and Mitigating Heat in Urban Areas.* London: Routledge.

Gladstone, J. (1998). John Gorrie, the Visionary. *ASHRAE Journal,* December, 29–35.

Gorrie, J. (1851). *Patent No: US 8080A. Improved Process for the Artificial Production of Ice.* Washington D. C.: U. S. Patent and Trademark Office.

Gorrie, J. (1852). Refrigeration and Ventilation of Cities. *The Southern Quarterly Review,* 1, 413–446.

Healy, S. (2008). Air-conditioning and the ‚Homogenization' of People and Built Environments. *Building Research & Information,* 36 (4), 312–322.

Heßler, M. (2012). Ansätze und Methoden der Technikgeschichtsschreibung (Zusatztexte im Internet). In *Kulturgeschichte der Technik.* Frankfurt am Main/New York: Campus. Abgerufen von http://www.campus.de/buecher-campus-verlag/wissenschaft/geschichte/show/produkt/BookProduct/downloadPdf/4250.html?tx_saltbookproduct_detail%5Bpdf%5D=28&cHash=e11a363c926266b725601c9e48539df1

Hitchings, R., & Lee S. (2008). Air Conditioning and the Material Culture of Routine Human Encasement. The Case of Young People in Contemporary Singapore. *Journal of Material Culture,* 13 (3), 251–265.

Höhne, S., & Umlauf, R. (2015). Die Akteur-Netzwerk Theorie. Zur Vernetzung und Entgrenzung des Sozialen. In J. Oßenbrügge, & A. Vogelpohl (Hrsg.), *Theorien in der Raum- und Stadtforschung. Eine Einführung* (S. 195–214). Münster: Westfälisches Dampfboot.

Ingels, M. (1952). *Willis Haviland Carrier. Father of Air Conditioning.* Garden City: Country Life.

Ingold, T. (2000). Globes and Spheres. The Topology of Environmentalism. In T. Ingold (Hrsg.), *The Perception of the Environment. Essays in Livelihood, Dwelling and Skill* (S. 209–218). London: Routledge.

Kim, H. H. (1992). Urban Heat Island. *International Journal of Remote Sensing,* 13 (12), 2319–2336.

Klinenberg, E. (2002). *Heat Wave. A Social Autopsy of Disaster in Chicago.* Chicago: University of Chicago Press.

Koeniger, A. C. (1988). Climate and Southern Distinctiveness. *The Journal of Southern History,* 54, 21–44.

Kunzig, R. (2015). This Year Could Be the Turning Point. *National Geographic,* 197 (November), 14–15.

O. A. (1970). An Air-Conditioned Census. *The New York Times*, 6. September, 10E.

O. A. (2012). Bomb Shelters Offer Protection from Heat. *China Daily*, 10. Juli. Abgerufen von http://www.china.org.cn/environment/2012-07/10/content_25863592.htm

Okulicz-Kozaryn, A. (2013). City Life. Rankings (Livability) Versus Perceptions (Satisfaction). *Social Indicators Research*, 110 (2), 433–451.

Rees, J. (2013). *Refrigeration Nation. A History of Ice, Appliances, and Enterprise in America.* Baltimore: John Hopkins UP.

Robbins, S. (2003). Keeping Things Cool. Air-Conditioning in the Modern World. *OAH Magazine of History*, 17 (October), 42–46.

Sahakian, M. (2014). *Keeping Cool in Southeast Asia. Energy Consumption and Urban Air-Conditioning.* New York: Palgrave Macmillan.

Semenza, J. C., Rubin, C. H., Falter, K. H., Selanikio J. D., Flanders W. D., Howe, H. L., & Wilhelm, J. L. (1996). Heat-Related Deaths During the July 1995 Heat Wave in Chicago. *New England Journal of Medicine*, 335 (2), 84–90.

Sherlock, V. M. (1982). *The Fever Man. A Biography of Dr. John Gorrie.* Aurora, IL: Medallion.

Sivak, M. (2008). Potential Energy Demand for Cooling in the 50 Largest Metropolitan Areas of the World Implications for Developing Countries. *Energy Policy*, 37 (4), 1382–1384.

Sullivan, W. (2014). Wellbeing and Green Spaces in Cities. *Wellbeing*, 16 (2/3), 1–26.

Täubrich, H. C. (1991). Unter Null. Künstliche Kälte in Technik und Kultur. In *Kultur und Technik. Das Magazin aus dem Deutschen Museum*, 15 (3), 30–33.

Thom, E. C. (1959). The Discomfort Index. *Weatherwise*, 12, 57–61.

Twilley, N. (2012). The Coldscape. *Cabinet*, 47. Abgerufen von http://cabinetmagazine.org/issues/47/twilley.php

Urry, J. (2011). *Climate Change and Society.* Cambridge: Polity.

Walker, G., Shove, E., & Brown, S. (2014). How Does Air Conditioning Become „Needed"? A Case Study of Routes, Rationales and Dynamics. *Energy Research & Social Science*, 4, 1–9.

Whittemore, E. C. (1994). 19th Century Ice Harvesting. *Antiques Magazine*, 29 (7), 32–34.

Winter, T. (2013). An Uncomfortable Truth. Air-Conditioning and Sustainability in Asia. *Environment and Planning A*, 45 (3), 517–531.

Wong, K. V., Paddon, A., & Jimenez, A. (2013). Review of World Urban Heat Islands. Many Linked to Increased Mortality. *Journal of Energy Resources Technology*, 135 (2), 022101–022112.

Yousif, T. A. (2013). Application of Thom's Thermal Discomfort Index in Khartoum State, Sudan. *Journal Of Forest Products & Industries*, 2 (5), 36–38.

Regierungsräume

© Seifert, M.

Relationale Räume mit Grenzen

Grundbegriffe der Analyse alltagsweltlicher Raumphänomene

Martina Löw und Gunter Weidenhaus

Abstract

Dieser Artikel bietet eine raumsoziologische Konzeptualisierung der Grenze an. Im Rahmen relationaler Raumtheorien haben Grenzen bisher wenig Beachtung gefunden, genau wie relationale Raumkonzepte innerhalb der *border studies* kaum rezipiert wurden. Um die empirische Existenz von Containerräumen zu verstehen, ohne die Einsichten des *spatial turn* zu negieren, bedarf es eines Konzepts der Grenze im Rahmen einer relationalen Theorie des Raums.

1 Einleitung

Nicht nur aus der Perspektive zahlreicher Globalisierungstheorien scheint eine Welt ohne Grenzen zunehmend Realität zu werden, auch Raumtheoretiker schreiben über Räume häufig, als stelle sich die Grenzfrage angesichts der Einsicht in die relationale Konstruktion von Räumen kaum noch. Wie Jan Aart Scholte (1997) zusammenfasst, dominieren drei Perspektiven die Globalisierungsdebatte: „The first identifies globalization as an increase of cross-border relations. The second treats globalization as an increase of open-border relations. The third regards globalization as an increase of trans-border relations" (S. 430). Die steigende Bedeutung des „space of flows" (Castells, 1996) in der Globalisierungstheorie geht einher mit einer Tendenz in der Raumtheorie, Raum fast nur noch in Form von hoch dynamischen Netzwerken zu denken. Jeff Malpas z. B. kritisiert dies, wenn er schreibt: „Space appears as a swirl of flows, networks, and trajectories, as a chaotic ordering that locates and dislocates, and as an effect of social process that is itself spatially dispersed and distributed" (Malpas, 2012, S. 228). Für die Sozial- und Geisteswissenschaften war es – anders als für Mathematik und Naturwissenschaf-

© Springer Fachmedien Wiesbaden GmbH, ein Teil von Springer Nature 2018
A. Brenneis et al. (Hrsg.), *Technik – Macht – Raum*, Technikzukünfte,
Wissenschaft und Gesellschaft / Futures of Technology, Science and Society,
https://doi.org/10.1007/978-3-658-15154-6_11

ten, die diesen Prozess schon Anfang des 20. Jahrhunderts durchlaufen haben – in der zweiten Hälfte des 20. Jahrhunderts eine wichtige Erkenntnis, dass der Raum bislang in ihren Analysen zumeist schlicht alltagsweltlich in der Form des Containers bzw. in Form purer Materialität dem Sozialen gegenübergestellt wurde (Harvey, 1973; Löw, 2001). Obwohl Georg Simmel bereits 1908 einen Grundlagentext zum Raum und der räumlichen Ordnung der Gesellschaft vorgelegt hatte, dauerte es bis in die 1970er Jahre, bevor in der französischen Soziologie z. B. von Pierre Bourdieu (1979), Henri Lefebvre (1974) oder Jean Rémy (1975), oder in der angloamerikanischen Geographie durch David Harvey (1973) die Durchdringung des Sozialen durch räumliche Formen problematisiert wurde. Erst in diesem Prozess wurde Raum als relationale Anordnung eingeführt. Die Einsicht, dass Raum aus der sozialen Praxis als Prozess der Relationierung von Objekten, Orten, Menschen(gruppen) zu verstehen ist, führte zu einer neuen Form der Human- und Kulturgeographie sowie zu einer zögerlich sich entwickelnden Raumsoziologie. Es ist wenig verwunderlich, dass vor diesem, von vielen als umwälzenden theoretischen Perspektivwechsel gedachten, Erkenntnisschritt die Frage der Grenzen zunächst unbearbeitet blieb. Nigel Thrift (2006) schreibt z. B.: „I would claim, the ‚spatial turn' has proved to be a move of extraordinary consequence because it questions categories like ‚material', ‚life' and ‚intelligence' through an emphasis on the unremitting materiality of a world where there are no pre-existing objects." (S. 139).

Grenzen scheinen diese konzeptuelle Errungenschaft stets in Frage zu stellen. Doreen Massey (2005) z. B., die eine systematische Unterscheidung zwischen Raum und Ort eher zweifelhaft findet, argumentiert, dass ein Ort eine „particular constellation of social relations" (Massey, 1994, S. 154) ist und wendet sich damit gegen die Vorstellung „of places as areas with boundaries around" (S. 154). Nigel Thrift (2006) stellt sogar als Grundlage jeder Raumkonzeption fest: „there is no such thing as a boundary" (S. 140). Doch ist die Raumtheorie weniger davon geprägt, dass explizit Grenzen für irrelevante Gegenstände erklärt werden (Schroer, 2006, S. 23 und 68), als vielmehr davon, dass Grenzen in der Raumtheorie keine Rolle spielen. So wie die Grenzsoziologie sich weitgehend jenseits der Raumsoziologie entwickelt (kritisch und zusammenfassend dazu: Eigmüller & Vobruba, 2006), so gelingt es bislang der Raumsoziologie kaum, Grenzphänomene in die Analysen einzubeziehen. Stets scheint die Einsicht, dass sich Räume und Orte aus Relationen bilden, durch die Etablierung von Grenzen bedroht oder zumindest theoretisch unvereinbar zu sein. Empirisch aber scheinen Räume in bestimmten Kontexten zu bestimmten Zeiten für bestimmte Güter oder Personen mit Hilfe von Grenzen zu Containern werden zu können. Die Geflüchteten aus Syrien, die 2016 in der Türkei oder in Griechenland festsaßen, weil Fluchtrouten durch Grenzschließungen unterbrochen wurden, werden das bestätigen. Will die sozialwissenschaftliche Raumforschung diese Phänomene nicht einfach ignorieren, steht sie vor der empirischen Herausforderung, auf Basis eines relationalen Raumkonzeptes die Konstitution solcher empirisch nachweisbaren Container beschreiben zu müssen. Ohne einen Begriff der Grenze, so vermuten wir, ist diese Aufgabe nicht zu lösen.

Dass es möglich wurde, eine Raumtheorie weitgehend ohne Grenzen zu entwickeln, liegt auch daran, dass in der Fachliteratur kaum zwischen Raum und Raummetapher unterschieden wird. Die Raumbilder, die genutzt werden, um sich eine Vorstellung von den Anordnungen in der Welt zu machen oder um Vorstellungen von gleichzeitigen Positionierungen machtpolitisch auszubauen oder um dynamische Ströme zu imaginieren, sind inspirierend, bleiben aber solange metaphorisch als das „Wo in der Welt" nicht benannt werden kann oder soll. Will man Raum als Metapher argumentativ einsetzen, um z. B. gegen eine Fortschrittslogik und für eine Gleichzeitigkeit unterschiedlicher Entwicklungen zu plädieren, ist die Bestimmung der Grenzen oft irrelevant oder störend, eine Analyse alltagsweltlicher Raumphänomene benötigt jedoch einen präzisen Grenzbegriff.

Der folgende Beitrag widmet sich daher der Frage, wie sich Grenzphänomene in relationale Raumkonzepte integrieren lassen. Hierzu wird zunächst die Unterscheidung von Raum und Raummetapher eingeführt, um den Gegenstandsbereich der Raumsoziologie möglichst präzise zu markieren. Darauf folgend wird kurz unser Vorschlag, Raum konzeptuell zu fassen, skizziert (ausführlich Löw 2001; Weidenhaus, 2015), um in diesem Rahmen Grenze als mögliche relationale Anordnung von Räumen zu definieren. Dabei ist Grenze nicht nur als Mauer oder Zaun zu denken, sondern Grenzen setzen mindestens zwei Räume in ein spezifisches Verhältnis zueinander. Schließlich möchten wir unseren Raum- und Grenzbegriff mithilfe eines empirischen Fallbeispiels – den dynamisierten nationalstaatlichen Grenzregimen im Zusammenhang mit den Flüchtlingsbewegungen im letzten Quartal des Jahres 2015 – auf seine Anwendbarkeit überprüfen. Zum Abschluss findet sich eine kurze Zusammenfassung unserer Überlegungen.

2 Raum und Raummetaphern

Nahezu alle sozialen Phänomene lassen sich mithilfe von Raummetaphern beschreiben. Familienstrukturen, Kommunikationsnetzwerke, der Aufbau von Organisationen und klassentheoretische Analysen der Gesellschaft lassen sich räumlich darstellen. Wir gehen davon aus, dass eine raumsoziologische Betrachtung sozialer Phänomene dann angemessen ist, wenn das „Wo in der Welt" – die Orte, an denen sich Güter und Lebewesen einer Raumkonstitution befinden – tatsächlich relevant ist. Nur in diesem Fall haben wir es mit Räumen zu tun, nicht mit

Raummetaphern, und nur hier findet sich der angemessene Gegenstand einer Raumsoziologie.

Entsprechend dieser Konzeption verändert sich der Raum immer dann, wenn die raumkonstituierenden Elemente (soziale Güter oder Lebewesen) ihren Ort wechseln. Wird im Gegensatz dazu die Hierarchie einer Familienstruktur metaphorisch räumlich dargestellt (bspw. durch eine Zeichnung mit der Mutter als Familienoberhaupt an der Spitze), ändert sich an dieser Struktur nichts, wenn die Mutter sich physisch im Raum bewegt, wenn sie beispielsweise in den Keller geht. Sie bleibt oben in der Hierarchie, dargestellt durch die Raummetapher, obwohl sie realräumlich unten ist. Eine räumliche Perspektive auf Familie in westlichen modernen Gesellschaften müsste die Konstitution des „Heims", des „Zuhause", zentral stellen und könnte dann fragen, ob es eine räumliche Entsprechung für die hierarchische Ordnung in der räumlichen Ordnung gibt (bspw. wenn die Mutter ein großes Arbeitszimmer im obersten Stockwerk hat). Gegenstand einer sozialwissenschaftlichen Betrachtung von Raum sind also zunächst nur die Bereiche, in denen Lagerelationen (Werlen, 1987) im physischen Raum relevant sind.

Die virtuellen und materiellen Welten des Internet sind ein gutes Beispiel, um die Unterscheidung zwischen Raum und Raummetapher in ihrer ganzen Komplexität zu verdeutlichen. Das Internet und seine Elemente lassen sich hervorragend mit Raummetaphern beschreiben. Ein Chatroom beispielsweise ist Nutzeroberfläche eines Kommunikationsprogramms. Zunächst ist irrelevant, wo sich dieser befindet (der physische Ort des Servers, auf dem das Programm läuft). Entscheidender aber ist, dass die Lagerelationen der Kommunikationspartner keinerlei Bedeutung haben. Andernfalls würde jedes Kommunikationsprogramm solche Lagerelationen simulieren. Die Anordnung der Personen müsste dargestellt werden und wer einen Chatroom betritt müsste sich zunächst einen Platz suchen. Im Chatroom ist aber völlig irrelevant, wer links und wer rechts sitzt. Für das Funktionieren des Kommunikationsraums sind sowohl das „Wo in der Welt" als auch die Lagerelationen der Teilnehmer*innen zumeist unbedeutend. Daher handelt es sich beim Chatroom um eine Raummetapher. Um soziale Prozesse im Chatroom zu verstehen, ist eine Kommunikationsanalyse aussichtsreicher als eine Raumanalyse. Entsprechend ist das Internet in seiner Gesamtheit zunächst kein Raum, sondern ein Kommunikationssystem.

Gleichwohl gibt es sozialwissenschaftliche Themenfelder und Fragestellungen rund um das Internet, bei denen eine raumsoziologische Expertise von Nutzen oder gar unabdingbar ist. Hauptsächlich aus zwei Perspektiven wird der Raum des Internet relevant: Erstens wenn virtuelle Welten im Internet simuliert werden, bei denen die Lagerelationen der Elemente tatsächlich von Bedeutung sind (zumeist handelt es sich dabei um Spiele); zweitens, wenn Fragen adressiert werden, bei denen das „Wo" der materiellen Infrastruktur des Netzes in den Fokus gerät.[1]

Zum ersten Fall: In vielen Computerspielen ist entscheidend, was und wer sich wo befindet. Avatare bewegen sich auf verschiedenen Wegen durch die virtuellen Welten und müssen ihre Positionierung im Verhältnis zur Umgebung permanent beachten. In virtuellen Räumen[2] werden also Lagerelationen simuliert. Raumsoziologisch interessant ist hier beispielsweise, dass diese virtuellen Welten zunächst frei von räumlichen Restriktionen sind, die in der realen Welt vorzufinden sind. Die Schwerkraft spielt für die Mobilität oder die Architekturen simulierter Gebäude zunächst keine Rolle, genau wie grundsätzlich jedes Element unmittelbar an jeden Ort im Raum transferiert werden könnte. Tatsächlich aber bemühen sich die Programmierer*innen zumeist, ein möglichst genaues Abbild der realen Welt zu entwerfen, und lassen in Computerspielen hoch komplexe Physik-*Engines* permanent im Hintergrund laufen, die die potenzielle Grenzenlosigkeit der virtuellen Welten solange konterkarieren bis sie sich möglichst nicht mehr von der bekannten Welt unterscheiden. Im Anschluss daran bieten die Spiele dann aber häufig die Möglichkeit, diese mühsam und künstlich errichteten Grenzen zu überschreiten. Die Avatare der Spieler*innen können im Spielverlauf lernen zu fliegen, sich zu „beamen" oder durch Wände zu sehen. Grenzüberschreitungen scheinen reizvoller zu sein als Grenzenlosigkeit.

Im zweiten Fall wird das „Wo" der materiellen Infrastruktur des Internet relevant. In Deutschland ist der/die User*in beispielsweise häufig damit konfrontiert, dass bei Aufruf eines *Youtube*-Videos gemeldet wird, dass dieser Inhalt in diesem

---

1 Das Internet als Kommunikationsmedium schafft darüber hinaus natürlich neue Möglichkeiten der Konstitution von Räumen für Organisationen, Freundschaftsnetzwerke, politische Bewegungen oder die Kriegsführung, weil es die Synthese von Usern und Gütern an Orten erlaubt, die zuvor nicht in dieser Weise (z. B. gemeinsames Arbeiten an einem Projekt in Echtzeit) verbunden waren. Solche Räume sind aber nicht Räume des Internets, sondern eben organisationale, private oder politische Räume, die mithilfe des Mediums Internet entstehen.

2 Virtuelle Räume lassen sich als Spezialfall von Räumen begreifen. Die Elemente, aus denen diese Räume synthetisiert werden (siehe folgendes Kapitel), sind keine materiellen Güter und Lebewesen, sondern sie bestehen aus digitalen Nullen und Einsen. Entsprechend lassen sich auch imaginäre Räume, wie die „Hölle" oder „Atlantis", als Spezialfall begreifen, deren Elemente der Vorstellungskraft entspringen. Diese Differenzierung ist idealtypisch, das heißt, dass keine systematischen Grenzen zwischen diesen Raumtypen vorliegen: Die „ewigen Jagdgründe" bestehen aus einer Mischung aus materiellen und imaginären Elementen (auf diesem Berg wohnen die Geister der Ahnen), und Brillen, deren Gläser als Displays funktionieren, können virtuelle und materielle Elemente mischen (die Werbetafel auf diesem Hochhaus ist eingespielt oder bei diesem Brunnen sitzt ein *Pokemon*), die durchaus zu einer Raumkonstitution synthetisiert werden, zu sogenannten „augmented realities" (Weidenhaus, 2015, S. 39).

Land nicht zur Verfügung steht. Ursache ist ein relativ restriktives, territorial gebundenes Urheberrecht. Gelingt es nun, die eigene IP-Adresse zu verbergen bzw. eine zu nutzen, die dem Anbieter einen anderen Standort in der Welt vorgaukelt, indem die IP-Adresse von einem im Ausland befindlichen Server bezogen wird, lässt sich das Video ansehen. Im Hinblick auf die Erforschung von Internetkriminalität in all ihren Facetten kommt man an einer räumlichen Perspektive auf die Verteilung von Netzressourcen und auf die realen Standorte von Servern in unterschiedlichen Rechtsräumen nicht vorbei. Ebenso können Fragen nach dem Zugang zum Internet und damit zu Optionen in der sozialen Welt von einer räumlichen Perspektive profitieren, wenn untersucht wird, wo überhaupt Anbindungen in welcher Qualität zur Verfügung stehen.

Eine soziologische Betrachtung des Internets ist also nicht per se auf eine raumtheoretisch fundierte Perspektive angewiesen. Solange nur Kommunikation in den Blick genommen wird, reicht eine Expertise in anderen Bereichen vollkommen aus, selbst wenn häufig Raummetaphern verwendet werden. Im Rahmen bestimmter Perspektiven wird jedoch die Räumlichkeit des Internets tatsächlich relevant und geht dann weit über einen metaphorischen Gebrauch von Raum hinaus. In diesen Fällen wird das Internet Gegenstand einer raumsoziologischen Betrachtung.

Zusammenfassend möchten wir also argumentieren, dass Gegenstände einer raumsoziologischen Betrachtung über ein relevantes „Wo-in-der-Welt" verfügen und dass die Lagerelationen der raumkonstituierenden Elemente von Bedeutung sind. Bei einer Veränderung der Lagerelationen wandelt sich auch der Raum selbst, andernfalls handelt es sich um eine Raummetapher. Gegenstand unserer nachfolgenden Betrachtungen sind Räume – keine Raummetaphern.

3   Raum als relationale Anordnung ...

Relationale Konzepte von Raum sind in den Sozialwissenschaften selbstverständlich geworden (Malpas, 2012, S. 27; Hubbard & Kitchin, 2011, S. 3). Wir nehmen diesen Ausgangspunkt, dass Räume Ordnungsformen des Nebeneinander sind, ernst und verstehen Räume als das Ergebnis von Verknüpfungsleistungen zwischen körperlichen Objekten. Wir definieren, die künstliche Trennung zwischen menschlichen Körpern und dinglichen Körpern bewusst ignorierend, Räume als relationale Anordnungen von sozialen Gütern und Lebewesen an Orten. Um etwas als Raum wahrzunehmen, bedarf es erstens der *Syntheseleistung* als Relationierung von Objekten sowie zweitens einer Platzierungsleistung von Objekten an Orten *(spacing)*. Räume können stets über die Frage nach dem „Wo" erfasst werden. Selbstverständlich sind sowohl *Syntheseleistung* als auch Platzierungspraktiken häufig institutionalisiert, d. h. sozial vorstrukturiert und durch Konventionen geregelt. Es spannt nicht jeder einfach seinen individuellen Raum auf, sondern wie Räume wahrgenommen, erfahren, erinnert werden und wie Menschen sich und ihre Objekte platzieren, das ist in Regeln eingeschrieben und wird durch Institutionen vorstrukturiert. Was, wo, wie gelagert oder gebaut wird, ist ebenso sozial geregelt wie auch wann Objekte als nah oder fern, zugehörig oder getrennt etc. erlebt und somit synthetisiert werden.

Mit diesem relationalen Konzept ist es möglich, nach verschiedenen Anordnungen, z. B. als Netzwerk, *scale* oder Territorium, zu Räumen zu fragen. Räume lassen sich in ihren symbolischen und materiellen Dimensionen unterscheiden, sie erfordern unterschiedliche Platzierungen und basieren auf variierenden Syntheseleistungen, aber sie sind allesamt Raumformationen, die gesellschaftlich ordnend wirken. Raum bildet sich aus der Synthese- und Platzierungsleistung des Subjekts (in kollektiv vorgegebenen Strukturen). Da jedoch das Subjekt selbst relational zu anderen Subjekten steht, ist Raum nicht das Produkt einer zweistelligen Relation zwischen Subjekt und Objekten, und auch nicht nur, wie Hubert Knoblauch (2017) hervorhebt, zwischen Subjekten oder zwischen Objekten, sondern Räume entstehen aus einer triadischen Relation. Das *Spacing* erfolgt nicht nur nach Konvention und subjektiver Einschätzung, sondern auch reziprok und durch im handelnden Verlauf dynamisch aufeinander bezogene Subjekte (Knoblauch, 2017; Christmann, 2016, S. 98). Flächen, Ebenen, Öffnungen entstehen demnach aus der Relation der objektivierten Formationen von menschlichen und dinglichen Körpern und produzieren je spezifischen sozialen Sinn. Raumproduktion ist in diesem Sinne immer auch körperlich zu denken. Der Ort bildet das dritte Moment der triadischen Relation zwischen synthetisierendem Subjekt und platziertem Objekt/Subjekt. Der Ort ist Stelle, aber auch relationaler Standort. Seine Bedeutung bezieht sich auf andere Orte und auf andere dynamische Subjektpositionen.

Wir möchten also auf konzeptioneller Ebene an einer Unterscheidung von Raum und Ort festhalten, wobei wir Orte als Produkte der Platzierung raumkonstituierender Elemente begreifen. Soziale Entitäten der empirischen Welt sollen damit allerdings keinem Ort-Raum-Schema zugeordnet werden. Ob beispielsweise ein Marktplatz im Rahmen einer Untersuchung als Raum oder als Ort aufgefasst werden sollte, bleibt von der Perspektive abhängig. Fokussiert die Untersuchung den Raum ‚Innenstadt', so kann der Marktplatz als Ort in diesem Raum verstanden werden. Interessiert hingegen ausschließlich der Marktplatz selbst, so sollte er als Raum konzipiert werden, der nun seinerseits aus raumkonstituierenden Elementen (Verkaufsständen, Brunnen, Menschen usw.) an bestimmten Orten besteht.

4   … mit Grenzen

Versteht man die Konstitution von Räumen als Synthese bestimmter Elemente, namentlich von Gütern und Lebewesen an Orten, unter Berücksichtigung der Lagerelationen dieser Elemente (Löw, 2001), dann treten Räume zunächst als Netzwerke in Erscheinung, in die sich beliebig weitere Güter und Lebewesen ‚hineinschmuggeln' können und gar nicht bemerkt werden, solange sie nicht Teil der Raumsynthese werden. Der Vorteil einer solchen Konzeption ist, dass problemlos vorstellbar ist, wie sich solche Netzwerke überlappen, wie bestimmte Elemente Teil mehrerer Raumkonstitutionen sind und wie daher an einem Ort mehrere Räume entstehen. Hier genau liegt die Stärke relationaler Raumkonzeptionen, wie sie von Thrift (2006) oder Castells (1996) erarbeitet wurden.

Empirisch lassen sich jedoch auch Raumkonstitutionen beobachten, die zumindest bezogen auf spezifische Elemente einen hochgradig exklusiven Charakter aufweisen. An einem Ort, an dem spanisches Recht gilt, gilt das französische Recht nicht; wo diese Exklusivität infrage gestellt wird, entstehen massive Konflikte. Solche exklusiven Raumkonstitutionen, wie beispielsweise Nationalstaaten, verfügen über ein wesentliches Merkmal: Sie haben Grenzen. Es erhebt sich daher die Frage, wie Grenzen hier entstehen und in den Rahmen einer relationalen Konzeption von Raum zu integrieren sind, ohne die Errungenschaften des *spatial turn* anheimzugeben und zu einem Containermodell des Raumes zurückzukehren (siehe Fuller & Löw 2017).

Zunächst ist entscheidend, Grenzen selbst als Relationen aufzufassen (Weidenhaus, 2015, S. 46), allerdings nicht als Relationen einzelner raumkonstituierender Elemente, sondern als Relationen von Räumen selbst. Immer wenn eine Grenze thematisiert wird, werden mindestens zwei Räume konstituiert und durch die Grenze miteinander ins Verhältnis gesetzt. Es ist möglich, dass dieses Verhältnis hochgradig asymmetrisch ist, weil der zweite Raum nur als ‚Außen' oder ‚Umgebung' konzipiert wird. Häufig interessiert nur der Raum innerhalb der Grenzen, während der Außenraum hochgradig unscharf und konturlos bleibt. Dennoch spielt dieser zweite Raum eine konstitutive Rolle bei der Definition des ersten. Das empirische Beispiel unten wird zeigen, dass die Herstellung von Konturlosigkeit und Unterbestimmtheit eines Außenraumes sogar das Ziel von Grenzkonstitutionen sein kann. In einem unbestimmten Außen muss nämlich Komplexität aller Art, ob kommunikativ, organisatorisch oder moralisch, nicht bearbeitet werden.

In einem ersten Schritt zur Konzeptualisierung von Grenzen kann also festgehalten werden, dass im Rahmen einer Konstitution von Räumen, bei der passende aber unterschiedliche Elemente miteinander verbunden werden, auch eine Gemeinsamkeit zwischen diesen Elementen konstruiert und von Unterschiedlichen (anderen Räumen) getrennt wird. Die Syntheseleistung beinhaltet also auch eine Differenzierungsleistung. Gleichwohl lassen sich unterschiedliche Gewichtungen von Synthese und Differenzierung bei verschiedenen Raumkonstitutionen beobachten. Je bedeutender die Synthese komplementärer Elemente einer Raumkonstitution ist, desto eher erscheinen diese Räume als *Netzwerke.* Je wichtiger hingegen die Differenzierung nach außen durch die Produktion interner Gemeinsamkeit gemacht wird, umso bedeutender werden Grenzkonstruktionen, und es entsteht ein *territorialer Raum.* Bei der Synthese von Nationalstaaten spielt zum Beispiel die Differenzierung traditionell eine wichtige Rolle (als Gemeinsamkeit nach innen wird hier häufig die Sprache, die Geschichte oder die Kultur ins Spiel gebracht). Daher sind Nationalstaaten ohne klare Grenzen kaum vorstellbar. Die Räume moderner Großstädte werden hingegen eher auf Basis verschiedener komplementärer Elemente synthetisiert (Simmel, 1957 [1903]); entsprechend geringer ist die Bedeutung ihres Grenzverlaufs (Held, 2005).

Die Operation der Differenzierung betont also die Gemeinsamkeit nach Innen und eine Unterschiedlichkeit nach außen; alles innerhalb der Grenzen hat ein gemeinsames Merkmal (z. B. deutsch zu sein und nicht französisch oder schweizerisch) und wirkt daher homogenisierend. Spielt die Differenzierung zu anderen Räumen jedoch eine untergeordnete Rolle, bleibt die Unterschiedlichkeit der raumkonstituierenden Elemente erhalten. Solche Ensembles können auch ohne klare Grenzziehungen als Räume konstituiert und wahrgenommen werden. Je wichtiger also bei einer Raumkonstitution die Bestimmung des Verhältnisses zu anderen Räumen ist, desto wichtiger auch die Grenzkonstruktionen.

Grenzen können ganz unterschiedlichen Typs sein, je nachdem was durch sie ins Verhältnis gesetzt wird. Während nationalstaatliche Grenzen eher Geltungsbereiche von Rechten in Beziehung setzen, werden von Landschaftsgrenzen z. B. geologische Formationen oder klimatische Bedingungen in Relation gesetzt. An dieser Stelle lassen sich noch einmal die unterschiedlichen Konstruktionsweisen von Räumen idealtypisch in Form eines Gedankenexperimentes beschreiben. Ein Geologe könnte bei der Konstitution eines Raumes auf Gemeinsamkeiten an der Erdoberfläche achten. Er würde an verschiedenen Orten das Gestein untersuchen. Solange er dabei beispielsweise Granit vorfände, könnte er diese Orte zu einem Raum synthetisieren – einem 200 Millionen Jahre alten Mittelgebirge vulkanischen Ursprungs. Stieße er plötzlich auf Schiefer (vor 50 Millionen Jahren aus den Sedimenten einer Sumpflandschaft entstanden), würde er zwei Räume differenzieren und an dieser Stelle eine Landschaftsgrenze konstruieren, die er in eine geologische Oberflächenkarte einzeichnet. Ganz anders werden Netzwerke konstituiert: Bei der Bestimmung eines Raums des globalen Finanzmarktes würde man unterschiedliche Elemente suchen, die für diesen Markt notwendig sind. Man könnte das Bankhaus an diesem Ort, das Rechenzentrum an jenem Ort und den Topmanager in seinem Homeoffice zu einem Raum synthetisieren, der nahezu ohne die Konstruktion einer expliziten Außengrenze auskommt. Räume müssen also nicht von Grenzkonstruktionen eingefasst werden. Grenzen können jedoch zur Bestimmung der Relation zwischen verschiedenen Räumen konstruiert werden.

Dieses Beispiel macht einen weiteren wichtigen Aspekt von Grenzen deutlich: Grenzen sind hochgradig spezifisch. Räume, die als Territorien mit Grenzen konstituiert sind, setzen eben nur ganz bestimmte Aspekte der Welt miteinander ins Verhältnis. Gesteinsformationen oder das Wetter, aber auch bestimmte Warenströme in der Europäischen Union oder sogar die Mobilität von bestimmten Personen innerhalb des Schengenraums bleiben von der nationalstaatlichen Grenze zwischen Deutschland und Frankreich unberührt. Das führt zur permanenten Überlappung ganz unterschiedlicher Räume. Selbst wenn die soziale Wirklichkeit nur aus territorialen Räumen bestehen würde (was sie nicht tut), wäre die Welt nicht aufgeteilt in lauter nebeneinanderliegende Territorien, vielmehr umschließen und überlappen sich auch territoriale Räume. Grenzen beziehen sich also nur auf ganz bestimmte Gegenstände oder Personen in ganz bestimmten Kontexten. Daher sind Grenzen niemals ganz geschlossen, sondern lassen sich eher als Membran verstehen.

Vor diesem Hintergrund lässt sich zeigen, dass Grenzen Zirkulation organisieren und in manchen Fällen sogar erst produzieren (Dittgen, 2003). Was in vielen Gegenden Mexikos passiert, lässt sich nur begreifen, wenn die grenzüberschreitenden Personen-, Geld- und Warenströme berücksichtigt werden, welche die in den USA lebende Exilgemeinde maßgeblich initiiert (Pries, 2010). Im Jahr 2006 haben z. B. 660 000 Menschen und 12 400 Lastwagen die Grenzübergänge zwischen Mexiko und den US-Staaten täglich legal überquert (Migration Policy Institute, 2006). Hinzu kommt die illegale Migration, die schwer zu schätzen ist (Andreas, 2009). Grenzen können darüber hinaus unmittelbar Zirkulation produzieren. Weil die Grenzen von Großbritannien und Panama einen Niveauunterschied der Steuerzahlungen institutionalisieren, entsteht der Kapitalstrom in Richtung Panama. Aus dieser Perspektive können Grenzen als Generator und Organisator von Zirkulation gelesen werden. Dennoch möchten wir argumentieren, dass eine solche Lesart das Wesen der Grenze verfehlt, weil sie im Rahmen einer konkreten Analyse den zweiten Schritt vor dem ersten macht. Grenzen setzen Räume in Relation, indem sie die Zirkulation bestimmter Dinge, Güter oder Lebewesen in bestimmten Kontexten für bestimmte Zeiten kontrollieren und gegebenenfalls unterbinden und damit die Räume trennen. Am Anfang einer Grenzkonstruktion steht immer die Trennung. Diese Funktion der Trennung ist häufig so offensichtlich, dass sie den Sozialwissenschaften manchmal aus dem Blick zu geraten scheint, bzw. dass die verbindenden Effekte der Grenze im Rahmen vieler *Border Studies* als gleichermaßen ursprünglich angesehen werden wie die trennende Funktion. Die Aussage, dass „they [the borders, M. L. & G. W.] connect as well as divide" (Mezzadra & Neilson, 2013, S. 4), gilt hier bereits als Binsenweisheit. Die Grenzen von Großbritannien und Panama trennen aber zunächst die Gültigkeitsbereiche des Steuerrechts dieser beiden Staaten. Eine in London ansässige Firma kann ihre Steuererklärung nicht in Panama-Stadt einreichen. Nur daher „muss" sie eine Briefkastenfirma in Panama eröffnen und anschließend die Gewinne dorthin transferieren. In der überschneidungsfreien Trennung territorial konstruierter Steuerräume liegt also die Ursache der Zirkulation. Welche Zirkulationen von Grenzen generiert bzw. organisiert werden, erschließt sich erst, wenn verstanden wurde, was unter welchen Bedingungen von einer Grenze getrennt wird. Eine Analyse der, im Zusammenhang mit der Grenzkonstruktion intendierten, *Unterbrechung* von Zirkulation, sollte daher am Anfang jeder Untersuchung von Grenzen stehen. Lässt sich nicht angeben, was von einer Grenze unter welchen Bedingungen getrennt werden soll, gibt es gar keine Grenze. Zirkulation hingegen findet auch ohne Grenzen statt. Wichtig ist hier, dass die Trennung durch Grenzen zunächst nur dem Anspruch nach existiert. Ob eine solche Trennung empirisch aufrecht zu erhalten ist bzw. welche Zirkulationen entstehen, um sie zu konterkarieren, gilt es im Rahmen einer empirischen Analyse der jeweiligen Grenzen zu untersuchen. Dennoch gilt: Es ist der Anspruch auf Differenzierung und Trennung von anderen Raumkonstitutionen, der Anspruch auf Kontrolle und ggf. Unterbrechung von Zirkulation, der am Anfang einer jeden Grenzkonstruktion steht. Die spezifischen Verbindungen und Zirkulationen, die von Grenzen generiert werden können, sind Effekte dieser Trennung.

Ein raumtheoretisch informierter Zugang zu Grenzen erlaubt es darüber hinaus, Grenzen als Räume zu denken, ohne Grenzen und Räume auf konzeptioneller Ebene zu vermischen. Wenn Grenzen mit Kontroll- und Trennungsfunktionen verbunden sind, die selbst raumgreifend sind, wird die Grenze selbst zum Raum (z. B. Lebuhn, 2013). Dies geschieht beispielsweise in Transitzonen, wenn an der Grenze vorübergehend Güter oder Personen festgehalten werden (siehe das empirische Beispiel unten). Die Analyse solcher Grenzräume kann selbstverständlich von einer raumtheoretischen Perspektive profitieren. Dennoch möchten wir an einer analytischen Trennung von Raum und Grenze festhalten, weil je nach Perspektive ganz unterschiedliche Phänomene in den Blick geraten. Zum einen muss nicht jede Grenze als Raum in Erscheinung treten. Die gemauerte Grenze zwischen zwei Mietwohnungen, also eine Wand mit Grenzfunktion, als Raum zu analysieren, scheint wenig zielführend. Zum anderen verfügen Grenzräume wie Transitzonen selbst über Grenzen, deren Analyse zu einem begrifflichen Durcheinander führen würde, wenn die Grenze als konzeptioneller Begriff mit dem Raum gleichgesetzt würde. Die Untersuchung des Grenzraums fokussiert auf die Güter und Lebewesen in ihrer relationalen Anordnung, mit Hilfe derer dieser Raum konstituiert wird. Die Erforschung der Grenze des Grenzraumes rückt hingegen die räumlichen Relationen zwischen dem Grenzraum und den ihn umgebenden Räumen in den Fokus. Gefragt werden kann dann, wer und was in welcher Richtung und unter welchen Bedingungen in einen Grenzraum hinein und heraus gelangt. Grenze und Raum fallen also auf konzeptioneller Ebene nicht zusammen, auch wenn empirisch Grenzräume entstehen.

Zusammenfassend lässt sich bestimmen, dass Grenzen als Relationen mehrerer Räume aufzufassen sind. Grenzkonstruktionen stehen immer im Zusammenhang mit der Konstitution mindestens zweier Räume. Wenn im Rahmen der Synthese eines Raumes die Differenzierung von anderen Räumen eine bedeutsame Rolle spielt, dann kann durch die Konstruktion einer Grenze diese Differenz verräumlicht werden, was zu eher territorialen Raumkonstitutionen führt. Grenzen relationieren Räume auf je spezifische Art und Weise. Je nachdem, welche Differenzmarkierung mit ihnen einhergeht, trennen sie ganz bestimmte Güter oder Menschen in ganz bestimmten Kontexten zu ganz bestimmten Zeiten. Für diese spezifischen Gegenstandsbereiche werden sie jedoch mit dem Anspruch einer Trennung, einem „bis hierher und nicht weiter" konstruiert – sie sollen Zirkulation kontrollieren und unterbrechen. Als Folge organisieren und generieren Grenzen gleichzeitig Zirkulation und wirken daher verbindend. Von Grenzen geschaffene Verbindungen sind somit der Trennung logisch nachrangig. Die von Grenzen geschaffenen Verbindungen sind nur im Kontext ihrer Trennungs- und Kontrollfunktion zu verstehen. Wer räumlich trennen will, konstruiert Grenzen – wer nur verbinden will, der kann darauf verzichten.

Vor dem Hintergrund dieser Konzeptualisierung von Grenzkonstruktionen im Rahmen relationaler Raumtheorie möchten wir nun kurz ein Fallbeispiel vorstellen, das einige der sozialen Differenzierungsprozesse bei der Konstruktion von nationalstaatlichen Grenzen genauer in den Blick nimmt. Es handelt sich um keine umfassende Analyse der zur Diskussion stehenden Grenzregime, sondern um eine beispielhafte Rekonstruktion spezifischer Differenzierungen und Zirkulationsunterbrechungen, die im letzten Quartal des Jahres 2015 an den Grenzen entlang der „Balkanroute" vorgenommen wurden.

5   Fallbeispiel: Grenzkonstruktionen in und um Europa

Am 3. Dezember 2015 zieht das *Flüchtlingshilfswerk der Vereinten Nationen*
(UNHCR) seine Mitarbeiter*innen aus Idomeni, einem griechischen Ort an der
Grenze zu Mazedonien, ab. Mitten in der Europäischen Union sehen die Vereinten
Nationen keine Möglichkeit mehr, die Sicherheit ihrer Mitarbeiter*innen zu garantieren, die tausende von Geflüchteten aus Syrien, Afghanistan, Irak, Iran, Ma-
rokko, Eritrea und Bangladesch mit Decken, Wasser und Lebensmitteln versorgen
sollen. Vorausgegangen waren die Einführung von Grenzkontrollen in Deutsch-
land und Österreich sowie die teilweise Schließung der Grenzen von Kroatien,
Slowenien, Serbien, Ungarn und schließlich Mazedonien (außer für Syrer und
Afghanen), sodass es für viele Menschen in Idomeni kein Weiterkommen mehr
gab. Nach drei Tagen andauernder Proteste gegen die Schließung der Grenze nach
Mazedonien und unter dem Druck von Hunger und Kälte eskalierte die Gewalt
(Pantel, 2015, S. 6). Grenzkonstruktionen in und um die Europäische Union, den
Schengenraum und die Nachbarstaaten entscheiden über die Lebens- und Über-
lebenschancen von Menschen. Diese Grenzkonstruktionen sind im letzten Quartal des Jahres 2015 hoch dynamisch geworden. Unter dem Eindruck großer Fluchtbewegungen vor allem aus Syrien und Afghanistan, wo Bürgerkriege das Leben
der Zivilbevölkerung permanent gefährden, verändern sich beinahe wöchentlich
die Praktiken, wer welche Grenze passieren darf und wer nicht.

Eine hermeneutische Medienanalyse zweier deutscher Leitmedien aus diesem
Zeitraum kann einige Einblicke in diese Dynamiken eröffnen. Vor allem geht es
darum, die diskursiven Sinnkonstruktionen der Grenzen in diesem Kontext und
die Legitimationsrethoriken ihrer Schließung zumindest punktuell zu entschlüsseln. Dazu wird ein Korpus aus über 60 Artikeln der letzten drei Monate des Jahres 2015 der *Frankfurter Allgemeinen Zeitung* (FAZ) und der *Süddeutschen Zeitung*
(SZ), die das Wort „Grenze" im Titel tragen, gebildet.

Noch Anfang 2015 war die Mobilität in weiten Teilen der Europäischen Union
(im sogenannten „Schengenraum") ohne Grenzkontrollen möglich. Ende 2015 waren an den meisten Grenzübergängen wieder Kontrollen eingerichtet und einzelne Grenzen mithilfe von Zäunen und Mauern für Personen mit bestimmten Na-
tionalitäten geschlossen worden.

Nationalstaatliche Grenzen haben zunächst zwei zentrale Funktionen: Sie
territorialisieren Rechte und kontrollieren Mobilität. Die Territorialisierung des
Rechts geht mit staatlichem Anspruch einher, dieses Recht auch durchsetzen zu
können. Die Grenzen definieren also den Raum, in dem ein Staat meint, das jeweilige Recht in Geltung setzen zu können. Die Kontrolle der Mobilität entpuppt
sich dann zuallererst als Kontrolle des Zugangs zu Rechten (bei der Einreise) beziehungsweise als das Festhalten von Personen unter bestimmten rechtlichen Be-

Abbildung 1   Schengenraum

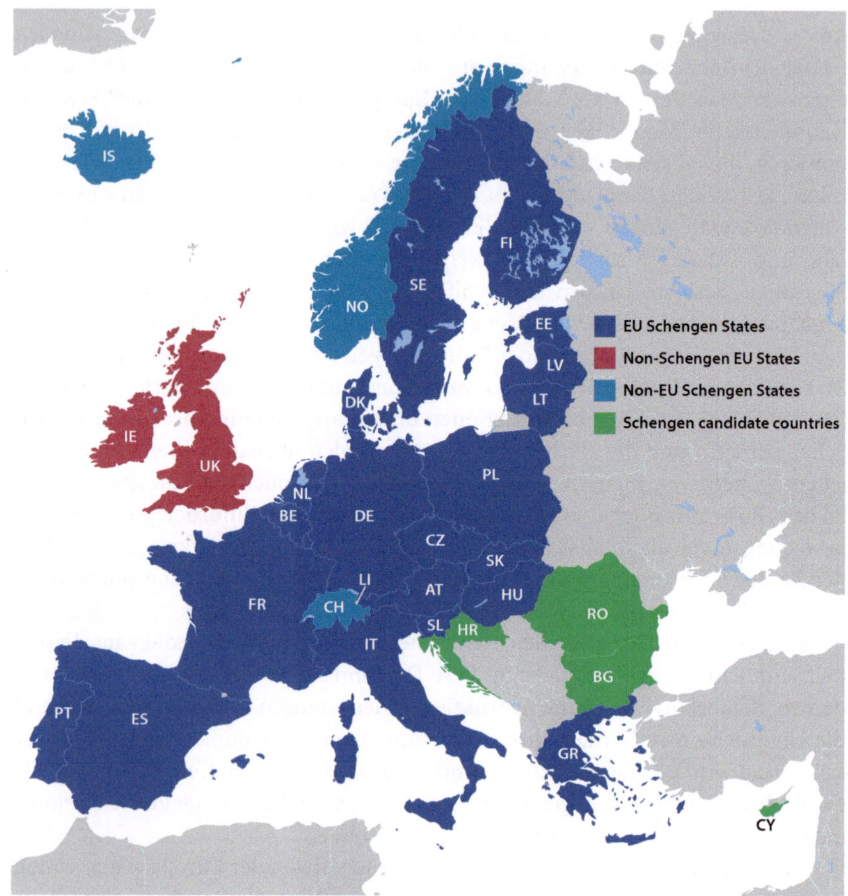

Abbildung 2   Flüchtlingsrouten und Grenzkontrollen

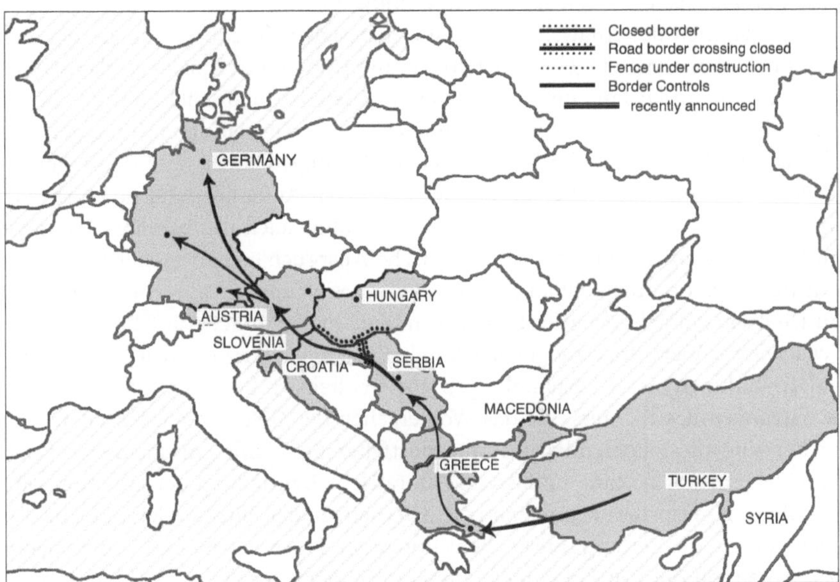

dingungen (bei der Ausreise). Die eingeführten Grenzkontrollen in Europa und an den europäischen Außengrenzen dienen beinahe ausschließlich dem ersten Ziel. Es geht darum, den Zugang zu Rechten innerhalb der EU und ihrer einzelnen Nationalstaaten zu kontrollieren; diskutiert wird nahezu ausschließlich die Kontrolle beziehungsweise Verhinderung der Einreise.[3]

Nationalstaatliche Grenzen, so lässt sich zunächst festhalten, reduzieren also Komplexität, indem sie eindeutig den Raum definieren, in dem sich ein Staat um die Durchsetzung seiner rechtlichen Normen bemüht. Dieser Akt der Territorialisierung erhöht die Chance, überhaupt Recht in Geltung zu setzen, um ein Vielfaches. Gleichzeitig sorgt die Grenze auch für den Erhalt von Komplexität, indem durch sie ein zweiter Raum konstituiert wird, der aus Sicht des Staates rechtlich undefiniert bleibt. Ob überhaupt ein und wenn ja welches Recht außerhalb der Grenzen gilt, bleibt aus Sicht des Staates oft kontingent und irrelevant. Die Kon-

---

3   Aus einer historischen Perspektive ist das durchaus nicht selbstverständlich. In der Frühzeit der modernen Nationalstaaten war die Ausgabe von Pässen denjenigen Personen vorbehalten, die das Privileg besaßen, ein Land zu verlassen.

struktion von Grenzen und damit die Territorialisierung staatlicher Räume erhöht also pragmatisch die Chance, Recht in Geltung zu setzen.

Im Rahmen der Analyse des Zeitungsmaterials fällt jedoch eine auf den ersten Blick kleine, bei eingehender Betrachtung jedoch durchaus bemerkenswerte, Erweiterung im Diskurs um die europäischen Grenzen auf. Nicht nur das Recht, auch die Moral lässt sich mit Hilfe von Grenzen territorialisieren. Eine der häufigsten Begründungsfiguren für die Grenzschließungen lautet, dass eine angemessene, menschenwürdige Versorgung im jeweiligen Aufnahmeland nicht gewährleistet werden kann (z. B. Freidel, 2015, S. 20), ohne auch nur für einen Moment in Erwägung zu ziehen, dass der moralische Anspruch angemessener menschenwürdiger Versorgung nicht an den Grenzen eines Nationalstaates endet. Auch die in Deutschland geführten Prozesse gegen Fluchthelfer*innen, die Flüchtenden illegale Grenzübertritte ermöglichen, künden von einer Territorialisierung der Moral: Im Rahmen dieser Verhandlungen spielen offensichtlich auch moralische Einschätzungen des Richters, die das Wohlergehen der Geflüchteten betreffen (wie sicher sind die Flüchtenden im Transportfahrzeug?), eine entscheidende Rolle (Freidel, 2015, S. 4). Eine umfassende moralische Beurteilung der Situation würde allerdings erfordern, zum einen die Alternativen der Flüchtenden mit einzubeziehen (evtl. die Rettung ihres Lebens durch den Fluchthelfer) und zum anderen zu prüfen, ob die von Fluchthelfer*innen geleiteten Personen eventuell Ansprüche beispielsweise auf politisches Asyl in Deutschland haben und die Fluchthelfer*innen ihnen daher die Realisierung ihres Rechtes ermöglichen. Konkret heißt das: Um die Entscheidung von Fluchthelfer*innen, eine weitere Familie in einen überfüllten Transporter oder ein Schlauchboot zu lassen, moralisch zu beurteilen, müsste eigentlich die Bedrohungslage der Familie im Falle des Zurückbleibens ebenfalls in Erwägung gezogen werden. Ebenso müsste geprüft werden, ob die von Fluchthelfer*innen transportierten Personen den Status von Bürgerkriegsflüchtlingen entlang der Kriterien der Vereinten Nationen oder gar von Asylberechtigten besitzen, diesen Status aber ohne die Hilfe von Fluchthelfer*innen nicht in Geltung setzen können. Von der Behandlung solcher Fragen ist im Bericht aus dem Gerichtssaal jedoch nichts zu lesen und ihre Berücksichtigung wird von den Journalist*innen nicht eingefordert. Am moralisch verwerflichen Handeln der Fluchthelfer*innen wird jedoch kein Zweifel gelassen; diese Verwerflichkeit fließt durchaus in das Strafmaß mit ein. Um die Differenz noch einmal zu betonen: Fluchthelfer*innen aufgrund eines Rechtsbruchs zu verurteilen, ist im nationalen Rechtssystem legitim. Ihr Handeln moralisch zu beurteilen ist dann ein Problem, wenn der moralische Anspruch territorial gebunden bleibt (Versorgung im Aufnahmeland angemessen möglich) bzw. wenn so getan wird, als reiche der Blick in den Container eines Transporters oder Schlauchbootes aus, um zu einer moralischen Einschätzung des Verhaltens von Fluchthelfer*innen zu ge-

langen. Moralische Fragen an nationalstaatlichen Grenzen enden zu lassen, ermöglicht das Zerrbild von Fluchthelfer*innen als brutale Ausbeuter*innen, wie es
in den deutschen Medien vorherrschend ist. Benutzt werden in den beiden untersuchten Zeitungen während des gesamten Untersuchungszeitraums ausschließlich die negativ konnotierten Begriffe „Schleuser" oder „Schlepper", während die
Fluchthelfer*innen der DDR selbstverständlich als „Fluchthelfer" bezeichnet werden, obwohl auch jene sich ihre Dienste gut bezahlen ließen.

Die Territorialisierung von Moral durch Grenzziehung erzeugt zwingend
Doppelmoral – einen moralischen Standard für Innen und einen für Außen. Geht
man jedoch von der Voraussetzung aus, dass basale Normen (das Recht auf Leben) universalistische Geltung beanspruchen können, dann muss diese Form der
Doppelmoral selbst als unmoralisch bewertet werden. Der Ausweitung der Grenz-
politik im Rahmen einer Territorialisierung des Rechts zu einer Territorialisierung der Moral ist moralisch selbst prekär und folgenreich für die so Verurteil-
ten. Diese Übertragung scheint umso leichter zu gelingen, je unspezifischer und
unklarer die Raumkonstitution des Außen ist. In diesem Fall werden die konkreten Bedingungen des Außen gerade auch durch die Form medialer Berichterstat-
tung leichter verdrängt. Dies zeigt eindrücklich die Ausstellung *Frontières* im *Mu-
sée de L'Histoire* in Paris im Jahr 2015/2016 auf. Die Presseschau über Geflüchtete
im Herbst 2015 verdeutlicht, dass zunächst Einzelpersonen, Familien oder Klein-
gruppen ins Bild gerückt werden. Innerhalb weniger Wochen verändert sich das
Motiv: Es werden aus der Distanz im Weitwinkel Menschenmassen in abstrakten
Landschaften abgebildet.

Im Korpus unserer Untersuchung findet sich lediglich ein Artikel, der ein Ein-
zelschicksal in den Blick nimmt: Es handelt sich um die Geschichte von Carlito,
der illegal die Grenze von Mexiko in die USA überquert hat (Betthyany, 2015, S. 7).
Zur Beschreibung der Situation in Europa hingegen dominieren mehr und mehr
entindividualisierende Begriffe wie „Flüchtlingsandrang" und „Flüchtlingsströme"
und Bilder, auf denen Massen von Menschen zu sehen sind. In den Geschichten
und Gesichtern der Einzelnen würden sich auch die Räume jenseits der Grenze
konkretisieren, doch genau das wird vermieden. Das Außen bleibt undifferenziert,
obwohl die Grenze im Zentrum der Auseinandersetzung steht.

Die vielleicht konsequenteste Konstitution eines unspezifischen Außen ist die
Einrichtung von Transitzonen. Die Forderung nach der Schaffung von Transitzonen für Flüchtende an der deutschen Grenze war im letzten Quartal 2015 einer der
meist diskutierten politischen Vorstöße konservativer Parteien und Politiker*innen (z. B. Bannas, Burger & Schäfer, 2015; Müller 2015; Kuhr & Fried 2015). In diesem Fall ist die Grenze nicht mehr nur die Relation zwischen zwei Räumen, sondern wird selbst als Raum konstituiert. Die künstliche Schaffung eines solchen
exterritorialen Grenzraumes erzeugt eine deutliche Unschärfe hinsichtlich des

geltenden Rechtes, bei gleichzeitiger vollständiger Kontrolle durch die Exekutive des Staates. Im künstlichen Niemandsland der Transitzone lässt sich Macht ausüben, aber das Recht aussetzen (daher werden US-amerikanische Foltergefängnisse wie *Guantanamo* genau wie Transitzonen als exterritoriale Räume, in dem aber kein Recht eines anderen Staates gilt, realisiert). Im konkreten Fall geht es darum, Asylanträge ohne das auf deutschem Territorium vorgeschriebene Gerichtsverfahren bearbeiten zu können.[4]

Insgesamt fällt am medialen Grenzdiskurs auf, dass jenseits einer pragmatischen raumstrukturellen Organisation, die mithilfe von Grenzkonstruktionen gewährleistet werden kann, gerade nationalstaatliche Grenzen Bedeutungsaufladungen erfahren, die weit über ihre funktionelle Bestimmung hinausgehen. Sogar über die erwähnte Territorialisierung von Moral hinaus, wird Grenzen ein Eigenwert zugesprochen, der den Diskurs um die eigentlichen Motive von Grenzschließungen verschleiert. Wer kolportiert, dass die Grenze gegen Einwanderung geschützt werden müsste (z. B. Bannas & Lohse, S. 1), scheint nicht weiter erklären zu müssen, was genau hinter der Grenze zu schützen ist.

Grenzen, so lässt sich abschließend argumentieren, eignen sich zur Verräumlichung in ausschließlich territorialer Form von nahezu allen sozialen Phänomenen. Genau hier liegt das Risiko, das mit ihrer Konstruktion einhergeht. Nach der Institutionalisierung einer Grenze wird es schwierig zu fragen, ob ein bestimmtes Phänomen überhaupt sinnvoll zu verräumlichen ist (z. B. Moral) und ob die durch Grenzkonstruktionen generierte, territoriale Form angemessen ist.

6 Fazit

Ausgangspunkt des vorliegenden Beitrags ist es, dass in der Soziologie des Raums Grenzen konzeptuell kaum berücksichtigt werden, da sie nur schwer mit einem relationalen Verständnis von Raum als Anordnung von Objekten, Orten und Menschen(gruppen) in Einklang zu bringen sind. Die fehlende Grenzkonzeption wurde in der Theoriebildung der letzten Jahrzehnte durch eine starke Bezugnahme auf Raummetaphern kompensiert, die theoretisch anregend Gleichzeitigkei-

---

4   Ursprünglich sind Transitzonen auf Basis internationalen Rechts auf Flughäfen eingerichtet worden. Der Grund dafür ist raumstrukturell: Flughäfen liegen nämlich innerhalb nationalstaatlicher Territorien. Daher wurde vereinbart, dort künstlich Grenzen zu errichten, sodass die Einreise nach allgemeinen Regeln kontrolliert werden kann. Die zentrale Regelung besteht darin, dass der Staat, aus dem eine Person eingeflogen ist, diese Person wieder einreisen lassen muss, wenn sie nicht im Ankunftsland einreisen darf. Welches Recht jedoch in Transitzonen gelten soll, die einzig auf Initiative einzelner Nationalstaaten eingerichtet werden, ist vollkommen unklar.

ten zu denken ermöglichen, jedoch die raumsoziologische Analyse des „Wo" in der Welt mit Darstellungen sozialer Ordnung über Raumbilder vermischen.

Im Beitrag werden Räume nun als Ergebnis von Syntheseleistungen zwischen körperlichen Objekten verstanden. Grenzen wiederum werden als Relationen von Räumen gedacht. Grenzen setzen Räume in Beziehung und schließen sie gegeneinander ab (oder ordnen Zirkulation nach vorheriger Schließung). Raum spannt sich auf, wenn unterschiedliche Elemente so zueinander ins Verhältnis gesetzt werden, dass sie strukturell als zusammengehörig und verortbar erfahren werden. Die Folge ist, dass hierbei gleichzeitig andere Räume abgetrennt werden. Die Syntheseleistung beinhaltet demnach, so die Argumentation, zugleich eine Differenzierungsleistung.

Entscheidend ist, dass sich unterschiedliche Gewichtungen von Synthese und Differenzierung bei verschiedenen Raumkonstitutionen beobachten lassen. Je zentraler die Synthese komplementärer Elemente einer Raumkonstitution ist, desto eher erscheinen diese Räume als *Netzwerke*. Je relevanter dagegen die Differenzierung nach außen durch die Produktion interner Gemeinsamkeit gemacht wird, umso bedeutender werden Grenzkonstruktionen und es entsteht ein *territorialer Raum*. Wann Räume als entgrenzt und offen bzw. als differenziert und geschlossen wahrgenommen werden, ist empirisch zu analysieren.

Literatur

Andreas, P. (2009). *Border Games. Policing the US-Mexico Divide.* Ithaca, NY: Cornell UP.

Bourdieu, P. (1979) [1972]. *Entwurf einer Theorie der Praxis.* Frankfurt am Main: Suhrkamp.

Castells, M. (1996). *The Rise of the Network Society.* Oxford: Blackwell.

Christmann, G. (2016). Das theoretische Konzept der kommunikativen Raum(re)konstruktion. In G. Christmann (Hrsg.), *Zur kommunikativen Konstruktion von Räumen. Theoretische Konzepte und empirische Analysen* (S. 89–111). Wiesbaden: Springer VS.

Dittgen, H. (2003). World Without Borders? Reflections on the Future of the Nation State. In S. Nagel (Hrsg.), *Policymaking and Democracy. A Multinational Anthology* (S. 221–241). Lanham: Lexington Books.

Eigmüller, M., & Vobruba, G. (2006). *Grenzsoziologie.* Wiesbaden: VS.

Fuller, G., & Löw, M. (2017). Introduction. An Invitation to Spatial Sociology. *Current Sociology,* 27 (March). Abgerufen von http://journals.sagepub.com/doi/pdf/10.1177/0011392117697461

Harvey, D. (1973). *Social Justice and the City.* London: Arnold.

Held, G. (2005). *Territorium und Großstadt. Die räumliche Differenzierung der Moderne.* Wiesbaden: VS.

Hubbard, P., & Kitchin, R. (2011). Introduction. Why Key Thinkers? In P. Hubbard, & R. Kitchin (Hrsg.), *Thinkers on Space and Place* (S. 1–17). Los Angeles, CA/London: Sage.

Knoblauch, H. (2017). *Die kommunikative Konstruktion der Wirklichkeit*. Wiesbaden: Springer VS.

Lebuhn, H. (2013). Local Border Practices and Urban Citizenship in Europe. *CITY. Analysis of Urban Trends, Culture, Theory, Policy, Action*, 17 (1), 37–51.

Lefebvre, H. (1991) [1974]. *The Production of Space*. Oxford/Cambridge: Blackwell.

Löw, M. (2001). *Raumsoziologie*. Frankfurt am Main: Suhrkamp.

Malpas, J. (2012). Putting Space in Place. Philosophical Topography and Relational Geography. *Environment and Planning D. Society and Space*, 30, 226–242.

Massey, D. (1994). *Space, Place and Gender*. Oxford: Blackwell & Polity.

Massey, D. (2005). *For Space*. London/Los Angeles, CA: Sage.

Mezzadra, S., & Neilson, B. (2013). *Border as Method, or, the Multiplication of Labor*. Durham/London: Duke UP.

Migration Policy Institute (1. Juni 2006). *The US-Mexico Border. Migration Information Source*.

Pries, L. (2010). *Transnationalisierung. Theorie und Empirie grenzüberschreitender Vergesellschaftung*. Wiesbaden: VS.

Rémy, J. (1975). *Espace et théorie sociologique. Problématique de recherche. Recherches sociologiques*, 6 (3), 279–293.

Scholte, J. A. (1997). *Global Capitalism and the State. International Affairs*, 73 (3), 427–452.

Schroer, M. (2006). *Räume, Orte, Grenzen. Auf dem Weg zu einer Soziologie des Raums*. Frankfurt am Main: Suhrkamp.

Simmel, G. (1995) [1908]. Der Raum und die räumliche Ordnung der Gesellschaft. In *Soziologie. Untersuchungen über die Form der Vergesellschaftung. Georg Simmel Gesamtausgabe. Bd. 2* (S. 687–790). Frankfurt am Main: Suhrkamp.

Simmel, G. (1957) [1903]. Die Großstädte und das Geistesleben. In M. Landmann (Hrsg.), *Brücke und Tür. Essays des Philosophen zur Geschichte, Religion, Kunst und Gesellschaft* (S. 227–242). Stuttgart: Koehler.

Thrift, N. (2006). Space. *Theory Culture Society*, 23 (2-3), 139–155.

Weidenhaus, G. (2015). *Soziale Raumzeit*. Berlin: Suhrkamp.

Werlen, B. (1987). *Gesellschaft, Handlung und Raum*. Stuttgart: Steiner.

Quellen

Bannas, G., Burger, R., & Schäfer, A. (13. Oktober 2015). Union will Transitzonen an deutschen Grenzen einrichten. *Frankfurter Allgemeine Zeitung*, S. 1.

Bannas, G., & Lohse, E. (15. Oktober 2015). In der Union wächst die Unzufriedenheit über Merkels Flüchtlingspolitik. *Frankfurter Allgemeine Zeitung*, S. 1.

Betthyany, S. (30. Dezember 2015). Carlitos Weg. *Süddeutsche Zeitung*, S. 7.

Freidel, M. (20. Oktober 2015). Der Schleuserprozess. *Frankfurter Allgemeine Zeitung*, S. 4.

Geinitz, C. (20. Oktober 2015). Flüchtlingskrise überfordert Slowenien. *Süddeutsche Zeitung*, S. 20.
Kuhr, D., & Fried, N. (12. Oktober 2015). Noch ein Plan. *Süddeutsche Zeitung*, S. 6.
Müller, R. (7. November 2015). „…wird an der Grenze zurückgewiesen". *Frankfurter Allgemeine Zeitung*, S. 10.
Pantel, N. (4. Dezember 2015). Gummigeschosse und Pfefferspray. *Süddeutsche Zeitung*, S. 6.

Bildnachweise

Abbildung 1: European Union (2015). *Schengen Area*. Unter Verwendung einer Grafik von https://commons.wikimedia.org/wiki/File:Schengenzone.svg#file (gemeinfrei).

Abbildung 2: Löw, M., & Weidenhaus, G. (2018). *Flüchtlingsrouten und Grenzkontrollen* (© Löw, M., & Weidenhaus, G.).

The Architects' Ban on Advertising

On the Conflicts between Architectural Professional Ideals and Mass Media

Sina Keesser

Abstract

This essay is devoted to the ban on advertising for architects that applied to members of the Royal Institute of British Architects until its abolition in 1986. As an integral component of professional privilege and the professional code, it stipulated that British architects should deal with public media stylishly and discreetly, so that the architectural profession could separate itself from entrepreneurial competition in the construction business. In the media society of the second half of the 20th century, this attitude became increasingly problematic because it seemed to hinder a further important task of the professional organization: increasing the public reputation of architecture. The debates conducted within the Royal Institute of British Architects about the suitability and the traditional values of the ban reveal a contemporary contradiction between professional self-image and the dominance of opinion-making in the media.

> The best advertisement for architects and architecture will always be well designed buildings and satisfied clients and users. (Handbook of Architectural Practice and Management, 1963, Part 2.540, p. 1)

The relationship between architecture and media has been a reoccurring topic in architectural theory and history since the late 1980s, when Beatriz Colomina established the idea that the press and print media, in general, could be understood as "a new context of production, existing in parallel with the construction site." (Colomina, 1988b, p. 16). Since then, the role of mass media within architectural discourse has been analysed by various researchers, of whom the majority focused on one of three specific topics: the impact of specific architectural mag-

A. Brenneis et al. (Hrsg.), *Technik – Macht – Raum*, Technikzukünfte, Wissenschaft und Gesellschaft / Futures of Technology, Science and Society, https://doi.org/10.1007/978-3-658-15154-6_12

azines (Hubert, 2017; Parnell, 2012; Froschauer, 2011, 2009; Colomina, Buckley & Grau, 2010; Lichtenstein, 1990; Ockman, 1988), the publication practices of individual architects (Colomina, 1994, 1988a, 1988c), or the media career of specific buildings (Serraino, 2002; Hill, 2002). Taken together, these individual case studies produce a kaleidoscopic image of the interdependency of the architectural profession and the media. They paint a picture of the media not only as a *technology* of communication but also as a virtual public *space,* and both together establish specific *power relations* (cf. Topological Manifesto [28]). Supplementing the existing, somewhat disparate case studies, this paper offers an approach that elaborates, in detail, one of the working forces within this network of power relations. Focussing on the architectural ban on advertising, and the debates addressing it from the 1950s through 1980s, it aims to shed light on a fundamental aspect of the architectural profession's affiliation with the media—which is, actually, an ambivalent and quite complex one.

The fact that media coverage plays an important role in the career of an architect is a kind of unspoken truth that hardly anyone would deny. But, at the same time, talking about it is taken as a kind of defamation, because it insinuates that the advertising strategies of an architect might have a greater impact on his/her success than his/her merits. Advertising has been despised by the professional architectural associations since their founding days in the 19th century. Like the professional organisations of lawyers and doctors, architects established an advertising ban for their members within their professional code of conduct. This attitude was an integral part of the professional ideal that was described as discrete, trustworthy, responsible, sophisticated, intellectual and meeting high moral standards (Brint, 1996; Perkin, 1989). This professional profile distinguished architects from competitors following a more business-like approach. Besides competence and expertise, the professional ideal symbolised selflessness and a commitment to public interests. The ban on advertising was an important part of this ideal, because it expressed the meritocratic self-image of a group of gentlemen who did not need to purposefully attract attention, as the quality of their work spoke for itself.

The ban on architectural advertising was lifted in 1978 in the United States (AIA Annual Report, 1978, p. 1) and in 1986 in Great Britain (Chappell, Willis & Willis, 1992, p. 395). This change of policy followed extended debates within the architectural profession, but it resulted essentially from political developments. It is important to note that the ultimate decision to lift the ban was, in fact, forced on the professional organisations by neo-liberal politics that considered professions as violations of antitrust law. In this sense, the advertising ban was seen as one of several instruments of the professions that prevented competition among their members, and which was believed to keep prices for architectural services on a high level. Irrespective of the fact that architects did not voluntarily abolish their advertising ban, there were ongoing and agitated debates from the 1950s through the 1980s about whether the architectural ban on advertising was out-dated and should be abolished. And these illuminate the fact that considerable numbers of architects wanted to embrace all the opportunities that the media offered to present themselves publicly, whilst others considered the reserved manner of dealing with the media as integral to their professional ideal.

Although the architects' ban on advertising is no longer effective today, there remains "a general feeling that advertising is not a very professional thing to do" (Chappell, Willis & Willis, 1992, p. 395). Publicity, on the other hand, has always been considered desirable; primarily because of its importance for architectural and public discourse, but also because it was perceived as an instrument to popularise the name of an architect and his/her ideas, it was accepted throughout the "Golden Age of architectural publications" in the 18th century (Wilton-Ely, 1977, p. 188). Whereas advertising is generally frowned upon, media coverage is seen as the most important form of commendation. And although real buildings remain at the centre of architectural discourse, there is, at the same time, a widespread notion that "they are somehow only truly complete when they have appeared in a glossy mag." (Iloniemi, 2004, pp. 6 ff.).

The following account will illuminate the fact that it was, and still is, not an easy task to distinguish between advertising and publicity. Rather, archival documents of the Royal Institute of British Architects (RIBA) about illegitimate advertising strategies suggest that it had become increasingly difficult to draw a line between these two categories during the 20th century. With reference to their professionalism, architects adopted a sceptical stand towards advertising and public relations efforts that developed into a disadvantageous constraint rather than a selling feature. My approach to analysing architects' interactions with mass media, therefore, is to highlight the influence of the media on the self-conceptions of the profession. I want to point out how inadequate the professional ideal had become in a society that increasingly communicated via mass media, which, in turn, served as the basic structure of public discourse. In this sense, I argue that technological development itself forced the architectural societies to adjust their own self-image. Even if the political decision to eliminate the ban on advertising had not been taken, the RIBA archive provides enough evidence that it was only a matter of time until it would have occurred.

1   A cultural history of media

Theories of media are numerous and diverse, but for this article I restrict my definition of media to a pragmatic approach that follows Anglo-Saxon media history tradition, in which media are usually seen as technical instruments enabling communication with a geographically dispersed audience, in order to distribute information to a potentially unlimited audience (Bösch, 2011, p. 23). Furthermore, I consider media as a "public sphere" (Habermas, 1962) in which public discourse takes place, and base the following enquiry on the "premises that the media are social institutions—that is, newspapers, radio, television, movies, the Internet, advertising, are social and cultural forms that are integral to how society is structured, the meanings within society, and social practices." (Cramer, 2009, p. 4). In this sense, the public image of architects is not so much affected by the profession itself or by what architects do, but by the way they are represented in the media and perceived by society. What I investigate here is the "power of media in a particular society" (Cramer, 2009, p. 2)—this society being the architectural profession.

As Wilke points out, several historical movements—the Protestant Reformation, the natural sciences, or humanism—for instance, benefited from the invention of printing technology. Although technological improvements alone were not responsible for their success, they could not have had such an impact without the opportunities offered by printing (Wilke, 2008, p. 15). Whereas, in these cases, media were used in a deliberate way to empower these movements, a more impersonal example of power structures at work emerges from the investigation of the impact that media had on the self-concept of architects. In his famous finding, Luhmann states that "whatever we know about our society, or indeed about the world in which we live, we know through the mass media" (Luhmann, 1996, p. 1). In conclusion, the public image of the architect is produced within the media; therefore, it is worth looking at the way architects dealt with this communication device.

2   History of the professions

When architects in Britain formed the Royal Institute of British Architects (RIBA)[1] in 1834, they were inspired by older professional societies for lawyers and physicians. In doing so, they joined an overall process of professionalisation that occurred throughout Europe, which is seen as the outcome of a general tendency towards rationality and meritocracy in the 19th century (Siegrist, 2004, p. 72). In the course of professionalisation, the various professions delineated four key characteristics that define a profession: (1) they formalised and systematised the education and qualification of their members; (2) they thereby enjoyed partial autonomy from state intervention and political control; (3) they enforced the legal provisions for the entitlement of their members as experts and could therefore prevent others from using the same professional title; and (4) they successfully established a high social status for their profession, based on specific behaviours that were ensured by a code of conduct (Siegrist, 1988, p. 15).

By acquiring the status of a profession, architects established their freedom from patronage. Instead, they entered the free market, which resulted in a dependency on clients and developed strategies to position themselves among their competitors advantageously. Presenting themselves as a profession meant showing potential clients not only their superiority in terms of knowledge and skills, but also their independence, selflessness, loyalty, and orientation towards public well being. This was important in order to distance themselves from competitors offering architectural services of low quality at lower prices. Highlighting the integrity of the professional architect simultaneously pointed out how their competitors dealt with architecture as a money-making business.

The way the professions were organised and monitored as well as privileged by the state differed immensely across the world, but the British situation was seen as relatively exemplary by many professional colleagues all over the world (Siegrist, 2004, p. 71). There they enjoyed a relatively high degree of autonomy from state interference, and their distinct culture of gentlemen-professions was highly respected. Compared to the United States, where professions operated more business-mindedly, or to France and Germany, where the state interfered heavily in professional affairs, British professions served as ideal role models for others (Burrage, 1988). Professionals were seen everywhere as protagonists of modernisation and progress, and were therefore valued members of society; they belonged to the nations' elites and enjoyed a high social status. This status was most evident

---

1   The RIBA was actually founded under the name *Institute of British Architects in London* and was granted the *Royal Charter* in 1837, but it dropped the reference to London in 1892, which led to the name still in use today.

in Britain and might provide a clue as to why architects in general and the RIBA in particular persistently held on to their professional ideal and the ban on advertising as an integral part of it, even when the disadvantages of this position had already become apparent.

3   Professional ethics and the ban on advertising

The RIBA was founded partly as a reaction to widespread incompetence and moral obliquity in the building trade at the beginning of the 19th century. Thus, one of its aims, when it was established in 1834, was to distance its members from the dubious practices of all those unqualified people who called themselves architects, and "to improve the reputation and status of architects by establishing 'uniformity and respectability of practice'" (Mace, 1986, p. xvi). To ensure appropriate professional behaviour, the RIBA established a code of professional conduct[2] that regulated architects' relationships with clients, contractors, and colleagues. The code demanded objectivity in dealing with contractors (RIBA Code 1929, § 5) and comradeship among architects (§ 4, § 8), but most crucial was the prohibition of any businesslike practices such as "giving or receiving discounts or commissions" (§ 1) or concealing "a commercial interest in, any material, device, or invention used in building" (§ 2). This assured clients of the integrity and selflessness of the architect they engaged.

The ban on advertising served a similar purpose, because the persuasiveness of advertising should not be associated with the professional attitude the RIBA had conceived as the idealistic image of an architect. To address the need to position architects in a free market economy, it was essential to be seen as an objective provider of a service instead of a person trying to sell something. A lecture by Charles H. Reilly at a RIBA conference in 1921 clearly illustrates this long-lasting antipathy towards advertising, which, for him, was emblematised by ludicrous advertising characters such as "Mr. Dunlop" or "Johnny Walker". He did not want architecture to have any connection with that sort of noisy advertising: "No, we cannot proclaim the virtues of ourselves or our buildings in the mass. Propaganda we must leave to the market-place and those who work there." (Reilly, 1921, p. 547). Inter-

---

2   Initially, this code of conduct was contained in the RIBA statues; from 1923 onwards, it was published in the annual RIBA Calendar where it was titled "Suggestions governing professional conduct and practice of architects". In 1929 and 1950, it was renamed—first as a "Code of Professional Practice", and later as a "Code of Professional Conduct". Since 1950, it has been published as an independent document (Mace, 1986, p. 154). Notwithstanding, and due to practicability, the in-text citations will refer to all versions of the professional code of conduct as the "RIBA Code".

estingly enough, Riley debated the issue in the same context used in this essay—by relating advertising to publicity. Although he did not admit to any similarity between the two, he did address both topics in the same lecture. While distancing himself explicitly from advertising, lengthy parts of his talk dealt with the question of how to give more publicity to architecture.

Not only in Britain did architectural societies in the late 19th and early 20th century complain about a prevalent indifference of the general public towards architecture. Whilst architects themselves saw their creations as an important part of a society's cultural activity, it seemed to them that the public hardly recognised it as such:

> Every daily and weekly paper throughout the land feels that it is part of its duty to criticise new pictures and sculptures wherever they appear. It is only of architecture that they are shy; and yet, of course, it is architecture which affects the daily lives of their readers to a far greater degree than the other arts. The educated layman would be ashamed to have no views about painting, music and the drama; but he is quite prepared to fall back on his personal likes and dislikes when it comes to architecture. (Reilly, 1921, p. 548)

A quite common solution to this problem, proposed by architectural organisations, was to "educate the public" (Reilly, 1921, p. 547). Since 1933, the RIBA had a public relations committee that dealt with press relations, the promotion of lectures and programmes on radio and television, the publication of promotional pamphlets and the organisation of exhibitions and conferences (Mace, 1986, p. xxiii). Considering all these activities, one could argue that the RIBA did, in fact, engage in considerable amounts of advertising for its interests, but it was very careful to not create the impression that it used product advertisement techniques. For example, the question of whom to put in charge of those activities and if this should be a professional public relations agent instead of an architect was discussed during various meetings of the Public Relations Committee (PRC report, included in the Council Minutes, February 3, 1959; PRC Minutes, June 15, 1961, p. 4; PRC Minutes, October 4, 1962; PRC Minutes, June 3, 1965, pp. 2 f.). The RIBA had been in touch with various public relations consultants in order to improve "the image of the architect in the mind of the population" (Letter from Stuart Advertising, June 1, 1962, included in PRC Minutes, October 4, 1962). Although supported by a number of members (PRC Minutes, June 16, 1966, p. 2), the idea of engaging a public relations agent was dismissed by the council each time. Undertaking a collective advertising programme on behalf of the entire profession was also rejected by the council. The arguments against such a programme were numerous. The RIBA feared not only high costs, but also doubted that a public relations agent would have enough architectural knowledge and, additionally, it feared that "there might well be strong resistance on the part of the general public to an obvious campaign, which might do more harm than good" (PRC Minutes, September 1, 1966, p. 2). For the RIBA, the image of architectural practice as a gentlemen's profession was crucial and was by no means to be tarnished by subversive publicity campaigns. This applied equally to the refusal of institutional advertisements and to the strict rejection of individual advertisements. How difficult it was to achieve the professional ideal in accordance with the demand of an evolving media society is impressively represented by the constant enlargement of the originally quite brief paragraph on the ban on advertising. In 1923, it read as follows:

> An Architect must not publicly advertise nor offer his services by means of circulars. He may, however, publish illustrations or descriptions of his work, and exhibit his name on buildings in course of execution (providing it is done in an unostentatious manner) and may sign them when completed. (RIBA Code, 1923, § 3)

Whilst, in 1923, the matter could still be summed up in just two sentences, fifty years later it was no longer that simple. Up until 1973, the advertisement clause had been edited fifteen times and, in the course of those revisions, had been expanded to eleven times the original length, consisting now of three clauses with up to eight subsections, some of them enfolding another five sub-items. The norms regulated any possible detail of any way an architect could present him/herself to the public and to potential clients. This merely quantitative fact already illustrates how preposterous the RIBA's efforts to control the handling of media communication were. The absurdity of the endeavour becomes even more obvious when one looks into the details of those rules.

4   The *unostentatious manner* of professionalism

The key principle in § 3 can be seen in the reference to the "unostentatious manner" architects had to adhere to. This unostentatiousness was one of the cornerstones of professional etiquette that had made sense during the founding days, but that developed into a paradigm that proved disadvantageous in a media-oriented society. In the 1920s it had already become obvious that the regulation was rather broad and imprecise, and what actually counted as ostentatious was highly debatable. Therefore, the first revision of the codex inserted more specifications, restricting signboards (RIBA Code, 1927, § 3) in terms of the height of the lettering of an architect's name (two inches), the duration of the remaining time (two months after the completion of a building; extended to twelve months in 1934) and the content allowed on the signboards (terms such as "to let" or "for sale" were strictly forbidden). In 1934, the scope of rule was extended by applying it not only to signboards on construction sites, but also to company labels outside of an architectural office.

In ten years, the RIBA actually reprimanded only two architects for ostentatiously displaying their names in their own office windows (Council Minutes, June 19, 1951, Case 310; December 10, 1957, case 396); and only five architects were accused of unprofessional conduct by setting up ostentatious signboards at their constructions sites (June 21, 1949, case 276, 278; October 11, 1949, case 284, 257; June 23, 1953, case 355). This might make one think that the rules concerning the signboards were of minor importance. Nonetheless, the RIBA thought it necessary to come up with a standard design for signboards on construction sites and started to discuss the matter during its meetings in 1956, agreeing on a specific design in 1960 and making it obligatory for all RIBA architects in 1961. From then on, such signboards were produced by licensed manufacturers from whom architects could purchase them.

One could think that the unostentatious image and, therefore, the professionalism of architects were finally ensured by this measure. But whilst the solution sounded good in theory, it did not prove very successful in practice. In the view of some RIBA members, the discreet way architects had to present themselves had, instead, an utterly devastating effect on the image of the profession as a whole. They complained about the strict norms they had to stick to in order to design their signboards because other firms involved in the building process did not have to adhere to similar rules. The signboard on a construction site, which usually contained the names of all the corporations involved in a project, could end up as a billboard for most of them, whereas the lettering of the architect's name was so small that it could hardly be recognised, let alone serve to visualise the architect's high-ranking status within the design and building process. Seen next to the bold names of the construction firms involved, some RIBA members argued, it appeared as though the architect played a relatively insignificant role (PRC Minutes, March 1, 1962, p. 69).

The discussions evolving around the subject of signboards show clearly how the benefit of the unostentatious professional manner, which previously had established the architect's specific market position against blatant, profit-oriented competitors, slowly turned into a literal—or maybe we should say visual—downgrading of the architect's status within the building trade. Yet another contribution of the RIBA to this problem made things even more impractical. To optically distance its professionals from other firms on the site, the RIBA suggested erecting a second signboard that separately displayed the name of the architect in charge, together with the equally important engineers and surveyors. They were also represented by professional organisations and, together with these, the RIBA had discussed the matter and had agreed on the proposed solution. In the end, it simply complicated things and made them more expensive for the client who usually had to cover the costs of erecting the signboards. Although actual effects cannot be explicitly determined, one can imagine that this suggestion might have decreased, instead of increased, the architect's status amongst his/her clients, assuming they were mainly interested in practicability, time, and money.

5 The distinction between the lay and professional press

The RIBA not only regulated advertisements of billboard size, but also their tiniest counterparts: the classified advertisements. Behind the desire to monitor them stood the will to ensure that architects did not approach their potential clients in a persuasive way. Proactively soliciting business was generally forbidden. An architect was supposed to wait for the client to contact him/her, which is why promoting one's service through mass media was out of the question. The original version of the code of conduct from 1923 simply stated that "an architect must not publicly advertise" (RIBA Code 1923, § 3). Technically, that forbade any communication via print media, which made it necessary for the RIBA to explicitly state, in 1933, that this rule did not refer to advertisements "respecting appointments open or wanted, nor to the insertion of one note of change of address" (RIBA Code 1933, § 3). The classified advertisements were obviously important for communication among professionals, and the RIBA did not mean to make them completely impossible. Thus, it had to create a rule for the print media that enabled exchange among colleagues, whilst, at the same time, disenabling its members to connect with clients. Upholding this prohibition was exceptionally difficult, because newspapers and journals are generally open in regard to their readership. The RIBA responded to this problem by limiting architects' communication to those magazines and journals targeting a professional audience, allowing classified advertisements only in "the architectural professional press providing they are directed only to members of the profession" (RIBA Code, 1946, § 3a). Consequently, any announcements in the classifieds section of newspapers and other formats of the lay press were strictly forbidden. Even responding to a public request from a client looking for an architect was only allowed in specific circumstances.[3]

---

3   "He [a RIBA member] may respond to an advertisement addressed to members of the profession inviting them to submit their names for inclusion in a panel or list of names of architects, from which the advertiser may select an architect or architects for a particular project; [...]." (Code of Professional Conduct, 1953, § 6c).

This differentiation between the lay and professional press was another fundamental paradigm of RIBA ethics that it tried to protect during the 20th century, but that, inevitably, made things unbearably complicated for the individual architect. Whilst the phrasing of the code of conduct concerning this problem was not altered for almost thirty years after 1946, RIBA councillors discussed the matter vigorously during their meetings throughout this period. In particular, job advertisements were suspected of serving as hidden advertising, which is why the RIBA Public Relations Committee discussed the option of demanding that they be placed anonymously. The opponents of this idea successfully argued that "firms who had a good reputation as an employer should be able to reap the benefit of attracting replies to advertisements" (PRC Minutes, July 21, pp. 2 f.). Almost ten years later, the Professional Practice Committee discussed advertisements for staff again, because some members had asked the Council to relax the existing code as it "appeared to make it particularly difficult to draft attractive advertisements for staff" (PRC Minutes, November 25, 1964, p. 2).

It took another four years before the RIBA started to consider treating all media formats equally and abandoning the differentiation between "architectural professional, technical or lay press" (PRC Minutes, April 23, 1968, p. 5). And the members had to wait for another five years until this new idea was officially established (RIBA Code, 1973, § 6). Whereas, in 1973, the code of conduct was relaxed and simplified with regard to media formats, the new freedom was simultaneously retracted, because it was complicated concerning the content of classified advertisements. The RIBA tried to make certain that its rules anticipated any problem that could emerge, which resulted in meticulously detailed rules: In advertisement for staff, a RIBA member was explicitly allowed to include "details of salaries" and "qualifications and experience required" (§ 6b); he/she could indicate "the type, but not the volume, of work available" (§ 6b); but he/she had to make sure that the design and frequency of his/her advertisement did not "give the appearance that an attempt is being made solely or partly to bring the activities of the member […] to the notice of the public" (§ 6b, i). More precisely, an architect had to refrain from using "illustrations" (§ 6b, ii), "comparatives and superlatives" (§ 6b, iii); he/she was not permitted to "claim to be a leader in any specialised field, although he/she may point to a degree of special expertise, if this can be substantiated" (§ 6b, iv); and, of course, the architect's name was not to be "printed with undue prominence" (§ 6b, v)—yet another way of demanding unostentatiousness.

In 1949, long before the rules concerning classified advertisements were loosened, the RIBA had observed an increase in numbers of illegitimate announcements in newspapers, which led to the appointment of a special task force to look into the matter (Council Minutes, April 5, 1949, enclosure K, p. 3). Architects accused of this kind of unprofessional conduct had to defend their actions before

the council. Some of the excuses the architects used did, in fact, seem a little dubious. Arthur Lawrence Crookall, for example, argued that he had never intended
to charge a fee for the architectural service he offered in the *New Statesman and
Nation* in 1953. Instead, he had planned to work for free "in order to provide him
with an opportunity of [...] implementing his theory as to the necessity of linking up design and craftsmanship" (Council Minutes, October 13, 1953, enclosure J,
p. 1, case 351). The Council was not convinced by this excuse; it charged and reprimanded him and published the case in the *RIBA Journal.*

In most cases, the summoned architects did not face serious consequences,
and the Council accepted their explanations. A number of advertisements, one
could argue, were surely enough not placed for promotional but rather for informational purposes, because they announced a change of address (Council
Minutes, June 19, 1951, case 314; May 5, 1953, case 342), the renaming of an office
(April 4, 1952, case 334), or the founding of a new partnership (October 10, 1950,
case 299). The corresponding architects' statements, documented in the RIBA archive, make it clear that they did not even purposefully obey the rules. In fact, the
architects were usually quite puzzled to learn about their malpractice, and con-
vincingly declared that they had not even been aware of the prohibition of publishing classifieds of that kind in newspapers. Nonetheless, they were requested to
refrain from such media practices.

6   Mass media as a marketplace and/or place of discourse

What is interesting about the records of illegitimate promotional advertisements
is what they tell us about the people who launched them. In most cases, the ano-
nymity of the individuals is preserved by the documents, which is why we cannot derive many details about their circumstances. The recorded statements given
by the reprimanded architects, however, indicate that they quite often acted out
of difficult economic situations. For example, there was a Jewish immigrant with
little knowledge of the English language offering his service in the new country
(Council Minutes, April 1, 1952, case 326); two architects were looking for another
partner to presumably share their office space with (March 10, 1949, case 268); or
students were looking for an opportunity to get their first work experience (November 1, 1949, case 275; April 9, 1957, case 398).

It seems obvious that newspaper advertisements were especially attractive for
young architects just starting their career, or less successful ones trying to gain
ground in a local area. Prohibiting this sort of publicity simply made it impossible
for not yet established architects to attract clients and acquire projects. The same
applies to circulars, which were likewise forbidden. Even letters written between

1949 and 1953 to planning departments of local authorities, asking for work, were seen as illegitimate approaches to clients (cases 274, 282, 290, 308, 309, 315, 316, 350, 352, 348). Although, technically, they were addressed to colleagues, which would make them tolerable, the RIBA Practice Committee argued that public architects nowadays were "mostly in a position of influential clients", acknowledging, at the same time, that this rule explicitly affected those architects "often acutely in need of work [...], many of them building up a young practice" (PC Minutes, November 27, 1963, enclosure A). The RIBA rules impacted different groups of architects unequally, making it harder for private architects, whilst not affecting those employed as civil servants. The code did not affect established architects who did not need additional media attention anyway, but made it exceptionally difficult for the inexperienced architects of a younger generation at the start of their careers. They were not allowed to present themselves in the public space of the lay press, and they had no chance of appearing in the professional press because they did not yet have any executed project that could gain publicity there.

Besides this unfairness among colleagues, the ban on advertising weakened architects' market position, albeit the fact that it originally had been introduced as part of the unique selling point of professionalism. The main problem was that the restrictions did not apply to non-professionals. Whilst only registered architects were entitled to call themselves "architect", anyone could use the title "architectural consultant" (CPC, October 1983, p. 5) or offer "architectural services" (PRC Minutes, July 21, 1955, p. 5). This was neither illegal nor did the RIBA have any authority to forbid or prosecute it. Explicitly worrisome was the practice of package dealers offering all-in services, including designing and building a project. By using mainly standard solutions for the overall layout of a project as well as for the technical aspects, they could massively reduce the price of a building. Additionally, they could offer a fixed price for the complete package, because bidding by construction firms was not involved. Therefore, package dealers and suppliers of prefabricated houses represented the most aggressive and dangerous competitors for architects in private practice. They also launched large, flashy advertisements and did not have to worry about any code of conduct.

Companies of this kind also published brochures showing elaborated housing plans that a client could chose from. These served as catalogues that presented architecture as product that could be purchased off the shelf. In the view of the RIBA, this practice was not in the spirit of a respectable architectural profession, because the "essence of architecture" was considered to "be conditioned by the sites they are to occupy" (Council Minutes, April 4, 1950, enclosure Q, p. 1). The RIBA did not allow its members to adopt the design practices of these successful competitors. William Mathias Carter, for example, was suspended for five years as a RIBA member because he published a book called *Planahome*, in 1955, in which he offered ready-made designs for purchase in the manner described (Council Minutes, May 14, 1955, case 382). The RIBA had dealt more generously with a similar case five years earlier, when four architects had launched a magazine called *Home Book of Plans* that displayed various housing schemes ready to be picked by the reader (Council Minutes, May 2, 1950, enclosure M, p. 1). Whilst, at that time, the RIBA decided to spare the architects from serious charges, the matter did cause a general debate about how to deal with cases like this and how the code of conduct could be altered to prevent similar incidents in the future.

One option, in particular, that was discussed during two meetings in April and again in June 1950 created a heated discussion and upset a large proportion of the members: a proposal to forbid the publication of any plans that were neither commissioned nor constructed. Once again, the recorded discussions illuminate the conflict the RIBA found itself in, between its professional ethics and the reality of mass media functioning as public space. On the one hand, it served as a marketplace where architects operated and competed; on the other hand, it represented the location where architectural discourse took place and the image of architects was determined.

One member felt the need to remind the council that "the architect was as much an artist as a technician and must be allowed to produce imaginary designs as an exercise in art"; another architect pointed out that "hypothetical designs" were part of architectural research; and yet another referred to the impracticability of the rule because it would even criminalise a recent invitation to a drawing competition of the Royal Scottish Academy (Council Minutes, April 4, 1950, p. 13). In a second meeting, one month later, Ralph Tubbes phrased the necessity of allowing the publication of imaginary designs in a most solemn way:

> As this is a most important matter striking at the very roots of architecture as an art, I would urge that the Council should be firm in maintaining that freedom of the publication of designs [...]. The architect's design is as much a free creation of his own mind as a picture or a piece of sculpture. To ban the showing of these designs is as contrary to the spirit of this country as the banning of free speech. (Council Minutes, May 2, 1950, p. 6)

Although the suggested alteration of the code was never implemented, the mere fact that the RIBA even considered the possibility of generally prohibiting the publication of fictitious architectural drawings clearly demonstrates the difficulty and, in the end, the impossibility of establishing advertising rules in accordance with professional ethics while simultaneously enabling much needed publicity for architecture.

7   The invisible architect

By forcing its members to stay out of the media, the RIBA, in a way, left the field
to their competitors, because architects had to hide behind their unostentatiousness. Among RIBA architects there was a growing feeling that their professional
manner, when it came to media presence, was no longer an advantage. Instead
of strengthening architects' public image, it made them invisible. Not only was it
difficult for architects to make their own names or achievements public, but the
RIBA code also simultaneously discouraged journalists from doing it for them. Although there was, generally, no objection to illustrations and descriptions of an
architect's work being published in the press, this was only allowed as long as the
architect did not "give monetary considerations for such insertions" (RIBA Code,
1934, § 3b, 1) or solicit a publication in any other way. Just as an architect was not
permitted to approach potential clients, he/she was not supposed to send unre-
quested information about his/her projects to journalists. This rule, which applied
not only in Great Britain but also in the United States, resulted in an alleged ab-
sence of architecture in the local news, which definitely was not good publicity
for the profession. As American public relations experts saw it, the reason for a
"lack of local publicity" was precisely this "misunderstanding of professional ethics" (Public Relations Journal, 1955, p. 13). In a survey, they had interviewed newspaper editors who stated that "architectural stories were welcome, […] but that not
even a big city has enough reporters to dig up all its own news" (p. 13).

Not only were newspaper reports unlikely to feature architects; they were also
usually absent in television programmes, which was, at least, partly due to the
strict RIBA rules that welcomed architecture as a news topic, but at the same time
found it difficult to mention the names of architects—at least as long as they were
still alive and practicing. In 1966, John Madin, a very successful architect of the
time, was ordered to appear before the RIBA Council because he had been featured in a BBC documentary, which some of his colleagues considered "disgrace-
ful conduct", although he had neither solicited nor had been offered remuneration
to appear in the programme (PRC Minutes, 1966, paper A, p. 2). The documentary
in question was part of a series called "Six Men" (BBC, 1965) that presented people who "wield authority and influence" (BBC, 1965, opening scene) in society. In
the program, Madin was followed around in his everyday working routine and interviewed on his ideas and views about architecture. Instead of being satisfied that
architects were being presented alongside an alderman, a bishop, a newspaper ed-
itor, an industrialist, and a member of parliament, the case provoked yet another
discussion about the distinction between public relations and advertising.

In general, the RIBA welcomed publicity about architectural topics on television and, at least since 1962, it had established steady contacts with the BBC, to

discuss ways for improving how architects were presented. TV shows such as the one about Coventry Cathedral, for example, gave cause for complaint because it did not even mention its architect, Sir Basil Spence (PRC Minutes, November 29, 1962); in one specific incident, the RIBA criticised an interview with a woman who spoke about her new house and the architect she had consulted, because, in the end, the person she had named as the architect turned out to be, in fact, a builder (p. 4). Obviously, the RIBA found it alarming that the legal distinction between a licensed architect and a person with no such certificate were blurred in the public mind.

Although the RIBA, in general, wished to increase architectural publicity in television, the code of conduct did not, technically, provide architects with permission to talk freely about their work. In 1962, concerns were first expressed that architects appearing in TV shows might not conform to professional etiquette, but the majority of RIBA members considered it "perfectly proper [...] provided there was not too much personal publicity" (PRC Minutes, November 29, 1962, p. 4). However, in 1964, a report found that architects nonetheless often rejected public discussions of their own projects because they feared this would not be in accordance with the RIBA code of conduct (PRC Minutes, 1966, Paper B (1964), p. 2). The same report also documented that "producers repeatedly complain that architects are forced to hide behind a cloak of professionalism", and the authors concluded that many TV programmes had "failed because no personal opinions were expressed" by the architects involved (PRC Minutes, 1966, paper B, p. 2). Two years later, the BBC again made it clear that it would like to broadcast more programmes on architecture, but that this could only occur if it was allowed to "introduce architects as personalities" (PRC Minutes, 1966, paper A, p. 1). The report, furthermore, summed up the way in which the BBC saw that architecture could be part of attractive news:

> From a producer's or editor's point of view, architects—the men themselves—provide the human interest on which they rely to hold the interest of their audience and readers. People are news, and, without architects, architecture and building would become very dull subjects or depend on the image projected by contractors, estate agents and others. (PRC Minutes, 1966, paper C, p. 2)

Again, the RIBA had manoeuvred itself into an irresolvable situation. On the one hand, it wanted to increase the media presence of architecture in television but, by maintaining the ban on architects presenting themselves in public, based on the fear that they could use this presence for illegitimate advertising and thereby undermine their professional status, it, on the other hand, made architecture as a news topic simply unattractive to producers. While the RIBA policy constantly oscillated back and forth between wanting media presence for architecture and valuing the unostentationsness of architects, it somehow became stuck between the requirements of a media society and professional ethics.

The RIBA's attitude appears quite antiquated, compared to its American counterpart. The American Institute of Architects (AIA) had already considered in the 1950s "an effective public relations program [...] a prime need of the profession" (AIA Annual Report, 1950, p. 5), and it was willing to invest much effort and money into the matter. Whilst the RIBA supplied its Public Relations Committee with £ 4 500 per year in 1965, the corresponding AIA committee had a budget of twenty times that size.[4] In order to develop a comprehensive public relations programme, it had increased the annual membership fees by ten dollars, which corresponded to a substantial 25 % rise. With the help of this money, the AIA had employed a professional public relations agent since 1952 (AIA Annual Report, 1954, p. 8), had established a journalism award for articles featuring architects or architecture (AIA Annual Report, 1955, p. 24), sponsored and conducted seminars for newspaper journalists on architectural writing and reporting (AIA Annual Report, 1962, p. 17), produced and co-produced numerous radio broadcasts and films, not only for television, but also as educational resources for high schools (AIA Annual Reports, 1950–1978), and, last but not least, the AIA had won the "public relations Oscar" awarded by the American Association of Public Relations (AIA Annual Report, 1955, p. 24).

Contrary to its British colleagues, the AIA had developed, early on, an embracing attitude towards the media whilst upholding the ban on advertising. The key difference in the two strategies is one of definition and distinction. RIBA and AIA both differentiated between advertisements and publicity; but whilst the RIBA considered public relations as advertising, the AIA allocated it to publicity and took the need for improving the public image of the architectural profession very seriously. This does not mean that it completely abandoned all aspects related to professional ethics—even the ban on advertising was kept intact. Nonetheless, the priorities that the AIA chose for its professionals were more than clear, and one could argue that its strategy was much more progressive than the protectionist approach of the RIBA.

Although the AIA engaged professional help, its actions still appeared overcautious in a national context, because engaging a public relations agency was as commonplace for institutions as for businesses or local authorities. For a long time, the AIA hesitated to embrace classical formats; the first full-page advertisements propagating the architectural profession were launched by the AIA at the beginning of the 1970s. Admittedly, the RIBA lagged behind by ten years, but despite

---

4   The AIA spent roughly US$ 260 000 on public relations in 1965, which, at the time, corresponded to £ 100 000 (PRC Minutes, Public Relations Program of Work for 1965/66, p. 4).

this temporal difference, both institutions addressed the same problem—an issue that public relation experts had already identified in 1955:

> The findings substantiated a belief that the man on the street knew little or nothing about the architect's role, and even groups familiar with his work showed a surprising ignorance, often tinged with a vague dissatisfaction. (Public Relations Journal, 1955, p. 12)

Architects were so absent in the public media that architectural associations on both sides of the Atlantic felt, at one point, the need to inform the general public about basic characteristics and qualities of the profession, launching advertisements that were supposed to give answers to the question "why hire an architect if all I need is four walls and a roof?" (*Wall Street Journal,* December 6, 1972, p. 21) or explaining "why it pays to use an architect" (*The Times,* October 29, 1982, p. IV). Admittedly, these advertisements remained faithful to the architects' unostentatious manner because they were kept, tastefully, in black and white. These advertisements, promoting architectural services as a product previously unheard of, indicate that architects had somehow lost the connection to their clients. Why else would they need to educate them about what they actually do and why it makes sense to engage them?

In the cultural history of media, we find a comparable phenomenon that emerged when the middle classes lost their cultural dominance with the advent of mass culture, and it might make sense to compare these developments with the history of the architectural profession. As Siegrist points out, professions had evolved within the middle classes and therefore "represented [...] the system of dominance and opposition, knowledge and meaning of the world" (Siegrist, 2004, p. 81). Professional values and ideas such as "scientific attitude, autonomy, independence, distance and unselfishness" therefore can not be separated from bourgeois culture (Siegrist, 2004, pp. 74 f.). The 18th century through the mid-19th century is commonly seen as the heyday of middle-class culture. As just one of several public spheres that existed alongside each other, the bourgeoisie became the dominant public force that led to a "Strukturwandel der Öffentlichkeit" (Habermas, 1961). As Faulstich argues, this change would not have taken place without the simultaneous prosperity of print media and the increasing numbers of books, magazines, pamphlets, and posters conveying their values and ideas (Faulstich, 2002, p. 252). He identifies magazines as the key medium of bourgeois culture (Faulstich, 2002, p. 225). For architects, magazines were equally important and served the same purpose Faulstich describes for the middle classes in general: they enabled communication between a dispersed group of people with similar interests; they functioned as a platform where those members could exchange ideas and produce scientific discourse; they also represented the place from where cultural criticism evolved and where all forms of art were debated and reviewed (Faulstich, 2002, p. 227). Accordingly, magazines produced cultural values that specifically represented middle-class culture. But because of their restriction to this specific audience, they lost the connection to the greater part of society with the advent of mass culture (Faulstich, 2002, p. 236), and the new dominance of newspapers that targeted the masses and the whole of society (p. 254).

Although the architectural press, as another identifiable part of the public sphere, evolved later and was at its peak when the success of the bourgeois society was already in decline, there are many parallels between the characteristics of the bourgeoisie in general and the architectural media culture as part of it. Architectural magazines were never mentioned as targets of restrictions by the RIBA. They had always been seen as the legitimate place for architectural discourse. The RIBA's provisions to keep architectural discourse within the professional press and, at the same time, under the pretence of ensuring professionalism, to ban advertising, minimize the appearance of architecture on billboards, in classifieds, advertisements, newspaper articles and television documentaries, appear almost like an analogy to the symptoms Faulstich describes for the middle classes. This poses the question whether all this has led to a comparable alienation of architects from popular mass culture and the common people.

There is no way of finding out if the situation today would be any different if the RIBA had followed a different strategy, and it is virtually impossible to determine whether the American situation is any different, given that the AIA had exercised a more liberal approach. But it provokes speculation and makes one wonder whether the *crisis in architecture* that MacEwen proclaimed in 1974 was not more a *crisis of communication*? MacEwen, who had been Chief Information Officer of the RIBA Public Relations Committee since 1961, made it clear that the reasons for the crisis were numerous. Whilst not downplaying the responsibilities of architects who, from his point of view, were guilty of uncritically following the modern movement, he stressed political as well as economic forces. He emphasised the fact that an architect's control and impact in the construction process were relatively limited, whereas developers, financiers, and local authorities had a fair share in what the built environment looked like, which was so often criticised by the public. Although he did not mention the media as a structural force for his generation or society, he did observe that "the tendency of our time has been to drive the architect and the user, the architect and the community, further and further apart" (MacEwan, 1974).

Bibliography

American Institute of Architects (1950–1978). *AIA Annual Report*. The American Institute of Architects Archives.

American Institute of Architects (1972). Why Hire an Architect If All I Need is Four Walls and a Roof? *Wall Street Journal*, December 6, 1972, p. 21.

BBC TWO (April 25, 1965). *Six Men. Portraits of Power in a Modern City* [Television Broadcast].

Bösch, F. (2011). *Mediengeschichte. Vom asiatischen Buchdruck zum Fernsehen*. Frankfurt am Main: Campus.

Brint, S. G. (1996). *In an Age of Experts. The Changing Role of Professionals in Politics and Public Life*. Princeton: Princeton UP.

Burrage, M. (1988). Unternehmer, Beamte und freie Berufe. Schlüsselgruppen der bürgerlichen Mittelschichten in England, Frankreich und den Vereinigten Staaten (pp. 52–82). In H. Siegrist (Ed.), *Bürgerliche Berufe. Zur Sozialgeschichte der freien und akademischen Berufe im internationalen Vergleich*. Göttingen: Vandenhoeck & Ruprecht.

Chappell, D., Willis, C. J., & Willis, A. J. (1992). *The Architect in Practice*. Oxford/Boston, MS: Blackwell Science.

Colomina, B., Buckley, C., & Grau, U. (2010). *Clip, Stamp, Fold. The Radical Architecture of Little Magazines, 196X to 197X*. Barcelona/New York: Actar.

Colomina, B. (1994). *Privacy and Publicity. Modern Architecture as Mass Media*. Cambridge: MIT.

Colomina, B. (1988a). L'Esprit Nouveau. Architecture and Publicité. In B. Colomina, & J. Ockman (Eds.), *Architectureproduction* (pp. 56–99). New York: Princeton Architectural Press.

Colomina, B. (1988b). Introduction. On Architecture, Production and Reproduction. In B. Colomina, & J. Ockman (Eds.), *Architectureproduction* (pp. 6–23). New York: Princeton Architectural Press.

Colomina, B. (1988c). On Adolf Loos and Josef Hoffmann. Architecture in the Age of Mechanical Reproduction. In M. Risselda (Ed.), *Raumplan versus Plan Libre. Adolf Loos und Le Corbusier 1919–1930* (pp. 65–77). New York: Delft UP.

Cramer, J. M. (2009). *Media—History—Society. A Cultural History of U. S. Media*. Malden, MA: Wiley-Blackwell.

Faulstich, W. (2002). *Die bürgerliche Mediengesellschaft, 1700–1830*. Göttingen: Vandenhoeck & Ruprecht.

Froschauer, E. M. (2011), Architekturzeitschrift. Enzyklopädisches, spezielles, selektives und manifestierendes Wissen, oder: Architektur als vermittelte Mitteilung (pp. 275–301). In W. Sonne (Ed.), *Die Medien der Architektur*. München: Deutscher Kunstverlag.

Froschauer, E. M. (2009). *"An die Leser!" Baukunst darstellen und vermitteln. Berliner Architekturzeitschriften um 1900*. Tübingen: Wasmuth.

Habermas, J. (1990) [1962]. *Strukturwandel der Öffentlichkeit. Untersuchungen zu einer Kategorie der bürgerlichen Gesellschaft*. Frankfurt am Main: Suhrkamp.

Hill, J. (2002). Mies van der Rohe. Photos of the Original Barcelona Pavilion. In K. Rattenbury (Ed.), *This Is Not Architecture. Media Constructions* (pp. 86–90). New York: Routledge.

Hubert, H. W. (2017). Überlegungen zu Materialität und Medialität von Architekturzeitschriften. In M. Melters, & C. Wagner (Eds.), *Die Quadratur des Raumes. Bildmedien der Architektur in Neuzeit und Moderne* (pp. 44–61). Berlin: Gebrüder Mann.

Hugh, G. L. (1955). Public Relations for the Professional Association. *Public Relations Journal, 11*, 9, 2–13.

Iloniemi, L. (2004). *Is It All About Image?* Chichester: Wiley.

Lichtenstein, S. R. (1990). *Editing Architecture. "Architectural Record" and the Growth of Modern Architecture, 1928–1938.* Ann Arbor, MI: UMI.

Luhmann, N. (1996). *Die Realität der Massenmedien.* Wiesbaden: VS.

Mace, A., & Thorne, R. (Eds.). (1986). *The Royal Institute of British Architects. A Guide to Its Archive and History.* London/New York: Mansell.

MacEwen, M. (1974). *Crisis in Architecture.* London: RIBA Publications.

Ockman, J. (1988). Resurrecting the Avant-Garde. The History and Program of Oppositions. In B. Colomina, J. & Ockman (Eds.), *Architectureproduction* (pp. 180–199). New York: Princeton Architectural Press.

Parnell, S. (2012). AR's and AD's Post-war Editorial Policies. The Making of Modern Architecture in Britain. *The Journal of Architecture* 17 (5), 63–775.

Perkin, H. J. (1989). *The Rise of Professional Society. England since 1880.* London/New York: Routledge.

Reilly, C. H. (1921): Propaganda and Publicity. *Royal Institute of British Architects Journal 28,* 547–550.

Royal Institute of British Architects (1923, 1927, 1929). *Suggestions Governing the Professional Conduct and Practice of Architects.* RIBA Library and Collection.

Royal Institute of British Architects (1933, 1946, 1973). *Code of Professional Practice.* RIBA Library and Collection.

Royal Institute of British Architects (1933–1967). *Public Relations Committee Minutes.* RIBA Collection at Victoria & Albert Museum.

Royal Institute of British Architects (1938–1962). *Professional Practice Committee Minutes.* RIBA Collection at Victoria & Albert Museum.

Royal Institute of British Architects (1949–1971). *Council Minutes.* RIBA Collection at Victoria & Albert Museum.

Royal Institute of British Architects (1953–1954). *RIBA Code Policy Committee Minutes.* RIBA Collection at Victoria & Albert Museum.

Royal Institute of British Architects (1963): *Handbook of Architectural Practice and Management.* London: Royal Institute of British Architects. RIBA Library and Collection.

Royal Institute of British Architects (1982). Why It Pays to Use an Architect. *The Times,* October 29, 1982, p. IV.

Serraino, P. (2002). Framing Icons. Two Girls, Two Audiences. The Photographing of Case Study House #22. In K. Rattenbury (Ed.). *This Is Not Architecture. Media Constructions* (pp. 127–135). New York: Routledge.

Siegrist, H. (2004). The Professions in Nineteenth-Century Europe. In H. Kaelble (Ed.), *The European Way. European Societies during the Nineteenth and Twentieth Centuries* (pp. 68–88). New York: Berghahn.

Siegrist, H. (1988). Bürgerliche Berufe. Die Professionen und das Bürgertum. In H. Siegrist (Ed.), *Bürgerliche Berufe. Zur Sozialgeschichte der freien und akademischen Berufe im internationalen Vergleich* (pp. 11–48). Göttingen: Vandenhoeck & Ruprecht.

Wilke, J. (2008). *Grundzüge der Medien- und Kommunikationsgeschichte.* Köln: Böhlau.

Wilton-Ely, J. (1977). The Rise of the Professional Architect in England. In S. Kostof (Ed.): *The Architect. Chapters in the History of the Profession* (pp. 180–208). New York: Oxford UP.

Woods, M. N. (1999). *From Craft to Profession. The Practice of Architecture in Nineteenth-Century America.* Berkeley, CA/Los Angeles, CA: University of California Press.

Raumgestaltung als Sozialtechnologie?

Eine Selbsterkundung aus geschichtswissenschaftlicher Perspektive

David Kuchenbuch

Abstract

Ein Blick auf die eigenen, raumbezogenen, geschichtswissenschaftlichen Forschungs-
arbeiten des Autors dient zur Reflexion über die Frage, wie sich ‚hinter‘ den in den
Quellen überlieferten Raumrepräsentationen die Wirklichkeit historischer Räume und
Raumdeterminationen erkennen lässt.

Historiker im engeren Sinne – dazu zähle ich hier nicht die Archäologen und auch
nicht die Bauhistoriker – sind mit einer gewissen disziplinären Behinderung ge-
schlagen, wenn sie sich mit Räumen befassen. Fast alles, was sie untersuchen, begegnet ihnen im Archiv, jenem „Speicherraum", der, anders als für Archivare, für
Historiker selten als machtdurchwirkte materielle Gesamtstruktur in Erscheinung
tritt, sondern meist als Ort, an dem eine Unmenge Papier lagert. Dieses Papier ist
voll mit Spuren der Vergangenheit. Diese Spuren wiederum sind immer ‚seman-
tisiert‘, immer durch die Sinnstiftungsschleuse gegangen, also nicht zu trennen
von der Weltwahrnehmung der Menschen, die sie produziert und überliefert haben. Das gilt, anders als manche Historiker es wahrhaben wollen, noch für den tri-
vialsten Behördenschriftwechsel. Erst recht gilt es für Karten, Pläne und ähnliche
raumbezogene Medien. Zudem sprudeln die Quellen bekanntlich nicht von alleine. Aus diesen Gründen ist die Suche nach Spuren vergangener Räume zwangsläufig gleichermaßen durch den Sinnhorizont der Spurenverursacher wie den des
Spurensuchers begrenzt. Man könnte sagen: Als Historiker konstruiere ich die
Räume der Vergangenheit bestenfalls aus ihrem archivalischen Negativabdruck –
und das führt zwangsläufig zu eher schiefen Bauwerken, um im Bild zu bleiben.

Diese Historikerprobleme, letztlich natürlich die von Quellenkritik und Her-
meneutik, werden bei der Auseinandersetzung mit historischen *Materialitä-*

© Springer Fachmedien Wiesbaden GmbH, ein Teil von Springer Nature 2018
A. Brenneis et al. (Hrsg.), *Technik – Raum*, Technikzukünfte,
Wissenschaft und Gesellschaft / Futures of Technology, Science and Society,
https://doi.org/10.1007/978-3-658-15154-6_13

ten – und als solche Artefakte verstehe ich „technisierte Räume" eben *auch* – besonders deutlich. Meines Erachtens können wir historische Materialitäten in ihrem Entstehungs- und vor allem Wirkungszusammenhang immer nur wie hinter dem Milchglasschleier zeitgenössischer Beschreibungen (oder besser: Repräsentationen) dieser Materialitäten aufscheinen sehen. Von Karl Schlögel (2003) stammt der Ausspruch „Im Raum lesen wird die Zeit". Ich finde, dass an diesem Satz das „Lesen" viel zu selten thematisiert wird. Das stört mich generell am *spatial turn,* wie ihn einige Historiker, inspiriert von den Büchern von Stephan Günzel, Martina Löw oder Markus Schroer, mitvollzogen haben – nach einer langen Phase der historiografischen Raumabstinenz (zu deren Ursachen: Dipper & Raphael, 2011).

Nun heißt es allerdings auch im *Topologischen Manifest,* an dessen Thesen sich die folgenden Überlegungen sozusagen reiben sollen: „Eine Topologie der Technik bedarf einer Topologie der Technikdiskurse, stützen kann sich diese auf die Technik der Topologie." (TM [27]). Mich hat bei der Lektüre dieses (wie es sich für ein Manifest gehört!) recht apodiktischen Satzes ein wenig das Gefühl beschlichen, dass hier eine Tautologie vorliegt. Zumal es kurz darauf heißt: „Topologie als Verfahren identifiziert Diskurse in ihrer Historizität und Wirksamkeit." (TM [27]). Dann wäre Topologie also ‚nur' an Raumdiskursen interessierte Diskursanalyse? Ich finde es durchaus einleuchtend, Diskursräume kategorial als „Metaräume" (TM [25]) zu begreifen, innerhalb derer sich die anderen Räume erst, und eben diskursiv überformt, ‚dingfest' machen lassen. Ich habe aber das Gefühl, dass es den Darmstädter Topologen damit nicht getan ist. Es liegt ja auch etwas Unbefriedigendes darin, dass sich auf dem Weg einer letztlich synchronen Beschreibung von Diskursen als einer Struktur, einer Gemengelage von Relationen, Veränderungen so schlecht fassen und noch schlechter erklären lassen – auch Veränderungen von, wie auch immer definierten, „topologischen Ordnungen", die sich „in ihrer Widerständigkeit bis in die Diskursdimension durch[drücken]" (TM [25]).

Gerade deshalb will ich im Folgenden das Problem der unhintergehbaren Sinnstiftung thematisieren. Das heißt zugleich den *advocatus diaboli* zu spielen und aus der Not eine Tugend zu machen. Ich werde meine eigenen Forschungen (zur Architektur als einer Form des *social engineering,* zum sogenannten „Peckham-Experiment", und zur Geschichte der „Einen Welt") *erstens* dahingehend betrachten, ob sich darin überhaupt „technisierte Räume" finden. Tatsächlich kreisen alle drei meiner Forschungsprojekte, wie mir jetzt überhaupt erst klar geworden ist, um Versuche, Menschen mittels *Raumgestaltung zu bestimmten Verhaltensweisen zu bewegen.* Folgte man den Kategorien des Manifests, könnte man sagen: Im Zentrum meiner Untersuchungen stehen technisch gestützte Anstrengungen, „Regierungsräume" zu schaffen. Wobei, wie im Folgenden sicher deutlich wird, die Überlappungen zu anderen Raumtypen des Manifests, insbesondere zu Sicherheits-, Wahrnehmungs-, aber auch Experimentalräumen, auf der Hand liegen.

Damit die folgende Selbstbefragung aber nicht zur bloßen Nabelschau wird, will ich von ihr ausgehend *zweitens,* den genannten Einwänden zum Trotz, auch *eine* Möglichkeit aufzeigen, wie man die „Abdrücke" realer Räume in der Diskursebene unter den Bedingungen historischer Überlieferung identifizieren kann. Diese Möglichkeit besteht darin, auf Momente des Aufbrechens von semantischen Routinen, auf Umdeutungen zu achten, vor allem auf das Auftauchen neuer Metaphern, die ihrerseits auf Momente *des Scheiterns* von Rauminterventionen an den Widerständen der Dingwelt ebenso wie an den Realien der sozialen Welt hinweisen.

1 Raum als Kontingenzunterbrecher: Nachbarschaftsplanung, 1920–1960

Ich beginne mit der Relektüre meiner Dissertation (Kuchenbuch, 2010), die ich hier unter der Überschrift „Raum als Kontingenzunterbrecher" vorstellen will (den Begriff borge ich aus etwas anderem Zusammenhang: Jureit, 2012). In dieser Arbeit ging es mir um die *Idee* der Gestaltbarkeit des Sozialen durch den gestalteten Raum, oder abstrakt gesprochen um die „hochmoderne" Ideologie des Raumdeterminismus, die in den mittleren Jahrzehnten des 20. Jahrhunderts besonders weit verbreitet war. Konkret hat die Arbeit, die aus einem übergreifenden oldenburger Forschungszusammenhang hervorgegangen ist, der sich dem gesellschaftlichen Einfluss von Sozialexperten im 20. Jahrhundert gewidmet hat (Etzemüller, 2009), zwei Architekten- und Stadtplanerzirkel in Deutschland und Schweden untersucht, und zwar zwischen ca. 1920 und 1960. Der zeitliche Rahmen verdeutlicht, dass ich zu zeigen versucht habe, wie sich *quer* zu den politischen Zäsuren zwischen Weimarer Republik, „Drittem Reich" und Bundesrepublik, aber eben auch im (sozialdemokratisch geprägten) schwedischen „Volksheim"[1] innerhalb bestimmter Expertenkreise der Gedanke durchgesetzt hat, man könne *Gemeinschaft* durch architektonische Räume fördern und formen.

Insbesondere die sogenannte „Nachbarschaftseinheit", oft auch „Neighbourhood Unit" genannt, schien das zu leisten. Ich habe verfolgt, wie Planer seit den

---

1 Seit Anfang der 1930er Jahre kreiste das – zunehmend hegemoniale – politische Projekt der schwedischen Sozialdemokratie um die Idee des „Volksheims". Der Begriff verband die eher konservative Konnotation des bergenden Zuhauses mit progressiven Vorstellungen vom kollektiven Bauprojekt. Er versinnbildlichte damit den pragmatischen, sozial integrativen Kurs der schwedischen Linken dieser Zeit.

1920er Jahren vermehrt über Wohngebiete nachdachten, die überschaubar und, dank einer durchdachten Gesamtgestaltung und klaren Zentrumsbildung, besonders ‚sinnfällig‘ schienen: Wohngebiete, die klar umgrenzt waren und durch eine Mischung von Wohnungstypen und -größen einerseits, eine klare räumliche Abgrenzung nach außen andererseits und schließlich eine ausgewogene Bewohnerzahl gewissermaßen über das Mittel der räumlichen Identität soziale Kohäsionskräfte steigern sollten. Nachbarschaftseinheiten, so die raumdeterministische Hoffnung, erhöhten die Begegnungsfrequenz *(face-to-face-contacts)* der Nachbarn. Sie verwiesen die immer selben Menschen im Vollzug alltäglicher Routinen – etwa beim Einkaufen oder auf dem Schulweg – aufeinander. Und das, so die Theorie der Planer, die auch auf der reduktionistischen Adaption soziologischer Ideen etwa eines Horton Cooley oder Ferdinand Tönnies fußte, sollte die Wahrscheinlichkeit ihrer Vergemeinschaftung erhöhen.

Diese Absicht selbst hat natürlich viel mit einem bürgerlich-kulturkritischen Problembewusstsein zu tun, das etwa seit der Wende zum 20. Jahrhundert in der vermeintlichen Anonymität, vor allem der Kontingenz der Sozialbeziehungen in der Großstadt, eine Bedrohung der gesellschaftlichen Bindekräfte sah. Die Großstadt schien gewissermaßen als Kristallisationsort, aber auch als Faktor der Dissoziationen zunehmend komplexer werdender moderner Gesellschaften. Zu dieser Problemdiagnose gehörte ein riesiger Assoziationshof: Planer brachten ihre Konzepte der Politik gegenüber als Methoden zu Gehör, der sozialen Entfremdung vorzubeugen, was mal als familien- und bevölkerungspolitisch notwendig erschien, dann wieder dem revolutionären Potential der „Vermassung“ die befriedende Durchmischung der Klassen entgegensetzen sollte. Gerade in den 1930er Jahren sollte die Zusammensetzung der Nachbarschaft geradezu metonymisch einen repräsentativen Querschnitt der Gesamtgesellschaft darstellen und so als Basiszelle oder Baustein der *nationalen Gemeinschaft* fungieren. Das hieß zumindest in Deutschland zwischen 1933 und 1945 tatsächlich: Man glaubte, die „Volksgemeinschaft aus Nachbarschaften“ aufbauen zu können (Lehmann, 1944).

Tatsächlich ist das aus geschichtswissenschaftlicher Sicht Neue, vielleicht sogar etwas Provozierende an meiner Arbeit das, was in unserem Zusammenhang am wenigsten interessiert. Ich konnte zeigen, dass die Idee einer Determinierung des Sozialen durch den gestalteten Raum transnational, aber auch – und schon aus Sicht der untersuchten Akteure – transpolitisch weit verbreitet war. Über Staatsgrenzen hinaus und über politische Zäsuren hinweg teilten schwedische und deutsche Architekten und Stadtplaner die Überzeugung, man könne Gemeinschaft stiften, indem man die „Grenzen der Gemeinschaft“ (Plessner, 2002) als räumlichen Perimeter auslegte, sie also quantitativ bestimmte und dann baulich verstärkte, was beispielsweise durch Grüngürtel oder Umgehungsstraßen geschah, die Nachbarschaften voneinander trennten. Nicht nur konnte ich zeigen, dass die schwedische „Grannskapsenhet" und die deutsche „Siedlungszelle" auf denselben Grundüberzeugungen (und Vorläufern) beruhte. Ich konnte auch konkrete Transfers und Adaptionen des entsprechenden Know-hows selbst während des Zweiten Weltkriegs nachweisen. Planungswissen zirkulierte oft in Form konkreter „Richtzahlen". Deutsche Richtzahlen interessierten Stadtplaner, Architekten, Politiker und Sozialwissenschaftler in Schweden paradoxerweise sogar zu einem Zeitpunkt, als sie über die größeren demokratischen Widerstandskräfte integrierter, semistädtischer Nachbarschaften gegen den Sirenengesang des Faschismus diskutierten, der selbst als ein Entfremdungssymptom betrachtet wurde.

Spannender als die politischen Implikationen des Regierungsraums „Nachbarschaftseinheit" ist an dieser Stelle aber vielleicht das Selbstverständnis der beteiligten Akteure. Die Nachbarschaftsplanung verdeutlicht auch, dass sich viele Architekten in beiden Ländern als Sozial*ingenieure* (und eben nicht mehr als Künstler) verstanden. Sie wollten ihre technischen Fertigkeiten als Sachverständige in den Dienst des, allerdings erst zu schaffenden, Gemeinwesens stellen, womit sich freilich auch die eigene Bedeutung ziemlich zu vergrößern schien. Und so kann die Nachbarschaftseinheit – zumindest wenn man keinen normativen Maßstab anlegt, sondern sie aus der Perspektive ihrer Befürworter betrachtet – eben nicht als reaktionäre Flucht aus der Moderne betrachtet werden. Sie entsprach für die Planer rein rational-technischen Erwägungen, die eine moderne Wissenschaft erst möglich gemacht hatte.

Deutsche wie schwedische Nachbarschaftsplaner arbeiteten akribisch an einer möglichst universellen quantitativen Grundlage für konkrete Empfehlungen für den Siedlungsbau. Sie erhoben beispielsweise Grenzwerte für die Bewohnerzahl von Siedlungen, die den Aufbau einer funktionstüchtigen Verkehrsinfrastruktur erst möglich machten oder die Versorgung eines Wohngebiets durch einen wirtschaftlich tragfähigen Einzelhandel. Solche Daten korrelierte man mit hygienischen Grenzwerten zur maximalen Wohndichte. Man untersuchte aber auch die Ausdehnung und Ausstattung älterer, aus Planersicht wohlintegrierter Siedlungen, um zu belastbaren Daten über deren Größe und Struktur zu kommen und glich dies wiederum mit administrativen Vorgaben etwa zum Einzugsbereich von Schulbezirken ab. Im „Dritten Reich" kam noch die Besonderheit dazu, dass Planer sich an der Gliederung der NSDAP in Ortsgruppen und Kreise orientierten, für deren Mitgliederstärke die Parteiführung Zahlenwerte vorgab. Der Zweck dieses aus heutiger Sicht befremdlichen Ineinanders unterschiedlichster Maßangaben war die Identifikation letztlich als überhistorisch gedachter Gesetze der Gemeinschaftsbildung. Das offenbart sich an der im Planerdiskurs ubiquitären Metapher des „menschlichen Maßstabs", die zwischen 1920 und 1960 weit weniger symbolhumanistische Implikationen hatte als heute. Sie meinte die ‚natürliche', verfahrensgestützt feststellbare Raumausdehnung bestimmter Alltagsroutinen, deren Bemessung teils massiv ‚gegendert' war. Eine der Lieblingsgrößen der Planer war die „pram-pushing distance", also die tägliche Gehdistanz (etwa zum Einkauf), die einer Frau zugemutet werden konnte, die einen Kinderwagen schob.

Der Versuch, lauter eigentlich inkommensurable Maßstäbe in der Siedlungsgestaltung zusammenzuführen, kam oft einer Quadratur des Kreises gleich. Tatsächlich konnten sich die Planer – ob in Schweden oder in Deutschland – eigentlich nie auf verbindliche Zahlen zur Nachbarschaftseinheit einigen, wohl aber darauf, *dass* diese eine ganz bestimmte Einwohnerzahl und Flächenausdehnung haben musste.

Diese Überzeugung schlägt sich auch in den Medien nieder, mit denen man andere von den eigenen Konzepten überzeugen wollte. In meinem Untersuchungs-

Abbildung 1   Die diagrammatische Ordnung der Idealgesellschaft: „Stadt von Morgen", Karl Otto (1959)

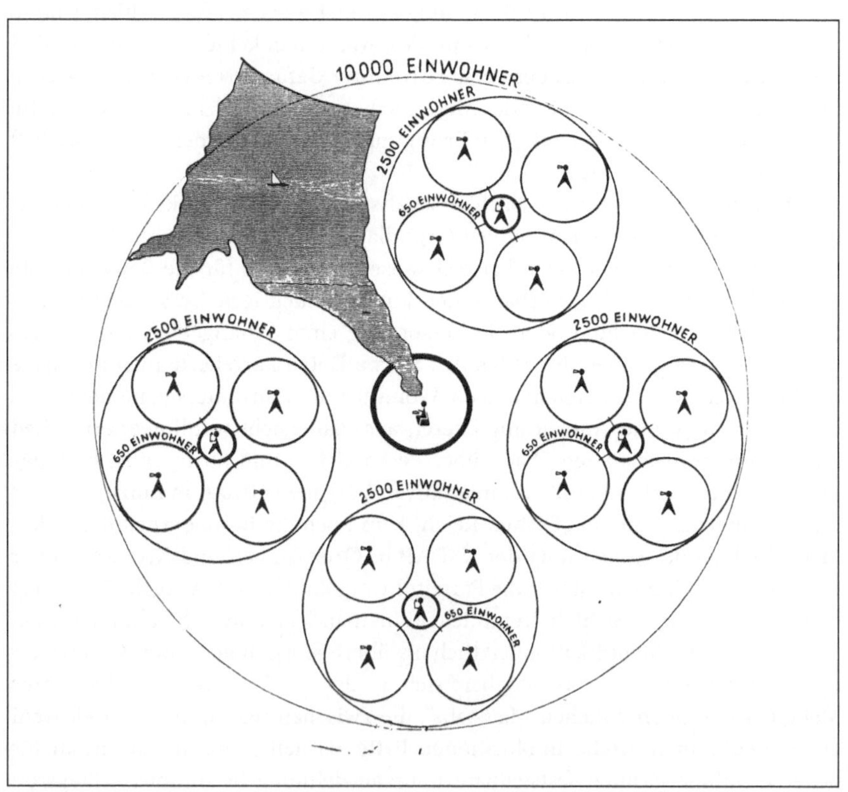

zeitraum wimmelt es vor Diagrammen (eigentlich eher Soziogrammen) wie dem hier abgebildeten. Es stammt aus einer Publikation, die anlässlich der Interbau-Ausstellung 1957 in Berlin entstanden ist und die *stadt von morgen* zum Thema hat (Otto, 1959). Diese Idealstadt hat aus heutiger Sicht kaum etwas Urbanes, wie die Darstellung ihrer klar hierarchisch geordneten Kommunikationsstruktur verdeutlicht, die sich aus der ebenso klaren zahlenmäßigen Eingrenzung der einzelnen Nachbarschaften ergab, aus der sie sich zusammensetzen sollte: Als Kreise dargestellte Subgemeinschaften von 650 Einwohnern, so die Erläuterung, verfügen jeweils über einen „Sprecher"; vier solche Kreise werden von einem übergeordneten Verantwortlichen vertreten. Das Gesamtgebilde von 10 000 Menschen verfügt über eine eigene Verwaltung, symbolisiert durch die am Schreibtisch sitzende Figur in der Mitte. Hinsichtlich des Selbstverständnisses der Nachbarschaftsplaner bemerkenswert ist – neben der Arroganz, die sich im Glauben artikuliert, komplexere Sozialbeziehungen zwischen Menschen in deren eigenem Interesse baulich *verhindern* zu müssen –, dass die Grafik überhaupt erst auf den zweiten Blick offenbart, dass es hier um einen Vorschlag zur Ausgestaltung realer Topografien geht. Das verdeutlicht eigentlich nur der weniger abstrakt gezeichnete See mit dem kleinen Boot am oberen Bildrand. Ich lese dieses Bildelement als geradezu augenzwinkernden Hinweis darauf, dass hier zugunsten eines wissenschaftlich-technisch-quantitativen Ansatzes bewusst auf einen ästhetischen Formwillen und auf eine ‚persönliche Handschrift' verzichtet wird.

* * *

Es dürfte nicht überraschen, dass ich mich mit den hier umrissenen Befunden meiner Dissertation gut im *Topologischen Manifest* wiedergefunden habe. Mir ging es ja um Regierungsräume, die die „Absicherung und Stabilisierung von Sozialbeziehungen" (TM [8]) gewährleisteten, wie es dort heißt. Aber wenn ich ehrlich bin, befasse ich mich eigentlich nur mit *Absichten* solcher Absicherungen, mit dem Professionswissen, das dem Handlungsimperativ zur „Gestaltung von Umwelten, in denen Verhalten erwartbar" gemacht wird, vorausging. Jenseits der Arbeit an solchen Konzepten habe ich mich kaum mit der bautechnischen Umsetzung von Nachbarschaftseinheiten befasst, wie sie insbesondere im Wiederaufbau nach dem Zweiten Weltkrieg und geradezu idealtypisch in der Retortenstadt Vällingby nahe Stockholm (1956 eingeweiht) oder in Sennestadt bei Bielefeld (Planung ab 1952) entstanden sind. Das hat auch damit zu tun, dass Bauen ein vergleichsweise langwieriger Prozess ist, in dessen Verlauf andere Praktiker wichtig werden als die Städtebautheoretiker, die die diskursanalytisch ergiebigsten Quellen hinterlassen.

Mit Blick auf den Realitätsgehalt meiner „*Technospaces*" noch gravierender ist: Ich habe mich kaum mit den sozialen Folgen der Regierungsräume des *social en-*

gineering befasst. Das war zwar nicht meine Fragestellung, wäre aber auch schwer umzusetzen gewesen. Wie vermisst man mit dem Abstand von mehr als 60 Jahren die realen, die alltags- und sozialgeschichtlichen Wirkungen von dergestalt geordneten Räumen? Wie erfasst man ihre lebensweltliche Bedeutung für diejenigen, die die Planer selbst bestenfalls als passive ‚Betroffene' wahrnahmen? Deren Stimmen finden sich nur selten im Archiv, das ja bekanntlich die Perspektive der Eliten, der *gatekeeper* der Erinnerung reproduziert. Und wenn sie sich finden, sind sie in keiner Weise repräsentativ. Das ist klar, mag man denken, allein die Vielfalt, auch die Widersprüchlichkeit der Nutzungspraxen und vor allem der emotionalen Aneignungen der neuen Wohnviertel durch ihre Bewohner erschwert jede Generalisierung.[2]

Aber diese Gewissheit ist wiederum selbst ein historischer Effekt. Dass soziale Raumaneignungen und kognitive *mental maps* (Lynch, 1965) viel komplexer sind, als es die Nachbarschaftsplaner annahmen, und dass bestimmte soziale Kontingenzen sich eben nicht so einfach bändigen und ordnen ließen, das zeigte erst die Evaluation der tatsächlich gebauten Nachbarschaftseinheiten durch die empirische Sozialforschung, die in Schweden in den späten 1940er Jahren begann, das Wohnen zu untersuchen – übrigens deutlich früher als in Deutschland. Die Soziologen zeigten zum einen, dass soziale Integration keineswegs allein von baulichen Faktoren abhing, geschweige denn determiniert werden konnte. Und zum anderen fanden sie heraus, dass soziale Gemeinschaften auch schon zur Blütezeit der Nachbarschaftsplanung über weitreichende, translokale Beziehungsnetze (also über die gesamte Stadt hinweg) bestanden. Sozialtechnologische Verwurzelungsbemühungen, die sich als Antwort auf die vielzitierte „Heimatlosigkeit" in der Moderne verstanden, reagierten also auf ein Nicht-Problem; sie gingen an der Realität der sozialen Raumpraktiken vorbei. Das allerdings vermittelte sich auch den Sozialwissenschaftlern nur indirekt, etwa in Form von Mobilitätsberechnungen, die auf Rohdaten zu Umzugshäufigkeit oder Vereinsmitgliedschaften beruhten.

Und so bedurfte auch diese Einsicht visueller Evidenzen, die uns sehr viel plausibler vorkommen als die Kreise Karl Ottos. Das beste Beispiel ist Christopher Alexanders vielzitierter Artikel *A City is Not a Tree* (1965), in dem der britischamerikanische Planungstheoretiker wiederum im Medium des Diagramms die unterkomplexen Raumnutzungsvorstellungen der Planer mit der sozialen Realität konfrontierte, indem er deren hierarchischen Baumstrukturen soziale Netze und ihre Noden gegenüberstellte.

---

2   Auch *oral history* würde nur bedingt helfen: Die retrospektive Interpretation vergangener Gefühle sagt bekanntlich mehr über die Gegenwart als über die Vergangenheit.

Abbildung 2   Vom Baum zur Node: Verräumlichte soziale Komplexität, Christopher
Alexander (1965)

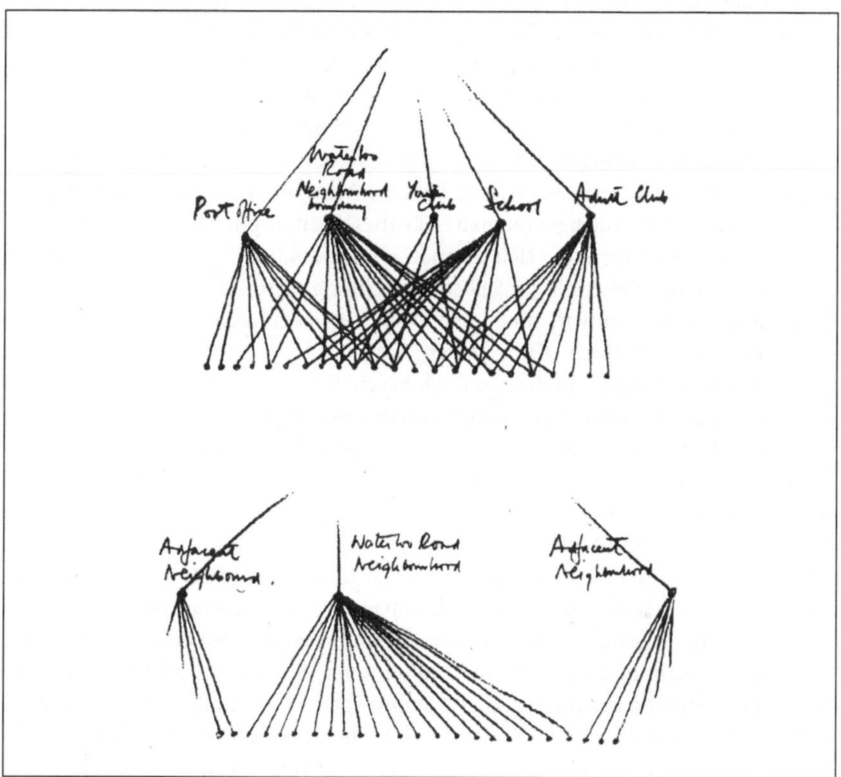

2   Raum als Kontingenzgenerator?
Das „Peckham-Experiment"

Alexander wird heute vielfach als Vordenker des *advocacy planning* gesehen, also
als früher Verfechter von Ideal und Methodiken eines partizipatorischen Pla-
nens, die sich im letzten Drittel des vergangenen Jahrhunderts an den Architekturfakultäten Bahn brachen. Der Mathematiker Alexander, der bereits seit län-
gerem an Planungsheuristiken arbeitete, wurde selbst im sogenannten „Oregon
Experiment" 1975 von der *University of Oregon* beauftragt, als sogenannter „archi-
tect-facilitator" bei der gemeinsamen Neugestaltung des Universitätscampus mit-

zuwirken, nachdem es zuvor Auseinandersetzungen zwischen Studierenden und Universitätsleitung über die brutalistischen Vorstellungen letzterer gegeben hatte (Alexander, 1975). Es ist vor allem der Begriff des „Experiments", um den es mir hier geht. Denn dessen zunehmende Verwendung im Architekturdiskurs deutet auf eine grundsätzliche Aufwertung prozessualer Offenheit im Planungsdiskurs dieser Jahre hin. In den 1970er Jahren, dafür steht Alexander, veränderte sich das progressive architektonische Selbstverständnis dahingehend, dass man Möglichkeitsräume zu konstruieren hoffte, die in gewissem Rahmen soziale Kontingenzen sogar *generierten*. Überhaupt scheint sich die Metapher des Experiments im späten 20. Jahrhundert zur bevorzugten Selbstbeschreibungsformel von Gesellschaften entwickelt zu haben, die sich normativ weniger über ihre Stabilität als durch ihre Dynamik bei gleichzeitiger Selbstbeobachtung definierten (Felsch, 2005).

Damit ist das Stichwort für meine zweite, etwas kürzere Selbstbefragung gefallen. Mein zweites Buch (Kuchenbuch, 2014) ist als ein *Spin-off*-Projekt meiner Dissertation entstanden. In diesem Buch beschäftige ich mich mit dem sogenannten „Peckham-Experiment", das mich gerade deshalb interessiert hat, weil es wie eine frühe Lehre aus dem *social engineering* anmutet, wenn nicht als ein geradezu aus der Zeit gefallenes Phänomen, das übrigens auch Alexander bewunderte. Wie der Untertitel meines Buchs etwas unelegant verdeutlicht, geht es darin um die „Wissens- und Mikrogeschichte" des Londoner *Pioneer Health Centre,* das zwischen 1935 und 1950 existierte. Wenn ich in der Dissertation also einen diskursanalytischen Ansatz mit einer für komparatistische Zwecke notwendigen eher großen Flughöhe gewählt habe, untersuche ich im zweiten Buch im *Close-up,* wie in diesem Gesundheitszentrum im Südlondoner Arbeiterviertel Peckham ganz neue Entdeckungen zur menschlichen Selbstorganisationskraft gemacht wurden.

Am „Peckham-Experiment" – das heißt eigentlich: an den Publikationen der (medizinischen) Experten, die dieses Experiment initiiert und durchgeführt haben – ist vor allem interessant, dass es aus ihrer Sicht zu beweisen schien, dass sich so wünschenswerte menschliche Qualitäten wie Kreativität, Produktivität, Zufriedenheit und Gesundheit *gerade* beim Verzicht auf Interventionen ‚von oben' erzielen ließen (Pearse & Crocker, 1943). Und dies geschah eben zu einer Zeit, die man auch in England eher mit Dirigismus und Paternalismus assoziieren würde. Konkret waren 1935 die Familien des (heute übrigens zunehmend gentrifizierten) Stadtquartiers Peckham eingeladen worden, gegen eine Mitgliedschaftsgebühr von einem Shilling die medizinischen Beratungsangebote und vor allem das Equipment des Centers, das mit seinem Schwimmbad, seiner Bibliothek, seiner Cafeteria und seinen Gymnastiksälen aus heutiger Perspektive eher wie ein Freizeitzentrum als wie eine Poliklinik anmutet, nach eigenem Gutdünken zu nutzen. Es gab also kaum Regeln, keine Kurse und Einführungen, keine Einteilung der Aktivitäten nach Alter oder Niveau.

Zum Erstaunen der Mediziner vergrößerte sich die Lebensqualität der Nutzer binnen weniger Monate nach Eröffnung substanziell, wie die (einzig verbindlichen) medizinischen Begleituntersuchungen zeigten. Die Bewohner Peckhams legten in steigendem Maße ein vorsorgendes Verhalten an den Tag; sie betrieben Sport, achteten auf ihre Ernährung, fragten medizinisches Wissen nach. Zugleich, das zeigte die teilnehmende Beobachtung der Forscher, hatten sich ganz von selbst intensive soziale Beziehungen zwischen den Nutzern des Zentrums ergeben, also fast eine jener Gemeinschaften, die die Stadtplaner aus meiner Dissertation etwa zur selben Zeit baulich zu modellieren versuchten. Und gerade diese soziale Integration schien wiederum deren Bereitschaft verstärkt zu haben, aktiv am eigenen Potential zu arbeiten. Nicht Zwang oder Belehrung, sondern eine stimulierende soziale Umgebung führten offenkundig zu einem gesunden, selbstverantwortlichen und integrierten Dasein.

Das Entscheidende nun, und das, was mit Blick auf unser Thema interessiert, ist: Ich habe mich dem „Peckham-Experiment" angenähert, als hätte ich aus meiner Dissertation nichts gelernt – trotz meiner Skepsis gegenüber den glorifizierenden Schilderungen des Centers, die bis heute durch die britischen Medien geistern. Einer Skepsis, die, wie wohl unschwer zu erkennen ist, von einer Foucault'schen Gouvernementalitätsperspektive herrührt, also der These, die „Regierungsweisen" der Gegenwart zeichne aus, dass sie uns auf vergleichsweise milde Weise zur produktiven Arbeit am eigenen Potential (Foucault, 2000) anhalten, wie dies ja auch in Peckham begrüßt wurde. Nichts gelernt hieß: Mich hat nicht zuletzt die *räumliche Interaktionssituation* zwischen Forschern und ‚Versuchskaninchen' interessiert. Ich habe mich gefragt, inwiefern das „Labor" „Peckham" als ein materiell-architektonisches Set-up den geschilderten Selbstorganisationsprozess erst ermöglicht und dabei beobachtbar gemacht hat. Diese Fragestellung war inspiriert von der jüngeren Laboranthropologie, die zeigt, wie sehr die Erkenntnisse der *hard sciences* geprägt sind vom komplexen Zusammenspiel aus materiellen Artefakten, sozialen Verhältnissen im Labor, bildgebenden Verfahren und Denkbildern, die sogenannte „boundary objects" und „epistemische Dinge" hervorbringen und so neues Wissen generieren (Latour, 2003; Rheinberger, 2001).

Ich bin zu Beginn meiner Beschäftigung mit dem „Peckham-Exeriment" einer Fährte gefolgt, die Architekturhistoriker gelegt haben. Diese interpretieren das 1934 bis 35 errichtete gläserne Zentrumsgebäude, heute eine Ikone des Modernismus in England, als eine Art Ermöglichungsarchitektur im Sinne Alexanders (z. B. Gruffuds, 2001; Kozlovsky, 2013). Der spartanische, vor allem sehr offene, nur von einzelnen Stützen und Glaswänden unterbrochene Grundriss und auch das transparente Äußere des glasverkleideten Gebäudes betrachten diese Autoren zugleich als eine Verkörperung und als Entstehungsfaktor der sozialen Prozesse in seinem Innern. Sie zeichnen das Bild von einem Haus ohne verschlossene Türen,

Abbildung 3 Transparente Architektur als Metapher der sozialen Reproduktion: „Peckham", George Scott Williamson (1952)

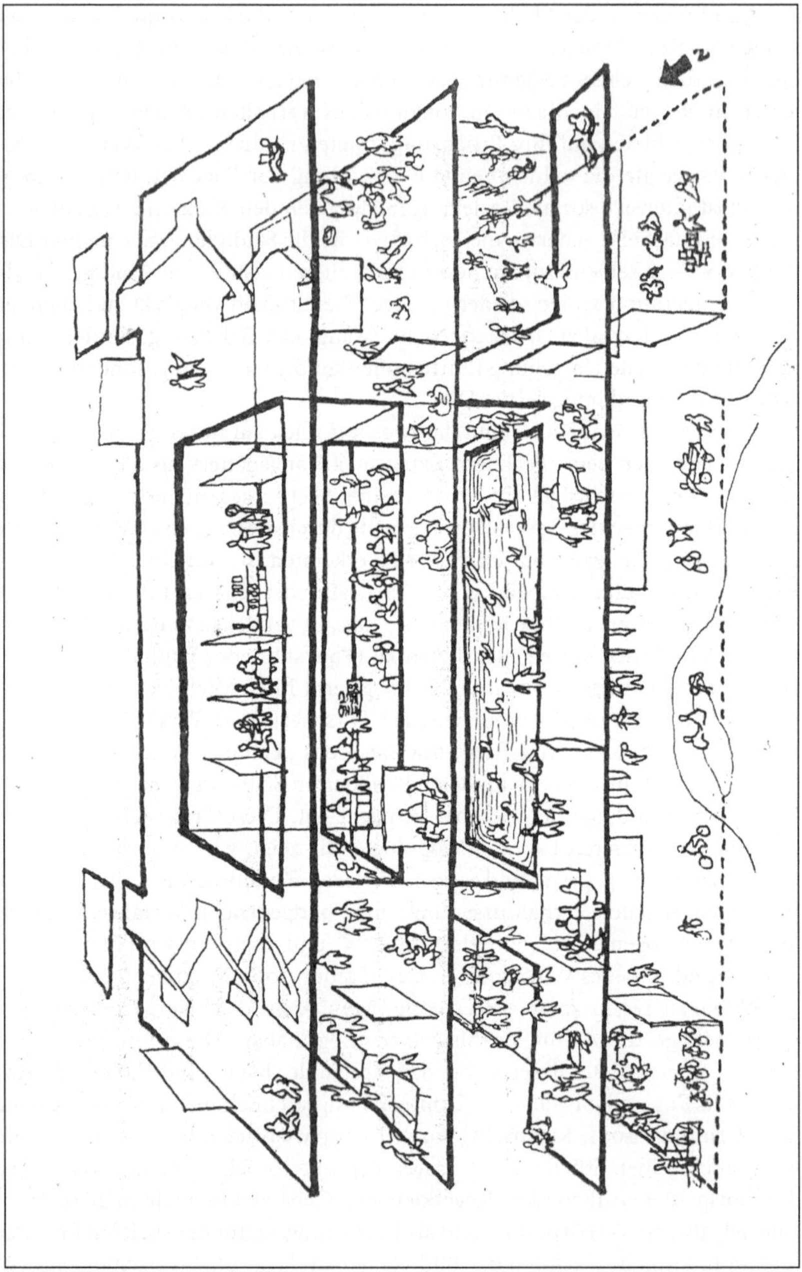

mit undeterminierten Verkehrsflächen, die zur Zirkulation einluden, die Nutzer also ständig von Neuem miteinander in Berührung brachten – ein Gebäude, das zudem voller Sichtachsen war, die wechselseitige Stimulationen und Lernprozesse ermöglichten. Für die Architekturhistoriker resultierte dieses Setting in einem Wachsen seiner Benutzer aneinander, wie es schon die Texte der Forscher der frühen 1940er Jahre darstellten, die auch viele Bilder aus dem Center enthielten. Immer wieder stößt man in diesen Publikationen auf Fotos, die die positiven gegenseitigen ‚Ansteckungen‘ der Nutzer illustrierten, aber auch auf Skizzen wie die hier abgebildete. Sie verdeutlicht, dass das Center als geradezu relationaler Raum mit permeablen Grenzen begriffen wurde, den erst die sozialen Aktivitäten in seinem Inneren konstituieren.

Mein die *agency* des Laborraums betreffender Anfangsverdacht hat sich dann aber nicht erhärtet. Die soziale Kontingenz war in Peckham eben nicht geplant, sondern selbst ein kontingenter Effekt. So hat das Studium unveröffentlichter archivalischer Quellen gezeigt, dass „Peckham" 1935 überhaupt nicht als die quasi sozialwissenschaftliche Forschungseinrichtung startete, als die das Center heute oft gesehen wird. Dieses war in der Konzeption auch durchaus nicht so „frei" wie später beschrieben. Es begann im Gegenteil als ein relativ konventionelles Sozialarbeitsprojekt. Es war bestenfalls ein präventionsmedizinischer Modellversuch, der noch ganz geprägt war von der Sorge um die Degeneration der Unterschicht. Der wollten bürgerliche Reformer durch den engen Kontakt mit dem eigenen Vorbild Verantwortung vermitteln.

Die Duldung geradezu anarchischer Zustände und die „Hands-off-attitude", die man später tatsächlich von den Mitarbeitern verlangte, waren nicht wissenschaftlichen, sondern wirtschaftlichen Zwängen geschuldet. Zwar hatten sich die medizinischen Leiter des Centers, Innes Hope Pearse und George Scott Williamson im Vorfeld des Experiments (das sie anfangs noch gar nicht so nannten) vermehrt mit biologischen Theorien zur wechselseitigen Stimulation von Organismus und Umwelt zu befassen begonnen – Überlegungen, die sie nach Eröffnung des Centers zunehmend auf die Interaktion der Nutzer bezogen. Dass sich aber für die leitenden Wissenschaftler überhaupt die Gelegenheit ergeben hatte, aus ihrer Sicht unbeeinflusste mikrosoziale Stimulationsprozesse zu betrachten, rührte daher, dass sich die Rekrutierung von Mitgliedern aus der Nachbarschaft nach der Eröffnung unerwartet zäh gestaltete. Für 2 000 Personen angelegt, zog das Center nie mehr als 700 Nutzer an. Das war ein ziemliches Problem, denn zu den (später verschwiegenen) Gründungsabsichten gehörte neben der Weitergabe medizinischen Wissens auch das Ziel, zu demonstrieren, dass ein Center des Peckham-Typs auf Basis von Mitgliederbeiträgen ökonomisch selbsttragend sein könne. So wollte man beweisen, dass es des Staates nicht bedurfte, um den gesundheitlichen Zustand der „lower classes" zu verbessern. Genau dieses Kalkül ging aber in Ermangelung von Nutzern nicht auf. Denkschriften und Briefe der Direktoren und ihrer Mitarbeiter aus den ersten Jahren nach der Einweihung des Centers zeigen, wie man händeringend nach Möglichkeiten suchte, dessen Attraktivität zu steigern. Man stieß dann auf die – anfangs eben doch vorgesehenen – Zeitpläne und Kurse und auf die Praxis, sportliche Aktivitäten nach Alter, Geschlecht und Leistung zu organisieren. Rasch wurden diese Regeln abgeschafft, und tatsächlich stieg daraufhin die Popularität dieser Aktivitäten, wenn auch nicht die Mitgliederzahl.

Mit alldem hat nun das Center-Gebäude herzlich wenig zu tun. Wie die archivische Überlieferung zeigt, war dieses keinesfalls als Generator von Eigeninitiative und gegenseitiger Aktivierung *angelegt*. Tatsächlich zeugt auch die Baugeschichte kaum von der Absicht, neue, gewissermaßen liberalere Techniken der Menschenführung zu erproben. Für den abgespeckten Entwurf Sir Owen Williams entschied man sich in erster Linie aus Kostenerwägungen. Hinzu kam noch ein Fehler im Ausschreibungsverfahren, der zu einem Rüffel der Berufsvereinigung der Architekten, des *Royal Institute of British Architects,* geführt hatte, der wiederum Williams, der ihr als Bauingenieur nicht angehörte, nicht tangierte. Ein klassischer Fall des „Vetorechts der Quellen" (Koselleck) hat also gezeigt: Das „Labor Peckham" kann kaum als Erprobungsraum für die gezielte Freisetzung spontaner Interaktionen verstanden werden. Im Gegenteil prägte die Kontingenz der Realentwicklung erst diese Interpretation des Centers. So lässt sich anhand der Versuche der Laborbetreiber, sich einen Reim auf ihre neuen Erkenntnisse zu machen, zeigen, wie sie nachträglich selbst die Architektur des Centers zum Teil des Experimentaufbaus umdeuteten: Das so flexibel nutzbare wie transparente Gebäude wurde im Moment einer epistemischen Unsicherheit zur gesellschaftlichen Metapher, und diese wird bis heute reproduziert.

* * *

Im Ergebnis belegt also keines meiner zwei Bücher den tatsächlichen Einfluss soziotechnisch grundierter Eingriffe in den Raum auf menschliche Praktiken. Im Gegenteil habe ich eher Diskurse über die *vermutete* (positive) Wirkung technisch optimierter Räume auf soziale Ordnungen bzw. Dynamiken herausgearbeitet, wobei es im Fall der Nachbarschaftseinheit um eine der konkreten materiellen Raumgestaltung vorgängige Idee, im Fall des „Peckham-Experiments" um eine nachträgliche Entdeckung der aktivierenden Wirkung eines bestimmten Raumtyps ging. Das heißt aber nun alles nicht, dass ich glaube, man könne sich „technisierten Räumen" jenseits der historischen Wahrnehmung derselben gar nicht annähern. Ich glaube durchaus, dass man eine Empfänglichkeit für das Rumoren des Raums in den Archiven (frei nach Wolfgang Ernst) entwickeln kann, die vor allem Momente des Scheiterns von „*Technospaces*" identifizieren hilft. Das will ich nun am Containerraum schlechthin zeigen: der Erde selbst.

3   Kontingente Effekte der Vermittlung von Räumen: das Geoscope

In meinem gegenwärtigen Projekt steht erstmals eine Raummetapher im Zentrum, wenn auch eine denkbar vage: die „Eine Welt". Ich beschäftige mich seit einigen Jahren mit der historischen Semantik dieser seltsam tautologischen Formulierung, die seit den späten 1960er Jahren die Einsicht auf den Begriff bringt, dass es nur einen Planeten gibt, der begrenzt ist, der entsprechend verwaltet, dessen Reichtümer gerecht verteilt werden müssen (Kuchenbuch, 2012). Konkret befasse ich mich mit didaktischen Anstrengungen, diese Einsicht zu vermitteln, und untersuche insbesondere den Einsatz von Medien dabei. So analysiere ich Weltkarten, Karto- und Diagramme, aber auch Rollen- und Simulationsspiele, die ein individuelles globales Bewusstsein wecken sollten. Es geht mir dabei nur vermittelt um die Einflussnahme auf einen Raum (eben: die „Eine Welt" mit ihren begrenzten Ressourcen), als vielmehr um die wahrgenommene Notwendigkeit, eine bestimmte Raumvorstellung zu verbreiten, eine Art *engineering* des Denkens vom Raum, wenn man so will.

Insbesondere interessiert mich, wie mediengestützt eine intensivierte Erfahrung der Relationalität von Selbst und Welt erreicht werden sollte. Ich untersuche in meinem Projekt also „Kommensurabilitätsfiktionen" (Latour, 2012), deren Aufkommen auch etwas über intellektuelle wie ethische Umbrüche im späten 20. Jahrhundert aussagt. Seit Mitte der 1970er Jahre wird vermehrt über Fragen nachgedacht wie: Wie bringe ich Menschen bei, ihren privaten Konsum als Teil einer größte geografische Distanzen umfassenden Kausalkette zu betrachten? Wie lassen sich solche Raumverbindungen in der alltäglichen Lebenswelt nachweisen? Viele Beispiele für die globalistische „Aktivierung im Nahbereich", wie das westdeutsche Didaktiker nannten, ließen sich aufzeigen, für die Arbeit an einer „Fernmoral", wie sie Ulrich Beck (1986) unter negativem Vorzeichen bezeichnete.

Ich will an dieser Stelle aber auf eine im engeren Sinne *medientechnische* Arbeit an der „Einen Welt" hinaus, auf ein Beispiel für das, was im Manifest „Interaktive (technogene) Wahrnehmungsräume" genannt wird. Eine meiner Fallstudien befasst sich mit dem amerikanischen Designer und *public intellectual* Richard Buckminster Fuller, der in meinem Projekt nicht nur als Urheber des Ausdrucks „Raumschiff Erde" eine wichtige Rolle spielt (Fuller, 1969), jener techno-spatialen Metapher, mit der, wie Sabine Höhler eindrucksvoll gezeigt hat, in den späten 1960er Jahren neue, ökologisch-demografische Empfehlungen zur globalen

„Tragfähigkeit" popularisiert wurden (Höhler, 2015). Mich interessiert an Fuller auch dessen Arbeit an *Datendisplays,* die auf Basis umfangreicher Datensammlungen globale Prozesse sozusagen synoptisch, wie aus der Weltraumperspektive, teils sogar im Zeitraffer modellieren sollten. Das zielte auf eine medientechnische Wahrnehmungssteigerung, die wiederum das „World-Design" ermöglichen sollte, wie Fuller es in den 1960er Jahren propagierte. Es ging ihm darum, mit seinen sogenannten „Mini-Earths" oder „Geoscopes", die man sich als maßstabsgetreue Modelle des Planeten mit einer grafischen Oberfläche aus ansteuerbaren Lichtdioden vorstellen muss, die kognitive Befähigung von Experten zur Extrapolation weltweiter Entwicklungen zu vergrößern. Fullers „glorified television sets" (Wigley, 1997) sollten somit eine großmaßstäbliche Planung, etwa der globalen Energiedistribution ermöglichen. Zumindest zu Beginn seiner Arbeit an diesen Medien schwebte Fuller dabei eine Elite von Denkern aus aller Welt vor, die das „World Game", wie er seine Simulationen auch nannte, spielen sollten. Eine frühe Visualisierung einer solchen Installation mit dem UN-Gebäude im Bildhintergrund deutet schon auf die Ebene hin, auf der deren medial vergrößerte Handlungskompetenz angesiedelt sein sollte.

Überraschend anmuten mag vor diesem Hintergrund, dass die Raumkonstrukte Fullers ihren größten Einfluss in der *Gegenkultur* der 1960er entwickelten, was auf ein gewisses technisches Scheitern dieser Konstrukte zurückgeführt werden kann. Fullers Datendisplays wurden nie funktionstüchtig. Es fehlten einfach die nötigen Voraussetzungen für die Datenspeicherung und -prozessierung. Trotz einiger Experimente mit Lochkarten fanden Fullers Mitarbeiter keinen technisch wie finanziell gangbaren Weg, die gigantischen globalen Datenmengen, die Fuller anhäufen ließ, sozusagen auf Knopfdruck verfüg- und modellierbar zu machen – ein Beispiel dafür, wie eine Interface-Fantasie der konkreten kybernetischen Praxis vorauseilen kann (Vagt, 2013).

Aber die architektonische Struktur der *Geoscopes,* das nackte Gerüst des Datendisplays, an dem er mit Studierenden an verschiedenen Architekturfakultäten werkelte (es war seinerseits aus Fullers geometrischen Arbeiten an einer neuartigen Weltkarte hervorgegangen), verselbständigte sich geradezu. Denn die Teilnehmer seiner Kurse trugen es in die Jugendbewegungen dieser Zeit hinein. Dort dienten Fullers Globen als Vorbild für eine sehr einfach zu reproduzierende, zugleich statisch höchst effiziente modulare Bauweise. Die lizenzierte Fuller zwar zunächst für provisorische Bauten des US-Militärs. Bald zeigte sich aber, dass sowohl Fullers globalistisches Denken als auch seine Statikexperimente zum perfekten Zeitpunkt kamen, um als selbstermächtigende Werkzeuge von einer dem Basteln aufgeschlossenen Do-it-yourself-Kultur aufgenommen zu werden. Die kalifornische Gegenkultur nutzte Fullers „geodätische" Kuppelbauten Ende der 1960er Jahre begeistert als temporäre Behausung für Aussteiger, die sich ihrem Selbstver-

Abbildung 4   Vom technischen Raummedium zur „glokalen" utopischen Praxis: „Geoscope", John McHale (1964)

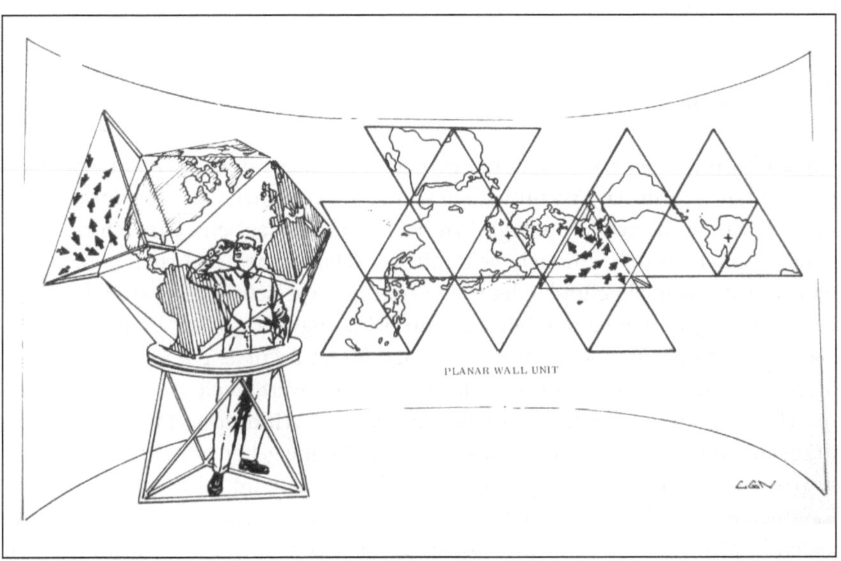

ständnis nach aber nicht einfach auf die pastorale Stadtflucht machten. Vielmehr wollten sie eine alternative Lebensform erproben, die stark von libertären Utopien geprägt war. Anders als ihre europäischen Pendants verstanden sich die US-Landkommunen als Noden im Netz einer vom Staat entkoppelten, herrschaftsfreien globalen Gegengesellschaft. Die Struktur der so harmonischen – wohl auch spirituell stimulierenden – *domes* Fullers, die Lasten gleichmäßig verteilte, fungierte also auch als Allegorie der anvisierten Idealgesellschaft, die mit technischen Mitteln realisier- und stabilisierbar schien.

Ein nicht zur Funktionstüchtigkeit zu bringendes medientechnisches Ensemble, ein eigentlich mit dem Ziel geradezu extraterrestrischer kognitiver Erweiterungen entwickeltes Datendisplay, wurde somit zur *Metapher* einer „glokalen" Utopie, die wiederum neue, dezentrale Praktiken im Raum angeregt und dabei viele Spuren im Archiv hinterlassen hat. Die Pointe dieser Geschichte, die mehr als einmal erzählt wurde (Turner, 2006; Franke & Diederichsen, 2013), ist natürlich: Aus vielen dieser Hippies, die auch mit Computernetzwerken experimentierten, wurden frühe Software-Unternehmer, wenn nicht Exponenten der sogenannten „kalifornischen Ideologie", die wiederum als techno-utopische Variante des Neoliberalismus der 1990er Jahre betrachtet worden ist (Barbrook & Cameron, 1996).

Insbesondere Stewart Brand ist hier zu nennen, der Herausgeber des *Whole Earth Catalog,* jenes Mailorderkatalogs, den Leute wie Steve Jobs später als erste Suchmaschine priesen.

4   Schluss

Ich denke, die Selbsterkundung hat gezeigt: Zumindest in meinen Untersuchungen stellt die schriftliche Vermitteltheit von Raum ein erhebliches Hindernis beim Versuch dar, avancierte „Topologie" zu betreiben. Es mag sein, dass ich mich als Foucaultianer, als den ich mich weiterhin verstehe, in meinen Arbeiten manches mal zu früh damit abgefunden habe, in erster Linie verschriftlichte (und bebilderte) *Erwartungshorizonte* mit Blick auf die Wirkung technischer Räume aufs Soziale zu beschreiben – oder einfacher gesagt: Raumdiskurse. *Ein* Ergebnis meiner Selbsterkundung scheint mir aber doch bemerkenswert, auch wenn es etwas *underwhelming* klingt: Solche Vorstellungen von der Wirkung technischer Räume drängen auf ihre Umsetzung. Realisierte neue Räume gehen aber keineswegs verlustfrei aus diesen Vorstellungen hervor. Vielmehr kann im Scheitern normativen Raumwissens an den Kontingenzen seiner technischen Umsetzung und ihrer sozialen Implementierung enormes Potential zur Resemantisierung liegen. Und die teilt sich uns dann durchaus quellenförmig mit: Als Sinnstiftungsdruck, der sich beispielsweise am Auftauchen neuer, ‚räumelnder' Metaphern, wie der des Labors, des Netzes, des Globalen, erkennen lässt.

Diese Beobachtung steckt natürlich schon im *Topologischen Manifest,* das ja auch auf eine inhärente Tendenz vieler Technoräume zur Störung hinweist. Ich möchte aber davor warnen, die Störung a priori ins Theoriedesign einzubauen, und sei es mit kritischer Absicht (wie sie in der Passage des Manifests zu den weitere Unsicherheit generierenden Sicherheitsräumen aufscheint): Die Stabilität von Räumen ist das viel spannendere, aber viel schwerer zur erforschende Phänomen. Trotzdem lohnt es, nach den Spuren mehr oder weniger gescheiterter Rauminterventionen zu suchen. Denn das macht es wahrscheinlicher, auf Möglichkeiten zur Aufschließung des Diskursraums zu stoßen, wie im Schlussabschnitt des Manifests anvisiert. Aber auch hier halte ich Vorsicht für geboten, solche kontingenten Möglichkeitsräume grundsätzlich als utopische zu begrüßen, wie es mir dort implizit der Fall scheint. Wenn man Techno-Topologie mit einer historischen Tiefendimension betreiben will, sollte man selbstverständlich im Blick behalten, dass Raumgestaltungen sehr häufig unerwartete gesellschaftliche Nebenfolgen zeitigen, vielleicht gerade in Phasen, in denen man sich von ihnen das genaue Gegenteil versprach: soziale Determination. Aber – und das ist mit Blick auf den historischen Index des Manifests selbst vielleicht bedenkenswert – es sind in der Geschichte auch immer wieder Hoffnungen in die gezielte *Freisetzung* von sozialen Dynamiken mithilfe bestimmter Räume gesetzt worden. Wie das Beispiel der Peckham-Wissenschaftler zeigt, die sich davon ja eine ganz bestimmte, vor allem produktive Form der ‚Freiheit' versprachen, und auch das der hyperliberalen, ja geradezu staatsfeindlichen kalifornischen Glokalisten, müssen diese Hoffnungen aber nicht in jedem Fall von Leuten artikuliert worden sein, die frei von Ideologien waren.

Literatur

Alexander, C. (1965). A City is Not a Tree. Part 2. *Architectural Forum*, 122 (2), 58–62.

Alexander, C. (1975). *The Oregon Experiment*. New York: Oxford UP.

Beck, U. (1986). *Risikogesellschaft. Auf dem Weg in eine andere Moderne*. Frankfurt am Main: Suhrkamp.

Barbrook R., & Cameron A. (1996). The Californian Ideology. *Science as Culture*, 6 (1), 44–72.

Diederichsen, D., & Franke, A. (2013). *The Whole Earth. Kalifornien und das Verschwinden des Außen*. Berlin: Sternberg Press.

Dipper, C., & Raphael, L. (2011). „Raum" in der Europäischen Geschichte. Einleitung. *Journal of Modern European History*, 9 (1), 27–41.

Etzemüller, T. (2009). Social Engineering als Verhaltenslehre des kühlen Kopfes. Eine einleitende Skizze. In Etzemüller, T. (Hrsg.), *Die Ordnung der Moderne. Social Engineering im 20. Jahrhundert* (S. 11–39). Bielefeld: transcript.

Felsch, P. (2005). Das Laboratorium. In A. Geisthövel & H. Knoch (Hrsg.), *Orte der Moderne. Erfahrungswelten des 19. und 20. Jahrhunderts* (S. 27–36). Frankfurt am Main: Campus.

Foucault, M. (2000) [1978]. Die „Gouvernementalität". In U. Bröckling, S. Krasmann, & T. Lemke (Hrsg.), *Gouvernementalität der Gegenwart. Studien zur Ökonomisierung des Sozialen* (S. 41–67). Frankfurt am Main: Suhrkamp.

Fuller, R. B. (1969). *Operating Manual for Spaceship Earth*. Carbondale, IL: Southern Illinois UP.

Gruffudd, P. (2001). Science and the Stuff of Life. Modernist Health Centres in 1930s London. *Journal of Historical Geography*, 27, 395–416.

Höhler, S. (2015). *Spaceship Earth in the Environmental Age, 1960–1990*. London: Pickering & Chatto.

Jureit, U. (2012). *Das Ordnen von Räumen. Territorium und Lebensraum im 19. und 20. Jahrhundert*. Hamburg: HIS.

Kozlovsky, R. (2013). *The Architectures of Childhood. Children, Modern Architecture and Reconstruction in Postwar England*. Farnham: Ashgate.

Kuchenbuch, D. (2010). *Geordnete Gemeinschaft. Architekten als Sozialingenieure – Deutschland und Schweden im 20. Jahrhundert*. Bielefeld: transcript.

Kuchenbuch, D. (2012). „Eine Welt". Globales Interdependenzbewusstsein und die Moralisierung des Alltags in den 1970er und 1980er Jahren. *Geschichte und Gesellschaft, 38*, 158–184.

Kuchenbuch, D. (2014). *Das Peckham-Experiment. Eine Mikro- und Wissensgeschichte des Londoner „Pioneer Health Centre" im 20. Jahrhundert.* Köln/Weimar/Wien: Böhlau.

Latour, B. (2003). *Science in Action. How to Follow Scientists and Engineers Through Society.* Cambridge, MS: Cambridge UP.

Latour, B. (2012). Warten auf Gaia. Komposition der gemeinsamen Welt durch Kunst und Politik. In M. Hagner (Hrsg.), *Wissenschaft und Demokratie* (S. 163–188), Frankfurt am Main: Suhrkamp.

Lehmann, E. (1944). *Volksgemeinschaft aus Nachbarschaften. Eine Volkskunde des deutschen Nachbarschaftswesens.* Berlin/Prag/Leipzig: Noebe.

Lynch, K. (1965). *Das Bild der Stadt.* Berlin: Ullstein.

Otto, K. (1959). *die stadt von morgen. gegenwartsprobleme für alle.* Berlin: Mann.

Pearse, I. H., & Crocker, L. (1943). *The Peckham Experiment. A Study in the Living Structure of Society.* London: Unwin.

Plessner H. (2002) [1924]. *Grenzen der Gemeinschaft. Eine Kritik des sozialen Radikalismus.* Frankfurt am Main: Suhrkamp.

Rheinberger, H.-J. (2001). *Experimentalsysteme und epistemische Dinge. Eine Geschichte der Proteinsynthese im Reagenzglas.* Göttingen: Wallstein.

Schlögel, K. (2003). *Im Raume lesen wird die Zeit. Über Zivilisationsgeschichte und Geopolitik.* München: Hanser.

Turner, F. (2006). *From Counterculture to Cyberculture. Stewart Brand, the Whole Earth Network, and the Rise of Digital Utopianism.* Chicago, IL: Chicago UP.

Vagt, C. (2013). Fiktion und Simulation. Buckminster Fullers World Game. In F. Balke, B. Siegert, & J. Vogel (Hrsg.), *Mediengeschichte nach Friedrich Kittler* (S. 117–134). Berlin: Fink.

Wigley, M. (1997). Planetary Homeboy. *ANY: Architecture New York, 17*, 16–23.

Bildnachweise

Abbildung 1: Otto, K. (1959). *die stadt von morgen. gegenwartsprobleme für alle.* Berlin: Mann, S. 94 (© Gebrüder Mann Verlag).

Abbildung 2: Alexander, C. (1965). A City is Not a Tree. Part 2. In *Architectural Forum,* 122 (2), 58–62, S. 58 (© Alexander, C.).

Abbildung 3: Scott Williamson, G. (1952). The Individual and the Community. In J. Tyrwhitt, J. Sert, & E. Rogers (Hrsg.), *The Heart of the City. Towards the Humanisation of Urban Life. CIAM 8/International Congresses for Modern Architecture* (S. 30–35). London: Lund Humphries, S. 30 (© Lund Humphries).

Abbildung 4: McHale, J. (1964). The Geoscope. *Architectural design,* XXXIV (12), 632–635, S. 634 (© McHale, J.).

Speicherräume

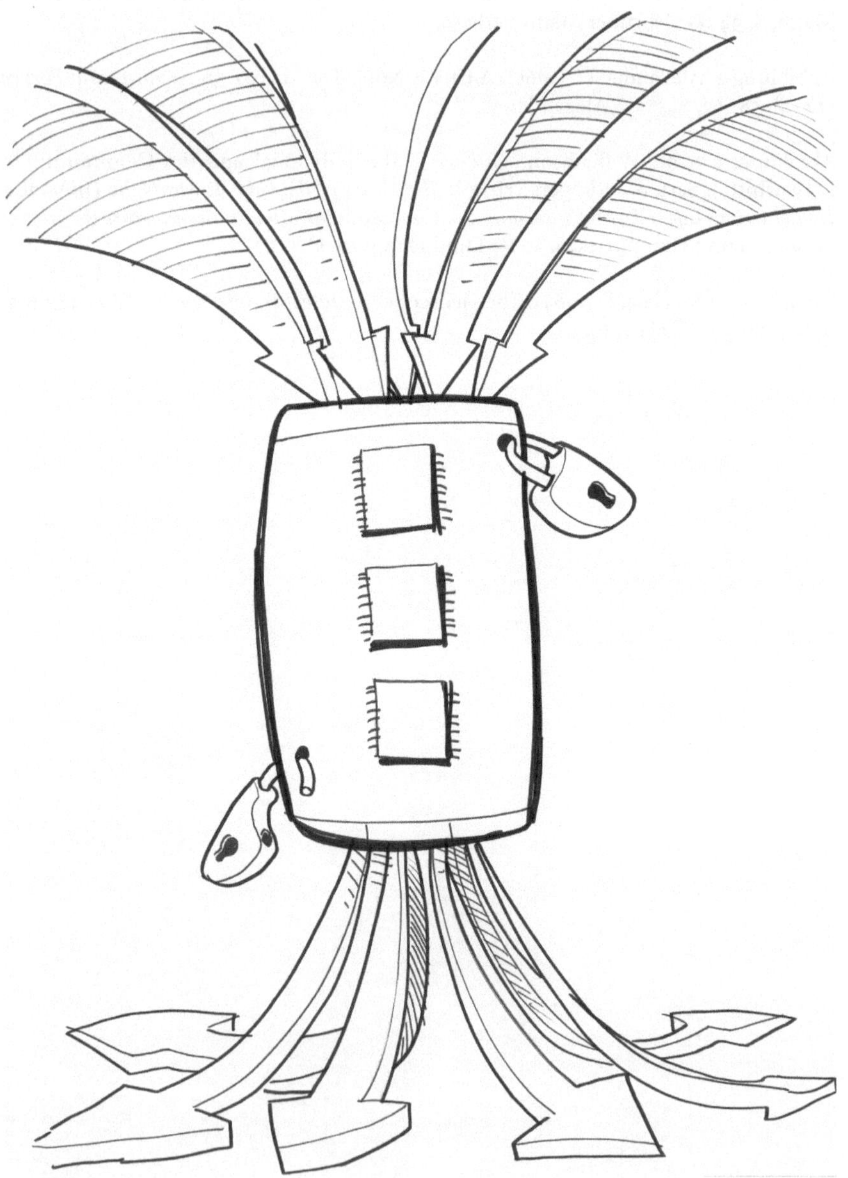

© Seifert, M.

Vordigitale und digitale Buchseite

Der Text als Raum

Petra Gehring und Andrea Rapp

Abstract

Der Beitrag reflektiert Formen des Textgebrauchs. Wenn sich im Zuge des digitalen Wandels die Textarbeit von der Buchseite ablöst und Alternativen zu paperwork den Alltag der Textarbeit – allem voran des Lesens – prägen, so verlagert das nicht nur den einen oder anderen Handgriff. Es ändert sich Textualität. Um dies in den Blick zu nehmen, blicken die Autorinnen zunächst historisch zurück. Mit Ivan Illich (L'Ère du livre, 1990) wird an diejenigen Medienbrüche erinnert, mit welchen „der Text" – ein kaum mit der opaken ‚weißen‘, unräumlichen Buchseite verbundenes Abstraktum – als ganz eigenes Phänomen entstanden ist. Wie der „Text" ist die dazugehörige Lesepraxis eine neuzeitlich-moderne Errungenschaft. Gleiches gilt für die zuvor so weder existenten noch möglichen Text-Wissenschaften: Philologie, Textforschung, „Theorie" im heutigen Sinne haben sich als Praxis der Buchseite erst schrittweise etabliert. Wie mag sich Textgebrauch im digitalen Raum nun ändern? Im Beitrag wird das Bild vom digitalen Text als Raum gewählt, um hierzu Stellung zu nehmen. Die Autorinnen plädieren dafür, die Frage nach dem – auch ja in der wissenschaftlichen Praxis – unumkehrbaren Wandel nicht vorschnell zu entdramatisieren.

1

In seinem Essay *L'Ère du livre* (dt. *Im Weinberg des Textes*) geht der Philosoph und Theologe Ivan Illich dem Funktionswandel der Buchseite nach. Illich betrachtet dabei das europäische zwölfte Jahrhundert: eine Zeit, in der es zwar den Buchdruck noch längst nicht gab, in welcher aber, so eine der von Illich vertretenen Thesen, die buchgebundene Form des Lesens und damit die Lektüre als Massenpraxis entstand.

© Springer Fachmedien Wiesbaden GmbH, ein Teil von Springer Nature 2018
A. Brenneis et al. (Hrsg.), *Technik – Macht – Raum*, Technikzukünfte,
Wissenschaft und Gesellschaft / Futures of Technology, Science and Society,
https://doi.org/10.1007/978-3-658-15154-6_14

Durch etliche, in einem weiten Sinne auch als technisch zu bezeichnende, nämlich den Stimmgebrauch betreffende Neuerungen der mönchischen Rezitations- und Vortragspraxis wandelte sich um 1150 – also bereits 300 Jahre vor der Gutenbergschen Innovation des Setzens und Druckens mittels beweglicher Lettern – insbesondere die Art und Weise, in der die Buchseite beim Lesevorgang Gebrauch fand. Die Seite wird „von einer Partitur zum Textträger" (Illich, 1991 [1990], S. 10)[1], wie Illich es mehrmals ausdrückt: „Aus der Partitur für fromme Murmler wird der optisch planmäßig gebaute Text für logisch Denkende" (S. 8); damit verweist das Buch nicht mehr primär auf eine Welt, die sich quasi in ihm bündelt und deren Stimme es ist, sondern hinter dem Buch steht stattdessen eine vermittelnde Größe: der sich eines Redens von der Welt befleißigende, menschliche Verstand. So bahnt sich eine doppelte Innovation an, sie lenkt den europäischen Schriftgebrauch in neue Bahnen: Erstens löst sich von den Manuskriptseiten eine in Versionen und Varianten gleichsam gesondert als existent zu betrachtende, „philologische" Entität namens Text. Zweitens werden die Buchstaben voneinander abgelöst und als gesonderte Einheiten diesseits des Wortes betrachtet, sodass man das Jahrhunderte lang nur im Zusammenhang des Lateinischen verwendete Alphabet nun als frei rekombinierbaren Zeichensatz zu nutzen beginnt – Buchstabenketten werden als abstrakte Zeichenfolge auf der leeren Fläche der Seite neu geschaffen. „Die Seite", schreibt Illich „hat nicht mehr die Eigenschaft eines Ackers, in dem die Buchstaben verwurzelt sind. Der neue Text ist ein Gespinst auf den Seiten des Buchs, das in ein eigenständiges Dasein abhebt." (S. 127). Und weiter: „Die Buchstaben hören nun auf, jene Gravuren des Schreibers zu sein, die den Klang der Seiten hervorrufen", wobei eine der praktischen Folgen auf der Hand liegt: „Die auf der Seite verstummten Buchstaben konnten nun der Aufzeichnung nichtlateinischer Äußerungen dienen." (S. 129).

Mit dieser Veränderung aber nimmt im beginnenden Hochmittelalter auch erst der Leseprozess diejenige Gestalt an, die er (jedenfalls im Grundsatz) für die Folgejahrhunderte und auch für die Moderne beibehält. Lektüre wird zu einer Mimesis an die absolute (also losgelöste) Fläche und körperlose Tiefe einer Seite, aus der heraus der Text sich manifestiert. Selbst ist der Text immateriell. Man kann sich ihn mit geschlossenen Augen vergegenwärtigen, ihn quasi innerlich visualisieren. Auch kann man die Praxis des Buchstabengebrauchs gänzlich loslösen von der Physis des Buches und der konkreten Kontaktaufnahme mit der (in der ihnen gebührenden, alternativlosen) Ordnung der hingemalten Wörter und Sätze, die man dem Buch seinerzeit noch gleichsam entnommen hatte wie eine Speise und magische Kräftigung für den Geist. Buchstaben sind nicht „im" Buch. Im Zweifel

---

1   Illich (1990, S. 10) – alle Nachweise mittels einfacher Seitenzahlen verweisen auf Illichs Buch in der deutschen Ausgabe von 1991.

stehen sie vielmehr uns zur Verfügung, und sie tun ihren Dienst durch gesonderte Operation(en).

War das Lesen vormals eine körperliche Begegnung: interaktiv konsumiere ich, was der Buchkörper an magisch wirksamen Sinneffekten freisetzt, erhält Lektüre jenseits der von Illich beschriebenen vormodernen Schwelle einen asketischen Zug: Ich fokussiere ein Etwas namens „Text", das sich von einer beschriebenen, selbst aber medial gewissermaßen inaktiven, bloß als flache, inerte Unterlage fungierenden Buchseite abhebt – und versenke mich in eben diesen Text.

Schwarz auf Weiß, Tinte auf so gut wie nichts: Das wäre eine Art Frühform des digitalen 0/1, nur eben fürs Auge. Und der rekombinierbare, gleichsam freigesetzte Buchstabe gliche einem Atom für virtuelle Wortmoleküle: Artefakte eines sich auf Möglichkeiten verlegenden Logos, die man ausformen und aufschreiben könnte – oder aber auch nicht. Aus der Sicht des mittelalterlichen Schriftgebrauchs wie auch der lesenden Arbeit auf der Buchseite stünden beide Neuerungen gleichermaßen, so Illich, für eine Revolution. Inwiefern genau, freilich? Und lehrt uns das Mittelalter etwas über die Buchseite im Zeitalter der Digitalität?

2

Illich schildert den frühen mittelalterlichen Buchgebrauch am *Leitfaden* des *Didascalion de studio legendi* des Hugo von St. Viktor, es handelt sich um ein Leselehrbuch von ca. 1128. Hugo stellt uns eine dem Lesen heutiger Tage in hohem Maße fremde Praxis vor: Lektüre war sowohl physischer Kontakt als auch existenzieller Kontakt mit einem Sinn, in welchen die Schrifterfahrung einen – beginnend mit dem Aussprechen des Gelesenen – gleichsam „initiiert".

Berührt wird beim Lesen nicht nur ein Buchkörper, sondern sie erfolgt mit einem „Herzen" im Inneren des Geschriebenen oder auch einer das Herz des Lesers erreichenden Kraft der Schrift. Das Buch wirkt somit eher als eine Art Organ (das heißt im Wortsinne als Körperteil) eines Schriftkörpers, als dass es die Schrift nur auf seinen Seiten „trüge". Nicht in einem bloß metaphorischen Sinn gilt umgekehrt, dass die Schrift tatsächlich „lebt". Wo wir heute eine Seite aufschlagen und dann das Auge aktiv wird: die Zeile sucht, findet und dann alsbald in gleichbleibendem Tempo durcheilt, fällt die aktive Rolle bei Hugo dem Geschriebenen zu. Die Schrift tritt dem frühhochmittelalterlichen Leser gleichsam dreidimensional entgegen. Sie ergießt sich auf den Lesenden zu und in ihn hinein. Dabei besteht sie aus einem Licht, das die Buchseite aussendet, und dem eine Art Eigenlicht der Augen des Lesenden begegnen muss.

Mittelalterliche Buchseiten bestanden, darauf weist Illich hin, nicht aus undurchsichtigem, weißem Papier, sondern aus Pergament, also dünner Tierhaut, die zumal bei Kerzenlicht durchsichtig leuchtet. Der von Hugo geschilderten Lesepraxis korrespondiert also ein opales Medium, aus welchem die aufgemalten Buchstaben sich in der Tat körperartig herausheben können. „Die Gestalt der vollkommenen Weisheit", so Illich, „konnte durch diese Häute scheinen, Buchstaben und Symbole zum Leuchten bringen und das Auge des Lesers erglühen lassen. Ein Buch anzuschauen war ein Erlebnis ähnlich dem, das man am frühen Morgen in gotischen Kirchen haben kann, in denen die Originalfenster erhalten sind." (S. 24 f.).

Tinte und Farben auf Pergament sind im Dunkeln natürlich zunächst unsichtbar. „Aber wenn man sie in den Schein einer Kerze rückt, […] beginnen die Gesichter und Kleider und Symbole, Licht auszustrahlen…" Und das Licht hat nicht einfach eine die Objekte erhellende Funktion, „sondern es ist eins mit der *Bildwelt,* der gemalten Wirklichkeit." (S. 25). Das wiederum soll heißen, dass auch der Erkenntnisvorgang sich nicht abspielt in einem von der Welt abgesonderten mentalen Raum. Das fließende Licht von draußen und das Licht des Erkennens sind vielmehr eins, sie sind Element ein und desselben Kontinuums. Das Buch lässt uns hieran teilhaben – weniger im Sinne einer Durchtrittspforte, vor der es selbst wie ein Wächter stünde, als in der Art eines Schlüssels, der auf uns angewendet wird. Es ist also das Buch, das seine Leser gleichsam „öffnet".

3

Die Seite spricht den an, der sich dem Buch zuwendet, es seinerseits anspricht und sich ihm auftut – sofern er die Buchseite einem Heilmittel gleich in sich aufzunehmen weiß – ganz handfest: als „Arznei für das Auge" (S. 27) und auch als Heilmittel einer Seele, welche durch das Buch sich entflammen und erglühen kann.[2] Illich nennt Merkmale, durch welche die alte Wirklichkeit der Schrift sich von der neuen Wirklichkeit der „Texte" unterscheidet, die mit der Lesekultur des Hochmittelalters sich durchzusetzen beginnt:

- In der frühen Zeit besitzen Sätze Autorität – ähnlich der Autorität des Weisen, von dem die guten dieser Sätze stammen.
- Sätze sind wertvoll, ihr Wert erweist sich in der Wiederholung, und das Wiederholen ist auch die Praxis, mittels derer man dem Wert von Sätzen gerecht wird.
- Lesen ist *studium* – und das heißt näherhin eine Intensivierungstechnik, diese dient der Heilung; das Herz und die Sinne sind dabei maßgeblich involviert.

---

2   Das Buch als Heilmittel für Seele und Körper wird auch bei Curschmann (2008) diskutiert.

- Disziplin ist gefordert, denn jeder Leser fügt sich einer Ordnung. Allerdings bewegt er sich auch in die Fremde hinein: Als Abenteurer, Suchender, Jäger nimmt er Entbehrungen in Kauf.

Hugo zufolge gleicht die Lektüre einer „Pilgerreise durch die Seiten eines Buches" (S. 30), oder wie Illich paraphrasiert: „einer Pilgerschaft durch den Weinberg der Seite" (S. 31). Diese bietet süße Ernte und verspricht, ein Vorgeschmack des Paradieses – ebenfalls eines Gartens – zu sein.

Illich spricht in diesem Zusammenhang von einer „geistigen", aber eben nicht immateriellen „Topologie" (S. 30), weil eben keine Räumlichkeit der unsinnlichen Abstrakta hier vorherrscht und nicht die formale Operativität der Zeichen zählt. Tatsächlich unterrichtet Hugo zwar Erinnerungsübungen, die Momente antiker Mnemotechnik vermitteln – man bildet Vorstellungen, die das Erinnern erleichtern. Jedoch werden die so gewonnenen dreidimensionalen Gedächtnislabyrinthe mit dem Buch als „Seelenkloster" (also als innerem Raum, in dem sich Neues auftut) als Erlebnis gefasst: Sie werden durchlaufen. Man betrachtet Erinnerung also nicht als mentale „Kartierung", sondern als Ereignis, auf das man sich einlässt, als „psychomotorischen, moralisch motivierten Akt" (S. 40).

Texte hingegen brechen als neue Abstrakta, von der Buchseite sich lösend, mit dieser Erlebens-Topologie. Sie bilden ein System, ein autarkes Sinn-Netz. Gemessen an Hugos *einer* Welt, in welcher Lesende, Buch und Worte einander letztlich wechselseitig inkorporieren, gleicht die „analoge" Lesekultur einer zuvor unbekannten Abhebung des Geistigen – von einer bloß noch stofflichen Matrix. Das Buch eröffnet virtuelle Topologien. Die Schrift visualisiert aber nur noch den Sinn, sie ist nicht mehr gleichzeitig dessen Leben. Dem „Zeitalter der Repräsentation", das der Wissenshistoriker Michel Foucault eindringlich portraitiert hat (Foucault, 1966), liegen das Hochmittelalter und die Renaissance noch lang voraus. Das Schriftzeichen bleibt also in der von Illich beschriebenen Epoche „Symbol" im Sinne der Anzeige von Verwandtschaft und Ähnlichkeiten oder auch geheimnisvoller Entsprechungsbeziehungen, die allein dem Schöpfer bekannt sind. Gleichwohl: Man verarbeitet Texte zunehmend stumm und in einem mentalen Kontext operativ. Wissen wird durch inwendiges Hantieren im Raum des eigenen Verstandes verarbeitet – um es dann auf einer weißen Fläche abzulegen oder es in geeigneter Weise zu transportieren: sodass nicht das Buch, sondern der bloße „Inhalt" einen anderen Verstand erreicht.

4

Die Epoche der Inhalte – ist sie vorbei? Das Buch wird jedenfalls dem Bildschirm weichen müssen: Illich stellt dies vor einem Vierteljahrhundert mit resignativem Bedauern fest. *L'Ère du livre (Im Weinberg des Textes)* wurde im Jahr 1990 publiziert, Illich wird also, auch wenn er Digitaltechnik schon im Blick hat, vor allem an stationäre Bildschirme gedacht haben: an Geräte, die einem Fernseher gleichen und in denen das audiovisuelle Bewegtbild dominiert. Eben dieses werde dann dem Text, dem „Schriftbild" der Moderne den Garaus machen: jenen imaginären Topologien, die sich vom Schwarzweiß auf Papier ebenso abstoßen wie von unbewegten oder bewegten Bildern, um *als Text-Sinn* ganz und gar im Unsichtbaren aufzugehen – als jenes Abstraktum also, das Hugo als Gewährsmann jener frühhochmittelalterlichen Lesekunst noch nicht kannte.

Der moderne Leser, vermerkt Illich, nehme „die Seite als Platte wahr, die seinen Verstand mit Zeichen versieht, und er erlebt seinen Verstand als Bildschirm, auf den die Seite projiziert wird und von dem sie mit einem Knopfdruck wieder ausgeblendet werden kann." (S. 57). Das „analoge" Schreiben und Lesen ist intellektuelle Ablösung oder Abhebung – und „Texte" (wie Textproduzenten) behandeln alles wie Papier. Illich deutet Digitalität demgegenüber als das Ende einer extremen, aber auch über ein halbes Jahrtausend hinweg „epochal" produktiven Askese. Wie mit dem Ende des Mittelalters die Liebe zum Buch zerbrach, zerbricht heute das Besessensein durch Texte.

Eine intensive Auseinandersetzung mit dem digitalen Lesen bietet Illich in seinem Buch nicht. Ebenso wenig untersucht er die Unterschiede zwischen Papier und den verschiedenen Versionen uns heute bekannter, selbstleuchtender Stand- und Bewegtbilder näher (einschließlich der nutzerfreundlichen Varianten des sprichwörtlichen „Knopfdrucks") – die vielen sich zwischen *print* und *multimedia* breit aufspreizenden Angebote für digitales Lesen sowie für die digitale Textarbeit kamen erst nach seiner Zeit.

Immerhin protokolliert Illich, welche Rahmenbedingungen es sind, die damals – konkret *im* und *am* Buch – die Ära des Textes mit auf den Weg gebracht haben, sodass Europa zu einer Welt voller sozialisierter Leserinnen und Lesern wurde. Es sind Maßnahmen, die dem *schnelleren*, dem *möglichst orientierten* und vor allem dem *in Zielen und Zwecken variablen* Lesen dienen: Kapitelüberschriften im Langtext, Marginalien zur Erleichterung des Findens sowie ein Seitenumbruch, durch den das Blättern den (nun stillen) Lesefluss nicht stört.[3]

---

3 Zu diesen „neuen" Mitteln und der Bedeutung für Produktion und Rezeption auch Stackmann (1988), Palmer (1989), Frank (1994), Rapp (1998).

Abbildung 1   Image-Digitalisat der Auferstehung Christi aus der Historienbibel der Werkstatt Diebold Laubers von etwa 1430

Abbildung 2   Transkription der Seite in TEI/XML

```xml
<pb n="281v" facs="http://tudigit.ulb.tu-darmstadt.de/show/Hs-1/0567"/>
        <p><lb/><hi rend="rubriziert">Cxxiij</hi>
            <lb/><hi rend="rubriziert"><hi rend="Initiale">A</hi>l&#x017F;o
Cri&#x017F;tus von dem tode er&#x017F;tunt fro&#x0364;lichen</hi>
            <figure type="Abbildung"><graphic url="http://tudigit.ulb.tu-
darmstadt.de/show/Hs-1/0567"/></figure>
            <cb n="281va"/>
            <lb/><hi rend="Initiale_blau">A</hi><hi rend="rubriziert">n</hi> dem dritten
            <lb/>tage nach dem
            <lb/>al&#x017F;o <hi rend="rubriziert">C</hi>ri&#x017F;tus an
            <lb/>dem cr&#x1EE7;tze &#x017F;tarp <hi rend="rubriziert">D</hi>o kam
            <lb/>die &#x017F;ele wider z&#x016F; dem hey
            <cb n="281vb"/>
            <lb/>ligen libe und wart wid<choice><abbr><g ref="#er-
haken"/></abbr><expan>er</expan></choice>
            <lb/>lebendig al&#x017F;o vor <hi rend="rubriziert">A</hi>l&#x017F;o er
            <lb/>n&#x016F; er&#x017F;tunt <hi rend="rubriziert">D</hi>o wart das
            <lb/>grap nit vff getan <hi rend="rubriziert">v</hi>nd
            <lb/>bleip z&#x016F; vff die &#x017F;tunt wart</p>
```

5

Weder wollen wir nahelegen, dass eine – bislang noch nicht existierende – Theorie
digitaler Lesekulturen den Rückweg ins frühe Mittelalter antreten sollte, um das
Unselbstverständliche, ja das auf der langen historischen Linie Unwahrscheinliche
der bis dato noch textgläubigen Jetztzeit zu verstehen, als Errungenschaft ist „Text"
einfach ein Kulturgut ganz besonderer Art. Noch zielen wir darauf ab, so entschlossen das Ende der Ära des Textes auszurufen, wie Illich es tut.

Ob die digitale Kultur den Text wirklich hinter sich lässt, etwa zugunsten von
Kurzformeln, sprachunabhängigen Icons, Standbildern, Filmsequenzen, Tönen
oder auch sogenannten virtuellen oder virtuell augmentierten Realitäten: Wir
wissen es nicht. Denkbar ist dies. Was man aber in Umbruchzeiten antizipiert, erwies sich historisch eher selten als Pfad, der sich schlussendlich realisierte. Interessant sind die bei Illich rückblickend filigran nachgezeichneten Relevanzunter-
schiede, die schon der vermeintlichen Konstante des Buchs und der Buchseite
zwei völlig verschiedene Welten ihrer lesetechnologischen Verwendung zuweisen.

Ohne Buzzwords wie „Medium" oder „Materialität" zu nutzen, gibt Illichs Phänomenologie der Buchseite Auskunft über den Schriftgebrauch als wirklichkeitsstiftende Form. Kann *L'Ére du livre (Im Weinberg des Textes)* Maßstäbe setzen zur Erforschung mittelfristig wirksamer Implikationen der Digitaltechnik?

Setzen wir erneut bei der Buchseite an. Inzwischen sind hier Präsentations- und Nutzungsformen in enormer Fülle entstanden. Neben der bemerkenswert ‚wirklichkeitsgetreuen' Nachahmung traditioneller Tugenden des Papiers, auf die hin man komfortable Textverarbeitungsprogramme und digitale Lesegeräte optimiert hat, haben sich, zugeschnitten auf die zwanglosere Seitenfolge des Internets Hypertext-Leseroutinen[4] entwickelt („surfen", „weiterklicken"), Bilder tun sich hier ebenso auf wie Filme und haben dann die Anmutung einer ‚Seite-inder-Seite'. Computerspiele wiederum sprengen längst auch die Formenwelt des an Kino und TV-Formaten gewachsenen Mediums „Film". Die Welt der Mobilgeräte kennt wiederum das Phänomen der Kurznachricht: den digitalen Zettel. Hier ist anderes am Platz als das vertiefende Lesen: ein eher synoptisches Entziffern, das – vor allem, wenn die Zeilen durchrutschen oder durchlaufen – in seinem Mitvollzug eher dem Hören, einer Aphoristik zwischen Tickermeldung und Funkspruch, gleicht.

Daneben aber hat sich die archivierte Buchseite gleichsam als digitales Double und als verräumlichte philologische Werkstatt emanzipiert – die Rede ist vom Digitalisat. Hier ist die perfektionierte Abbildung das Ziel der technischen Anstrengung, in einem zweiten Schritt dann aber auch die recherchierende, buchwissenschaftliche, linguistische, hermeneutische Arbeit an Schrift, Bild, Sprache und Text – bis hin zur Erforschung der Materialität des Buchkörpers selber, durch geeignete Explorationen am Digitalisat.[5]

6

Die Transformation ins Digitale kann sowohl auf die mimetische Abbildung des ganzen Buchkörpers abzielen, mit dem Ziel größtmöglicher Authentizität und Nähe zum physischen „Original", als auch auf die Erfassung des Inhalts, des „Textes" also – jeweils hat dies entscheidende Konsequenzen für Rezeptions- und Forschungsmöglichkeiten, einschließlich der Erforschung ihrer lesetechnologischen

---

4   Zum Zusammenhang von Layout und nicht-linearem Lesen sowie lautem und leisem Lesen Rapp (1998, S. 230–232).

5   Ein u. a. von Andrea Rapp getragenes Projekt, das solche Perspektiven für mittelalterliche Buchseiten erprobt, ist der Verbund „eCodigology": http://www.ecodicology.org/ (abgerufen am 24. August 2016).

Rolle und Verwendung. Das als „Image" digitalisierte mittelalterliche Buch, das als Unikat geschaffen und überliefert war, wird zunächst einmal „unendlich" vervielfältigt und verfügbar und gelangt aus der Lesesituation des elitären, im Zugang streng regulierten Skriptoriums und der Mönchsklause buchstäblich in die Hand von jedermann. Obwohl die physischen Eigenschaften des Buches im Digitalen „entmaterialisiert" wurden, werden viele seiner materialen Eigenschaften transportiert und auch neue hinzugewonnen: Mit digitalen Werkzeugen und Fingergesten wird das Digitalisat berührt, die Buchseite vergrößert, Ausschnitte gewählt, das digitale Objekt gleichsam körperlich begriffen. Transkribieren wir dagegen seinen Text, zerlegen wir den Inhalt, den Fluss der Schrift wiederum in „diskrete" Einzelzeichen – in digitale Zeichen mit bestimmten Werten in bestimmten Zeiteinheiten, die dadurch zu zählbaren und rechenbaren Einheiten und Größen werden.

Diese Auflösung in diskrete Einheiten erlaubt eine Loslösung von der fixen Topographie der Buchseite. Ein- und derselbe Text stellt sich auf verschiedenen Bildschirmen und Endgeräten, in verschiedenen Browsern und eReadern flexibel und fluide dar, die Topologie des Textes entsteht im Moment der jeweiligen Rezeptionssituation und mit dem Konzept des „responsive Design" ist die Fluidität der Präsentation inhärent. Nicht mehr die vom Skriptor, vom Schreiber oder vom Setzer geplante Buchseite und das fixierte Layout – das als Bedeutungsträger Text und seine Inhalte und Deutungen mitformt – bestimmten die Topologie, sondern der Algorithmus des Browsers und das Design des Lesegeräts. Zugleich sind diese Lesegeräte und damit der Ort des Lesens nicht mehr stationär, sondern als *mobile devices* selbst in Bewegung. Obwohl auch das analoge Buch als ein solches *mobile device* angesehen werden kann, erreicht die Mobilität mit den digitalen mobilen Endgeräten eine neue Qualität. Der Rezeptionsprozess wird aus der Ruhe des geschlossenen Raums, der Bibliothek, des Lesepults verlegt in den öffentlichen Raum, oftmals verbunden mit einer Bewegungssituation, die Metapher vom Durchlaufen des Textes verbunden mit entsprechender körperlicher Aktivität ist hier vielsagend. Die Zerlegung in diskrete, zählbare Einheiten schließlich verändert den wissenschaftlichen Rezeptionsprozess auf entscheidende Weise: Neben die lineare Aneignung der Texte durch Versenkung, Vertiefung in Einzelstellen *(close reading)* oder andere Formen der physisch vollzogenen Lektüre tritt zum einen das „Lesen", nämlich teil-automatisierte Auswerten sehr großer Textmengen durch Verfahren des sogenannten *distant reading* (Moretti, 2007 und 2013), zum anderen das gemeinsame, sogenannte kollaborative Erforschen, Bearbeiten und Annotieren, um damit dem Text weitere Schichten hinzuzufügen, die wiederum mit anderen Lesenden geteilt werden können.

Durch die Möglichkeit zur kollaborativen Rezeption, bei der Annotationen als Lese- und Forschungsergebnisse an den ursprünglichen Text geheftet werden, entsteht – vielleicht einem zwischen stehenden wie fließenden Strömen wachsenden Korallenriff vergleichbar – ein neuer Rezeptions-, Bedeutungs- und Textraum. Dynamische Topologien erweitern den zu erforschenden Text.

7

Bleibt also im Wesentlichen alles beim Alten und Digitalität schafft lediglich vergrößerten und verbesserten Spielraum? So einfach sehen wir die Lage nicht. Positivbilanzen, bei welchen wir neugeschaffene Möglichkeiten betonen, stehen ganz sicher Verlagerungen und Verlustwerte gegenüber, mit denen wir ebenfalls rechnen müssen, wenn sich das, was den Sinnstrom „Text" ausmacht, zugunsten neuer, digitaler Normalitäten umformt.

Tatsächlich wird das Lesen uns fremder werden, schon weil es in seinen Formen (die man nun wählen kann, aber auch muss) weniger selbstverständlich geworden ist. Schon die pure – und in puncto schnelles Informiertwerden mittels Bildern, Graphismen, Audiosignalen abkürzungsreiche – Vielfalt digitaler Kommunikationskanäle lässt *Lese*texte, also Langtexte, auch wenn eBooks buchartige Seiten ohne Buchkörper imitieren, zum Sonderfall werden. Damit ist Lesekunst, Hingabe an die Buchseite, nicht verschwunden. Ihre digitalen Äquivalente eröffnen ja sogar eine ganz besondere Kraft und Tiefe. Aber nichts von dem, was wir über Textgebrauch zu wissen glauben, versteht sich angesichts einer Fülle im weiteren Sinne filmischer Alternativen oder angesichts durchlaufender Twittermeldungen noch von selbst.

Allerdings lernen wir im digitalen Raum schrittweise auch mehr über die sogenannte „analoge" Welt und deren innere semiotische Vielfalt, über das also, wovon Illich schreibt: die große Kunst des Textes und derjenigen Schreib- und Lesetechniken, die auf einen im Wortsinn textgläubigen Schriftgebrauch angelegt sind – oder sich womöglich dem Schriftkörper zuwenden, so wie es Hugo schilderte und lehrte. Digitalität heißt also sicher, die Epoche des Papiers bis zu einem gewissen Grad hinter sich zu lassen. Wer will, kann aber *auch* unsere angestammte Wissenskultur neu kennenlernen – unter dem Gesichtspunkt, was sie (und nur sie) leistet. Bezweifelt werden kann überdies, ob Illichs „Buchherrschaft" wirklich endet. Vielleicht überspringt das digitale Buch den Bruch, wie das Papierbuch seinerzeit das Ende des Pergamentbuches übersprang. Die Frage bleibt dann freilich: Verliert sich oder stärkt das die Instanz namens „Text"?

Literatur

Curschmann, M. (2008). Das Buch am Anfang und am Ende des Lebens. Wernhers Maria und das Credo Jeans de Joinville. *Mitteilungen und Verzeichnisse aus der Bibliothek des Bischöflichen Priesterseminars zu Trier 24*. Trier: Paulinus.

Foucault, M. (1966). *Les mots et les choses. Une archéologie des sciences humaines*. Paris: Gallimard.

Frank, B. (1994). Die Textgestalt als Zeichen. Lateinische Handschriftentradition und die Verschriftlichung der romanischen Sprachen. *ScriptOralia 67*. Tübingen: Narr.

Illich, I. (1990). *L'Ère du livre*. Paris: Edition Cerf; dt. (1991) *Im Weinberg des Textes*. Frankfurt am Main: Luchterhand.

Moretti, F. (2007). *Graphs, Maps, Trees*. London: Verso.

Moretti, F. (2013). *Distant Reading*. London: Verso.

Palmer, N. (1989). Die ‚Klosterneuburger Bußpredigten'. In K. Kunze, G. Mayer, & B. Schnell (Hrsg.), *Untersuchung und Edition. Überlieferungsgeschichtliche Editionen und Studien zur deutschen Literatur des Mittelalters. Kurt Ruh zum 75. Geburtstag* (S. 210–244). Tübingen: Niemeyer.

Rapp, A. (1998). bücher gar húbsch gemolt. Studien zur Werkstatt Diebold Laubers am Beispiel der Prosabearbeitung von Bruder Philipps ‚Marienleben' in den Historienbibeln IIa und Ib. *Vestigia Bibliae 18*. Bern u. a.: Lang.

Stackmann, K. (1988). Die Bedeutung des Beiwerks für die Bestimmung der Gebrauchssituation vorlutherischer deutscher Bibeln. In W. Milde, & W. Schuder (Hrsg.), *De captu lectoris. Wirkungen des Buches im 15. und 16. Jahrhundert, dargestellt an ausgewählten Handschriften und Drucken* (S. 273–288). Berlin/New York: de Gruyter.

Bildnachweise

Abbildung 1: Image-Digitalisat: Darmstadt, Universitäts- und Landesbibliothek, Hs. 1, Bl. 281v. Historienbibel aus der Werkstatt Diebold Laubers, Hagenau, um 1430. Auferstehung Christi (© Universitäts- und Landesbibliothek Darmstadt).

Abbildung 2: Transkription der Seite in TEI/XML (© Rapp, A.).

Verstehen als Erwachen

Zur Topologie von Denkbildern und Metaphern

Andreas Brenneis und Silke Vetter-Schultheiß

Abstract

Ausgehend vom *Topologischen Manifest* lässt sich Verstehen als ein Denken von und in Konstellationen erfassen. Traditionell ist der Name für ein solches sich reflektierendes Denken die Dialektik. Diese kann von ihren Ausgangs- und Zielpunkten her analysiert werden. Dabei sind entweder die Formen des Denkens zentral oder das Material desselben. Josef Königs Untersuchungen zu Sein und Denken lassen sich der ersten Perspektive zuordnen, Walter Benjamins Konzept des Denkbildes der zweiten. In dem vorliegenden Text werden beide mittels der Metapher des Weckens aufeinander bezogen.

1   Prolog: Von Dornröschens Erwachen

Die Metapher des Weckens dient in Literatur und Philosophie immer wieder der Artikulation und Kritik von Sinnzusammenhängen, Weltbildern und Ideologien. Ein schlagendes Beispiel ist das Grimm'sche Märchen vom Dornröschen, welches vom Schicksal einer Königstochter handelt, das die Beteiligten weder absehen noch abwenden können.[1] Darin drückt sich ein Glaube an persönliche Bestimmung und übermenschliche Weltordnung aus, der sich über die Jahrhunderte verlor und den unter anderem Technik- und Fortschrittsgläubigkeit ablösten (Hubig, Hunning & Ropohl, 2001; Radkau, 2009).

Ausgangspunkt des Volksmärchens ist ein nach der Geburt ausgesprochener Fluch, der trotz aller Vorsicht 15 Jahre später im Moment des Blutvergießens in

---

[1]   Die Gebrüder Grimm übernahmen im 19. Jahrhundert unter anderem Erzählungen von Charles Perrault aus dem 17. Jahrhundert, so auch *La belle au bois dormant*, bei den Brüdern bekannt als *Dornröschen*.

© Springer Fachmedien Wiesbaden GmbH, ein Teil von Springer Nature 2018
A. Brenneis et al. (Hrsg.), *Technik – Macht – Raum*, Technikzukünfte,
Wissenschaft und Gesellschaft / Futures of Technology, Science and Society,
https://doi.org/10.1007/978-3-658-15154-6_15

Kraft tritt – ausgelöst durch den Stich an einer Spindel. Die abgemilderte Verwünschung zu einem einhundertjährigen Schlummer anstatt des direkten Todes ermöglicht mithilfe des Kusses eines Prinzen zur rechten Zeit die Rückkehr ins Leben, so zumindest die klassische Erzählweise. Vor Ablauf der festgesetzten Frist ist ein Erwachen nicht möglich, obwohl es in dieser Zeit an äußeren Anstößen in Form vergeblicher Versuche anderer Königssöhne nicht mangelt. Der Moment des Aufwachens markiert zugleich den Übergang ins Erwachsenenalter. Alles Vorangegangene erscheint von diesem Punkt aus als Vorgeschichte.

Die hier skizzierte Erzählung ist wie Märchen allgemein eine mündlich tradierte Geschichte, die Erzähler*innen je nach Zeitpunkt und Publikum an gerade virulente individuelle oder gesellschaftliche Fragestellungen anpassen und damit aktualisieren können (Honold, 2007). Im Falle von Dornröschen kommt dem Moment des Erweckens eine doppelte Rolle zu. Wie für alle Märchen und Erzählungen gilt auch hier in theoretischer Hinsicht, dass Denkprozesse angestoßen, gewissermaßen aufgeweckt werden. Der Übergang vom Schlafen zum Erwachen dient zudem als inhaltliche Gelenkstelle, vor der alle anderen Handlungen erst ihren Sinn erhalten. Gerade dieses Motiv verändern Erzählende deshalb gerne in Abhängigkeit von ihrer Intention, wie einige Adaptionen belegen: Liegt das Hauptaugenmerk auf dem Ende des hundertjährigen Schlafs, bestehen alle vor langer Zeit eingefrorenen Ereignisse gleichrangig nebeneinander. So kann die dem Küchenjungen geltende Ohrfeige des Kochs eine ebenso wichtige Rolle spielen wie der Kuss des Prinzen. Die Abrechnung des Philosophen Walter Benjamin mit dem etablierten Wissenschaftsbetrieb bedient sich des Märchens in dieser Form. Nicht der holde Königssohn der etablierten Wissenschaft, sondern die schallende Ohrfeige des benjaminischen Kochs weckt die zwischen den Buchseiten schlummernde Prinzessin.[2] Steht dagegen der Kuss einer liebenden Person im Fokus, kann die ursprüngliche Rolle der einzelnen Protagonisten eine Neubestimmung erfahren. So löst in der Disney-Adaption *Maleficent* (2014) nicht die Hingabe eines Prinzen, sondern die Liebe der sich über all die Jahre im Verborgenen um die Königstochter kümmernden bösen Fee den von ihr selbst ausgesprochenen Bann.[3]

---

2   Nachdem die philosophische Fakultät der *Goethe-Universität Frankfurt am Main* Benjamin 1925 nahelegte, seine Habilitationsschrift über das deutsche Trauerspiel zurückzuziehen, verfasste er ein wenige Zeilen umfassendes Vorwort, das er zwar nicht veröffentlichte, aber unter Freunden zirkulieren ließ (Benjamin, 1991 [1925], I/3, S. 901–902; im Folgenden verweisen allein die Zahlensiglen auf den jeweiligen Band in den *Gesammelten Schriften*). Das Märchen von Dornröschen bzw. Teile daraus griff der Philosoph im Laufe seines Schaffens immer wieder auf (Behrens, 2002, S. 68).

3   Dieser mit realen Personen gedrehte Film spinnt die Geschichte des Disney-Zeichentrickklassikers *Sleeping Beauty* von 1959 aus der Sicht der ungeliebten Fee Maleficent weiter, geht der Frage nach, wie es zu ihrer Enttäuschung über die Welt kam und schließt mit einem alternativen Ende.

Diese inhaltlichen Veränderungen überschreiten zwar die im 19. Jahrhundert von den Gebrüdern Grimm schriftlich festgehaltene mündliche Erzählung. Doch gerade sie nehmen das Märchen als mündliche Tradition ernst, indem sie die in der Geschichte angelegten Potentiale herausarbeiten, schlüssig ausformulieren und damit gelingend aktualisieren. Aktualisierung meint hier mehr, als tradierte Stoffe unkritisch zu übernehmen, sondern passt sie phantasievoll an drängende, gegenwärtige Fragen an.

2   Diskursräume und Topologie

Als Basis von Verstehen kann Aktualisierung, so wird im Folgenden gezeigt, in spezifischer Weise an bildsprachlichen Mitteln ansetzen. Um deren Bedeutung nachzuweisen für das Hinterfragen und die Kontextualisierung von politischen, ökonomischen, kulturellen oder wissenschaftlichen Gegebenheiten, wird rekonstruiert, wie Verstehen philosophisch auf zwei unterschiedliche Arten konzeptualisiert wird: strukturell durch Josef König, der das Grenzgebiet zwischen Logik, Ontologie und Sprache auslotet, sowie mithilfe des geschichtsphilosophisch wie literaturkritisch arbeitenden Walter Benjamin historisch. Für beide Bestimmungen ist die Denkfigur des Erwachens zentral, insofern sie ein Moment des Verstehens betont, nämlich die situative Aktualisierung sprachlicher Mittel zusammen mit einer Absetzung von üblichen Denk- und Sprechweisen. Das Interesse gilt der Spannung zwischen der Erfahrung als Fundament und dem Verstehen als Ereignis.

Die Spannung zwischen etabliertem Wissen und situativem Verstehen klingt auch im *Topologischen Manifest* an. Dort wird die These aufgestellt, dass sich wirkmächtige Diskurse in Weltbildern verdichten können (TM [27]). Das Konzept des Weltbildes ist in mehrfacher Hinsicht für die Frage nach dem Verstehen von Bedeutung: Es zeigt erstens eine umfassende Idee, wie Menschen ihre Lebenswelt verstehen; zweitens bildet es eine Art Deutungshorizont, vor dem überhaupt erst gedacht und gehandelt werden kann; drittens bezeichnen Weltbilder auch visuelle Praktiken, die helfen, Welt zu erzeugen, zum Beispiel mithilfe geographischer Karten.[4]

---

4   Im Zusammenhang mit dem Verstehen lassen sich zwei dieser drei Aspekte hervorheben, Rahmung und Visualität. Zur Rahmung: Weltbilder dienen als Deutungshorizont für konkrete Bilder. Sie sind Voraussetzung menschlicher Welterschließung, aber gleichzeitig auch deren Produkte. Verstehen findet ebenfalls innerhalb eines Rahmens statt (Schürmann, 2011). Hier interessiert die visuelle Rahmung des Denkens; genauer: wie Verstehen mittels topologisch-visueller Denkfiguren funktioniert. Dafür gilt es, nicht das Starre, Abgeschlossene dieser Rahmung, sondern den Vollzug der Auseinander- bzw. Absetzung davon zu un-

Das *Topologische Manifest* diskutiert Weltbilder als Resultate von Diskursräumen, mit denen weiter zu rechnen ist.[5] Diskursive Räume selbst erfüllen wiederum eine besondere Funktion, denn in ihnen werden die anderen Räume als konzeptualisierte überhaupt erst vorstellig. Sie sind als Medien das Bindeglied zwischen den materiell verfassten und entsprechend widerständigen, örtlich konkret gegebenen Raumordnungen und den Diskussionen darüber:

> Diskurse sind eine Art Metaraum, in dem sich alle anderen Räume überhaupt erst als konzeptualisierte abzeichnen und als solche erfahrbar werden. Damit sind sie gleichsam ein Medium für die Beschreibung von Topologien. Andererseits drücken sich die topologischen Ordnungen in ihrer Widerständigkeit bis in die Diskursdimension durch und erschaffen diese erst bzw. schreiben sie fort. (TM [25])

In diesem Abschnitt werden drei Thesen aufgestellt:

1) Die Gesamtheit der Diskurse ist ein sprachlich verfasster Raum. Erst dieser Meta-Raum macht es möglich, empirische Räume wissenschaftlich und begrifflich zu identifizieren.[6]
2) Diskurse sind der Ort, an dem Topologien als raumlogische Kopplungen offengelegt werden, denn (Macht)Verhältnisse und deren Bestimmungen haben auch und gerade in der Sphäre des Gesagten Ansatzpunkte, die An- und Zugriff erlauben.
3) Diskurse verharren nicht im Sprachlichen, sondern wirken sich über die Sphäre des Gesagten und Geschriebenen hinaus auch auf materielle Dispositive aus, konstituieren diese mit.

In seinen Formulierungen spielt das Manifest mit der Mehrdeutigkeit von Topologie. Diese findet sich auf der einen Seite, ähnlich wie Macht, in Dispositiven und

---

tersuchen. So spielt bei den hier interessierenden Denkfiguren die Praxis eine wichtige Rolle. Zur Visualität: Bildhafte Erkenntnispraktiken erweitern das Spektrum begrifflichen Verstehens (Schürmann, 2011). Sowohl Denkbilder wie auch ursprüngliche Metaphern bieten „Darstellungen von Vorstellungen" (Schürmann, 2011) an, die sich materialisieren können, aber nicht müssen. Siehe auch Markschies, Reichle, Brüning & Deuflhard (2011).

5   Gaston Bachelard sieht durch den unreflektierten Umgang mit Metaphern und Weltbildern nicht zuletzt die Wissenschaft bedroht: „Die Gefahr solcher unmittelbarer Metaphern für die Bildung *(formation)* des wissenschaftlichen Geistes liegt darin, dass sie nicht immer nur vorübergehender Art sind; sie wachsen sich zu einem autonomen Denken aus, sie neigen dazu, sich zu vervollständigen, sich im Bereich des Bildes zu vollenden." (1984 [1938], S. 138).

6   Als Beispiele können die in diesem Band diskutierten virtuellen oder Architekturräume genannt werden. Sporträume, Isolationsräume, Dunkelkammern, Operationszimmer oder Hinterbühnen wären weitere mögliche Typen von Räumen.

Diskursen verkörpert; sie kann aber auch als heuristisches Mittel dienen: „Topologie als Verfahren identifiziert Diskurse in ihrer Historizität und Wirksamkeit. Die Reflexion der dazugehörigen Problemlagen kann Diskurse öffnen. Sie kann sie sogar sprengen und schafft den Raum für Vision und Utopie." (TM [27]). Als heuristisches Verfahren lässt sich Topologie auch auf den abstrakten Bereich des Erfahrens, Erkennens und Denkens anwenden. In diesem Sinne hat Michel Serres für die Geisteswissenschaften stilbildend eine relationale Beschreibungssprache entwickelt. In dieser verschränkt sich die Plastizität von Diskurs und Denken:

> Die Topologie erfasst den Raum anders und besser. Dazu benutzt sie Geschlossenes (in), Offenes (außerhalb), Zwischenräume (zwischen), Richtung und Ausrichtung (zu, vor, hinter), Nachbarschaft und Angrenzendes (bei, auf, an, unter, über), Eintauchen (inmitten), Dimension usw., sämtlich Realitäten ohne Maß, aber mit Relationen. (Serres, 2005, S. 67)[7]

Auf diese Weise topologisch arbeiten sowohl Josef König mit seinem Konzept der „Ursprünglichen Metapher" wie auch Walter Benjamin mit seiner Darstellungsform des „Denkbildes"[8]. Eine ursprüngliche Metapher funktioniert nur in der Spannung zwischen Vertrautem und Fremdem; ein dialektisches Bild ergibt sich erst aus der Spannung zweier Pole. Indem König wie Benjamin begriffliche wie materielle Verhältnisse in ihren Beziehungen durchsichtig machen, führen sie diese hermeneutischen Figuren theoretisch ein und praktisch vor. Beide erörtern und exemplifizieren dialektisches Denken am Phänomen des Verstehens. Metapher und Denkbild artikulieren neben sinnlichen auch unsinnliche Ähnlichkeiten, die Strukturen zwischen den gleichermaßen materiell wie diskursiv gegebenen Elementen aufeinander bezieht. Weil Alltagsverständnisse, Aussagen und Argumentationen immer schon in Konstellationen eingebettet sind, ist ihr Verständnis von vorgängigen Kontexten und deren Wahrnehmung abhängig. Vor diesem, in einem weiten Sinne rhetorischen, Hintergrund lassen sich mehr oder weniger angemessene, wirkungsmächtige oder verführerische Metaphern und Denkbilder unterscheiden und die Notwendigkeit, diese kritisch zu untersuchen.

---

7   Serres, der das Denken in Netzen auf Diskurse angewendet hat, formuliert an anderer Stelle das „elementare Programm einer Topologie" in sechs Fragesätzen: „Was ist etwas Geschlossenes? Was ist etwas Offenes? Was ist ein Verbindungsweg? Was ist ein Riß? Was ist ein Kontinuum und was das Diskontinuierliche? Was ist eine Schwelle und was eine Grenze?" (Serres, 1993, S. 211). Auch Martina Heßler und Dieter Mersch verhandeln für wissenschaftliche Bilder unter dem Stichwort der topologischen Differentialität die mit den Grundbegriffen der Topologie einhergehenden Funktionen (Heßler & Mersch, 2009).

8   Für die Diskussion einer von Benjamin ausgehenden „Topologie der Aura" siehe Groys (2003).

Abbildung 1–4　Wohlfahrtsmarken 1964

Abbildung 5–7　Wohlfahrtsmarken 2015

Zwei Briefmarkenserien[9] der *Deutschen Bundespost* mit Dornröschen-Motiven zeigen, wie strukturelle Schwerpunktsetzungen zu unterschiedlichen Zeiten verschiedene Aspekte einer diskursiven Konstellation hervorheben. In Walter Benjamins Worten: Manche (schwarz-weiße) Darstellungen bzw. Gesichtspunkte von Märchen bleiben über die Jahre bestehen, andere (bunte) ändern sich in Abhängigkeit von der Mode bzw. Fragestellung (Benjamin, VII/1, S. 98). Beispielsweise beginnt die Geschichte 1964 schon mit der Verwünschung durch die gekränkte Fee. Die zweite Version beginnt erst mit dem Stich der Prinzessin an der Spindel. Zudem verschwindet 2015, wie auch bei beiden Disney-Filmen, die in der Grimm'schen Version dem Kuss gleichrangige Szene mit der Ohrfeige durch den Koch. Weitere inhaltliche Verschiebungen zeigen sich, wenn in der älteren Version größeres Augenmerk auf das Aufwachen gelegt wird und in der neueren auf das Schlafen. Beide Fälle thematisieren so zwar den Übergang vom Schlafen zum

---

9　1964 bestand die Serie aus vier Postwertzeichen (Michel-Nummern 447–450): Verwünschung durch die Fee, Stich an der Spindel, Kuss des Prinzen, Ohrfeige des Kochs; 2015 gab die *Deutsche Bundespost* drei Marken heraus (Michel-Nummern 3132–3134): Stich an der Spindel, schlafender Hofstaat, Kuss des Prinzen. Der zusätzlich zum Nominalwert gezahlte Aufschlag bei Wohlfahrtsmarken wird wohltätigen Zwecken zugeführt.

Wachsein, aber auf je spezifische Weise. Die Möglichkeiten, die in der Struktur des Erwachens durch ein äußeres Ereignis liegen, nutzt Josef König zur topologischen Bestimmung von Verstehensprozessen.

3   Josef Königs Arbeit am Begriff des Verstehens: Die Metapher des Erweckens

Josef König analysiert formale Unterschiede im Begriff des Erwachens und erörtert dabei insbesondere das Gewecktwerden durch einen äußeren Umstand. Mit dieser Differenzierung zeigt er, wie Verstehen als ein bildsprachliches Phänomen auf Metaphern angewiesen ist. Um diesen Gedanken von Verstehen als Erwecken darzustellen, werden im Folgenden zwei von König getrennt entwickelte Gedanken zusammengebracht: Sprachlogische Überlegungen zu Formunterschieden von Metaphern und ihrer Rolle für die Vergegenwärtigung von Sinnzusammenhängen (König, 1994 [1937]) werden auf die epistemologische These bezogen, dass eine ursprüngliche Vergegenwärtigung, umfassendes Verstehen, nur mit Hilfe von Metaphern erfolgen kann – den ursprünglichen Metaphern (König, 1937). Das hier entwickelte Argument zielt darauf ab, die von König zentral benutzte Metapher des Erweckens als ursprüngliche Metapher für Verstehensprozesse durchsichtig zu machen.

König beginnt seine formalen Differenzierungen mit einer Unterscheidung: Jede Aussage bezieht sich entweder auf eine Sache oder auf deren Wirkung. Ein Stein kann objektiv schwer sein oder subjektiv schwer wirken, und entsprechend beider Gegebenheiten lassen sich Aussagen formulieren. Insofern für alle Aussagen gilt, dass sie sich entweder auf Objekte oder auf Wirkungen beziehen, kann König in seinen *Bemerkungen zur Metapher* darauf hinweisen, dass auch Metaphern sich in dieser Hinsicht unterscheiden. Dieser Unterschied markiert eine formale Differenz, genauer eine Verschiedenheit in der Weise, jeweils eine Metapher zu sein. König gibt „dafür zunächst ein einfaches Beispiel: Etwas kann nicht nur erhebend wirken, sondern auch erhaben" (König, 1994 [1937], S. 158).

Neben einer epistemologischen hat diese Beobachtung Königs auch eine bedeutungstheoretische Komponente: Metaphern zeigen, inwiefern Bedeutung nicht einfach verliehen wird, sondern aus einem In-ein-Verhältnis-setzen resultiert. König erörtert, wie diskursive Erkenntnis mittels rezeptiv-produktiver Reden stattfindet, mit Prädikationen, die er in *Sein und Denken* als „modifizierende" bezeichnet. Obwohl Sprache und Wahrnehmung voneinander abhängen, ist die begriffliche Struktur von Erfahrung nicht logisch homogen, sondern geht von unterschiedlichen Modi des Denkens aus. Diese bezeichnet König als Formunterschiede in der Verhältnissetzung und zeigt, inwiefern ihnen Formen des Sprechens korrelieren: Dem „Vorhandensein" äußerer und fertiger Dinge und Sachverhalte entsprechen Aussagesätze, die König „determinierende Prädikationen" nennt. Verhältnisse dieser Art setzen an einer als gegeben vorgestellten Welt an und nennen einen Sachverhalt z. B. „erhaben". Dem „So-sein" entsprechen auf der anderen Seite „modifizierende Prädikate" als Ausdrucksformen von Erlebnissen. Diese setzen nicht an den Sachen als in sich abgeschlossenen Gegenständen, sondern an ihrer Wirkung auf eine Person an, die etwas z. B. als „erhebend" erlebt (S. 158 ff.).[10]

Determinierende Prädikationen sind Urteile über einen wohlbekannten Bereich der Welt, die auf lexikalisch definierte Beziehungen (Klassifikationsschemata) zurückgreifen können. Sie sind Ergebnisse von Schlussfolgerungen und aktualisieren allgemeines Wissen.[11] Mit determinierenden Prädikaten näher bestimmte (Satz)Subjekte werden als fertige Entitäten vorgestellt, wobei die über sie getroffenen Urteile von allen kompetenten Teilnehmer*innen einer Sprachgemeinschaft ohne weiteres verstanden werden. Das liegt auch daran, dass determinierende Prädikate „unmittelbar (Qualitäten) oder mittelbar (Quantitäten) sinnlich aufweisbar" (König, 1937, S. 1) sind, und sich, weil sie so die Sinne ansprechen, unter Inbegriffen wie Klang, Farbe, Geruch oder Anmutung zusammenfassen lassen. Dieses Sprechen oder Denken handelt von Gegenständen und dient in erster Linie dem Hinweis darauf, dass etwas der Fall ist. Das hierbei in Frage stehende Sein lässt sich an den Tatsachen verifizieren: Da die Prädikate eine auf die sinnlich wahrnehmbare Welt indexikalisch bezogene Funktion erfüllen, handelt es sich bei diesem Sein um Vorhanden-Sein. Etwas Konkretes, wie z. B. ein Hochplateau, wird als „erhaben" vorgestellt, wobei der Ausdruck einen mehr oder weniger klar umrissenen Extensionsbereich hat. Auch wenn man metaphorisch eine Sache oder eine Person als erhaben kennzeichnet, liegt ein Fall des determinierenden Denkens vor.

---

10 Die Beispiele zeigen, dass die Formunterschiede der Reden auch für metaphorische Reden gelten. Beispielsweise kann ein Hochplateau sowohl metaphorisch wie nicht-metaphorisch und determinierend wie modifizierend beschrieben werden. Es kann rein eigentlich als „erhaben" beschrieben werden, wenn es sich über die übrige Landschaft erhebt. Es kann im Sinne der Ästhetik metaphorisch und determinierend als „erhaben" beschrieben werden, wenn sich bestimmte Eigenschaften mit ihm verbinden lassen, wie sie beispielsweise in Kants Kritik der Urteilskraft beschrieben sind (2006 [1790]). Und zuletzt kann es durch einen Sprecher als „erhebend" beschrieben werden, der damit die ihn ergreifende Wirkung artikuliert. Es zeigt sich eine Kreuzklassifikation, in der den determinierenden Prädikationen sowohl eigentliche als auch metaphorische Ausdrücke zugeordnet sein können, den modifizierenden jedoch nur metaphorische.

11 Vgl. die Diskussion des Zusammenhangs von empraktischen Normen und einem *public domain* an Allgemeinwissen bei Pirmin Stekeler-Weithofer (2005, S. 181–205).

Gegenüber den determinierenden Prädikaten heben modifizierende Prädikate nicht von der Sprache her an, sondern, in der Terminologie Königs, von dem „Sein". Um diesen Gedanken, der den Prozess des ursprünglichen Verstehens als seinen Kern hat, nachvollziehbar zu machen, verwendet König die Metapher des Erweckens. Das Sein als Ausgangspunkt des modifizierenden Denkens ist die situative Wirkung einer Sache auf je konkret Denkende. Dasjenige Denken, welches sich in modifizierenden Reden äußert, charakterisiert König als ein metaphorisches Sprechen und die Ausdrücke, mit denen das Sein artikuliert wird, als „ursprünglich interpretierende Metapher[n]" (König, 1937, S. 202). Während determinierende Prädikate etwas in der Anschauung Gegebenes benennen, bezeichnen oder beschreiben, drücken modifizierende Prädikate „das Wie eines gewissen Wirkens" (S. 7) wahrgenommener Dinge aus, stellen „das Ergebnis eines ursprünglichen Messens, Schätzens oder auch Kostens" (S. 222) dar. Diese Form der Beurteilung ist nicht als theoretische Reflexion zu verstehen, sondern mit Dilthey und Misch als „Erlebnisausdruck".[12] Die modifizierenden Prädikate gehen mit dem Anspruch einher, „eine Bestimmung der res selbst" (S. 5) und somit deren treffliche Darstellung zu sein. Der Modus einer solchen *res* ist der Charakter ihrer Wirkung und drückt sich nach König in adverbialen Konstellationen aus. Dabei besteht eine „identitäthafte Verknüpfung" (S. 35) zwischen dem wahrgenommenen „Wie" der Wirkung einer Sache und der adverbialen Konstruktion, welche die Wirkung objektiviert. Vor einer tatsächlich ausgeführten sprachlichen Formulierung ist eine Wirkung nicht in gleicher Weise gegeben wie in deren Folge. Bevor man eine Situation nicht als erhebend beschrieben hat, wenn auch nur gedanklich, ist sie nicht in gleicher Weise erhebend wie infolgedessen.

Den zunächst abstrakt wirkenden Unterschied von determinierenden und modifizierenden Prädikationen führt König mit dem Beispiel eines Zimmers weiter aus. Wenn man, z. B. als Hotelgast, in ein Zimmer kommt, dann ist der Satz „Dieses Zimmer ist leer." determinierend, wenn sich tatsächlich nichts in dem entsprechenden Zimmer befindet. „Dieses Zimmer wirkt leer." hat dagegen den Sinn, etwas über das Verhältnis auszusagen, in dem sich der Sprechende zu einem Zimmer befindet. Das Sein der beiden Zimmer resultiert aus verschiedenen Quellen, im ersten Fall aus der Vorstellung von einem Zimmer und im zweiten Fall aus der Wirkung des konkret vergegenwärtigten Zimmers. Das Zimmer selbst wird sprachlogisch nicht vorausgesetzt und nicht als unabhängig von der aktuellen Wahrnehmung angesehen; stattdessen besteht die Existenzweise des Zimmers in dessen Wirkung: „das leer-Wirken ist die Weise, in der das Zimmer da ist; … leer

---

12 Vgl. Soboleva (2011). Eine weitere Konzeption des spannungsreichen Verhältnisses zwischen Gegenwart und Verstehen formuliert Heidegger mit seiner Konzeption des „hermeneutischen als" (Heidegger, 2006 [1927], insbesondere S. 148 ff.).

ist insofern Adverb dieses Daseins und Seins." (S. 28). Das Zimmer ist hier unmittelbar als leer-wirkendes gegeben, aber erst die adverbiale Bestimmung spricht
sein Dasein aus, „und dieses Bedingtsein ist definitiv für das in Frage stehende
Sein." (S. 28). Der Blick auf die logische Struktur der Aussagen macht klar, dass
zwei verschiedene Subjekte bestimmt werden: Im ersten Fall ist es das Zimmer als
physische Entität, im zweiten Fall die Wirkung von Leere, die von dem Zimmer
ausgeht (und nicht eigentlich das leer-wirkende Zimmer). Wirkungen vermitteln
sowohl sinnlich Gegebenes wie auch Unsinnliches. Am Beispiel des „Handwerkens" illustriert König wie modifizierende Prädikationen, die ursprünglich interpretierenden Metaphern, auch Unsinnliches beschreiben:

> Was das Hervorbringen ist, vergegenwärtigen wir uns an dem sinnfälligen Handwer-
> ken, nicht am Denken. Infolgedessen lässt sich z. B. denken, dass das Handwerken
> für sich allein schon ein Hervorbringen wäre; hingegen ist es unmöglich, das Denken
> für sich allein, d. h. ohne Hinblick auf das Handwerken, als ein Hervorbringen auf-
> zufassen. Dieser Unterschied beider tangiert nicht, dass sowohl das Handwerken als
> auch das Denken je ein Hervorbringen sind. Aber der Blick auf das Denken als Her-
> vorbringen hat den vergleichenden Hinblick auf das Handwerken notwendig immer
> schon hinter sich, der auf dieses hingegen nicht notwendig den auf das Denken. Das
> Vergleichen beider ist daher ein Vergleichen des einen mit dem anderen und des ande-
> ren mit dem einen; es ist insofern also ein wechselseitiges Vergleichen; dessen ungeach-
> tet ist es aber zunächst ein Vergleichen des Denkens mit dem sinnfälligen Handwerken
> und insofern also kein wechselseitiges Vergleichen. Insofern nun dieses Vergleichen
> ein wechselseitiges ist, ist es eines ‚unter dem Gesichtspunkt' des Hervorbringens; aber
> als ursprünglich einseitiges Vergleichen des Denkens mit dem sinnfälligen Handwer-
> ken bezieht sich der Gesichtspunkt nicht auf etwas an diesem letzten, sondern ist die-
> ses selbst. Erst die Wechselseitigkeit bringt es an den Tag, dass das Handwerken nicht
> einfach zusammenfällt mit dem Hervorbringen, sondern nur ein prinzipiell anderes
> Hervorbringen als das Denken ist. (König, 1994 [1937], S. 169 f.)

Diese Textstelle zeigt, wie Denken von König sowohl theoretisch als auch praktisch mit der Metapher zusammengeschlossen wird. Dabei ist einerseits die Abhängigkeit des Sprechens über das unsinnliche Denken von dem Sprechen über
das sinnliche Handwerken von Bedeutung, andererseits die Veränderung, welcher
der Begriff des „Hervorbringens" unterliegt. Die Erweiterung der Semantik von
„Hervorbringen" durch die metaphorische Übertragung vom Handwerken auf das
Denken führt ein Moment begrifflicher Entwicklung vor: Der umfassende Begriff geht aus dem engeren und früheren hervor. Das sich an der Metapher zeigen-
de und selbst nur metaphorisch zu bestimmende Verhältnis identifiziert König in
seiner logischen Struktur:

Das Sprechen in den beiden Bereichen ermöglicht sich wechselseitig, obwohl doch das dem Sinnfälligen zugekehrte Sprechen unzweifelhaft das zeitlich Erste und insofern streng der Anfang der Sprache als ganzer ist. Ein zeitlich Erstes ermöglicht also ein Folgendes, rücksichtlich dessen gilt, dass es nun auch seinerseits dieses Erste allererst zu dem macht, als welches wir es kennen. Mit dem Begriff einer innersten und gleichsam unterirdischen Rückwirkung eines wesentlich Folgenden auf ein wesentlich Anfangendes versuche ich dieses seltsame Verhältnis ins Bewusstsein zu heben. Weil das so ist, ist es nun nicht statthaft, sich ein Wesen vorzustellen, dessen Sprechen der Sphäre des sinnfällig Seienden ausschließlich verhaftet wäre. Dass der Mensch dieses seelische Geschehen mit Worten auszudrücken vermag, die anfänglich dem Sinnfälligen zugewandt sind und dass er also in dieser Weise metaphorisch zu sprechen vermag, kommt zwar hinzu, ist jedoch keineswegs ein bloß Hinzukommendes, das auch fehlen könnte. Die Verlautbarung seelischen Geschehens und also dieses metaphorische Sprechen ist daher nicht bloß ein faktisches Bestandstück, sondern ein wesentliches Moment der Sprache überhaupt. (König, 1994 [1937], S. 174 f.)

König beschreibt das logische Verhältnis von ursprünglichem und umfassendem Begriff des Handwerkens mit einer weiteren Metapher als „unterirdische Rückwirkung". Was man aber unter einer solchen Rückwirkung zu verstehen habe und wie also das logische Verhältnis nach dieser Beschreibung nun tatsächlich beschaffen sei, darüber sagt König an der entsprechenden Textstelle nichts Weiteres. Aber an anderer Stelle nutzt er für eine Erläuterung die uns hier interessierende Figur vom Erwecken. Mit der Metapher vom Erwecken bestimmt er den Modus des „Sein-Denkens", das in modifizierenden Prädikaten seinen Ausdruck findet und das Sein selbst denkt – und nicht „an das Sein" (König, 1937, S. 87). Ein Eindruck formiert sich im Denken zum Gedanken – Eindruck und Gedanke bedingen sich gegenseitig, so die zweite Bedingungsfigur. Die Inhalte des Denkens existieren nicht unabhängig vom Denken der Gedanken, da ihnen kein Denotat außerhalb dieses Prozesses korrespondiert: Die Wirkung des Zimmers ist nur als erfahrene, als verstandene wirklich. König charakterisiert, wie modifizierende Prädikationen den Übergang von Eindruck in Ausdruck und damit Verstehen ermöglichen: „Das Sein-Denken ist ein nicht-sehendes Denken, ein blinder Sprung gleichsam, aber ein solcher, der sozusagen von Anfang an sehend macht." (S. 88). Dieser Übergang macht das ursprüngliche Verstehen aus, das aus einer bestimmten Relation von Sein und Denken besteht.[13] Nach König „ist [es] definitiv für das

---

13 Zu diesem Sprung zwischen Sphären und deren Verbindung durch Metaphern vgl. auch Friedrich Nietzsche (1988 [1873], S. 879): „Die verschiedenen Sprachen neben einander gestellt zeigen, dass es bei den Worten nie auf die Wahrheit, nie auf einen adäquaten Ausdruck ankommt: denn sonst gäbe es nicht so viele Sprachen. Das ‚Ding an sich' (das würde eben

Sein-Denken, dass, was es denkt, seine Ursache ist. [...] Aber auch umgekehrt ist es definitiv für das Sein, dass das es-Denken seine Wirkung ist." (S. 111). Das erste Moment des Verhältnisses ist dadurch genauer charakterisiert, „dass Sein-Denken nur als seine-Ursache-denkendes Denken ein Denken ist" (S. 116). Das Sein-Denken ist demnach reflexiv, weil und indem es sich seine Voraussetzungen bewusst-macht und nicht einfach Setzungen vornimmt. Wenn das Verstehen dennoch in Urteilen besteht, dann in solchen, die über das schon Bekannte hinausgehen: Erst im Sprung des Denkens gewinnt der gedankliche Inhalt Gestalt, die er von dem Sein als seiner Ursache erhält.

König hat gezeigt, dass Denken analog zum tätigen Produzieren in zwei Weisen unterschieden werden kann: Zu denken kann heißen, über etwas Seiendes nachdenken, also an etwas zu denken, oder es kann das Sein selbst denken. Mit der zweiten Form geht eine Reflexivität der modifizierenden Prädikationen und des Denkens überhaupt einher: „Sein-Denken ist in sich Denken dessen, was wir ursprünglich schon denken; es ist in sich Denken des Denkens." (S. 134). Aktivität und Aktualität sind Momente, die Denken wesentlich bestimmen; und im Modus des Sein-Denkens als der sprachlichen Vergegenwärtigung einer Wirkung zeichnen sie sich als bewusste Vollzüge einer denkenden Person aus. Diese Vollzüge – das Denken, das Verstehen – werden angeregt von dem Sein, aus dessen immer jeweils spezifischer Konstellation die „Kraft des Weckens, Anstoßens und ineins damit [...] des Versinnlichens dessen, wovon sie eine Idee vermittelt" (S. 147 f.), rührt. Das Denken wird also einerseits vom Sein angeregt und die sprachliche Vergegenwärtigung einer Wirkung denkt das Sein ursprünglich. Die Wirkung einer wahrgenommenen Situation entspringt dabei zugleich dem Denken des Seins, welches die Rede darüber schon der Potenz nach enthält. Die Logik der gemeinsamen Verwirklichung von Sein und Denken basiert auf der Verschränkung von der Wahrnehmung einer Wirkung, dem Gefühl des Angesprochenseins und der synthetisierenden Artikulation beider mit den Mitteln der Sprache. Zu dieser reflexiven Vermittlungsleistung schreibt König: „Die Selbstinterpretation ist ein metaphorischer Akt, der sich unwillkürlich und von selbst macht." (S. 202). Dabei kommen drei Momente zusammen: Das Denken fungiert als Medium für das Sein und die Sprache fungiert als Medium für das Denken. Sein-Denken ist dann gegeben, wenn im Denken Sein und Sprache

---

die reine folgenlose Wahrheit sein) ist auch dem Sprachbildner ganz unfasslich und ganz und gar nicht erstrebenswert. Er bezeichnet nur die Relationen der Dinge zu den Menschen und nimmt zu deren Ausdrucke die kühnsten Metaphern zu Hülfe. Ein Nervenreiz zuerst übertragen in ein Bild! erste Metapher. Das Bild wieder nachgeformt in einem Laut! Zweite Metapher. Und jedesmal vollständiges Überspringen der Sphäre, mitten hinein in eine ganz andere und neue."

durch einander vermittelt sind. Das Bestimmen des Seins im Medium der Sprache vollzieht sich dadurch notwendig über metaphorische Ausdrücke, so Königs Terminologie, also über die modifizierenden Prädikationen. Metaphorisch ist hierbei nicht im Sinne der rhetorischen Tradition zu verstehen, sondern als Inbegriff von Übertragungsphänomenen. Im Modus einer „ursprünglich interpretierenden Metapher" (S. 202) werden logische Satzsubjekte mittels der Rede konstituiert, die Metapher ‚überträgt' den Eindruck in einen Ausdruck, bringt poietisch das so-Wirken in der diskursiven Sphäre der Sprache zum Vorschein. Dabei wird das Sein-Denken von dem Sein angeregt: Aus dessen spezifischer Konstellation rührt die schon angesprochene „Kraft des Weckens". Die Metapher des Weckens kennzeichnet König als Analogon[14] (in *Sein und Denken*) und als Bild[15] (in *Die Natur der ästhetischen Wirkung*) und sie dient ihm dazu, das spezifische logische Verhältnis des ursprünglichen Verstehens auf den Begriff einer „gewissen Rückbezogenheit" zu bringen (König, 1937, S. 46 Anm. sowie 1994 [1937], S. 173 ff.).[16]

König erläutert das Sinnverstehen, als Verdichtung und Erkenntnis einer Menge an Wahrnehmungen in einem Eindruck, an dem Beispiel einer Straßenszene, die sich bei genauem Hinsehen als Straßenjagd entpuppt: Wenn man aus dem Fenster blickend neben Häusern, Straßen und Leuten auch noch Tumulte, Polizei und einen flüchtigen Dieb wahrnimmt, dann liegen gute Gründe vor, dies als eine Straßenjagd anzusehen. Diese Sichtweise impliziert nicht, dass „wir dächten, was wir da sehen, seien nicht Häuser, Menschen, usw., sondern eine Straßenjagd. Vielmehr ist es so, daß wir, was wir da sehen und nicht aufhören zu sehen, als z. B. eine Jagd sehen und denken, so als ob da sehen und denken eines wären." (König, 1978 [1967], S. 360). Auch dieses Beispiel zeigt, dass sich in einem allgemeinen Eindruck von etwas (wie einer Straßenjagd) zugleich zwei Bewegungen verbinden: Was zu dem Eindruck auf objektiver Seite führt, ist unabhängig von jedem spezifischen Betrachter und geht von den tatsächlich gegebenen Umständen aus (den wahrnehmbaren Fakten: Polizei, Dieb usw.). Als Eindruck sind die Umstände aber erst dann gegeben, wenn sie jemand wahrnimmt und sie insofern Wirkung auf eine Person entfalten. Das Hervorrufen des Eindrucks ist zudem bedingt

---

14 § 9 in *Sein und Denken* ist überschrieben mit „Die Rückbezogenheit des so-Wirkens oder des Seins auf den Eindruck-von ist vergleichbar der des Weckens auf den Schlaf" und wird von König auf den folgenden Seiten als „Die Relativität des Weckens auf den Schlaf als Analogon" abgekürzt (1937, S. 41 ff.).

15 Für König ist aufgrund der Art und Weise, wie ursprüngliche Metaphern ihren Gegenstand vermitteln, „es im strengen Sinne unmöglich, sie durch Ausdrücke, die nicht Bilder wären, zu ersetzen. Sie geben kein Bild für das Bedeutete, sondern bilden es; sie sind die Sache selber als Bild." (1978 [1957], S. 259–337 und 322).

16 Nach Volker Schürmann nutzt König die Metapher des Weckens zur bildlich-anschaulichen Formulierung der kategorialen Bewegung der Hegelschen Logik (1996, S. 49 ff.).

durch die denkerische Vermittlung von Sein und Sprache, durch die Eindrücke und Ausdrücke aneinander angepasst werden. Die Sprache kennt Bezeichnungen für bestimmte Ereignisse (kanonische Eindrücke), wie eben eine Straßenjagd.[17] Der Fundus der Sprache bietet etwas an, das sich in verschiedenen Situationen gleichermaßen aussagen lässt. Diese Situationen gleichen sich dann darin, dass sie den Eindruck einer Straßenjagd (oder den Eindruck von Hitze) auf beteiligte Personen machen und dass diese Etiketten („Straßenjagd", „Hitze") sie gut beschreiben.

Das Verhältnis von konkreter Situation und begrifflichem Eindruck als Vermittlung von Sein und Denken bestimmt König wie schon angedeutet mit der Metapher des Weckens näher: Ein zeitlich und räumlich spezifischer Eindruck (z. B. von Hitze) ist ein Wecken des Eindrucks (von Hitze). Demnach ist ein Eindruck in zwei voneinander abhängige Verhältnisse eingebettet: Sprachlich wird zwischen Sein und Denken vermittelt, indem situativ-spezifische und überzeitliche Eindrücke aufeinander bezogen werden. Mit Blick auf die Logik dieses Verhältnisses von Eindrücken hält König fest, es

> würde nicht schwer zu verstehen sein, wenn es möglich wäre, mein Empfangen des Eindrucks und sein mir-Offenbaren als ein Nacheinander zu denken. Allein dieser Eindruck ist nichts als Eindruck-von; darin daß das Wovon ihm einwohnt, liegt, daß er nichts ist, solange er nicht offenbart; mein-ihn-Empfangen und sein-mir-sichtig-Machen ist irgendwie eines.[18] (König, 1937, S. 24)

In einer strukturellen Analogie ist dem-Eindruck-von-X („Straßenjagd") der „schlafende Eindruck" äquivalent, den situative Umstände aufwecken können. Mit Wecken ist nicht die Handlung des Aufweckens gemeint, sondern der Vorgang des Erwachens aus der Perspektive einer Person, die bis dahin geschlafen hat – so wie man durch einen Wecker geweckt wird. Damit ist das fragliche Erwachen kein Ausschlafen, sondern durch etwas Weckendes veranlasst, von dem sich sagen lässt,

---

17 „Das Wissen von *einem* Eindruck-von ist keinesfalls nicht-vermitteltes Wissen (also nicht im schlechten Sinne intuitiv) – sondern vermittelt durch ein Wissen um *den* Eindruck-von; zugleich aber gilt, daß solches Wissen um *den* Eindruck-von nicht ein Wissen von woandersher sein kann, sondern selbst nur beispielsweise in diesem bestimmten *einen* Eindruck-von entspringt. Oder anders: das Verhältnis von *einem* Eindruck-von und *dem* Eindruck-von ist keine Subsumtion; der Singular ‚der' Eindruck-von indiziert keinen Klasseninbegriff." (Schürmann, 1996, S. 58). Zu diesen Ausführungen lässt sich ergänzen, dass es sich stattdessen um einen Reflexionsbegriff handelt.

18 Die Rede davon, dass dieser Eindruck nichts als Eindruck-von ist, weist auf eine Spannung hin zwischen der Autonomie eines Wahrnehmenden und der Tradition, in der er aufgewachsen ist (siehe auch FN 4).

es „dringt von außen auf den Schlafenden ein und ist insofern von ihm unabhängig" (S. 25). Zugleich ist es der Schlafende, der „zum Anstoß" (S. 25) erwacht, ein Moment, von dem König sagt, „darauf beruht ja auch, daß kein strenger Beweis dafür möglich ist, daß einer jemanden geweckt hat" (S. 25). Resultat des Weckens ist eine wachgewordene Person, die von sich weiß, dass ein äußerer Anstoß sie geweckt hat.

Es lässt sich unterscheiden zwischen einem Wissen um ein Wachsein und einem Wissen um ein Aufgeweckt-worden-sein. Wach sein kann man, ohne zu wissen warum. Man kann aber nicht von etwas aufgeweckt worden sein, ohne zugleich darum zu wissen, dass man jetzt wach ist, weil einen etwas geweckt hat. Die Logik der beiden Wissenszustände ist verschieden und nur das Verstehen, das einen Anstoß vermittelt, ist ursprünglich in dem eingeführten Sinn. Es hat eine besondere Beziehung zu dem Ausgangspunkt des Weckens, wie ein Beispiel zeigt: Ein krähender Hahn ist unabhängig davon, ob jemand durch ihn erwacht. Wenn allerdings jemand durch einen Hahnenschrei aufwacht, dann ist der Schrei nicht zuerst ein Geräusch, das dann auch noch die Eigenschaft hat, jemanden zu wecken. Stattdessen ist der Hahnenruf in seiner Wirkung als Weckender gegeben. Die hier illustrierte spezifische Gegebenheitsweise verdeutlicht, dass auch die zweite Bewegung für das Wecken entscheidend ist: Der gesamte Prozess ist einer, den die erwachte Person mit ausführt, oder – in „mittlerer Eigentlichkeit"[19] (S. 41 ff.) – selbst hervorbringt: Weder kann man davon sprechen, dass es rein eigentlich ein von-selbst-Erwachen ist, noch, dass es ein ganz und gar nur von außen her bewirktes Erwachen ist. Logisch-begrifflich verweist das Weckende notwendig auf das Schlafende, denn nur eine schlafende Person kann geweckt werden. „Schlafend" und „weckend" sind als Bestimmungen in spezifischer Weise wechselseitig aufeinander bezogen. Nur ein Schlafender kann geweckt werden, und geweckt werden kann nur ein Schlafender. Ein Schlafender kann aber auch ausschlafen und so gerade nicht unter einem Anstoß erwachen. Eine andere logische Beziehung, nämlich eine streng wechselseitige Relativität, liegt zwischen einem Geweckten und dem Weckenden vor. Die Beziehung zwischen einem Schlafenden und dem Weckenden unterscheidet sich davon: Das Schlafen setzt das Wecken nicht voraus (man kann ja auch ausschlafen), aber es setzt die Möglichkeit des Weckens voraus. Eine schlafende Person kann man wecken – andernfalls schläft die betreffende Person nicht, sondern ist ohnmächtig, im Koma oder gar tot.

---

19 Mittlere Eigentlichkeit: Die mittlere Position der Sprache zwischen Denken und Sein, und das Zusammenwirken von einem-Eindruck-von und dem-Eindruck-von ist hier mit abgebildet.

König modelliert mit der ursprünglichen Metapher des Weckens konkrete Verstehensprozesse (das Sein-Denken) als das Ineinander-Übergehen von zwei Arten wechselseitiger Relativität. Die Relativität zwischen den beiden Relata, dem Weckenden und dem Schlafenden, situativ gegebenen Umständen und beispielsweise dem Eindruck „Straßenjagd", ist ungleichartig, auch wenn sie in beide Richtungen besteht. Die Spezifikation der Form dieses Bezugs unterscheidet ihn von anderen Formen der Relativität. Für die in Frage stehende gegenseitige Abhängigkeit ist entscheidend, dass es sich nicht um eine empirische Bedingtheit handelt, sondern um ein begriffliches Verhältnis: Es ist essentiell für das Schlafen, dass es die „ganze Möglichkeit" (S. 51) des Weckens ist. Deutlich wird der Unterschied im Kontrast: „Wenn es Wasser gibt, ist noch nicht die Möglichkeit des Ruderns garantiert; wohl aber ist die Möglichkeit des Weckens […] garantiert, wenn es Schlaf […] gibt." (S. 51).

Es lassen sich drei Arten von Relationen im Hinblick auf ihre bedeutungslogische Struktur unterscheiden, die jeweils auch spezifische Weisen von Rückbezogenheit sind: Echte Relativa zeichnen sich durch wechselseitige und gleichartige Rückbezogenheit aus. Die Beziehung zu dem jeweiligen Gegenstück ist für beide Relata inhaltlich konstitutiv und die Simultaneität der Relata zeichnet diese Beziehung aus. Ein Beispiel sind die beiden Adjektive „groß" und „klein". Im Fall der einseitigen Rückbezogenheit ist der Bezug zwischen den beiden Relata nur für einen der Pole inhaltlich konstitutiv und der andere Pol ist inhaltlich unabhängig von dieser Beziehung. Beispielhaft hierfür ist das oben geschilderte Verhältnis von „Rudern" und „Wasser". Der dritte Fall besteht in der dargelegten und von König explizierten wechselseitig ungleichartigen Rückbezogenheit, wie sie beim Verhältnis von Weckendem und Schlafendem gegeben ist. Für eines der Relata ist inhaltlich konstitutiv, auf das andere bezogen zu sein. Für das zweite gilt jedoch, dass es für seinen Inhalt nicht konstitutiv auf die Wirklichkeit des ersten Relatums bezogen ist, sondern auf dessen Möglichkeit. Und die Möglichkeit birgt eben keine Garantie auf ihre Verwirklichung.

Um auf das Beispiel der Straßenjagd zurückzukommen: Die gegebenen Aktivitäten auf einer Straße können bei einer aufmerksamen Person den Eindruck einer Straßenjagd wachrufen. Zu einer Straßenjagd gehören logisch einige spezifische Momente, die in ihrem Zusammenspiel in einem verständigen Beobachter mit dem Eindruck auch den Ausdruck „Straßenjagd" erwecken können. Das Etikett „Straßenjagd" wird dann auf eine aktuell gegebene Situation angewendet und macht aus dieser Szene im gleichen Atemzug eine – Straßenjagd.

Mit König haben wir die Struktur von Verstehensprozessen als eine Form von Erwachen dargestellt, indem wir einige der Momente der sprachlichen Vermittlung von Sein und Denken analysiert haben. Weil Denken immer situativ im Medium der Sprache als einer historisch gewachsenen Ordnung stattfindet, ist die

Vermittlung auch historisch bedingt: Die jeweils zeitgebundenen Aktivitäten auf der Straße bestimmen, ob ein Eindruck entsteht, der als „Straßenjagd" bezeichnet wird: So formen sich in verschiedenen Epochen je verschiedene Bilder von dem, was zum jeweiligen Zeitpunkt als „Straßenjagd" verstanden wird. Den Fragen, wie Eindrücke und Ausdrücke von gesellschaftlichen und geschichtlichen Zusammenhängen abhängen, wie die Sprache als ein Medium von Erkenntnis immer wieder von neuem erwacht und wie man diese Erkenntnisleistungen festhalten kann, geht Walter Benjamin nach. Wahrheit ist für ihn „an einen Zeitkern, welcher im Erkannten und Erkennenden zugleich steckt, gebunden. Das ist so wahr, daß das Ewige jedenfalls eher eine Rüsche am Kleid ist als eine Idee." (V/1, S. 578).[20]

4   Dialektisches Bild nach Walter Benjamin: Philatelie auf der Schwelle

So verhelfen die Reste von Dornröschens Kleid dazu, ihre Geschichte zu erinnern, sie immerfort auf jede erdenkliche Weise zu erzählen und damit den darin verborgenen Sinn zu verstehen. Dabei geht es Benjamin[21] nicht um eine „zeitlose[] Wahrheit" (V/1, S. 578), die immer und überall gültig ist. Ganz im Gegenteil ist Erkenntnis zeitlich und personell gebunden, weshalb es für ihn niemals *die* eine Wahrheit geben kann. Zudem findet sich für Benjamin diese vergängliche Wahrheit eben nicht in den heroischen Erzählungen berühmter Sieger, sondern im „Abfall" der Geschichte, in den von der Allgemeinheit vergessenen „Lumpen" und Trümmern des Alltags s (V/1, S. 574). Die Bruchstücke vergangenen Lebens sind somit keine starren, unumstößlichen Fakten mit einer darin verborgenen Lehre, der es nachzuspüren gilt; sie bieten keine irgend geartete Sicherheit. Stattdessen muss der Mensch die Fragmente an sich heranlassen, sich von ihnen berühren lassen, um etwas über die eigene Gegenwart zu erfahren. Dies nennt Benjamin den „dialektischen Umschlag", den „Einfall des erwachten Bewußtseins" (V/1, S. 491). Dieses Erwachen findet für den Philosophen im dialektisches Bild, auch Denkbild[22] genannt, statt. Seine ganz eigene Dialektik buchstabiert er unter anderem

---

20   Die Zahnung, die den „Markenkörper[] der Briefmarken" umgibt, nennt Benjamin „weiße[s], spitzengarnierte[s] Tüllkleid" (IV/1, S. 135).

21   Die mit Benjamins materialistischen Geschichtsschreibung einhergehenden marxistischen und theologischen Perspektiven lassen wir im Folgenden großteils außen vor und heben ab auf die topologischen Qualitäten des Denkbildes; siehe dazu aber beispielsweise Buck-Morss (2000) und Schwenk (2015).

22   Um 1900 kam eine neue literarische Form auf, die auch Walter Benjamin mitentwickelte. Diese Denkbilder versuchen, „komplexere Überlegungen, Theoreme, philosophische Gedankengänge in der Konkretheit von Anschauungen aufzuheben. Oder vielmehr: Sie aus-

an seinem Verständnis von Philatelie aus. So wird im Folgenden zuerst Benjamins dialektisches Bild ein- und schließlich anhand seiner Philatelie ausgeführt. Letztere dient ihm als Schwelle von der kindlichen Phantasie hin zum erwachsenen Erkennen nicht nur naiv imaginierter (magischer) Zusammenhänge, sondern zu einem breiteren Verständnis realer Bezüge.

Benjamins dialektisches Bild funktioniert vor allem im und anhand des Dazwischen, spielt mit Nähe wie Distanz und besitzt im besten Sinne topologische Qualitäten: Diese Art zu Verstehen spannt sich auf zwischen Text und Bild, Wort und Gegenstand und funktioniert sowohl visuell wie räumlich (Preuschoff, 2002). Benjamins Idee von Schrift(und)Sprache soll dies verdeutlichen. So gleicht sein Denken in und mittels Schrift einer Art bildlichen wie räumlichen Kippfigur: Aus der Nähe betrachtet archivieren die heutigen Buchstaben in ihrer Materialität früheres Verstehen; sie sind überlieferte Zeichen einer ehemals bildhaften Sprache und können selbst als einzelne Bilder gesehen werden.[23] Sinn und Bedeutung ergeben sich durch die Beschaffenheit der Buchstaben selbst. Aus der Distanz betrachtet und in Zusammenhang mit anderen Schriftzeichen gebracht, entstehen jedoch aus einzelnen Buchstaben erst Wörter, später Sätze und ergeben einen neuen Verstehenshorizont – die Buchstaben selbst werden durchsichtig. So sind Nähe wie Distanz, Vergangenheit und Gegenwart, gleichzeitig wichtig und aufeinander bezogen: sowohl die in den einzelnen Buchstaben verborgene und aufgehobene Geschichte des menschlichen Verstehens wie auch die in einem aktuellen Text vermittelten Sinnzusammenhänge.

Die Ansicht der Designerin Cornelia Fränz,[24] was diese beiden Seiten von Buchstaben, ihren von ihr so genannten „Zwiespalt" ausmacht, korrespondiert auf herrliche Weise mit Benjamins Ideen und illustriert sein dialektisches Denken: Buchstaben besitzen einerseits eine materielle Seite, die sich bildlich zeigt und damit sinnlich erfahrbar wird („Textur"). Anderseits fokussieren Buchstaben, als Wörter und Sätze gesehen, auf den Sinn und können Neues schöpfen („Textualität"). Der Zwiespalt daran ist, dass diese beiden Seiten der Schrift nie gleichzeitig wahrgenommen werden können. „Sie changieren zwischen Sagen und Zeigen,

---

einander hervorgehen zu lassen." (Preuschoff, 2002). Für Benjamin ist dies aber nicht nur eine Form der Kurzprosa, sondern auch sein bevorzugtes Mittel zu arbeiten (Werkbund-Archiv, 1990).

23   Siehe dazu zwei kleine Abhandlungen über die *Lehre vom Ähnlichen* (II/1, S. 204–210) und *Über das mimetische Vermögen* (S. 210–213). Beispielsweise entstand das lateinische „A" aus dem ersten Buchstaben des phönizischen Alphabets: „Aleph". Dieser stilisierte Stierkopf wurde im Laufe der Schriftentwicklung gedreht.

24   Was die Designerin Cornelia Fränz in ihrer Arbeit *Letters and Loops* für Text und Textil erarbeitet, kann ebenso für benjaminisches Verstehen gelten: http://www.fraenz.de/lettersloops (abgerufen am 13. Dezember 2016).

zwischen Bedeutung und Materialität, also im Grunde zwischen Sinn und Sinnlichkeit." (Fränz, 2015). Genau dies nennen wir bei Benjamin topologisch.

Dieses Spielen mit unterschiedlichen Entfernungen spiegelt sich in Benjamins Begriff der „Telescopage" (V/1, S. 588). Die beiden Wortbestandteile kommen aus dem Griechischen: „tele" bedeutet fern; „skop" lässt sich übersetzen mit beschauen oder betrachten. Zusammengesetzt zu dem Begriff „Teleskop" ergibt sich ein optisches Gerät, mit dem ferne Objekte, zumeist Himmelskörper, betrachtet werden können. Röhren verschieden großen Durchmessers, ausgestattet mit Vergrößerungsgläsern, Prismen und Spiegeln, können ineinandergeschoben und auseinandergezogen werden. So lässt sich mithilfe des Fernrohrs der Abstand verändern zwischen Gegenstand und Betrachter, oder mit Benjamin gesprochen: zwischen „Erkannte[m]" und „Erkennende[m]" (V/1, S. 578).

Es gilt, sein Teleskop gerade auf die Abweichungen, das Abwegige zu richten und in Zusammenhang mit dem eigenen Standpunkt zu bringen. Diese Tätigkeit ist zwar ein höchst subjektiver Eingriff, die der Phantasie als verbindendem Glied bedarf. Doch ohne den interessierten, subjektiven Blick lässt sich keine Aussage über Vergangenes treffen. So sind die entstehenden Bilder eben keine reinen subjektiven Eindrücke, sondern gleichzeitig auch objektiver Ausdruck einer historisch gewordenen, gesellschaftlichen Momentaufnahme, die ein Neugieriger lesen kann.[25] Dieses Lesen ist ein bildliches/visuelles Lesen von Konstellationen, bei dem weder die Vergangenheit die Gegenwart erhellt noch umgekehrt (V/1, S. 577–578). Vielmehr benötigt es nach dem Suchen des einen kritischen Moments der Scharfstellung, in dem für einen flüchtigen Augenblick in einem aufblitzenden Bild alles einen Sinn ergibt (V/1, S. 592); schriftliches (oder bildliches) Fixieren ist der greifbare Nachhall dieses Moments (V/1, S. 570). Dabei gehen konkrete Anschauung und philosophische Überlegung auseinander hervor und erhellen sich gegenseitig.[26] In dieser benjaminischen Denkfigur gehören unweigerlich zusammen sowohl die „Bewegung" der Gedanken wie auch deren „Stillstellen". Dies nennt der Philosoph auch „Dialektik im Stillstand":

> Wo das Denken in einer von Spannungen gesättigten Konstellation zum Stillstand kommt, da erscheint das dialektische Bild. Es ist die Zäsur in der Denkbewegung. Ihre Stelle ist natürlich keine beliebige. Sie ist, mit einem Wort, da zu suchen, wo die Spannung zwischen den dialektischen Gegensätzen am größten ist. (V/1, S. 595)

---

25 Siehe auch Buck-Morss (2000, S. 44) sowie Kants Begriff der „subjektiven Allgemeinheit" ästhetischer Urteile, nach dem Sinnlichkeit und Verstand im Hinblick auf schöne Kunst miteinander in freiem Spiel arbeiten – diese Aktivität zeichnet den Umgang mit schöner Kunst überindividuell aus, ist das Moment der Allgemeinheit (2006 [1790]).

26 Siehe auch Preuschoffs Ausführungen zur Literaturform des Denkbildes (2002).

Doch Telescopage meint noch mehr als die Tätigkeit des Zoomens ferner Orte und Zeiten in das Hier und Jetzt. Die wörtliche Übersetzung dieses Begriffs aus dem Französischen lautet Kollision oder Zusammenstoß. Dies bedeutet, gegenwärtiges Verstehen mittels Blick in die Vergangenheit ist immer auch ein gefährdetes. So schreibt sich dem Aufeinandertreffen die Möglichkeit des Misslingens ein, da eingefahrene Denkmuster zur Disposition stehen und der Ausgang ungewiss ist (V/1, S. 586–588). Benjamin geht es dabei nicht um Fortschritt, nicht um eine kontinuierliche Entwicklung, sondern um Aktualisierung der Vergangenheit im Lichte der Gegenwart (V/1, S. 574). Er unterläuft die Vorstellung, Vergangenes wäre unumstößlich, und bezeichnet dies als „kopernikanische Wendung in der geschichtlichen Anschauung" (V/1, S. 1057). Geschichte ist so über die wissenschaftliche Form hinaus eine Form des „Eingedenkens" (V/1, S. 589), die Benjamin auch als eine „Technik des Erwachens" (V/2, S. 1006) beschreibt. Denn Erinnern bedeutet für ihn immer auch Erwachen, ein festhaltendes Verstehen von Vergangenem.

> Dialektische Struktur des Erwachens: Erinnerung und Erwachen sind aufs engste verwandt. Erwachen ist nämlich die dialektische, kopernikanische Wendung des Eingedenkens. Es ist ein eminent durchkomponierter Umschlag der Welt des Träumers in die Welt der Wachen. (V/2, S. 1058; siehe auch S. 1057 f.)

Dieses Eingedenken ist nicht nur gefährdet, sondern baut sich gerade auf aus den Trümmern der Telescopage. Statt Vergangenes einfühlend zu vergegenwärtigen, konstruiert das historische Subjekt eine an es gebundene und von ihm abhängige Wahrheit. Diese Konstruktion geht unweigerlich mit einer vorhergehenden Zerstörung historischer Kontinuität einher (V/1, S. 587). Benjamins Sprengstoff für diese Zersplitterung der Vergangenheit ist die Gegenwart (V/1, S. 592–593). Erst bei der Kollision von Vergangenheit durch und mit der Gegenwart konstituiert sich das zu Verstehende, der historische Gegenstand. Dieser ist identisch mit dem dabei entstehenden dialektischen Bild:[27]

> Der historische Index der Bilder sagt nämlich nicht nur, daß sie einer bestimmten Zeit angehören, er sagt vor allem, daß sie erst in einer bestimmten Zeit zur Lesbarkeit kommen. Und zwar ist dieses ‚zur Lesbarkeit' gelangen ein bestimmter kritischer Punkt der Bewegung in ihrem Innern. Jede Gegenwart ist durch diejenigen Bilder bestimmt, die mit ihr synchronistisch sind: jedes Jetzt ist das Jetzt einer bestimmten Erkennbarkeit. In ihm ist die Wahrheit mit Zeit zum Zerspringen geladen. [...] Nicht so ist es, daß das

---

27 Siehe dazu auch weitere entsprechende Stellen (V/1, S. 592–596).

Vergangene sein Licht auf das Gegenwärtige oder das Gegenwärtige sein Licht auf das Vergangne wirft, sondern Bild ist dasjenige, worin das Gewesene mit dem Jetzt blitzhaft zu einer Konstellation zusammentritt. Mit anderen Worten: Bild ist die Dialektik im Stillstand. Denn während die Beziehung der Gegenwart zur Vergangenheit eine rein zeitliche ist, ist die des Gewesnen zum Jetzt eine dialektische: nicht zeitlicher sondern bildlicher Natur. Nur dialektische Bilder sind echt geschichtliche, d. h. nicht archaische Bilder. Das gelesene Bild, will sagen das Bild im Jetzt der Erkennbarkeit trägt im höchsten Grade den Stempel des kritischen, gefährlichen Moments, welcher allem Lesen zugrunde liegt. (V/1, S. 577–578)

So ist in der „Telescopage der Vergangenheit durch die Gegenwart" (V/1, S. 588) alles aufgehoben, was für benjaminisches Verstehen nötig ist: In dem zu einem Substantiv (Namenwort) geronnenen Verb (Zeit- bzw. Tätigkeitswort) des *téléscoper* entsteht seine „Dialektik im Stillstand"; die auf Bewegung ausgerichtete Tätigkeit der Dialektik kommt zum Zeitpunkt des Erkennens zum Stillstand, es wird möglich, diesem Verstehen einen Namen zu geben.[28] Dieses ganz im Bildhaften verankerte Lesen von dem, was in den Sternen geschrieben steht (II/1, S. 206–207),[29] bezeichnet für Benjamin die Urform von (Schrift)Sprache. Darin ist für den Philosophen die gesamte Menschheitsgeschichte aufgehoben und eingeschrieben (II/1, S. 204–210 sowie 210–213). Es gilt, zwei weit entfernte Gegenstände bzw. Ereignisse aufeinander treffen zu lassen, sie von allen Seiten zu betrachten, zu bespiegeln, sie prismatisch in ihre Einzelteile zu zerlegen und auf phantasievolle Weise wieder zusammen zu setzten. Dies bedeutet Gefahr und Chance zugleich, in historisch immer wieder je einmaligen Situationen Vergangenes zu benennen, es vor dem Vergessen zu bewahren und daraus Schlüsse für die eigene bzw. gemeinschaftliche Zukunft zu ziehen.

Auch Benjamins Verständnis von Philatelie[30] ist eine Telescopage, wenn auch eine ganz spezifische. Sie illustriert seinen Ausspruch: „Ich habe nichts zu sagen.

---

28 Auch König sieht diese Problematik und markiert den Unterschied zwischen formalen und materialen Begriffen: „Es wäre lohnend und in anderem Zusammenhang wohl auch unerläßlich, den Gründen dieser Sonderstellung im Bereiche der formalen Wesenheiten nachzuspüren. Da ich mich in diesem Punkte aber kurz fassen muss, so will ich nur darauf hinweisen, daß diese Sonderstellung, wenn ich recht sehe, darin gründet, dass sämtliche nominalen Ausdrücke für diese formalen Begriffe – und dies im Unterschied zu den nominalen Ausdrücken für materiale Begriffe – offensichtlich Ableitungen von Verben sind." (1994 [1937], S. 164).

29 In Bezug auf die Philatelie geht Benjamin ebenfalls auf die Bedeutung dieser planetarischen Harmonien bzw. Zusammenhänge ein (IV/1, S. 136).

30 Zu Postwertzeichen verfasste Benjamin zwei kurze Abhandlungen: Die *Briefmarken-Handlung* (IV/1, S. 134–137) wurde 1927 zum ersten Mal in der *Frankfurter Zeitung* veröffentlicht und ist zugleich Teil der Aphorismensammlung *Einbahnstraße* (1928). Auch wenn die-

Nur zu zeigen." (V/1, S. 574). Die Philatelie entstand im 19. Jahrhundert in Folge der Einführung von Postwertzeichen im Jahre 1840 als Gebührenquittungen für versendete Karten, Briefe und Pakete. Der Begriff setzt sich zusammen aus den beiden altgriechischen Wörtern „philein" (lieben) und „ateleia" (Abgabefreiheit). Mit diesem Neologismus brachte der Franzose M.G. Herpin 1865 die Leidenschaft für das Briefmarkensammeln auf den Begriff und erhob die Philatelie von einer „Allerleiwissenschaft" in den Status einer auch in bürgerlichen Kreisen angesehenen Briefmarkenkunde (Fürnkäs, 1999, S. 378). Die Arbeit an und mit dem visuellem Medium der Briefmarke regt laut Benjamin die Phantasie an, von ihm auch „bildschaffende[s] Medium" (V/1, S. 571) genannt. Dessen besondere Eigenschaft ist die Fähigkeit zum räumlichen Denken, zum in-Beziehung-Setzen. Räumliches Denken ist dabei immer auch optisches Denken, und das in zweierlei Hinsicht: einerseits ein dimensionales Blicken in Richtung der Tiefe der Vergangenheit; anderseits ein stereoskopisches Zusammensehen disparater Bruchstücke. Genau diese beiden Seiten ein und desselben Sehens vereinen sich in der Philatelie (V/1, S. 56 f.). Die Markenmotive vergangener Zeiten erlauben zum einen, sich mittels dieser „Visitenkarten" (IV/1, S. 137) in die Geschichte, Geografie und Kultur der jeweils herausgebenden Nation zu vertiefen. Gleichzeitig regen die Darstellungen aber auch dazu an, eine eigene Sammlung nach ganz eigenen Kriterien und Zusammenhängen aufzubauen. So lassen sich eigene, individuelle Geschichten schreiben bzw. verborgene Zusammenhänge einer längst vergangenen Zeit offenlegen; Briefmarkenalben gelten dem Philosophen daher auch als „magische Nachschlagewerke" (IV/1, S. 136). Dieses Prinzip, eigentlich unversöhnliche Momente nebeneinander bestehen zu lassen, ohne sie aneinander anzugleichen, nennt Benjamin auch „Montage" (V/1, S. 572, 574 oder 575).[31] Kanten und Brüche

---

ser Text nur wenige Seiten lang ist, so nimmt er doch eine wichtige Rolle innerhalb der *Einbahnstraße* ein und stimmt ebenfalls „auf schüchterne Weise den Ton" (1978 [1928], S. 462) für Benjamins großes Projekt, die Passagen-Arbeit. Der *Briefmarkenschwindel* (VII/1, S. 195–200) als eine Sendung der *Rundfunkgeschichten für Kinder* entstand 1930. Statt der Philatelie hätten beispielsweise auch Benjamins Ausführungen zu Sternbildern oder dem Labyrinth Einsichten in sein topologisches Denken gebracht. Beide Konzepte hätten ebenfalls dieses ganz spezifische Sich-in-ein-Verhältnis-zur-Welt-setzen, diese ganz spezifische benjaminische Art zu denken, illustriert: das Denken in Denkbildern. Denn bei beiden geht es nicht um deren Topographie, sondern um deren Topologie: Wichtig sind sowohl die Bezugnahme einzelner Punkte im (Koordinaten)System zueinander als auch die Gesamtheit der Punkte zum jeweils denkenden Subjekt. Aber nicht nur äußere Gegebenheiten wie Sternbilder oder Labyrinthe regen zum Denken in Denkbildern an. Eine Erinnerung oder auch der Anstoß zu einer solchen wie der Geruch einer Madelaine aus Prousts *Auf der Suche nach der verlorenen Zeit* können ebenfalls der Ausgangspunkt eines solchen topologischen Verstehens sein.

31 Siehe dazu auch Buck-Morss (2000, S. 91–92).

offenzulegen und einzelne Briefmarken wie durcheinander wimmelnde und zerstückelte Einzeller (IV/1, S. 135) gleichwertig und gleichzeitig zu betrachten, stellt sich somit einer Illusion von Ganzheit entgegen. Dieses Trugbild würde sich beim Glätten widerspenstiger Nähte ergeben wie beispielsweise bei Retuschen, die damit auch das historische Gewordensein verschleiern würden.

In Benjamins Philatelie[32] kann die Phantasie in verschiedenen Formen auf Entdeckung und Wiedererkennung abzielen – als kindliche Neugierde, assoziatives Sammeln, detektivische Akribie, archäologische Vorsicht oder kabbalistische Vertiefung. Dieses Vorgehen steht nach Benjamin jedem offen, der sich diesen kleinen Erinnerungsstücken zuwendet und sich von ihnen in die Vergangenheit zurückführen lässt. So könnte man auch sagen, dass Briefmarken ihre eigene Sprache besitzen und Benjamin ihnen zugesteht, ein Archiv früherer Zeiten und damit unsinnlicher Ähnlichkeiten zu sein. Als „materielle Träger moderner Mythen" (Fürnkäs, 1988, S. 95) sind Briefmarken Untersuchungsgegenstand, um die Genese der Moderne zu analysieren, haben sie doch an der „Entstehung und Tradierung moderner Weltbilder mitgewirkt" (S. 93). Im Gegensatz zum Surrealisten Louis Aragon (1897–1982), dessen *Paysan de Paris* (1926) bei der Betrachtung von Briefmarken im „Traumbereich" verharrt und sich nicht aus mythologischen Zusammenhängen befreit, geht es Benjamin in seiner Philatelie darum, mithilfe des „Erwachens" die „Mythologie" in den „Geschichtsraum" aufzulösen (V/1, S. 571 f.). Als historisch gemachte und kollektive Bilder lassen sich diese mithilfe der Philatelie decodieren wie durch ein „verkehrt gehaltenes Opernglas" (IV/1, S. 136). Diese Telescopage unter umgekehrten Vorzeichen zielt ab auf Benjamins Vorliebe für ausgediente Gegenstände in Miniaturformat. Postwertzeichen als massenhaft verfügbare und ihrer Funktion enthobenen Alltagsgegenstände eignen sich ausgezeichnet für diesen mikroskopischen Blick. Fanden Briefmarken als Gebührenquittung für den postalischen Transport ihre einmalige Verwendung, haben die kleinen Papiere danach keine Funktion mehr. Zudem sah schon Benjamin in dieser Errungenschaft des 19. Jahrhunderts ein anachronistisches Medium, das „das zwanzigste nicht überleben" wird (IV/1, S. 137) und wäre verwundert, dass dieses selbst heute noch Bestand hat.

Wie gezeigt, geben Briefmarken mittels ihrer Motive und Herstellungsart Aufschluss über das sie herausgebende Land; gleichzeitig materialisiert sich in ihnen die Geschichte der Gesellschaft in den Formen des Post- bzw. allgemeiner gesagt des Informationswesens. Diese zweifache Funktion ergibt sich aus der Untrennbarkeit von materiellem Träger und symbolischem Gehalt. So bilden diese funktionslos gewordenen Alltagsgegenstände einer vergangenen Epoche den Aus-

---

32 Zu Benjamins Philatelie siehe auch Fürnkäs (1988; 1999).

gangspunkt für Verstehen; sich mit ihnen (oder anderen aus der Mode gekommenen Alltagsgegenständen) zu beschäftigen, heißt für Benjamin, diese als „Wecker" zu nutzen (V/2, S. 1058). Sie stellen eine Verbindung her zwischen individueller und kollektiver Vergangenheit, indem sie Kindheit mit Erwachsensein verschränken, die Geschichte eines spezifischen Ereignisses mit der Geschichte im Ganzen, Geografie mit Geschichte sowie übergreifend den Raum mit der Zeit verbinden. So findet auf diesen wenigen Quadratzentimetern in Miniaturformat die ganze Welt Platz. In jedem einzelnen dieser „graphische[n] Zellengewebe" (IV/1, S. 135) findet sich in komprimierter Form der „Kristall des Totalgeschehens" (V/1, S. 575), dessen Sinnzusammenhänge über die jeweilige Situation weit hinausgehen. In einer Sammlung entstehen aus der individuellen, mosaikhaften Anordnung solch monadischer, in sich geschlossener einzelner „Briefmarkenteilchen" „wirksame Bilder" (IV/1, S. 135; siehe auch V/1, S. 594), die bestimmte Verbindungen besonders hervorheben.[33]

Aus ihren ursprünglichen Funktionszusammenhängen herausgelöste Briefmarken erhalten von Philatelisten ein „Nachleben des Verstandnen" (V/1, S. 574), indem sie diese in neue Zusammenhänge bringen. Dieses Nachleben findet in einem Dazwischen statt: zwischen Vergangenheit und Zukunft, Funktion und Sprache, Schlaf und Erwachen. Geografie, Geschichte und das gesamte Wissen einer Gesellschaft in Miniaturformat wird dem Betrachter „im Schlafe eingegeben" (IV/1, S. 137), so Benjamin zu den Informationen, die den Postwertzeichen zu entnehmen sind. Anhand der kleinen Gebührenquittungen buchstabiert der Philosoph das Schwellenphänomen des Erwachens auf doppelte Weise aus: zum einen zwischen Kindheit und Erwachsensein, zum anderen zwischen der erlebten Geschichte einer einzelnen Person und der Geschichte einer Gesellschaft (oder auch Menschheit). Erwachen gleicht somit einem „stufenweise[n] Prozeß, der im Leben des Einzelnen wie der Generation sich durchsetzt" (V/2, S. 1006). An dieser Schwelle, an der „bestimmte Aspekte der Vergangenheit vom Unbewussten in das wache, bewusste Denken hinübergleiten" (Werner, 2015, S. 66), sind Anknüpfungspunkte in mehrfacher Hinsicht möglich: Ein Erwachsener kann sich beim Anblick der Briefmarkenmotive an seine eigene Kindheit erinnern und vor diesem Hintergrund seine aktuelle Gegenwart hinterfragen – denn die Motive wecken Erinnerungen. Erwachen bedeutet damit bei Benjamin nicht nur den mittleren Bereich zwischen Träumen und Wachsein, sondern auch das Grenzphänomen des Übergangs von der Kindheit zum Erwachsensein. Briefmarken als massenhaft verfügbare Alltagsgegenstände können Verstehensprozesse auslösen. Anders gesagt: Erwachen kann als „Vorschule der ‚profanen Erleuchtung'" (Fürnkäs, 1988;

---

33 So ist die Philatelie für Benjamin eine Montagemethode, Geschichte „[i]n Kommentarstruktur" zu erfassen (V/1, S. 575, siehe auch S. 572).

siehe auch II/1, S. 297) bezeichnet werden, Benjamins materialistische Wendung der religiösen Illumination.[34] Diese erfolgt nicht mittels heiliger Texte oder Reliquien; stattdessen sind Abfälle der Massenkultur bzw. randständige alltägliche Gebrauchsgegenstände sein Mittel der Wahl. Damit kann man sich zur eigenen Vergangenheit bzw. zur Vergangenheit von etwas Objektivem in Verbindung setzen: Im Gedächtnis liegt bereits eine Verbindung vor, die durch den Gegenstand im Moment des Erkennens hervorgehoben wird; im Erinnern findet somit eine Aktualisierung statt.

An diesem Grenzbereich – der „Konstellation des Erwachens" (V/1, S. 571) – ist für Benjamin historisch gebundene Erkenntnis als Errettung bzw. (Re)Aktualisierung des Vergangenen möglich: „Das freilich kann nur geschehen durch die Erweckung eines noch nicht bewußten Wissens vom Gewesnen." (S. 572).[35] Dabei ist ihm nicht wichtig, Traumbilder als Eindrücke eins zu eins wiederzugeben.[36] Stattdessen soll aus den Verschiebungen der Traumbilder, die aus deren Konfrontation mit dem einbrechenden Bewusstsein resultieren, Verstehen generiert werden; Erwachen ist denn auch das von Benjamin gewählte Bild für historisches Verstehen:

> Im dialektischen Bild ist das Gewesne einer bestimmte[n] Epoche doch immer zugleich das ‚Von-jeher-Gewesne.' Als solches aber tritt es jewei[l]s nur einer ganz bestimmten Epoche vor Augen: der nämlich, in der d[ie] Menschheit, die Augen sich reibend, gerade dieses Traumbild als solches erkennt. In diesem Augenblick ist es, daß der Historiker an ihm die Aufgabe der Traumdeutung übernimmt. (V/1, S. 580)

Verstehendes Erwachen ist so bei Benjamin wie auch bei König an eine augenblickliche Veränderung des Bewusstseinszustands geknüpft: „Das Jetzt der Erkennbarkeit ist der Augenblick des Erwachens." (V/1, S. 608). Dieses ist für ihn die „im höchsten Grade dialektische Bruchstelle des Lebens", das aufhebende Moment „der Thesis des Traumbewußtseins und der Antithesis des Wachbewußtseins" (V/1, S. 579). In dieser Dialektik des Erwachens kommt dem Denkenden im Allgemeinen und dem Historiker im Besonderen die wichtige Funktion zu, flüchtiges Verstehen festzuhalten und für das Kollektiv zugänglich zu machen (V/1, S. 580; V/2, S. 1006). Denn als Traumdeuter (oder auch Astrologe) zeichnen diese nicht nur für ihr eigenes Verstehen verantwortlich; im besten Falle wecken sie auch das „träumende Kollektiv" (V/2, S. 1023), die Gesellschaft, auf: In der Aktualisierung des Traums bzw. von Vergangenem (und nicht im Fortschritt) liegt für Benjamin der Schlüssel eines sich seiner Vergangenheit bewussten und damit gelingenden

---

34 Insbesondere Augustinus war hier stilbildend (Renger, 2016).
35 Benjamin schließt u. a. an Klages' Aufsatz *Vom Traumbewusstsein* von 1914 an.
36 Zum Thema Träume bei Benjamin siehe auch die Anthologie *Träume* (2008).

Gemeinwesens.[37] Eine jede Aktualisierung vermittelt dabei gesellschaftliche Normen, auch wenn diese nicht explizit ausgeführt werden. Auf das Märchen vom erwachenden Dornröschen gewendet, lässt sich dieses als eine Geschichte verstehen, bei welcher der Erzähler die Rolle desjenigen Erweckten übernimmt, der das Kollektiv aus dem Schlaf holt. Möglicherweise helfen dabei Briefmarken mit Motiven dieser Grimm'schen Geschichte, sich an deren Inhalt zu erinnern oder daran, wie man selbst einmal den Ausführungen eines anderen lauschte.

5   Epilog: Dialektik denken

Der Begriff der Dialektik zielt darauf ab, die Idee der Vernunft und deren Gebrauch zu bestimmen. Um über gegebene Normen reflektieren zu können, müssen diese zunächst als solche erkannt werden. Dialektik ist das Titelwort für dieses Verstehen, das mit König und Benjamin als Erwachen durchsichtig gemacht wurde. Auch die Frage, was ein wissenschaftlicher Gegenstand ist, hängt davon ab, wie er gegeben ist, in welchem Modus er wahrgenommen wird. Nur aus dieser Perspektive kann eine Sache aus sich heraus verstanden werden – so die These der Dialektik. Diese ist als „Sinnanalyse und Argumentationslehre" (Stekeler-Weithofer, 2010, S. 396b) eine metareflexive Herangehensweise und zielt darauf ab, Geltungsbedingungen von Wahrheit zu analysieren.[38] Abgesicherte Rede- und Verständigungsweisen werden durch allgemein festgelegte begriffliche und klassifikatorische Regeln (Lehre vom Begriff) wie auch durch die Prüfung von Urteilen und Schlüssen (Lehre von Urteil und Schluss) etabliert.

Dialektische Vernunft verbindet drei fundamentale Einsichten: Erstens zielt Reflexion darauf ab, Möglichkeiten des Verstehens oder der Auslegung zu eruieren, z. B. durch die Klärung begrifflicher Abhängigkeiten. Zweitens sind Gespräche der Ort, an dem Bedeutungen und Begründungen gelten bzw. sich erst heraus-

---

37 Siehe auch Maeding (2012, v. a. S. 26) und Buck-Morss (2000, S. 267–268). Platons Höhlengleichnis (514a–541b) zielt in eine ähnliche Richtung, in der Philosophen Gefangenen helfen, aus der Schattenwelt heraus zu gelangen. So geht zwar jeder diesen Weg einzeln für sich, dennoch hat man ein gemeinsames Anliegen.

38 Ein Blick auf die Ideengeschichte zeigt, wie sich Hegel kritisch mit Kant auseinandergesetzt und so dazu beigetragen hat, „die Dialektik" entscheidend zu transformieren. Von einer Methode zur Aufhebung bestimmter Widersprüche wurde sie bei ihm zu einer „allgemeinen Lehre von der geschichtlichen und praktischen Konstitution vernünftiger Inhalte und allgemeinen Wissens bzw. ‚des Begriffs' im Sinne einer Gesamtentwicklung begrifflich formierten generischen Wissens und Könnens vor dem Hintergrund der Einsicht, dass jedes allgemeine, besondere und einzelne Wissen ‚bürgerlich', d. h. endlich, fallibel bzw. verbesserbar ist." (Stekeler-Weithofer, 2010, S. 400b).

kristallisieren. Drittens können nur innerhalb einer auf Argumenten beruhenden Gesprächsführung Inhalte und Gründe in ihrer Qualität beurteilt werden.

In ihrer Anwendung berücksichtigt Dialektik diejenigen Relationen, die als Verstehenshorizont einzelnen Urteilen vorausgehen und ihnen durch gegenseitige Kontrolle innerhalb einer Gemeinschaft (wie der *scientific community*, den Bewohnern eines Dorfes oder den Anhängern einer Subkultur) Sinn verleihen. Kriterien zur Bestimmung und Klassifikation von Gegenständen werden nicht als problemlos oder einfach gegeben angesehen, sondern hinterfragt. Ein Ausgangspunkt dieser Nachfragen ist die unausweichliche Unschärfe von Begriffen, die einerseits erlaubt, andererseits aber auch erfordert, ausgehend von einer konkreten Situation angemessene subsumierende oder reflektierende Urteile zu fällen. Diese Urteilsfähigkeit besteht darin, spannungsreich und kreativ an Traditionen und etablierten Gebrauchsweisen, also expliziten wie impliziten Verhaltens-, Handlungs- und Urteilsmustern ansetzen zu können.

Dialektisches Denken äußert sich insbesondere in Reflexionen über die Richtigkeit konkreter Erklärungsversuche empraktischer Normen, das heißt von in Gemeinschaften gelebten Regeln. Dabei sind die Reflexionen mehr als Abbildungen von tradierten Praxen: Reden und Handeln machen die teils normativen Praktiken einer objektiven Betrachtung zugänglich, und entwickeln sie im Reformulieren immer auch weiter. Wahrheit ist somit nicht das Ergebnis von Aussagen mit bereits festgelegten Wahrheitswerten. Stattdessen wird nach den Regeln der Wahrheitsfindung gefragt und deren Machtförmigkeit thematisiert.

Dies bildet den auch im Manifest zentralen Hintergrund für Königs und Benjamins Idee von Verstehen. Königs Herangehensweise könnte man (im Gegensatz zu ,starren' subsumierenden Urteilen) als eine „reflexive Metaphorik" bezeichnen, die „die Grenzen unseres Sprechens von außen" denkt; Benjamins Vorgehen hingegen als eine „bildliche Metaphorik", die „die Grenzen unseres Sprechens von innen" denkt (Strub, 1998, 276).[39] König nutzt das Potential, theoretisch über Metaphern nachzudenken, um vorzuführen, wie dialektische Prozesse funktionieren: Sie sprengen begriffliche Systematiken. Mit metaphorischen Beschreibungen lässt sich nachvollziehen, wie die Logik dialektischen Denkens funktioniert, weswe-

---

39 Strub sieht Metaphoriken des Bildes und solche des Spiegels sich konträr gegenüberstehen, sodass keine Vermittlung der Perspektiven von „innen" und von „außen" gegeben ist: „Dennoch wäre vielleicht, versucht man die bildliche und die reflexive Kraft von Metaphern als zwei Seiten derselben zu begreifen, obwohl man den Widerstreit und die interne Problematik beider Seiten für sich genommen sieht, für ein Denken unserer Sprachgrenzen zwischen einem reflektierenden ,von außen' und einem bildlichen ,von innen' ein Anfang gemacht, wenn gespiegelte Bilder und abgebildete Spiegel eine zentrale Rolle zu spielen beginnen." (1998, S. 277). An diesem Punkt haben wir mit der Metapher des Erwachens bei Benjamin und König angesetzt.

gen König herausstellt, dass seine Ausführungen notwendigerweise metaphorisch sind (König, 1937, S. 171–174). Diese Form des Nachdenkens fordert die Bedeutung der Worte heraus, insofern Verstehen der differentiellen Spannung der Metapher selbst entspringt (Holz, 2000). Das Moment der Spannung führt Benjamin zu einem Denken in Denkbildern. Diese verkörpern eine „Dialektik im Stillstand", bei der sich ein zur Ruhe kommendes Denken materialisiert und/oder erst im Stillstand Gestalt gewinnt.[40] Aus dem Geschichtsverlauf herausgesprengtes Vergangenes wird in der Gegenwart aktualisiert – mit einer Blickwendung: die Gegenwart wird in diesen Bruchstücken der Vergangenheit durchsichtig.

Benjamins Methode dient der dialektischen Beschreibung von Weltverhältnissen, während es König um eine Beschreibung des Verhältnisses zu diesen Weltverhältnissen geht. König arbeitet damit an dem theoretischen Problem, wie sich dialektisches Denken auf den Begriff bringen lässt. Benjamin wiederum nutzt Denkbilder für ein historisches Verstehen von gewesenen Ereignissen und ihren Zeugnissen, er sucht nach deren verborgenen Verbindungen. Insofern ist er „historischer Materialist": Ausgehend von historischem Material, insbesondere von Abwegigem, gilt sein Interesse einer Rettung von Vergangenem.

Erkennendes Verstehen knüpfen König und Benjamin wie gezeigt an den Begriff des Erwachens, ein Schwellenphänomen im Grenzbereich zwischen Schlafen, Träumen und Wachsein.[41] Dieses Übergangsphänomen dient sowohl Benjamin als auch König der Veranschaulichung davon, wie Denken reflexiv und damit sich selbst bewusst wird: Aus Tun wird Handeln, das der eigenen Autonomie untersteht und damit potentiell subversiv ist. Um das Besondere dieses Verstehens zu zeigen, nutzt König das visuelle Potential der Metapher für ein rahmengebendes epistemologisches Modell, während Benjamins Philatelie versprengtes Material topologisch-historisch ordnet.

Die ursprüngliche Metapher eröffnet einen Möglichkeitsraum des Nachdenkens, innerhalb dessen die Analogie von Relationen Erkenntnisgewinn erlaubt. Mithilfe der Metapher vom Erwachen legt König Formunterschiede im Erkennen von Welt auseinander. Dazu differenziert er das Aufwachen in ein von alleine

---

40 Je nach Autor wird die eine oder andere Seite hervorgehoben: Einmal ist Stillstand der Ausgangspunkt (bspw. Wiggershaus, 2001), das andere Mal das Ziel (bspw. Buck-Morss, 2000).

41 Mit dem Phänomen des Erwachens haben sich in der Philosophiegeschichte zahlreiche Autoren auseinandergesetzt. So auch die Autoren der kritischen Theorie, Theodor W. Adorno und Max Horkheimer: „Dialektik der Aufklärung: In der Tierseele sind die einzelnen Gefühle und Bedürftigkeiten des Menschen, ja die Elemente des Geistes angelegt ohne den Halt, den nur die organisierende Vernunft verleiht. Die besten Tage verfließen im geschäftigen Wechsel wie ein Traum, den ohnehin das Tier vom Wachen kaum zu unterscheiden weiß. Es entbehrt des klaren Übergangs von Spiel zu Ernst; des glücklichen Erwachens aus dem Alpdruck zur Wirklichkeit." (2006 [1947], S. 263–264).

Aufwachen und in ein Aufwachen unter einem Anstoß, dem von ihm sogenannten Erwecken. Mit diesem Phänomen will er darstellen, wie Erkenntnis zugleich von ihrem Gegenstand abhängig und unabhängig ist, wie sich im Erkennen zwei gegenläufige Bewegungen vereinen. Das Besondere an diesem zweiten Phänomen ist, dass es eine ganz eigene Qualität des Geweckt-worden-seins zum Ausdruck bringt: Das Erwecken kann einem – als ein solches – nur bewusst sein, insofern ein Weckendes identifiziert werden kann. Übertragen auf das Verstehen, zeigt sich die „logisch mittlere Position" des Weckenden zwischen Erkenntnisobjekt und Erkenntnissubjekt.

Zusammengefasst könnte man die Philatelie als Metapher im Sinne von König auffassen, die das Denken als Dialektik im Stillstand beschreibt und es dabei inhaltlich ausbuchstabiert – denn die Beschreibung ist in ihrer inhaltlichen Ausgestaltung zugleich theoretisch und konkret. Damit wird vorgeführt, wie man Metaphern und Denkbilder für das Denken nebeneinanderstellen kann, und wie diese sich gegenseitig erhellen oder auch kritisieren können. In diesem Sinne haben wir Metaphern als Denkbilder und Denkbilder als Metaphern aufeinander bezogen und bezeichnen diese Darstellungsart als „spiegel-bildlich" (Strub, 1998). Damit sind reflexives und bildliches Denken in einem Begriff zusammengebracht. Für ein Verstehen im hier diskutierten Sinn ist topologisch betrachtet ein kritisches Verhältnis zu deren Konstellation entscheidend: „Für den Dialektiker kommt es darauf an, den Wind der Weltgeschichte in den Segeln zu haben. Denken heißt bei ihm: Segel setzen. Wie sie gesetzt werden, das ist wichtig. Worte sind seine Segel. Wie sie gesetzt werden, das macht sie zum Begriff." (V/1, S. 591).

Literatur

Adorno, T. W., & Horkheimer, M. (2006) [1947]. *Dialektik der Aufklärung. Philosophische Fragmente*. Frankfurt am Main: Fischer.

Bachelard, G. (1984) [1938]. *Die Bildung des wissenschaftlichen Geistes. Beitrag zu einer Psychoanalyse der objektiven Erkenntnis*. Frankfurt am Main: Suhrkamp.

Behrens, R. (2002). Dialektik im Stillstand. Ein materialistischer Orientierungsversuch mit Walter Benjamin in der gegenwärtigen Krise. In W. Friedrichs, & O. Sanders (Hrsg.), *Bildung/Transformation. Kulturelle und gesellschaftliche Umbrüche aus bildungstheoretischer Perspektive* (S. 59–72). Bielefeld: transcript.

Benjamin, W. (1978) [1928]. 171 An Gerhard Scholem. In *Briefe I* (S. 461–462). Frankfurt am Main: Suhrkamp.

Benjamin, W. (1991) [1925]. Vorrede zum Trauerspielbuch. In *Gesammelte Schriften. Bd. I/3 Abhandlungen* (S. 901–902). Frankfurt am Main: Suhrkamp.

Benjamin, W. (1991) [1927]. Briefmarken-Handlung. In *Gesammelte Schriften. Bd. IV/1 Kleine Prosa. Baudelaire-Übertragungen* (S. 134–137). Frankfurt am Main: Suhrkamp.

Benjamin, W. (1991) [1927–1940]. Konvolut N u. a. In *Gesammelte Schriften. Bd. V/1+2 Das Passagen-Werk*. Frankfurt am Main: Suhrkamp.

Benjamin, W. (1991) [1929]. Der Sürrealismus. Die letzte Momentaufnahme der europäischen Intelligenz. In *Gesammelte Schriften. Bd. II/1 Aufsätze, Essays, Vorträge* (S. 295–310). Frankfurt am Main: Suhrkamp.

Benjamin, W. (1991) [1930a]. Berliner Spielzeugwanderung I. In *Gesammelte Schriften. Bd. VII/1 Nachträge* (S. 98–105). Frankfurt am Main: Suhrkamp.

Benjamin, W. (1991) [1930b]. Briefmarkenschwindel. In *Gesammelte Schriften. Bd. VII/1 Nachträge* (S. 195–200). Frankfurt am Main: Suhrkamp.

Benjamin, W. (1991) [1933a]. Lehre vom Ähnlichen. In *Gesammelte Schriften. Bd. II/1 Aufsätze, Essays, Vorträge* (S. 204–210). Frankfurt am Main: Suhrkamp.

Benjamin, W. (1991) [1933b]. Über das mimetische Vermögen. In *Gesammelte Schriften. Bd. II/1 Aufsätze, Essays, Vorträge* (S. 210–213). Frankfurt am Main: Suhrkamp.

Benjamin, W. (2008). *Träume*. Frankfurt am Main: Suhrkamp.

Buck-Morss, S. (2000). *Dialektik des Sehens. Walter Benjamin und das Passagenwerk*. Frankfurt am Main: Suhrkamp.

Disney, W. (Produzent), & Geronimi, C. (Regie) (1959). *Sleeping Beauty* [Film]. Burbank, LA: Buena Vista Film Distribution Company.

Fränz, C. (2015). In SWR 2 (Produktion), & Meißner, J. (Regie), *Wer Ohren hat zu lesen … Über stumme und sprechende Buchstaben. Eine Alphabetisierungskampagne* [Hörstück]. Länge 54:25, Ursendung: 20. Oktober 2015, Wiederholung: Deutschlandradio Kultur am 10. Dezember 2016. (Min. 30:41–31:52). Abgerufen am 13. Dezember 2016 von http://www.deutschlandradiokultur.de/reise-zu-den-anfaengen-der-schrift-wer-ohren-hat-zu-lesen.958.de.html?dram:artic le_id=368227

Fränz, C. (o. J.). *Letters & Loops*. Abgerufen am 13. Dezember 2016 von http://www.fraenz.de/letters-loops

Fürnkäs, J. (1988). *Surrealismus als Erkenntnis. Walter Benjamin – Weimarer Einbahnstraße und Pariser Passagen*. Stuttgart: Metzler.

Fürnkäs, J. (1999). Benjamin und die Philatelie. Medienästhetik im Kleinen. In K. Gerber, & L. Rehm (Hrsg.), *global benjamin. Internationaler Walter-Benjamin-Kongreß 1992* (S. 373–390). München: Fink.

Groys, B. (2003). *Topologie der Kunst*. München/Wien: Hanser.

Heidegger, M. (2006) [1927]. *Sein und Zeit*. Tübingen: Niemeyer.

Heßler, M., & Mersch, D. (2009). *Logik des Bildlichen. Zur Kritik der ikonischen Vernunft*. Bielefeld: transcript.

Holz, H. H. (2000). Die Bedeutung von Metaphern für die Formulierung dialektischer Theoreme. *Abhandlungen der Leibniz-Sozietät der Wissenschaften zu Berlin, 39*, 5–31.

Honold, A. (2007). Noch einmal. Erzählen als Wiederholung – Benjamins Wiederholung des Erzählens. In W. Benjamin, *Schriften zur Narration und zur literarischen Prosa* (S. 303–342). Frankfurt am Main: Suhrkamp.

Hubig, C., Huning, A., & Ropohl, G. (Hrsg.). (2001). *Nachdenken über Technik. Die Klassiker der Technikphilosophie*. Berlin: edition sigma.

Kant, I. (2006) [1790]. *Kritik der Urteilskraft*. Hamburg: Meiner.

Klages, L. (1956) [1914]. Vom Traumbewusstsein. In *Mensch und Erde. Zehn Abhandlungen* (S. 147–195). Stuttgart: Kröner.

König, J. (1937). *Sein und Denken. Studien im Grenzgebiet von Logik, Ontologie und Sprachphilosophie.* Halle an der Saale: Niemeyer.

König, J. (1978) [1957]. Die Natur der ästhetischen Wirkung. In *Vorträge und Aufsätze* (S. 259–337). Freiburg/München: Alber.

König, J. (1978) [1967]. Einige Bemerkungen über den formalen Charakter des Unterschieds von Ding und Eigenschaft. In *Vorträge und Aufsätze* (S. 338–367). Freiburg/München: Alber.

König, J. (1994) [1937]. Bemerkungen zur Metapher. In *Kleine Schriften* (S. 156–176). Freiburg/München: Alber.

Maeding, L. (2012). Zwischen Traum und Erwachen. Walter Benjamins Surrealismus-Rezeption. *Revista de Filología Alemana,* 20, 11–28.

Markschies, C., Reichle, I., Brüning, J., & Deuflhard, P. (2011). Vorbemerkung. In C. Markschies, I. Reichle, J. Brüning, & P. Deuflhard (Hrsg.), *Atlas der Weltbilder* (S. XIII–XVI). Berlin: Akademie.

Nietzsche, F. (1988) [1873]. Ueber Wahrheit und Lüge im außermoralischen Sinne. In *Sämtliche Werke. Kritische Studienausgabe in 15 Einzelbänden. Bd. 1 Nachgelassene Schriften 1870–1873* (S. 873–890). München: dtv.

Platon (2004). Politeia. In *Sämtliche Werke. Bd. 2.* Reinbek bei Hamburg: Rowohlt.

Preuschoff, N. J. (2002). *Denkbild.* Abgerufen am 13. Dezember 2016 von http://www.denkbild.de/?page_id=2

Radkau, J. (2008). *Technik in Deutschland. Vom 18. Jahrhundert bis heute.* Frankfurt am Main/New York: Campus.

Renger, A.-B. (Hrsg.). (2016). *Erleuchtung. Kultur- und Religionsgeschichte eines Begriffs.* Freiburg: Herder.

Roth, J. (Produzent), & Stromberg, R. (Regie). (2014). *Maleficent* [Film]. Burbank, LA: The Walt Disney Company.

Schürmann, E. (2011). Darstellung einer Vorstellung. Das Bild der Welt auf der Pioneer-Plakette. In C. Markschies, I. Reichle, J. Brüning, & P. Deuflhard (Hrsg.), *Atlas der Weltbilder* (S. 376–385). Berlin: Akademie.

Schürmann, V. (1996). Die Metapher des Weckens bei Josef König. Vorüberlegungen zum Verhältnis von Genese und Genealogie. In H. H. Holz, & D. Losurdo (Hrsg.), *Dialektik-Konzepte. Topos* (S. 49–75). Bonn: Pahl-Rugenstein.

Schwenk, J. (2015). Generationserfahrung und Judentum. Eine denksoziologische Betrachtung des jungen Walter Benjamin. *Zeitgenössische Diskurse des Politischen.* Baden-Baden: Nomos.

Serres, M. (1993). Diskurs und Parcours. In *Hermes IV. Verteilung* (S. 206–221). Berlin: Merve.

Serres, M. (2005). *Atlas.* Berlin: Merve.

Soboleva, M. (2011). „Hermeneutische Logik". Georg Misch und Josef König. *Deutsche Zeitschrift für Philosophie,* 59 (4), 519–537.

Stekeler-Weithofer, P. (2005). Was ist eine Praxisform? Bemerkungen zur Normativität begrifflicher Inhalte. In T. Rentsch (Hrsg.), *Einheit der Vernunft? Normativität zwischen Theorie und Praxis* (S. 181–205). Paderborn: Mentis.

Stekeler-Weithofer, P. (2010). Dialektik. In *Enzyklopädie Philosophie* (Bd. 1, S. 395bu–407b). Hamburg: Meiner.

Strub, C. (1998). Spiegel-Bilder. Zum Verhältnis von metaphorischer Reflexivität und Ikonizität. In T. Borsche, J. Kreuzer, & C. Strub (Hrsg.), *Blick und Bild. Untersuchungen im Spannungsfeld von Metapher, Sehen und Verstehen* (S. 257–269). München: Fink.

Werkbund-Archiv (Hrsg.). (1990). *Bucklicht Männlein und Engel der Geschichte, Walter Benjamin, Theoretiker der Moderne. Eine Ausstellung des Werkbund-Archivs im Martin-Gropius-Bau, 28. Dezember 1990 bis 28. April 1991*. Gießen: Anabas.

Werner, N. (2015). *Archäologie des Erinnerns. Sigmund Freud in Walter Benjamins Berliner Kindheit*. Göttingen: Wallstein.

Wiggershaus, R. (2001). *Die Frankfurter Schule. Geschichte, theoretische Entwicklung, politische Bedeutung*. München: dtv.

Bildnachweise

Abbildung 1–4: Wohlfahrtsmarken 1964, herausgegeben vom Bundesministerium für das Post- und Fernmeldewesen. Eigener Scan (Dank an René Smolarski und Sina Keesser).

Abbildung 5–7: Wohlfahrtsmarken 2015, herausgegeben vom Bundesministerium der Finanzen. Abgerufen am 3. Mai 2018 von http://www.wohlfahrtsmarken.de/mitma chen/werbematerialien/wohlfahrtsmarken-2015/motive-2015/.

Der Erfolg der Modellierung und das Ende der Modelle

Epistemische Opazität in der Computersimulation

Andreas Kaminski

Abstract

Die Computersimulation führt neue Techniken in die Wissenschaft ein. Diese verändern die Art der Modellierung: Sie ermöglichen komplexere Modelle. Infolgedessen werden die Simulationsmodelle opaker: Das Verhältnis der Wissenschaftler zu ihren auf Computersimulation basierenden Methoden und Resultaten wird intransparenter, die Weise ihrer Rechtfertigung verändert sich. Der Beitrag klärt dazu den notorisch unterbestimmten Begriff „epistemischer Opazität" und entwickelt auf dieser Grundlage ein historisch-systemisches Argument: Die Erfolge der (computerbasierten) Modellierung führen zu einem Ende der Modelle in ihrem klassischen, durch das 19. Jahrhundert geprägten Sinne. Dadurch wird es möglich, die Transformation der Wissenschaft durch Computersimulation zu begründen sowie die gleichsam inflationäre Redeweise vom Vertrauen in die Simulation zu erklären.

1   Einleitung

„The philosophy of simulation. Hot new issues or same old stew?" – unter diesen polemischen Titel stellten Roman Frigg und Julian Reiss ihren Beitrag zur Debatte um die Frage: Verändert die Computersimulation die Wissenschaft und wenn ja, wie muss diese Transformation philosophisch begriffen werden? Frigg und Reiss sind überzeugt: Die Fragen, welche die Computersimulation aufwirft, sind keine neuen. Sie würden im Großen und Ganzen bereits durch die Wissenschaftsphilosophie der Modellierung behandelt, es handele sich also um „old stew" (Frigg & Reiss, 2009, S. 595).

Friggs und Reiss' These ist häufig bestritten worden. Eine der gegen sie angeführten Überlegungen könnte als das *Argument vom Übersetzungsbruch* bezeichnet werden. Es lautet: Betrachtet man die einzelnen Modellierungsschritte, müsste man eigentlich davon ausgehen, dass das theoretisch begründete Gegenstandsmodell *unter Beibehaltung der Strukturen* in ein mathematisches und sodann ein algorithmisches Modell übersetzt wird. Daher wird diese Beschreibung des Modellierungsprozesses auch als Simulationspipeline bezeichnet.[1] Tatsächlich folgen aber die Modellierungsschritte keiner Transition unter Erhaltung der Modellstrukturen, vielmehr sind mehrere Brüche zu beobachten.[2] Das Simulationsmodell enthält in der Regel Elemente, die nicht durch die Theorie und das Gegenstandsmodell gerechtfertigt sind. In es gehen artifizielle Momente ein, die gemessen an der Gegenstandstheorie und der Struktur des Gegenstandsmodells sogar falsch sind. Sie verbessern jedoch das Systemverhalten des Simulationsmodells, indem sie dessen (systematische) Fehler ausgleichen oder es gestatten, mit Nichtwissen umzugehen (vgl. dazu insbesondere Winsberg, 2010, S. 9, 16, 46; Lenhard, 2015a, S. 34–37; Lenhard & Hasse, 2017). Diese Befunde begründen, warum die Simulationsmodelle ein Gegenstand sui generis sind.

Im Folgenden werde ich ein anderes Argument entwickeln, das als das *Ende-der-Modelle*-Argument bezeichnet werden könnte. In Teilen ist es wohl lediglich eine Re-Interpretation der Befunde des Übersetzungsbruchs. Es arbeitet heraus, dass es nicht nur innerhalb der Simulationspipeline einen Bruch gibt; vielmehr kommt es mit und aufgrund der Computersimulation zu einer Zäsur in der Geschichte der Modellierung. Modelle sind etwas anderes – vor und nach der Computersimulation. Für die Modelle vor der Computersimulation werde ich die Bezeichnung „klassische Modelle" wählen. Modelle in der Computersimulation werden auch als Simulationsmodelle bezeichnet. Diesem Sprachgebrauch kann man folgen, man muss jedoch beachten, dass er unter Umständen den bloßen Anschein einer Kontinuität erweckt.[3] Das heißt, die Redeweise verdeckt einen bedeutsamen Umbruch, sofern sich, wie nachfolgend gezeigt werden soll, klassische Modelle und Simulationsmodelle bezüglich des Verhältnisses von Modellierer und Modelliertem grundlegend unterscheiden.[4]

---

1   Vgl. zu Simulationspipeline etwa Bungartz, Zimmer, Buchholz, & Pflüger (2013, S. 1–4).
2   Weshalb die Metapher von der Simulationspipeline unangemessen und irreführend ist, vgl. dazu Kaminski, Schembera, Resch, & Küster (2016).
3   Die Sachlage mag zu Beginn etwas verworren erscheinen, denn insbesondere mit Blick auf die Modellierung als Prozess im Unterschied zum Modell als Resultat erscheint es mir sinnvoll, den Modellbegriff auf die Computersimulation anzuwenden. Die Rede vom Ende der Modelle im Titel setzt daher einerseits den Unterschied zu klassischen Modellen voraus, andererseits bezieht sie sich primär auf Modelle als Resultate (unterschieden von der Modellierung als Prozess).
4   Die Argumentation ließe sich auf maschinell lernende Algorithmen ausweiten, die eine homologe Veränderung mit sich bringen, welche ich als „informelle Technik" (Kaminski, 2014) bezeichnet habe. Um die Argumentation nicht zu sehr anwachsen zu lassen, gehe ich

Das Argument lautet:

Prämisse₁   Klassische Modelle bieten eine Einsicht in Strukturen eines Gegen-
              standsbereichs.

Prämisse₂   Simulationsmodelle sind epistemisch opak.

Konklusion   Simulationsmodelle sind keine klassischen Modelle.

Das Argument ist also recht simpel, die entscheidende Last ruht auf den Prämissen. Sie zu begründen, wird einen Großteil dieses Beitrags ausmachen. Die Begründung der Prämisse₁ wird uns in historische Überlegungen zum Aufstieg der Rolle von Modellen in der Neuzeit und insbesondere im 19. Jahrhundert führen. Prämisse₂ ist die Gelenkstelle, welche die Zäsur in der Modellierungsgeschichte aufzeigen soll. In den Vordergrund treten dabei Überlegungen zur Rolle der Technik in der Computersimulation. Dies ist ein Punkt, der eigens hervorgehoben werden sollte. Denn der überwiegende Teil der Literatur zur Philosophie der Simulation ist wissenschaftsphilosophisch orientiert.[5] Die Technik spielt jedoch eine entscheidende Rolle, sofern sie der Modellierung neue Möglichkeiten eröffnet, die darin resultieren, dass Simulationsmodelle epistemisch opak werden (und damit in gewissem Sinne aufhören, Modelle zu sein).

Ein Problem in der Begründung von Prämisse₂ stellt die notorische Unklarheit des Begriffs „epistemischer Opazität" dar, welcher von Paul Humphreys in die Diskussion eingeführt worden ist. Den Begriff und die Entstehung der Opazität zu klären, führt vor größere systematische und historische Schwierigkeiten, als auf den ersten Blick erkennbar sein mögen. Die Ausarbeitung und Rechtfertigung der Prämisse₂ wird den Schwerpunkt des Beitrags bilden.

Damit zeichnet sich der Argumentationsgang ab. Die Abschnitte 2–3 widmen sich der Begründung der beiden Prämissen. Abschnitt 4 erläutert die Konklusion und befasst sich mit den aus der Schlussfolgerung gewonnenen Deutungsoptionen (Ende der Modelle). Das Argument wird unter anderem eine Erklärung ermöglichen: warum so häufig von Vertrauen in die Computersimulation gesprochen wird, und zwar disziplinübergreifend, von Philosophen, Sozialwissenschaftlern ebenso wie von Ingenieur- und Naturwissenschaftlern.

---

primär auf Computersimulationen ein. Gleichwohl stelle ich hier und da Bezüge her. Inzwischen werden beide Methoden, Computersimulation und maschinelle Lernverfahren, zunehmend miteinander kombiniert; etwa in der Physik.

5 Natürlich mit Ausnahmen, vgl. etwa die Arbeiten von Lenhard und Winsberg. Hier insbesondere: Lenhard (2015b); Winsberg (2003). Ferner auch: Kaminski, Schembera, Resch & Küster (2016).

2   Klassische Modelle

Von Modellen wird bekanntlich auf vielfältige, ja unübersichtliche Weise gesprochen (Goodman, 1968, S. 171). Angesichts dessen stellt sich die Frage, inwiefern Modelle als klassisch bezeichnet werden können. Die enorme Zahl unterschiedlicher Modelltypen und Modellfunktionen mag eine solche Auszeichnung willkürlich erscheinen lassen.[6] Die Bezeichnung wird im Folgenden historisch begründet: Der Aufstieg von Modellen im 19. Jahrhundert verband einen vorherrschenden Modelltyp, die mechanistischen Modelle, mit einer spezifisch ihnen zugeschriebenen Leistung: Sie eröffneten einen epistemischen Raum, der Möglichkeiten der Einsicht, des Verständnisses und der Erklärung begünstigte. In diesem Sinn waren mechanistische Modelle vorbildlich und einige Erwartungen, die auch heute an Modelle herangetragen werden, gehen von dieser Traditionslinie aus.

In ihrem Aufsatz *Mechanisms Past and Present* führt Daniela Bailer-Jones das Fahrrad an, um die besondere Leistung mechanistischer Modell zu charakterisieren (Bailer-Jones, 2005). Ihre Argumentation zielt auf die Anschaulichkeit, welche es bietet, um den Prozess der Kraftübertragung vorzuführen: Von den Pedalen über die Zahnräder bis zur Kette kann jeder Schritt nachvollzogen werden. Das mechanistische Modell eröffnet eine Einsicht in die Modellstruktur, es führt entlang der „push" und „pull"-Momente die Kraft- und damit Kausalprozesse vor. Es unterstützt das Verständnis des Modellverhaltens qua Einsicht in seine interne Struktur. Dadurch begünstigt es Chancen der Erklärung seines Verhaltens: „The attraction of models […] is the attraction of explaining phenomena mechanically. I argue […] that this attraction carries on to this day, albeit in altered form." (Bailer-Jones, 2009, S. 27).

Diese dem mechanistischen Modell zugesprochenen Vorzüge wurden von Wissenschaftlern des 19. Jahrhunderts diskutiert angesichts zweier naturwissenschaftlicher Linien, die sich zuvor eher getrennt voneinander entwickelt hatten: der mathematischen einerseits und der experimentellen andererseits; wobei letztere handwerkliche Traditionen fortführte. Infolge der zunehmenden Mathematisierung des experimentellen Vorgehens wurde die Spannung zwischen beiden Traditionslinien an einem neuen Gegenstand ausgetragen: am Modell. Für mehrere Wissenschaftler bot es nämlich den Ort, an dem sich das wissenschaftliche Verstehen – über die bloße mathematische Abstraktion hinaus – ausbilden kann. William Tomson etwa führte in seinen Baltimore-Lectures genau das als den Vorzug mechanistischer Modelle an: „It seems to me that the test of ‚Do we or not understand a particular subject in physics?' is, ‚Can we make a mechanical

---

6   Vgl. zur Vielfalt von Modelltypen und Modellfunktionen u. a. Frigg & Hartmann (2012). Für eine Diskussion der Modellfunktionen vgl. Gelfert (2016).

model of it?'" Tomson weiter: „I never satisfy myself until I can make a mechanical model of a thing. If I can make a mechanical model I can understand it. As long as I cannot make a mechanical model all the way through I cannot understand." (Tomson, 1884, zitiert nach Bailer-Jones, 2009, S. 29). Tomson wendet sich dabei gegen die abstrakte Theorie des Elektro-Magnetismus von Maxwell. Welchen Vorzug bot dabei das mechanistische Modell? Tomsons Formulierung „all the way through" deutet es an: Am Modell konnte der lückenlose Kausalprozess verfolgt werden. Auch für den Physiker Boltzmann bestand darin, so Bailer-Jones, ihr epistemischer Vorzug: „[T]he benefits of a model are related to enabling us to *see* things." (Bailer-Jones, 2009, S. 27).

Die Umrisse dieses Modellkonzepts werden als Kontrastmittel zu den Simulations- und Lernmodellen fungieren, von denen es heißt, sie veränderten das Verhältnis des Wissenschaftlers zu den Modellen. Der Problemtitel für diese Transformation lautet „epistemische Opazität".

3   Die epistemische Opazität von Simulations- und Lernmodellen

Wir machen nun einen Sprung zurück ins Jahr 2009. Frigg und Reiss' Antwort auf die Frage, ob die Computersimulation neue philosophische Problemstellungen bietet, war negativ ausgefallen. Die philosophischen Probleme werden, so ihre Auskunft, im Rahmen der philosophischen Überlegungen zur Modellierung ausreichend behandelt.[7] Paul Humphreys hat dem deutlich widersprochen. Er wählt dazu einen anderen Ansatzpunkt. Statt Computersimulation, Modell, Experiment und Theorie für sich genommen miteinander zu vergleichen, geht Humphreys von der Relation von Person und Methode aus und diskutiert, wie sich diese Relation jeweils verändert. Mit anderen Worten: Die Neuheit der Computersimulation ist nicht allein durch ihren Vergleich mit Experiment und Theorie zu verstehen, sondern erst dadurch, wie sie die Position und Rolle von Personen im Erkenntnisprozess verändert.[8]

---

7   In diesen kommen Überlegungen zur epistemischen Opazität allerdings nicht vor. Der Grund dafür wird sich noch erweisen, wenngleich Humphreys selbst dazu nicht viel sagt. Meines Erachtens bringt erst die spezifische Verbindung von Technik und Mathematik in der Computersimulation und in den avancierten Lernalgorithmen jene Opazität hervor; für sich genommen können Mathematik und Technik als Prototypen von Transparenz und Nachvollziehbarkeit gelten.

8   Unabhängig von Humphreys und systematischer als dieser hat Christoph Hubig die Technikphilosophie reflexionsbegrifflich reformuliert. Vgl. zur systematischen Ausarbeitung

Let me put the principal philosophical novelty of these methods in the starkest possible way: Computational science introduces new issues into the philosophy of science because it uses methods that push humans away from the centre of the epistemological enterprise. Until recently, the philosophy of science has always treated science as an activity that humans carry out and analyze. It is also humans that possess and use the knowledge produced by science. In this, the philosophy of science has followed traditional epistemology which, with a few exceptions such as the investigation of divine omniscience, has been the study of human knowledge. (Humphreys, 2009, S. 616)

Die zentrale These Humphreys lautet also: Personen werden durch Computersimulationen vom Zentrum des wissenschaftlichen Prozesses an den Rand gedrängt. Dabei spielt die Technik in Form der *Computer* eine entscheidende Rolle. Diese Veränderung der Wissenschaft muss nach Humphreys eine veränderte Epistemologie reflektieren.

Die klassische Epistemologie sieht, so ließe sich Humphreys paraphrasieren, ein Subjekt im Mittelpunkt der wissenschaftlichen Unternehmung. Die Begründung für wissenschaftliche Wissensansprüche muss im Rahmen dieser Epistemologie immer auf dieses Subjekt zurückgeführt werden können. Begründung ist daher an Einsicht (Evidenz) eines Subjekts gebunden. Diese klassische Epistemologie erweist sich als nicht (mehr) angemessen.

Die Technisierung – in der Computersimulation wie im maschinellen Lernen – lässt die Fundierung in der Einsicht durch ein Subjekt fraglich werden. Sie etabliert Grenzen einer solchen Reduktion. Humphreys Arbeitsdefinition epistemischer Opazität bestimmt diese: „A process is essentially epistemically opaque to X [a cognitive agent] if and only if it is impossible, given the nature of X, for X to know all of the epistemically relevant elements of the process." (Humphreys, 2009, S. 618). Dabei geht es Humphreys nicht um Prozesse jeglicher Art, sondern, wie aus dem Kontext seiner Überlegungen deutlich wird, um methodische Prozesse, also die Schritte, welche eine wissenschaftliche Unternehmung auf dem Weg der Gewinnung von Erkenntnissen durchläuft. Humphreys Arbeitsdefinition weist einige vage Formulierungen auf (etwa: Was ist das Kriterium dafür, ob ein Prozess relevant ist?), aber die Stoßrichtung wird deutlich. Humphreys glaubt, dass die Informatisierung eine essentielle Opazität eingeführt hat.

Damit wäre in der Tat ein für Wissenschaftlichkeit wesentlicher Wert, nämlich die transparente Nachvollziehbarkeit und also Rationalität, in Frage gestellt. Tech-

---

Hubig (2006, 2007, 2015) sowie mit Blick auf neue Informationstechnik (2005) sowie gemeinsam mit Harrach (2014).

nik verändert das Gefüge von Wissen und Vernunft. Wichtiger aber als die oben wiedergegebene Arbeitsdefinition epistemischer Opazität sind zwei Fragen: Was sind ihre Quellen? Was sind ihre Folgen?

> In many computer simulations, the dynamic relationship between the initial and final states of the core simulation is epistemically opaque because most steps in the process are not open to direct inspection and verification. This opacity can result in a loss of understanding because in most traditional static models our understanding is based upon the ability to decompose the process between model inputs and outputs into modular steps, each of which is methodologically acceptable both individually and in combination with the others. (Humphreys, 2004, S. 147–148)

Epistemische Opazität stellt als wesentlich erachtete Eigenschaften von Wissenschaft in Frage: Einsicht, Nachvollziehbarkeit und Begründetheit ihres Vorgehens sowie ihrer Resultate und damit Verstehen. Kennzeichnend für Wissen im Unterschied zu Meinung ist Transparenz und idealerweise lückenlose Nachvollziehbarkeit, welche ein Gütekriterium der Begründetheit wissenschaftlicher Darstellungen ausmacht. Genau in diesem Sinne sind Mathematik und mechanistische Modelle zu Prototypen szientifischer Rationalität geworden (vgl. dazu auch Lenhard, 2016). Das mechanistische Modell und der mathematische Beweis haben gemeinsam, dass der Zusammenhang jedes Elements oder Schritts mit jedem anderen nachvollzogen werden kann. Ihre Evidenz und Nachvollziehbarkeit gehen darauf zurück.

3.1   Quellen epistemischer Opazität

Wieso wird Wissenschaft, welche auf Computersimulation basiert, opak oder zumindest opaker?[9] Lesen wir zunächst die gesamte Passage, in der Humphreys diese Frage behandelt:

> There are at least two sources of epistemic opacity. The first occurs when a computational process is too fast for humans to follow in detail. This is the situation with computationally assisted proofs of mathematical theorems such as the four-color theorem.

---

9   Die komparative Redeweise, dass Wissenschaft „opaker" wird, mag zunächst irritieren. Opazität bei Humphreys ist die eine Seite einer binären Unterscheidung. Aber Opazität betrifft einzelne methodische Schritte oder Elemente. Zwar sind methodische Elemente daher opak oder transparent, aber im Hinblick auf Wissenschaft lässt sich davon sprechen, dass sie opaker wird, da nicht alle methodischen Schritte opak sind.

The second kind involves what Stephen Wolfram has called computationally irreducible processes, processes that are of the kind best described, in David Marr's well-known classification, by Type 2 theories. A Type 1 theory is one in which the algorithms for solving the theory can be treated as an issue separate from the computational problems that they are used to solve. A Type 2 theory is one in which a problem is solved by the simultaneous action of a considerable number of processes whose interaction is its own simplest description. Epistemic opacity of this second kind plays a role in arguments that connectionist models of cognitive processes cannot provide an explanation of why or how those processes achieve their goals. The problem arises from the lack of an explicit algorithm linking the initial inputs with the final outputs, together with the inscrutability of the hidden units that are initially trained. [...] Computationally irreducible processes thus occur in systems in which the most efficient procedure for calculating the future states of the system is to let the system itself evolve. (Humphreys, 2004, S. 148–149)

Beide von Humphreys genannten Quellen für die partielle Intransparenz wissenschaftlicher Resultate lassen unterschiedliche Interpretationen zu. Um die Deutungsmöglichkeiten zu umreißen, stelle ich explizit unterschiedliche Thesen vor. Die erste These (= Th) setzt direkt bei Humphreys Formulierung an, worin die Quelle (= Q) bestehe:

Q_1Th_1: Nichtwahrnehmbar aufgrund der Geschwindigkeit

Die Aussage, die Computerprozesse seien „too fast for humans to follow in detail", ließe sich so lesen, als meinte Humphreys, wir könnten sie aufgrund der Geschwindigkeit nicht wahrnehmen – so wie wir etwa ein Auto, wenn es nur schnell genug fährt, nicht mehr im Detail wahrnehmen können, sondern nur noch etwa die Farbe und Form erhaschen (= Th_1). Diese Deutung ist aber nicht sinnvoll, da es, selbst wenn die Prozesse deutlich langsamer wären, nicht viel „live" zu beobachten gibt, wenn ein Computer rechnet. Und selbst wenn, käme eine Wahrnehmung kaum dessen nahe, worum es bei der Berechnung eigentlich geht: einer Prüfung. Eine andere Lesart ist daher passender:

Q_1Th_2: Zu viele Rechenschritte, um nachvollzogen zu werden

Die Nachvollziehbarkeit ist durch die schier immense Zahl an Rechenschritten praktisch oder gar prinzipiell unmöglich. In diesem Sinne verstanden wäre sogar die Formulierung von Humphreys sinnvoll: Es ginge um die Geschwindigkeit relativ zur Lebenszeit von Wissenschaftlern und relativ zu der Zeit, die sie für einen Rechenschritt benötigen.

Typische Simulationsstudien am HLRS[10] beispielsweise dauern 24 Stunden, sie benutzen 512 Cores und haben eine Effizienz von unter 10 %.[11] Ein Core kann in der Sekunde $16 \times 2.3 \times 10^9$ Instruktionen ausführen (16 Instruktionen pro Takt bei einer Frequenz von 2.3 GHz). Die Anzahl der Instruktionen ist also: $24 \times 60 \times 60 \times 512 \times 0.10 \times 16 \times 2.3 \times 10^9 = 1.6 \times 10^{17}$. Diese Zahl ist beeindruckend groß – auch ohne dass auf den Umfang des verwendeten wissenschaftlichen Codes, der eine typische Größe von 100 000 Zeilen aufweist (einschließlich der Bibliotheken), und des Compilers, der typischerweise mehrere Millionen Zeilen groß ist, verwiesen werden muss.[12]

Die zweite Quelle epistemischer Opazität, welche Humphreys nennt, ist dagegen weniger klar in ihren Deutungsmöglichkeiten zu überblicken. Das liegt auch daran, dass Humphreys hier mehr oder weniger lediglich auf zwei andere Aufsätze verweist: Zum einen Wolframs Konzept von „computationally irreducible processes", zum anderen Marrs Unterscheidung von Typ 1 und 2 Theorien. Bevor sich interpretative Thesen formulieren lassen, worin dieser Ursprung epistemischer Opazität besteht, müssen daher die Überlegungen von Wolfram und Marr rekonstruiert werden.

Wolfram formuliert das Konzept von „computationally irreducible processes" prominent in seinem Aufsatz *Undecidability and intractability in theoretical physics* (1985) und anschließend in seinem Buch *A New Kind of Science* (2002). Wolfram geht dabei von der Idee aus, dass natürliche (oder auch soziale, geistige, technische) Prozesse selbst Rechenprozesse darstellen beziehungsweise sich zumindest als solche betrachten lassen. Die Naturwissenschaft zielt dann darauf ab, ein mathematisches Rechenmodell zu finden, das den natürlichen Rechenprozessen entspricht. Dabei zeigt sich folgender Unterschied: In einigen Fällen ist die Formulierung eines mathematischen Modells möglich, mittels dessen sich zukünftige Zustände des Zielsystems prädizieren lassen, *ohne dass jeder Zwischenzustand berechnet werden müsste* (Wolfram, 2002, S. 737). Diese Fälle bezeichnet Wolfram als „computationally reducible".[13] Ein Beispiel dafür ist die Berechnung der Umlaufbahn eines Planeten um eine Sonne: „For given this formula one can just plug

---

10 Dem *High Performance Computing Center,* einer Bundeseinrichtung an der *Universität Stuttgart,* welche mit Hazelhen einen der schnellsten aktuellen Rechner weltweit besitzen.

11 Die nachfolgenden Angaben habe ich von José Garcias, dem Leiter der *Abteilung für Scalable Programming Models & Tools* am HLRS, erhalten.

12 Selbst wenn alle diese Zeilen penibel geprüft sind, ist damit nicht entschieden, wie Compiler und jeweiliger Code zusammenarbeiten (ferner wie diese oder jene Parametrisierung sich darauf auswirkt).

13 Dass Wolfram die davon unterschiedenen „computationally irreducible" Prozesse vor allem an zellulären Automaten untersucht, ist naheliegend – wenngleich meinem Verständnis nach nicht zwingend. Siehe dazu auch die nachfolgende Fußnote.

in numbers to work out where the planet will be at any point in the future, without ever explicitly having to trace the steps in its motion." (Wolfram, 2002, S. 737).

Anders gesagt: Ist ein Prozess „computationally reducible", dann bedeutet dies, dass es einen mathematischen „shortcut" gibt, eine Abkürzung (Wolfram, 1985, S. 203). Dies ist nicht immer, nach Wolframs Vermutung sogar eher selten, der Fall. Bei Prozessen, die „computationally irreducible" sind, ist also jeder Zwischenschritt zu berechnen, ein Sprung zu einem künftigen Zustand ist nicht möglich. „The behavior of the system can be found only by direct simulation or observation: No general predictive procedure is possible." (Wolfram, 1985, S. 203).

Wolframs Überlegungen haben eine intensive Rezeption erfahren und sind umstritten (Zenil, 2013, darin insbesondere Zwirn & Delahaye, 2013; ferner auch Zwirn, 2013, zu mathematischen Versuchen einer Explikation von Wolframs Intuition). Geht man von ihnen aus, dann bieten sie eine Erklärung dafür, warum selbst einfache Systeme – das heißt, solche, die hinsichtlich der Formulierung ihrer Regeln relativ simpel sind – nur simulativ untersucht werden können. Und außerdem: Warum die Simulation den Eindruck eines Experiments macht. Wie es bei einem Experiment typischer Weise der Fall ist, wenn ein System erschlossen werden soll, kann der Ausgang nicht vorhergesehen und nicht abgekürzt werden.[14]

Humphreys nun hält Marrs Unterscheidung von „type 1" und „type 2 theory" für eine hilfreiche Darstellung und Erläuterung von Wolframs Differenzierung zwischen computativ reduziblen und irreduziblen Prozessen; beide Unterscheidungen verlaufen für Humphreys parallel. Marrs Überlegungen gehen von Berechnungsproblemen aus. Soll ein solches Problem gelöst werden, müssen typischerweise zwei Schritte erfolgen:

> In the first, the underlying nature of a particular computation is characterized, and its basis in the physical world is understood. One can think of this part as an abstract formulation of *what* is being computed and why, and I shall refer to it as the ,theory' of a computation. The second part consists of particular algorithms for implementing a computation, and so it specifies *how*. The choice of algorithm usually depends upon the hardware in which the process is to run, and there may be many algorithms that implement the same computation. The theory of a computation, on the other hand, depends only on the nature of the problem to which it is a solution. (Marr, 1977, S. 37)

Marr exemplifiziert diese Überlegung an der Fourieranalyse. Die Berechnungstheorie der Fouriertransformation, einmal formuliert, ist unabhängig von den

---

14 Das bedeutet nicht, dass keine Beschleunigung, etwa durch Parallelisierung der Rechenprozesse und schnelle Hardwaretaktung erfolgen kann; aber auch diese Beschleunigung kann keine Rechenschritte überspringen und die Prognose abkürzen.

verschiedenen Wegen, wie sie praktisch berechnet werden kann. Das heißt: Die Implementierung in einem Algorithmus kann im Anschluss auf vielfältige Weise erfolgen, die sich durch ihre Effizienz unterscheiden können. Entsprechend gibt es hier für ein und dieselbe Berechnungstheorie diverse algorithmische Umsetzungen.

Lassen sich diese beiden Schritte wie im Beispiel der Fourieranalyse – also (1) die Formulierung einer Theorie des Berechnungsproblems und (2) die Umsetzung in einem spezifischen Algorithmus – trennen, dann handelt es sich um eine „type 1 theory" für Marr. Diese Zerlegbarkeit ist jedoch keinesfalls immer gewährt; und ist dies nicht der Fall, dann handelt es sich um eine „type 2 theory". Bei solchen Theorien wird das Problem gelöst „by the simultaneous action of a considerable number of processes, whose interaction is its own simplest description" (Marr, 1977, S. 38). Marr erläutert dies am Beispiel der Faltung von Proteinen. In diesen Prozessen gibt es zwar eine große Anzahl an Einflüssen, jedoch seien in den verschiedenen Momenten der Zeitreihe sukzessive jeweils nur einige wenige Interaktionen von, dann aber entscheidender, Bedeutung. Simplifizierungen ignorieren einige Interaktionen. Im Prozess sind jedoch die meisten zu einem bestimmten Zeitpunkt von Bedeutung. Aus diesem Grund scheitern die Simplifizierungen. Am erfolgreichsten sind daher, so Marr zur damaligen Zeit, Brute-Force-Methoden, bei denen, so darf man wohl ergänzen, durch erschöpfende Suche („exhaustive search") alle Möglichkeiten berechnet werden, bis sie zu einer stabilen Anordnung führen.

In welchem Sinne lässt sich in diesem Beispiel keine Trennung zwischen Theorie und Durchführung vornehmen? Es gibt zwar eine Gegenstandstheorie: die der Proteine, ihrer Geometrie, der Interaktionen. Es gibt aber keine Berechnungstheorie, welche das Berechnungsproblem formuliert. Stattdessen werden alle Möglichkeiten simuliert, bis es zu einer stabilen Konfiguration kommt. In diesem Sinne besteht die Lösung in einer „simultaneous action of a considerable number of processes, whose interaction is its own simplest description". Eine simplere Beschreibung würde nämlich einen Shortcut, eine mathematische Abkürzung bieten (Wolfram, 1985). Gäbe es eine solche, dann müsste keine „exhaustive search", kein Laufenlassen, bis sich Lösungen finden, praktiziert werden. Es dürfte dieser Zusammenhang sein, der Humphreys glauben lässt, dass Marrs „type 2 theory" eine gute Erläuterung von „computationally irreducible processes" im Sinne Wolframs darstellt.

Nachdem der Zusammenhang Wolfram/Marr deutlich freigelegt worden ist, stellt sich die Frage, inwiefern damit eine Beschreibung für die zweite Quelle epistemischer Opazität gewonnen ist. Worin besteht also der Zusammenhang Humphreys/Wolfram/Marr oder von epistemischer Opazität/„computationally irreducible process"/„type 2 theory"? Wolframs Überlegung arbeitet heraus, dass die mathematische Fassung des Berechnungsproblems in einer Weise erfolgt, die keine Abkürzung zulässt. Entsprechend formuliert Marr, dass die Interaktionen die kürzeste Beschreibung des untersuchten Systems darstellen, wobei er betont, dass es sich um eine „simultaneous action of a considerable number of processes" handelt. Eine sinnvolle Interpretation wäre, dass die *Interdependenz* der Teilprozesse und ihrer Effekte eine Größenordnung erreicht, die ihr Verständnis und insbesondere eine Prognose erschwert oder gar aussichtslos werden lässt. Naheliegend ist daher, die zweite Quelle epistemischer Opazität in der Art des Simulationsmodells selbst zu sehen. Simulationsmodelle, deren Struktur analytische Einsicht versperrt, sind opak.

Q_2Th_1: Das Simulationsmodell ist analytisch unverständlich

Der entscheidende Begriff ist hier „analytisch". Analog zur Verwendungsweise in der philosophischen Tradition wird unter einem analytischen Verständnis hier eine Einsicht in die Struktur verstanden. Das bedeutet: Versteht jemand ein Modell, dann begreift er, welche Elemente in welcher Beziehung zueinander stehen, dass ein Anstieg der Größe m etwa einen proportionalen (oder einen quadratischen oder exponentiellen usw.) Anstieg der Größe von n zur Folge hat. In diese Richtung geht auch eine Bemerkung des Physikers Richard Feynman:

> ,I understand what an equation means if I have a way of figuring out.' So if we have a way of knowing what should happen in given circumstances without actually solving the equations, then we ,understand' the equations, as applied to these circumstances. (Feynman, 1965, zitiert nach Lenhard, 2015a, S. 99)[15]

Die Einsicht erfolgt durch ein Verständnis des internen Zusammenhangs – und nicht dadurch, dass Inputs und Outputs von außen beobachtet werden.[16] Letzteres deutet bereits auf das tatsächliche Errechnen des Verhaltens der Simulationsmodels hin.

---

15   Im ersten Teil gibt Feynman selbst die Position von Dirac wieder.
16   Das muss nicht bedeuten, dass es keinen Übergang gibt und etwa Beobachtungen nicht dabei helfen können, analytisches Verständnis zu fördern. Demnach sollte es auch keine Gleichsetzung von analytisch, das heißt Strukturen verstehend, mit apriori und synthetisch, das heißt In- und Outputs beobachtend, mit aposteriori geben.

3.2 Der Zusammenhang beider Quellen ...

Der vorliegenden Deutung nach besteht die erste Quelle in der immensen Menge der Rechenschritte, die vollzogen werden und einen detaillierten Nachvollzug durch eine Person (nicht einmal im Ansatz) zulassen. Die zweite Quelle entsteht durch die Struktur der Simulationsmodelle, die kein analytisches Verständnis gewähren. Angesichts dieses interpretativen Befunds stellt sich die Frage: In welchem Verhältnis stehen die beiden Quellen? Humphreys spricht schlichtweg von zwei Quellen, was es nahelegt, sie als unabhängig zu begreifen. Treffen die beiden Interpretationen zu, ergibt sich ein komplizierteres Bild. Demnach wären beide Quellen gerade nicht unabhängig voneinander. Vielmehr kommt der zweiten Quelle eine Priorität zu, insofern sie der Grund dafür ist, warum die immense Rechenkraft bemüht werden muss. Da das strukturelle, analytische Verständnis des Simulationsmodells versperrt ist, bleibt nur der Weg über das Errechnen. Oder um Feynman abzuwandeln: Weil wir nicht wissen können, was angesichts bestimmter Umstände (Start- und Randbedingungen, Kalibrierung und Parametrisierung) passiert, muss das Modellverhalten errechnet werden. Damit verstehen wir es jedoch nicht, jedenfalls nicht analytisch.

Auch wenn demnach der zweiten Quelle ein Vorrang zukommt, bedeutet dies nicht, dass die erste nicht die epistemische Opazität sozusagen vermehrt. Denn die vielen Rechenschritte können in ihrer Gesamtheit in der Tat nicht überprüft und nachvollzogen werden. Es gibt also eine partielle Unabhängigkeit oder besser: einen Eigenanteil der ersten Quelle. Deutlich wird dieser, wenn die beiden Quellen nicht nur als solche epistemischer Opazität, sondern auch als Quellen etwaiger Fehler betrachtet werden. Selbst wenn das Simulationsmodell valide ist und korrekt implementiert wurde, kann es, etwa durch Hardware, zu Rechenfehlern kommen, die unter Umständen nicht bemerkt werden, woran sich die Zutat der ersten Quelle zeigt.

3.3 ... als spezifische Verflechtung von Mathematik und Technik

Die Rekonstruktion von Humphreys Überlegungen zeigt, dass epistemische Opazität von anderen Arten der Intransparenz unterschieden werden muss. Epistemische Opazität betrifft Methoden. Sie ist daher nicht zu verwechseln mit (a) der Verborgenheit der Zusammenhänge der Natur, der Unklarheit und Verworrenheit der Erscheinungen in der Welt, kurz mit Gegenstandsopazität (zu Beginn von Forschungsprozessen). Ferner (b) ist sie zwar das Resultat mathematischer Eigenschaften, aber als methodische Opazität unterscheidet sie sich von der mangelnden Bestimmtheit probabilistischer Aussagen. Probabilistische Aussagen können nämlich methodisch vollkommen transparent sein, der Gegenstand beziehungsweise Erkenntnisstand lässt nur keine größere Bestimmtheit der Aussagen über ihn zu. Schließlich (c) ist sie – obgleich eine Folge der Technisierung des Erkenntnisprozesses – von technischer Intransparenz qua Black Boxing zu unterscheiden. Denn technische Black Boxes können prinzipiell geöffnet und dann grau oder weiß (also transparent) werden. Essentielle epistemische Opazität dagegen lässt sich nicht abbauen.

Mathematik einerseits und Technik andererseits stellen für sich genommen Prototypen rationaler, einsichtiger, transparenter Strukturen dar. Erst ihre spezifische Verflechtung in der Computersimulation lässt epistemische Opazität entstehen. Diese Verflechtung findet ihre Spiegelung in der oben dargelegten Verbindung der beiden Quellen. Die Intransparenz der mathematischen Eigenschaften gestattet keine Abkürzung, daher müssen diese auf technischem Wege, nämlich durch computergestütztes Ausrechnen expliziert werden.

Diese Verbindung von Mathematik und Informationstechnik eröffnet einen neuen epistemischen Raum. Wie soll man diesen Raum charakterisieren? Er ist einerseits rein artifiziell, Natur lässt sich darin nicht antreffen. Andererseits weist er Charakteristika (Überraschung, Explorierbarkeit) auf, die der experimentellen Kultur eigen sind. Ferner ist er das Resultat technischer und mathematischer Konstruktionen, aber er bietet nicht die Transparenz, welche diesen zugeschrieben wird. Die Debatte um den Status der Computersimulation stellt einen Reflex darauf dar, dass wir es hier mit einem neuen epistemischen Raum zu tun haben.

4   Das Ende der Modelle und seine Folgen

Das Argument, welches eingangs formuliert wurde, führt zu dem Schluss, dass der Erfolg der Modellierung zu einem Ende der Modelle geführt hat. Der präzise Sinn dieser Folgerung sollte durch die Klärung der Prämissen verständlich geworden sein. Gemessen an klassischen Modellen weisen Simulations- und algorithmische Lernmodelle einen Mangel auf. Sie lassen vermissen, was mechanistische Modelle auszeichnete: eine Einsicht in die Modellstruktur. Die opaken Modelle ermöglichen jedoch die Berechnung des Verhaltens von Systemen, die keine einfache mechanistische Beschreibung zulassen. Die Technik ermöglicht dann die Ausführung beziehungsweise Erzeugung ihres modellierten Verhaltens.

Es ist nun dieser partielle Mangel, welcher einige Züge der gegenwärtigen Debatte insbesondere um Computersimulationen verständlich macht. Drei rücken hier in den Vordergrund:

1) Externalistische Rechtfertigungsstrategien: Sofern epistemische Opazität die Einsicht in die Modellstruktur versperrt, muss das Modellverhalten berechnet werden. Das heißt: Es muss gleichsam von außen beobachtet werden. Dadurch wird verständlich, warum externalistische Rechtfertigungsstrategien an Bedeutung gewinnen. Die interne Struktur ist zumindest partiell nicht verständlich,[17] aber das Verhalten kann hervorgerufen und geprüft werden, etwa auf Übereinstimmung mit empirischen Daten. Diese Strategie stellt gegenwärtig eine der wichtigsten in der Beurteilung sowohl von Computersimulationen als auch von Lernfortschritten von Algorithmen dar.

2) Vertrauen und Verlässlichkeit: Es ist auffällig, wie häufig im Bereich der Computersimulation von Vertrauen in die Simulationsmodelle gesprochen wird. Eigentlich müsste eine solche Redeweise für das Selbstverständnis von Ingenieuren unbehaglich sein. Entfällt aber die Einsicht in die Modellstruktur, müssen funktional äquivalente Formen an ihre Stelle treten; Vertrauen etwa. Ob diese Redeweise sich theoretisch tatsächlich rechtfertigen lässt, ist dabei eine andere Frage. Sie wird aber verständlich angesichts der veränderten Beziehungen zu Modellen.

3) Die Anmutung eines experimentellen Charakters von Computersimulationen: Weil Simulationsmodelle opak sind, kann der Eindruck entstehen, dass die Berechnungsprozesse einem Experiment gleichen: Man beobachtet ein Verhalten, das nicht nur zu überraschen vermag, sondern das außerdem zu erklären sein wird. Die klassischen Modelle boten gerade die Möglichkeit einer Erklärung von sich aus an, indem sie die kausalen Übertragungswege offen darlegten.

Diese Folgen bestätigen in gewisser Weise die Überlegungen zu einem Ende der Modelle in klassischem Sinne. Dieser Rede mutet zwar etwas Endgültiges an; das ist aber keineswegs der Fall. Sie ist auf die Gegenwart beschränkt. Denn prinzipiell spricht nichts dagegen, dass neue mathematische Techniken entwickelt würden, welche es gestatten, die Opazität aufzulösen.

---

17 Eingangs sprachen wir von avancierten Lernstrategien wie neuronalen Netzen. Diese sind insbesondere dadurch charakterisiert, dass die Modellstruktur nicht nachvollzogen werden kann. Zwar ist die Strategie, wie gelernt wird, verstehbar, aber der jeweilige Lernvorgang wird primär danach beurteilt, inwiefern er mit Trainingsdaten übereinstimmt bzw. bestimmte Aufgaben besser gelöst werden.

Literatur

Bailer-Jones, D. (2005). Mechanisms Past and Present. *Philosophia Naturalis, 42* (1), 1–14.

Bailer-Jones, D. (2009). *Scientific Models in Philosophy of Science.* Pittsburgh, PA: University of Pittsburgh Press.

Bungartz, H., Zimmer, S., Buchholz, M., & Pflüger, D. (2013). *Modellbildung und Simulation. Eine anwendungsorientierte Einführung.* Berlin/Heidelberg: Springer Spektrum.

Frigg, R., & Hartmann, S. (2012). Models in Science. In *The Stanford Encyclopedia of Philosophy.* Abgerufen von http://plato.stanford.edu/archives/fall2012/entries/models-science/

Frigg, R., & Reiss, J. (2009). The Philosophy of Simulation. Hot New Issues or Same Old Stew? *Synthese, 169* (3), 593–613.

Gelfert, A. (2016). *How to Do Science With Models. A Philosophical Primer.* Dordrecht: Springer.

Goodman, N. (1968). *Languages of Art. An Approach to a Theory of Symbols.* Indianapolis, IN: Bobbs-Merrill.

Harrach, S., & Hubig, C. (2014). Transklassische Technik und Autonomie. In A. Kaminski, & A. Gelhard (Hrsg.), *Zur Philosophie informeller Technisierung* (S. 37–53). Darmstadt: Wissenschaftliche Buchgesellschaft.

Hubig, C. (2005). „Wirkliche Virtualität". Medialitätsveränderung der Technik und der Verlust der Spuren. In A. Hetzel, & G. Gamm (Hrsg.), *Unbestimmtheitssignaturen der Technik. Eine neue Deutung der Technisierten Welt* (S. 39–62). Bielefed: transcript.

Hubig, C. (2006). *Die Kunst des Möglichen I. Grundlinien einer dialektischen Philosophie der Technik Bd. 1. Technikphilosophie als Reflexion der Medialität.* Bielefeld: transcript.

Hubig, C. (2007). *Die Kunst des Möglichen II. Grundlinien einer dialektischen Philosophie der Technik Bd. 2. Ethik der Technik als provisorische Moral.* Bielefeld: transcript.

Hubig, C. (2015). *Die Kunst des Möglichen III. Grundlinien einer dialektischen Philosophie der Technik Bd. 3. Macht der Technik.* Bielefeld: transcript.

Humphreys, P. (2004). *Extending Ourselves. Computational Science, Empiricism, and Scientific Method.* New York: Oxford UP.

Humphreys, P. (2009). The Philosophical Novelty of Computer Simulation Methods. *Synthese, 169* (3), S. 615–626.

Kaminski, A. (2014). Lernende Maschinen: naturalisiert, transklassisch, nichttrivial? Ein Analysemodell ihrer informellen Wirkungsweise. In A. Kaminski, & A. Gelhard (Hrsg.), *Zur Philosophie informeller Technisierung* (S. 58–81). Darmstadt: Wissenschaftliche Buchgesellschaft.

Kaminski, A., Schembera, B., Resch, M., & Küster, U. (2016). Simulation als List. *Jahrbuch Technikphilosophie. Technik, List und Tod, 2,* 93–121.

Lenhard, J. (2015a). *Mit allem rechnen. Zur Philosophie der Computersimulation.* Berlin/Boston, MS: de Gruyter.

Lenhard, J. (2015b). Kann Technik die Naturgesetze verändern? *Jahrbuch Technikphilosophie. Ding und System,* 1, 171–186.

Lenhard, J. (2016). The Demon's Fallacy. Simulation Modeling and a New Style of Reasoning. In M. Resch, A. Kaminski, & P. Gehring (Hrsg.), *Science and Art of Simulation I (SAS).* Berlin/Heidelberg: Springer.

Lenhard, J., & Hasse, H. (2017). Fluch und Segen. Die Rolle anpassbarer Parameter in Simulationsmodellen. *Jahrbuch Technikphilosophie. Technisches Nichtwissen,* 69–84.

Marr, D. (1977). Artificial Intelligence. A Personal View. *Artificial Intelligence,* 9 (1), 37–48.

Winsberg, E. (2003). Simulated Experiments. Methodology for a Virtual World. *Philosophy of Science,* 70 (1), 105–125.

Winsberg, E. (2010). *Science in the Age of Computer Simulation.* Chicago, IL/London: University of Chicago Press.

Wolfram, S. (1985). Undecidability and Intractability in Theoretical Physics. *Physical Review Letters,* 54 (8), 735–738. doi: 10.1103/PhysRevLett.54.735

Wolfram, S. (2002). *A New Kind of Science.* Champaign, IL: Wolfram Media.

Zenil, H. (Hrsg.). (2013). *Irreducibility and Computational Equivalence. 10 Years After Wolfram's A New Kind of Science.* Berlin/Heidelberg: Springer.

Zwirn, H. (2013). *Computational Irreducibility and Computational Analogy.* Abgerufen von https://arxiv.org/abs/1304.5247v3

Zwirn, H., & Delahaye, J. (2013). Unpredictability and Computational Irreducibility. In H. Zenil (Hrsg.), *Irreducibility and Computational Equivalence. 10 Years After Wolfram's A New Kind of Science* (S. 273–295). Berlin/Heidelberg: Springer.

Der Topos der Grenze
Zur Suggestivkraft von Jacques Derridas Dekonstruktion

Manuel Reinhard

Abstract

Das sokratische Diktum „Ich weiß, dass ich nichts weiß.": Wie kann Philosophie wissen, was sie nicht weiß? Eine Philosophie, die weiß, was sie nicht wissen kann, ist eine Paradoxie – und sie macht aus dieser Paradoxie nicht selten ein Stilmittel. Der algerisch-französische Philosoph Jacques Derrida (1930–2004) hat sich in seinem Projekt der aporetischen Schriften wie kaum ein anderer Philosoph des 20. Jahrhunderts den Grenzen – in seinen Worten: Aporien (von altgriech. ον ἄπόρος: ohne Weg) – traditioneller Wissenskonzepte der Geistesgeschichte angenommen. Grenzen des Wissens erscheinen in den 20 Jahren des Projekts jedoch nicht schlichtweg als Beschränkungen, sondern gleichermaßen als Wegweiser. Der vorliegende Text soll am Beispiel von Derridas aporetischen Schriften den Sokratismus der Dekonstruktion verständlich machen. Und er wird dabei nachvollziehbar werden lassen, welcher rhetorischen Mittel es einer Philosophie bedarf, die trotz des zum Common Sense spätmoderner Gesellschaften gewordenen sokratischen Diktums noch mehr wissen möchte. Pace Sokrates.

> „Von dem, was die anderen nicht von mir wissen, lebe ich"
> (Handke, 1998, S. 336).

1

Die Philosophie ist seit Anbeginn an ein grenzwertiges Projekt gewesen. Dachte Sokrates über die Tugenden seiner Athener Mitbürger nach, sind ihm vor allem die Grenzen seines eigenen Wissens aufgefallen. Platons Frühdialoge zeugen noch heute davon. In der Zwischenzeit hat sich an der Philosophie scheinbar wenig geändert. Außer der Tatsache vielleicht, dass sie mittlerweile schneller von den

© Springer Fachmedien Wiesbaden GmbH, ein Teil von Springer Nature 2018
A. Brenneis et al. (Hrsg.), *Technik – Macht – Raum*, Technikzukünfte,
Wissenschaft und Gesellschaft / Futures of Technology, Science and Society,
https://doi.org/10.1007/978-3-658-15154-6_17

Grenzen des Wissens im Allgemeinen spricht, als dies Sokrates in den Sinn gekommen wäre. Sokrates wäre unter den Philosophen der Postmoderne wahrscheinlich einer der wenigen postmodernen Philosophen geblieben.

Die Absurdität des sokratischen Diktums „Ich weiß, dass ich nichts weiß": Ist ihre eigene Grenze das Thema einer Philosophie, so wird sie selbstreflexiv. Wie aber kann eine Philosophie etwas über ihre eigenen Grenzen wissen? Sie müsste etwas davon wissen können, was hinter ihrer Grenze ist, um Gründe für die Behauptung zu haben, dass sie davon nichts wissen kann. Macht eine Philosophie ihre Grenze zum Thema ihrer Debatten, so wird sie demnach zu einer Paradoxie (Priest, 2002). Etwas ist, so die Paradoxie, und es ist gleichsam nicht. Sie widerspricht hiermit Aristoteles' Satz vom ausgeschlossenen Dritten. Innerhalb der Philosophiegeschichte gelten Paradoxien seither als prinzipielle Defizite einer Philosophie (Kant, 1956, S. 145a). Aber warum eigentlich? Eine Philosophie, die selbst das wissen möchte, was sie nicht wissen kann – oder: die moderne, spätmoderne und postmoderne Philosophie auf der Suche nach ihrer verlorenen Zeit – muss eine Paradoxie sein (Rustemeyer, 2006). Und dementsprechend kann sie nicht gänzlich ohne den Topos der Grenze auskommen. Sie wird transgressiv (von lat. *transgressivus:* überschreitend): Pace Sokrates.

Der vorliegende Text soll am Beispiel von Jacques Derridas Projekt der aporetischen Schriften die folgende These verständlich machen: Derrida suggeriert mit dem Topos der Grenze die Plausibilität der Dekonstruktion, und zwar aufgrund der Paradoxie des Topos. Der Text hat eine systematische Ordnung: Er beginnt mit der Einführung in die aporetischen Schriften (2.). Es folgen Überlegungen zu der argumentationslogischen Bedeutung des Topos der Grenze (3.) und zu seiner Suggestivkraft (4.). Der vorliegende Text endet mit einem Fazit zum Sokratismus Derridas (5.).

2

Derrida hat sein Projekt der aporetischen Schriften am 15. Juli 1992 vorgestellt (Derrida, 1998, S. 33 ff.). Den Zuhörern seines damaligen Vortrages *Aporien. Sterben – Auf die ‚Grenzen der Wahrheit' gefaßt sein,* die während der Tagung zu Derridas intellektueller Entwicklung in den 1980er Jahre zugegen gewesen sind, sollte er jedoch wenig mehr als eine stichpunktartige Chronologie des Projektes präsentieren (Derrida, 1998, S. 33). Das Programm der aporetischen Schriften lässt sich dennoch nachvollziehen.

Was ist, fragt Derrida zu Beginn seines Projektes der aporetischen Schriften, die Grenze der Philosophie (Derrida, 1999, S. 18)? Was lässt sich von dieser Grenze wissen (ohne dass sie von einer Philosophie überschritten wird)? Der Topos der Grenze lässt Derrida von der ersten der Schriften an das Programm seines Projekts begründen. Seine forschungslogische Bedeutung wird jedoch zu keiner Zeit ein Thema. Der Topos macht das Projekt zu dem, was es ist, und scheint dabei selbst nicht mehr als die Metapher für eine zukünftige Philosophie zu sein. Die Probleme, die Derrida zwischen 1972 und 1992 in den aporetischen Schriften einen Anlass zum Schreiben gegeben haben, sind demnach die Grenzen philosophischer Narrative. So beschreibt Derrida beispielsweise in *Privileg* das kantische Narrativ einer autonomen Philosophie in Bezug auf die Grenzen ihrer akademischen Disziplin. Ideal und Realität der Philosophie setzen sich in Derridas Argumentation voraus und schließen sich gleichermaßen aus. Philosophie wird mithin zu einer Paradoxie (Derrida, 2003). Eine ähnliche Schlussfolgerung ist in allen weiteren aporetischen Schriften zu beobachten (Reinhard, 2016). Der Topos der Grenze macht aus Derridas Projekt hiermit ein Projekt der Reflexion auf die Paradoxien der Geistesgeschichte (Derrida, 1998, S. 41 f.).

Der Topos der Grenze (altgriech. πείρας; lat. *finis*) ist während aller Epochen der Philosophiegeschichte von Bedeutung gewesen. Die antike Philosophie hat er mit der Unterscheidung zwischen λόγος und χάος (Aristoteles, 2000, II 2, 994b, 15), die mittelalterliche Philosophie mit der Unterscheidung zwischen Deus creator omnium und Creatio (Spinoza, 1999, S. 11), die neuzeitliche Philosophie mit der Unterscheidung zwischen Verstand und Vernunft ihr jeweilige regulative Idee beschreiben lassen (Schnädelbach, 2004). Die Bedeutung des Topos ist in der Zwischenzeit nicht kleiner geworden. Der Philosophie des 20. Jahrhunderts hat er mit seinen wiederholten Bemerkungen zu den Grenzen des anthropologischen Wahrnehmungs-, Denk- und Einfühlungsvermögens ein Argument gegen die regulativen Ideen ihrer Tradition formulierbar gemacht. Wie aber kann die zeitgenössische Philosophie etwas über ihre eigenen Grenzen wissen? Müsste sie doch wissen, was sie nicht weiß, um zu wissen, weshalb sie dies nicht wissen kann (Gatzemeier, 1974; Wokart, 1995).

Am zwischenzeitlichen Ende seiner Geschichte, lässt sich behaupten, macht der Topos der Grenze aus Derridas Projekt der aporetischen Schriften eine Paradoxie. „[J]ene Aporetologie oder Aporetographie" (Derrida, 1998, S. 33), die Derrida während seines Vortrags im Juli 1992 in Cerisy-la-Salle präsentieren sollte, scheint letztlich eine *Myse en abyme* geworden zu sein.

3

Der Topos der Grenze lässt Derrida sein Projekt der aporetischen Schriften begründen. Und er macht es gleichsam zu einer Paradoxie. Die argumentationslogische Bedeutung des Topos wird jedoch verdeutlichen, dass diese Paradoxie nichts an dem Programm des Projekts ändert. Vielmehr scheint das Gegenteil der Fall zu sein.

Der Topos der Grenze ist ein rhetorischer Topos. Was heißt das? Es heißt, dass er während der aporetischen Schriften ihren gemeinsamen Inhalt bestimmt. Genauer: Die Schriften haben wegen des Topos die Grenzen von philosophischen Narrativen zum Thema. So ist der Topos der Grenze ab Beginn der aporetischen Schriften das Prinzip ihrer Darstellungen (und ihr Projekt, wie man in *Tympanon* liest, der Versuch einer Entgrenzung der Philosophie):

> Unter welchen Bedingungen könnte man demnach für ein Philosophem im allgemeinen eine Grenze bezeichnen, eine Randzone, die es nicht ad infinitum wiederaneignen, als die seine konzipieren kann, indem es im Voraus den Prozeß seiner Entäußerung (wieder, immer wieder Hegel) hervorbringt und in sich zurücknimmt, indem es von sich aus zu seiner Umkehrung schreitet? (Derrida, 1999, S. 18)

Der Topos der Grenze ist darüber hinaus ein strategischer Topos. Was wiederum besagt, dass er während der aporetischen Schriften und ihres Projekts etwas als Problem erscheinen lässt. Oder: Der Topos macht das Grenzverhältnis zwischen verschiedenen philosophischen Narrativen zur Problematik des Projekts. So ist der Topos der Grenze während Derridas Projekt das Prinzip seiner Problembeschreibungen (und das Projekt, heißt es in *Privileg*, eine Kritik an den Grenzsetzungen der traditionellen Philosophie):

> Unter welchen Bedingungen kann man also von Freiheit und von Wahrheit sprechen? Unter welchen Bedingungen die Verantwortung für sie übernehmen? Allem Anschein zum Trotz sind diese Fragen keineswegs abstrakt. Nach und nach durchziehen sie alles: die Geschichte, die Politik (die Idee der Demokratie), das Recht und die Moral, die Wissenschaft, die Philosophie und das Denken. Es geht immer noch darum, zu *wissen*, zuallererst aber darum zu wissen, wie man diese Forderung nach Verantwortung noch weiter treiben kann, ohne auf die klassischen Normen der Objektivität und der Verantwortung zu verzichten, ohne das kritische Ideal der Wissenschaft und der Philosophie zu gefährden, also ohne auf das Wissen zu verzichten. Wie weit also? Unbegrenzt natürlich, denn das Bewußtsein (conscience) einer begrenzten Verantwortung ist ein ‚gutes Gewissen‘ (‚bonne conscience‘); zunächst aber einmal soweit, diese klassischen Normen und die Autorität dieses Ideals zu hinterfragen [...]. Schließlich dann soweit, sich zu fragen, was den Wert kritischen Fragens, der davon nicht zu trennen ist, begründet oder vielmehr verpflichtet. (Derrida, 2003, S. 124 f.)

Der Topos der Grenze ist ebenfalls ein probativer Topos. Was bedeutet das? Es bedeutet, dass er während Derridas Projekt die logische Prämisse von Derridas Konklusionen ist. Anders gesagt: Die Argumentationslogik des Projekts wird infolge des Topos zu einer Grenzfunktion von relationalen Formen. So ist der Topos der Grenze am Ende von Derridas Projekt schließlich das Prinzip seiner logisch-ontologischen Thesen (und Derridas Projekt, so in *Limited Inc a b c ...*, das Projekt einer Ersten Philosophie):

> Die Struktur der Iteration, ein weiterer entscheidender Zug, impliziert gleichzeitig die Identität und Differenz. Die ‚reinste' Iteration – aber sie ist niemals rein – bringt in sich selbst die Abweichung (écart) einer Differenz mit sich, die sie als Iteration konstituiert. Die Iterabilität eines Elements spaltet a priori seine eigene Identität, ohne zu berücksichtigen, daß sich diese Identität nicht anders bestimmen, abgrenzen kann als in differentieller Beziehung mit anderen Elementen, und trägt diese Marke der Differenz. Und weil diese Iterabilität differentiell ist, im Innern jedes ‚Elements' und zwischen den ‚Elementen', weil sie jedes Element, indem sie es konstituiert, zerbricht, weil sie es mit einer Artikulationsbruchstelle markiert, ist die restance, obwohl unentbehrlich, niemals diejenige einer vollen Präsenz: Sie ist eine differentielle Struktur, die der Präsenz oder dem (einfachen oder dialektischen) Gegensatz Präsenz und Absenz entgeht [...]. (Derrida, 2001, S. 89)

Prinzip einer alternativen Philosophie – Prinzip einer Kritik der Philosophie – Prinzip einer Ersten Philosophie: Der Topos der Grenze, so die Schlussfolgerung, widerspricht dem Satz vom ausgeschlossenen Dritten. Er ist als argumentationslogisches Prinzip eine gleichermaßen kritische wie prinzipielle Prämisse von Derridas Argumenten. Der Topos macht die Argumentationslogik des Projekts der aporetischen Schriften zu einer Paradoxie. Es ist jedoch diese Paradoxie, wie es scheint, die das Programm des Projekts in seinem Gesamtzusammenhang begründet.

4

Was sind nunmehr die suggestiven Effekte des Topos der Grenze? Welche Auswirkung hat die Paradoxie des Topos auf seine Suggestivkraft? Wie soll er angesichts dieser Paradoxie die Plausibilität von Derridas Projekt der aporetischen Schriften suggerieren?

Derrida hat den Topos der Grenze auf quasi-objektive Art und Weise zu verwenden, sofern die Darstellungen der aporetischen Schriften adäquat erscheinen sollen. Würde ansonsten doch der Eindruck entstehen, dass sie Funktionen eines Topos statt homologe Repräsentationen eines Sachverhalts sind. Derridas Topos ist demnach nur dann effektiv, wenn die Effektivität des Topos nicht diskutiert wird (Luhmann & Fuchs, 1989, S. 115). Die Logik seiner Argumente scheint nur dann stringent zu sein, wenn ihre Prämissen nicht Teil einer Debatte werden. Das Projekt ist hiermit nur dann plausibel, wenn der Topos der Grenze suggestiv bleibt, seine Suggestivkraft selbst aber kein Thema des Projekts wird. Und er ist kein Thema.

Was folgt daraus? Gesetzt den Fall, dass der Topos der Grenze seine Suggestivkraft entfaltet, lässt er selbst diskrepante Lektüren der aporetischen Schriften plausibel erscheinen. Die Paradoxie ihres gemeinsamen Projekts wird so zu einem Grund für seine Suggestivkraft. Wie das? Das Projekt ließe sich zum einen als Kritik des Modus Operandi der Philosophie seiner Zeit beschreiben. Es könnte überdies als weiteres Prinzip einer Philosophia perennis dargestellt werden. Derridas Projekt müsste sich des Weiteren als beides zugleich bezeichnen lassen. Seine Stilisierungsmöglichkeiten sind grenzenlos. Ob Derrida dies so gewollt hätte, sei dahingestellt. Fakt ist aber, dass er sein Projekt dieserart in die Tat umgesetzt hat. Als ein Projekt, das selbst keine Grenzen zu kennen scheint, und diese Formlosigkeit selbst als Methode zu stilisieren versucht (Derrida, 2011).

Derridas Projekt der aporetischen Schriften, bleibt zusammenzufassen, ist aufgrund des Topos der Grenze eine programmatische Einheit geworden. Seine Suggestivkraft verdankt sich ebenfalls dem Topos, und scheinbar seiner Paradoxie. Dass Derridas Projekt wegen dieser Paradoxie die „stets fragliche Quasi-Einheit" (Gehring, 2011, S. 393) einer Philosophie ist, die letztlich formlos bleibt, hat Derrida selbst als sine qua non einer Philosophie angesehen, die offen für die Zukunft sein möchte.

5

Die Philosophie ist nach Sokrates ein grenzwertiges Projekt geblieben. Dachte sie in den Epochen nach ihm über ihre Welt nach, sind ihr zumeist die Grenzen ihres eigenen Wissens bewusst geworden. Die überlieferten Schriften aus allen ihren Epochen lassen dies bis heute nachlesen. Etwas Grundsätzliches hat sich seit Sokrates dennoch verändert. Die Grenzen der Philosophie sind immer häufiger als Grenzen der Welt selbst verstanden worden. Das sokratische Diktum „Ich weiß, dass ich nichts weiß" ist in der Philosophie des 20. Jahrhunderts zu einer allgemeinen Kritik an der philosophischen Wahrheitssuche geworden, paradoxerweise im Namen der Philosophie selbst.

Die Paradoxie der zeitgenössischen Philosophie: Die Kritik der Philosophie an sich selbst ist in den letzten Jahrzehnten nicht nur bei Derrida zu beobachten gewesen. Die Paradoxie philosophischer Selbstkritik ist jedoch insbesondere mit seinem Namen in Verbindung gebracht worden. Dass Derridas Rezeptionsgeschichte von einer grundsätzlichen Polarisierung gekennzeichnet ist, wird kaum verwundern (Thomas, 2006). Es ist ein Leichtes gewesen, in Anschluss an Jürgen Habermas' *Der philosophische Diskurs der Moderne* Derridas Widersprüchlichkeiten zu kritisieren (Habermas, 1985, S. 191 ff.). Ebenso wenig Schwierigkeiten bereitet es jedoch, mit den *Yale Critics* Derridas performative Verdopplung philosophischer Limitationen zu verteidigen (de Man, 1988). Der philosophische Diskurs der Gegenwart hat mit den Polemiken um Derrida seit dem *linguistic turn* – und spätestens seit all den Poststrukturalismen der kontinentaleuropäischen Philosophie – eine realistische Darstellung seines Status quo bekommen.

Was aber bleibt von einer Philosophie, die wie Derridas Projekt der aporetischen Schriften ihre eigenen Grenzen zum Thema macht, und dabei transgressiv werden muss? Eine Paradoxie, soviel ist klar. Es gibt jedoch verschiedene Möglichkeiten, mit dieser Paradoxie umzugehen. Derrida spricht sie des Öfteren in seinen Schriften an (Derrida, 2003, S. 124 f.). In Bezug auf die eminente Bedeutung des Topos der Grenze für sein Projekt der aporetischen Schriften macht er dies aber nicht. Derrida ermöglicht auf diese Weise die Suggestibilität des Topos, und die Plausibilität seines Projekts. Er verunmöglicht zur gleichen Zeit aber ein Verständnis seiner Gründe für die Wahl des Topos, und letzten Endes eine Methodologie der Dekonstruktion. Von Derridas Projekt der aporetischen Schriften bleibt daher weniger, dies soll die abschließende Vermutung des vorliegenden Texts sein, als eines der grundsätzlichsten philosophischen Projekte der jüngeren Vergangenheit erhoffen ließ.

Literatur

Aristoteles (2000). *Metaphysik.* Stuttgart: Reclam.

Derrida, J. (1998). *Aporien. Sterben – Auf die „Grenzen der Wahrheit" gefaßt sein.* München: Fink.

Derrida, J. (1999). Tympanon. In *Randgänge der Philosophie* (S. 13–31). Wien: Passagen.

Derrida, J. (2001). Limited Inc a b c … In *Limited Inc.* (S. 53–171). Wien: Passagen.

Derrida, J. (2003). *Privileg. Vom Recht auf Philosophie I.* Wien: Passagen.

Derrida, J. (2011). *Psyche. Erfindung des Anderen.* Wien: Passagen.

Gatzemeier, M. (1974). Grenze. In *Historisches Wörterbuch der Philosophie* (Bd. 3, Sp. 873–875). Basel: Schwabe.

Gehring, P. (2011), Dekonstruktion. Philosophie? Programm? Verfahren? In *Handbuch der Kulturwissenschaften* (Bd. 2, S. 377–394). Stuttgart: Metzler.

Habermas, J. (1985). *Der philosophische Diskurs der Moderne. Zwölf Vorlesungen.* Frankfurt am Main: Suhrkamp.

Handke, P. (1998). *Am Felsfenster morgens (und andere Ortszeiten 1982–1987).* Salzburg: Residenz.

Kant, I. (1956). *Kritik der reinen Vernunft.* Hamburg: Meiner.

Luhmann, N., & Fuchs, P. (1989). Geheimnis, Zeit, und Ewigkeit. In N. Luhmann, & P. Fuchs (Hrsg.), *Reden und Schweigen* (S. 101–138). Frankfurt am Main: Suhrkamp.

Man, P. d. (1988). *Allegorien des Lesens*. Frankfurt am Main: Suhrkamp.

Priest, G. (2002). *Beyond the Limits of Thought*. Oxford: Clarendon.

Reinhard, M. (2016). *Jacques Derridas aporetische Schriften. Eine Philosophie des Scheiterns*. Unpublizierte Dissertation, Technische Universität Darmstadt, Darmstadt.

Rustemeyer, D. (2006). *Oszillationen. Kultursemiotische Perspektiven*. Würzburg: Königshausen & Neumann.

Schnädelbach, H. (2004). Grenzen der Vernunft? Über einen Topos kritischer Philosophie. In W. Hogrebe (Hrsg.), *Grenzen und Grenzüberschreitungen. XIX. Deutscher Kongress für Philosophie. Bonn, 23.–27. September 2002. Vorträge und Kolloquien* (S. 283–296). Berlin: Akademie.

Spinoza, B. d. (1999). *Ethik in geometrischer Ordnung dargestellt*. Hamburg: Meiner.

Thomas, M. (2006). *The Reception of Derrida. Translation and Transformation*. New York: Palgrave Macmillan.

Wokart, N. (1995). Differenzierungen im Begriff „Grenze". Zur Vielfalt eines scheinbar einfachen Begriffs. In R. Faber, & B. Naumann (Hrsg.), *Literatur der Grenze. Theorie der Grenze* (S. 275–289). Würzburg: Königshausen & Neumann.

Newtons Eimer

Was sich aus ontologischen Spekulationen für heutige Raumdebatten lernen lässt*

Kai Denker

Abstract

Dem relationalen Raumbegriff, den das *Topologische Manifest* favorisiert, steht traditionell ein als „absolut" bezeichneter Raumbegriff gegenüber, aus dessen Sicht „Raum" nicht das Produkt von räumlichen Relationen ist, sondern eine (im Grenzfall) inerte „Bühne" für die räumlichen Gegenstände bildet. Bekannt geworden ist beispielsweise die Debatte zwischen Gottfried Wilhelm Leibniz und dem Newton-Schüler Samuel Clarke. Bevor der relationale Raumbegriff mit dem *topological turn* in den Geistes- und Kulturwissenschaften Karriere machte, geriet er aus Sicht von Physik und Metaphysik immer weiter unter Druck. Der Artikel zeichnet diese Diskussionslinie nach, indem er die gegen den relationalen Raumbegriff vorgebrachten Argumente sowie die Bemühung, ihn gegen diese abzusichern, rekonstruiert und sie in kritischer Absicht gegen das *Topologische Manifest* in Stellung bringt. Dazu diskutiere ich zunächst die Bedeutung physikalisch orientierter Raumzugriffe für den Raumbegriff des Manifests, bevor ich die wesentlichen Veränderungen, die der relationale Raumbegriff durchgemacht hat, für das Manifest anschlussfähig mache. Dies erlaubt schließlich eine kritische Bewertung des Manifests, um dessen Leistungen, aber auch Begrenzungen herauszustellen.

1 Einleitung

Ich möchte auf das *Topologische Manifest* zu sprechen kommen. Zu Beginn des Manifests werden zwei Verschiebungen für die zu diskutierenden Raumzugriffe benannt. Zum einen sei von einem *leeren* Raum zu einem Relationengefüge über-

---

* Der vorliegende Artikel ist eine überarbeitete Version meines gleichnamigen Vortrags von der Konferenz *Technospaces*, 18.–20. März 2015 in Darmstadt.

zugehen (TM [2]). Zum anderen sei von einem bloßen Konstrukt (des Raumes in begrifflicher Hinsicht offenbar) zu einem Dispositiv überzugehen. Die Forderung, den Begriff des Raumes als Relationengefüge zu verstehen, ist offenkundig ontologisch, also metaphysisch, insoweit sie die Form jedes möglichen Raumbezugs betrifft. Ich verstehe Ontologie hier nicht als Frage, *was es gibt,* sondern als Untersuchung der in weltbezogenen Sätzen vorausgesetzten *Form* von Seiendem. Ontologische Sätze beziehen sich auf die Form der gedachten Gegenstände und betreffen *die Bedingungen* empirischer Sätze. Hinsichtlich der Forderung nach einem Zugriff aufs Dispositiv ist der Zugriff aber offenkundig empirisch. Beides zusammen führe, so das Manifest, zu einem *topologischen* Zugriff. Dass dieser bezogen auf die Technik vorgestellt wird, soll uns im Folgenden nur am Rande interessieren.

Stattdessen möchte ich an der Topologie Anstoß nehmen. Der Topos „Topologie" – von ‚Begriff' sollte man vielleicht nicht sprechen – gehört vermutlich zu den schillerndsten Stichworten der Raumdebatte, die in den letzten Jahren vor allem in den Geistes- und Kulturwissenschaften stattgefunden hat. Hierbei ist gelegentlich eine Abstraktion vorgestellt worden, die sich besonders auffällig an dem eher semiotischen Beispiel verschiedener Typen von Karten zeigt, wie etwa dem Unterschied ikonisch-topographischer Karten im Gegensatz zu den indexikalischen oder gar rein symbolischen Netzkarten, wie sie etwa prominent im Fall der ÖPNV-Netze anzutreffen sind. Dagegen ist argumentiert worden, diese Abstraktion, die wohl vor allem seitens der Medien-, aber auch der Kulturwissenschaften stark gemacht worden ist, verliere gewissermaßen den Kontakt zum Materiellen oder Empirischen des Raums beziehungsweise der Gesamtheit mit räumlichem Charakter ausgestatteter Phänomene (Denker, 2011, S. 231).[1] Daher seien eher Praktiken, Produktionsweisen, Verknüpfungen, Prozesse, Ensembles, Gefüge, kurz: *Dispositive* in den Blick zu nehmen, die sich entschieden heterogen nicht auf eine abstrakte Darstellung verengen lassen, sondern die diagrammatisch zwischen ihren Teilen operieren (TM [2] und [24]).

Der Dispositivvorstellung folgend wird Raum im Manifest heterogen gedacht, also nicht als *ein* Raum, sondern als *Räume* im Plural, die dazu neigen, eine *Eigenlogik* aufzuweisen, wenngleich sie stets einander berühren oder durchdringen:

> Raum ist immer konzeptualisierter Raum. Konzeptualisierte Räume sind viele. Faktisch durchdringen, ergänzen, stören sie einander. (TM [3])

---

1   Das Manifest fasst gleich zu Beginn unter der Klage, die Raumtheorie des *spatial turn* habe es nicht vermocht, „Medialität, Praktiken und Materialität angemessen" zu erfassen (TM [1]).

Lassen wir für einen Moment beiseite, dass durch die Eigenschaft, stets konzeptualisiert zu sein, eine Rückführung des vorgeblich äquivoken *und* objektiv heterogenen Raums auf den Begriff stattfindet, was die Perspektive vom Raum als Dispositiv auf einen Raumbegriff verschiebt, der seine Äquivozität entweder empirisch aus der vielfältigen *Begriffsverwendung* oder theoretisch aus der *Begriffsform* zu gewinnen hat, so dass wir es letztlich mit einem reinen Begriffsproblem zu tun haben. Lassen wir uns stattdessen auf die Redeweise des Manifests ein: Der konzeptualisierten Räume sind es also viele, und das Manifest nennt einige exemplarische Typen, die weder (offenbar dem Begriff nach) inkommensurabel, noch ohne Weiteres ineinander zu blenden seien (Anmerkung zu TM [3]).[2] Die Menge der Räume wird über eine Menge von Analogien verbunden *gedacht,* die wenigstens darin übereinkommen müssen, in irgendeiner Form *räumlich* zu sein. Diese Räume seien hinsichtlich ihrer *topologischen Verfasstheit* betrachtet worden, so das Manifest, und man sei einem *relationalen* Raumkonzept gefolgt, um weder einem absoluten, noch einem „quasi-objektiven" Raumkonzept aufzusitzen. Die auf das Relationengefüge zielende Verschiebung grenzt sich dabei vom „leeren Raum" ab. Das Manifest zielt auf eine Zwischenposition, die weder auf eine (blinde) Gesamtheit der räumlichen Anschauung ohne jede begriffliche Vermittlung zurückfällt, noch einen homogenen, abstrakten (leeren) Raumbegriff voraussetzt, sondern auf heterogene, plurale *Raumzugriffe,* die sich in ihrer topologischen Verfasstheit höchstens soweit unterscheiden können, wie sie in einem allgemeinsten Raumcharakter übereinkommen (TM [3]).[3] Der „topologische Raumbegriff" des Manifests scheint, soweit er auf eine solche Zwischenposition zielt, zwischen gleichzeitig zurückgewiesenen Extrempunkten aufgespannt. Versuchen wir diese Perspektive zu präzisieren: Der leere Raum ist offenbar die Erläuterung des Begriffs des absoluten Raums – also des Raums als Bühne im Sinne Isaac Newtons. Ist Raum aber weder leer noch absolut, so muss er einen Inhalt haben. Er muss denknotwendig erfüllt und zu etwas relativ sein, wobei noch nicht klar ist, ob das, zu dem der Raum in Relation steht, besser: zu was *im Raum* etwas in Relation steht, auch das ist, womit der Raum von vornherein erfüllt ist.[4] Das gefor-

---

2 Die Einschränkung auf „dem Begriff nach" folgt freilich trivial aus der zunächst zur Seite gestellten Voraussetzung, dass Raum immer schon konzeptualisierter, also begrifflich vermittelter Raum sei, liegt hier aber allein deshalb nahe, da eine *Inkommensurabilität* weder in der empirischen, noch in der reinen Anschauung ohne Weiteres, nämlich ohne begriffliche Vermittlung, verständlich wäre.

3 Warum es dort heißt „Materielles lieferte nicht die Maße" erschließt sich mir nicht, wenn an gleicher Stelle gefordert wird, nicht einfach einem Konstrukt „Raum" zu folgen. Handelt es sich um eine Kritik an einem Materialismus zugunsten einer Praxis? Dann wäre zunächst eine Beschreibung der notwendigen Räumlichkeit von Praxis erforderlich.

4 Diese asymmetrische Doppelung der Relation eines nur relativ zu seinen inneren Relatio-

derte, implizit auf Gottfried Wilhelm Leibniz verweisende Raumkonzept ist relational, d. h. der Raumbegriff enthält keine absoluten Eigenschaften, sondern der
Raum besitzt nur in Abhängigkeit von den Relationen zwischen den (individuellen) Dingen, die ihn erfüllen, Eigenschaften, die begrifflich als (topologische) Relation einzuholen sind. Diese sind offenbar nicht im Sinne eines naiven Alltags-
verstandes zu verstehen, sondern *in ihrer Relationalität objektiv.* Es ist an dieser
Stelle wichtig, im Vorgriff auf eine Unterscheidung aufmerksam zu machen: Da
ein relational gedachter Raum durchaus objektiv, also erfahrungsunabhängig, sein
kann und man Leibniz meines Erachtens auch so verstehen muss, muss die relationale Bestimmung seiner Eigenschaften aus seinem Inhalt von der Bestimmung
seiner Eigenschaften unterschieden werden. Man möchte das Manifest also vielleicht insoweit präzisieren, nicht bloß von einer (objektiven) topologischen (hier
also: relationalen) ‚Verfasstheit‘ zu sprechen, sondern auch von einer topologischen ‚Erfasstheit‘, also der Erfassung der (relationalen) Raumeigenschaften *in
einer Sprache der Topologie.* Das scheint darauf hinaus zu laufen, Räume als objektiv und an sich topologisch aufzufassen *oder* der Beschreibungssprache nur die
Mittel einer topologischen Sprache zu gestatten. Nun droht die Rede vom immer
schon konzeptualisierten Raum diese Unterscheidung zuzuschütten, indem sie
behauptet, *durch* die Einschränkung auf eine topologische Beschreibungs*sprache*
würden die Räume bereits in ihren *realen* Eigenschaften, d. h. begrifflich zu diesen isomorph, erfasst, so dass die Vermittlung immer schon als unproblematischer
Teil der Beschreibung vorausgesetzt wird: Die die Vermittlung bedingende Übereinstimmung zwischen einer allgemeinen Form des Raums im Begriff und seinen
objektiven Eigenschaften wird in der Beschreibungssprache von vornherein fest-
geschrieben.[5] Diese Lösung macht die Entscheidung für eine bestimmte Beschreibungssprache erfreulicherweise der Falsifikation zugänglich. Lässt sich nämlich
ein Phänomen auffinden, das dem von der Beschreibungssprache reklamierten
Objektbereich – also überhaupt als Phänomen in der reinen oder in der empirischen Anschauung in Frage kommt – angehört und mit den akzeptierten Raum-
inhalten in einer irreduziblen Relation steht, aber zugleich mit rein topologisch/
relationalen Mitteln nicht beschrieben werden kann – Verfasstheit und Erfasstheit
also auseinander fallen –, so scheitert der vom Manifest postulierte Raumbegriff,
da dessen Anwendbarkeit auf die ‚räumlichen‘ Phänomene widerlegt ist. Als Beschreibungssprache, die den Raum überhaupt betrifft, muss die Topologie in die-

---

nen bestimmten Raums, also in sich *und* zu sich, verweist auf die gleichzeitige Zurückweisung der begrifflichen Extrempunkte und deren Einsatz zur Begriffsbildung selbst.

5   Zu der etwas kuriosen Doppelung der Form eines Begriffs einer Form (des Raums), wobei
jene die Vermittlung bedingt, sei auf Immanuel Kants Unterscheidung der Formen der Anschauung und der formalen Anschauung verwiesen (1974, B160 f.).

sem Sinne nämlich beanspruchen, alles erfassen zu können, was überhaupt als räumlich verfasst gedacht werden kann.[6]

Die begrifflich erheblich aufgeladene heterogene Versammlung von stets konzeptualisierten, relationalen, offenbar mit irgendetwas erfüllten und forschungspraktisch immer wieder anders, aber stets im gleichen ‚Typ' von Beschreibungssprachen erfassbaren Räumen, die diesem Vorspann im Manifest folgt, scheint mir eine Lücke aufzuweisen, an der ein Falsifikationsversuch ansetzen kann. Es handelt sich um die ebenfalls technisch, nämlich experimentaltechnisch konstituierten Räume, die in der Physik betrachtet werden.[7] Bekanntlich ist das Problem des Raums eines der zentralen Themen der Physik seit Newton und es hat im 20. Jahrhundert keineswegs einen Abschluss, sondern allenfalls einen vorläufigen Höhepunkt erreicht. Fern davon, mich für einen kompetenten Physiker zu halten, möchte ich versuchen, die ausgemachte Lücke wenigstens zu exponieren und dabei auf Diskussionen der analytischen Metaphysik zurückzugreifen. Diese hatte bereits in den 1980er und 1990er Jahren den Versuch unternommen, die raumontologischen Spekulationen der Physik seit Newton zu sichten und deren Argumente zu systematisieren.

Es braucht uns beim Rückgriff auf die Physik und technisch zugerichtete physikalische Räume keineswegs zu stören, dass das Manifest nicht auf die physikalische Raumdiskussion zurückgreift. Das Manifest versammelt zahlreiche *technische* Raumzugriffe, in denen Raum durch Einsatz technischer Mittel hergestellt, zugänglich gemacht oder modifiziert wird. Technische Mittel sind freilich keine Anwendung der Physik, gleichwohl sind die im Folgenden verhandelten Diskussionen der analytischen Metaphysik nur durch technisch zugänglich gemachte Räume theoretisierbar geworden. Damit sind die physikalischen Theorien nicht in einem logischen Sinne die Voraussetzung der anderen Raumauffassungen. Wir können also nicht wie in einer Modelltheorie Eigenschaften, die sich aus der Theorie beweisen lassen, für das Modell folgern. Wir können jedoch anhand der Irreduzibilitäten in der Beschreibungssprache der Physik zeigen, dass diese gerade insoweit auch für andere Raumzugriffe gelten, wie wir von *einem Raum* ausgehen. Es wird sich also noch die Frage nach der Heterogenität des Raums, verstanden als Analogien im Begriff ‚Raum', stellen. Kurz gesagt liefert das Manifest kein Argument, wieso es nicht auch die genannten physikalischen Räume betreffen sollte.

---

6   Tatsächlich verhält sich dies für alle nicht bloß auf Nominaldefintionen zurückfallenden Latenzphänomene so, zu denen auch die Möglichkeit – verstanden als *potentia* – zählt. Überhaupt scheinen mir die Parallelen der vorliegenden Frage zum Problem, das Verhältnis zwischen *potentia metaphysica* und *potentia logica* zu bestimmen, frappant.

7   Da es für das Argument unerheblich ist, ob wir von empirischer oder reiner Anschauung sprechen, gilt dies für praktische Experimente ebenso wie für Gedankenexperimente.

Ich möchte zunächst noch einige Anmerkungen zum Problem der Inkommensurabilität machen, dem wir begegnen, wenn wir physikalische Räume, wenn auch durch die Brille der analytischen Metaphysik betrachtet, der Liste hinzufügen, die das Manifest bereits versammelt. Anstatt von einem Problem der Kommensurabilität möchte ich dabei aber von einem Problem der Kompatibilität sprechen. Beide Probleme verlagern das Raumproblem auf eine begriffliche Ebene, mit der Kompatibilität wird aber die Möglichkeit einer logischen Analyse unterstrichen: Kommt es hinsichtlich der Inkommensurabilität nämlich noch darauf an, dass nicht alle verhandelten Räume auf ein und dieselbe Weise topologisch beschrieben werden können, zielt das (In)Kompatibilitätsargument auf den Nachweis, dass wenigstens ein unter den Anspruch des Topologie-Begriffs zu zählender Raum gerade nicht relational beschrieben werden kann, die Relationalitätsforderung sich hier also nicht einhalten lässt.[8] Dann werde ich die Diskussion der ontologischen Spekulation in der Physik ausgehend von Newtons Eimer-Argument bis hin zu einigen Überlegungen mit Blick auf die allgemeine Relativitätstheorie nachzeichnen und versuchen, hieraus Argumente für und auch gegen die relationalen Raumkonzepte zu entwickeln. Die rein relationalen Raumkonzepte sind trotz aller Reparaturversuche in der Diskussion immer weiter unter Druck geraten und konnten nur noch erheblich modifiziert gehalten werden. Es lässt sich dagegen zeigen, dass substanzialistische Raumauffassungen, wenngleich ebenfalls erheblich modifiziert, geeignetere Interpretationen liefern, die vielleicht auch eine Fortentwicklung der topologischen Beschreibungssprache für die Geistes- und Kulturwissenschaften anleiten könnten.

2   Das Problem der Kompatibilität

Es kommt nun also darauf an, die Bemerkung aus dem Manifest, beim Zusammenspiel verschiedener Räume beziehungsweise Raumkonzepte nicht von vornherein von deren Inkommensurabilität auszugehen, für die Räume der Physik geeignet zu konkretisieren. Ich sagte bereits, dass ich lieber von einem Problem der Kompatibilität sprechen möchte. Dies ergibt sich aus der Rolle der Mathematik für

---

8   Man mag die Verlagerung auf logische Kompatibilität als ein Ausweichen gegenüber der Zugriffsebene des Manifests auffassen, auf der – für die Textgattung nicht unüblich – vorsätzlich Unbestimmtheiten im Namen der Anschlussfähigkeit bestehen bleiben. Tatsächlich ist Kommensurabilität ein Konzept, das in verschiedenen Disziplinen unterschiedlich bestimmt wird. Gemeinsam scheint diesen Bestimmungen zu sein, dass sie eine Vergleichbarkeit gegenüber einem Dritten, gegenüber einem Maß annehmen. Während das Maß der Kommensurabilität der Form nach dem zu Vergleichenden folgt, erhebt die logische Kompatibilität lediglich die Widerspruchsfreiheit zum ‚Vergleichsmaß‘.

die physikalischen Räume einerseits, worauf ich gleich noch zurückkommen werde, andererseits aber auch aus dem in den Geistes- und Kulturwissenschaften gelegentlich formulierten Anspruch, man habe es mit dem Stichwort ‚Topologie‘ nicht nur mit einem raumbezogenen geisteswissenschaftlichen Begriff zu tun, sondern mit einer Übernahme mathematischer Begriffs- und Theoriebildung. Man gehe zwar über die Mathematik hinaus, gebe diese Verbindung aber zugleich auch nicht gänzlich auf (Denker, 2011, S. 266). Die an der Mathematik wenigstens inspirierte Beschreibungssprache erlaube es, deren argumentativen Anspruch an Klarheit und Folgerichtigkeit zu übernehmen und die räumlichen Strukturen der jeweiligen Untersuchungsgegenstände rein relational zu beschreiben.[9] Hierbei werde die in der mathematischen Topologie vorfindliche Betonung der Relation übernommen, damit aber absolute Raumvorstellungen zurückgewiesen. Der naheliegende Einwand, dass kein Mathematikbezug intendiert wäre, konterkarierte hingegen die eigenen mathematikhistorischen Referenzen.

Raum erscheint so nicht mehr als quasi-objektiver Bezugsrahmen, sondern *zunächst bloß* als beschreibungssprachliches Konstrukt, genauer vielleicht: er wird zu einer Ausdrucksform, also zur Form einer Repräsentierbarkeit, durch die bestimmt wird, wie sich überhaupt ausdrücken lässt. Dem konzeptualisierten Raum stehen damit stets raumbezogene Konzepte gegenüber. Raum ist dann trivialerweise das, was sich als Raum beschreiben lässt. Die Beschreibungssprache der mathematischen Topologie ist, so wie sie in die Geistes- und Kulturwissenschaften übernommen wird, allerdings so abstrakt, dass sie ihren Gegenständen jederzeit einen räumlichen Charakter zuschreiben kann, indem alle Phänomene der Gleichzeitigkeit von Nicht-Identischem räumlich ausgedrückt werden, was nicht zufällig der allgemeinsten Definition des Raums – der Gleichzeitigkeit von einander Ausschließendem – entspricht.[10] Kurz: ‚Raum‘ löste sich in einem abstrakten Strukturdenken auf und würde ein ‚leerer‘ Begriff. Man denke etwa an Begriffe wie ‚Farbräume‘ oder den ‚Raum der Gründe‘, die sich nur aufgrund ihrer Erfassung in einer (letztlich mathematisch-logischen) Beschreibungssprache als Raum verstehen lassen und zwar deshalb, weil die Beschreibungssprache, die einem Vor-

---

9 Das Manifest schließt sich der Forderung nach rein relationaler Beschreibbarkeit, wenngleich auf ein gewisses Vorverständnis von Raum eingeschränktes Untersuchungsmaterial, an. Es sollte zudem nicht vergessen werden, dass die Position, die einen jeden Zusammenhang und damit jede Notwendigkeit einer Kompatibilität zwischen der Physik, der Mathematik und den Fragen der Geistes- und Kulturwissenschaften bestreitet, die Bildung topologischer Begriffe entlang mathematischer Theoriebildung in Frage stellen oder sie als metaphorische oder willkürliche Übernahme ausweisen muss.

10 Die Offenheit dieses Zugriffs lässt sich auch im Manifest beobachten. Namentlich die Diskursräume lassen sich nur in einem abstrakten Sinne als *Typ* von Raum ausmachen und zwar insoweit wie die Rede von der Topologie auf Aussagen übertragen werden kann – wobei die Gefahr besteht, mit der Rede von der Topologie in einen Jargon zu verfallen (TM [22]–[27]).

verständnis nach für räumliche Phänomene entwickelt wurde, dieses jederzeit zu überschreiten vermag und daher die ‚Räumlichkeit' ihrer Gegenstände suggeriert. Die topologische Beschreibungssprache repräsentiert also *ohne Weiteres* nicht Etwas, das *per se* räumlichen Charakter hätte, sondern sie wählt eine räumliche Repräsentation, die möglich, aber nicht notwendig ist. Sie vermag den räumlichen Charakter nicht zu garantieren, kann ihn aber *stets* zuschreiben. Die Beschreibung *als Raum* ist in dieser Perspektive *jederzeit* möglich, so dass diese Beschreibbarkeit den Untersuchungsgegenstand nicht als Raum auszeichnet. Die Angemessenheit einer Beschreibung als Raum lässt sich folglich auf diesem Abstraktionsniveau nicht rechtfertigen, ohne auf *externe* Begründungen für die Wahl einer Beschreibung als Raum zurückzugreifen. Dies bedeutet aber, dem Vorwurf einer bloß metaphorischen Redeweise nur begegnen zu können, indem auf ein Vorverständnis von Raum rekurriert wird, das der Beschreibungssprache äußerlich ist. Im topologischen Zugriff steht der von der Beschreibungssprache erzeugte Raum damit im Verdacht, *ein bloßes Figment* zu sein, das uns qua Metaphorik oder qua Vorverständnis an ‚Raum' denken lässt.

Es drängen sich zwei Alternativen auf: Erstens die Hinwendung zu den (individuierten) Dingen *im* Raum, so dass der Raumbegriff nie leer sein kann. Hiermit ist dem Vorverständnis nicht mehr zu entkommen, da nur noch dieses festlegt, was als räumliches beziehungsweise individuiertes Ding zu verstehen ist, bevor ein gehaltvoller Raumbegriff gewonnen werden kann. Zweitens können die Beschreibungssprachen hinsichtlich der Modellierung ihres Objektbereichs, also der Form ihres Weltbezugs (d. h. hinsichtlich ihrer Ontologie), auf (In)Kompatibilität geprüft werden. Stimmen, kurz gesagt, die Individuen des Objektbereichs wenigstens *potentialiter* überein, dann dürfen wir – das Rekognitionsproblem zur Seite gestellt – annehmen, dass beide Beschreibungssprachen denselben Raum beschreiben und somit mit gleichem Recht räumlich genannt werden dürfen. Das Vorverständnis wird so nicht beseitigt, aber operationalisierbar gemacht. Es gründet nicht die Beschreibungssprache, so dass diese jenes nicht mehr einholen kann, sondern operiert gewissermaßen als eine *weitere* Beschreibungssprache. Das Verhältnis von Raumbegriffen zu Raumbegriffen steht damit in Frage. Die Alternative dagegen wäre freilich, die Behauptung vorzubringen, es handele sich bei ‚Raum' um eine gefällige, da ökonomische oder verständliche Beschreibung, also um eine Art Metaphorik. Akzeptierte man aber diese Kapitulation, was das Manifest erfreulicherweise nicht tut, so wäre gleichwohl daran festzuhalten, dass diese Metaphorik bestenfalls verwirrend ist, da sie unter dem Stichwort ‚Raum' an mehr denken lässt, als mit ihr gemeint sein darf, da sie beständig das verworrene Vorverständnis in eine dann nur vorgeblich klare Beschreibungssprache reimportiert. Selbst aber diese Kapitulation beseitigte nicht die Notwendigkeit, die Ausdrucksstärke der Beschreibungssprache, die das Manifest favorisiert, mit der der von ihm ausgeschlossenen Beschreibungssprache zu vergleichen. Es bietet sich an, den Raumbezug bewusst ernst zu nehmen. Es gilt also, Vorstellungen absoluten Raums und relationalen Raums als Beschreibungssprachen zu vergleichen. Das Modell für diesen Zugriff liefert die Physik, die hier durch die Brille analytischer Metaphysik zugänglich gemacht werden kann.

Wie verhält sich der Raumbegriff der Physik zu den anderen Raumbegriffen, die unter den hier diskutierten Zugriff gebracht werden sollen? Schon in einer ersten Annäherung an den Raum, nämlich in der Hinsicht, wie er uns mehr oder weniger unmittelbar in unserer Alltagspraxis erscheint, kann man verschiedene Arten von Raum ausmachen. Es ist der Raum, den wir sehen, wenn wir Gegenstände in einer Anordnung ‚im Raum‘ wahrnehmen. Es ist der Raum, den wir hören, wenn wir seine akustischen Eigenschaften wahrnehmen. Es ist aber auch der taktile Raum, in dem wir Handlungen ausführen, etwa wenn wir Gegenstände in einem wörtlichen Sinne begreifen. Unabhängig von der Frage, wie die Geometrien dieser hier genannten drei Raumtypen aussehen könnten, sind wir dennoch im Alltagsverstand genötigt, sie als drei verschiedene Hinsichten auf ein und denselben Raum zu unterstellen. Insofern namentlich Kant den Raum als Form der Anschauung für die Sinnlichkeit definiert, parallelisiert er die Einheit der Sinnlichkeit, die jene im Modell der Rekognition durch die Einheit der Apperzeption erhält und durch die formale Anschauung überträgt, mit den Formen der Anschauung und folglich mit dem Raum überhaupt. Dies hat zur Folge, dass Kant den Raum als einen schlechthin einzigen Raum denken muss. Er löst sich zwar vom Substanzdenken, überträgt aber die im Substanzdenken angelegte Figur der Einheit des Raums auf ein formales, d. h. begriffliches, Argument, nämlich den ideellen, einigen Raum als Form des gesamten Vorstellungs- und Anschauungsvermögens (Kant, 1974, B38 f.). – Dass hierfür das Modell der Rekognition erforderlich ist, zeigt die Gegenprobe: Trennen wir versuchsweise unsere Erkenntnisvermögen auf, so können wir uns leicht vorstellen, dass sich der Raum, den wir ertasten, vom Raum, den wir sehen, und vom Raum, den wir durch akustische Effekte wahrnehmen können, unterscheidet. Damit ist es naheliegend, sich zu fragen, ob in all diesen verschiedenen Räumen ein und dieselbe Geometrie, oder aber verschiedene Geometrien anzutreffen sind und ob die Geometrie für alle Subjekte dieselbe ist, oder wie diese Geometrien nun zusammenhängen mögen. Bereits auf dieser Ebene stünde also die Einheit des Raums in Frage und würde ohne die Voraussetzung einer entsprechenden Übereinstimmung erneut erklärungsbedürftig. Die klassische Lösung besteht freilich darin, an der Einheit des Raums festzuhalten und ihn in verschiedenen Modifikationen oder unter verschiedenen Aspekten auftreten zu lassen. Dieser Frage hingegen auszuweichen, bedeutet zu akzeptieren, den offenkundigen Zusammenhang zwischen dem Raum, den wir ertasten, und dem Raum, den wir sehen, als gegeben oder letztlich als trivial anzunehmen. Die

Einheit des Raums hat dann den Status einer Denknotwendigkeit, die sich allenfalls synthetisch a priori rechtfertigen lässt und so immer auch den Verdacht einer Konstruktion auf sich zieht.

Jenseits dieser auch vom Manifest nicht vorgenommenen Trivialisierung lässt sich der Zusammenhang von Räumen aber nur in Form eines ontologischen Arguments untersuchen. Die Forderung nach Kompatibilität befindet sich dabei nur scheinbar auf logischer, d. h. begrifflicher Ebene, wo sie mit der logischen Widerspruchsfreiheit zusammenfiele. Vielmehr geht es objektstufig um Beschreibbarkeiten: Zwei Beschreibungssysteme sind kompatibel, wenn sie den gleichen Beschreibungsbereich haben, also jedes Objekt oder Phänomen, das von einem Beschreibungssystem beschrieben werden kann, auch vom anderen beschrieben werden kann. Kompatibilität ist also nicht als Widerspruchsfreiheit, sondern als Verknüpfbarkeit, Übersetzbarkeit und in der Beschreibung als Anschlussfähigkeit zu verstehen (Kanitschneider, 1971, S. 64). Gefordert ist dabei, dass Beschreibungen in einem Beschreibungssystem, das sich nicht trivial in zwei getrennte Beschreibungssysteme zerlegen lässt, also einen gemeinsamen oder wenigstens zusammenhängenden Bereich von Individuen betrifft, miteinander kompatibel sein müssen.

Wenn also die physikalischen Vorstellungen von Raum nicht die einzig möglichen Vorstellungen von Raum sind, müssen wir von jeder Vorstellung von Raum, die wir nicht von vornherein verwerfen wollen, gemäß der gerade formulierten Forderung verlangen, dass sie kompatibel zur den Raumtypen des Manifests gegenüber ontologisch primären Physik ist, zu ihr durch Arbeit am Problem kompatibel gemacht oder die Inkompatibilität als Forschungsfrage expliziert werden kann.[11] Dass ein Zugriff, der wie das Manifest ‚aufs Ganze‘ geht, die dritte Option nicht leichtfertig akzeptieren kann und die erste gegenüber der zweiten favorisieren muss, liegt auf der Hand. Dabei gilt allerdings bereits für die Physik, dass die verschiedenen Auffassungen von Raum, *insoweit* sie sich nicht auf die Beobachtungsdaten, sondern auf die metaphysische Interpretation der Theorien beziehen, nicht empirisch gerechtfertigt oder widerlegt werden können. Da es nämlich in Grenzen kontingent ist, in welche Theorie die Beobachtungsdaten gefasst werden sollen. Die metaphysischen Interpretationen dieser in Grenzen kontingent gewählten Theorien sind in der Regel keinen harten Wahrheitskriterien zugänglich, so dass sich hier eher Kriterien der Plausibilität, der (ontologischen) Sparsamkeit

---

11 Dies ist freilich nicht der Fall, wenn wir Raum bloß als Metapher verstehen wollen, etwa wenn wir von einem Raum der Gründe sprechen. Auch für das Internet, das so gerne als virtueller Raum bezeichnet wird, gilt, dass es sich hierbei allenfalls um einen Raum in einem metaphorischen Sinne handelt. Positiv formuliert muss die Forderung für alle Räume eingehalten werden, in denen Bewegungen, also Prozesse im Sinne der Bewegungsgesetze der Physik, stattfinden.

und der Eleganz aufdrängen. Insofern können und müssen wir wohl die verschiedenen metaphysischen Interpretationen physikalischer Theorien als *ontologische Spekulationen* bezeichnen. Eine Grenze findet die Spekulation dort, wo sie tatsächlich beobachtbare Phänomene bestreitet oder für unerklärlich hält, oder aber wo die Spekulation eine Reduzibilität beispielsweise von Raum auf Relationen postuliert, die sich in der theoretischen Fassbarkeit der Beobachtungsdaten nicht bestätigt findet. Kurz: Die ontologische Spekulation zielt also nicht auf die mittels empirischer Falsifikation semientscheidbare Prüfung theoretischer Vorhersagen, sondern auf die Diskussion metaphysisch unterscheidbarer Interpretationen empirisch (vorläufig) ununterscheidbarer Beschreibungen. In Frage steht also nicht ein empirischer Wahrheitsgehalt von ontologischen Spekulationen, sondern was experimentell zugänglich und theoretisch fassbar ist und was einer Spekulation vorbehalten bleibt. Für einen topologischen Zugriff, wie das Manifest ihn vorstellt, muss entsprechend zweierlei verlangt werden: Er muss erstens kompatibel mit den der Spekulation entzogenen empirischen Erkenntnissen sein und er muss zweitens kompatibel mit mindestens einer möglichen Position in der Spekulation sein. Da das Manifest einen relationalen Raumzugriff favorisiert, ist also nach der relationalen Raumvorstellung in der ontologischen Spekulation zu fragen.

3 Raum oder Räume?

Soweit haben wir es mit einem denknotwendig univoken *Raumbegriff* zu tun bekommen, da wir nicht einfach eine völlige Heterogenität unter einem dann gänzlich entleerten Begriff zugestehen wollen, aber ebenso mit einer ersten, auf die Physik bezogenen Kompatibilitätsforderung angesichts einer Pluralität von Räumen. Ich glaube, es lohnt sich, nun noch einmal kurz bei der Zahl der Räume in Verhältnis zu einem weiteren Begriff, dem der Orte nämlich, zu bleiben. In einer klassischen Auffassung wird von einer Vielzahl von Orten ausgegangen, die zusammengefasst den Raum ergeben. Neuere Auffassungen stellen dieses Verhältnis auf den Kopf, indem, auch wenn von einer Vielzahl von Orten ausgegangen werden muss, einem Ort stets Räume im Plural, nämlich als Hinsichten auf den Raum, zukommen. Diese Umkehrung ergibt sich aus einer Kritik an essentialistischen Vorstellungen zugunsten der wechselseitigen Konstituierung von Orten und Räumen. Während im klassischen Modell die Eigenschaften des Raums durch die Orte, aus denen er sich zusammensetzt, abgeleitet werden, betrachten die neueren Auffassungen, denen auch das Manifest angehört, das Konzept des Raums als eine Zuschreibung, die sich aus den Diskursen, Praktiken und Dispositiven ergibt. Das Rätsel der klassischen Auffassung, wie sich die Homogenität der Orte ohne Voraussetzung eines Raums, dessen Begriff aus den Orten erst gewonnen werden muss, denken lässt, wird von der modernen Auffassung nicht beantwortet. Die Frage erscheint deshalb als weniger heikel, da sich aus der Pluralität der Räume, die schon einem einzelnen Ort zukommen, leicht auf eine Heterogenität der Räume insgesamt schließen lässt. Damit wird jedoch übersehen, dass alle Räume, die einem Ort zukommen, zueinander kompatibel sein müssen. Sie müssen nämlich insofern zueinander kompatibel sein, dass sie, wenn auch in verschiedenen *Diskursen,* einem Ort *gleichzeitig* zuschreibbar sind.

Eine ähnliche Verschiebung lässt sich für den Begriff der Geometrie ausmachen. Spätestens mit der kritischen Philosophie Kants ist klar, dass der angemessene Raumbegriff nicht beziehungsweise nicht vollständig der Erfahrung entnommen werden kann. Während Kant hier aber noch die euklidische Geometrie auf die Überlegungen zum Transzendentalen des Raums gewissermaßen durchpaust, gelangt die Diskussion in der Mathematik in expliziter Abgrenzung zu Kant zu einer Untersuchung von *möglichen* Geometrien a priori, die gerade nicht der euklidischen Geometrie entsprechen. Während für Newton, Leibniz und auch Kant die euklidische Geometrie noch die objektiven Eigenschaften des Raums darstellte, wurde durch die Entwicklung nichteuklidischer Geometrien durch Carl Friedrich Gauß und Bernhard Riemann klar, dass wir es nicht mit einer, sondern einer Vielzahl von möglichen Geometrien zu tun haben. Damit wurde das Postulat, die euklidische Geometrie sei die objektiv richtige Geometrie, zugunsten einer Vielzahl von Fragen nach den richtigen Geometrien im Plural abgelöst. Nicht nur stellte sich die Frage, welche Geometrie für welches Beschreibungsinteresse geeignet sei, sondern auch welche Geometrie objektiv dem Universum, aber auch – und davon möglicherweise unabhängig – der Anschauung und der Sinnlichkeit zukomme. Eine ähnliche Bewegung lässt sich über die metaphysischen Postulate zum Raum aussagen: Während die Frage, was Raum an sich sei, problemlos als letztlich nicht vollständig beantwortbar erkannt werden kann, stellt sich das Problem, für die Bildung und Interpretation naturwissenschaftlicher Theorien möglichst wenig metaphysische Postulate anzunehmen. Zwar gibt die physikalische Beobachtung nicht vor, wie diese Postulate im Einzelnen konkret auszusehen haben, jedoch lassen sich – zumindest in gewissen Grenzen – Postulate markieren, die die Formulierung von den Beobachtungsdaten entsprechenden Theorien erlauben oder eben nicht erlauben. Lassen sich beispielsweise die Beobachtungsdaten nicht in einer auf der euklidischen Geometrie basierenden Theorie ausdrücken, so kann das Universum keine euklidische Geometrie aufweisen. Diese – ontologische – Formulierung ist freilich äquivalent zu der epistemologischen Folgerung, dass die durch den Rückgriff auf die euklidische Geometrie eingeführten metaphysischen Postulate zu verallgemeinern sind.

4   Substanzialismus vs. Relationalismus

Ich möchte nun die Diskussion zum relationalen Raumbegriff in Abgrenzung zu
einem absoluten oder besser: substanzialistischen Raumbegriff angehen. Diese
Diskussion um den angemessenen Raumbegriff lässt sich vielleicht am deutlichsten auf den berühmten Briefwechsel zwischen Leibniz und dem Newton-Schüler
Samuel Clarke zurückführen (Leibniz, 1996, S. 93). Während jener einen relatio-
nalen Raumbegriff favorisierte, verteidigte dieser eine absolute Raumvorstellung,
in der der Raum als unveränderliche Bühne für die Gegenstände dient, auf der die
Gegenstände zwar untereinander in Relation stehen, der Raum aber dennoch als
von diesen unabhängig aufgefasst werden muss. Auch Newton selbst griff in die
Diskussion ein und kritisierte die relationale Raumauffassung mithilfe des Eimer-
Arguments – d. h. mittels eines Gedankenexperiments. Ich möchte versuchen, die
Debatte an Begriffen und nicht an historischen Daten festzumachen. Die Debatte in der Physik ist offenbar nicht abgeschlossen und so ist es allenfalls vorläufig,
dass die substanzialistische Raumauffassung gegenüber der relationalen Raumauffassung derzeit die Oberhand zu behalten scheint, wenngleich beide gegenüber
ihren klassischen Darstellungen nur noch modifiziert anzutreffen sind. So sind
Argumente für eine relationale Raumauffassung aus der Physik nicht verschwunden, wenngleich diese immer wieder modifiziert werden mussten, so dass sich
einige Autor*innen die Frage gestellt haben, ob es nicht an der Zeit sei, einzuge-
stehen, dass der Relationalismus mittlerweile zu einem verkleideten Substanzialismus geworden sei. Dies ist auch der Gegenbegriff zum Relationalismus, wie er in
der Literatur der analytischen Metaphysik angetroffen wird. Ich werde ihn an dieser Stelle übernehmen und synonym mit dem absoluten Raumbegriff verwenden.

Der Substanzialismus behauptet, dass Raum (und Zeit) bzw. die Raumzeit,
von der ich im Folgenden sprechen werde, unabhängig von den in ihr enthaltenen
Körpern existiert. In der naiven Fassung des Substanzialismus zeigen räumliche
Verhältnisse zwischen Körpern deren Raum- und Zeitverhältnisse an, wobei diese Verhältnisse absolut zu denken sind. Das bedeutet, dass diese Verhältnisse jeweils unabhängig von anderen bestehenden Verhältnissen in Raum und Zeit sind,
so dass sie auch unabhängig von diesen bestimmt werden können. Ein solches
Argument liefert auch Martin Carrier, dem die Darstellung in diesem Abschnitt
folgt (2012, S. 14 f.). Der Relationalismus erklärt die Raumzeit zum Inbegriff aller
räumlichen Beziehungen der aktualen Körper (S. 13). Hier gibt es nicht die Möglichkeit, die Raumverhältnisse absolut zu bestimmen, sondern räumliche Verhältnisse erhalten immer nur in Relation zu anderen räumlichen Verhältnissen einen
Wert. Die relationale Position ist offenbar ontologisch sparsamer, wenn sie darauf
verweist, dass nur konkrete räumliche Verhältnisse zwischen gegebenen Körpern
bestimmt sind und hierfür kein absoluter Raum mit absoluten Größenverhält-

nissen erforderlich ist. Die substanzialistische Vorstellung eines absoluten Raums verweist auf eine Position, die dem wissenschaftlichen Realismus nahe kommt. Dieser geht davon aus, dass naturwissenschaftliche Theorien dazu beitragen, das objektiv existierende Naturgefüge ergründen zu können. Gleichzeitig legt diese Position die Vermutung nahe, es gäbe so etwas wie eine Substanz des Raums. Diese Substanz wäre dann der Träger von raumzeitlichen Beziehungen zwischen Körpern. Der Relationalismus kann dagegen die Auffassung des Raums als Substanz bestreiten und muss nicht postulieren, es gäbe objektive Entitäten der Raumzeit (S. 25). Was hier für die Raumverhältnisse postuliert wird, gilt insbesondere auch für die Bewegungen der Körper im Raum. Während es in der absoluten Perspektive echte Bewegung gibt, was bedeutet, dass ein sich bewegender Körper sich gegenüber dem Raum selbst bewegt, bestreitet dies die relationale Perspektive und erkennt Bewegung nur in Relation zu anderen Körpern an. Der absolute Raum nimmt nicht selbst an der Bewegung teil, er ist also unbeweglich und wird als eine inerte ‚Bühne‘ für die Bewegung gedacht. Hiergegen erhebt der Relationalismus den Einwand, dass die zu betrachtenden Inertialsysteme jeweils gleichberechtigt sind, so dass absolute Bewegung und Bewegungslosigkeit nicht gedacht werden können, so dass der absolute Raum als inerte ‚Bühne‘ der Bewegung aus der Beschreibung verschwindet.

Die absolute Raumauffassung wurde insbesondere von Newton geprägt, wobei in der Literatur umstritten ist, wie weit er dem Raum tatsächlich eine Substanz im engeren Sinne zugeschrieben hat, doch das soll uns an dieser Stelle nicht interessieren. Raum und Zeit bilden bei ihm jedenfalls ein festes Behältnis, das von den Beziehungen der Körper nicht beeinflusst wird. Die relationale Gegenposition wurde von Leibniz und später von Ernst Mach geprägt. Sie verfolgt das Ziel, die unabhängige Existenz des Raums zu bestreiten und räumliche Größen auf die Relationen zwischen den Körpern zu reduzieren. Ich möchte nun einige der ausgetauschten Argumente darstellen, wobei ich, da das Manifest den Relationalismus favorisiert, mit Argumenten *gegen* diese Position, also mit Newtons Argumenten, beginnen werde. Einstweilen soll das Kriterium für dessen Versuch, den Relationalismus zu widerlegen, darin gesehen werden, ob es möglich ist, ein Beispiel für eine absolute Bewegung zu konstruieren, die sich nicht auf bloße Relationen reduzieren lässt. Newton versuchte dies mit dem genannten Gedankenexperiment, das unter dem Namen „Eimerversuch" bekannt geworden ist. Gelingt die Übertragung des hieraus gewonnenen Arguments, so ist gezeigt, dass die vom Manifest behauptete relationale Raumauffassung ein räumliches Phänomen akzeptieren muss, das sie nicht beschreiben kann. Damit ist die Einschränkung auf eine relationale Raumauffassung in der Beschreibungssprache bei offenem Vorverständnis von Raum aber nicht mehr zu halten.

5   Newtons Eimer

Der Eimerversuch zielt darauf, eine Rotationsbewegung an sich nachzuweisen, d. h. eine Bewegung, die nicht durch Relationen zu anderen Körpern oder Bewegungen charakterisiert werden kann und die unabhängig von anderen Körpern oder Bewegungen nachweisbar sein muss (S. 14 f.). Wir haben es hier also mit einer Physik zu tun, die noch einen objektiven Beobachter kennt. Das Gedankenexperiment soll zeigen, dass dies für die bei Rotation im Experimentalraum auftretenden Zentrifugalkräfte gilt bzw. gelten muss.

Stellen wir uns also einen mit Wasser gefüllten (runden) Eimer vor, der an einem verdrillten Seil aufgehängt ist (S. 14 f.). Bevor das verdrillte Seil den Eimer in Bewegung setzt, befinden sich Eimer und Wasser relativ zueinander in Ruhe (Stadium 1). In diesem Stadium treten keine Zentrifugalkräfte auf, was sich daran zeigt, dass der Wasserspiegel im Eimer flach ist. Durch das verdrillte Seil wird der Eimer nun in Drehung versetzt. Zunächst bewegt sich der Eimer um das Wasser herum. Das Wasser bleibt flach. Jetzt bewegt sich das Wasser relativ zum Eimer, aber Zentrifugalkräfte treten dennoch nicht auf (Stadium 2). Bald beginnt das Wasser durch Reibung die Bewegung des Eimers nachzuvollziehen. Nun treten Zentrifugalkräfte auf, unter deren Einfluss der Wasserspiegel eine konkave Gestalt annimmt. Rotiert das Wasser nun so schnell wie der Eimer, befinden sich beide in relativer Ruhe zueinander und dennoch machen sich hier Zentrifugalkräfte bemerkbar (Stadium 3). Hält man schließlich den Eimer an, so bewegt sich das Wasser weiter, und Eimer und Wasser rotieren gegeneinander. Der Wasserspiegel behält hierbei seine konkave Form. Nun beobachten wir eine relative Rotation und gleichzeitig das Auftreten von Zentrifugalkräften (Stadium 4). Wie aus der Tabelle ersichtlich wird, sind damit alle möglichen Kombinationen relativer Bewegung zwischen Eimer und Wasser abgedeckt. Das Auftreten von Zentrifugalkräften hängt offenbar nur von der Rotation des Wassers ab, nicht aber von der Relativbewegung zwischen Wasser und Eimer. Ergo kann das Auftreten von Zentrifugal-

Tabelle 1   Die Wasseroberfläche ist konkav *genau dann, wenn* das Wasser rotiert.

Eimer	Wasser	Relativbewegung	Wasseroberfläche
ruht	ruht	nein	flach
rotiert	ruht	ja	flach
rotiert	rotiert	nein	konkav
ruht	rotiert	ja	konkav

kräften nicht auf die Relativbewegung zwischen Eimer und Wasser zurückgeführt werden. Hieraus wird gefolgert, dass es absolute Bewegungen gibt, die nicht allein durch Relationen zu anderen Körpern erklärt werden können.

Ich möchte nun einige Einwände gegen diese Folgerung betrachten. Ihr muss wenigstens entgegengehalten werden, dass der Eimerversuch nur die Relevanz eines absoluten Raums für eine bestimmte Bewegungsart zeigt, aber daraus noch nicht gefolgert werden kann, der Raum sei stets als eine absolute Größe zu betrachten. Wäre der Raum nämlich in einem so starken Sinne absolut, so müssten absolut verschiedene Orte voneinander unterschieden werden können, was jedoch dem Relativitätsprinzip widerspricht, das von Newtons Mechanik vorausgesetzt wird. Kurz: Es ist also wenigstens zweifelhaft, dass die hier nachgewiesene Absolutheit bei beschleunigter Bewegung ohne Weiteres auf unbewegte Körper übertragen werden darf: Die klassische Mechanik postulierte ein Relativitätsprinzip, also die Ununterscheidbarkeit von Punkten und somit die Äquivalenz verschiedener Zustände, deren absolute Verschiedenheit aus dem absoluten Raumbegriff folgt, ohne aber diese absolute Verschiedenheit einholen zu können. Auch Leibniz drängte mit dem *Prinzip der Identität des Ununterscheidbaren* darauf, derartige absolute, aber nicht nachweisbare Unterscheidungen aufzugeben (S. 16). Wir stoßen beim Prinzip der Identität des Ununterscheidbaren also auf ein Sparsamkeitsargument: Wenn die Theorie nicht in der Lage ist, derartige uneinholbare Unterscheidungen darzustellen und zu beobachten, dann spielen derartige Unterscheidungen keine Rolle und sollten daher auch nicht angenommen werden. Entsprechend ist der Eimerversuch auch kein wirksamer Einwand gegen den Relationalismus *insgesamt,* sondern – wie wir noch sehen werden – nur gegen eine bestimmte Auffassung von Relationen. Namentlich die Relationen, wie Leibniz sie denkt und die ausschließlich auf Abstandsbeziehungen, die *ex hypothesi* nur wechselseitig in ihrer Größe bestimmbar sind, zwischen aktualen Körpern hinauslaufen (Maudlin, 1993, S. 187).

6   Leibniz' Einwände

Leibniz' Einwände lassen sich entlang derartiger Prinzipien rekonstruieren: Leibniz' Prinzip der Identität des Ununterscheidbaren verlangt also, dass eine Theorie nur dann einen realen Unterschied zwischen zwei Zuständen oder Sachverhalten annehmen darf, wenn sie diesen Unterschied auch gehaltvoll ausdrücken kann, indem sie etwa empirisch prüfbare Kriterien zu deren Unterscheidung angibt. Das klassische Beispiel hierfür ist sicher der im Briefwechsel diskutierte Fall, dass Gott in der Lage sei, alle Körper mit einem Mal an einen anderen Ort zu versetzen, wobei die Beziehungen zwischen den Körpern unverändert blieben. In einem absoluten Raum handelt es sich sodann um zwei *unterschiedliche* Orte, die jedoch nicht *unterschieden* werden können. In einem relativen Raum kann eine solche Verschiebung nicht einmal gedacht werden. Leibniz verlangt also, dass die Theorie nur solche Orte als real unterschiedlich behaupten darf, die sich auch innerhalb der Theorie voneinander unterscheiden lassen. Lassen sich zwei Zustände aber nicht unterscheiden, müssen wir deren Identität annehmen. Wir müssen von der wünschenswerten Theorie also verlangen, dass sie weder Unterscheidungen hinzufügt, die real nicht gemacht werden können, noch Unterscheidungen übergeht, die real gemacht werden können. Dies scheint ein allgemeines Schema für den Streit zwischen absolutem und relationalem Raumbegriff zu sein. Aus der Sicht des relationalen Raumbegriffs postuliert der absolute Raumbegriff begriffliche Unterschiede, denen kein realer Unterschied zugeordnet werden kann, während aus der Sicht des absoluten Raumbegriffs der relationale Raumbegriff nicht allen realen Unterschieden begriffliche Unterscheidungen zuordnen kann. *Kurz: Beide postulieren unterschiedliche Unterscheidbarkeiten.*

Die Vorstellung, die Gottheit könne den Raum an eine beliebig andere Stelle versetzen, ist in der Literatur als statische Verschiebung („static shift") bezeichnet worden, wobei betont wurde, dass dieses Argument nicht nur von der Annahme einer entsprechend mächtigen Gottheit abhänge, sondern auch vom Prinzip des zureichenden Grundes. Sobald eine der beiden Voraussetzungen aufgegeben wird, verliert das Argument seine Zugkraft, womit sich der Substanzialismus leicht immunisieren kann. Die Literatur hat herausgearbeitet, dass noch eine dynamische Auffassung („dynamic shift") formuliert werden kann. In der dynamischen Auffassung von Leibniz' Argument wird angenommen, die Körper bewegten sich alle gleichermaßen mit einer absoluten Geschwindigkeit in eine Richtung. Auch hier fordere der absolute Raumbegriff eine reale Unterscheidung von Zuständen, die nicht durch die Beobachtung voneinander unterschieden werden können. Auch in diesem Fall muss der Substanzialismus eine Vielzahl von möglichen beziehungsweise real unterschiedenen Zuständen annehmen, ohne diese begrifflich unterscheiden zu können, während der Relationalismus nur einen Zustand anzunehmen braucht. Dagegen muss der Substanzialismus annehmen, dass es unbeobachtbare empirische Eigenschaften gibt, was die Sparsamkeitsprinzipien verletzt (S. 189 f.). Allerdings zeigt sich auch hier, dass dieser Einwand gegen den Substanzialismus abgewehrt werden kann. Die Newton'sche Vorstellung der Raumzeit lässt sich so modifizieren, dass sich absolute Geschwindigkeiten nicht darstellen lassen, Beschleunigungen aber sehr wohl, so dass Kräfte an trägen Körpern überhaupt nur bei Geschwindigkeitsveränderungen auftreten (S. 192). Damit ist das durch das Sparsamkeitsprinzip aufgeworfene Problem der absoluten Größen im Newton'schen Raum gemindert, jedoch nicht beseitigt: Selbst wenn die Beschleunigung es gestattet die Geschwindigkeit ohne absolute Größen zu formulieren, wurde ohne weiteres Relat, gegenüber dem sich der Eimer samt Inhalt bewegt, das Problem der echten Bewegungen, die durch eine radikal relationale Auffassung verworfen werden müssen, nicht beseitigt.

7   Die Folgen der Diskussion bis zur ART

Soweit haben wir die Extrempositionen der beiden Seiten sowie einige Einwände gegen deren Argumente betrachtet. Ich möchte nun die Diskussion anhand der Frage weiterverfolgen, wie Substanzialismus und Relationalismus immer weiter modifiziert wurden, um Einwänden zu begegnen.

Es sind beispielsweise Argumente vorgebracht worden, um den Relationalismus gegen Newtons Argument zu verteidigen. Er kann gegen das Argument immunisiert werden, ohne substanzialistisch zu werden, so dass durch den Eimerversuch nur ein bestimmter Typ des Relationalismus ausgeschlossen wird (S. 187). Strategien dieser Immunisierung sind zum einen das *Mach'sche Prinzip* und zum anderen die Modifikation des Relationenbegriffs. Interessanterweise wird diese zweite Position historisch nicht vertreten, sie lässt sich aber leicht konstruieren. Voraussetzung für Newtons Kritik des relationalen Begriffs ist, dass die Relationen zwischen den Körpern sich stets nur auf ihre gegenwärtigen Zustände und Positionen beziehen können. Gestattete man aber auch Relationen zwischen ungleichzeitigen Zuständen, erweiterte den Raum also auf vier Dimensionen, wobei die vierte Dimension eine Zeitdimension darstellte, so ließe sich die Rotation des Wassers als Relativbewegung gegenüber seinen früheren Zuständen beschreiben. Dies ist zweifelsohne ein relationaler Raumbegriff, jedoch wäre hier die Fortdauer der Vergangenheit in der Gegenwart erklärungsbedürftig, was nicht schon durch einen simplen Verweis auf ein nicht weiter erklärtes Prozessdenken gelingt. Ganz anders das von Ernst Mach formulierte und nach ihm benannte Prinzip, welches zwar einräumt, dass es offenbar nicht auf die Relativbewegung zwischen Wasser und Eimer ankomme, aber darauf verweist, dass das Wasser gegenüber weit entfernten Körpern rotiere und somit der relationale Raumbegriff gerettet werden kann. Allerdings lässt sich das Mach'sche Prinzip nicht mit den Beobachtungsdaten in Übereinstimmung bringen, da es inkompatibel zur Geometrisierung des Raums der allgemeinen Relativitätstheorie (ART) ist. Diese ist nach gegenwärtigem Kenntnisstand erforderlich, um den Einfluss der Gravitation auf Lichtstrahlen zu erklären. Beobachtbar wird dieser Effekt beispielsweise bei einer Sonnenfinsternis, bei der sich Fixsterne, die nahe am Rand der Sonnenscheibe stehen, als leicht verschoben beobachten lassen. Die Beobachtungsdaten schließen also analog zum oben mit Blick auf die euklidische Geometrie gemachten Argument die Mach'sche Modifikation des Relationalismus aus, da hierfür metaphysische Postulate erforderlich wären, die eine theoretische Beschreibung der Beobachtungsdaten unmöglich machen. Dazu gleich mehr.

Betrachten wir zunächst ein weiteres Argument: Gegen einen Substanzialismus, der von real unterschiedenen und möglicherweise sogar unterscheidbaren Raumzeitpunkten ausgeht, wurde das sogenannte Loch-Argument ins Spiel gebracht, das kurz gesagt darin besteht, nachzuweisen, dass Raumzeitpunkte nicht unabhängig voneinander charakterisiert werden können. Damit wird jedoch nur nachgewiesen, dass einzelne Raumzeitpunkte nicht geeignet sind, eine mutmaßliche Substanz des Raums zu charakterisieren (Carrier, 2012, S. 28). In Antwort auf diese Feststellung lässt sich eine Position formulieren, die Mannigfaltigkeitssubstanzialismus genannt wurde. Für diesen besteht der absolute Raum nicht als eine Versammlung an sich existierender Raumzeitpunkte, sondern wird durch die Existenz eines metrischen Feldes charakterisiert. Es sind dann nicht mehr die Raumzeitpunkte, die als objektiv existierend gelten und deren Charakterisierung in einer abgeleiteten Metrik erfolgt, sondern diese Metrik wird selbst als objektiv existierend behauptet. Genauer: Diese Auffassung eines solchen metrischen Realismus behauptet die Existenz der die Raumzeit charakterisierenden Metrik, durch die diese als eine Mannigfaltigkeit ausgewiesen ist. Diese Position lässt sich soweit modifizieren, dass die Existenz einzelner Raumzeitpunkte bejaht wird, diese aber nur noch als Träger metrischer Eigenschaften charakterisiert werden. Durch die Formulierung als Träger metrischer Eigenschaften lassen sich Raumzeitpunkte nicht unabhängig voneinander betrachten, so dass das Loch-Argument unterlaufen wird (S. 30). Es ist wichtig zu betonen, dass auch wenn die Metrik zunächst für den Relationalismus zu sprechen scheint, es sich um eine absolute Auffassung handelt, insofern die Metrik unabhängig von den Körpern existiert. Kurz: die durch die Metrik charakterisierte Raumzeit existiert dieser Auffassung nach neben der Materie (S. 31).[12] Dieser metrische Realismus lässt sich als Zurückweisung der Auffassung verstehen, die Raumzeit habe eine Substanz. Was existiert, sind nicht die Punkte der Mannigfaltigkeit, sondern die Metrik selbst und zwar unabhängig von ihrer Position auf der Punktmenge der Mannigfaltigkeit, die die Raumzeit darstellt. Es muss also der Mannigfaltigkeitssubstanzialismus, insofern er die Existenz einzelner Raumzeitpunkt betont, aufgegeben werden, nicht jedoch insofern die Mannigfaltigkeit als durch ihre Metrik charakterisiert aufgefasst wird (Bartels, 2012, S. 37f.). Was existiert, sind dann keine einzelnen Raumzeitpunkte, sondern Raumzeitpunkte sind grob gesprochen Aktualisierungen einer als objektiv existierend gedachten, aber *per se* nicht beobachtbaren Metrik. Wei-

---

12 Es lässt sich zeigen, dass zu Beginn der 1920er Jahre Einstein sich der Auffassung angeschlossen hatte, dass die Struktur der Raumzeit tatsächlich existiert und durch das metrische Feld repräsentiert wird (Bartels, 2012, S. 33).

sen wir diese Auffassung des Mannigfaltigkeits*substanzialismus* zurück und betonen lediglich die Existenz der Metrik, so gelangen wir zu einer Art ontologischem Strukturenrealismus, für den die Raumzeit direkt mit dem metrischen Feld zu identifizieren ist. Es gibt dann eine Art Gefüge von Relationen, welches eine unabhängige Existenzweise besitzt, und das nur durch das metrische Feld charakterisiert werden kann. Aus dieser Sicht verfügen Gegenstände nicht über eine primitive Identität und können auch nicht durch intrinsische Eigenschaften individualisiert, sondern allenfalls numerisch unterschieden werden. Diese Position steht vor dem Problem, dass sie die Existenz von Relationen postuliert, ohne die individuelle Existenz entsprechender Relata postulieren zu können. Dieses Problem kann durch die Annahme gelöst werden, dass die Existenz der Relata durch die Relationen begründet wird, so dass weder Objekte noch Relationen eine Priorität besitzen können (S. 39). Die Relationen stellen dann die Art und Weise dar, in der Raumzeitpunkte existieren (S. 40). Es ist allerdings zuzugestehen, dass diese Relationen nur noch wenig mit den Leibniz-Relationen zu tun haben, da sie selbst räumlich ausgedehnte, feldartige Objekte sind. Wir werden sehen, dass auch hiermit kein Sieg des Relationalismus verbunden ist – und selbst wenn, wäre der Relationalismus nur zum Preis einer weitgreifenden und vielleicht sogar kontraintuitiven metaphysischen Interpretation zu retten gewesen.

Mit der allgemeinen Relativitätstheorie dynamisiert sich bekanntlich die Geometrie des Raums. Es ist nun die Materie, die die Gestalt der Raumzeit, d. h. ihre Krümmung, bestimmt, während es die Raumzeit ist, die die Bewegungsbahnen der Materie bestimmt, so dass beide miteinander in eine Wechselwirkung geraten (S. 49).[13] Die Struktur der Raumzeit ist damit nicht mehr von vornherein bekannt, sondern lässt sich nur bei hinreichend genauer Kenntnis der Materieverteilung bestimmen. Dies spricht jedoch nur auf den ersten Blick gegen eine absolute Vorstellung vom Raum und für den Relationalismus, da die unabhängige Existenz des Raums, also „dass" er ist, und die (teilweise) Abhängigkeit seiner konkreten Eigenschaften von den aktualen Körpern, also „wie" der Raum ist, miteinander verträglich sind. Es handelt sich um eine Spielart der Substanz/Akzidenz-Unterscheidung. Der Raum hat damit eine metrische Struktur von sich aus, die aber durch die Körper verändert wird. Hiermit ist auch die Formulierung der statischen und dynamischen Verschiebung unmöglich geworden: Weder ist die Raumzeit homogen, noch lassen sich absolute Geschwindigkeiten ausdrücken (Maudlin, 1993, S. 201). Für den Relationalismus problematisch bleibt einerseits die Vorstellung eines materiefreien Universums, dessen Raumzeit trotzdem eine Gestalt hat. Andererseits begegnet uns das Problem der Zentrifugalkräfte wieder.

---

13 Der Raumzeit solche kausalen Eigenschaften zuzugestehen, verlangt, ihre Wirklichkeit zu akzeptieren.

Der Substanzialismus hat hier weitere Gründe gewonnen, an der Auffassung festzuhalten, die Rotation erfolge in Bezug auf die Raumzeitstruktur selbst (Bartels, 2012, S. 21).[14] Ähnlich gelagert ist auch das Problem der Trägheit. Nach dem Mach'schen Prinzip gäbe es in einem mit Materie erfüllten Universum in ausreichender Entfernung von den Körpern keine Trägheit. Die allgemeine Relativitätstheorie verlangt dies jedoch. Kurz: Die allgemeine Relativitätstheorie genügt dem Mach'schen Prinzip *nicht* und auch wenn dieses Prinzip einen Ausgangspunkt für die Entwicklung dieser Theorie darstellte, muss festgehalten werden, dass die allgemeine Relativitätstheorie letztlich den Überlegungen des Substanzialismus näher steht (Bartels, 2012, S. 25).

Dieser Punkt verdient es, präzisiert zu werden. Ich habe herauszuarbeiten versucht, dass der Substanzialismus zunächst von der Existenz von Raumpunkten ausging, diese Auffassung aber zugunsten eines metrischen Realismus bzw. eines Strukturenrealismus revidieren musste. Auch wenn es nach dieser Revision nicht mehr sinnvoll ist, von einzelnen Raumzeitpunkten zu sprechen, weist die Mannigfaltigkeit der Raumzeit Orte auf, die durch Metriken und also durch Felder charakterisiert werden können. Für den Substanzialismus ist der Raum zwischen den Körpern also stets ‚mit Raum' gefüllt und ein Vakuum ist nicht schlechthin nichts. Der Relationalismus kann hingegen die Frage, was denn nun eigentlich zwischen Körpern sei, nicht befriedigend lösen.[15] Nach seiner Voraussetzung darf er nur Relationen zwischen Körpern annehmen und darf sich nicht positiv auf einen „leeren Raum" beziehen. Deutlich wird dies, wenn wir die dem Relationalismus bisher zugestandene Abstandsrelation hinterfragen. Ich hatte bereits argumentiert, dass die Abstandsrelationen nur im Verhältnis zu anderen Abstandsrelationen einen Wert erhalten können, dies für eine einzelne Relation aber nicht möglich ist. Dies setzt zunächst voraus, dass die Abstandsrelationen untereinander ausreichend homogen sind, der Faktor, der den Größenunterschied zwischen zwei Abstandsrelationen darstellt, also nicht ortsabhängig ist oder sich beispielsweise mit dem Abstand von der Abstandsrelationen ändert. Dies setzt voraus, dass die Struktur der Raumzeit ausreichend homogen und a priori bekannt ist. Während dies für die spezielle Relativitätstheorie noch gilt, hatten wir gerade gesehen, dass es in der allgemeinen Relativitätstheorie unmöglich geworden ist, die Struktur der Raumzeit ohne Kenntnis der Materieverteilung zu bestimmen. Die Alternative bestünde für den Relationalismus darin, jede einzelne Abstandsrelation zuvor als primitive Relation aufzufassen, also unendlich viele verschiede-

---

14 Die Antwort des Relationalismus hierauf besteht augenscheinlich hingegen nur in dem schwachen Argument, die Vorstellung eines materiefreien Universums sei unrealistisch.

15 Hier zeigt sich der Relationalismus als Resultat Leibniz'scher Überlegungen, der sich bereits weigerte, leeren Raum zwischen den Atomen anzunehmen (Leibniz, 1996, S. 85 f.).

ne Relationen zu fordern (Maudlin, 1993, S. 195). Ein zweiter Einwand gegen die Abstandsrelation als Grundstruktur des Raums schließt an den Größenvergleich zweier Abstandsrelationen direkt an. Nehmen wir o. B. d. A. einmal an, wir wollten zwei Abstandsrelationen miteinander vergleichen, von denen die eine doppelt so groß wie die andere ist. Unsere Intuition ist, dass wir die kleinere Abstandsrelation zweimal ‚hintereinander' legen und überprüfen, dass sie dann der größeren Abstandsrelation entspricht. Eine Frage, die der Relationalismus nun beantworten muss, ist, von welcher Natur die Leerstelle ist, die hierdurch produziert wird. Während der Substanzialismus per Voraussetzung annehmen darf, dass es an den richtigen Stellen einen Raum gibt, auf den er sich beziehen kann, betont der Relationalismus, dass Raum durch die Körper produziert wird: welches ist also der Körper, der den fehlenden Raumpunkt hervorbringt? Während der Substanzialismus dieses Problem auf die Mannigfaltigkeit reduzieren kann, muss der Relationalismus diese Operation kontraintuitiv zu seiner Voraussetzung fordern. Das Problem lässt sich auf die Dreiecksungleichung zurückführen.[16] Der Relationalismus liefert für die Formulierung geeigneter physikalischer Theorien über die Raumzeit und deren metaphysische Interpretationen also nur dann die geeigneten Instrumente, wenn wir den Begriff der Relation weit ausdehnen und die Existenz von mit Körpern unbesetzten, aber dennoch irgendwie ausgefüllten Zwischenräume annehmen, kurz: ein Raumzeit-Kontinuum. Hiermit hat sich der Relationalismus aber soweit auf die Annahmen des Substanzialismus zubewegt, dass fraglich wird, wieso man beide überhaupt noch unterscheiden sollte (S. 202). Als Gegenentwurf zum Substanzialismus ist er offenkundig zu schwach geworden.

Die bisher vorgetragene Position, die einen absoluten Raumbegriff im Sinne eines metrisch gefassten Mannigfaltigkeitssubstanzialismus vertritt, lässt sich auf eine Position hin radikalisieren, die Super-Substanzialismus genannt wird. Die Idee des Super-Substanzialismus besteht darin, zu behaupten, dass alles, was wir wahrnehmen, letztlich nur Aspekte und Eigenschaften (Akzidenzen) der Raumzeit seien (Lehmkuhl, 2012, S. 50). Diese Position hat den Vorteil, dass sie ontologisch sparsam ist. Anders als die anderen hier vorgestellten Positionen ist der Super-Substanzialismus offenbar eine Position, die zuerst in der analytischen

---

16 Stellen wir uns die längere Relation als Relation zwischen den Punkten A und B vor und stellen wir uns die beiden kurzen Relationen zwischen einmal den Punkten A und C und einmal zwischen den Punkten C und B vor. Nach Voraussetzung gilt, dass die Abstände von A nach C und von C nach B gleich groß sind. Zu prüfen ist, ob deren Summe gleich dem Abstand von AB ist. Aber was garantiert, dass C auf der Strecke AB liegt? Dies kann von einer relationalen Auffassung, die keinen solchen Punkt als per se existierend annehmen darf, nicht garantiert werden. Die Folge ist, dass wir auf die Dreiecksungleichung verwiesen werden, die uns nur garantiert, dass die Strecke AB nicht größer als die Summe der Strecken AC und CB ist.

Metaphysik vertreten wurde, also nicht aus physikalischen Diskussionszusammenhängen stammt (S. 52). Bisher hatten wir eine substanzialistische Kernposition beobachtet, die darin besteht, den Raum als eine Substanz auszuweisen, was bedeutet, dass er nicht auf anderes reduziert werden kann (S. 55). Die Irreduzibilität des Raums in der substanzialistischen Position schließt jedoch nicht die Existenz anderer Substanzen, etwa der Materie, aus. Die super-substanzialistische Position ist demgegenüber insofern sparsamer, als dass sie nicht die Existenz zweier Substanzen annehmen muss, sondern darauf Zielen kann, die Materie auf Eigenschaften der Raumzeit zurückzuführen (S. 55).[17]

8 Diskussion

Im Durchgang durch die Diskussionslinien der Physik sind wir auf schwankende Positionen gestoßen, die zueinander im Widerspruch standen und von denen aus sich Argumente gegen die konkurrierende Position finden ließen, die diese immer wieder zur Modifikation zwangen. Der Substanzialismus geriet dabei unter Druck, da er unbeobachtbare Entitäten postulieren muss, um die in ihm formulierte ontologische Interpretation aufrecht zu erhalten. Der Relationalismus erwies sich demgegenüber als von vornherein ontologisch sparsamere Option, die allerdings nicht alle Beobachtungen abzudecken vermochte. Hierdurch wurde eine ständige Ausweitung dieser Position erforderlich, so dass schließlich Relationen nicht nur als zwischen Körpern bestehend, sondern auch noch gegenüber dem Raum selbst verstanden werden mussten. Namentlich die Lösung des Eimer-Gedankenexperiments lief darauf hinaus, dass sich der Eimer und das darin enthaltene Wasser gegenüber der Raumzeit selbst bewegen. Dabei wurde klar, dass der Begriff der Relation immer weiter auszudehnen war, indem eigentlich substanzialistische Ideen wie die Unabhängigkeit des Raums (modifiziert) übernommen wurden. Es wurde klar, dass die Diskussion die klassische Unterscheidung von Substanz und Akzidenz wiederholte. Bei Erhalt der Neutralität gegenüber den Beobachtungsdaten lief die Wahl der ontologischen Interpretation also auf die Aufteilung der wirksamen Raumeigenschaften zwischen Substanz und Akzidenz hinaus, wobei sich zuletzt immer deutlich die Position zugunsten der akzidentellen Raumeigenschaften verschob. Hierbei wurde klar, dass diese Verschiebung schließlich den ontologischen Status der Materie betreffen würde.

Damit wird für die vorliegende Diskussion des *Topologischen Manifests* aber deutlich, dass für dieses sowohl der Relationenbegriff als auch der Materiebegriff

---

17 Eine Prüfung der Kompatibilität des Super-Substanzialismus mit der modernen Physik ist freilich nicht Thema dieser Untersuchung (Lehmkuhl, 2012, S. 58).

unterkritisch bestimmt sind. Dies geht so weit, dass der Relationenbegriff, auf dem die Rede von der Topologie fußt, in den Verdacht gerät, einer diskursiven Mode zu folgen. Offenbar liefert er jedenfalls für die im Manifest selbst angesprochenen Untersuchungen nicht die nötigen Begriffe. Allein schon die Bestimmung von Längen im Falle der Transporträume etwa lässt sich nur durch einen Rekurs auf ein nicht relational auffassbares Vorverständnis aufschließen. Dies wird gerade daran deutlich, dass die für die entschieden relationale Betrachtung erforderliche Kontinuität des Rauminhalts nicht eingelöst wird. Die Vorstellung des leeren Raums, wie er im Substanzialismus gedacht wird, wird zurückgewiesen, ohne die für das Relationengefüge nötige Kontinuität einzulösen. Wenn dies in derartigen Untersuchungen dennoch gelingt, so ist dies gerade Folge des nun nicht mehr kritisch einholbaren Vorverständnisses. Die Leistung des Relationenbegriffs im Manifest besteht also nicht darin, die Beschreibbarkeit auszuweiten, sondern sie einzuschränken. Von dieser Einschränkung aus bietet sich der Raumbegriff des Manifests als Ausgangspunkt zur Entwicklung von Forschungsfragen an, womit aber die provokante Festlegung des Manifests fraglich wird. Auffällig ist dabei auch die Schwierigkeit der relationalen Raumvorstellung, mit Latenzphänomen umzugehen. Zwar spricht das Manifest von „Möglichkeitsräumen", lässt den Möglichkeitsbegriff aber unbestimmt und verweist auf Aktualisierungs- und Machtprozesse. Ohne die Machtförmigkeit der Möglichkeit zu bestreiten, wäre es wünschenswert gewesen, die Räumlichkeit quasi auf beiden Seiten der Aktualisierungsprozesse zu diskutieren. Das Manifest beschreitet den umgekehrten Weg und postuliert, dass „Machtnetze […] nur topologisch analysierbar" seien (TM [28]), unterschlägt aber, dass die räumliche Dimension der Metapher „Machtnetze" dem Netz und nicht der Macht entspringt. Analog verhält es sich für die im Manifest genannten Zeitdynamiken, die als Öffnung und Schließung (von was?) charakterisiert werden. Wir haben das Problem untersucht, Zeitdynamiken in einen topologischen Zugriff aufzunehmen: Subsistiert die Vergangenheit in der Gegenwart? Und wenn: Wie gelangen wir hier zu einer Vorstellung einer offenen Zukunft, wie es die Vorstellung einer Öffnung-als-Möglichkeit und das Interesse am Unerwarteten verlangte (TM [28 f.]), ohne auf ein konzeptuelles Konstrukt zurück zu fallen?

Kurz: Die Schwierigkeiten, die wir in Diskussionen in der Physik beobachten konnten, sollten auch das Manifest interessieren. Ansonsten droht die Gefahr, absolute Vorstellungen zwar zurückzuweisen, aber gleichzeitig zu Begriffen zu gelangen, die den eigenen Anspruch nicht einzulösen vermögen und deren Erweiterung die versprochene ontologische Sparsamkeit beseitigt, während sie die Begriffe zugleich wieder in Richtung der zurückgewiesenen Position verschiebt. Dieses Schwanken der Begriffe wird augenfällig im Manifest und macht es von der Position eher zu einem Ausgangspunkt. Es geht um stets konzeptualisierten Raum, der begrifflich nicht leer sein darf und daher auf ein Vorverständnis zurückgreift, dem das Manifest *ohne Weiteres* nicht gerecht wird, weswegen es die Aus- und Zugriffe vervielfältigen muss, etwa unter Stichwörtern wie „Verfahren", „Historizität", „Wirksamkeit", „Visionen" oder „Utopie" (TM [27]). Oder handelt es sich beim ‚konzeptualisierten Raum' doch um eine Metapher, die unsere Sprache verhext? Wie passen hierzu aber die eindeutig zeitlich konstruierten Diskursräume? Zu deren Anschlussfähigkeit wird auf den Begriff „Metaraum" verwiesen: Sie seien „gleichsam"(!) ein Medium für die Beschreibung von Topologien, wobei diese das Medium erschüfen, fortschrieben, umformten (TM [25]). Hier kann Topologie nur noch eine Umschreibung für die Struktur des einander Ausschließenden sein. Im Fall der Metaräume zumindest legt das Manifest *den Begriff* auf den Raum fest und entfernt ihn von allen anderen Raumzugriffen. Was ist also die Botschaft des Topologischen Manifests? Die geforderte Raumtheorie, die der *spatial turn* habe vermissen lassen, liefert es jedenfalls nicht. Es ruft eine Position der Raumdebatte auf, bleibt aber hinter der Höhe der hier vorgestellten Diskussion zurück. Der Zusammenhang der Räume ergebe sich, so das Manifest, nicht ohne Weiteres, werde aber auch nicht bestritten. Er muss wohl stets aus einem Vorverständnis der vorgestellten Untersuchungsfragen angenommen werden. Damit droht aber der Sinn des Begriffs ‚Raum' zu verschwinden und er gerät zu einer bestimmungsbedürftigen Klammer, die um fast beliebige Forschungsfragen gezogen werden kann.

Literatur

Bartels, A. (2012). Der ontologische Status der Raumzeit in der allgemeinen Relativitätstheorie. In M. Esfeld (Hrsg.), *Philosophie der Physik* (S. 32–49). Frankfurt am Main: Suhrkamp.

Carrier, M. (2012). Die Struktur der Raumzeit in der klassischen Physik und der allgemeinen Relativitätstheorie. In M. Esfeld (Hrsg.), *Philosophie der Physik* (S. 13–31). Frankfurt am Main: Suhrkamp.

Denker, K. (2011). Das Konzept der Topologie. In S. Alpsancar, P. Gehring, & M. Rölli (Hrsg.), *Raumprobleme. Philosophische Perspektiven* (S. 219–234). München: Fink.

Kanitschneider, B. (1971). *Geometrie und Wirklichkeit*. Berlin: Dunker & Humblot.

Kant, I. (1974). *Kritik der reinen Vernunft*. Frankfurt am Main: Suhrkamp.

Lehmkuhl, D. (2012). Super-Substanzialismus in der Philosophie der Raumzeit. In M. Esfeld (Hrsg.), *Philosophie der Physik* (S. 50–69). Frankfurt am Main: Suhrkamp.

Leibniz, G. W. (1996). *Hauptschriften zur Grundlegung der Philosophie. Teil I.* Hamburg: Meiner.

Maudlin, T. (1993). Buckets of Water and Waves of Space. Why Spacetime Is Probably a Substance. *Philosophy of Science*, 60 (2), 183–203.

Manifesto

Hände und Köpfe des *Kommunistischen Manifestes*

Gregor Kanitz

Abstract

Im wörtlichen Sinne macht ein Manifest etwas handgreiflich. Es verleiht dem Latenten oder Unsichtbaren Realität, wenn es bislang nur als Vision existierte. Die Möglichkeit des Realwerdens per Manifest hat eine kulturelle, ästhetische Geschichte und lässt sich entlang des Prototyps aller Manifeste beschreiben: des 1848 veröffentlichten *Kommunistischen Manifests*. Hier liegt nicht nur eine Zäsur politischer Ideengeschichte, vielmehr ändert sich die Sozio-Ästhetik des Manifestierens. Revolutionäre Aktivität benötigt Schauplätze, Netzwerke und Infrastrukturen, die das Handwerk des politischen Umsturzes durch die Vision eines Industrieporletariats greifbar macht. Die Hände und Köpfe dieses potenziellen Umsturzes setzt in besonderem Maße die Kunst-Installation *Manifesto* von Julian Rosefeldt in Szene und reflektiert mit audiovisuellen Mitteln das Realwerden und die Verkörperung von Visionen.

Eine überdimensional vergrößerte Zündschnur zischelt über den schwarzen Bildschirm, Spannung kündigt sich an, als müsste gleich etwas explodieren. Und aus dem Voice-over kommen die berühmten Zeilen des *Kommunistischen Manifests:* „All that is solid melts into air." Im deutschen Original heißt es: „Alles Ständische und Stehende verdampft", und im Text von 1848 steht weiter: „[…] alles Heilige wird entweiht, und die Menschen sind endlich gezwungen, ihre Lebensstellung, ihre gegenseitigen Beziehungen mit nüchternen Augen anzusehen."[1]

Der nächste Bildschirm zeigt keine nüchternen Augen, sondern einen offenbar angetrunkenen Obdachlosen. Die bärtige Figur mit zerzaustem Haar trägt

---

1   Manifest der Kommunistischen Partei (2012) [1848]. Der Text erschien zu Beginn des Jahres 1848 anonym, ich zitiere im Folgenden nach der im Kommentarband abgedruckten Version mit der Sigle KM und Seitenzahl. Hier KM 257.

© Springer Fachmedien Wiesbaden GmbH, ein Teil von Springer Nature 2018
A. Brenneis et al. (Hrsg.), *Technik – Macht – Raum*, Technikzukünfte,
Wissenschaft und Gesellschaft / Futures of Technology, Science and Society,
https://doi.org/10.1007/978-3-658-15154-6_19

eine graue Wollmütze, mehrere alte Jacken übereinander; das zerfurchte Gesicht zeigt gläserne Augen und zwischen den aufgesprungenen Lippen drängen Worte hervor, die von Revolution, Kapitalismus und der Bourgeoisie sprechen. Er zieht einen Wagen mit seinen Habseligkeiten durch eine unwirtlich-ruinöse Industrielandschaft. Auf einer Beton-Plattform angekommen nimmt er schließlich ein Megaphon in die Hand und schreit:

> We call upon all honest intellectuals, all writers and artists, to abandon decisively the treacherous illusion that art can exist for art's sake, or that the artist can remain remote from the historic conflicts in which all men must take sides. We call upon them to break with bourgeois ideas which seek to conceal the violence and fraud, the corruption and decay of capitalist society. We urge them to forge a new art that shall be a weapon in the battle for a new and superior world.[2]

Sowohl im Manifest von 1848 als auch hier geht es um den Kampf gegen Kapitalismus, die beiden Bildschirme aktualisieren im Jahr 2016 zwei Weisen des Protests als Manifest. Geht es im ersten Fall um die Manifestation des Proletariats als geschichtsrevolutionäre Klassenkraft, so ist im zweiten Fall die Rolle der Kunst im gesellschaftlichen und kapitalistischen Konflikt angesprochen. Doch in welcher Sprache wird gesprochen, wird nicht vielmehr in filmischer Bewegung gezeigt? Es geht nicht nur um einen zu dechiffrierenden Inhalt, sondern ebenso um das Aufzeigen und Vorführen eines Konflikts, einer Spannung. Der Konflikt könnte beispielsweise zwischen dem zerzausten, verzweifelten Obdachlosen (ein Proletarier, wenn nicht ein Lumpenproletarier) und den drei vergnügten Damen der gleichen Erzählsequenz liegen, welche vorführen, was man mit einer zunächst revolutionär anmutenden Zündschnur noch alles bewegen kann, zum Beispiel Feuerwerksraketen. In kaum subversivem Gestus gehen sie ihrem Vergnügen nach und leiten damit die kleine filmische Erzählung mit dem Obdachlosen ein. Also noch bevor der zerzauste Subproletarier seinen Hass auf die kulturökonomischen Zustände der Welt per Megafon verkünden kann, ist die Bombe des Kommunismus (das legendäre Manifest von 1848) bereits zum harmlosen Feuerwerkskörper verwandelt. Ist dies das Schicksal von Manifesten, von revolutionär manifestierten Visionen? Oder ist dies gar das Schicksal von kommunistischen Bewegungen insgesamt, welche spätestens seit 1989 ein Erbe gespenstischen Nachlebens zu bearbeiten haben? Manchem Interpreten erschien hier ein weiteres „Ende der Ge-

---

2   Katalog Manifesto (2016). Der Katalog zur Installation versammelt alle gesprochenen Manifest-Passagen, Filmstills, ein Interview mit Julian Rosefeldt sowie drei Analysen. Ich zitiere im Folgenden mit der Sigle Kat und Seitenzahl, hier Kat 9.

schichte", glücklicherweise wurde dieser vermeintliche Sieg des Liberalismus vielfach in Zweifel gezogen.[3]

Im Folgenden sollen die Sprachen, Techniken und Dynamiken von Manifesten in einer synchronen Analyse aus einer aktuellen Film-Installation mit Passagen aus dem berühmten *Kommunistischen Manifest* kurzgeschlossen werden. Die in Zusammenhang mit dem *Kommunistischen Manifest* vorgetragenen Superlative brauchen nicht nochmals referiert werden. Wesentlich ist, dass dieser vor allem im 20. Jahrhundert extrem einflussreiche, weit rezipierte Text nicht wie üblich primär auf seine politische Strahlkraft hin gelesen werden sollte, sondern vielmehr als Symptom eines Umbruchs „sozialer Sinnlichkeit", welcher ästhetische und mediengeschichtliche Aspekte mit einbezieht und damit ein viel breiteres Verständnis des Sozialen und Politischen zu Grunde legt (Göbel & Prinz, 2015). Es geht in diesem methodischen Verständnis um eine neue Konfiguration sozialer Beziehungen, in der die Sinnlichkeit, Körperlichkeit und Technizität ein affektiv geladenes Gefüge sozialer Ordnung bildet. Ursprünglich philosophische Fragen nach Wahrnehmung und Praxis werden in Verarbeitung einer Fülle aktueller Diskussionsstränge vornehmlich aus angloamerikanischen Zusammenhängen (Material Culture Studies, Urban Studies, Sense Studies, Visual Culture Studies etc.) zu einer Analyse von Handlungsträgerschaften zwischen Ding, Ort, Maschine und Person. Insbesondere Georg Simmel steht in seiner vermittelnden Position zwischen Philosophie und Gesellschaftswissenschaften Pate für eine Soziologie der Erfahrung, des Raumes oder des Gebrauchs; der Aspekt von Praxis und Sinnlichkeit findet sich auch stichwortgebend für den Fokus der Sozioästhetik bereits in den frühen Schriften von Marx und Engels. (Göbel & Prinz, 2015, S. 20). Die filmische Installation historisiert das Marx-Engelssche Manifest in künstlerischer Forschung als korporeal bewegtes Bild und problematisiert die Sozioästhetik von 1848 in aktueller (film-)ästhetischer Praxis. Sowohl für die Epoche um 1850 wie für jetzige Kunstproduktionen gelten damit je eigene sozioästhetische Bedingungen, welche z. B. das menschliche Tun im Spannungsfeld einer Technisierung von Arbeit virulent werden lassen. Das audiovisuelle Manifest präsentiert Denkweisen und Handlungsformen in filmischer Bewegung und bearbeitet die revolutionäre Energie von Manifesten zwischen Handwerk, Fabrik- und Kopfarbeit.

Die anfangs erläuterten Sequenzen sind nur zwei von insgesamt 13 Szenarien der Film-Installation *Manifesto* des Berliner Film- und Medienkünstlers Julian

---

3 So fußt Jacques Derridas Neulektüre marxistischer Ansätze auch wesentlich auf einer Kritik an Francis Fukuyamas These vom „Ende der Geschichte" nach dem Zusammenbruch der sozialistischen Staaten 1989. Derrida bezeichnete Fukuyamas Text als „das am meisten Lärm entfaltende, das medientauglichste, das erfolgreichste Evangelium über den Tod des Marxismus als Ende der Geschichte (2004, S. 84).

Rosefeldt. Häufig beschäftigt er sich mit kulturhistorischen Themen, er verarbeitete bereits Dalís Surrealismus, das Münchener NSDAP-Gelände oder den deutschen Wald in komplexen Szenarien mehrkanaliger Kunstinstallationen. Der Ort, an dem das Publikum diese Arbeiten erkunden kann, ist nicht das Kino, sondern es sind Galerien und Kunstmuseen. Meine Analyse bezieht sich auf die Installation im Berliner Museum *Hamburger Bahnhof*, wo die Arbeit ihre Deutschlandpremiere feierte.[4]

Die Installation bietet eine brüchig-bewegte Synthese der wechselvollen Geschichte von Manifesten, die man in der Tat sehr evident beim berühmten, von Karl Marx und Friedrich Engels verfassten *Manifest der Kommunistischen Partei* von 1848 beginnen kann und die im Durchgang der Installation ihre ganz eigene Geschichte des politisch und ästhetisch artikulierten Willens zum Aufbruch und Neuanfang erzählt. Die 13 im Museumsraum positionierten und arrangierten Bildschirme[5] zeigen bis auf die einleitende Zündschnur-Sequenz Schauspielerfiguren, sämtliche Textfragmente werden entweder im Voice-over gesprochen oder von 13 Figuren monologisch vorgetragen. Pikanterweise sind die 13 Figuren von derselben Schauspielerin verkörpert, der mehrfach ausgezeichneten australischen Hollyooddarstellerin Cate Blanchett. Die historisch zumeist von (jungen) Männern ausagierten Manifeste werden somit durch einen weiblichen Kopf verkörpert, welcher wiederum eine Vielzahl an männlichen und weiblichen Masken zur Aufführung bringt.

Die Zündschnur-Sequenz mit dem *Kommunistischen Manifest* und die Darstellung des wütenden Clochards im Gefolge der vergnügten Damen befindet sich in einem ersten Vorraum, danach betritt der Besucher einen größeren, durch kleinere Wandelemente strukturierten, gänzlich dunklen Raum. Die folgenden zehn Screens sind in einem erst sukzessiv erschließbaren Parcours zu durchlaufen, schlichte Plastikbänke vor den Bildschirmen laden zu den bis auf die Einleitungssequenz exakt 12 Minunten 30 Sekunden dauernden Manifest-Sequenzen ein, welche in Endlosschleife präsentiert werden. Dargestellt sind häufig Arbeitssituationen: eine Börsenmaklerin, eine Arbeiterin in einer Müllverbrennungsanlage, eine Wissenschaftlerin, Nachrichtensprecherin, Lehrerin und Theater-Choreografin sowie die Schneiderwerkstatt einer Puppenspielerin; doch ebenso eine Ge-

---

4   Weltpremiere hatte die Installation am *Australian Centre for the Moving Image* am 9. Dezember 2015 und ist seither weltweit an einer Reihe renommierter Museen/Kunstinstitutionen zu sehen. Die weit beachtete Schau am *Hamburger Bahnhof* in Berlin fand vom 9. Februar bis zum 6. November 2016 statt. Seit 2017 existiert das Werk auch als linearer Film, wurde auf einigen Festivals gezeigt und fand seinen Weg in die Kinos.

5   Die Größe der Screens schwankt von 320 cm × 180 cm (am *Hamburger Bahnhof* und im *Sprengel Museum*) bis hin zu 640 cm × 360 cm.

schäftsführerin auf einem privaten Empfang, eine Trauerrednerin, eine konservative Mutter mit Familie und eine tätowierte Punkerin runden das Panorama manifestierender Figuren ab. All diese Figuren sprechen und verkörpern Zeilen aus Manifesten zwischen 1848 und 2004, die einzelnen Filme sind Kondensate aus mehreren von Rosefeldt zusammengesetzten Manifest-Artikulationen, die unter eine Hauptaussage rubriziert wurden. So bespielen beispielsweise Zeilen aus Manifesten von Tristan Tzara, Francis Picabia und Louis Aragon den Film zum Dadaismus (mit Cate Blanchett als Trauerrednerin) während Marinettis, Gino Severininis und Dziga Vertovs Manifest-Zeilen im Futurismus-Film die Börsenmaklerin zeigen. Die Rubriken sind vom Regisseur Rosefeldt nicht streng nach kunst- oder literaturhistorischen Gesichtspunkten geordnet, sondern folgen einer Logik und Poetik der manifesten Argumentation und Produktion. Bewegt sich die *Manifesto*-Installation damit vor allem auf der Artikulationsebene bewegter Bilder und sprechender Körper, so fragt mein analytischer Einsatz zunächst nach einem möglichen Bruch und Neubeginn, den ein anonym in London verlegter und veröffentlichter Text 1848 in die Welt bringt.

Eventuell offenbart sich dabei eine sozioästhetische Zäsur, eine rekonfigurierte Sinnlichkeit des Sozialen, die das *Manifest der Kommunistischen Partei* von 1847/48 zur Sprache bringt. Julian Rosefeldt spricht davon, dass es neben den 10 Geboten und den Lutherschen Thesen die „Mutter aller Manifeste" sei (Kat 97). Spitzfindig könnte man aus dieser Formulierung noch einmal die etymologische Nähe der *materia* (lat. Stoff) zu *mater* (lat. Mutter) bemühen, es geht also durchaus um ein Prinzip des Hervorbringens und Produzierens. Das *Kommunistische Manifest* spricht an mehreren Stellen von den „Umwälzungen in der Produktions- und Verkehrsweise" (KM 256). Diese sind bewirkt von einer Klasse, welche in der Geschichte eine „höchst revolutionäre Rolle gespielt" (KM 256) hat – hiermit ist nicht das Proletariat gemeint, sondern die Bourgeoisie. Marx/Engels' Text beginnt mit einer Analyse dieser umwälzenden Faktoren, welche man als eine technische Ökonomisierung, als eine Verwandlung von Arbeitsprozessen bezeichnen sollte – und als solche sind sie beispielsweise auch im Rahmen von technikphilosophischen Erörterungen gewürdigt worden. Günther Ropohl hebt vor allem die Theorie soziotechnischer Arbeitsteilung hervor, wenn er Marx als frühen Klassiker der Technikphilosophie kennzeichnet (Ropohl, 2009). Man müsste darüber hinaus die sozioästhetischen Handlungsmuster und die Bedingungen ihres Erscheinens herausarbeiten. Die kommunistische Bewegung erhält per Manifest zu einem Zeitpunkt ein öffentliches Gesicht, als arbeitende Hände offenbar massenhaft neu organisiert werden mussten. Exemplarisch scheint sich dies an der Geschichte des Handwerks abzuzeichnen. Die Technisierung der Arbeit zeigt sich Marx zufolge in einer „Entwicklung der Maschine", die sich durch Zusammensetzungen, Akkumulationen, besonders aber in Bewegungsenergie offenbart. Marx spricht in seinem 1847 erschienen Traktat *Das Elend der Philosophie* von einem „In-Bewegung-Setzen", welches durch einen „einzigen Handmotor, den Menschen" geleistet wird.[6] Damit ist die maschinisierte Form der Arbeit in Fabriken gemeint, nicht als technologischer Determinismus, sondern als industrielle, fabrikmäßige Ausbeutung durch wenige Kapitalisten. Indem wenige Fabrikherren mit ihrem organisatorischen Wissen eine Masse von Arbeiterhänden disziplinieren, offenbart sich in erster Linie ein Machtgefüge. Zweifelsohne entsteht das *Manifest der Kommunistischen Partei* in diesem Gefüge als ein politisches Medium der Kritik.

Es ist jedoch notwendig, die Handlungs- und Verkehrsformen der kommunistischen Bewegung selbst auf ihre Möglichkeit der Produktion von Kritik hin zu befragen und die Aussagen des *Kommunistischen Manifestes* zu historisieren. Dieses war eine Auftragsarbeit des *Bundes der Kommunisten,* dessen transnationale Geschichte seit den 1830er Jahren von Handwerkern, insbesondere Schneidergesellen getragen war. Diese frühen Kommunisten agitierten in Geheimbünden und waren maßgeblich für die gespenstische Unruhe verantwortlich, die der vielzitierte erste Satz des Manifestes („Ein Gespenst geht um in Europa – das Gespenst des Kommunismus.", KM 253) dokumentiert. In Marx/Engels' Manifest steckt der Wille, dieses Gespenst zu einer realen Gefahr für die herrschende bürgerliche Gesellschaft zu machen. Soziale Veränderung mit einer öffentlichen Parteiproklamation handgreiflich zu machen, heißt jedoch, Hände, Köpfe und Widerstände in Szene zu setzen. Es heißt, arbeitende Hände und wütende Fäuste in Bewegung zu setzen – als Teil einer kommunistischen Bewegung in bewegten Bildern. Dann wird insbesondere das Schicksalhafte offenbar, welche so häufig im Verhältnis zwischen Hand und Technik angeführt wird.[7] In marxistischen Diskursen ist dieses Problem als ein Machtgefüge zwischen „Hand und Kopf" erörtert worden.[8] Dieses korporeale Gefüge wird im Folgenden szenisch zwischen Müll und Archi-

---

6   Marx reagiert damit auf eine 1846 erschienene Arbeit des damals führenden französischen Sozial-Theoretikers Proudhon. Er greift dessen Analyse der Arbeitsteilung als kleinbürgerlich an und setzt dagegen eine integrierte Theorie der Maschinisierung als Arbeitsentwicklung. Im pointierten Telegrammstil legt er die Teilungen und Verbindungen der Arbeit auch als menschliche Kräfte auseinander. „Einfache Werkzeuge; Akkumulation von Werkzeugen; zusammengesetzte Werkzeuge; In-Bewegung-Setzen eines zusammengesetzten Werkzeuges durch einen einzigen Handmotor, den Menschen; In-Bewegung-Setzen dieser Instrumente durch die Naturkräfte; Maschinen; System von Maschinen, die nur einen Motor haben; System von Maschinen, die einen automatischen Motor haben – das ist die Entwicklung der Maschine." (Marx, 1972 [1847], S. 153).

7   Schneider (2010). Dabei wird vor allem auf die Analyse der Techno-Evolution in Leroi-Gourhans *Hand und Wort* zurückgegriffen, welches das Schicksal der Hand in einer „hephaistischen Dämmerung" als „schwindendes Organ" begreift (S. 200).

8   Haug & Mjelde (2010) verstehen im Rekurs auf Marx Kopf und Hand als einen „Trennungszusammenhang" (Sp. 1765).

tektur, zwischen kommunistischer Handlungsmacht und christlicher Freiheit sowie zwischen Handwerkern und Doppelgängern in drei Akten heraufbeschworen.

1 Industrielle Körper und filmische Architekturen

Das *Kommunistische Manifest* behandelt zunächst die veränderten Beziehungs- und Handlungsmöglichkeiten arbeitender Menschen. Auch im Jahr 1848 sind bereits „Weltmarkt"-Bedingungen hierfür zu veranschlagen. „Der Weltmarkt hat dem Handel, der Schiffahrt, den Landkommunikationen eine unermeßliche Entwicklung gegeben." (KM 255). Dadurch sind jedoch „alle feudalen, patriarchalischen, idyllischen Verhältnisse zerstört" (KM 256). Die Bande des Feudalismus sind „unbarmherzig zerrissen und kein anderes Band zwischen Mensch und Mensch übriggelassen, als das nackte Interesse, als die gefühllose, bare Zahlung" (KM 256). Die bürgerliche „Produktions- und Verkehrsweise" ist damit vor allem eine sinnliche Konfiguration der Welt, ein Arsenal an Verhaltens- und Beziehungsformen, die radikal verwandelt und in neue Wertmaßstäbe überführt werden. Bewusst möchte ich an dieser Stelle nicht von einer „Ökonomisierung" sprechen, da hiermit ein weitreichendes soziologisches Deutungsmuster sozialer Ungleichheit samt der zugehörigen Modelle von sozialen Schichten oder Klassen aufgerufen wäre. Kultur- und ideenhistorisch wäre dagegen die nichtlineare Deutung dieses von Marx/Engels aufgerufenen sozioästhetischen Musters zu berücksichtigen. Es geht um veränderte Tauschformen und Produktionsweisen, die als Konsequenz mit einer Forderung nach politischem Klassenkampf beantwortet wird, jedoch zunächst in der Analyse die „Tätigkeit des Menschen" (KM 257) untersucht. Das *Kommunistische Manifest* geht damit in einer Doppel-Bewegung vor: Es greift in die Wirklichkeit ein, aber es thematisiert ebenso die Bedingungen menschlicher Eingriffe, die Bedingungen menschlicher Hervorbringung. Paradigmatisch ist hierfür im Zeichen der Industrialisierung die Zäsur zwischen feudal-zünftisch organisiertem Handwerk und dem industriellen Fabrikarbeiter als „bloße[m] Zubehör der Maschine" (KM 261). Der soziotechnische Teilungs- und Verbindungsmechanismus produziert und zeigt die sinnliche Konfiguration des menschlichen Tuns, welche in ihrer Kapitalisierung problematisiert wird. Dies zeigt sich im *Kommunistischen Manifest* deutlich, denn diese Transformation ‚handlicher' Tätigkeit wird ablesbar am maschinellen Handeln in eintönigem Takt. Der „einfachste, eintönigste, am leichtesten erlernbare Handgriff" bedeutet in erster Linie eine Verarmung menschlicher Sinne, dem industriellen Proletariat mangelt es an „Reiz" (KM 261). Und wenn das Manifest schließlich den Arbeiter „täglich und stündlich geknechtet von der Maschine" (KM 261/262) sieht, so zeigen sich die klassischen Elemente von „Disziplin", wie sie im Gefolge von Foucaults *Überwachen und Strafen* einen so weitreichenden Diskurs um die Produktivitäten menschlichen Lebens zwischen Zurichtung und Freiheit ausgelöst haben.

Rosefeldts filmische Übersetzung verbindet diese fabrikförmige Disziplin mit einer ausgesprochen ‚alltäglich‘ wirkenden Sequenz, in der Cate Blanchett eine Industriearbeiterin in einer Müllverbrennungsanlage verkörpert. Frühes Aufstehen (noch bei Dunkelheit), ein paar Morgen- und Frühstücksrituale, eine Zettelnachricht für die noch schlafende Tochter. Erst als sie aus der tief unterbauten Haustür ihres Sozialwohnblocks[9] tritt und am Straßenkehrer vorbei auf ihr Moped steigt, wird deutlich, dass dieses Manifest-Konvolut sich auf die zahlreichen Architektur-Manifeste des 20. Jahrhunderts bezieht. Mit Gestaltern wie Bruno Taut oder dem Futuristen Antonio Sant'Elia werden frühe Beispiele des architektonischen Willens zur Erneuerung zitiert. „Today more than ever we believe in our will, which creates for us the only life value. And this value is everlasting change." (Bruno Taut, Kat 16). Geradezu antithetisch steht dieser manifestierte Wille zum Um- und Neubau zur drögen Rhythmik des gezeigten Tages einer Industriearbeiterin, deren Beruf es ist, nichts ‚Neues‘ herzustellen, sondern vielmehr das Ausgesonderte, den Müll der Gesellschaft zu verarbeiten. Wenn sie also mit einfachen Handgriffen den riesigen Greifarm der Müllverbrennungsanlage steuert, wenn auch ihr gelangweilter Gesichtsausdruck die industrielle Arbeits-Disziplin ihres alltäglichen Tuns zu spiegeln scheint, so erklärt es das *Kommunistische Manifest* gleichermaßen: „Je weniger die Handarbeit Geschicklichkeit und Kraftäußerung erheischt, d. h., je mehr die moderne Industrie sich entwickelt, desto mehr wird die Arbeit der Männer durch die der Weiber verdrängt. Geschlechts- und Altersunterschiede haben keine gesellschaftliche Geltung mehr für die Arbeiterklasse." (KM 262). Arbeitende Hände gehören auch zu geschlechtlich und altersmäßig differenziertem Leben, die industrielle Disziplin nivelliert diese Unterschiede und alleinerziehende Frauen in Müllverbrennungsanlagen bilden die Normalität der Industriegesellschaft als ersetzbaren Arbeits- und Handlungstypus ab.

Den Unterschied macht jedoch die Bewegungsenergie. Rosefeldts Film zeigt einen industriellen Alltag in filmischer Ästhetik, welche am stärksten in jener Passage hervortritt, als die Mutter auf ihrem Moped durch das morgendliche Berlin fährt. Aus der dynamisierten Kamerafahrt heraus lassen sich neben dem *Pallasseum* weitere Ikonen der Berliner Architekturgeschichte entdecken, so z. B. das 1974 bis 78 errichtete Botschaftsgebäude der damaligen Tschechoslowakei, heute der Tschechischen Republik. Erkennen lässt sich eine deutliche Anlehnung an den Baustil des Brutalismus, der ebenso den im Manifest angeschlagenen Ton

---

9   Gedreht wurde am *Pallasseum* in Berlin-Schöneberg, 1977 erbaut und geplant von dem 2015 verstorbenen Berliner Archtekten Jürgen Sawade.

zum Teil konterkariert. Wenn das Wiener Architekturbüro *coop himmelb(l)au* zitiert wird mit „Architecture that bleeds, that exhaust, that whirls, and even breaks. Architecture that lights up, stings, rips, and tears under stress" (Kat 17), so stellt man sich hier gerade keine Brutalismen in Betonblock-Ästhetik vor, eher verwundbare Körper. Vorgeführt wird so, dass Architektur abhängig ist von Stilen der Wahrnehmung und Stilen der Mobilisierung. Das mobile Kameraauge vermag dann selbst dem grau-brutalistischen Beton eine schillernde Ästhetik zu verleihen. In diesem filmästhetischen Überschuss wird die Bewegung auf andere Art auf die Straße getragen als eine idealtypische Geschichte kommunistischer Bewegung zeigen würde. Straßen sind Medien der Revolution und des Protests[10], aber das brüchige Zusammenspiel zwischen proletarischem Körper und architektonischem Stadtraum endet bei Rosefeldt in einer Wolke aus Staub und Müll. Die betreffende Filmsequenz macht auch aus Cate Blanchetts Körper ein industriell und alltäglich gewendetes Kostüm. Sie ist in der gesamten *Manifesto*-Installation die Erzählung mit den meisten Schauplätzen und die Darstellerin ist in drei verschiedenen Kostümen zu sehen, ohne dabei irgendeine Individualität oder Persönlichkeit zu generieren. Es ist auch die einzige Sequenz, in der die darstellerische Figur nicht direkt Manifest-Ausschnitte zitiert,[11] sondern diese komplett aus dem Voice-over kommen. Wenn also mit der Architektursequenz an die „proletarischen Ursprünge der Politisierung" (Gebbers & Kittelmann, Kat 84) von Manifesten erinnert werden soll, dann hat in dieser Perspektive das Proletariat zwar einen Körper und Kopf, aber kein Gesicht.[12]

Das Auseinandertreten von Bild- und Tonspur lässt sich als Verweis auf die Brüchigkeit revolutionärer Bewegungen lesen. Die manifestierten Töne finden nicht unbedingt einen erzählbar zugehörigen Schauplatz, manchmal enden sie im Abfall des industriellen Alltags. Ähnlich erging es ausgerechnet dem *Kommunistischen Manifest* selbst bei seiner Veröffentlichung kurz vor den europäischen Revolutionswirren des Jahres 1848. Seine Beschwörung des Proletariats als geschichtsmächtigen Akteur ging in den ersten beiden Jahrzehnten nach Veröffentlichung weitgehend unter (Jones, 2012, S. 23–26). Die Revolution hat 1848 einen öffentlichen Text, aber keinen Schauplatz kommunistischer Realisierung (Erbentraut & Lütjen, 2011). Sie trägt zwar mit dem Manifest eine Akklamation in

---

10 Fahlenbrach (2002, bes. S. 190–203) und aktualisiert bei Sittler (2015).

11 Lediglich in einer Passage der Aufführung, an der alle Texte auf gleichem Sprachlevel synchronisiert werden, ‚spricht' die Industriearbeiterin auch.

12 Spannend ist in diesem Kontext die Thematisierung des Kommunistischen Manifestes zwischen Arbeit und Nicht-Arbeit als Eigenschaftslosigkeit. Philosoph*innen würden für dieses Problem eventuell die Auseinandersetzung Marx – Stirner konsultieren, doch Robert Musils Erzählungen verraten wahrscheinlich genau so viel über die Zeitlichkeiten und Dynamiken kommunistischen Menschseins (Meyzaud, 2011).

die Welt („Proletarier aller Länder vereinigt euch!", KM 290), die jedoch von den zeitgenössischen liberal-bürgerlichen Reform- und Revolutionsentwürfen weitgehend überhört wird.

2   Heilige Botschaften und revolutionärer Verkehr der frühen Sozialismen

Doch welche historische Konstellation hat eigentlich zum *Kommunistischen Manifest* geführt? Immer noch zu selten ist darauf hingewiesen worden, dass die Organisation von Arbeiterprotest einer Raum- und Bewegungslogik mit Infrastruktureffekten folgt. Wenn das *Kommunistische Manifest* bereits scheinbar selbstverständlich auf die Organisation der „proletarischen Bewegung" (KM 268) abhebt, vielmehr noch dessen reale Wirksamkeit als „geschichtliche Bewegung" (KM 268) konstatiert wie fordert, so muss ebenfalls daran erinnert werden, dass die frühe ‚Arbeiter'-Bewegung in der ersten Hälfte des 19. Jahrhunderts in enormem Maße aus wandernden Handwerkern bestand. Motivisch angedeutet hatte sich das Thema des Vagabundierens bereits in Rosefeldts einleitenden Filmsequenzen, die sich ausgerechnet auf die Raumkünste des Situationismus bezogen. Mögen die Berliner Obdachlosigkeiten des Jahres 2016 sicherlich anderen Logiken gehorchen als die zyklischen, lebensphasengebundenen Wanderungen mitteleuropäischer Handwerkergesellen im 19. Jahrhundert (Ehmer, 1994, bes. S. 85–129), so ist dennoch hiermit ein Problemkreis von Mobilität und Verkehr angesprochen. Die von Marx/Engels im Manifest angesprochenen „Umwälzungen in der Produktions- und Verkehrsweise" zeigen sich also auch, wenn Handwerker auf ihrer Gesellentour nach Paris in den 1830er und 40er Jahren auf andere Werkstätten, auf andere Arbeits-Strukturen und neue Geselligkeiten trafen. Die Jahre der Gesellenwanderung wurden daher für nicht wenige mitteleuropäische Handwerker zu einer Initiation in frühsozialistische Ideen und Organisationen. „An den europäischen Wanderruten der Handwerksgesellen bildeten sich in den Gesellenherbergen Lese-, Gesangs- und andere Vereine, die neben dem geselligen Beisammensein auch politische Ziele verfolgten." (Stangl, 2002, S. 63). Als besonderes Zentrum dieser Wanderungen zeichnete sich Paris aus; dort hatte auch eine der wesentlichen kommunistischen Urorganisationen ihren Hauptsitz. Der sogenannte *Bund der Geächteten* war ein erster Kristallisationspunkt für eine mobil und transnational operierende Struktur von Arbeiter- und Handwerkerbünden, die nahezu ausschließlich geheim agieren mussten. 1834/35 wurde diese Vereinigung ins Leben gerufen, die hierarchisch und zentralistisch organisiert war. Um größere Partizipation unter den Mitgliedern zu ermöglichen und neue organisatorische Strukturen zu erproben, spaltete sich bereits 1837 der *Bund der Ge-*

rechten ab. Die starke religiöse Bindung dieser Arbeiter- und Handwerkerbünde lässt sich bereits an der Benennung der organisatorischen Grundeinheit erkennen, „Gemeinden" wurden gebildet, etwa 5 bis 10 Gemeinden bildeten einen „Gau" und das oberste Organisationsgremium nannte sich „Volkshalle". Bereits in den 1830er Jahren bildete sich damit ein komplexes europäisch-transnationales Verkehrsnetz aus frühen Sozialisten und Handwerkern, die unter dem Prinzip der Gleichheit und häufig der Gütergemeinschaft eine mehr oder weniger radikale Umwälzung sozialer Verhältnisse anstrebten. Dazu wurden in den 1830er und 40er Jahren immer wieder unterschiedliche Statuten ausgearbeitet, die durch sogenannte Emissäre durch Europa transportiert wurden. Einer der eifrigsten Emissäre war der 1808 in Magdeburg geborene Wilhelm Weitling, der als Schneidergeselle in seiner Wanderschaft über Hamburg, Dresden und Wien schließlich 1835 nach Paris gelangte. Er war maßgeblich beteiligt an der Ausarbeitung und Verbreitung sozialrevolutionärer Ideen, die sich im Verlaufe der 1830er zu dem Netzwerk zusammenfanden, welches sich eben *Bund der Gerechten* nannte. Nach Beteiligung an einem gescheiterten, bewaffneten Pariser Aufstand im Mai 1839, bei dem sich einige Aufständische auf das 1795 von Revolutionsverschwörern um Gracchus Babeuf proklamierte *Manifest der Gleichen* bezogen, wanderten viele Mitglieder des *Bundes der Gerechten* in die Schweiz aus. Zuvor jedoch veröffentlichte der Bund eine Programmschrift mit dem Titel *Die Menschheit wie sie ist und wie sie sein sollte*, ein kollektiv erarbeitetes Papier in elf Kapiteln, deren Autorschaft Weitling reklamieren kann und welches mit Recht als das erste deutsche kommunistische Manifest bezeichnet wurde (Schraepler, 1972, S. 58–59). Zum Ausdruck kommt hier die Vision eines christlichen Handwerker-Kommunismus, der die allgemeine Gütergemeinschaft in sozialer Gliederung unter Einbezug technischer und ökonomischer Maßnahmen anstrebt. Oft hervorgehoben wird der Fokus auf individuelle Freiheit, der z. B. im Rahmen der sogenannten „Commerzstunden" verwirklicht werden sollte.

„Der stets rege Geist des Menschen muß einen Spielraum haben, auf welchem er sich herumtummelt, damit ihn nicht die Langeweile überfällt." (Weitling, 1895 [1838], S. 35). Dies stellt Weitling zu Beginn des Kapitels über die „Commerzstunden" fest und artikuliert damit die Forderung, jenseits des obligatorischen 6-Stunden-Tages dem „Prinzipe der persönlichen Freiheit" (S. 35) eine besondere Priorität einzuräumen. Die (für heutige Verhältnisse kontraintuitiv benannten) „Commerzstunden" reservieren bzw. schützen einen Teil des menschlichen Geistes zur Produktion von Dingen, die nicht mit der sonstigen Ökonomie verrechnet werden. Der Geist der Freiheit und Revolution ist kurz vor 1848 also durchaus religiös motiviert. Manifestiert wurde bis 1847 eher im Sinne eines christlichen Handwerkerkommunismus. Erst 1847 entschied Friedrich Engels in einem Brief an Marx, dass man dasjenige Programm, welches im Rahmen und Auftrag der

kommunistischen Netzwerke ersonnen werden sollte, nicht mehr „Katechismus"
nennen dürfe. Auch von einem „kommunistischen Glaubensbekenntnis" war bis
dahin häufig die Rede (Jones, 2012, S. 65) und insofern ist noch einmal auf die Passage zu verweisen, die auf die berühmten Zeilen des *Kommunistischen Manifestes*
„Alles Stehende und Ständische verdampft" zuläuft und fortgesetzt wird mit „alles
Heilige wird entweiht". Die Passage erläutert, warum die Bourgeoisie so revolutionär ist, warum die menschlichen „Bande" nur noch in Beziehung auf das „nackte Interesse" jenseits vom „heiligen Schauer der frommen Schwärmerei" (KM 256)
zur Geltung kommen. Die „Tätigkeit des Menschen" ist damit ebenso „ihres Hei-
ligenscheins entkleidet" (KM 257). Laut *Kommunistischem Manifest* hat damit die
Bourgeosie eine „geschichtliche Bewegung" ausgelöst. Sie hat das menschlich-
sinnliche Tun gänzlich verwandelt und den geistlichen Geist sozialer Organisation völlig ausgetrieben, weshalb das Proletariat in seiner revolutionären Verwirklichung sich um jene „heiligen" Probleme gar nicht mehr zu kümmern braucht
(später wird dieses Problem unter dem Signum der „theologischen Mucken" in
die Geschichtsbücher eingehen). Wenn daher die „geschichtliche Bewegung [...]
in den Händen der Bourgeosie konzentriert" (KM 263) ist, so eskamotieren Marx
und Engels meiner Ansicht nach ihren eigenen säkularisierenden Akt. Indem sie
der Bourgeoisie eine derartige Handlungsmacht, also derartige „Umwälzungen in
der Produktions- und Verkehrsweise" zuschreiben, vollenden und statuieren sie
in ihrer Manifestation eine Säkularisierung, die bis dahin kaum stattgefunden hat.
Und die in der sozialrevolutionären Vision z. B. Weitlings auch gar nicht stattfinden kann und soll.[13] Denn erst eine Reihe von Auseinandersetzungen in revolutionären Hinterzimmern realisiert die geschichtliche Bewegung als scheinbar ko-
härente proletarische Klasse.

3   Industrielle Realitäten und handgemachte Köpfe

Es ist u. a. Jacques Derrida zu verdanken, dass das Vor- und Nachleben der kommunistischen Idee, seine ‚Realität' und Säkularisierung weiterhin in den Debatten
um Marx und die Marxismen herumspukt.[14] Der französische Poststrukturalist
untersucht die revolutionäre Energie des 19. Jahrhunderts an der Repräsentier-

---

13   So weisen auch die produktiven ideenhistorischen Analysen zur diskursiven Situation um
     das Kommunistische Manifest vor allem auf das Verwischen religiöser Spuren zugunsten
     einer sozioökonomischen Genealogie hin (Jones, 2012, S. 18); zur Entwicklung der christ-
     lich inspirierten Kommunismen z. B. Weitlingscher Provenienz unter Betonung individuel-
     ler Selbstverwirklichung Jones (2012, S. 55–66).
14   Bis in die jüngere Vergangenheit wurden in diesem Kontext Schriften veröffentlicht und
     Veranstaltungen durchgeführt. Beispielsweise organisierte das Berliner Theater *Hebbel am*

barkeit von Ideen und Ideologien. Hierzu nimmt seine Dekonstruktion des Marxismus einen phänomenologischen Mechanismus in Beschlag, um zu prüfen, wie gegenständlich revolutionärer Geist, letztlich aber auch der Geist in toto werden kann. Er bedient sich hierzu Begriffen der Körperlichkeit und Leiblichkeit, die *Deutsche Ideologie*, Marx/Engels' Arbeit aus dem Jahr 1845, befragt laut Derrida in besonderem Maße einem „technischen Leib oder einen institutionellen Leib" (Derrida, 2004, S. 175). Die Reichweite revolutionärer Energie wäre demnach davon abhängig, welche Physis und Natur sich in gesellschaftlicher Formation geltend machen könnte. In diesem Zusammenhang schließt Derrida das Problem der Technik und Institutionalität mit der Doppeldeutigkeit der Wörter „Haupt" und „Kopf" zusammen. In einer durchaus poetischen Passage wird politische Repräsentation zu einer „Haupt-Frage" im Sinne des physischen Kopfes wie gleichzeitig des metaphysisch anmutenden geistigen Kapitals.[15] Der größere Zusammenhang zwischen Technik und Institutionalität kann hier nur angedeutet werden, zumindest manifestiert das folgende Szenario aus der Geschichte der kommunistischen Bewegung durchaus treffend diese Repräsentationsfrage als Haupt-Problem von Arbeit zwischen Hand und Kopf in ungewohntem Sinne.

Denn Marx' Kopf spielte zumindest in einer direkten Auseinandersetzung mit dem Handwerkerführer Weitling eine bedeutende Rolle. Ende März 1846 fand sich in Brüssel eine Sitzung des Brüsseler Korrespondenzkomitees, eines Gremiums des *Bundes der Kommunisten,* zusammen, in deren Verlauf es zu einem offenen Streit zwischen Marx und Engels auf der einen Seite und Wilhelm Weitling auf der anderen Seite kam. In einer detaillierten Beschreibung berichtete ein anwesender russischer Gesandter von Marx' „Löwenkopf", der sich zu Beginn der Sitzung über einen Bogen Papier neigte, während Engels einleitend das Wort ergriff (Annenkow, 1983 [1846], S. 303). Mit einer präzisen, schroffen Provokation forderte Marx Weitling heraus, der nun umständlich zu erläutern begann, warum seine christliche Vision der Sozialrevolution wirksam zur Bildung kommunistischer Gemeinschaften sei. „Er hatte jetzt ganz andere Hörer vor sich als die, die gewöhnlich seine Werkbank umringten oder seine Zeitung und seine gedruckten Pamphlete auf die gegenwärtigen ökonomischen Zustände lasen, und er ver-

---

Ufer eine umfangreiche Veranstaltungsreihe unter dem Titel „Marx' Gespenster" vom 12. bis zum 22. November 2015.

15 Derridas Relektüre der Deutschen Ideologie fokussiert die politische Repräsentation zwischen Spuk und Revolte als eine Frage nach „Nachkommenschaft": „Wo soll man anfangen, die Nachkommenschaft abzuzählen? Aufs neue eine Haupt-Frage (question de tête). Wen von all denen, die man sich in den Kopf setzt (se met en tête), soll man an die Spitze stellen (mettre en tête)? (‚Mensch, es spukt in deinem Kopfe!') An der Spitze der Prozession marschiert die Hauptsache (le capitale), die Haupt-Repräsentation (représentation capitale), der erstgeborene Sohn: der Mensch." (Derrida, 2004, S. 188).

lor darüber die Freiheit des Gedankens und der Sprache." (S. 304). Weitling war
Marx in rhetorischer Technik und argumentativem Vollzug unterlegen und auch
der Hinweis des Handwerkerführers, dass er Hunderte von Briefen der Dankbar-
keit für seine Aktivitäten erhalten habe, ließ Marx nur noch mehr aus der Haut
fahren: „Bei den letzten Worten schlug Marx, nun vollends wütend geworden, mit
der Faust so heftig auf den Tisch, daß die Lampe darauf klirrte und ins Schwanken geriet und aufspringend rief er: ‚Niemals noch hat die Unwissenheit jeman-
dem genützt!'" (S. 305). Damit war die Sitzung beendet.[16]

Weitling berichtete tags darauf in einem Brief an einen weiteren zentralen
Theoretiker des frühen Kommunismus (Moses Heß) einerseits von einer Diskre-
ditierung des „Handwerkerkommunismus" sowie von einem Marx-Engelsschen
Kommunismus, der sich jeglicher Gefühlsduselei[17] enthalten wolle. Gesiegt habe
aber in diesem Disput eher eine einflussreiche „Enzyklopädie", die er mit Marx'
Kopf identifizierte: „Ich sehe in Marxens Kopf weiter nichts als eine gute Enzyklopädie, aber kein Genie. Sein Einfluß ist ein durch Persönlichkeiten gemachter."
(Weitling, 1983 [1846], S. 308). Diese Aussage Weitlings stammt wohlgemerkt aus
dem Jahr 1846, als Marx noch nicht über jene ideologische Reichweite verfügte, die
wohl erst ab den 1870er Jahren sukzessive zum Tragen kam. Weitling vermutete zu
dieser Zeit westfälische Geldgeber, die Marx' Schriften publizieren könnten, während sein eigener Einfluss in der kommunistischen Bewegung eher im Schwinden
begriffen war. Der Handwerker Weitling unterstellte der intellektuellen Kapazität Marx eine Art Monopolbildung auf sozialrevolutionäre Handlungsformen. Die
Handwerker-Hände der frühen kommunistischen Bewegung schienen ersetzt zu
werden durch Köpfe des intellektuell-wissenschaftlichen Marxismus.[18] Diese Verbindung von Kopf und Persönlichkeit zeigt eben jenen Problemkomplex an, den
Jacques Derridas Marx-Analyse in besonderer Weise herausgearbeitet hat. Er erweiterte damit die sicherlich revolutionäre Marxsche Kapitalismusanalyse um die
Dimension des Lebendigen. Wenn die Lebensformen und -prozesse arbeitender
Subjekte in die Etymologie von lat. *capitalis,* „den Kopf bzw. das Leben betreffend"

---

16 Wolf Schäfer zog aus dieser Konstellation, insbesondere aus Marx' Vorwurf der „Unwissenheit", weitreichende Konsequenzen für die Geschichte der Arbeiterbewegung und leitete
   daraus eine gescheiterte Möglichkeit veränderter Objektivierung von Natur in der Moderne
   ab (Schäfer, 1985).

17 Es gibt zahlreiche Beispiele für negative Bewertungen von Gefühl und Liebe bei Marx und
   Engels. Im Kommunistischen Manifest sprechen sie beispielsweise in der Abgrenzung zu
   (anderen) Sozialismen von „liebesschwülem Gemütstau" (KM 283).

18 Inwieweit man damit Marx eine Art Intellektualismus vorwerfen könnte, kann hier nicht
   beantwortet werden. Die Formulierungen Stalins, der das Kommunistische Manifest 1938
   als Beginn des „wissenschaftlichen Sozialismus" interpretiert, ist sicherlich Erbe eines im
   19. Jahrhundert entstandenen Wissenschaftsanspruch mit weltanschaulichem Eifer, der mir
   bei Marx und Engels selbst aber nicht dominant erscheint (Jones, 2012, S. 31–32).

zurückführen, lässt sich daraus auch im Deutschen eine semantische Äquivalenz im Begriff „Haupt" finden, die einerseits auf das Körperteil, den menschlichen Kopf verweist, jedoch ebenso (v. a. in Komposita) eine Zentralität von Bedeutung indiziert. Zugespitzt ließe sich formulieren: Das *Kommunistische Manifest* entsteht auch in einer Epoche, als „Köpfe" samt ihrer intellektuell-argumentativen Kapazität zu einer Haupt-Sache politischer und ästhetischer Repräsentation wurden. Derrida vermutet darin völlig zu Recht eine unbewusste Spuk-Form menschlicher Personalität, eine technische Weise, sich zu instituieren, die immer dann manifest wird, wenn Menschliches gegenständlich wird (und umgekehrt) (Derrida, 2004, S. 188).[19] Unvermeidlich ist dabei wieder die Frage nach Geist und Spiritualität, die Marx/Engels wie geschildert als bereits von der Bourgeosie erledigt betrachten. Sie präzisieren ihr Argument jedoch in einer Passage des Manifests, in der sie ausgehend vom Verhältnis zwischen Proletariern und Kommunisten die Frage des Eigentums, die „Grundlage aller persönlichen Freiheit, Tätigkeit und Selbständigkeit" (KM 269) betrachten. Der Kapitalismus habe durch die (klassenmäßige) Trennung von Kapital und Lohnarbeit auch einen Mechanismus der ‚Ent-Persönlichung' vollzogen. Während das Kapital „selbständig und persönlich" agiert, wird gleichermaßen das „tätige Individuum unselbständig und unpersönlich" (KM 270). Obwohl das Manifest in dieser Passage spannende Formulierungen verwendet, welche die „persönliche Aneignung der Arbeitsprodukte" bzw. den „Lebensprozeß der Arbeiter" (KM 270) thematisierten, bleiben dennoch Fragezeichen, wie sich diese Prozesse des Persönlichen „geschichtlich" realisieren. Denn darin liegt schließlich das vielzitierte Argument für die Wirklichkeit der proletarischen Bewegung, in der Schilderung des Klassenkampfes als einer „unter unseren Augen vor sich gehenden geschichtlichen Bewegung" (KM 268). Das Szenario dieser Beobachtung ist unklar; 1847/48 konnten damit eigentlich nur lose Erhebungen von Handwerkerhänden gemeint sein.

Diese Realitätsfrage der kommunistischen Idee und Bewegung ist im Kontext der u. a. durch Derrida ausgelösten Diskussionen um „Gespenster des Kommunismus" aufgeworfen worden. Sie lässt die Vermutung entstehen, dass die Trennung von Kapital (dem ‚Persönlichen') und (Lohn)Arbeit zu höchst unterschiedlichen Szenarien führen kann, je nachdem, wie Köpfe und Hände körperlich oder korporativ organisiert sind, je nachdem, welche Erscheinungen, Ästhetiken und Techniken zur Darstellung kommen. Eine von Derrida inspirierte Medienanalyse bearbeitet in diesem Kontext das Gespenstischwerden der Realität in kinematografischen Techniken.[20] Dass insbesondere die darin erzeugten

---

19   Zur Institutionalität von Personalitäten um 1850 vgl. auch Kanitz (2016).

20   Daraus hat sich mittlerweile ein ganzer Forschungszweig entwickelt, der mit dem Schlagwort „Cinematic Ghosts" gekennzeichnet werden kann (Leeder, 2015).

Raumgefüge („ghostly environments") neue Wahrnehmungs- und Handlungsformen hervorbringen, die das Subjektive und Objektive jeweils invertieren, erscheint evident (Löffler, 2015, S. 14). Film-Projektionen können seit ihrer technologischen Evolution um 1900 ambivalente, unheimliche Raumwahrnehmungen
erzeugen bzw. sollen dies ja auch. Die Filmische Installation Rosefeldts hat durchaus Elemente des Unheimlichen, jegliches Licht trifft nur über die Beamerprojek-
tion der 13 Screens in den Raum, sodass der/die umhergehenden Betrachter*in
oft nicht sicher sein kann, wie viele Personen sich gerade in der Nähe befinden.
Dieses Moment des „Unheimlichen"[21] ist bekannt aus einschlägigen literarischen
Topoi seit E. T. A. Hoffmann oder Oscar Wilde, die schließlich auch filmisch im
20. Jahrhundert in den verschiedensten Genres durchgespielt wurden. Eine besonders prominente Spielform dieses Unheimlichen ist das Doppelgängermotiv,
welches seit den frühesten kinematografischen Experimenten ambivalente, spukhafte Realitäten produziert (Herget, 2009). Rosefeldt aktualisiert dieses Doppelgängermotiv ausgerechnet in einer Sequenz, die sich auf eine handwerkliche Tätigkeit bezieht. Cate Blanchett verkörpert eine Schneiderin und Puppenmacherin,
die in ihrer Werkstatt ihr Alter Ego herstellt. Nachdem sie der zunächst andro-
gyn wirkenden Puppe[22] mit zwei Stecknadeln die Perücke fixiert hat und schließlich eine Wollmütze überzieht, erkennt sie nun sich selbst. Sie stellt per Hand ein
Werk her, welches sämtliche Hoffnungen und Ängste des Mimetischen aufruft.
Es handelt sich um eine der wenigen *Manifesto*-Sequenzen, die ausschließlich in
einem Innenraum spielen. Die Sequenz zur Architektur zeigte eine Vielzahl von
Film-Schauplätzen, angefangen in der privaten Wohnung, quer durch die Berliner
Architektur und schließlich den Arbeitsplatz der Müllverbrennungsanlage. Das
Handwerk dagegen benötigt nur einen Ort des werkenden Innen. Die Handwer-
kerin hebt schließlich das Werk ihrer selbst in Kopfhöhe und beginnt, die Puppe
zu spielen. Die Tonspur erzeugt nun den Raum des Außen, den Straßenraum. Die
Handwerkerin zitiert im Spiel mit sich selbst das *Surrealistische Manifest* André
Bretons: „Dashing down into the street, pistol in hand, and firing blindly, as fast
as you can pull the trigger, into the crowd. Kill, fly faster, love to your heart's
content." (Kat 37). Ausgerechnet also das im wahrsten Sinne des Wortes ‚eigene' Produkt, das gegenständlich, puppenhaft verdoppelte Selbst, wird zu einem
geradezu feindlichen Element und bedroht in seiner ‚kreativen' Freiheit die Öffentlichkeit der Straße mit einer Waffe. Ein Szenario, welches im Zeitalter solch

---

21 Derrida argumentiert in seiner Marx-Interpretation mehrfach mit dem berühmten Text Sig-
    mund Freuds zum „Unheimlichen" (z. B. 2004, S. 182).
22 Puppen liefern ein reichhaltiges Arsenal an unheimlichen Narrativen und Praktiken, wel-
    che sich einerseits als Animismus darstellen, jedoch ebenso das Automatische/Maschinelle
    in zum Leben erweckten Körpern zur spukhaften Erscheinung bringen (Peppel, 2011).

diverser Erscheinungen wie Ego-Shooter-Spielen oder Amok-Attentaten einen schockierend neuen ‚Sinn‘ erhalten könnte, welches jedoch in filmischer Manifestation die Werkzeuge der Vernunft surrealisiert. Die Werkzeuge jener Werkstatt werden in der Filmsequenz auch detailgenau in Szene gesetzt: Scheren, Fadenrollen, eine schlichte Schreibtischlampe – und während die Kamera an einem Stapel Ordner und Rechnungsbücher entlangfährt, erklingt im Voice-over der Satz: „Everything is near at hand, the worst material conditions are fine." (Kat 37). Das *Kommunistische Manifest* hatte das Gegenteil behauptet. Die „materiellen Lebensbedingungen" (KM 272) der proletarischen Klasse verhindern von vornherein jegliche „Vorstellungen von Freiheit, Bildung, Recht usw." (KM 273). Die gesellschaftlichen Bedingungen bestimmen das Bewusstsein jedes Einzelnen so stark, dass dabei gar keine ‚echte‘ Freiheit entstehen kann. Hier müsste jedoch eine Arbeits- und Technikgeschichte von Subjektivitätskulturen Auskunft geben, inwieweit handwerkliche Erfahrung und Praxis auch neue Kreativitäten des Selbst hervorbringt (Karafyllis, 2013).

Doch bereits das kinematografische Spiel mit der Puppe, das Spiel zwischen Eigenem und Fremdem, Echtem und Unechtem konterkariert die Referenz dieser kommunistischen Realisierung und Manifestation. Die kommunistische Vernunft kann z.B. nur bedingt die Werke des Unbewussten steuern. „The subconscious shapes, composes and transforms the individual", fügt Lucio Fontanas *White Manifesto* dem Surrealismus Bretons hinzu.

Fontanas Kunst wurde im Rahmen der Nachkriegsavantgarden besonders als „spazialismo" bekannt, als eine Raumkunst, die die Zweidimensionalität bildender Darstellungsformen überwinden wollte. Das hatte die kinematografische Kunst zu dieser Zeit längst geschafft und darin besteht offenbar bis heute die einzigartige Kraft kinematografischer Medien: ihre Fähigkeit, Räume und Schauplätze des Innen und Außen zu rekonfigurieren bzw. zu surrealisieren. Die dabei entstehenden Werke können sich ihrer Gegenständlichkeit nicht völlig bewusst sein, seien sie nun ‚handwerklich‘ oder ‚industriell‘ hergestellt.

Die Werke der Puppenmacherin zeigen in der Sequenz zum Surrealismus/ Spazialismus jedenfalls eine sehr merkwürdige ‚Industrialisierung‘, eine Industrie von Köpfen und Ideologien. In langen Kamerafahrten offenbaren sich ganze Armeen prominenter Figuren der Weltgeschichte des 19. und 20. Jahrhunderts. Auch Filmfiguren, Monster wie King Kong und eine Vielzahl von Figuren des kinematografischen Imaginären sind in der Werkstatt als handgemachte Puppen aufgereiht. Jassir Arafat findet sich neben einem Astronauten, Adolf Hitler steht unweit von Mahatma Gandhi, sämtliche Visionen und Ideologien der jüngeren Weltgeschichte sind hier in harmlos wirkender Miniatur aus Stoff versammelt in einem gänzlich irrealen Innenraum. Auf die Spitze getrieben wird dieses Spiel mit Köpfen, als sich eine der Puppen mit „Che Guevara"-T-Shirt zeigt. Das

Konterfei des argentinischen Revolutionärs kann sicherlich als eines der zentralen Embleme des Ausverkaufs revolutionärer Ideen gelten. Es ist damit heutzutage ebenso ein Symbol für das Verpuffen und Verblassen revolutionärer Energie. Che Guevaras Kopf wurde derart als Symbol der Popkultur inflationiert, dass er für keine revolutionäre Utopie oder Vision mehr brauchbar erscheint. Der Kapitalismus scheint hier alle widerständigen Köpfe in seinen monopolisierenden Bann zu ziehen, sie im ewigen Gegensatz von (Lohn)Arbeit und Kapital unschädlich für jegliche Revolution zu machen. Die Revolution bliebe derart utopisch, sie fände keinen Schauplatz und Ort der Aufführung und gliche damit der verzweifelten Manifestation des Clochards in der Eingangssequenz, dessen Proklamation mit Megaphon lediglich von den drei älteren Damen mit Feuerwerkskörpern gehört zu werden scheint.

Dem Schicksal von Manifesten als modernem Medium öffentlicher Kritik scheint daher ein Problem der Ungleichzeitigkeit und des Aufschubs eingeschrieben. Die Macht der Erscheinung von Manifesten war bereits im ersten Szenario als Problem der Aufführung thematisiert. Architektonische Manifeste realisieren den Alltag des Proletariats als verwandelbarer kinematografischer Körper, aber dieser findet ebenso wie das *Kommunistische Manifest* 1848 keinen Schauplatz, um revolutionär zu handeln. Revolutionär gehandelt wird dagegen in einem transnationalen Netzwerk europäischer Arbeiter- und Handwerker, deren organisierte Infrastrukturen u. a. das erste *kommunistische Manifest* wenige Jahre *vor* dem Text von Marx und Engels realisieren und zirkulieren. Die Zäsur des *Kommunistischen Manifestes* liegt dennoch in einer brillant-pointierten Analyse sozioästhetischer Transformation, welche die Kapitalisierung von Sinnlichkeit in Arbeitsprozessen aufzeigt. Vor allem säkularisiert das Manifest von 1848 die revolutionäre Energie christlicher Handwerkerkommunismen und strahlt in dieser Realitätssetzung weit auf die performativen Modelle vieler Manifeste, Köpfe und Ideologien des späten 19. und 20. Jahrhunderts aus.

Die durchaus technische Realität jeder Manifestation zeigt sich schließlich in einem letzten Blick in die Werkstatt der kinematografisch surrealisierten Schneiderin. Denn unter den als Puppenköpfen realisierten Ideologien findet sich selbstverständlich auch Marx selbst. Er findet sich interessanterweise unmittelbar neben Sigmund Freud. In dieser Nachbarschaft ist angezeigt, dass jeder revolutionäre Geist in seiner Bewusstwerdung und manifesten Realisierung immer auch ein imaginäres Unbewusstes mit sich führt. „Es", dieses spukhafte Unbewusste[23] produziert und kapitalisiert auf ganz eigene Weise Arbeit, deshalb spricht

---

23 Derrida ist sehr fasziniert von der im Deutschen möglichen Formulierung „Es spukt", die im
    Zentrum seiner freudianischen Marx-Interpretation steht (z. B. 2004, S. 182).

Freud ja explizit von „Traumarbeit", die in der Spannung zwischen der latenten Totalität des Unbewussten und den manifesten Bruchstücken des konkret im Erwachen Erinnerten angetrieben wird. Dass bewegte Bilder in kinematografisch-technischer Evolution immer schon diese Grenze zwischen Traum und Erwachen, zwischen Vision und Realität bearbeiten und durchbrechen, zeigt sich in der Fülle der allein im Kontext von Film und Kino verfassten Manifeste seit etwa 1898. Scott MacKenzie trug in einer bemerkenswerten Anthologie insgesamt 176 Film-/ Kinomanifeste zwischen avantgardistischen, dekolonialisierenden oder Gender-Aspekten zusammen (MacKenzie, 2014). In seiner Einleitung betont er einerseits die Abhängigkeit aller Manifestationen des jüdisch-christlichen Kulturerbes von der Tradition der 10 Gebote und stellt andererseits die Zäsur heraus, die Marx für jede Art des Manifestierens darstellt:

> If one is to analyze manifestos of any kind, one must return to Karl Marx. And while the sprit of „The Communist Manifesto" haunts everything from Godard to Dogme, it is most certainly Marx' posthumously published „Theses on Feuerbach" that sits at a key nodal point in the emergence of the manifesto – like nature of critical theory. Marx's most famous edict in the theses is number 11: ‚The philosophers have only *interpreted* the world, in various ways; the point is to *change* it'. (MacKenzie, 2014, S. 9)

Genau diese Verbindung von Theorie und Praxis hat die kommunistische Bewegung zurecht im „Manifest der Kommunistischen Partei" von 1848 gesehen. Evident ist dennoch, dass dieses Manifest auf eine völlig andere Weise ‚geschichtlich' wurde, als von den Chronisten der kommunistischen Bewegung vermutet. Manifestiert hat sich eher eine säkulare Homogenisierung revolutionärer Handlungs- und Deutungsmacht. Wenn Manifeste etwas handgreiflich machen, dann machen sie in den Jahren 1846 bis 1848 eher eine Ablösung von christlichen Sozial-Revolutionen handgreiflich. Die von Handwerkern getragenen Frühsozialismen werden dagegen ins Reich der Utopie verbannt. Den Fabrik-Arbeiter als Modell für proletarische Revolutionen zu entwerfen, ist damit ein Akt materialistischer Realisation. Von dieser antiidealistischen, provokativen Energie zehren auch noch die berühmten Manifeste künstlerischer Avantgarden im 20. Jahrhundert, besonders deutlich der Futuristen oder Dadaisten. Sie beantworten dennoch kaum die Frage, was im 20. Jahrhundert noch manifestierbar ist. Denn schließlich muss immer eine Konstellation aus heterogenen Kräften, Händen, Köpfen und Infrastrukturen, zusammenfinden, um das zumeist textlich Manifestierte real werden zu lassen, ergo: vom Kopf auf die Füße zu stellen. In Bezug auf das *Kommunistische Manifest* schaffte dies erst eine transnational organisierte Arbeiterbewegung etwa seit den 1870er Jahren, die als marxistische spätestens nach der russischen Oktoberrevolution in eine wesentliche Krise geriet.[24] Exakt um 1917 blühten die künstlerisch-avantgardistischen Manifestationen der sich gegenseitig bekämpfenden Kunststile auf das lebhafteste. Politisch hatten sie eine begrenzte Reichweite, jedoch der ursprünglichen Frage des *Kommunistischen Manifestes* nach der Sinnlichkeit und Tätigkeit des säkularen Menschen boten sie eine neue, energiegeladene Bühne. Dass sich diese Energie des Manifestes als politisch-ästhetischem Medium der Kritik gelegentlich abnutzt bzw. inflationär erscheint, tut der Verkündigung von Manifesten bis heute keinen Abbruch. Und dennoch zeigt sich nicht zuletzt inspiriert durch die Überlegungen von Freud und Derrida die Schwierigkeit, ein revolutionäres Ereignis herzustellen, also Hände und Köpfe, Schauplätze, Aufmerksamkeiten, persönlich-körperliche Energien und Ideen so zu synchronisieren, dass das Manifestierte nicht nur stattfindet, sondern auch sein Über- und Nachleben sichern kann.

In Rosefeldts filmischem Arrangement ist diese Synchronisationsleistung an einem Punkt besonders evident. Denn wiederkehrend alle 10 Minuten 30 Sekunden findet für ein paar Sekunden ein „choraler Moment" statt, bei dem Cate Blanchett die jeweilige Manifest-Sequenz auf einer Tonhöhe spricht und sich in diesem Moment im Close-Up der Kamera zuwendet. Dies ist auch der einzige Moment, in dem beispielsweise die Industriearbeiterin eine Stück Architekturmanifest spricht, ansonsten aber keinerlei Gesicht oder Individualität erhält. Vielleicht ist diese audiovisuell synchronisierte Maske des Proletariats dann die Form von Un-Persönlichkeit, die Marx und Engels sich für eine erfolgreiche Revolution wünschen. Vielleicht spielt diese schauspielerische Maske jene „höchst revolutionäre Rolle", die laut *Kommunistischem Manifest* einst die Bourgeoisie gespielt hat und seit Mitte des 19. Jahrhunderts zaghaft auf die Straßen trug. Das *Kommunistische Manifest* fand bei seinem Erscheinen 1848 diesen Schauplatz nicht, weil es sich in diesem bürgerlichen Zeitalter offenbar nicht verkörpern ließ. Die liberalen Aufstände erhielten kein sozialistisches Gesicht, nur verschiedene Köpfe und wütende Fäuste, die den Kommunismus textlich manifestierten, aber nicht aufführen konnten. Die kommunistische Bewegung lässt sich, streng genommen, auch heutzutage mit kinematografischen Werkzeugen nicht als revolutionäre ‚Rolle' mobilisieren. Denn das Zitat aus dem *Kommunistischen Manifest* („All that is solid melts into air!") ist lediglich im Voice-over des Prologs realisiert, in dem keine schauspielerische *persona* agiert. Die Installation Rosefeldts gibt dem Kommunismus nicht die Macht der Erscheinung, es artikuliert sich kein sprechender Körper. Jedoch das Zischeln der überdimensionalen Zündschnur vor schwarzem Hintergrund verweist jetzt und heute auf die schiere Möglichkeit revolutionärer Handlungen und Manifeste.

---

24 Hier ist eine „welthistorische Spaltung der Arbeiterbewegung [...] im Schatten der ersten Staatswerdung des Marxismus an der Schwelle zum stalinistischen ‚Thermidor'" konstatiert worden (Haug, 2010, Sp. 2170).

Literatur

Annenkow, P. W. (1983) [1846]. Bericht über eine Sitzung des Kommunistischen Korrespondenzkomitees in Brüssel, 30. März 1846. In Institut für Marxismus-Leninismus beim ZK der SED/KPdSU (Hrsg.), *Der Bund der Kommunisten. Dokumente und Materialien. Bd.1 (1836–1849)* (S. 301–305). (Ost-)Berlin: Dietz.

Derrida, J. (2004). *Marx' Gespenster.* Frankfurt am Main: Suhrkamp.

Dogramaci, B. (2016). *Julian Rosefeldt. Manifesto. Eine Filminstallation in zwölf Szenen.* London: Koenig.

Ehmer, J. (1994). *Soziale Traditionen in Zeiten des Wandels. Arbeiter und Handwerker im 19. Jahrhundert.* Frankfurt am Main/New York: Campus.

Erbentraut, P., & Lütjen, T. (2011). Eine Welt zu gewinnen. Entstehungskontext, Wirkungsweise und Narrationsstruktur des „Kommunistischen Manifests". In J. Klatt, & R. Lorenz (Hrsg.), *Manifeste. Geschichte und Gegenwart des politischen Appells* (S. 73–98). Bielefeld: transcript.

Fahlenbrach, K. (2002). *Protestinszenierungen. Visuelle Kommunikation und kollektive Identitäten in Protestbewegungen.* Wiesbaden: Westdeutscher Verlag.

Gebbers, A.-C., & Kittelmann, U. (2016). To give Visible Action to Words. In *Katalog Manifesto. Julian Rosefeldt. Eine Filminstallation in zwölf Szenen* (S. 83–87). London: Koenig.

Göbel, H. K., & Prinz, S. (2015). Die Sinnlichkeit des Sozialen. Eine Einleitung. In H. K. Göbel, & S. Prinz (Hrsg.), *Die Sinnlichkeit des Sozialen. Wahrnehmung und materielle Kultur* (S. 9–49). Bielefeld: transcript.

Haug, F., & Mjelde, L. (2010). Kopf und Hand. In W. F. Haug, F. Haug, & P. Jehle (Hrsg.), *Historisch-kritisches Wörterbuch des Marxismus* (Bd 7/II, Sp. 1765–1779). Hamburg: Das Argument.

Haug, W. F. (2010). Krise des Marxismus. In W. F. Haug, F. Haug, & P. Jehle (Hrsg.), *Historisch-kritisches Wörterbuch des Marxismus* (Bd. 7/II, Sp. 2160–2192). Hamburg: Das Argument.

Herget, S. (2009). *Spiegelbilder. Inszenierungsstrategien des Doppelgängermotivs im Film.* Marburg: Schüren.

Jones, G. S. (2012). Einführung. In *Das Kommunistische Manifest von Karl Marx und Friedrich Engels* (S. 9–227). München: Beck.

Kanitz, G. (2016). *Körper und Häuser des Geistes. Lebens-Arbeit mit Wilhelm Dilthey.* München: Fink.

Karafyllis, N. C. (2013). Handwerk, Do-it-yourself-Bewegung und die Geistesgeschichte der Technik. Ein philosophischer Werkstattbericht. *Zeitschrift für Kulturphilosophie,* 7 (2), S. 305–328.

Leeder, M. (2015). *Cinematic Ghosts. Haunting and Spectrality from Silent Cinema to the Digital Era.* New York: Bloomsbury.

Löffler, P. (2015). Ghosts of the City. A Spectrology of Cinematic Spaces. *communication + 1. Occult Communications. On Instrumentation, Esotericism, and Epistemology,* 4 (September), Article 9, 1–19.

MacKenzie, S. (2014). Introduction. „An Invention without a Future". In S. MacKenzie (Hrsg), *Film Manifestos and Global Cinema Cultures. A Critical Anthology* (S. 1–9). Berkeley, CA: University of California Press.

Manifest der Kommunistischen Partei (2012) [1848]. In G. S. Jones (Hrsg.), *Das Kommunistische Manifest von Karl Marx und Friedrich Engels* (S. 253–290). München: Beck.

Marx, K. (1972) [1847]. Das Elend der Philosophie. Antwort auf Proudhons „Philosophie des Elends". In *Karl Marx Friedrich Engels. Werke Bd. 4* (S. 63–182). (Ost-)Berlin: Dietz.

Meyzaud, M. (2011). Die Ferien des neuen Menschen (Von Marx zu Musil). In J. Etzold, & M. J. Schäfer (Hrsg), *Nicht-Arbeit, Politiken, Konzepte, Ästhetiken* (S. 172–203). Weimar: Bauhaus-Universitäts-Verlag.

Peppel, C. (2011). Der Körper der Puppe. In M. Doll, R. Gaderer, F. Camiletti, & J. N. Howe (Hrsg.), *Phantasmata. Techniken des Unheimlichen* (S. 157–172). Wien: turia+kant.

Ropohl, G. (2009). Karl Marx. Ein früher Technikphilosoph. In *Signaturen der technischen Welt* (S. 26–40). Berlin/Münster: LIT.

Schäfer, W. (1985). *Die unvertraute Moderne. Historische Umrisse einer anderen Natur- und Sozialgeschichte.* Frankfurt am Main: Fischer.

Schneider, M. (2010). Die Hand und die Technik. Eine Fundamentalcheirologie. *Zeitschrift für Medien- und Kulturforschung. Schwerpunkt Kulturtechnik, 1*, 183–200.

Schraepler, E. (1972). *Handwerkerbünde und Arbeitervereine 1830–1853. Die politische Tätigkeit deutscher Sozialisten von Wilhelm Weitling bis Karl Marx.* Berlin/New York: de Gruyter.

Sittler, D. (2015). *Die Geschichte der Straße als Massenmedium, Chicago 1870–1930,* Phil. Diss, Universität Erfurt.

Stangl, C. (2002). *Sozialismus zwischen Partizipation und Führung. Herrschaftsverständnis und Herrscherbild der sozialistischen deutschen Arbeiterbewegung von den Anfängen bis 1875.* Berlin: Duncker & Humblot.

Weitling, W. (1895) [1838]. Die Menschheit, wie sie ist und wie sie sein sollte. In E. Fuchs (Hrsg.), *Sammlung gesellschaftswissenschaftlicher Aufsätze. Neuntes Heft* (S. 9–51). München: Ernst.

Weitling, W. (1983) [1846]. Brief an Moses Hess in Verviers, 31. März 1846. In Institut für Marxismus-Leninismus beim ZK der SED/KPdSU (Hrsg.), *Der Bund der Kommunisten. Dokumente und Materialien. Bd.1 (1836–1849)* (S. 307–308). (Ost-)Berlin: Dietz.